Holzfrei

Nr. 12 1953
S. 1753—1912 25. März

Chemisches Zentralblatt

Vollständiges Repertorium für alle Zweige der reinen und angewandten Chemie

Im Auftrage der Deutschen Akademie der Wissenschaften zu Berlin, der Akademie der Wissenschaften zu Göttingen und der Gesellschaft Deutscher Chemiker
herausgegeben von
Prof. Dr. **Maximilian Pflücke**

Chefredakteure: Dr. Eugen Klever und Prof. Dr. Maximilian Pflücke

124. Jahrgang

1953

Akademie-Verlag GmbH., Berlin — Verlag Chemie, GmbH., Weinheim/Bergstr.

Inhalt

Geschichte. Unterricht	—
A. Allgemeine und physikalische Chemie	1753
A_1 Kernphysik und Kernchemie	1753
A_2 Optisches Verhalten der Materie	1758
A_3 Elektrizität. Magnetism. Elektrochem.	1761
A_4 Thermodynamik. Thermochemie	1765
A_5 Grenzschichtforschung. Kolloidchem.	1767
A_6 Strukturforschung	1770
A_7 Gleichgewichte. Kinetik	1773
B. Anorganische Chemie	1774
C. Mineralogische und geologische Chemie	1777
D. Organische Chemie	1780
D_1 Allgem. u. theoretische organ. Chemie	1780
D_2 Präparat. organ. Chemie. Naturstoffe	1787
Mono- und Oligosaccharide. Glykoside	1815
Alkaloide	1816
Natürliche Farbstoffe	—
Terpene. Sapogenine	1818
Sterine. Gallensäuren	1819
Hormone. Vitamine. Enzyme	1819
Antibiotica	1821
Andere Naturstoffe	—
D_3 Makromolekulare Chemie	1821
E. Biologische Chemie. Physiologie. Medizin	1824
E_1 Allgemeine Biologie und Biochemie	1824
E_2 Enzymologie. Gärung	1825
E_3 Mikrobiolog. Bakteriolog. Immunolog.	1828
E_4 Pflanzenchemie. Pflanzenphysiologie. Pflanzenpathologie	1830
E_5 Tierchemie. Tierphysiologie. Tierpathologie	1832
E_6 Pharmakologie. Therapie. Toxikologie. Hygiene	1840
F. Pharmazie. Desinfektion	1849
G. Analyse. Laboratorium	1856
H. Angewandte Chemie	1862
I. Allgemeine chemische Technologie	1862
II. Feuerschutz. Rettungswesen	1864
III. Elektrotechnik	—
IV. Wasser. Abwasser	1865
V. Anorganische Industrie	1867
VI. Silicatchemie. Baustoffe	1868
VII. Agrikulturchemie. Schädlingsbekämpfung	1871
VIII. Metallurgie. Metallographie. Metallverarbeitung	1874
IX. Organische Industrie	1879
X. Färberei. Organische Farbstoffe	1883
XI. a) Farben. Anstriche. Lacke. Naturharze	1886
b) Plaste (Kunstharze, Plastische Massen)	1888
XII. Kautschuk. Guttapercha. Balata	1892
XIII. Ätherische Öle. Parfümerie. Kosmetik	1894
XIV. Zucker. Kohlenhydrate. Stärke	1895
XV. Gärungsindustrie	—
XVI. Nahrungs-, Genuß- und Futtermittel	1897
XVII. Fette. Seifen. Wasch- u. Reinigungsmittel. Wachse. Bohnermassen usw.	1900
XVIII. a) Holz. Cellulose. Zellstoff. Papier. Papierdruck. Celluloid. Linoleum	1902
b) Textilfasern	1903
XIX. Brennstoffe. Erdöl. Mineralöle	1907
XX. Schieß- u. Sprengstoffe. Zündmittel	—
XXI. Leder. Gerbstoffe	1911
XXII. Leim. Klebstoffe usw.	—
XXIII. Tinte. Hektographenmassen u. a. Spezialpräparate	—
XXIV. Photographie	—

Bibliographien: 1770. 1777. 1824. 1825. 1828. 1840. 1849. 1856. 1862. 1863. 1868. 1871. 1879. 1892. 1894. 1900. 1903. 1907. 1911.

Namenregister

Abell 1794.
Abreu 1828.
Abt 1833.
Adelson 1848.
Advance Solvents & Chemical Corp. 1890.
Aeschlimann 1812.
Afanassjew 1779.
Ajello 1830.
Akkerman 1813.
Alridge 1785.
Alelio, D' [1892].
Alexandrow 1753.
Alexejew [1862].
Alfrey jr. 1822.
Allegheny Ludlum Steel Corp. 1877.
Allen 1757.
Allied Chemical & Dye Corp. 1873.
Allied Laboratories, Inc. 1852.
Aluminum Co. of America 1887.
American Cyanamid Co. 1853. 1867. 1877.
American Optical Co. 1870.
Ames, B. N. 1828.
Ames, S. R. 1837.
Ammon, v. 1865.
Ananjan 1769.
Anastasi 1851.
Anderson, E. 1845.
Anderson, G. W. 1836.
Anderson, S. 1760.
Anselm 1761.
Antonowa 1765.
Antweiler 1857.
Armco Steel Co. 1877.
Armstrong 1830.
Arthur jr. 1905.
Artmann 1770.
Asbroucq 1842.
Ashton 1904.
A. S. P. Chemical Co., Ltd. 1900.
Astrup 1857.
Atherton 1884.
Atlas Powder Co. 1896.
Augustin 1851.
Auxiliaire de Chemins de Fer et de l'Industrie 1891.
Avi-Dor 1825.
Badische Anilin- & Soda-Fabrik 1854. 1878. 1879. 1880. 1882. 1888. 1890. 1891. 1906.
Bailey 1778.
Bailitis 1766.
Baker 1810.
Bale 1866.
Ballschmieter 1897. 1898.
Barail 1851.
Bardos 1819.
Barg 1822.
Barger 1819.
Barie 1785.
Barlow 1872.
Barr 1800.
Barrett 1850.
Bartlett, M. F. 1817.
Bartlett, P. D. 1785.
Basu 1901.
Bates 1779.
Batta 1828.
Battelle Memorial Institute 1877.
Bauer 1807.
Baum 1844.
Baumann 1883.
Baumgartner 1797.
Becher, H. J. 1760.
Becher, P. 1788.
Becker 1896.
Becker-Freyseng 1838.
Beckett, A. H. 1845.
Beckett, L. G. 1863.
Beduneau 1889.
Beghian 1757.
Beljakowa 1847.
Bell, I. P. 1783.
Bell, R. K. 1860.
Bell, R. W. 1898.
Bender 1841.
Bendigo 1860.
Berg 1822.
Bergelsson 1819.
Bergh 1862.
Bergmann 1781.
Bergner 1899.
Berim 1828.
Berkowitz 1782.
Berlin 1763.
Bernstein 1784.
Berry 1778.
Bertho 1816.
Bertholdt 1866.
Betz 1874.
Beyant 1903.
Bhattacharga 1895.
Bichel 1824.
Bieberdorf 1830.
Biener 1850.
Billington 1908.
Binkley 1896.
Birnbaum 1753.
Biswas 1871.
Blanderer 1874.
Blaw-Knox Co. 1878.
Blewitt 1762. 1773.
Blinstead 1876.
Bloch, F. 1774.
Bloch, G. A. 1892.
Bloemertz 1847.
Blom 1827.
Bloodgood 1866.
Böhme 1789.
Boehringer, C. F., & Soehne G. m. b. H. 1854.
Boelhouwer 1886.
Bohlmann 1780.
Boltz 1861.
Bond 1830.
Bonfiglioli 1764.
Boocock 1848.
Boonstra 1858.
Boselli 1868.
Bostock 1856.
Boyd 1756.
Brakke 1825.
Brandenburg 1898.
Brandt, W. W. 1776.
Brandt, R. 1909.
Brauer 1864.
Briegleb 1833.
Bright 1860.
Brinkman 1836.
Brisi 1776.
British Arkady Co., Ltd. 1900.
Brock 1846.
Broida 1766.
Brooker 1778.
Brower 1755.
Brown, A. S. 1767.
Brown, D. I. 1875.
Brown, J. A. 1856.
Brown, J. W. 1832.
Brown, R. L. 1844.
Brown jr., W. F. 1761.
Bruxelles 1887.
Brycel Ltd. 1899.
Buchanan 1768.
Buchdahl 1822.
Budanowa 1832.
Bühler 1876.
Bünger 1901.
Bugge 1778.
Bulcsu 1815.
Bunch 1791.
Burbanck, M. P. 1861.
Burbanck, W. D. 1861.
Burgers 1772.
Burke 1760.
Burrill 1757.
Burrows [1825].
Burson 1756.
Burstein 1759.
Burton 1795.
Busvine 1872.
Butenhoff 1866.
Butler, G. B. 1791.
Butler, T. J. 1785.
Buxtorf 1873.
Caesar 1909.
Cagniant, P. 1805.
Cagniant, Mme. P. 1805.
Caillère 1777.
Calico Printers' Association Ltd. 1905.
California Research Corp. 1888.
Calvert 1757.
Cameron 1834.
Cannon 1759.
Carr 1862.
Carrelli 1771.
Cetini 1768.
Chaussin]1879].
Chave 1774.
Cheatham 1889.
Chemical Development Co. 1893.
Chemische Werke Hüls G. m. b. H. 1882.
Chen 1765.
Chermin 1782.
Cheshire 1883.
Child 1849.
Chmelnitzkaja 1794.
Choquette 1883.
Chow 1837.
Christensen 1790.
Christian Missions Foundation, Inc. 1901.
Christoph 1798.
Ciba Akt.-Ges. 1886. 1890.
Cirilli 1776.
Clark 1871.
Class 1863.
Clauder 1815.
Clusius 1783.
Codd 1771.
Coleman 1800.
Cellier 1842.
Coltman 1762. 1773.
Combes 1806.
Commercial Solvents Corp. 1881.
Commonwealth Engineering Co. of Ohio 1893.
Conbere 1819.
Conger 1764.
Conner 1756.
Conway 1858.
Cook 1755.
Cookson 1807.
Coraboeuf 1839.
Corcoran 1846.
Cordy 1781.
Cork 1756.
Corning Glass Works 1869. 1870.
Corrigan 1841.
Croatto 1774.
Crocetta [1840].
Croft 1874.
Crouch 1789.
Croxson 1876.
Crump 1849.
Cryer 1905.
Csürös 1787.
Cumming 1780.
Cunningham 1836.
Curtis 1810.
Custodis 1847.
Danforth 1757.
Dauis-Lawas 1835.
Davey 1872.
David 1795.
Davidson Corp. 1903.
Davis 1912.
Davison 1871.
Davisson 1759.
Dawson, J. K. 1764.
Dawson, T. L. 1818.
Day 1797.
Deicha 1777.
Deisinger 1875.
Dejardin 1858.
Delay 1846.
Delbourgo 1782.
Delmonte 1890.
Demag Akt.-Ges. 1909.
Demassieux (geb. Filatoff) 1865.
Dennison 1780.
Derby 1866.
Deutsche Gold- & Silber-Scheideanstalt vormals Roessler 1887.
Deutsche Hydrierwerke Akt.-Ges. 1890.
Deutsche Rhodiaceta Akt.-Ges. 1906.
Dietz 1889.
Dietze 1772.
Diserens [1907].
Distillers Co. Ltd. 1855.
Dixon 1790.
Doerner 1834.
Domnin 1800.
Donatelli [1849].
Dondeyne 1825.
Donnell 1773.
Donovan 1910.
Dorner 1772.
Dowda 1841.
Draper 1773.
Dreyfus 1903.
Driver 1861.
Drogitschina 1837.
Dryden, I. G. C. 1767. 1908.
Ducé 1902.
Duchesne 1762.
Dunn 1888.
duPont de Nemours, E. I., & Co. 1906.
Duval, C. 1784.
Duval, H. 1870.
Dyne 1781.
Eberhardt 1788.
Eisenberg 1781. 1822.
Eitel 1908.
Eldeffield 1786.
Eliassen 1865.
Epstein 1754.
Erwall 1773.
Escusin Vera 1846.
Ethyl Corp. 1873.
Evans 1784.
Everett 1841.
Evering 1908.
Eyrault 1893.
Faber 1845.
Fahey 1778.
Falgon 1858.
Farbenfabrik Bayer 1900. 1912.
Farbwerke Hoechst, vormals Meister Lucius & Brüning 1879.
Fassbender 1845.
Faulconer jr. 1845.
Fearnley 1836.
Feild jr. 1884.
Feinstein 1850.
Feltman 1839.
Fenrich 1900.
Fényes 1765.
Ferro 1764.
Figdor 1817.
Finn 1874.
Fa. Georg Planga 1899.
Fischer 1781.
Fisher, A. M. 1844.
Fisher, B. M. 1842.
Fisher, T. F. 1761.
Fleck 1833.
Fleury 1808.
Flynn 1820.
Fodor 1783.
Fondovila 1788.
Ford 1892.
Forrester 1761.
Forro jr. 1829.
Fortier 1895.
Fouquet [1849].
Fowler, R. M. 1869.
Fowler, W. M. 1862.
Frank, H. P. 1821.
Frank, S. G. F. 1757.
Freudenberg 1877.
Freymann 1784.
Fröhlich 1796.
Fromandi 1892.
Fuller 1846.
Gaede 1869.
Gallone 1867.
Gamboa Loyarte 1756.
Garcia Santos 1800.
Gard 1861.
Gardiner 1896.
Gardner 1839.
Garner 1910.
Garrido 1770.
Gebbie 1759.
Gebhardt 1772.
Géczy 1787.
Geigy, J. R., Akt.-Ges. 1854. 1873. 1885.
General Aniline & Film Corp. 1881.
Geoffrion 1757.
Georgi 1908.
Gerstein 1866.
Gesellschaft für Linde's Eismaschinen Akt.-Ges. 1863.
Giacomello 1774.
Gibbens 1837.
Gibson 1862.
Gillett 1896.
Gillier 1871.
Gilman 1866.
Gilmore 1858.
Ginsburg 1829.
Girault 1778.
Given 1908.
Glauberman 1762.
Goehring 1774.
Goetz 1866.
Gohr 1836.
Goldman 1762.
Goldmann 1907.
Goldsmith 1837.
Goltz 1876.
Golubkowa 1892.
Goodman 1757.
Gordon 1872.
Gorham 1804.
Gorman 1778.
Goubeau 1760.
Gouny 1831.
Gove 1755.
Grace 1762.
Graf 1866.
Gran 1845.
Granados Jarque 1800.
Granberry 1908.
Grant 1830.
Graves 1756.
Green, H. S. [1770].
Green, S. 1862.
Greene 1844.
Greve 1789.
Griffin 1771.
Griffith 1908.
Grinsfelder 1887.
Grummitt 1798.
Grunwald 1782.
Günther 1876.
Guier 1753.
Gullstrom 1776.
Gustavson 1912.
Gutzke 1830.
Gyproc Products Ltd. 1871.
Haas 1828.
Hadaway 1872.
Haede 1824.
Hahn 1895.
Haid 1864.
Hajós 1787.
Halban 1757.
Haley 1837.
Halford 1770.
Hall 1904.
Hallett 1850.
Hampshire 1850.
Hansen, G. E. 1780.
Hansen, B. P. 1824.
Hardesty 1871.
Hardesty Chemical Co., Inc. 1890.
Harnsberger 1785.
Harris 1837.
Harrison, C. M. 1872.
Harrison, M. 1846.
Harris-Seybold Co. 1903.
Haszeldine 1793.
Haug 1753.
Havas 1753.
Hayden 1841.
Hazel 1869.
Healy 1859.
Hedgran 1755.
Hedin 1830.
Hees 1883.
Hegemann 1869.
Heiman, W. 1866.
Heimann, W. 1866.
Henderson 1817.
Henkel & Cie. G. m. b. H. 1905.
Henley 1755.
Henne 1809.
Hennessy 1825.
Henvis 1759.
Hepner jr. 1834.
Heppenstall Co. 1877.
Heraeus Vacuumschmelze Akt.-Ges. 1878.
Herb, H. 1774.
Herb, R. G. 1757.
Hercules Powder Co. 1902.
Hernández Cañavate 1858. 1859.
Heugas [1849].
Hickman 1766.
Hietaranta 1899.
Highfill 1869.
Hillier 1767.
Hilly [1879].

Hinman 1755.
Hinshaw 1842.
Hirsch 1835.
Hirsh jr. 1759.
Hloch 1898.
Hobson 1825.
Hodge 1839.
Höppler 1769.
Hoffmann-La Roche, F., & Co. Akt.-Ges. 1852. 1855.
Hofmann 1849.
Holley, A. D. 1791.
Holley, R. W. 1791.
Holstein 1773.
Hopff [1824].
Horning [1825].
Horvath, B. 1829.
Horváth, Z. 1867.
Houben 1911.
Hsiung 1843.
Hülsmeyer 1866.
Hunger 1875.
I. G. Farbenindustrie Akt.-Ges. 1890. 1910.
Iljenkow 1843.
Imperial Chemical Industries Ltd. 1854. 1855. 1871. 1873. 1881. 1891. 1907.
Industrial Metal Protectives, Inc. 1907.
Iriye 1888.
Issacovitch 1911.
Iversen 1845.
Iwanowa 1898.
Jackson, A. 1874.
Jackson, E. W. 1889.
Jacobs 1884.
Jahn [1903].
Jakowlewa 1872.
Jellinek 1774.
Jermotjew [1849].
John 1780.
Johnson, S. C., & Son, Inc. 1902.
Jol 1886.
Jones, E. A. 1760.
Jones, L. W. 1754.
Jones, R. G. 1820.
Jongh, de 1813.
Jordan 1783.
Jungeblut 1829.
Kac 1763.
Käuflein 1858.
Kampschulte, Dr. W., & Cie. 1878.
Kanervo 1873.
Kartaschewa 1836.
Katchalsky 1781. 1822.
Katz, E. 1762.
Katz, M. 1864.
Kaudewitz 1861.
Kaufman 1856.
Kedrowski 1835.
Kelly 1882.
Kenmore Metals Corp. 1878.
Kerdiwarenko 1867.
Kibe 1898.
Kinel 1839.
Kinetic Chemicals, Inc. 1867.
King, E. R. 1841.
King, M. S. 1812.
King, N. 1899.
Kischinewski 1867.
Klema 1879.
Klinge 1845.
Kloetzel 1814.
Klosa 1856.
Knipe 1858.
Knott 1808.
Koch 1905.
Kögl 1868.
Koenen 1864.
König 1897.
Koetsveld, van 1838.
Kogan 1794.
Kohl 1864.
Kohlmeyer 1875.
Kokorine 1911.
Kondic 1874.
Kondorski 1763.
Kopziowskaja 1843.
Korshujew 1835.
Kotscheschkow 1798.
Koudela 1899.
Kowalski 1835.
Krassilschtschikow 1765.
Krenzel 1788.]1911].
Kresze 1796.
Krevelen, van 1782.
Kritschewski 1766.
Krjutschkow 1894].
Kröhnke 1780.
Krylow 1872.
Kühas 1846.
Kühne 1902.
Kulp 1775.
Kusminow 1848.
Kusminski 1823.
Laffitte 1777. 1782.
Lallemand 1762.
Lambooy 1837.
Lando 1835.
Lang 1755.
Lange 1906.
Langenau 1894.
Langer 1756.
Lansford 1819.
Laplace [1862].
Laporte 1864.
Latter, A. L. 1754.
Latter, R. 1754.
Lawas 1835.
Lawrence 1868.
Lea 1900.
Leamer 1755.
Leanza 1819.
LeBlank 1756.
Lecomte 1784.
Lecoq 1828.
Lee 1897.
Lefebre 1830.
Le Hir 1816.
Lehl 1892.
Lemée 1886.
Lenggenhager 1839.
Leraillez [1900].
Lerch 1825.
Lettré 1824.
Levaditi 1844.
Lever Brothers & Unilever N.V. 1855.
Lewis 1848.
Lichtblau 1753.
Lichtenberger 1808.
Lickint 1898.
Lien 1908.
Lieser 1906.
Lifson 1781. 1822.
Lillie 1756.
Lilly, E., & Co. 1855.
Linderstrom-Lang [1828].
Lindner 1849.
Linke 1892.
Linseis 1868.
Lipschitz 1860.
Liu 1772.
Ljundberg 1851.
Loefer 1830.
Loesecke, von 1897.
Long 1845.
Longuet-Higgins 1781.
Lonsdale 1771.
Looker 1794.
Lora Tamayo 1780.
Lorber 1875.
Lorenz, D. 1846.
Lorenz, W. 1840.
Low 1878.
Lubin 1834.
Ludwig 1837.
Lüdde 1842.
Lueg 1847.
Luger 1895.
Lundbeck, H., & Co. Kemisk Pharmaceutisk Laboratorium A/S 1882.
Lyssenko 1779.
Ma 1876.
McGavack 1892.
McNally jr. 1757.
McNeill 1767.
McOmie 1810.
Maddock 1774.
Märkische Seifen-Industrie 1901.
Magalini 1862.
Mai 1909.
Maier 1863.
Malaguti 1774.
Mann 1832.
Many 1905.
Marchand 1862.
Marcos Lanzarot 1847.
Marín Górriz 1765.
Markstein 1766.
Martin 1896.
Mastrjukow 1879.
Matossi 1760.
Mattingly 1871.
May 1819.
Mazoyer 1831.
Meads 1896.
Mecarelli 1851.
Mehta 1900.
Meisel 1909.
Meixner 1766.
Melchinger 1846.
Meltewa 1822.
Melville 1888.
Mendius 1870.
Merck & Co. Inc. 1856.
Merkantila Ingeniörsbyrån Pehr Husberg A/B 1866.
Merrill 1912.
Merz 1822.
Metallgesellschaft Akt.-Ges. 1863.
Mex 1824.
Michel 1857.
Miczaika 1759.
Migliacci 1838.
Mikluchin 1892.
Millane 1890.
Milone 1768.
Milstein 1827.
Mine Safety Appliances Co. 1865.
Minnesota Mining & Mfg. Co. 1888.
Mischtschenko 1786.
Mitchell, H. K. 1828.
Mitchell jr., J. 1860.
Mitchell, M. B. 1828.
Mittenthal 1761.
Mlczoch 1844.
Moffat 1756.
Monsanto Chemical Co. 1852. 1888.
Montalenti 1764.
Monteils 1803.
Montequi Diaz de Plaza 1850.
Montero-Rodríguez 1838.
Mo och Domsjö Aktiebolag 1882.
Moore 1858.
Morawetz 1822.
Morehead 1903.
Morris 1849.
Morrison 1903.
Morton 1866.
Moses 1833.
Moss 1862.
Mosskwin [1871].
Mottlau 1892.
Mucha 1898.
Muchnik 1858.
Müller-Busse 1876.
Müller-Neuhaus 1865.
Mufson 1847.
Muirhead 1753.
Muirhead-Thomson 1872.
Murphy 1785.
Muth 1841.
Myatt 1849.
N. V. de Bataafsche Petroleum Mij. 1879. 1880. 1881.
N. V. Centrale Suiker Mij. 1896.
N. V. Onderzoekingsinstituut ,,Research" 1905.
N. V. Philips' Gloeilampenfabrieken 1890.
Nádor 1783.
Naegele 1834.
Nagasawa 1873.
Napier 1908.
Naravana 1898.
Nardelli 1775.
Nasarow 1819.
Nathason 1874.
National Cash Register Co. 1894. 1903.
National Lead Co. 1877.
Neale 1902.
Nekrassow [1911].
Němec 1831.
Nerdel 1796.
Nester 1756.
Nesvadba 1895.
Neudert 1768.
Neukomm 1825.
Neybergh 1894.
Nickell 1825.
Nickerson 1904.
Nielsen, A. H. 1760.
Nielsen, L. E. 1822.
Niesen 1887.
Niethammer 1829.
Nitsche 1898.
Noel 1841.
Nook 1858.
Nora, de 1867.
Nordmark-Werke, G. m. b. H. 1906.
Novacic 1851.
Nowak 1870.
Noyce 1800.
Nozaki 1774.
Nuffield 1778.
Oberly 1759.
O'Connell 1908.
O'Dell 1753.
Oden 1908.
Offenhauer 1909.
Okamoto 1874.
Olin Industries, Inc. 1867.
Ollagnier 1871.
Olphen, van 1770.
Olsen 1857.
Onrust 1838.
Opfer-Schaum 1851.
Oransky 1844.
Orazi 1787. 1788.
Ordal 1899.
Orechow 1778.
Orell 1844.
Orlowskaja 1833.
Orths 1875.
Overton 1839.
Oyenuga 1830.
Pabst Brewing Co. 1897.
Pachter 1814.
Paganelli 1755.
Palazzi 1876.
Panow 1798.
Papa 1812.
Paraf [1849].
Paris 1842.
Parke, Davis & Co. 1856.
Parker 1778.
Parks 1850.
Parsons 1833.
Passeschnikoff 1911.
Patton 1886.
Pauschkin 1788.
Pearson, H. E. 1866.
Pearson, W. B. 1772.
Pease Anthony Equipment Co., 1863.
Peat 1825. 1826. 1827.
Pedersen 1901.
Peebles 1754.
Péguiron 1825.
Pennisi 1897.
Pennsylvania Mfg. Confectioners' Association 1900.
Peres jr. 1876.
Pérez A.-Ossorio 1780.
Perrine 1830.
Perrone 1839.
Person 1783.
Peters 1884.
Petrolite Corp., Ltd. 1909.
Petropawlowskaja 1843.
Pfannstiel 1842.
Pfeifer 1850.
Pfister III 1819.
Philadelphia Rust-Proof Co. 1878.
Philippoff 1769.
Phillips 1764.
Phillips Petroleum Co. 1893.
Pien 1865.
Pimentel 1783.
Pirt 1826.
Pitzer 1783.
Plackett 1829.
Plapper 1911.
Plesset 1754.
Plotho, v. 1872.
Pohland 1820.
Polgár 1787.
Pollard 1829.
Pollmann 1895.
Poor & Co. 1878. 1879.
Popowa 1823.
Praill 1795.
Prelog 1807.
Preston 1757.
Prevot 1871.
Price, H. J. 1864.
Price, I. 1848.
Primus 1833.
Pudowik 1792.
Pure Oil Co. 1879.
Quagliozzi 1773.
Quareni 1755.
Rabideau 1831.
Radczewski 1869.
Rajewsky 1841.
Rakitin 1872.
Ramage 1818.
Ramfjord 1834.
Rammler 1907.
Ramsey 1759.
Rath 1869.
Ratte 1863.
Ravel 1819.
Rawn 1866.
Raybestos-Manhattan, Inc. 1871.
Redies & Co. G. m. b. H. 1873.
Regan 1834.
Register 1837.
Rehberg 1790.
Reinmuth 1834.
Reitstötter 1768.
Rescigno 1773.
Reuben 1839.
Revill 1836.
Reynolds, L. 1841.
Reynolds, S. R. M. 1834.
Rhines 1892.
Rhodes 1900.
Richard 1825.
Richards 1832.
Richter, F. P. 1909.
Richter, S. B. 1809.
Riegler 1841.
Rinehart 1895.
Risi 1888.
Rittner 1762.
Rius 1765.
Robellet 1842.
Roberts, G. 1842.
Roberts, J. D. 1804.
Robinson, R. U. 1767.
Robinson, S. C. 1778.
Rodda 1857.
Roe 1860.
Roelig 1892.
Röpke 1768.
Roerig, J. B., & Co. 1856.
Rogers, E. F. 1819.
Rogers, H. E. 1857.
Rohkrämer 1842.
Rollo 1829.
Romberg 1909.
Rose 1755.
Rosenplänter 1848.
Rosenqvist 1777.
Roser 1851.
Rossi, G. [1863].
Rossi, G. V. 1847.
Roth 1827.
Rottino 1825.
Ruben 1845.
Rudall 1832.
Rudkin jr. 1838.
Rüggeberg 1896.
Ruhbaum 1824.
Runeckles 1896.
Rust 1766.
Rutledge 1756.
Ruttmann 1876.
Saexinger 1848.
Saha 1879.
Saidess 1823. 1824. 1833.
Saini 1769.
Saint-Mieux 1893.
Saint-Priest 1911.
Salellas 1787. 1788.
Salmons 1849.
Salpeter 1758.
Salvaing [1849].
Salzmann 1834.
Saman 1894.
Santos, de los 1899.
Sarett 1837.
Saridse 1779.
Sarre 1846.
Sawada 1850.
Saxby (Nottingham), W. E., Ltd. 1884.
Saxon 1756.
Scaglioni 1775.
Schack, G., & Co. 1901.
Schäfer, H. 1776.
Schäfer, L. 1824.
Schamrai 1778.
Scheraga 1761.
Schiffner 1856.
Schiroko 1755.
Schmidt 1894.
Schmith 1827.
Schmotowa 1848.
Schobinger von Schowingen 1848.
Scholl 1836.
Schormüller 1897. 1898.
Schpinel 1754.
Schreck 1767.
Schreyer 1791.
Schubert 1824.
Schulze-Manitius 1864.
Schusster 1840.
Schwartz, B. 1868.
Schwartz, N. 1784.
Schwartzman 1802.
Schwarz 1827.
Selewa 1835.
Selwood 1764.
Serafini [1849].
Setter 1866.
Shakespeare 1874.
Shane 1845.
Shankweiler 1887.
Shapiro 1753.
Shaw, C. H. 1759.
Shaw, G. J. 1874.
Shehadi 1841.
Shell Development Co. 1880. 1910.

,,Shell" Refining & Marketing Co.,Ltd. 1910.
Sheridan 1781.
Shive 1819. 1820.
Shurawewa 1845.
Shute, E. 1838.
Shute, W. 1838.
Siebert 1760.
Siegel 1786.
Siegert 1753.
Sierra 1858. 1859.
Sijp, van der 1779.
Silsbee 1759.
Simon 1895.
Simons 1766.
Singh, I. 1839.
Singh, S. I. 1839.
Sippel 1849.
Sirois 1767.
Sjollema 1841.
Slen 1839.
Slinger 1836.
Smart 1763.
Smit 1895.
Smith, D. T. 1834.
Smith, F. A. 1839.
Smith, J. E. 1848.
Smith, Kline & French Laboratories 1852. 1853.
Smolin 1832.
Snowdon 1757.
Sobin 1821.
Soc. An. Française du Ferodo 1912.
Soc. des Usines Chimiques Rhône-Poulenc 1854. 1882.
Soloway 1860.
Soltys 1828.
Somers 1883. 1905.
Sommermeyer 1840.
Soos 1850.
Southgate 1865.
Sowden 1781.
Speiser 1883.
Sperlich 1899.
Spicer, B. M. 1753.
Spicer, D. W. 1841.
Spielberg 1759.
Spies 1861.
Spitkowski 1822.
Squibb, E. R., & Sons 1855.
Srinivasan 1837.
Ssiwkow 1847.
Ssokolow 1845.
Stabrowski 1765.
Stafseth 1843.
Stage 1857.
Stammer 1897.
Standard Brands Inc. 1900.
Standard Oil Co. 1880.
Standard Oil Development Co. 1867. 1879. 1910.
Stansfield 1909.
Stare 1832.
Stather 1911.
Statz 1763.
Stauss 1871.
Stefanelli 1872.
Stemmler, H. 1900.
Stemmler, M. 1900.
Stempel 1812.
Stetten jr. 1859.
Stevens 1869.
Stevenson, F. H. 1876.
Stevenson, P. C. 1767.
Stewart 1846.
Stiller 1753.
Stoddard 1755.
Stoicheff 1780.
Stoll 1816.
Stora Kopparbergs Bergslags Aktiebolag 1867.
Stout 1903.
Stowe 1768.
Strässler 1902.
Stragnell 1836.
Strain 1857.
Stransky 1835.
Straumanis 1765.
Stumpf 1756.
Style 1781.
Summers-Smith 1772.
Sun Chemical Corp. 1891.
Sutherland 1819.
Svit, Národní Podnik 1873. 1882.
Swanson 1837.
Swope 1866.
Szmant 1785.
Tabb 1902.
Taljanski 1762.
Talmi 1755.
Tartaglione 1771.
Tatrischwili 1779.
Tattersfield 1884.
Taylor, A. J. 1783.
Taylor, F. S. S. 1866.
Taylor, J. B. 1904.
Taylor, R. D. 1846.
Taylor, R. J. 1838.
Taylor, W. 1762.
Terwilliger 1754.
Teuber 1774.
Textilausrüstungs-Gesellschaft Schroers & Co. 1886.
Thelen 1858.
Theodore 1850.
Thibault 1767.
Thieulin 1839.
Thilo [1777].
Thomas, B. 1830.
Thomas, C. C. H. 1852.
Thomas, E. B. 1858.
Thomas, G. J. 1827.
Thomas jr., R. C. 1790.
Thompson 1830.
Thuillier 1846.
Thurn 1753.
Tiedema 1772.
Tisdall 1834.
Tixier 1907.
Tobias 1899.
Todd 1773.
Tofias 1767.
Tolansky 1857.
Toltschinski 1788.
Toptschijew 1788.
Total K. G. Foerstner & Co. 1863.
Tracy 1898.
Traxler 1909.
Treggi 1872.
Tretjakow 1876.
Trites 1775.
Truffault 1803.
Trumbore 1857.
Trump 1757.
Tschebajewskaja 1835.
Tschepikowa 1831.
Tschirwinski 1779.
Tsuzuki 1850.
Turkevich 1767.
Turnbull 1868.
Tweed 1836.
Uchowa 1800.
Uddeholms Aktiebolag 1880.
Uenaka 1815. 1816. 1823.
Uglowoi 1844.
Uhlig 1865.
Ukrainskaja 1834.
Ulrich 1897.
Union Carbide & Carbon Corp. 1880. 1882.
United States of America 1852.
United States Rubber Co. 1893.
Urasowski 1771.
Usines Chimiques des Laboratoires Français 1855.
Usines de Melle 1896.
Vaisman 1844.
Vallet 1851.
Vanadium-Alloys Steel Co. 1877.
Vand 1771. 1783.
Vanderbilt, R. T., Co., Inc. 1893.
Vanlerenberghe 1842.
Vanossi 1860.
Vasic 1895.
Vauthier 1757.
Velasco, de 1843.
Veldstra 1813.
Verdiers 1906.
Verona 1872.
Vespe 1861.
Villani 1812.
Villela 1828.
Vinazzer 1844.
Vischniac [1856].
Vivarelli 1860.
Vlies, van der 1863.
Vogler 1797.
Vogt 1831.
Vulterini 1862.
Wacker, Dr. Alexander, Ges. für elektrochemische Industrie G. m. b. H. 1906.
Wagenknecht 1897.
Wainstein 1754.
Walsh 1863.
Walter 1862.
Waltman 1834.
Walz 1846.
Wang 1790.
Ware 1836.
Warner, William R., & Co., Inc. 1853.
Warth 1892.
Waterhouse 1842.
Waterman 1886.
Weber 1761.
Weichlein 1830.
Wein 1834.
Weintraub 1832.
Weiss 1754.
Weisser 1783.
Wellmann 1758.
Welsh 1780.
Werner, M. 1876.
Werner, O. 1875.
Werner, W. 1896.
Wernitz 1842.
Wertz 1870.
West 1876.
Westermark 1773.
Western Electric Co., Inc. 1877.
Westöö 1807.
Wettly 1893.
Weygand 1788.
Whalley, de 1896.
Whelan 1825. 1826. 1827.
Whitcher 1773.
Whiting 1839.
Whitney 1887.
Wiedau 1840.
Wieslander 1865.
Wiesner 1817.
Willcox 1895.
Wille 1767.
Willett 1907.
Williams, A. E. 1902.
Williams, A. L. 1797.
Williams, P. S. 1769.
Williamson 1829.
Wilmarth 1784.
Wilson, D. V. 1763.
Wilson, H. S. 1848.
Wingfoot Corp. 1894.
Wise]1903].
Wissemeier 1774.
Witherspoon 1779.
Withey 1801.
Witkewitsch 1758.
Wittmoser 1874.
Wolf 1875.
Wolfrom 1896.
Wollny 1829.
Woltschkowa 1765.
Woltz 1760.
Wood 1903.
Woods 1802.
Woodward 1900.
Wooley 1830.
Wülfing, Johann A., Chemische Fabrik 1852.
Wurmser [1856].
Wyckoff 1779.
Yadoff 1762.
Yang 1761.
Yaniv 1825.
Yoda 1874.
Yoshiki 1868.
Zacherl 1833.
Zahn 1904.
Zechner 1850.
Zimmerman III, W. 1777.
Zimmermann, G. 1846.
Znatschkowsky 1865.

Chemisches Zentralblatt

1953 Nr. 12 25. März

A. Allgemeine und physikalische Chemie.

A_1. Kernphysik und Kernchemie.

Peter Havas, *Eine Bemerkung über die Absorbertheorie der Strahlung.* Die WHEELER-FEYNMAN-Theorie enthält die LORENTZ-DIRACschen Bewegungsgleichungen zusammen mit einer Bedingung über das Gesamtfeld aller Teilchen im Universum. Falls das auf ein Teilchen wirkende Feld stat. aber $\neq 0$ ist, besteht keine diese Bedingung befriedigende Systembewegung. Die Folgerungen dieses Ergebnisses auf die physikal. Darst. der WHEELER-FEYNMAN-Theorie werden diskutiert. (Physic. Rev. [2] **86.** 974—75. 15/6. 1952. Bethlehem, Pa., Lehigh Univ., Dep. of Phys.) GERHARD SCHMIDT. 80

W. H. Guier und **A. J. F. Siegert,** *Über die Definition des Wegintegrals in der Feynmanschen Formulierung der nichtrelativistischen Quantenmechanik.* (Sitzungsbericht.) Vff. zeigen, daß die Teilung des Zeitintervalls u. die Einführung der klass. Weglänge in die Definition der Integration im Funktionsraum unter Verwendung gewisser Mittelwertsbildungen vermieden werden können. (Physic. Rev. [2] **86.** 596. 15/5.; Bull. Amer. physic. Soc. **27.** Nr. 1. 21. 31/1. 1952. Northwestern Univ.) GERHARD SCHMIDT. 80

A. D. Alexandrow, *Über den Sinn der Wellenfunktion.* Im Gegensatz zu den vielfach geäußerten Auffassungen charakterisiert die ψ-Funktion nach Vf. einen objektiven Zustand des Elektrons. (Доклады Академии Наук СССР [Ber. Akad. Wiss. UdSSR] [N. S.] **85.** 291—94. 11/7. 1952.) AMBERGER. 80

Albert Haug, *Die Rolle der Ausstrahlungsbedingung bei komplexer Wellenzahl und ihre Bedeutung für das Problem der Oberflächenwelle.* Die SOMMERFELDsche Ausstrahlungsbedingung gewährleistet die Eindeutigkeit der Lösungen der Wellengleichung im Gesamtraume nicht nur bei reeller, sondern auch bei komplexer Wellenzahl. (Z. Naturforsch. **7a.** 501—05. Aug. 1952. München, TH, Inst. für theoret. Phys.) GERHARD SCHMIDT. 80

M. Birnbaum, M. M. Shapiro, B. Stiller und **F. W. O'Dell,** *Verlauf der Größenverteilung von Höhenstrahlsternen in Kernemulsionen.* Die Größenverteilung der durch die Höhenstrahlung ausgelösten Sterne wurde auf 55° N durch Ballonflüge mit ILFORD G5-Emulsionen von 400 μ Dicke für Höhen von 13, 15, 22 u. 300 g/cm² bestimmt. Sie zeigt, ebenso wie die Kurven auf Berg- u. Seehöhe, einen Knick bei der Zackenzahl 7, der durch die Zus. der Emulsion aus den schweren Elementen Br u. Ag u. den leichten C, N, O bedingt ist. Das Verhältnis der Sternbldg. in der ganzen Emulsion zu der in Ag u. Br wird zu 1,3 bis 1,5 berechnet. Die Änderung in der Neigung der beiden Kurvenstücke mit der Höhe spiegelt die Abhängigkeit des Energiespektr. der Nucleonenkomponenten von der Höhe wider. (Physic. Rev. [2] **86.** 86—89. 1/4. 1952. Washington, D. C., Naval Res. Labor., Nucl. Div.) WIEDEMANN. 85

H. Thurn, *Das 3. und 4. Maximum der Schauerkurve.* (Vgl. C. **1952.** 4251.) In Fortsetzung der Unterss. über die Maxima der ROSSI-Kurve wurde festgestellt, daß das 3. Maximum, wie es bei Normaldruck 100 m über dem Meere unter einem Schauerstrahler aus *Pb* beobachtet wird, eine Überlagerung von zwei verschied. Maxima darstellt, die zufällig bei dem in dieser Meereshöhe gewöhnlich herrschenden Luftdruck von 740 bis 760 Torr etwa bei der gleichen Pb-Dicke liegen. Bei einem Luftdruck unter 730 Torr erscheinen beide Maxima getrennt in der Kurve. Das eine der beiden sich überlagernden Maxima ändert seine Lage nicht mit dem Luftdruck, sondern erscheint stets bei der gleichen Pb-Dicke von 26 cm. Das andere der beiden Maxima, das 4. Maximum, ändert sowohl seine Lage als auch seine Höhe stark mit dem Luftdruck. Seine Lage verschiebt sich mit abnehmendem Luftdruck zu größeren Pb-Dicken. Bei ca. 735 Torr erscheint es deutlich von dem 3. Maximum getrennt. Bei einem Schauerstrahler aus Fe sind das 3. u. 4. Maximum schon bei einem Luftdruck von ca. 760 Torr deutlich getrennt. Die Höhen aller Maxima sind wesentlich geringer als unter Pb. (Z. Naturforsch. **7a.** 497—99. Juli 1952. Heidelberg, Max-Planck-Inst. für med. Forsch., Inst. für Phys.; Univ., I. Physikal. Inst.) GERHARD SCHMIDT. 85

E. G. Muirhead, B. M. Spicer und **H. Lichtblau,** *Die Winkelverteilung der Synchrotrontargetstrahlung.* Vff. messen die Winkelverteilung der in einem Synchrotron erzeugten Strahlung dünner Targets. Die Intensität der Röntgenstrahlung wird mittels einer Ionisationskammer gemessen. Es wurde quantitative Übereinstimmung erzielt mit den Theorien von SCHIFF (C. **1946.** I. 845) u. LAWSON (Proc. physic. Soc., Sect. A **63.** [1950.] 653) über die Mehrfachstreuung der Bremsstrahlung im Spezialfall eines *Pt*-Targets bei Elektronenenergien von 10—14 MeV. (Proc. physic. Soc., Sect. A **65.** 59—63. 1/1. 1952. Melbourne, Univ., Phys. Dep.) WEIGEL. 90

Glenn H. Peebles und **Milton S. Plesset,** *Durchgang von γ-Strahlen durch dicke Schichten schwerer Substanzen.* Berechnung der Wahrscheinlichkeit dafür, daß ein senkrecht auf eine U (20 cm)- oder Pb (35 cm)-Schicht auffallendes γ-Quant nach n Streuprozessen die Schicht durchläuft; n wird gleich 0, 1, 2 u. 3 gesetzt. Zahlenwerte werden für Photonen mit der Energie 10 mc^2 angegeben. (Physic. Rev. [2] **81.** 430—39. 1/2. 1951. Santa Monica, Calif., Rand Corp.; Pasadena, Calif., Inst. of Technol.) KIRSCHSTEIN. 90

Lawrence W. Jones und **Kent M. Terwilliger,** *Vergleich der totalen Photoneutronenausbeute von 160 und 320 MeV-Bremsstrahlung.* In Fortsetzung der Arbeiten mit der 320 MeV-Bremsstrahlung des Synchrotrons (vgl. TERWILLIGER u. Mitarbeiter, C. **1952.** 2788) bestimmen Vff. das Verhältnis der Photoneutronenausbeuten der 320 u. 160 MeV-Bremsstrahlung für *Be* zu 1,21; *C* 1,18; *Al* 1,48; *Fe* 1,23; *Cu* 1,28; *Mo* 1,30; *Ta* 1,28; *W* 1,33 u. für *Pb* zu 1,30. (Physic. Rev. [2] **85.** 689. 15/2. 1952. Berkeley, Calif., Univ., Radiat. Labor., Dep. of Phys.) H. HAUSWALD. 90

Saul T. Epstein, *Die Theorie der Impulsapproximation.* Für die Streuung eines Neutrons durch ein gebundenes Proton wird eine Integralgleichung abgeleitet, die die Impulsapproximation als erste Approximation zu ihrer Lösung enthält. Vf. weist auf den Zusammenhang zwischen der Impuls- u. FERMI-Approximation hin. (Physic. Rev. [2] **86.** 836—37. 15/6. 1952. New York.) GERHARD SCHMIDT. 90

R. J. Weiss, *Streuung von Neutronen unter kleinem Winkel.* Vf. berechnet die differentiellen u. totalen Streuquerschnitte für langsame Neutronen, die auf Kristallkugeln auftreffen, deren Radien wesentlich größer sind als die Wellenlänge der Neutronen. Die Ergebnisse für die differentiellen Querschnitte zeigen, daß, wenn die Differenz ϱ zwischen der Phasenverschiebung der Neutronen nach dem Durchfliegen des Teilchendurchmessers u. der Phasenverschiebung nach Durchfliegen derselben Strecke im Vakuum klein ist, Übereinstimmung mit der Näherung von BORN besteht, während für großes ϱ Übereinstimmung mit der geometr. Optik besteht. Unter Benutzung von Meilerneutronen wurde die Verbreiterung eines Neutronenbündels beim Durchgang durch feinpulverisierte Stoffe in Abhängigkeit von der Wellenlänge der Neutronen, Teilchengröße u. der Querschnitte für kohärente Streuung gemessen. Die Ergebnisse sind in Übereinstimmung mit den Erwartungen. Schließlich wurde eine neue Meth. zur Best. des Querschnitts für kohärente Streuung von Kernen u. der Streuphasen langsamer Neutronen unter Benutzung einer Fl., in welcher feingepulverte Stoffe verteilt sind, angewendet. Auf diese Weise wurde gezeigt, daß die Phasen für *Mo, Nb, Pd, Ru, Si, P* u. *Te* positiv sind. (Physic. Rev. [2] **83.** 379—89. 15/7. 1951. Long Island, N. Y., Brookhaven Nat. Labor.; New York, N. Y., New York Univ.) v. HARLEM. 90

A. L. Latter und **R. Latter,** *Eine Phasenverschiebungsanalyse der Neutron–Deuteron-Streuung.* Aus der FOURIER-Analyse partieller Wellengleichungen wird geschlossen, daß eine gleichzeitige Phasenverschiebungsanalyse der (n—d)- u. (p—d)-Winkelwirkungsquerschnitte mit der Hypothese der Ladungsunabhängigkeit in Einklang ist. Abweichungen treten zu den theoret. Phasenverschiebungen von BUCKINGHAM u. MASSEY (C. **1942.** I. 1844) auf. (Physic. Rev. [2] **86.** 727—30. 1/6. 1952. Los Angeles, Calif., Univ., Dep. of Phys.; Santa Monica, Calif., RAND Corp., Nucl. Energy Div.) G. SCHMIDT. 90

W. Ss. Schpinel, *Messung der Fluktuation von Ionisationsverlusten für Elektronen in dünnen Materieschichten.* Vf. mißt mit einem β-Spektrometer die Verteilung der Ionisationsverluste in *Al* von 1,65 u. 3,96 mg/cm² für 148 u. 222 keV-Elektronen. Unter Berücksichtigung der Verlängerung des Weges infolge Streuung stimmen die experimentellen Werte für die wahrscheinlichen Verluste gut mit den theoret. überein, doch ist die experimentell erhaltene Verteilung bedeutend breiter u. flacher als die LANDAUsche Kurve. (Журнал Экспериментальной и Теоретической Физики [J. exp. theoret. Physik] **22.** 421—24. April 1952. Moskau, Univ.) AMBERGER. 90

B. K. Wainstein, *Über die Abhängigkeit der Elektronenstreuung von der Ordnungszahl.* Für die ersten 3 Perioden wird die Streufunktion $f_{el}(s)$ nach der Theorie von FERMI u. THOMAS aus Literaturdaten berechnet u. in einer graph. Darst. auf s = 0 extrapoliert (s Differenz der Wellenvektoren der gestreuten u. der prim. Welle). Dabei zeigt sich, daß $f_{el}(0)$ innerhalb jeder Periode abnimmt. Diese Funktion gibt erstens ein Maß für die relative Nachweisbarkeit bei Elektronographie an (leichterer Nachw. von H in organ. Kristallen als in Ggw. schwererer Elemente), u. zweitens ist daraus das mittlere innere Gitterpotential ableitbar. Bei *Diamant* u. *Graphit* erhält man nach dieser Meth. den experimentellen Daten näher liegende Werte als nach den bisher bekannten Methoden. (Доклады Академии Наук СССР [Ber. Akad. Wiss. UdSSR] [N. S.] **85.** 1239—42. 21/8. 1952.) KIRSCHSTEIN. 90

Ju. M. Schirokow, *Über den Spin der Teilchen mit der Ruhmasse Null.* Durch Ausdehnung der früher benutzten Meth. (vgl. C. **1952.** 7283) auf Teilchen mit der Ruhmasse Null ergibt sich, daß der Spinoperator dem Operator des Viererimpulses proportional ist. Der Spinoperator hat zwei Eigenwerte, die sich nur dem Vorzeichen nach unterscheiden. (Журнал Экспериментальной и Теоретической Физики [J. exp. theoret. Physik] **23.** 78—82. Juli 1952. Moskau, Univ.) KIRSCHSTEIN. 90

E. M. Henley, *Nichtlineare pseudoskalare Mesontheorie.* (Sitzungsbericht.) Zur Erklärung der Kernsättigung u. der Schalenstruktur wird ein nichtlinearer Term in die gewöhnliche Wellengleichung des Mesons eingeführt. Es wird die Wrkg. einer Nichtlinearität bestimmt, die einem Punktrückstoß auf ein neutrales Mesonfeld entspricht, wobei die klass. Feldtheorie benutzt wird. Zusammen mit verschied. Kernmodellen wird ein Variationsprinzip für eine beliebige Strahlenquelle untersucht. (Physic. Rev. [2] **85.** 772. 15/2. 1952; Bull. Amer. physic. Soc. **26.** Nr. 8. 24. 27/12. 1951. Stanford Univ.) GERHARD SCHMIDT. 95

Igal Talmi, *Kernspektroskopie mit Wellenfunktionen des harmonischen Oscillators.* Die Beschränkung auf harmon. Zentralpotentiale ermöglicht die Entw. einer neuen Meth. zur Berechnung der Matrixelemente der Wechselwrkg. zwischen den äußeren Nucleonen im Schalenmodell, welche auch den Fall nichtzentraler Kräfte zu behandeln gestattet. Die Ordnung der Niveaus in der j^n-Konfiguration, die jj-gekoppelten Konfigurationen $(d_{5/2})^3$, $(f_{7/2})^3$ u. $(g_{9/2})^3$, die von der Spin-Bahnkopplung zwischen den Nucleonen herrührende Dublettaufspaltung sowie die Lage der untersten Terme von ^{7}*Li* bei Berücksichtigung von Spinbahnkopplung u. Tensorkräften werden berechnet. (Helv. physica Acta **25.** 185—234. 30/4. 1952. Zürich, ETH.) H. HAUSWALD. 95

H. E. Gove und **H. F. Stoddart,** *Winkelverteilungen der unelastisch gestreuten Protonen von* ^{12}*C und* ^{24}*Mg.* Mit einem NaJ-Scintillationszähler zum Nachw. schwerer geladener Teilchen werden die Winkelverteilungen unelast. gestreuter Protonen aus Targets gemessen, die mit 7,3 MeV-Cyclotron-Protonen beschossen wurden. Die Impulshöhenverteilung wird durch Photographie des Oscilloskopverlaufs erhalten. Die beiden stärksten unelast. Gruppen entsprechen den Niveaus in ^{24}Mg bei 1,38 u. 4,14 MeV. Aus der Lage dieser beiden Gruppen u. der elast. Gruppe läßt sich die Energie der auftreffenden Protonen zu $7{,}26 \pm 0{,}04$ MeV berechnen, woraus geschlossen wird, daß NaJ linear auf die Protonenenergie innerhalb 4% anspricht. Die Winkelverteilung der unelast. Protonengruppen, die dem 1,38 MeV-Niveau in ^{24}Mg u. dem 4,45 MeV-Niveau in ^{12}C entsprechen, wird mit einem sehr stabilen Einkanalanalysator gemessen. Beide Winkelverteilungen sind um 90° asymm., wodurch angezeigt wird, daß mindestens zwei Niveaus verschied. Parität in den Endkernen (^{25}*Al* u. ^{13}*N*) vorhanden sind. Über diese Niveaus liegen jedoch bisher keine Daten vor. (Physic. Rev. [2] **86.** 572—73. 15/5. 1952. Cambridge, Mass., MIT, Dep. of Phys. and Radioact. Center of the Labor. for Nucl. Sci. and Engng.) GERHARD SCHMIDT. 103

H. E. Gove und **A. Hedgran,** *Winkelkorrelation zwischen γ-Strahlen und unelastisch gestreuten Protonen von* ^{24}*Mg.* (Vgl. vorst. Ref.) Ausführliche Darst. des C. **1952.** 5525 referierten Sitzungsberichtes. (Physic. Rev. [2] **86.** 574—75. 15/5. 1952.) GERHARD SCHMIDT. 103

M. Paganelli und **G. Quareni,** *Das Zerfallsschema von* ^{40}*K.* (Vgl. C. **1952.** 3440.) Lsgg. von Kaliumhalogenidsalzen wurden auf die Kathoden von GEIGER-Zählern aufgespritzt, u. diese Zähler wurden einzeln in eine Vorr. eingebaut, die aus 2 Gruppen von je 12 Zählern bestand. Die Analyse der beobachteten Doppelkoinzidenzen (Zähler mit K-Kathode u. ein Zähler einer der beiden Gruppen) ergab, daß es sich um Koinzidenzen der γ-Strahlen mit den auf den K-Einfang folgenden AUGER-Elektronen oder Röntgenstrahlen handelte. Die beim Zerfall von ^{40}K beobachteten γ-Strahlen werden demnach von ^{40}Ar emittiert. (Physic. Rev. [2] **86.** 423—24. 1/5. 1952. Padova, Univ., Ist. di Fis.) KIRSCHSTEIN. 103

C. Sharp Cook, *Über das K-Einfang/Positron-Verzweigungsverhältnis bei* ^{61}*Cu.* Das K/β^+-Verzweigungsverhältnis von ^{61}Cu wird vom Vf. ohne Verwendung von Meßkorrekturen bestimmt. Aus massenspektroskop. Häufigkeitsmessungen läßt sich nach REYNOLDS (C. **1951.** II. 929) $(K/\beta^+)_{64}$ von ^{64}Cu zu 2,32 ermitteln; $(K/\beta^+)_{64}/(K/\beta^+)_{61}$ wird direkt zu 5,5 bestimmt. Durch Kombination beider Werte ist $(K/\beta^+)_{61} = 0{,}42$. Da der Wert von 5,5 wahrscheinlich um ca. 10% zu hoch liegt, ergibt sich $(K/\beta^+)_{61}$ zu 0,47. (Physic. Rev. [2] **83.** 462—63. 15/7. 1951. St. Louis, Mo., Washington Univ., Phys. Dep.) WEIGEL. 103

D. Brower, G. Hinman, G. Lang, R. Leamer und **D. Rose,** *Innere Umwandlung in* ^{64}*Cu und* ^{59}*Fe.* Die K-Konversionskoeffizienten der 1,34 MeV-γ-Strahlung von ^{64}Cu

u. der 1,11 MeV- u. 1,30 MeV-γ-Strahlen von ^{59}Fe werden aus spektroskop. Messungen u. einem Vgl. mit dem Zerfallsschema bestimmt. Die gefundenen Werte betragen bei ^{64}Cu → ^{64}*Ni* (1,0 – 1,6)·10^{-4}, bei ^{59}Fe → ^{59}*Co* (1,45 ± 0,05)·10^{-4} bzw. (0,84 ± 0,05)·10^{-4}. Der Wert für ^{64}Cu enthält eine Korrektur wegen der Probendicke (~ 10 mg/cm^2). (Physic. Rev. [2] **86.** 1054—55. 15/6. 1952. Pittsburgh, Pa., Carnegie Inst. of Technol.)
WERNER SCHULZ. 103

J. M. Cork, J. M. LeBlanc, F. B. Stumpf und **W. H. Nester,** *Der radioaktive Zerfall von* ^{103}*Ru.* Die β- u. γ-Strahlung beim Zerfall von ^{103}Ru (46 Tage) wird mit photograph. Spektrometern gemessen. Nach dem vorgeschlagenen Zerfallsschema vollzieht sich der Übergang von ^{103}Ru in angeregte Zustände u. anschließend in den Grundzustand von ^{103}Rh einerseits durch einen 695 keV-β- u. einen 52,9 keV-γ-Strahl (E 2-Übergang), andererseits durch einen 210 keV-β-Strahl u. die anschließende Aufeinanderfolge eines 498,5 keV (E 2)- u. eines 39,6 keV (E 3)-γ-Strahls. Der beobachtete 610,6 keV-γ-Strahl deutet darauf hin, daß möglicherweise noch ein 137 keV-β-Strahl vorhanden ist. Die für die verschied. Zustände angenommenen Spinwerte stehen mit den nach der Schalentheorie erwarteten nicht im Widerspruch. (Physic. Rev. [2] **86.** 575—76. 15/5. 1952. Ann Arbor, Mich., Univ., Dep. of Phys.)
WERNER SCHULZ. 103

G. E. Boyd, *γ-Strahlungen von* ^{105g}*Rh (36,5 Stunden).* Das zu verschied. Zeiten mit (Tl + NaJ)-Scintillationszählern aufgenommene energieabhängige γ-Spektr. zeigt γ-Strahlen bei Energien von 322 ± 5, 157 ± 5 (sehr schwach) u. möglicherweise von 80 ± 5 keV. Aus β-γ-Koinzidenzen wird ein komplexes β-Spektr. nachgewiesen, wobei aus Absorption in Al eine Reichweite von 63 mg/cm^2 entsprechend der maximalen β-Energie von ca. 260 keV bestimmt wurde. Durch Vgl. mit Messungen an ^{98}*Au* (2,69 Tage) wird ermittelt, daß 10 ± 2% des Zerfalls von ^{105g}Rh durch die 320 ke V-γ-Strahlung erfolgt, wenn keine merkliche Verzögerung u. Konvertierung angenommen wird. Für das 320 keV-Niveau wird auf einen $g^+_{7/2}$-Zustand geschlossen. (Physic. Rev. [2] **86.** 578. 15/5. 1952. Oak Ridge, Tenn., Nat. Labor., Chem. Div.)
WERNER SCHULZ. 103

L. M. Langer, R. D. Moffat und **G. A. Graves,** *Der Zerfall des metastabilen Zustandes von* ^{115}*In.* (Sitzungsbericht.) Unter Verwendung eines Magnetspektrometers sehr großer Auflösung werden die inneren Konversionselektronen bei der Umwandlung des 4,5 Std. metastabilen Zustandes von ^{115}In untersucht. Das K/L + M-Verhältnis ist 3,76. Spektrometermessungen mit einer Strahlenquelle im Gleichgewicht mit dem 54 Std.-^{115}*Cd* ergaben einen totalen inneren Konversionskoeff. von 0,98 u. den Koeff. für die K-Konversion zu 0,64. Das 54,0 Std.-^{115}Cd geht in den metastabilen Zustand des ^{115}In über zwei β-Gruppen mit den Endpunkten von 1,11 MeV (58%) u. 0,58 MeV (42%) über. (Physic. Rev. [2] **86.** 632. 15/5.; Bull. Amer. physic. Soc. **27.** Nr. 1. 57. 31/1. 1952. Indiana Univ.)
GERHARD SCHMIDT. 103

S. B. Burson und **W. C. Rutledge,** *Experimentelle Bestimmung der K/L-Verhältnisse für* ^{175}*Cp (Lu) und* ^{46m}*Sc (20 Sekunden).* (Sitzungsbericht.) Der Neutronenbeschuß von ^{174}*Hf* liefert das 70 Tage-^{175}Hf, das durch K-Einfang in ^{175}Cp zerfällt. Mit einem 180°-β-Spektrometer u. photograph. Spektrograph wurden die K/L-Werte für die meisten Linien vermessen. Zum Vgl. beider Methoden wurde der stark konvertierte 0,342 MeV-γ-Strahl benutzt. Die photograph. Meth. erwies sich zur Best. der K/L-Werte kurzlebiger Aktivitäten als bes. geeignet. Der isomere Übergang von ^{46m}Sc (20 Sek.) wurde zu 0,142 MeV, das K/L-Verhältnis aus der Photoplatte zu 10 ± 3 bestimmt. (Physic. Rev. [2] **86.** 633. 15/5.; Bull. Amer. physic. Soc. **27.** Nr. 1. 58. 31/1. 1952. Argonne Nat. Labor.)
GERHARD SCHMIDT. 103

D. Saxon, *Kurven für die Fensterkorrektur und der Verlauf von p-Spektren.* Vf. weist nach, daß die von BUNKER u. Mitarbeitern (C. **1951.** I. 2996) beobachteten Abweichungen bei der Aufnahme des β-Spektr. von ^{233}*Th* völlig oder zum größten Teil durch die Absorption im Zählerfenster hervorgerufen worden sind. (Physic. Rev. [2] **81.** 639. 15/2. 1951. Madison, Wis., Univ.)
KIRSCHSTEIN. 103

José Miguel Gam oa Loyarte, *Anwendungen der radioaktiven Isotope in der organischen Chemie und Biologie.* Vf. unterscheidet 4 Anwendungsgruppen: 1. Verss. mit Unterscheidung chem. nicht differenzierbarer Atomgruppen; 2. Best. der Verdünnung der radioakt. Isotope mit inakt. Material; 3. Verwertung der hohen Empfindlichkeit des Nachw. u. der Best. der radioakt. Substanzen; 4. Anwendung der biol. Wirkungen der Strahlungen. (Rev. Ci. apl. **5.** 385—93. Sept./Okt. 1951. Valencia, Univ., Fac. de Cienc.)
R. K. MÜLLER. 105

A. B. Lillie und **J. P. Conner,** *Herstellung von dünnen Tritiumtargets.* T wird von einer Zr-Schicht absorbiert, die auf W aufgedampft ist. Es konnten Targets mit einem Nd. von 10 g/cm^2 bis zu 500 g/cm^2 Zr hergestellt werden mit einem Verhältnis von T- zu Zr-Atomen bis zu 1,5 : 1 (im Durchschnitt 1 : 1). (Rev. sci. Instruments **22.** 210—11. März 1951. Houston, Tex., Rice Inst.)
V. HARLEM. 112

J. R. McNally jr., *Atom-Spektroskopie und abgetrennte Isotope.* Die Vorteile der Verwendung abgetrennter Isotope in der Atomspektroskopie zur Best. von Kernmomenten u. Isotopenverschiebungen werden diskutiert, wobei Spektren von *Hg*, *U*, *Sm* u. *Li* wiedergegeben werden. 22 „Problemkerne" natürlicher Isotope, deren Kernmomente noch völlig unbestimmt sind, werden herangezogen. — 82 Literaturhinweise. (Amer. J. Physics **20.** 152—60. März 1952. Oak Ridge, Tenn., Nat. Labor.) EICHHOFF. 112

R. G. Herb, J. G. Trump, J. L. Danforth und **E. A. Burrill**, *Van de Graaff-Injektor für das Cosmotron in Brookhaven.* (Sitzungsbericht.) Als Protonenquelle für das Protonensynchrotron von Brookhaven wurde ein 4 MeV-VAN DE GRAAFF-Generator entwickelt. Die Anlage ist in einem Hochdruck-Stahltank untergebracht. Es wurden Impulsströme von 0,3 mA erzielt. (Physic. Rev. [2] **82.** 316. 15/4.; Bull. Amer. physic. Soc. **26.** Nr. 1. 29. 1/2. 1951. Univ. of Wisconsin u. High Voltage Engng. Corp.) REUSSE. 112

W. M. Preston und **Clark Goodman**, *Wirkungsweise des M.I.T.-Rockefeller-Elektrostatischen Generators.* (Sitzungsbericht.) Vff. bringen eine kurze Beschreibung einer Protonenquelle für 4 MeV-Teilchen. Es handelt sich um eine elektrodenlose Hochfrequenzentladung (30 MHz). Die erzeugten Protonen werden durch eine Schlitzblende geführt, in einem transversalen Magnetfeld mit 90° Ablenkung homogenisiert u. dann nach Durchgang durch einen weiteren Schlitz beschleunigt. Mit einem Protonenstrom von 5 μA wurde die Anregungskurve der Neutronenbldg. beim Auftreffen der Protonen auf Li gemessen. (Physic. Rev. [2] **82.** 316. 15/4.; Bull. Amer. physic. Soc. **26.** Nr. 1. 29. 1/2. 1951. M. I. T.) REUSSE. 112

S. G. F. Frank, *Ein lokalisierender Geiger-Zähler.* Best. des Eintrittsortes ionisierender Teilchen in einem GEIGER-Zähler durch Feststellung des örtlichen Entladungsbeginns. Der Zählerdraht wird an den Enden von zwei konzentr. Elektroden umhüllt. Durch konstante Entladungsausbreitung längs des Zählerdrahtes erhalten die Elektroden phasenverschobene Spannungsimpulse. (Philos. Mag. [7] **42.** 612—15. Juni 1951. Cambridge, Cavendish Labor.) FROST. 112

L. E. Beghian, R. A. Allen, J. M. Calvert und **H. Halban**, *Ein Spektrometer für schnelle Neutronen.* Das Spektrometer besteht aus zwei Scintillationszählern u. einer Koinzidenzschaltung mit einer Auflösungszeit von $3 \cdot 10^{-8}$ Sekunden. Die schnellen Neutronen erzeugen zunächst in einem Stilbenkristall Rückstoßprotonen u. werden dann bei einem Streuwinkel von ca. 90° in einem mit ½ cm Ag umgebenen NaJ(TlJ)-Kristall gezählt, wenn ihre nach einer Flugzeitmeth. gemessene Energie nur weniger als 30 keV beträgt. Da das Rückstoßproton dann mehr als 99% Neutronenenergie erhalten hat, ist die Größe von dessen Scintillation im Stilbenkristall ein direktes Maß für die Neutronenenergie. (Physic. Rev. [2] **86.** 1044—45. 15/6. 1952. Oxford, Clarendon Labor.) H. HAUSWALD. 112

S. C. Snowdon, *Bahnen in einem axial fokussierenden Doppellinsen-Spektrometer.* (Sitzungsbericht.) Die drehimpulsfreien Elektronenbahnen in einer Linse vom GLASERschen Glockenfeldtypus $H = H_0 (1 + x^2)^{-1}$ werden in SEIDELscher Dioptrik berechnet. Durch geeignete Zus. solcher Bahnen wird die Gesamtheit der in einem aus zwei derartigen, axial gegeneinander verschobenen Linsen bestehenden SIEGBAHNschen Doppellinsen-β-Spektrometer möglichen Bahnen ermittelt. (Physic. Rev. [2] **82.** 325. 15/4.; Bull. Amer. physic. Soc. **26.** Nr. 1. 38. 1/2. 1951. Bartol Res. Foundat.) LENZ. 112

M. R. Vauthier, *Verwirklichung eines flachen Elektronenbündels. Anwendung auf die Massenspektrometrie.* Die Bedingungen zur Erzeugung eines flachen Elektronenstrahls wurden in einer App. mit W-Glühdraht, WEHNELT-Zylinder mit rechteckigem Spalt als Hilfselektrode (0,4 · 4 mm), einer Anode mit regulierbarer Schlitzbreite u. einem ZnS-Leuchtschirm zur visuellen Beobachtung untersucht. Die Elektroden spielen die Rolle von Zylinderlinsen der Lichtoptik. Für eine krit. Spannung Hilfselektrode–Glühdraht wurde als Spur des Elektronenbündels ein äußerst lichtstarker, sehr feiner Strich parallel zu den Schlitzen erhalten. Die Übertragung auf die geometr. Verhältnisse der Ionenquelle eines Massenspektrometers, wobei das magnet. Hilfsfeld durch die WEHNELT-Elektrode ersetzt ist, führte zu einem Intensitätsgewinn gegenüber Ionenquellen üblicher Bauart. Mögliche Ursachen für das störende Auftreten von Nebenstrahlen werden diskutiert. (J. Physique Radium **13.** 107—08. Febr. 1952. Poitiers, Fac. des Sci.) CONRAD. 112

Claude Geoffrion, *Optimale geometrische Bedingungen für Massenspektrometer.* Es werden die Zusammenhänge zwischen Spaltdimension, Divergenz des Ionenstrahlbündels, Lichtstärke u. Auflösungsvermögen für verschied. einfach fokussierende Massenspektrometer aufgestellt u. die Bedingungen für maximale Lichtstärke bei gegebener Dispersion hergeleitet. Ein Spektrometer 3. Ordnung, das unter optimalen Bedingungen betrieben wird, liefert höhere Lichtstärken als ein solches der üblichen Bauart. Die numer. Daten werden angegeben. (Rev. sci. Instruments **23.** 224—28. Mai 1952. Québec, Laval Univ., Dep. of Phys.) WEIGEL. 112

A_2. Optisches Verhalten der Materie.

W. W. Witkewitsch, *Messung der Intensität der Strahlungsemission von kosmischen Quellen.* Vf. behandelt zwei Methoden zur Messung der Emission von Radiowellen, das Kompensations- u. das Modulationsverf., u. ihre Empfindlichkeiten. Die Intensität der Radioausstrahlung verschied. kosm. Quellen, der Sonne, des Mondes, der Milchstraße u. einiger Radiosterne ist tabellar. zusammengestellt, bei der Sonne auch die für die verschied. Wellenlängen sich ergebende Temperatur. Beim Kompensationsverf. ist für die cm- u. dm-Wellen eine Antenne von 3,5 m^2 effektiver Fläche notwendig, für Radiosterne im m-Wellengebiet von 100 m^2. Das Modulationsverf. eignet sich für dm- u. cm-Wellen. (Астрономический Журнал [Astronom. J.] **29.** 14—24. Jan./Febr. 1952. Physik. Lebedew-Inst. der Akad. der Wiss. der UdSSR.) WIEDEMANN. 113

E. E. Salpeter, *Kernreaktionen in Sternen ohne Wasserstoff.* Vf. diskutiert für Sterne vom B- u. O-Typ die Möglichkeit weiterer Kern-Rkk., wenn sie ihren H durch Umwandlung in *He* aufgebraucht haben. Sobald durch Kontraktion 10^{8}° K erreicht sind, kann gemäß ^{4}He + ^{4}He + 95 keV → ^8Be + γ u. ^{4}He + ^{8}Be → ^{12}C + γ + 7,4 MeV aus 3 He 1 C entstehen. Trotz seiner Instabilität kann ^{8}Be zu einem Anteil von 10^{-10} im Sternmaterial vorhanden sein. Bis zum völligen Verbrauch des He sollte diese Rk. neben solchen, bei denen ^{16}O, ^{20}Ne usw. entstehen, den Energieverlust des Sternes ersetzen, also ca. $5 \cdot 10^7$ Jahre. Unter den sichtbaren Sternen (B 8) sind vermutlich einige %, die He in schwerere Kerne umwandeln u. deren Temp. ca. 10mal größer sowie deren Radius ca. 10mal kleiner ist als in der Hauptreihe. (Astrophysic. J. **115.** 326—28. März 1952. Cornell Univ., Labor. of Nucl. Stud.) WIEDEMANN. 113

P. Wellmann, *Zur Analyse der Be-Spektren.* 1. Mitt. *Die Häufigkeit der HeI-Zustände unter Bedingungen, die vom thermodynamischen Gleichgewicht abweichen.* Im Anschluß an ROSSELAND, MENZEL u. Mitarbeiter berechnet Vf. die Besetzungszahlen b_i einer für die Behandlung der beobachtbaren Emissionslinien von He I ausreichenden Anzahl von Energieniveaus, die unter dem Einfl. verd. Strahlung angeregt werden. Die Werte der b_i werden in Abhängigkeit von der Elektronentemp. u. der Strahlungstemp. für die Terme des Singulett- u. Triplettsyst. bis zur Hauptquantenzahl n = 3 für verschied. Werte des Verdünnungsfaktors W ≠ 0 u. bis zu n = 4 für W ≈ 0 angegeben. Ein Vgl. mit den Ergebnissen anderer Autoren ergibt gute Übereinstimmung innerhalb der Grenzen, die durch die verschied. Anzahl der berücksichtigten Terme gegeben sind. Vf. zeigt die Verwendung der b_i-Werte für die Berechnung des Ionisationsgrades nicht im Gleichgewicht befindlicher Gase u. zur Kontrolle von Korrekturen der SAHA-Gleichung. (Z. Astrophysik **30.** 71—87. 1952. Hamburg-Bergedorf.) F. W. KRÜGER. 113

P. Wellmann, *Zur Analyse der Be-Spektren.* 2. Mitt. *Die Emission einer ausgedehnten Atmosphäre geringer Dichte.* (1. vgl. vorst. Ref.) Die Intensität einer Emission wird in Abhängigkeit von den Besetzungszahlen, Gestalt u. Schichtung der Atmosphäre unter vereinfachenden, für eine orientierende Analyse der Be-Spektren ausreichenden Voraussetzungen dargestellt. Die 1. Näherung einer Wachstumskurve der Emissionsintensitäten ohne einschränkende Annahmen über Reabsorption ergibt den aus der Theorie der Wachstumskurven für Absorption bekannten Verlauf. Dabei werden die Zahlen N_i, N_j der Atome im i-ten bzw. j-ten Energiezustand ($i < j$) in der ganzen Atmosphäre als konstant angenommen. Da Reabsorptionseffekte in den später behandelten Sternhüllen (vgl. nachst. Ref.) in den meisten Linien klein sind, wird angenommen, daß die Emission nur in dünner Schicht erfolgt, alle Emissionslinien also auf dem linearen Teil der Wachstumskurve liegen oder auf ihn red. sind u. alle Abweichungen von dieser Kurve durch die Überlagerung der Linien des von der Hülle absorbierten Sternlichtes entstehen. Die Abweichungen werden für 4 typ. He-Linien, 6678, 5875, 5015, 3888 Å, in einer Tabelle angegeben. Die 2. Näherung der Wachstumskurve berücksichtigt die Dichteverteilung in der Atmosphäre; die analyt. Ausdrücke für die Emissionsintensitäten der oben angeführten Linien werden angegeben. (Z. Astrophysik **30.** 88—95. 1952.) F. W. KRÜGER. 113

P. Wellmann, *Zur Analyse der Be-Spektren.* 3. Mitt. *Das Spektrum von γ-Cassiopeiae.* (2. vgl. vorst. Ref.) Aus den Emissionsintensitäten einer Reihe von Spektren, aufgenommen in den Jahren 1937—39, leitet Vf. Wachstumskurven für *Fe II*, *H* u. *He* ab u. gibt die Mittelwerte der Emissionsintensitäten der zugrunde gelegten Spektren in Einheiten des Kontinuums bei $\lambda = 4000$ Å in einer Tabelle an. Er bestimmt die Verdünnung der anregenden Strahlung W = 0,01 für die 1. Näherung u. W = 0,1 bei Berücksichtigung der Dichteverteilung in der Atmosphäre, die Anregungstempp. 10000 bis 15000° K, die den Farbtempp. folgen, die Elektronendichte $N_e = 10^{11,8} \cdot e^{-1,7\, r/r_0}$ (r_0 Radius des Sterns), berechnet aus den absol. Emissionsintensitäten, bzw. $N_e = 10^{12,4} \cdot e^{-1,7\, r/r_0}$, berechnet aus der kontinuierlichen Absorption, u. die Lage der emittierenden u. absorbierenden Schichten. Der Schwerpunkt der vor u. nach dem Maximum der Atmosphärenausdehnung unmittelbar sichtbaren, während des Maximums aber nur indirekt nachweisbaren Hüllenabsorption liegt dem Stern näher als der Schwerpunkt der Emission. Die Ausstrahlung der ausgedehnten Hülle erfolgt nahezu ohne Reabsorption, nur wenige He-Linien, bes. $\lambda = 5875$ Å, mit stärkerer Besetzung der unteren Niveaus zeigen Selbstumkehr. Die eigentliche Emission beginnt erst in einem gewissen Abstand von der Sternoberfläche. (Z. Astrophysik **30.** 96—116. 1952.) F. W. KRÜGER. 113

G. R. Miczaika, *Radialgeschwindigkeitsmessungen von γ-Bootis.* Die Radialgeschwindigkeiten werden aus 50 Spektrogrammen aufgenommen von April bis Juli 1951, aus dem Wellenlängenbereich 3790—4500 Å bestimmt (UV-Spektrograph. u. 375 mm-Kamera.) Die Linien folgender Elemente wurden gemessen: *Mg I, Mg II, Fe I, Cr I, Sc II, Ca I, Ca II, Ti II,* H_δ, *Sr II, Ni II, H 8, H 9, H 10.* Die Spektrallinien sind breit u. verwaschen. Der Stern gehört der Hauptreihe an, sein Spektraltyp ist A 7 III. Das Mittel der Radialgeschwindigkeit aus allen Messungen beträgt $-32{,}2 \pm 1{,}1$ km/sec. Der Stern hat innerhalb der Meßzeit keine Radialgeschwindigkeitsänderungen mit der Periode des zeitweilig auftretenden Lichtwechsels ausgeführt. (Z. Astrophysik **30.** 134—36. 1952. Heidelberg-Königstuhl, Sternwarte.) F. W. KRÜGER. 113

G. R. Miczaika, *Über die Radialgeschwindigkeitskurve von δ-Orionis.* (Vgl. C. **1952.** 3285.) Aus 73 Spektrogrammen (UV-Spektrograph, Dispersion ca. 51 Å/mm bei H_γ, 29 Å/mm bei $\lambda = 3700$) werden Radialgeschwindigkeit u. Bahnelemente bestimmt. Aus der stationären K-Linie ergab sich die mittlere Geschwindigkeit $+17{,}4$ km/Sekunde. Die Bahn ist nahezu kreisförmig. Die Veränderlichkeit der Bahnelemente wird auf die Wrkg. bewegter Gasmassen in dem Syst. zurückgeführt. Gemessene Linien: *He I* 4471,48, 4387,93, 4120,81, 4026,36, 3819,60, H_γ 4340,47, *Si IV* 4116,10, 4088,86, H_δ 4101,74, *O II* 4096,54, 4075,87, 4069,90, H_ε 3970,07, *Ca II* 3933,66, H 8 3889,05, H 9 3835,39, H 10 3797,90, H11 3770,63, H12 3750,15 u. O III 3759,87, 3754,67. (Z. Astrophysik **30.** 299—304. 1952. Heidelberg-Königstuhl, Bad. Landessternwarte.) F. W. KRÜGER. 113

Norman F. Ramsey und **Henry B. Silsbee,** *Phasenverschiebungen bei der Molekularstrahlmethode mit getrennten oscillierenden Feldern.* Es wird die Einw. einer Phasendifferenz der beiden oscillierenden Felder theoret. diskutiert. Messungen bei Änderung der Phasendifferenz von 0—180° ergeben Verdopplung der Signalstärke. Phasenverschiebungen von 90° geben Resonanzen von der Form einer Dispersionskurve, solche von ca. +90° nach ca. —90° bes. ein empfindliches Mittel zur Best. der Resonanzfrequenz. (Physic. Rev. [2] **84.** 506—07. 1/11. 1951. Cambridge, Mass., Univ.) WERNER SCHULZ. 114

C. H. Shaw und **Nathan Spielberg,** *$L\alpha_{1,2}$- und $L\beta_1$-Emissionslinien von Kupfer und Zink.* Mit einem neuen Doppelkristall-Vakuum-Röntgenspektrometer in Verbindung mit einem Photomultiplier nach ALLEN (Rev. sci. Instruments **18.** [1947.] 739) wurden vorläufige Messungen der Struktur der L $\alpha_{1,2}$- u. L β_1-Linien von Cu u. Zn ausgeführt. Die Linien entsprechen Übergängen aus den d-Bändern nach L_{III} u. L_{II}. Sie werden mit den entsprechenden K $\beta_{2,5}$-Linien u. mit älteren photograph. Beobachtungen verglichen. (Physic. Rev. [2] **86.** 641. 15/5. 1952. Ohio State Univ.) FAESSLER. 116

F. R. Hirsh jr., *Auger-Verstärkung der Mα-Satelliten.* Während die Mβ-Linie von 6 scharfen Satelliten begleitet ist, fehlen Satellitenmaxima bei Mα vollständig. Die Ursache ist in der AUGER-Verbreiterung der Satelliten zu sehen. Trennt man den Satellitenanteil von der „klass." Mα-Linie, so zeigt das Intensitätsverhältnis von beiden in der Reihe der Elemente Pt, Au, Tl, Pb, Bi, Th u. U zwei Maxima bei Tl (z = 81) u. nahe Th (z = 90). Dies wird im Sinne der Theorie von COSTER u. KRONIG damit in Zusammenhang gebracht, daß bei diesen Ordnungszahlen die Energiedifferenz M_{III}—M_V die Ionisationsenergie von N_{IV} bzw. N_V überschreitet. (Physic. Rev. [2] **85.** 685. 15/2. 1952. Pasadena, Calif.) FAESSLER. 116

H. A. Gebbie und **C. G. Cannon,** *Eigenschaften von amorphem Selen und sein Gebrauch als optisches Material.* Wiedergabe des Absorptionsspektr. von amorphem Se sowie Diskussion seiner Verarbeitung u. Verwendung für Infrarotlinsen u. -prismen. (J. opt. Soc. America **42.** 277. April 1952. Reading, Berkshire, Univ., Phys. Res. Labors.) EICHHOFF. 118

E. Burstein, J. J. Oberly, B. W. Henvis und **J. W. Davisson,** *Eine Mitteilung über die Verteilung von Verunreinigungen in Alkalihalogeniden.* Absorptionsbandenmessungen an durch Pb^{2+} verunreinigten *NaCl*-Kristallen (ebenso an NaCl:*Cu*, *KCl*:Cu) zeigen zusätzliche, von der Wachstums- u. therm. Geschichte des Kristalls abhängige Banden, d. h. daß sich die Verunreinigungen an bestimmten Stellen anhäufen. Die Bedingungen werden diskutiert, unter denen solche Abweichungen von einer zufälligen Verteilung (vgl. C. **1951.** I. 2999) erwartet werden können. (Physic. Rev. [2] **81.** 459—60. 1/2. 1951. Washington, D. C., Naval Res. Labor., Metallurgy Div., Crystal Branch.) KÖHN. 118

Frank Matossi, *Polarisationsmodell der effektiven Ladungen.* Im Anschluß an frühere Unterss. (C. **1952.** 1950) über die Berechnung der Depolarisationsfaktoren der RAMAN-Linien auf Grund des klass. Bildes werden auf der gleichen Grundlage die effektiven Ladungen für lineare zwei- u. dreiatomige Moll. aus einem Ausdruck des Dipolmomentes, welcher die induzierten atomaren Dipole einschließt, berechnet. Als Ladung wird die Elementarladung angenommen; die Abhängigkeit der Polarisierbarkeit vom Atomabstand ist in guter Übereinstimmung mit den aus RAMAN-Effektdaten erhaltenen Ergebnissen. Gewisse Abweichungen bleiben bestehen; im ganzen scheint jedoch das klass. Bild geeignet, die Dipolmomente, die Ultrarotintensitäten u. die Depolarisation der RAMAN-Strahlung zu erfassen. (J. chem. Physics **20.** 819—21. Mai 1952. White Oak, Silver Spring, Md., Naval Ordnance Labor.) K. L. WOLF. 120

Frank Matossi, *Die Veränderlichkeit der Atompolarisierbarkeiten.* (Sitzungsbericht.) Ein früherer Vorschlag des Vf., die Atompolarisierbarkeiten als von der Feldstärke oder dem Abstand benachbarter Atome abhängig anzusehen, wurde auf dreiatomige symm. u. asymm. Moll., wie *OCO, SCS, OCS, NCS, NNO* u. *NNN*, angewandt. Das Verf. setzt die Kenntnis der atomaren Kraftkonstanten voraus u. ist nur auf Dehnungsschwingungen anwendbar. Aus dem RAMAN-Effekt u. den Streudaten folgen annehmbare Werte für die Atomabstände. Für *N*, *C* u. *O* liegt d α/d r zwischen 0,6 u. $2{,}5 \cdot 10^{-6}$, für *S* zwischen 3 u. $8 \cdot 10^{-6}$ cm². (Physic. Rev. [2] **81.** 296. 15/1. 1951; Bull. Amer. physic. Soc. **25.** Nr. 5. 8. 24/11. 1950. Naval Ordnance Labor.) STAHL. 120

T. G. Burke und **E. A. Jones**, *Das Spektrum des Brompentafluorids.* Es wurde in einem Fluorothene-Gefäß das RAMAN-Spektr. von fl. BrF_5 u. im KBr-Bereich das Ultrarotspektr. im gasförmigen Zustand aufgenommen. Die bisher noch unvollständigen Ergebnisse sprechen mehr zugunsten einer tetragonalen Pyramide. (J. chem. Physics **19.** **1611.** Dez. 1951. Oak Ridge, Tenn., Carbide and Carbon Chem. Comp., K-25 Labor.) GOUBEAU. 120

A. H. Nielsen, **T. G. Burke**, **P. J. H. Woltz** und **E. A. Jones**, *Die Ultrarot- und Raman-Spektren von F_2CO, FClCO und Cl_2CO.* Es wird ein Vgl. der vollständigen RAMAN- (fl.) u. Ultrarotspektren (gasförmig) von F_2CO, FClCO u. Cl_2CO durchgeführt. Die beobachteten Frequenzen können den Grund- u. Kombinationsschwingungen zugeordnet werden. Die Feinstruktur der Ultrarotbanden wird beschrieben u. mit den theoret. Voraussagen für die in Betracht gezogenen Mol.-Modelle verglichen. In F_2CO u. FClCO ist die CO-Doppelbindungsfrequenz infolge Resonanz von ν_2 mit $2\,\nu_1$ bzw. ν_2 mit $\nu_1 + \nu_4$ aufgespalten. (J. chem. Physics **20.** 596—604. April 1952. Oak Ridge, Tenn., Carbide and Carbon Chem. Comp., K-25 Labor., u. Knoxville, Tenn., Univ.) GOUBEAU. 120

J. Goubeau und **H. J. Becher**, *Die Schwingungsspektren des Bortrimethyls und des Bortrimethyl-Ammoniakats.* Zum Studium der Bindungsverhältnisse wurde das RAMAN- u. Ultrarotspektr. (700—3500 cm⁻¹) von Bortrimethyl u. das RAMAN-Spektr. des Bortrimethyl-Ammoniakats aufgenommen. Die Spektren werden ausgedeutet u. mit vereinfachten Potentialansätzen die Kraftkonstanten berechnet. Im Gegensatz zu BF_3 ergibt beim Bortrimethyl der Übergang zur Koordinationszahl 4 keine Erniedrigung der Kraftkonstanten. Diese entspricht in ihrer Höhe $k_{BC} = 3{,}6 \cdot 10^5$ dyn/cm einer Einfachbindung zwischen Bor u. Kohlenstoff. (Z. anorg. allg. Chem. **268.** 1—12. April 1952. Göttingen, Univ., Anorg.-Chem. Inst.) GOUBEAU. 120

Hans Siebert, *Analyse des Schwingungsspektrums von Bortrimethyl.* Es werden die Schwingungsgleichungen für ein Bortrimethyl-Modell mit ebenem symm. Gerüst BC_3 u. freier Rotation der CH_3-Gruppen mit der Pseudosymmetrie D_{3h} abgeleitet. Die Auswertung der 5 Gleichungssysteme ermöglicht eine genaue Berechnung der gefundenen Frequenzen (vgl. vorst. Ref.) u. der Kraftkonstanten. Mit wenigen Ausnahmen ist die Übereinstimmung zwischen Rechnung u. Experiment gut, so daß das angenommene Modell mit Bestimmtheit die wesentlichen Symmetrieverhältnisse der Moll. wiedergibt. (Z. anorg. allg. Chem. **268.** 13—20. April 1952. Clausthal-Zellerfeld, Bergakad., Chem. Inst.) GOUBEAU. 120

Frank Matossi, *Das Schwingungsspektrum des Rutils.* Aus dem bekannten RAMAN- u. Ultrarotspektr. des Rutils werden mittels neu aufgestellter Potentialansätze die Kraftkonstanten im Kristallgitter berechnet. Es ergibt sich, daß Quasi-Moll. TiO_2 vorliegen mit Bindekräften $f_{TiO} = 1{,}7 \cdot 10^5$ dyn/cm, während die Bindekraft zu den übrigen vier O-Atomen, die ein Ti-Atom umgeben, nur $0{,}06 \cdot 10^5$ dyn/cm beträgt, obwohl alle sechs O-Atome nahezu gleichen Abstand vom Ti haben. (J. chem. Physics **19.** 1543—46. Dez. 1951. White Oak, Silver Spring, Md., Naval Ordnance Labor.) GOUBEAU. 120

Scott Anderson, *Interferenzschichten auf Glas.* (Sitzungsbericht.) Interferenzschichten auf Glas wurden mit Hilfe von Bandenspektren untersucht. Die Dickenabhängigkeit der beobachteten Intensitäten ließ sich mit einer Diffusion der Interferenzschicht in die Glasunterlage nicht in Einklang bringen. Der Brechungsindex nahm anfangs ab, dann zu u. näherte sich mit wachsender Schichtdicke dem Brechungsindex der Unterlage. Die Ergebnisse sprechen dafür, daß der Übergangsbereich zwischen Interferenzschicht u. Unterlage als Störungsschicht aufzufassen ist, welche mit zunehmender Schichtdicke in die Tiefe hin wandert. (Physic. Rev. [2] **81.** 296. 15/1. 1951; Bull. Amer. physic. Soc. **25.** Nr. 5. 8. 24/11. 1950. Anderson Phys. Labor.) STAHL. 122

A. Theodore Forrester und **Lothrop Mittenthal,** *Lichtbeugung unter kleinen Winkeln durch einen Glaswürfel.* Verss. über die Beugung von Licht durch einen Glaswürfel (wobei die Brechungsexponenten von Glas u. umgebendem Medium übereinstimmen) erbrachten Resultate, welche mit der Theorie von HALPERN u. GERJUOY (C. **1950. II.** **2031**) unvereinbar sind. Als Lichtquelle wurde eine Na-Dampflampe benützt, der Glaswürfel bestand aus Kronglas (n = 1,5170), die Einbettungs-Fl. aus einem *Anisol-Kerosin-*Gemisch. Es ist wahrscheinlich, daß die vorst. Diskrepanz durch die Würfelhalterung bedingt war. (Physic. Rev. [2] **81.** 268—71. 15/1. 1951. Los Angeles, Calif., Univ. of Southern California.) STAHL. 122

Harold A. Scheraga, *Beziehung zwischen Auslöschungswinkel und Molekülgröße.* Es wird graph. eine Beziehung zwischen dem beobachteten Auslöschungswinkel der Strömungsdoppelbrechung u. den Dimensionen der gelösten Makromoll. mitgeteilt. Die Berechnungen fußen auf einem starren ellipsoiden Modell für die gelösten Teilchen. (Arch. Biochem. Biophysics **33.** 277—81. Sept. 1951. Ithaca, N. Y., Cornell Univ., Dep. of Chem.) GOTTFRIED. 122

A$_3$. Elektrizität. Magnetismus. Elektrochemie.

William Fuller Brown jr., *Elektrische und magnetische Kräfte. Eine direkte Berechnung.* 1. Mitt. Es werden die Kräfte, die auf einen beliebigen Teil eines elektr. oder magnet. polarisierten Körper wirken, berechnet, ohne daß Energiebetrachtungen, ein Atommodell der Polarisation oder Annahmen über die physikal. Bedeutung der makroskop. Feldvektoren in dem polarisierten Stoff eingeführt werden. Es wird gezeigt, daß eine magnetomechan. Formel, die unter Benutzung der AMPÈRE-Ströme, u. eine Formel, die unter Benutzung magnet. Pole abgeleitet ist, im allg. verschied. „Spannungssysteme" bei einer gegebenen physikal. Lage verlangen. Bei der durchgeführten Betrachtung werden Dipol-Dipol-Wechselwirkungen als grundlegend benutzt. Ferner werden die allg. Formeln auf den Fall einer Fl. spezialisiert. Formeln für die Elektrostriktion u. den Effekt des Eintauchens eines Körpers in die Fl. werden abgeleitet. Ihre Beziehungen zu den üblichen, durch Energiebetrachtungen erhaltenen Formeln werden diskutiert. (Amer. J. Physics **19.** 290—304. Mai 1951. Newton Square, Pa., Sun Phys. Labor.) v. HARLEM. 130

William Fuller Brown jr., *Elektrische und magnetische Kräfte. Eine direkte Berechnung.* 2. Mitt. (1. vgl. vorst. Ref.) Die l. c. entwickelten Prinzipien werden auf das Problem einer Kugel (mit beliebigen Materialeigg. u. in einer Fl. mit linearen dielektr. Eigg.) unter dem Einfl. eines um eine Achse symm., sonst beliebigen elektr. Feldes angewandt. Die weitreichenden elektr. u. die durch den Flüssigkeitsdruck bedingten kurzreichenden Kräfte werden getrennt berechnet. — Weiter werden einige allg. Energiebeziehungen abgeleitet. Diese sind in eine Form gebracht, daß elementare thermodynam. Prinzipien direkt angewandt werden können, ohne daß auf physikal. Erklärungen der makroskop. Feldvektoren eingegangen zu werden braucht. Die Anwendbarkeit auf magnetoelast. u. piezoelektr. Erscheinungen wird dargelegt u. die Gültigkeit der Formeln der Piezoelektrizität nach VOIGT diskutiert. (Amer. J. Physics **19.** 333—50. Sept. 1951. v. HARLEM. 130

Thomas F. Fisher und **C. E. Weber,** *Kathodisches Spratzen für Mikrodiffusionsuntersuchungen.* Metall. Kathoden werden bei Glimmentladungen außerordentlich gleichmäßig abgetragen, so daß sich bei Eichung der Abtragungsgeschwindigkeit dieser Effekt z. B. zur Messung innerer kathod. Diffusionsvorgänge benutzen läßt. Für Zylinder wurden Abtragungsgeschwindigkeiten gemessen, die beispielsweise 0,254 mm/Ah für *Be* u. 1,270 mm/Ah für *Zr* betragen. (J. appl. Physics **23.** 181—83. Febr. 1952. Schenectady, N. Y., Gen. Electr. Co., Knolls Atomic Power Labor.) PIEPLOW. 131

C. N. Yang, *Wirkliche Weglänge von Elektronen in Folien.* Es wird ein allg. Ausdruck für die Wahrscheinlichkeit abgeleitet, mit der ein Ladungsträger nach Passieren einer Folie bestimmter Dicke ein bestimmtes Intervall hinter der Folie erreicht. (Physic. Rev. [2] **84.** 599—600. 1/11. 1951. Urbana, Ill., Univ. of Illinois, Dep. of Phys.) PIEPLOW. 135

A. I. Ansselm, *Konzentrationsverteilung der Stromträger in einer Halbleiterprobe beim Hall-Effekt.* Nachdem zunächst gezeigt wird, daß in einem Halbleiter mit nur einer Stromträgerart die Abweichung von der Gleichgewichtskonz. der Stromträger von der Größenordnung $(uE_0/c)^2$ ist (E_0 = äußere Feldstärke), wird für eine Scheibe, die in der xz-Ebene unendlich ausgedehnt ist, unter der Voraussetzung, daß die Konz. der Elektronen u. der Löcher gleich ist u. nur von y abhängt, die Differenz der Stromträgerkonzz. an den beiden Begrenzungsflächen berechnet. (Журнал Технической Физики [J. techn. Physik] **22.** 1146—53. Juli 1952. Leningrad, Physikal.-Techn. Inst. der Akad. der Wiss. der UdSSR.) KIRSCHSTEIN. 135

A. G. Goldman, *Synchron-Belichter als Methode zur Untersuchung der Photoleitfähigkeit.* Die neue Meth. beruht darauf, daß der Photowiderstand durch eine rotierende Lochscheibe hindurch immer nur dann belichtet wird, wenn der durch ihn fließende Wechselstrom eine u. dieselbe Richtung hat. (Известия Академии Наук СССР, Серия Физическая [Nachr. Akad. Wiss. UdSSR, physik. Ser.] **16.** 133—35. Jan./Febr. 1952. Wologda, Pädagog. Inst.) KIRSCHSTEIN. 135

André Lallemand und **Maurice Duchesne,** *Über einen idealen Photonenempfänger und seine Verwirklichung. Vorläufige Ergebnisse.* Vff. beschreiben ein Verf. zur Unters. lichtschwacher Objekte mit Photokathoden (Sb–Cs) (C. R. hebd. Séances Acad. Sci. **203.** [1936.] 243. 990). Die in Freiheit gesetzten Elektronen werden beschleunigt u. das Elektronenbild der Photokathode auf einer photograph. Platte abgebildet. Vorläufige Unterss. zeigen, daß ohne Schaden der Bildqualität den Elektronen eine Energie bis zu 40 kV mitgeteilt werden kann u. nach Belichtung noch ein nennenswertes Korn mit den gewöhnlichen photograph. Prozessen zu erhalten ist. Diese Photokathoden sind bei großer Empfindlichkeit vom Licht unabhängig u. besitzen bei schwachen Belichtungen keinen Schwellwert. Es gelingt so, einen idealen Photonenempfänger zu konstruieren, der imstande ist, Photonen pro Zeiteinheit individuell zu zählen, indem der Platz eines jeden Photons in einem Bild materialisiert wird. Bei den bisherigen Verss. ist bereits in 4 Min. ein Bild erhalten worden, während nach der üblichen Meth. 6 Std. dafür benötigt werden. Dieses Verf. eignet sich daher bes. für astronom. Beobachtungen, bei denen die Lichtintensität allg. sehr schwach ist. (C. R. hebd. Séances Acad. Sci. **233.** 305—07. 23/7. 1951.) SURAWSKI. 135

E. S. Rittner und **F. Grace,** *Impedanzmessungen an Photoleitfähigkeitszellen aus PbS.* An verschied. PbS-Photozellen wurde die Abhängigkeit des Hochfrequenzwiderstandes R von der Frequenz (f = 100—10000 kHz) u. der Temp. (t = 8—40°) gemessen. R steigt mit fallendem f an u. nähert sich asymptot. dem Gleichstrom-R-Wert. R fällt mit zunehmendem t ab; die t-Abhängigkeit ist um so größer, je niedriger f. Die Ergebnisse stehen im Einklang mit den von CHASMAR (vgl. C. **1949.** II. 1056) erhaltenen sowie mit den theoret. Resultaten von HOWE (Wireless Engineer **17.** [1940.] 471 u. früher). Vff. schließen aus ihren Verss., daß die Frequenzabhängigkeit von R nicht allein auf die Existenz von inneren Schranken für den p—n-Übergang zurückgeführt werden kann, sondern daß auch der Einfl. der Kapazitätsverteilung in der Zelle eine Rolle spielt. Die Ergebnisse bestätigen ferner die früher (vgl. C. **1951.** I. 1115) von RITTNER angestellten Betrachtungen. (Physic. Rev. [2] **86.** 955—58. 15/6.; Sitzungsbericht: 615. 15/5.; Bull. Amer. physic. Soc. **27.** Nr. 1. 40. 31/1. 1952. Irvington-on-Hudson, N. Y., Philips Labor., Inc.) FUCHS. 135

E. Katz, *Aufspaltung von Bändern in Festkörpern.* Nach SLATER (vgl. C. **1952.** 5859) können zusätzliche Energielücken dadurch entstehen, daß die wahre Periodizität des Gitters größer ist als die röntgenograph. nahegelegte. Vf. weist darauf hin, daß es notwendig ist, daß die Energie des Unterstrukturgitters auf der BRILLOUIN-Ebene der Überstruktur konstant ist. Der Gedankengang wird an einem ebenen quadrat. Gitter veranschaulicht. Vf. vermutet, daß Energielücken bei halbgefüllten Bändern häufiger auftreten als bei Bändern, die in anderen Verhältnissen gefüllt sind. (Physic. Rev. [2] **85.** 495—96. 1/2. 1952. Ann Arbor, Mich., Univ. of Michigan, Phys. Dep.) K. SCHUBERT. 136

A. Je. Glauberman und **I. I. Taljanski,** *Zur Theorie des Elektronenaustritts aus Metallen im elektrischen Feld.* Berechnung des aus einem Metall in einen angrenzenden Halbleiter fließenden Elektronenstroms u. dessen Feld- u. Temperaturabhängigkeit. (Доклады Академии Наук СССР [Ber. Akad. Wiss. UdSSR] [N. S.] **78.** 661—64. 1/6. 1951. Lwow, Franko-Univ.) KIRSCHSTEIN. 136

Oleg Yadoff, *Der Einfluß elektrischer Felder auf den elektrischen Strom in einem metallischen Leiter.* (Sitzungsbericht.) Vf. berichtet über die Beobachtung, daß der Widerstand eines drahtförmigen Leiters abnimmt, wenn er unter dem Einfl. eines konzentr. elektr. Feldes steht. Bei der Meßanordnung ist ein Draht axial im Innern eines Metallzylinders ausgespannt. Die Widerstandsabnahme beginnt bei Feldern von 10 kV/cm zwischen Draht u. Zylinder mit beliebiger Polung, sie tritt bei Gleich- oder Wechselstrom im Draht auf. Natur u. Druck des Gases im Meßraum haben einen gewissen Einfl. auf den Effekt. Es konnten Stromerhöhungen um bis zu 20% festgestellt werden. (Physic. Rev. [2] **83.** 221. 1/7.; Bull. Amer. physic. Soc. **26.** Nr. 3. 30. 26/4. 1951. Columbia Univ.) REUSSE. 136

T. H. Blewitt, W. Taylor und **R. R. Coltman,** *Die Änderung des Widerstandes von Kupfer durch Anlassen bei tiefer Temperatur.* (Sitzungsbericht.) Proben von polykristallinem Cu, die bei Tempp. des fl. N_2 kalt bearbeitet waren, zeigten nach Anlassen bei 20° eine Abnahme des Widerstandes, u. zwar um etwa ein Drittel der gesamten Widerstandszunahme, die durch die plast. Deformation erzeugt worden war. Ein ähnlicher Effekt wurde durch ein kurzes Anlassen (½ Std.) bei Tempp. von Trockeneis beobachtet. Wenn dieser Effekt auf der Vernichtung von Leerstellen u. Zwischengitterplätzen zurückzuführen ist, dann ist die Relaxationszeit für die Vernichtung von Fehlstellen kurz in Metallen im Vgl. zu der in Ionenkristallen. (Physic. Rev. [2] **82.** 769. 1/6.; Bull. Amer. physic. Soc. **26.** Nr. 2. 13. 8/3. 1951. Oak Ridge National Labor.) Gottfried. 136

T. H. Berlin und **M. Kac,** *Das sphärische Modell eines ferromagnetischen Stoffes.* Es wird ein allg. mathemat. Modell für den ferromagnet. Stoff angegeben u. „sphär. Modell" genannt. In der dreidimensionalen Ausführung gestattet dieses Modell die phänomenolog. Weisssche Theorie des Ferromagnetismus statist. zu beschreiben. Das Modell ist ferner eine Verallgemeinerung des Isingschen ferromagnet. Modells. Eine Vereinfachung des „sphär. Modells" ist das Gausssche Modell, das aber nicht imstande ist, die magnet. Eigg. bei verschied. Tempp. zu beschreiben. (Physic. Rev. [2] **86.** 821—35. 15/6. 1952. Baltimore, Md., Johns Hopkins Univ., Dep. of Phys., u. Ithaca, N. Y., Cornell Univ., Dep. of Math.) Fahlenbrach. 137

Je. Kondorski, *Zur Theorie der Eindomänen-Teilchen.* Die in den früheren Arbeiten behandelten Spezialfälle (C. **1952.** 7611 u. früher) über die einheitlich magnetisierten Bereiche ferromagnet. Pulver werden verallgemeinert. Die erhaltenen Zahlenfaktoren weichen nur wenig von den früheren ab. (Доклады Академии Наук СССР [Ber. Akad. Wiss. UdSSR] [N. S.] **82.** 365—68. 21/1. 1952. Moskau, Lomonossow-Univ., Inst. für Physik.) Amberger. 137

J. Samuel Smart, *Molekularfeldbehandlung des Ferromagnetismus und des Antiferromagnetismus.* Die Weisssche Theorie des Ferromagnetismus wird in der Weise abgeändert, daß neben der Wechselwrkg. zwischen den direkten Nachbaratomen auch die der übernächsten Nachbarn herangezogen wird. Sind beide Wechselwirkungen positiv, so erhält man die üblichen Ergebnisse des Ferromagnetismus. Für die anderen möglichen Fälle erhält man verschied. Atomordnungstypen unterhalb des Curie-Punktes, wobei das Vorzeichen u. die Größe der Weissschen Molekularfeldkonstanten γ_1 u. γ_2 der beiden Wechselwirkungsarten die Ordnung bestimmen. Für raum- u. flächenzentrierte kub. Gitter wird die Art der Ordnung in Abhängigkeit von Θ/T_c errechnet. Dabei ergibt sich eine Formel für die Temperaturabhängigkeit der Susceptibilität antiferromagnet. Stoffe zu beiden Seiten des Curie-Punktes. Beim Vgl. dieser Formel mit der Erfahrung zeigt sich in erster Näherung eine ausreichende Übereinstimmung. In manchen Fällen, z. B. bei *MnO*, ergeben sich aber markante quantitative Abweichungen, die in der Nichtberücksichtigung von Anisotropieerscheinungen zum Teil gesucht werden können. (Physic. Rev. [2] **86.** 968—74. 15/6. 1952. White Oak, Md., U. S. Naval Ordnance Labor.) Fahlenbrach. 137

D. V. Wilson, *Magnetische Eigenschaften, innere Spannungen und der Bauschinger-Effekt in Metallen.* Das Verh. ferromagnet. Werkstoffe bei mechan. Wechselbeanspruchung, z. B. auch die Magnetisierung, kann durch ein reversibles Einstellen eines inneren Spannungszustandes erklärt werden, wozu man in manchen Fällen auch Texturspannungen heranziehen muß. Auf der gleichen Grundlage versucht Vf. die Abnahme der Härte gehärteter Stähle nach einer mäßigen Kaltverformung zu klären u. muß dazu besondere Annahmen über das Texturspannungssyst. machen. Diese Annahmen gestatten, das Ausbleiben des Effektes nach Ausscheidungshärtung oder bei Martensittempp. unterhalb 140° zu erklären. Der innere Grund liegt wahrscheinlich in dem verschied. Einfl. verschied. Spannungssysteme auf die Bewegung der Fehlstellen. (Nature [London] **170.** 30—31. 5/7. 1952. Birmingham, Univ., Dep. of Ind. Metallurgy.) Fahlenbrach. 137

Hermann Statz, *Zur Theorie der Sättigungsmagnetisierung in binären ferromagnetischen Legierungen.* Die Tatsache, daß bei den kub. kristallisierenden *Ni-Cu-*, *Ni-Zn-*, *Ni-Co-*, *Fe-Ni-*, *Fe-Co-*, *Fe-V-* u. *Fe-Cr-Legierungen* die Sättigungsmagnetisierung in Abhängigkeit von der mittleren Löcherzahl in der 3d-Schale bei einer Zahl von 2,4 Löchern ein Maximum von 2,4 Bohrschen Magnetonen besitzt, wird mit dem Bändermodell theoret. zu erklären versucht. Bis zu einer mittleren Löcherzahl in der 3d-Schale von 2 sind die Legierungen kub. flächenzentriert, oberhalb raumzentriert. Für die raumzentrierte Struktur wird gezeigt, daß die 3d-Atomzustände in zwei energet. hochliegende schmale u. in drei tiefliegende weite Bänder aufspalten. Mit der Annahme, daß die drei breiten Bänder noch mit 2·0.4 Elektronen pro Atom die beiden schmalen Bänder überlappen, läßt sich der Verlauf der Sättigungsmagnetisierung mit der mittleren Lochzahl verstehen (Z. Naturforsch. **7a.** 506—11. Aug. 1952. Stuttgart, TH, Inst. für theoret. u. angew. Physik.) FAHLENBRACH. 137

G. Bonfiglioli, A. Ferro und G. Montalenti, *Ein Vergleich der magnetoelastischen Energieverluste und der magnetischen Hysteresis bei ferromagnetischen Werkstoffen.* Vff. suchen nach einem Zusammenhang zwischen der magnetoelast. u. der rein magnet. Hysterese. Sie zeigen, daß bei einer Reihe von ferromagnet. Proben (*Fe, Ni* u. verschied. *Stähle*) mit mittleren Koerzitivkraftwerten (1—10 Oe) die magnet. Hysteresisverluste bei Sättigungsschleifen größer sind als die magnetoelast. Energieverluste in einem Spannungscyclus bei Belastungen bis zur Elastizitätsgrenze. Doch bleiben beide Verlustarten jeweils in der gleichen Größenordnung. In Analogie zu der STEINMETZschen Formel für den Hystereseverlust in Abhängigkeit von der ausgesteuerten Magnetisierung wird auch für die magnetoelast. Hysterese eine ähnliche Abhängigkeit von der mechan. Aussteuerung gefunden. (Physic. Rev. [2] **86.** 959—61. 15/6. 1952. Torino, Galileo Ferraris-National Electr. Inst.) FAHLENBRACH. 137

M. Phillips, *Störungen atomarer g-Werte.* (Sitzungsbericht.) Die Unters. der Störung durch angeregte Kernzustände von Atomen, die ein einzelnes Elektron außerhalb der abgeschlossenen Schalen besitzen, berücksichtigt die Spinbahn-Wechselwrkg. des angeregten Kerns. Die Berechnungen werden für ^{2}P-Zustände durchgeführt, wobei sich zeigt, daß der Effekt bei *Ga* in Übereinstimmung mit den beobachteten Werten vernachlässigbar ist, daß jedoch die anomalen beobachteten $g_J(P_{3/2})/g_J(P_{1/2})$-Werte für *In* mindestens teilweise von Störungen dieser Art hervorgerufen worden sind. (Physic. Rev. [2] **86.** 595. 15/5.; Bull. Amer. physic. Soc. **27.** Nr. 1. 20. 31/1. 1952. Brooklyn Coll.) GERHARD SCHMIDT. 137

Robert L. Conger und P. W. Selwood, *Protonen-Relaxation in paramagnetischen Lösungen.* Unterss. von FARKAS u. SACHSSE über den Einfl. paramagnet. Ionen auf die ortho-para-Wasserstoffumwandlung hatten Zusammenhänge zwischen der Geschwindigkeitskonstante u. dem Quadrat des magnet. Moments μ ergeben. Nach BLOCH, HANSEN u. PACKARD (Physic. Rev. [2] **70.** [1946.] 474) vermindern paramagnet. Ionen die Protonen-Relaxationszeit in Wasser. Dieser Effekt wird genauer untersucht. Dabei spielt, bes. bei Ionen der *Seltenen Erden,* die Reinheit eine wichtige Rolle. Es ergab sich, daß Ionen, die S-Zustände besitzen (z. B. Fe^{3+}, Mn^{2+} u. Gd^{3+}) oder die sich wegen der Unterdrückung der Bahnmomente wie S-Zustände verhalten, reziproke Relaxationszeiten bedingen, die μ^2 proportional sind. Dagegen ergaben sich bei Ionen, bei denen das Bahnmoment eine Rolle spielt (z. B. Co^{2+}, Fe^{2+}, Pr^{3+} usw.) Werte, bei denen der Effekt viel kleiner ist; er kann bis 10% absinken. Mit steigender Konz. sinkt der Wert der so erhaltenen wirksamen Momente, etwa in demselben Maße, wie die Viscosität ansteigt. (J. chem. Physics **20.** 383—87. März 1952. Evanston, Ill., Northwestern Univ., Dep. of Chem. and Dep. of Phys.) KLEMM. 137

J. K. Dawson, *Magnetochemie der schwersten Elemente.* 6. Mitt. *Feste Lösungen von PuO_2 und ThO_2 bzw. PuF_4 und ThF_4* (5. vgl. C. **1953.** 13.) Für PuF_4 wurden folgende $\chi_{Mol}\cdot 10^6$-Werte gefunden: 90° absol. 2983; 201° 2326; 301° 1760; 329° 1614; 370° 1473; 415,5° 1353; 453° 1255. Die $1/\chi$–T-Kurve ist oberhalb 200° linear. Feste Lsgg. mit ThF_4 geben für Pu^{4+} nahezu linear ansteigende Werte, unterhalb 200° steigt die Kurve etwas an; für unendliche Verdünnung ergibt sich $3020\cdot 10^{-6}$, das ist in befriedigender Übereinstimmung mit einer $5f^4$-Konfiguration (L–S'-Kopplung), wobei eine Berücksichtigung angeregter Zustände nach VAN VLECK mit den Abschirmungskonstanten 58 oder 57 nicht sehr viel ausmacht. — PuO_2 verhält sich ganz anders. Die $\chi_{Mol}\cdot 10^6$-Werte für die reine Substanz sind: 90° 1317; 200° 883,0; 300° 730,2; 333,5° 698,4; 367° 689,0; 406° 657,3; 430° 654,1. Bei Mischkristallen mit ThO_2 steigt bis 12% PuO_2 die Susceptibilität nur wenig an, dann aber sehr stark. Infolge des steilen Anstiegs ist es nicht möglich, den Wert für unendliche Verdünnung genau anzugeben. Er dürfte wesentlich höher liegen, als $5f^4$ entspricht, aber den Wert für $6d^4$ nicht ganz erreichen. Vielleicht liegt $5f^3 6d^1$ vor. Jedenfalls dürfte hier im Gegensatz zum PuF_4 ein erheblicher Anteil von Austauschenergie vorhanden sein, der erst bei sehr großer Verdünnung verschwindet. (J. chem. Soc. [London] **1952.** 1882—86. Mai. Harwell, Berks., Atomic Energy Res. Establ.) KLEMM. 137

J. K. Dawson, *Magnetochemie der schwersten Elemente.* 7. Mitt. *Natriumplutonylacetat.* (6. vgl. vorst. Ref.) Schwach mit $Na(C_2H_3O_2)\cdot 3H_2O$ verunreinigte Präpp. von $Na\cdot PuO_2(C_2H_3O_2)_3$ wurden erhalten, indem eine Lsg. von $Pu(NO_3)_4$-Lsg. in verd. HNO_3 mit Ag-Peroxyd oxydiert u. mit NH_3 gefällt wurde. Der in verd. Essigsäure gelöste Nd. wurde mit einem Überschuß von Na-Acetat versetzt u. das entstandene Doppelsalz abzentrifugiert, mit A. gewaschen u. im Vakuum getrocknet. Die Proben (1—3 mg) ergaben dem CURIEschen Gesetz folgende Susceptibilitäten mit einem Moment von 2,83 Magnetonen. Die Werte änderten sich etwas mit der Zeit, weil sich die Präpp. langsam zersetzten.

Das gefundene Moment entspricht den zwei 6d-Elektronen, wie es auch für U^{4+} an UF_4–ThF_4- bzw. UO_2–ThO_2-Mischkristallen gefunden wurde. (J. chem. Soc. [London] **1952**. 2705—07. Juli.) KLEMM. 137

A. I. Stabrowski, *Elektrolytische Vermessingung ohne Cyanide.* Aus den Elektrolyseverss. mit Komplexsalzen von *Cu* u. *Zn* ergab sich, daß die Unbeständigkeitskonstanten der *Pyrophosphat*(I)-, *Oxalat*(II)- u. *Ammoniak*(III) -Komplexe von Cu geringer sind als die der entsprechenden Zn-Komplexe. Bei der Komplexbldg. nimmt die Konz. der einfachen Cu-Ionen stärker ab als die der einfachen Zn-Ionen. In den Lsgg. mit Chloriden, Rhodaniden, I, II, III u. Thiosulfaten liegen die reversiblen Elektrodenpotentiale von Cu u. Zn näher beieinander als in Sulfatlösungen. Bei der Kathodenstromstärke 0,5 A/dm² geht die Differenz der Abscheidungspotentiale von Cu u. Zn nicht über 0,299 V hinaus. Bei der Elektrolyse der cyanfreien Komplexgemische erfolgt die gemeinsame Abscheidung von Cu u. Zn in den meisten Fällen bereits bei der Stromdichte 0,4—0,5 A/dm². Es werden kathod. Cu–Zn-Ndd. mit einem Zn-Geh. bis zu 75% erhalten. Ebenso wie aus den cyanhaltigen Lsgg. kann die gleichzeitige Abscheidung von Cu u. Zn auch bei Anwendung cyanfreier Komplexe bereits bei relativ geringer Stromdichte durchgeführt werden. Die erhaltenen Ndd. eignen sich jedoch in den meisten Fällen nicht als galvan. Überzug. Die besten Ergebnisse erzielt man im alkal. Bad mit Glyceringeh. u. mit **II**. (Журнал Физической Химии [J. physik. Chem.] **26**. 949—55. Juli 1952.) LEBTAG. 141

A. Rius und **A. Marín Górriz**, *Neue Methode zur Bestimmung der Differentialkapazität.* (Vgl. C. **1951**. II. 642.) Mit einer neuen Anordnung (Abb.) wird unter Verwendung einer Impedanzbrücke an einer Hg-Tropfelektrode die Differentialkapazität der elektr. Doppelschicht an der Phasengrenze von Hg u. Elektrolyt bestimmt. Bei Lsgg. in Verdünnung bis 0,1 n beträgt die Meßgenauigkeit über 1%. Die Ergebnisse mit 0,1nNaCl-Lsg. zeigen ein flaches Minimum mit 15,6 μF bei ca. —1100 mV im Einklang mit GRAHAME (C. **1948**. I. 978) nach einem Zwischenmaximum von 38,2 μF bei —290 mV. (An. Real Soc. españ. Física Quím., Ser. A **48**. 5—10. Jan./Febr. 1952. Madrid, Inst. de Quím.-Fís. A. de G. Rocasolano.) R. K. MÜLLER. 142

M. E. Straumanis und **P. C. Chen**, *Der Differenzeffekt beim Auflösen von Titan in Fluorwasserstoffsäure.* Zur Best. des Differenzeffektes bei der Auflösung von Ti in 0,1; 0,24; 0,5; 1,0 u. 2,0 nHF, d. h. der Abnahme der Auflösungsgeschwindigkeit beim Kontakt mit einer Pt-Elektrode, wird eine App. benutzt, die es gestattet, kurz nacheinander die Auflösungsgeschwindigkeit von Ti in HF durch den frei werdenden H_2, den Strom zwischen dem Ti u. einer Pt-Elektrode u. die EMK. zwischen der sich auflösenden Ti-Elektrode u. einer Kalomel-Vergleichselektrode zu messen. Es wurde gefunden, daß der Differenzeffekt bis zu einer Stromdichte von 40—60 mA/cm² hinauf dem auftretenden galvan. Strom direkt proportional ist, u. zwar nahezu unabhängig von der Säurekonzentration. Bei höheren Stromdichten wird die Zunahme laufend geringer. Eine vollständige Unterdrückung der H_2-Entw. konnte nicht beobachtet werden. — Alle Eigg. des Differenzeffektes lassen sich auf der Grundlage der Theorie der Lokalelemente erklären. Der Differenzeffekt ermöglicht es, den Polarisationsgrad von Lokalelementen aus verschied. Metallen zu bestimmen. (J. electrochem. Soc. **98**. 351—55. Sept. 1951. Rolla, Mo., Univ. of Missouri, School of Mines and Metallurgy, Dep. of Metallurgy.) JOST. 143

L. M. Woltschkowa, L. G. Antonowa und **A. I. Krassilschtschikow**, *Passivität der Legierungen von Nickel mit Eisen und Chrom in alkalischen Lösungen.* Das Verh. von Anoden aus Fe–Cr–Ni-Legierungen in 0,1 u. 5nKOH-Lsgg. bei 80° wird untersucht. Es zeigt sich, daß *austenit. Fe–Cr–Ni-Stahl* an der Anode in konz. Lauge bei 80° unbeständig ist. Die Ursache ist in der Unbeständigkeit des Cr in alkoh. Lsg. zu suchen, da es im reinen Zustand bei Anodenpolarisation in bas. Lsgg. quantitativ in Lsg. geht. Unterss. an *Fe–Ni-Stahl* werden unter gleichen Bedingungen ausgeführt. Die Eig. von Ni, sich in Lsgg. passiv zu verhalten, wird auch auf seine Legierung mit Fe übertragen. Eine Legierung mit 5% Ni zeigt bei großen Stromdichten in verd. Lsgg. noch keine vollständige Festigkeit, erst bei 25 u. 46% Ni ist diese mit reinem Ni vergleichbar. (Журнал Физической Химии [J. physik. Chem.] **25**. 1445—49. Dez. 1951. Moskau.) A. KUNZE. 143

A_4. Thermodynamik. Thermochemie.

Imre Fényes, *Die Anwendung der mathematischen Prinzipien der Mechanik in der Thermodynamik.* Durch Vgl. der grundlegenden Größen der Mechanik u. der klass. Thermodynamik wird gezeigt, daß zwischen beiden Disziplinen ein enger formelmäßiger Zusammenhang besteht. Die klass. Thermodynamik wird hierbei als Grenzfall einer verallgemeinerten Thermodynamik aufgefaßt. Auf Grund der erhaltenen Ergebnisse werden die Grundsätze der irreversiblen Vorgänge abgeleitet, ferner wird die Unmöglichkeit einer

Quantenthermodynamik nachgewiesen. (Z. Physik **132.** 140—45. 1952. Debrecen, Ungarn, Univ., Inst. für Theoret. Physik.) FUCHS. 146

I. R. Kritschewski, *Über die Form der Grenzkurve in der Nähe des kritischen Punktes.* Ausgehend von der Arbeit von SSEMENTSCHENKO u. SKRIPOW (C. **1953.** 194) über die Wärmekapazität bin. Systeme in der Nähe des krit. Punktes zeigt Vf., daß der Sprung der Wärmekapazität einen endlichen Wert annimmt, wenn die Grenzkurve $T - N_2$ in der Nähe des krit. Punktes eine Parabel ist, Null wird, wenn sie schwächer, u. ∞, wenn sie stärker gekrümmt ist als eine Parabel. Vf. leitet ferner einen Limes-Ausdruck für die krit. Kurve ab, der eine rein formale Analogie zum Ergebnis der Gleichung von EHRENFEST (Kon. Akad. Wetensch. Amsterdam. Proc. **36.** [1933.] 153) aufweist. (Доклады Академии Наук СССР [Ber. Akad. Wiss. UdSSR] [N. S.] **83.** 435—38. 21/3. 1952. Wiss. Forschungs- u. Projektierungsinst. der Stickstoffind.) AMBERGER. 151

J. H. Simons und **J. B. Hickman,** *Die Verdampfungsenergie von nichtionischen, nichtassoziierten Stoffen.* Vff. stellen empir. Gleichungen auf, die die Verdampfungsenergie unabhängig vom Verdampfungsprozeß aus anderen physikal. Größen bestimmen lassen. Für Substanzen, deren Moll. keine gegenseitige Beeinflussung zeigen, ergibt sich eine lineare Abhängigkeit der Verdampfungsenergie bei $T_0 = 298{,}2^0$ K von der totalen Polarisierbarkeit (Elektronen- u. Atompolarisierbarkeit). Die Größen der beiden Konstanten dieser linearen Beziehung werden angegeben. Für Substanzen, deren mol. Wechselwrkg. nicht vernachlässigbar ist, liefert die lineare Beziehung der Verdampfungsenergie zu niedrige Werte. Hier muß die Gleichung um einen Summanden erweitert werden, der die Reichweite der Wechselwirkungskräfte enthält. Da der Bereich der Wechselwirkungskräfte nicht unmittelbar gemessen werden kann, wird dafür die Schmelzentropie, die ein Maß für die Molekülsymmetrie ist, eingeführt. Die so entstehende Gleichung wird für die Berechnung der Verdampfungsenergien der Paraffine angewendet. Abweichungen bei cycl. Verbb. von der angegebenen Beziehung werden durch gewisse Schichtenstrukturen erklärt. Die Temperaturabhängigkeit der Beziehung Verdampfungsenergie–Polarisierbarkeit wird angegeben. In diesen Gleichungen treten im wesentlichen zusätzlich die Quotienten T/T_0 in verschied. Potenzen auf. Für einfache, einen Dipol enthaltende Verbb. wird die die Wechselwirkungskräfte berücksichtigende Gleichung um einen Summanden erweitert, der im wesentlichen das Dipolmoment enthält. (J. physic. Chem. **56.** 420—26. April 1952. State College, Pa., Pennsylvania State Coll., School of Chem. and Phys.) E. HEINRICH. 151

H. P. Broida, *Rotationstemperaturen von OH in verschiedenen Flammen.* (Sitzungsbericht.) Durch spektroskop. Unters. der Flammenspektren von H_2, *Acetylen, Methan* u. *Propan* bei verschied. Kraftstoff–O_2-Gemischen in verschied. Brennzonen der Flammen wurden die OH-Rotationstempp. für die verschied. Zonen gemessen. Die Ergebnisse deuten auf ein Nichtvorhandensein eines therm. Gleichgewichts im inneren Kern der Flamme. In den heißen Gasen über der Reaktionszone, wo therm. Gleichgewicht herrscht, ist die Konz. der therm. erzeugten OH-Radikale bei nahezu stöchiometr. O_2-Mischungen so groß, daß eine Unters. der Reaktionszone auf Grund der Emission dieser Radikale nicht möglich ist. (Physic. Rev. [2] **85.** 755. 15/2. 1952; Bull. Amer. physic. Soc. **26.** Nr. 8. 7. 27/12. 1951. Nat. Bur. of Standards.) RUDOLPH. 157

George H. Markstein, *Nichtisotrope Fortpflanzung von Verbrennungswellen.* Vf. hält einige Schlußfolgerungen aus der Arbeit von MANTON, VON ELBE u. LEWIS (C. **1953.** 655) für nicht genügend begründet u. macht Vorschläge für einige notwendig erscheinende weitere Verss., die Unstimmigkeiten mit den Ergebnissen des Vf. klären sollen. (J. chem. Physics **20.** 1051—52. Juni 1952. Buffalo, N. Y., Cornell Aeronautical Labor.) ROEDER. 157

H. H. Rust und **E. Bailitis,** *Linearmagnetostriktive Ultraschallerzeugung mittels magnetischen Kreuzfeldes.* Zur Vergrößerung der Amplitude bei der Ultraschallerzeugung mittels der Linearmagnetostriktion wird von dem Quereffekt Gebrauch gemacht (Verwendung von zwei senkrecht zueinander stehenden Spulenpaaren, wobei das eine Paar mit Gleichstrom, das andere mit Wechselstrom erregt wird; dadurch nicht simultane magnet. Kreuzerregung des magnetostriktiven Schwingkörpers). Als ferromagnet. Werkstoffe werden *Fe–Ni-* bzw. *Fe–Si-Legierungen* mit 4% Ni bzw. 7% Si vorgeschlagen. (Acustica [Zürich] **2.** 132—35. 1952. Hamburg.) FUCHS. 159

J. Meixner, *Allgemeine Theorie der Schallabsorption in Gasen und Flüssigkeiten unter Berücksichtigung der Transporterscheinungen.* Unter Anwendung der thermodynam. Theorie der irreversiblen Prozesse werden für ein beliebiges fluides Medium die Absorption u. Dispersion des Schalles unter Berücksichtigung der Transporterscheinungen (Wärmeleitung, Diffusion, Thermodiffusion u. innere Reibung) berechnet. Über die Art der inneren Umwandlungen werden keine speziellen Annahmen gemacht. Die in die komplexe Schallgeschwindigkeit eingehenden Größen sind thermodynam. Natur (außer der Relaxationszeit) u. können mit den Methoden der statist. Mechanik bestimmt werden. Die Schallabsorption durch die Transporterscheinungen u. die innere Umwandlung überlagern sich im ganzen Frequenzbereich fast additiv. Aus den für die Absorption durch die innere Umwandlung erhaltenen Gleichungen können alle bisher bekannten Ergebnisse abgeleitet werden. (Acustica [Zürich] **2.** 101—09. 1952. Aachen, TH., Inst. für theoret. Phys.) FUCHS. 159

A_5. Grenzschichtforschung. Kolloidchemie.

C. Schreck und **R. Wille**, *Bemerkungen zum Weissenberg-Effekt vom Standpunkt der Kontinuumsmechanik.* Nach Beschreibung des WEISSENBERG-Effektes, den typ. koll. Systeme zeigen, wird ausgeführt, daß der bekannte MAXWELLsche Superpositionsansatz, wenn man ihn mehrdimensional faßt, den Effekt qualitativ zu beschreiben vermag. An einigen anderen, kinemat. einfacheren u. übersichtlicheren Verss. wird die Deutung des WEISSENBERG-Effektes überprüft. (Kolloid-Z. **126.** 98—102. Mai 1952. Berlin, Techn. Univ.) HENTSCHEL. 160

John Turkevich, Peter Cooper Stevenson und **James Hillier**, *Eine Untersuchung der Keimbildung und des Wachstumsprozesses bei der Herstellung von kolloidem Gold.* Die nach verschied. Verff. hergestellten Au-Hydrosole — nach BREDIG, Red. mit P nach FARADAY, sowie mit Aceton, Tannin, Oxalsäure, Hydroxylamin, CO, Acetylen, Citronensäure u. Na-Citrat — werden mit Hilfe des Elektronenmikroskops untersucht. Dabei ergaben die mit *Na-Citrat* hergestellten koll. Au-Präpp. bes. feinteilige u. isodisperse, kugelige Sole. Es wird gezeigt, daß die keimbildenden Stoffe als reduzierende Substanzen aufzufassen sind, die mit dem Aurichlorwasserstoffion ein Polymerisationsprod. bilden, bevor die Red. zum Keim erfolgt. Im Fall des Na-Citrats scheint die *Acetondicarbonsäure* als Keimbildner maßgeblich beteiligt zu sein. Das Wachstum der Au-Keime erfolgt nach einem Exponentialgesetz. Die durchschnittliche Teilchengröße, die Abweichung von einem mittleren Größenbereich u. die Form der Häufigkeitskurve werden durch die Menge an Au, den Keimbildungsvorgang u. das Wachstumsgesetz bestimmt. (Discuss. Faraday Soc. **1951.** Nr. 11. 55—75. Princeton, N. J., Univ., u. Radio Corp. of America, Res. Labor.) HENTSCHEL. 161

I. G. C. Dryden, *Die scheinbare Löslichkeit kolloidaler Stoffe mit kontinuierlicher Micellengrößenverteilung unter besonderer Berücksichtigung der Kohlen.* Die Verss., zu einem gründlichen Verständnis der Fraktionierung von Kohle (Glanzkohle) durch Lösungsmittel zu gelangen, haben zu einer Nachprüfung aller Faktoren geführt, die das Löslichkeitsverh. von Kolloiden bestimmen; bes. ist dabei das Verh. unfraktionierter Gemische zu berücksichtigen u. die Gültigkeit der Gleichungen von BRØNSTED, SCHULZ u. GEE zu prüfen, wobei auf das Problem der Definition der Lösungsstärke in einem polydispersen Material bei Niederschlagbldg. hingewiesen wird. Gegenüber der fraktionierten Fällung aus Lsg. hat hier, wo die allg. Gesetze der Löslichkeit nicht gelten u. die Mol.-Größe u. -Gestalt unbekannt ist, die auf der Extraktion des festen Stoffes mit Lösungsmitteln bei verschied. Temp. beruhende Meth. gewisse Vorzüge. Auf Kohle angewandt scheint sie zu einem einfachen algebraischen Ausdruck für die Größenverteilung der Moll. (oder Micellen) zu führen. Für das Syst. *Kohle–Äthylendiamin* erhält man eine ungewöhnliche Form für die Kurve, in der die thermodynam. Funktion (Wärmetönung) in Abhängigkeit von der Zus. dargestellt ist. Daraus ergibt sich, daß vor Einstellen des Lösungsgleichgewichtes ein gewisser Grad von Quellungsgleichgewicht erreicht sein muß. Zur Erklärung früherer Abweichungen in den nach verschied. Methoden bestimmten Mol.-Geww. von Kohleextrakten scheint man die Ggw. eines geringen Anteils sehr viel kleinerer Moll. annehmen zu müssen. (Discuss. Faraday Soc. **1951.** Nr. 11. 28—42. Leatherhead, B. C. U. R. A., Chem. Dep.) HENTSCHEL. 164

A. S. Brown, R. U. Robinson, E. H. Sirois, H. G. Thibault, W. McNeill und **A. Tofias**, *Bestimmung der kritischen Micellenkonzentration mittels einer Blasendruckmethode.* Das zur Best. der Oberflächenspannung an der Grenzfläche Luft–Fl. benutzte stat. Verf. der Blasendruckmeth. kann bei dynam. Ausgestaltung durch Hindurchperlenlassen des Gases unter optimalem Überdruck (∼ 1 Blase pro Sek.) durch die betreffende koll. Lsg. auch zur Best. der krit. Micellenkonz. benutzt werden. Dabei hängt der Luftdruck, der zur Aufrechterhaltung eines gleichmäßigen Blasenstroms in einer oberflächenakt. Fl. erforderlich ist, in komplizierter Weise von der Konz. u. der Blasengeschwindigkeit ab. Am Beispiel von *Laurylpyridiniumchlorid, Santomerse 3* u. *Tergitol T M N 650* als techn. Netzmittel u. durch Vgl. der Ergebnisse der durch charakterist. Knicke gek. Konz.-Blasendruck-Kurven mit den Ergebnissen der Messungen der spezif. elektr. Leitfähigkeit wird die Brauchbarkeit dieses Verf. nachgewiesen. Auch bei Ggw. mäßiger Mengen Fremdelektrolyte scheint die Meth. brauchbar zu sein. (J. physic. Chem. **56.** 701—05. Juni 1952. Hamilton, N. Y., Colgate Univ.) HENTSCHEL. 166

Mario Milone und **Giuseppe Cetini,** *Über die Beziehungen zwischen Oberflächenspannung und Kristallhabitus.* 5. Mitt. (4. vgl. Chim. e Ind. [Milano] **32.** [1950.] 180.) Läßt man Kristalle, z. B. *NaCl,* aus gesätt. Lsg. mit einem kleinen Zusatz oberflächenakt. Stoffe wachsen, so zeigen die an der Oberfläche der Lsg. u. die in der Fl., jedoch mit direkter Berührung der Oberfläche gewachsenen Kristalle eine deutliche Änderung des Kristallhabitus, während eine solche bei den im Inneren der Fl. gewachsenen Kristalle nicht zu beobachten ist. Derart veränderte NaCl-Kristalle (Zusatz von 0,1% *Nacconol NRSF* zur gesätt. Lsg.) zeigen Octaederflächen, während bei *Alaun* (Zusatz 0,1% *Igepon T*) Übergang von Octaeder- zu Kubusflächen erfolgt. Zur Kontrolle unter gleichen Bedingungen (Thermostat 20—25°), jedoch ohne Zusatz oberflächenakt. Stoffe gezüchtete Kristalle zeigen keine Änderung des Habitus. Die Dimensionen der Kristallisierschalen sind ohne Einfluß. Es wird geschlossen, daß die Änderungen dadurch verursacht sind, daß die oberflächenakt. Stoffe sich an der Grenzfläche Lsg.–Luft anreichern, an den dort wachsenden Kristallen an der Grenzfläche fest–fl. adsorbiert werden u. so die Wachstumsbedingungen an dieser Grenzfläche u. damit den Kristallhabitus verändern. (Ann. Chimica **41.** 323—25. April/Mai 1951. Turin, Univ., Ist. di Chim.) V. DECHEND. 166

H. Röpke, W. Neudert und **J. Reitstötter,** *Über den Einfluß der Oberflächenbeschaffenheit fester Materialien auf die Ausbildung des Randwinkels an den Grenzflächen fest–flüssig.* Da der Randwinkel bei einem gegebenem Stoffpaar dem mechan. Bearbeitungsgrad direkt proportional ist, kann man relative Aussagen über die Benetzungstendenz einer Fl. auf verschied. Oberflächen machen. Vff. nahmen als feste Stoffe *Jenaer Geräteglas, Edelstähle* (mit Cr, Ni u. Cr, Ni, Mo) u. *Cu* mit verschied. Oberflächenbearbeitung u. als Fll. *Triölsäureglycerinester* (*Triolein*) (chem. rein) u. *Sesamöl DAB 6.* Die Messungen an dem mit einer Mikrobürette aufgebrachten Tropfen erfolgten mit Hilfe eines genau justierbaren Mikroskops mit drehbarem Fadenkreuz. Sie ergaben, daß die Randwinkel mit zunehmend feinerer mechan. Bearbeitung größer wurden. Dies wird als Folge der Capillarwrkg. gedeutet, die bei den rauheren Oberflächen der Grenzflächenspannung fest–fl. entgegenwirkt. Zum Vgl. einzelner Grenzflächensysteme wird von Vff. die Einführung einer Benetzungs- u. einer Bearbeitungszahl vorgeschlagen. Für die Praxis ergibt sich, daß man mit Hilfe einer Oberflächenaufrauhung die Benetzbarkeit durch Fll. vergrößern kann (z. B. bei RASCHIG-Ringen). (Z. Elektrochem., Ber. Bunsenges. physik. Chem. **56.** 639—44. 1952. Berlin, Schering, Hauptlabor., u. Berlin-Dahlem, Chem. Inst. für Ernähr. u. Verpflegungswiss.) KNÖPKE. 166

R. H. Buchanan, *Tropfenbildung in Systemen flüssig–flüssig bei Benetzung der Austrittsöffnung durch die dispergierte Phase.* Vf. berichtet über den Einfl. des Düsenmaterials bei der Tropfenbldg. von *Kerosin* in Wasser. Benetzt die zu zerstäubende Fl. die Austrittsdüse, bilden sich bei kleinen Austrittsgeschwindigkeiten große, unregelmäßige Tropfen. Benetzt die Fl. nicht, entstehen kleine Tropfen von ca. gleichem Durchmesser. Bei großen Austrittsgeschwindigkeiten wird die Tropfenbldg. von der Benetzung nicht beeinflußt. Polyplaste, die stark hydrophob bzw. hydrophil sind, können als Düsenmaterial zur Zerstäubung hydrophober bzw. hydrophiler Fll. nicht benutzt werden. Metalle sind als Austrittsdüsen für beide Phasen geeignet. (Austral. J. appl. Sci. **3.** 233—36. Sept. 1952. Sidney, N. S. W., Univ. of Technol., School of Chem. Engng.) G. HEINRICH. 166

Vernon M. Stowe, *Aktivierte Tonerde: Benetzungswärme durch Wasser.* Mit einem einfachen Calorimeter wurde durch Titration mit Eiswasser die Benetzungswärme von aktivierter Tonerde verschied. Korngrößen gemessen. Als integrale Benetzungswärme wurden Werte von 14,1—24,4 cal/g frische Tonerde ermittelt. Messungen an Tonerden mit bekanntem Wassergeh. ergaben die differentielle Benetzungswärme. Die bei Benetzung durch eine monomol. Schicht auftretende Wärme wurde berechnet u. ergab 170 ± 21 cal/g adsorbiertes W., wobei die verschied. Tonerden keine wesentlichen Unterschiede zeigten. Auch bei Benetzung über die monomol. Schicht hinaus wurde noch weitere Wärme entwickelt. (J. physic. Chem. **56.** 484—86. April 1952. East St. Louis, Ill., Aluminium Res. Labors.) KLAFFKE. 166

Vernon M. Stowe, *Aktivierte Tonerde: Benetzungswärme durch Kohlenwasserstoffe.* (Vgl. vorst. Ref.) Die Benetzungswärme von aktivierter Tonerde bei Benetzung durch *n-Heptan* (**I**), *Trimethylbutan* (**II**), *Methylcyclohexan* (**III**) u. *Toluol* (**IV**) wurde calorimetr. gemessen. Als integrale Benetzungswärmen wurden gefunden: **I** 2,7, **II** 2,6, **III** 4,7 u. **IV** 4,1 cal/g frisch aktivierte Tonerde. Die differentielle Benetzungswärme wurde durch Messungen an Tonerde mit bestimmtem KW-stoffgeh. ermittelt. 42 cal/g **I** wurden als Benetzungswärme für eine monomol. Schicht **I** ermittelt. W. verdrängte adsorbierte KW-stoffe, während diese untereinander sich nicht beeinflußten. (J. physic. Chem. **56.** 487—89. April 1952.) KLAFFKE. 166

W. Philippoff, *Die einfache und geschwollene Micelle bei Seifenmicellen.* Es wird die Konzentrationsabhängigkeit der osmot. Aktivität (aus kryoskop. Messungen) u. die spezif. Leitfähigkeit für n. Seifen, Invertseifen u. techn. Netzmittel berechnet, wobei man zwei sich schneidende Geraden erhält. Aus dem Verhältnis der Neigung beider Geraden läßt sich die Größe u. Ladung der Micellen ermitteln. Einige Netzmittel lieferten so mit anderen Methoden zur Best. der Micellengröße übereinstimmende Ergebnisse. Auf Grund der Unterss. mit Röntgenstrahlen sowie auch anderer Befunde (Löslichmachung) ergibt sich als Modell einer Micelle eine aus 50—100 Moll. bestehende Doppelschicht, wobei dieselben teilweise ionisiert u. hydratisiert u. so orientiert sind, daß man Röntgenbeugungsbilder erhält. (Discuss. Faraday Soc. **1951.** Nr. 11. 96—107. Minneapolis, Minn., Univ., Inst. of Technol.) HENTSCHEL. 169

A. A. Ananjan, *Wanderung der Feuchtigkeit in gefrorenen lockeren Gesteinen unter dem Einfluß von elektroosmotischen Kräften.* An *Bändertonen,* die zuvor längere Zeit —0,3° ausgesetzt waren, wurde gezeigt, daß unter dem Einfl. der Elektroosmose im gefrorenen Boden das nicht gefrorene W. sich von der Anode zur Kathode bewegt. Das durch die Elektroosmose gestörte dynam. Gleichgewicht zwischen ungefrorenem W. u. Oberflächenkräften der Mineralteilchen wird dadurch wiederhergestellt, daß an der Anode Eis in Lsg. geht u. an der Kathode Eis gebildet wird. In allen Fällen ist bei —1,9° die Menge des nicht gefrorenen W. vor u. nach dem Vers. mit 20,7—22,7% des Trockengesteins fast gleich. Mit Ausnahme der Wasserwanderung als Dampf ist im gefrorenen lockeren Gestein die Wanderung des W. unter dem Einfl. eines Temperaturgefälles ähnlich wie bei der Elektroosmose zu denken. (Коллоидный Журнал [Kolloid-J.] **14.** 1—9. Jan./Febr. 1952. Obrutschew-Inst. der Akad. der Wiss. der UdSSR.) LEBTAG. 169

F. Höppler, *Über neuere Messungen der Zähigkeit des Wassers.* Vf. überprüft den Wert der Zähigkeit von W. bei 20° durch Messungen mit einem neuartigen Kugeldruckviscosimeter, dem Rheo-Viscosimeter. Zum Vgl. wurde Luft als Zähigkeitsnormal in die Viscosimetrie eingeführt. Die Zähigkeit von W. wurde bei zahlreichen genauen Messungen bei 20° zu 1,0080 cP ±0,1% ermittelt. (Z. angew. Physik **4.** 297—300. Aug. 1952. Medingen bei Dresden.) KNÖPKE. 172

Guido Saini, *Polyelektrolyte: Viscosität der Lösungen von Grahamschem Salz.* Viscositätsmessungen mit dem OSTWALD-Viscosimeter an wss. Lsgg. von GRAHAMschem Salz (**I**) (Na-Polymetaphosphat von verschied. Polymerisationsgrad) mit u. ohne Elektrolytzusatz bei 25° ergaben bei zusatzfreien Lsgg. eine Zunahme von $\eta_{sp/c}$ mit wachsender Verdünnung wie bei den typ. polymeren Elektrolyten. Es wird angenommen, daß Polyanionen wie von **I** wegen der abstoßenden Wrkg. der elektr. geladenen Gruppen die Form eines auseinandergezogenen Knäuels haben, das um so länger, je mehr verd. die Lsg. ist. Bei Zusatz starker Elektrolyte wie *KCl* wird die Dichte der Gegenionenwolke größer, u. mit der Verringerung der abstoßenden Wrkg. nehmen die Dimensionen des Polyanions u. damit $\eta_{sp/c}$ ab. Bei KCl-Zusatz oberhalb 0,15n wird $\eta_{sp/c}$ prakt. konstant, u. für Lsgg. mit $[N(CH_3)_4]Br$-Zusatz wird $\eta_{sp/c}/^{C}$ linear wie bei nicht ionisierten Polymeren. Bei derartigen Lsgg. läßt sich nach VAN WAZER (C. **1950.** II. 2290) aus $[\eta]$, erhalten durch graph. Extrapolation aus $\eta_{sp/c}$ auf die Konz. 0, das Mol.-Gew. berechnen; die so gewonnenen Werte für einige Prodd. stimmen mit den nach der Meth. von SAMUELSSON erhaltenen befriedigend überein. In Lsgg. mit niedriger KCl-Konz. ist die Abnahme von $\eta_{sp/c}$ für die 0,495%ig. Lsg. von **I** größer als für die 0,613%ig. (wahrscheinlich ist bei ersterer das Verhältnis polymeres Anion/Konz. der Gegenionen $Na^+ + K^+$ kleiner u. dadurch die Verminderung des elektroviscosen Effektes größer); bei höherer KCl-Konz. nähern sich die Werte einander, u. bei weiterer Steigerung der KCl-Konz. scheidet sich **I** in weißen Flocken ab, die eine sehr viscose Phase geben. — Messungen der Viscosität an Lsgg. von Polymetaphosphaten in W. u. in saurer u. bas. Lsg. in Abhängigkeit von der Zeit bei verschied. Tempp. zeigen eine Viscositätsabnahme mit der Zeit, verursacht durch Depolymerisation infolge Hydrolyse u. Verringerung des elektroviscosen Effekts. Aus dem Gang der Kurve in W. bei 50° u. in bas. Lsg. scheint sich für diesen Fall eine starke anfängliche Abnahme von η_{sp} durch Unterdrückung des elektroviscosen Effekts zu ergeben, während in saurer Lsg. der Depolymerisationsprozeß mit fortgesetzter Viscositätsabnahme zu überwiegen scheint. — **I** wird durch Schmelzen von $NaNH_4HPO_4 \cdot 4 H_2O$ bei Tempp. zwischen 650 u. 850° hergestellt. (Ann. Chimica **41.** 340—51. April/Mai 1951. Turin, Univ., Ist. di Chim.) v. DECHEND. 171

P. S. Williams, *Einige Wirkungen von Änderungen der Teilchengröße und -gestalt auf das Fließen konzentrierter Suspensionen.* Die üblichen, techn. verwendeten Kolloide umfassen Suspensionen mit Teilchen sehr verschied. Größe, Gestalt u. Oberflächenbeschaffenheit. Bes. auffallende Abweichungen trifft man bei der Viscosität oder Konsistenz von Anstrichfarben, bei denen durch Ausflocken des Pigments u. starke Wechselwrkg. zwischen den Teilchen Thixotropie u. Emulsionsumkehr auftreten kann. In Modellverss. über das rheolog. Verh. von Mikroglasperlen (SiO_2-Glas) von der Größe der Pigmentteilchen, die in Standöl u. Paraffin oder in Glycerin suspendiert sind u. deren Herst. u. granulometr. Trennung u. Analyse mit einer SHARPLES-Zentrifuge beschrieben wird, lassen sich einige sonst unkontrollierbare Faktoren eliminieren. In dem geprüften Konzentrationsbereich ergab sich die Viscosität einer solchen aus harten Kügelchen bestehenden Suspension bis zu 50% nach Art einer NEWTONschen Fl. für Teilchen $> 1\ \mu$ Durchmesser; mit abnehmender Teilchengröße nimmt die Viscosität zu, u. die Suspension zeigt für Teilchen $< 1\ \mu$ das Verh. einer nicht-NEWTONschen Flüssigkeit. Zur Unters. der komplizierten zeitlich veränderlichen Scherspannungsverhältnisse u. des thixotropen Verh. wird ein koaxiales Zylinderviscosimeter mit kontinuierlich anzulegender Schubspannung beschrieben. (Discuss. Faraday Soc. **1951**. Nr. 11. 47—55. Imp. Chem. Ind. Ltd., Paints Div., Res. Labor.) HENTSCHEL. 173

H. Van Olphen, *Rheologische Erscheinungen an Tonsolen im Zusammenhang mit der Ladungsverteilung auf den Micellen.* Der Fließdruck eines ca. 3%ig. feinteiligen *Na-Bentonit*-Sols (Wyoming-Bentonit) wie man ihn mit dem modifizierten Zylinderviscosimeter nach STORMER bestimmen kann, nimmt bei Zusatz 1 Milliäquivalents Neutralsalz/Liter (NaCl, Na_2SO_4, $CaCl_2$) ab. Bei weiterem Zusatz nimmt der Fließdruck wieder zu, u. das Syst. zeigt gegenüber dem reinen Gel infolge der Thixotropie eine allmähliche Versteifung. Die Struktur im elektrolytfreien Gel wird auf die Anziehung zwischen den Kanten u. flachen Seiten der plättchenförmigen Micellen mit ihren entgegengesetzten elektr. Ladungen der Doppelschicht (Kartenhausstruktur) zurückgeführt. Die Struktur des thixotropen Gels kann man als Überwiegen der VAN DER WAALSschen Anziehungskräfte zwischen Kanten u. Ebenen der einzelnen Plättchen auffassen. Die relative Viscosität des dialysierten Bentonitsols zeigt ein ähnliches Verh. wie der Fließdruck. (Discuss. Faraday Soc. **1951**. Nr. 11. 82—84. Amsterdam, Koninkl. Shell Labor.) HENTSCHEL. 173

Herbert S. Green, The molecular theory of fluids. (Deformation and flow. Monographs on the rheological behaviour of natural and synthetic products. Ed. by **J. M. Burgers, J. J. Hermans** and **G. W. Scott Blair**.) Amsterdam: Noord-Hollandsche U. M. (VIII + 264 S. m. Abb.) fl. 20,—.

A_6. Strukturforschung.

Kurt Artmann, *Zur Theorie anomaler Elektroneninterferenzen an Kristallen bei flachem Einfall.* Theoret. Arbeit. Die eindimensionale SCHRÖDINGER-Gleichung wird unter Zugrundelegung eines an der Kristalloberfläche beliebig kontinuierlich verlaufenden Potentials gelöst. Bei speziellen Potentialverläufen besitzt das erste Beugungsmaximum der regulären BRAGGschen Reflexion eine Einsattelung (vermindertes Reflexionsvermögen), die dadurch zustande kommt, daß die Materiewelle bei flachem Einfall in der obersten Potentialrinne eines jeden Kristalls merklich hin- u. herreflektiert wird. Ferner kann bei speziellen Kristallen eine Verstärkung durch Interferenz eintreten, wodurch eine erhöhte Energieabgabe an das Kristallgitter durch unelast. Stöße bewirkt wird. Solche Kristalle absorbieren daher bei flachem Einfall stärker als andere, was sich in einer Einsattelung bemerkbar macht. Diese Resonanzerscheinung hängt mit dem Auftreten der TAMMschen Oberflächenwelle (vgl. Phys. Z. Sowjetunion **1**. [1932.] 733) zusammen. (Z. Physik **132**. 30—43. 1952. Hamburg, Univ., Inst. für Theoret. Physik.) FUCHS. 181

J. O. Halford, *Normale Frequenzen eines eindimensionalen Kristalls. Eine Approximation an die Gitterfrequenzverteilung in isotropen festen Körpern.* In dem ersten Teil der Arbeit leitet der Vf. einen genauen Ausdruck für die individuellen Frequenzen eines linearen Kristalls mit einer beliebigen Anzahl von Teilchen her. Im zweiten Teil der Arbeit wird gezeigt, daß für eine isotrope dreidimensionale Anordnung von gleichmäßigen Massen das maximale Quadrat der Frequenz immer kleiner, aber nicht viel kleiner als das doppelte mittlere Quadrat ist. Für zwei einfache kub. Systeme wurde das maximale Quadrat errechnet; es war doppelt so groß wie das mittlere Quadrat. Der DEBYEsche Ausdruck für die Frequenzen in bezug auf die Komponenten von stehenden Wellen wurde empir. modifiziert, um das korrekte Maximum u. die mittleren Quadrate zu erhalten, u. zwar durch Substitution linearer Kristallfrequenzen für die Komponenten sowie durch Einführung einer zweiten Kraftkonstante. (J. chem. Physics **19**. 1375—79. Nov. 1951. Ann Arbor, Mich., Univ., Chem. Dep.) GOTTFRIED. 181

Julio Garrido, *Das Problem der Eindeutigkeit bei der Bestimmung von Kristallstrukturen.* Die Unters., ob eine auf röntgenograph. Wege gefundene Kristallstruktur eindeutig ist, kann man in zwei Stufen unterteilen, u. zwar 1. die Unters. isovektorieller Strukturen, d. h. verschied. Strukturen, die die gleichen interatomaren Vektoren besitzen, u. 2. die Unters. isovektorieller Strukturen, die die gleichen Amplitudenwerte $|F\,(h\,k\,l)|$ geben (homometr. Strukturen). Die Eindeutigkeit einer Struktur ist dann gegeben, wenn man beweisen kann, daß eine homometr. Struktur der untersuchten Struktur nicht existiert. Die tabellar. Aufstellung der vektoriellen Differenzen erlaubt das Problem zu lösen sowie die Bedingungen zu bestimmen, ob eine gegebene Struktur einer eindeutigen Lösung entspricht oder nicht. Die Nichtexistenz isovektorieller Strukturen ist eine ausreichende Bedingung zum Nachw. der Eindeutigkeit; es ist dies aber eine nicht notwendige Bedingung, denn die Struktur kann eindeutig sein, selbst wenn isovektorielle Strukturen vorhanden sind. An Hand einiger Beispiele (Uran, Markasit, Graphit u. Bixbyit) werden die theoret. Ausführungen erläutert. (Bull. Soc. franç. Minéralog. Cristallogr. **74.** 397—431. Juli/Dez. 1951. Paris, Fac. des Sci., Labor. de Minéral.) GOTTFRIED. 181

L. W. Codd, *Einige praktische Gesichtspunkte der Kristallmessung.* Zusammenfassender Bericht über Kristallmessung u. Anwendung der stereograph. Projektion mit einem Hinweis zur Benutzung der BARKER-Klassifikationswinkel. (Research **5.** 86—92. Febr. 1952.) HILLER. 181

Kathleen Lonsdale, *Thermische Bewegungen der Atome in Kristallen.* (Vgl. C. **1950.** I. 386.) Zusammenfassende Darst. des Einfl. der therm. Schwingung bei LAUE-Aufnahmen u. seines Verhältnisses zu anderen störenden Faktoren. (An. Real Soc. españ. Física Quím., Ser. A **48.** 47—53. 6 Tafeln. Jan./Febr. 1952. London, Univ. Coll.) R. K. MÜLLER .181

A. Carrelli und **E. Tartaglione,** *Die Röntgenstrahlbeugung an wässerigen Lösungen von karamelisiertem Zucker.* Bei der Röntgenunters. von wss. Lsgg. von karamelisiertem Zucker im Bereich der Viscositäten $\eta = 0{,}04-1{,}10$ Poise zeigt sich eine sehr rasche Abnahme der Intensität des Maximums mit Zunahme von η, u. zwar vor allem in dem η-Bereich 0,04—0,2, in dem auch die stärkste Abweichung von dem Gesetz der Konstanz von $\Delta\eta$ beobachtet wird. Diese Abweichung scheint demnach auf einer Strukturänderung der Lsgg. zu beruhen. (Nuovo Cimento [9] **9.** 440—41. 1/5. 1952. Neapel, Univ., Ist. di Fis.) R. K. MÜLLER. 186

Ss. Ss. Urasowski, *Über die Veränderlichkeit der molekularen Formen in Flüssigkeiten und Lösungen.* (Vgl. C. **1952.** 5379.) Zusammenfassende theoret. Behandlung der vom Vf. entwickelten Theorie der Molekularpolymorphie in Fll. u. Lösungsmitteln (vgl. C. **1951.** II. [1704]). Es wird festgestellt, daß der Hauptmangel der theoret. Vorstellungen über die chem. Struktur in der Vernachlässigung der gebremsten Drehung um die einfache Bindung besteht, ferner in der Vernachlässigung der innermol. Assoziation, der Atombeweglichkeit im Mol. als mögliche Ursache für die Strukturänderungen sowie im Bestreben, die Ursachen für die Veränderlichkeit der mol. Formen nur innerhalb des Mol. selbst zu suchen. Es wird die Existenz solcher mol. Formen einer Substanz angenommen, bei denen die Unterschiede geringer als bei Isomerie, Tautomerie u. ähnlichen Erscheinungen, jedoch noch wahrnehmbar sind. Eine bestimmte Kategorie der mol.-strukturellen Veränderungen in der kondensierten Phase besitzt kooperativen Charakter u. kann nicht mittels der Thermodynamik des chem. Gleichgewichtes beschrieben werden. Nicht ausgeschlossen sind auch einige mol.-polymorphe Umwandlungen vom Typ der chemokrit. Vorgänge (Phasenübergänge 2. Art). Aus der anomalen Temperaturabhängigkeit von Viscosität, D., Oberflächenspannung, Wärmekapazität, Brechungsexponent u. elektr. Leitfähigkeit verschied. Fll. folgt, daß diese Umwandlungen nur die Symmetrie der Substanz beeinflussen. Es sind auch gebremste mol.-polymorphe Umwandlungen möglich, die bei höherer Temp. entbremst werden u. unter starker Gleichgewichtsverschiebung im schmalen Temperaturbereich zu Ende gehen u. damit einen kooperativen Reaktionsmechanismus vortäuschen. (Успехи Химии [Fortschr. Chem.] **21.** 836—48. Juli 1952.) LEBTAG. 186

V. Vand, *Anwendung der Versetzungstheorie auf die Polytypie von Siliciumcarbid.* Die bekannte Polytypie des *SiC* kann man verstehen, wenn man die Annahme macht, daß der Kristall aus dem prim. Kern als eine einzelne, mehrere Atomlagen dicke Schicht wächst. Die Schicht windet sich selbst spiralartig entlang einem Bündel von Schraubenversetzungen aufwärts, die auf der Spiralachse gelegen sind. Treten Fehler in der ursprünglichen Wachstumsschicht auf, dann wiederholen sie sich mit der Periodizität der Höhe der Schraube durch den Kristall u. bestimmen so den Typ u. die Dimensionen der Elementarzelle. Ähnliche Typie tritt in Graphit u. möglicherweise auch in Diamant u. anderen Substanzen auf. (Philos. Mag. [7] **42.** 1384—86. Dez. 1951. Glasgow, Univ., Chem. Dep.) GOTTFRIED. 190

L. J. Griffin, *Mikroskopische Untersuchungen an Beryllkristallen.* 2. Mitt. *Versetzungen und das Wachstum der* $\{10\bar{1}0\}$*-Prismenflächen.* (1. vgl. C. **1952.** 5216.) Die Beobachtungen der Wachstumserscheinungen auf den $\{10\bar{1}0\}$-Flächen von Beryll ergaben, daß die Versetzungstheorie des Wachstums nicht nur im Prinzip richtig ist, sondern auch im Einzelnen. Das ist insofern überraschend, als die Theorie prim. für homöopolare Kristalle hergeleitet worden ist, die aus kugelförmigen oder kub. Moll. gebildet sind, u. zwar beim Wachsen aus der Dampfphase. Beryll dagegen ist ein Ionenkristall mit komplexen

Moll. u. entsteht aus Lösung. Es wurden noch zwei auf hydrothermalem Wege von NACKEN dargestellte synthet. Berylle untersucht; die Beobachtungen wurden mit den an natürlichen Kristallen gemachten Beobachtungen verglichen. — Es wird zum Schluß gezeigt, daß man die Wachstumstheorie benutzen kann, um Kenntnis von der Übersättigung u. der Temp. zu bekommen, bei der das Wachstum stattfand. (Philos. Mag. [7] **42.** 1337—52. 8 Tafeln. Dez. 1951. Bristol, Univ., H. H. Wills Phys. Labor.) GOTTFRIED. 190

Horst-Dietrich Dietze, *Die Temperaturabhängigkeit der Versetzungsstruktur.* Die von PEIERLS (Proc. physic. Soc. **52.** [1940.] 34) angegebene Gleichung für die Versetzung (z. B. eines kub. Kristalls) gilt unter der Voraussetzung, daß die Atome im Gitter ruhen u. keine therm. Bewegung ausführen. Die Gleichung wird erweitert unter Berücksichtigung der Temperaturbewegung des Gitters, wobei die Annahme gemacht wird, daß die therm. Verschiebungen von inneren Spannungen unabhängig sind. Daraus folgt, daß die therm. Bewegung die Versetzungslänge vergrößert u. dadurch die elast. Grenze herabsetzt. Die Ergebnisse werden speziell auf *Al* angewendet. (Z. Physik **132.** 107—10. 1952. Göttingen, Inst. für Theoret. Phys.) FUCHS. 190

W. G. Burgers, Y. H. Liu und **T. J. Tiedema,** *Der Einfluß der Kristallorientierung auf die Polygonisierung von Aluminiumeinkristallen.* Um den Einfl. der Kristallorientierung auf die Polygonisierung festzustellen, wurden drei verschieden orientierte Einkristalle von *Al* nach der von GUINIER u. TENNEVIN entwickelten fokussierenden LAUE-Meth. untersucht. Die in Plattenform vorliegenden Kristalle hatten die folgenden Orientierungen: **I** Kristalloberfläche (1 0 0); Längsrichtung [1 0 0]; **II** (1 0 0) u. [1 1 0]; **III** (1 1 1) u. [1 1 0]. Aufnahmen der angelassenen Proben ergaben, daß sie nicht deformiert waren. Die Kristalle wurden hierauf um 10% in der Längsrichtung gezogen u. verschieden lang bei 625° angelassen. Kristall **I** zeigte nach halbstd. Anlassen die ersten Anzeichen von diffusen Streifungen auf einem kontinuierlichen Untergrund auf dem Diagramm, die nach längerem Anlassen schärfer u. intensiver wurden, während gleichzeitig die Intensität des Untergrundes abnahm. Nach 115 Std. wurden die Streifungen ziemlich scharf, u. gleichzeitig traten einige kleine punktfömige Interferenzen auf. Nach 180 Std. zeigten die Diagramme, daß sich der Kristall in ein Haufwerk von verschieden orientierten Körnern umgewandelt hatte, die nahezu spannungsfrei waren. Bei Kristall **II** traten nach 180std. Anlassen die ersten Streifungen, bei **III** nach der gleichen Zeit keine Streifungen auf. Hieraus folgt, daß die Polygonisierung in **II** u. **III** mit einer sehr viel kleineren Geschwindigkeit eintritt als in Kristall **I**. Aus den Unterss. wird geschlossen, daß Polygonisierung wesentlich von der Natur der Gitterstörung abhängt. Eine Deformation, die durch eine große Anzahl von Gleitkombinationen bedingt ist (Kristall **I**), ist für die Polygonisierung günstiger als eine Deformation, die nur durch eine oder eine kleine Anzahl von Gleitkombinationen hervorgerufen wird (Kristalle **II** u. **III**). Ein genauer Grund für dieses Verh. kann noch nicht gegeben werden. (Proc., Kon. nederl. Akad. Wetensch., Ser. B **54.** 459—63. Nov./Dez. 1951.) GOTTFRIED. 190

D. Summers-Smith, *Die ξ-Phase und eine neue σ-Phase.* Vf. fand für Co_2Mo_3 eine σ-Phasenstruktur. Wie im Syst. Fe–Mo hat diese Phase nur einen begrenzten Temperaturbereich u. zers. sich peritekt. unter Bldg. der ξ-Phase Co_7Mo_6, die über einen großen Temperaturbereich eine stabile rhomboedr. Struktur besitzt. Bei einem Vgl. des Vork. der σ- u. ξ-Phase in den bin. Systemen von Fe u. Co mit Cr, Mo u. W wurde festgestellt, daß, wenn das zweite Element in derselben Periode ist, nur die σ-Phase als intermediäre Phase auftritt. Mit Mo bildet sowohl Fe u. Co eine σ-Phase, die jedoch nur einen beschränkten Stabilitätsbereich besitzt u. sich in die ξ-Phase zersetzt. Im Falle von W wurde nur die ξ-Phase gefunden. Der Grund für diesen Übergang ist offensichtlich kein Größeneffekt; es ist wahrscheinlich, daß es ein elektron. Effekt ist. Die ξ-Phase ist daher wohl als eine Elektronenverb. anzusehen, wie es von SULLY (C. **1952.** **1617**) für die σ-Phase angenommen wird. (Nature [London] **168.** 786. 3/11. 1951. Aldermaston, Berkshire, Assoc. Electrical Ind., Ltd., Res. Labor.) GOTTFRIED. 197

W. B. Pearson, *Übergänge in den Chrom–Mangan- und Nickel–Vanadium-σ-Phasen.* Eine Umwandlung erfolgt bei der Cr–Mn-σ-Phase bei 1005° u. bei der Ni–V-σ-Phase unterhalb 800°. Hochtemperaturröntgenaufnahmen zeigen, daß die Kristallstruktur sich nicht ändert. Legierungen, die aus dem Gebiet der Hochtemperaturphase abgeschreckt wurden, zeigen keine zers. Mikrostruktur. Die Umwandlung kann vom Ordnungs–Unordnungs-Typ sein. (Nature [London] **169.** **934.** 31/5. 1952. Oxford, Inorgan. Chem. Labor.) SCHUBERT. 197

Erich Gebhardt und **Stefan Dorner,** *Dichte und spezifisches Volumen flüssiger und fester Gold–Silber-Legierungen.* Die D. u. das spezif. Vol. fl. Au-Ag-Legierungen wurden nach dem indirekten Auftriebsverf. unter Benutzung einer NaCl-Schmelze als Auftriebs-Fl. gemessen. Die D. dieser Schmelze zwischen 800 u. 1300° war zuvor nach der direkten

Auftriebsmeth. mittels eines Senkkörpers aus W festgelegt worden. Die ermittelten Werte sind im ganzen Untersuchungsbereich, zwischen der Liquidustemp. u. ca. 1300°, in guter Übereinstimmung mit den entsprechenden, additiv berechneten Werten, was eine Legierungsbldg. im fl. Zustand ohne merkliche Volumenänderung beweist. Zur Best. der D. u. des spezif. Vol. fester Au–Ag-Legierungen dienten die Ausdehnungskoeffizienten der einzelnen Proben u. die entsprechenden Volumenwerte bei Raumtemperatur. Die so festgelegten Werte zwischen 20° u. dem Soliduspunkt sind den additiv berechneten Werten gegenübergestellt, u. es scheint eine sehr geringe, experimentell jedoch schwer erfaßbare Volumenkontraktion stattzufinden. Es werden die Schwindungszahlen für den Erstarrungsvorgang u. für die Abkühlung zwischen dem Soliduspunkt u. Raumtemp. mitgeteilt, woraus sich ergibt, daß die Schwindung nur in geringem Maß durch die Legierungszus. beeinflußt wird. (Z. Metallkunde **42.** 353—58. Dez. 1951. Stuttgart, Max-Planck-Inst. für Metallforsch.) HOCHSTEIN. 197

T. H. Blewitt und **R. R. Coltman,** *Der Einfluß von Meilerbestrahlung auf die Zug-Spannungs-Kurve von Kupfer.* (Sitzungsbericht.) Es wurden zwei Cu-Einkristalle mit der gleichen Orientierung nach der Meth. von BRIDGMAN im Hochvakuum dargestellt. Ein Einkristall wurde in eine evakuierte Quarzröhre gebracht u. in dem Oak Ridge-Meiler einem Fluß von schnellen Neutronen ausgesetzt. Zug–Spannungs-Kurven an beiden Kristallen ergaben für den nichtbestrahlten Kristall eine Scherspannung von 0,241 kg/mm², für den bestrahlten Kristall eine solche von 1,938 kg/mm². (Physic. Rev. [2] **82.** 769. 1/6.; Bull. Amer. physic. Soc. **26.** Nr. 2. 13. 8/3. 1951. Oak Ridge Nat. Labor.) GOTTFRIED. 200

A_7. Gleichgewichte. Kinetik.

J. W. Donnell und **R. W. Draper,** *Absorptionsberechnungen mit Hilfe von Lochkartenmaschinen.* Die Absorption eines Gases durch eine Fl. in einem Turm läßt sich nur durch Iteration behandeln. Die Gleichungssysteme u. ihre zweckmäßige Lsg. durch Rechenmaschinen werden angegeben. (Ind. Engng. Chem. **43.** 2449—53. Nov. 1951. East Lansing, Mich., Michigan State Coll.) PAULI. 224

T. Holstein, *Die dissoziierende Einwirkung von Elektronen auf zweiatomige Moleküle.* (Sitzungsbericht.) Die Rk. $XY + e \rightarrow X + Y^-$ verläuft nach dem FRANCK-CONDON-Prinzip in 2 Schritten: Elektroneneinfang durch das Mol. u. anschließende Dissoziation. Der Wirkungsquerschnitt dieser Rk. ist das Prod. aus dem Querschnitt für die Bldg. von XY^- u. der Wahrscheinlichkeit $\exp(-T_S/T_A)$, daß XY^- ohne Selbstzerfall dissoziiert (T_A = Lebensdauer von XY^-, T_S = Stabilisierungszeit, definiert durch die Potentialkurven). (Physic. Rev. [2] **84.** 1073. 1/12. 1951. Westinghouse Res. Labors.) SPEER. 225

T. Westermark und **L. G. Erwall,** *Untersuchungen von Oberflächenreaktionen mittels radioaktiver Tracer.* Es werden Oberflächen-Rkk. an festen Materialien u. an sehr kleinen Mengen untersucht. Die planen Oberflächen von mineralog., metall. u. biol. Proben werden mit einer hochradioakt. Lsg. zusammengebracht u. die Oberflächen-Rkk. mit einem GEIGER-MÜLLER-Zählrohr bzw. radiograph. gemessen. Eine mineralog. Probe bestand u. a. aus *Biotit* u. *Quarz.* Biotit nahm am meisten Phosphat auf, Quarz dagegen nichts. Bei metall. Proben zeigten die Korngrenzen starke Rkk., so daß das Verf. für die Unters. des Anfangsstadiums der Korrosion von Bedeutung ist. (Research **4.** 290—92. Juni 1951. Stockholm, Royal Inst. of Technol., Div. of Physic. Chem.) GERHARD SCHMIDT. 225

E. Quagliozzi und **A. Rescigno,** *Kinetik der Reaktion metallisches Kupfer, Kupferion.* Mit Hilfe des radioakt. Isotops ^{64}Cu wird der zeitliche Verlauf des Austausches von Cu-Atomen zwischen einer Cu-Folie u. angrenzenden $CuSO_4$-Lsgg. bestimmt. Für den zeitlichen Verlauf wird eine Reaktionsgleichung abgeleitet, u. es werden die Konstanten berechnet. (Helv. chim. Acta **35.** 1227—30. 16/6. 1952. Busto Arsizio, Italien, Centro Tumori.) GEDSCHOLD. 225

Norman Todd und **S. L. Whitcher,** *Der Einfluß des Sauerstoffs auf eine „Radioreduktions"-Reaktion.* Vff. untersuchen die Reaktionsprodd. von mit Röntgenstrahlen bestrahlten luftfreien u. mit Luft gesätt. KJO_3-Lösungen. In H_2SO_4-Lsg. (p_H 1) fand Rk. zu J_2 u. H_2O_2 statt, die Relativausbeuten an beiden Prodd. wurden durch Ggw. von O_2 etwas geändert. Nach der Bestrahlung erfolgte in der mit Luft gesätt. Lsg. sofortige Regenerierung des JO_3^- aus H_2O_2 u. J_2. Die Rk. war nach einer Std. beendet, während die gleiche Rk. in luftfreier Lsg. erst nach 20 Std. einsetzte. Vff. nehmen an, daß das nach $H + O_2 = HO_2$ gebildete HO_2-Radikal ein intermediäres Reduktionsprod. bildet, das die Ausbldg. der Induktionsperiode der H_2O_2–J_2-Rk. verhindert. In neutraler bzw. bas. (p_H 12,7) Lsg. wurde wenig bzw. kein J_2 gebildet, das Ausmaß der JO_3-Red. war in luftfreier Lsg. um 25—80% größer als bei Ggw. von O_2. (J. chem. Physics **20.** 1172—73. Juli 1952. Los Angeles, Calif., Univ. of California, School of Med., At. Energy Proj.) PLUST. 226

Ugo Croatto, Giordano Giacomello und **A. G. Maddock**, *Neue Methoden der Untersuchung von Szilard–Chalmers-Prozessen in Anwendung auf Natriumchloroiridat.* Bei der Zertrümmerung von Na_2IrCl_6 nach SZILARD-CHALMERS werden ca. 34% der Radioaktivität als ^{194}Ir erhalten, das entweder durch Mitfällung mit $Fe(OH)_3$ oder in Form von schwerlösl. K_2IrCl_6 oder $(NH_4)_2IrCl_6$ abgetrennt werden kann. Während Elektrolyse oder Behandlung mit Ionenaustauschern nur eine teilweise Abtrennung der „Recoil"-Prodd. bewirkt, gelingt es durch Papierchromatographie, in diesen Prodd. zwei verschied. Arten von ^{194}Ir festzustellen, wahrscheinlich handelt es sich um $IrCl_6^{3-}$ u. koll. Ir-Produkte. (Ricerca sci. **21.** 1788—90. Okt. 1951. Padua, Univ., u. Rom, Univ.; Cambridge, Chem. Labor.) R. K. MÜLLER. 226

F. Bloch, *Kernrelaxation in Gasen durch Oberflächenkatalyse.* Zur Einstellung des therm. Gleichgewichtes bei Kerninduktionsverss. an Edelgasen bedarf es eines Katalysators: als solcher wurde bei *He* Sauerstoff verwandt. Die gleiche Wrkg. muß ein paramagnet. Pulver auf das sein freies Vol. ausfüllende Edelgas ausüben. Während die wiedergegebene Rechnung für *Xe* an feinem Fe_2O_3-Pulver einen äquivalenten O_2-Druck von 10 at ergibt. liefert das Experiment Gleichwertigkeit mit 30 at O_2. (Physic. Rev. [2] **83.** 1062—63. 1/9. 1951. Stanford, Calif., Stanford Univ.) THEILE. 227

B. Anorganische Chemie.

Amedeo Malaguti, *Die Reduktion von Persulfaten mit Wasserstoffperoxyd.* (Vgl. C. **1952.** 2895.) Die Rk. zwischen $K_2S_2O_8$ u. H_2O_2 erfolgt sehr langsam, in schwefelsaurer Lsg. noch langsamer (50% nach 48 bzw. 100 Std.). In Ggw. von Ag^+ erfolgt die Rk. rasch nach $K_2S_2O_8 + H_2O_2 \rightarrow K_2SO_4 + H_2O + O_2$. Die katalyt. Wrkg. des Ag^+ scheint nicht auf Bldg. von Ag^{3+} zu beruhen, da sie nicht nur bei $AgNO_3$, sondern auch bei *Ag-Dipyridylnitrat* eintritt, bei dem nur eine Oxydation zur 2wertigen Stufe möglich ist. (Ann. Chimica **42.** 138—44. Febr. 1952. Bologna, Univ., Ist. chim. G. Ciamician.) R. K. MÜLLER. 253

Margot Goehring, Hans Herb und **Heinz Wissemeier**, *Über das Tetraschwefeldinitrid, N_2S_4.* N_2S_4 wurde durch Erhitzen von N_4S_4 mit CS_2 u. etwas S im Autoklaven auf 100—120° u. anschließende Dest. im Hochvakuum bei 60—65° erhalten. Dunkelrote Kristalle, F. 23°, $D.^{20}{}_4$ 1,71. Aus der Analyse u. der Mol.-Gew-Best. folgt die Formel N_2S_4. Die mittlere Oxydationsstufe des S ist + 1,5. Aus den Hydrolyseprodd., die mit verd. Lauge oder Hydrogensulfitlsg. erhalten werden, wird auf eine Reaktionsformel geschlossen, in der sich die Ladungen der S-Atome, wie folgt, verteilen: 1 S^{4+}, 1 S^{2+}, 2 S^0. Gemessen wurden das magnet. Moment zu $\chi_{Mol} = 64 \cdot 10^{-6}$ u. das Absorptionsspektr. in Äther, Heptan u. Dioxan im Bereich von $\sim$ 420—250 mμ. Unter Berücksichtigung aller Ergebnisse werden für N_2S_4 die zwei nebenst. Konstitutionsformeln vorgeschlagen. (Z. anorg. allg. Chem. **267.** 238—46. Jan. 1952. Heidelberg, Univ., Chem. Inst.) H.-A. LEHMANN. 253

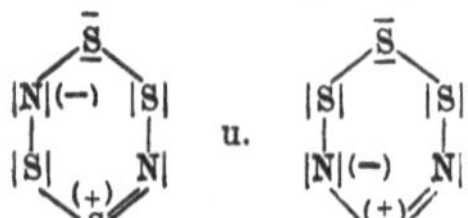

Hans-Joachim Teuber und **Gisela Jellinek**, *Reaktionen mit Nitrosodisulfonat.* 1. Mitt. *Einwirkung auf Phenole und aromatische Stickstoffverbindungen.* Ausführliche Wiedergabe der C. **1952.** 2806 referierten Arbeit. Nachzutragen ist: Auch aus m-Kresol entsteht mit *K-Nitrosodisulfonat* (I) anscheinend *Toluchinon*, Thymol gibt mit I *Thymochinon* ($C_{10}H_{12}O_2$, F. 43—46°) u. auch bei Resorcin u. β-Naphthol zeigte sich qualitativ Einw. von I; Tyrosin geht über eine rote Zwischenstufe in ein dunkles, schwerlösl. Prod. über, ebenso verhalten sich entfettete Wolle u. Kollagen. p-Oxybenzoesäure wird durch I zu *p-Chinon* oxydiert u. decarboxyliert, Ferulasäure liefert eine *Verb. $C_{19}H_{18}O_6$*, F. $\sim$ 216° (Zers.). Benzilosazon scheint mit I nicht zu reagieren, dagegen wird Phenyl-d-glucosazon durch 2—4 Äquivalente I in *Phenyl-d-glucosotriazol* [$C_{12}H_{15}O_4N_3$, F. 194,5—195,5° (W.), $[\alpha]_D^{21}$ —80,4° (0,5%ig. in Pyridin); Tetraacetylderiv., $C_{20}H_{23}O_8N_3$, F. 80,5—82°] verwandelt. (Chem. Ber. **85.** 95—103. 1952. Heidelberg, Univ., Chem. Inst.) SPAETH. 253

Keith E. Chave, *Eine feste Lösung zwischen Calcit und Dolomit.* Eine feste Lsg. zwischen *Calcit* (I) u. *Dolomit* (II) konnte in lebenden u. fossilen Organismen beobachtet werden. Die Gitterabstände [nach (1 0 0)], in Abhängigkeit von dem $MgCO_3$-Geh. aufgetragen, zeigen, daß zwischen 0 u. 29% $MgCO_3$ nur eine Phase existiert. Unterhalb 2% u. über 16% treten Abweichungen vom VEGARDschen Gesetz auf. Die feste Lsg. I–II ist instabil. Das Mg wird im Laufe der Zeit durch Ca ersetzt. (J. Geology **60.** 190—92. März 1952. Chicago, Ill., Univ. of Chicago.) MOSLÉ. 282

Hiroshi Nozaki, *Al von niedriger Wertigkeit.* Neuere Verff. der Al-Herst. u. Reinigung. Geschichte der Beobachtung von Al niedriger Wertigkeit u. experimentelle Tatsachen bzgl. des Auftretens von Al^+ (nach NOZAKI, RUSSELL, SCHNEIDER u. SCHMIDT).

— 31 Literaturangaben. (Chem. and chem. Ind. [Kagaku to Kogyo.] **5.** 70—76. Febr. 1952. [Orig.: japan.]) Schuler. 294

Mario Nardelli und **Oreste Scaglioni**, *Über das Nichtexistieren eines Phosphordodekamolybdänsäureanhydrids.* Über das beim Glühen des *NH_4-Phosphordodekamolybdats* an der Luft bei 400—500° entstehende bläulich-schwarze Prod. von der annähernden Zus. $P_2O_5 \cdot 24\ MoO_3$ oder $P_2O_5 \cdot Mo_{24}O_{68}$ sind in der Literatur verschied. Auffassungen zu finden: einmal als Phosphordodekamolybdänsäureanhydrid (I), entsprechend vorst. Formeln; aber auch als $MoP_2O_7 \cdot 23\ MoO_3$ mit einem Geh. an Mo^{IV}, analog zum Molybdänblau. Aus der Best. der P_2O_5-Gehh., die für die 3 Zuss. geringfügig — innerhalb der Fehlergrenze — voneinander abweichen, kann keine Entscheidung zwischen den 3 Formeln getroffen werden. Analysiert man das von Vff. als „Pseudo-I" (Ps) bezeichnete Prod. (hergestellt durch Fällen aus $NH_4H_2PO_4$ u. Glühen des Phosphordodekamolybdats bei bis 400° steigender Temp.), so stimmen trotz größerer Unterschiede in den einzelnen Werten von 9 Bestimmungen die Mittelwerte für die analyt. Faktoren P_2O_5/NH_4-Phosphordodekamolybdat u. P_2O_5/Ps gut mit den Werten der Literatur überein (0,03753 bzw. 0,03944). Dagegen läßt sich durch Behandeln des Ps [notfalls homogen gemacht durch nochmaliges Glühen mit $(NH_4)_2CO_3$] mit n/5 ammoniakal. $AgNO_3$-Lsg. u. Best. des frei gemachten Ag das Verhältnis O : $(P_2O_5 \cdot 24\ MoO_3)$ bestimmen. Hieraus ergibt sich die Zus. $3\ P_2O_5 \cdot Mo_{72}O_{215}$ u. der analyt. Faktor $3\ P_2O_5/3\ P_2O_5 \cdot Mo_{72}O_{215} = 0{,}03953$. Erhitzt man das Ps im trocknen O_2-freien HCl-Strom auf 300°, so sublimiert ein Teil des MoO_3 als $MoO_3 \cdot 2\ HCl$, u. zwar 67 MoO_3 aus $3\ P_2O_5 \cdot Mo_{72}O_{215}$, u. im Rückstand bleibt das Verhältnis zwischen red. Mo u. P_2O_5 das gleiche; die Analyse des Rückstands auf P_2O_5 u. gesamtes Mo stimmt auch auf $3\ P_2O_5 \cdot Mo_5O_{14}$. Das Röntgendiagramm des Ps ist reich an Linien u. stimmt mit dem von MoO_3 (aus NH_4-Molybdat) überein, das des Rückstandes nach Erhitzen mit HCl-Gas zeigt in der zentralen Zone nur wenige schwache im Diagramm des Ps nicht vorhandene Linien. Vff. schließen, daß das Ps ein Gemisch von MoO_3 u. dem Prod. der Zus. $3\ P_2O_5 \cdot Mo_5O_{14}$ ist, wobei letzteres amorph ist. Aus beiden Präpp. — Ps u. HCl-Rückstand — geht bei Behandeln mit W. eine intensiv blau gefärbte Substanz in Lsg., die in saurer Lsg. beständig ist, in alkal. durch Luft-O_2 unter Entfärbung oxydiert wird u. beim Eindampfen der wss. Lsg. in kleinen Kristallen isoliert u. aus Ae.-Lsg. gereinigt werden kann. Die Analysenwerte stimmen auf die Formel $(Mo_5O_{14})_2 \cdot H_3PO_4 + x\ H_2O$; diese Verb. ist in der Literatur beschrieben u. durch Red. von Molybdaten in Ggw. von H_3PO_4 erhalten worden Anscheinend erfolgt beim Erhitzen des NH_4-Phosphordodekamolybdats (II) an der Luft eine Red. auf Kosten des NH_3; glüht man II in inerter Atmosphäre (CO_2), so wird mehr Mo red. als in Ggw. des Luft-O_2. Während an der Luft geglühtes NH_4-Molybdat sofort vollständig wiederoxydiert wird, ist das bei II nicht der Fall — wahrscheinlich, weil das P_2O_5 das red. Mo durch Bldg. einer echten chem. Verb. stabilisiert. — Ein Gemisch von $NH_4H_2PO_4$ u. NH_4-Molybdat (P : Mo = 1 : 1) bildet beim Glühen (400—450°) eine graubläuliche glasige M., aus der W. die Phosphorcoeruleoverb. der Literatur (vgl. oben) herauslöst, während der Rückstand die Zus. $Mo_7O_{19} \cdot 6\ P_2O_5$ u. ein ähnliches Pulverdiagramm hat wie der Rückstand des Ps nach Erhitzen mit HCl-Gas. — Das dem MoO_3 im Ps beigemengte dunkelblaue amorphe $Mo_5O_{14} \cdot 3\ P_2O_5$ dürfte als Deriv. des Molybdänblaus u. wegen seiner Stabilität beim Erhitzen als definierte Verb. anzusehen sein, die die im Molybdänblau wiederkehrende Gruppe Mo_5O_{14} durch Verbindung mit P_2O_5 stabilisiert u. Mo^V enthält u. amphotheren Charakter hat. Die amorphe Struktur wird mit dem hohen P_2O_5-Geh. u. das Herauslösen der blauen Verb. mit W. durch Hydrolyse analog zum Verh. der glasigen Polyphosphate erklärt. — Das Röntgendiagramm des Prod. der vollständigen Entwässerung von Phosphordodekamolybdänsäure bei 450° ist das des MoO_3 (in dessen Kristalle wahrscheinlich glasige P_2O_5 eingebettet ist). Die Existenz eines Phosphordodekamolybdänsäureanhydrids ist demnach unwahrscheinlich. (Gazz. chim. ital. **81.** 464—78. Juni 1951. Parma, Univ., Ist. di Chim. gen.) v. Dechend. 336

J. Laurence Kulp und **Albert F. Trites**, *Differentielle thermische Analyse natürlicher Eisen(III)-oxydhydrate.* Es werden natürliche u. künstliche Eisenoxydhydrate untersucht (Debye-Pulveraufnahmen zur Kontrolle). Die typ. Kurve des *Goethits* zeigt eine endotherme Spitze bei 395° ± 10° (Temperaturanstieg 12°/Min.), die durch den Zerfall des Goethitgitters verursacht ist. Die *Lepidokrokit*-Kurve hat eine ähnliche endotherme Spitze bei 350°, der eine exotherme, durch den Übergang von γ- in α-Fe_2O_3 veranlaßte Spitze folgt. Die Kurven ermöglichen eine Unterscheidung zwischen Goethit u. Lepidokrokit u. eine halbquantitative Aussage über den Geh. in Mischungen. Lepidokrokit scheint in Mineralien häufiger vorzukommen, als im allg. angenommen wird. Korngröße, Reinheit u. physikal. Struktur beeinflussen die Lage der Spitzen. Ersatz des Eisens durch andere häufige Kationen läßt sich aus den Kurven nicht erkennen. — Durch Fällen aus gesätt. $FeCl_3$-Lsg. mit NH_4OH hergestellte Fe(III)-Oxydhydrate zeigen eine Abhängigkeit der

Kurven vom Fällungs-p_H. Auf den Kurven erscheint eine endotherme Spitze infolge Wasserabgabe u. eine exotherme Spitze infolge Rekristallisation von amorphem Fe_2O_3 in Hämatit. Diese Rk. wird durch Ggw. von H-Ionen katalysiert. — Auf die mögliche Bedeutung der Meth. für geochem. Unterss. wird hingewiesen. (Amer. Mineralogist **36**. 23—44. Jan./Febr. 1951. New York, N. Y., Columbia Univ., u. Denver, Colo., U. S. Geol. Survey.) v. Dechend. 354

Vittorio Cirilli und **Cesare Brisi**, *β-Fe_2O_3 und seine festen Lösungen mit β-Al_2O_3*. (Vgl. C. **1951**. II. 650.) β-Fe_2O_3 (I), das dem β-Al_2O_3 (II) entspricht, wird in Form von $K_2O \cdot 11\,Fe_2O_3$ (K-Ferrit) durch Mischung der berechneten Mengen von Lsgg. von $Fe(NO_3)_3$ u. KNO_3, Eindampfen u. Erhitzen auf 1200° als braunes, dem α-Fe_2O_3 ähnliches, an der Luft beständiges Prod., D. 4,8, erhalten. I ist paramagnet. mit $\chi \sim 32{,}2 \cdot 10^{-6}$. Das magnet. Verh. bestätigt, daß es sich nicht um eine Mischung von α-Fe_2O_3 u. $K_2O \cdot Fe_2O_3$ handelt. Zur Feststellung, ob I u. II, deren Röntgendiagramme (**I**: a = 5,915 Å, c = 23,68; **II**: a = 5,584, c = 22,67) auf analoge Struktur schließen lassen, feste Lsgg. bilden, werden aus den Nitraten Mischungen in verschied. Verhältnis hergestellt. Durch Messung der magnet. Susceptibilität wird festgestellt, daß bei gewöhnlicher Temp. bei **I**-Gehh. bis 38 u. über 57% feste Lsgg. von **I** in **II** bzw. **II** in **I** vorliegen; zwischen diesen Werten scheint eine Mischungslücke zu bestehen. Auf 1000° erhitzte u. dann plötzlich abgekühlte Gemische zeigen innerhalb der Fehlergrenzen dieselben Verhältnisse. (Gazz. chim. ital. **81**. 50—54. Jan. 1951. Turin, Politecn., Ist. di Chim. gen. e appl. e di Metall.) R. K. Müller. 354

Harald Schäfer, *Untersuchungen am System Fe_2O_3—$FeCl_3$—H_2O—HCl. 7. Mitt. Über den hydrolytischen Abbau des Eisenoxychlorids unter der Einwirkung von feuchter Luft bei Raumtemperatur.* (6. vgl. C. **1951**. II. 1709.) Während bei Einw. einer großen Wassermenge auf FeOCl bei Raumtemp. dieses langsam hydrolyt. abgebaut wird, verläuft die Hydrolyse in Ggw. von wenig W. oder bei Einw. von feuchter Luft schnell, offenbar unter autokatalyt. Beschleunigung durch die Hydrolyseprodukte. Unter dem Mikroskop läßt sich an einer kleinen Doppelkammer (in dem einen Teil ist FeOCl, im anderen ein Tropfen gesätt. KCl-Lsg., P_{H_2O} bei 20° = 15 mm) beobachten, wie schon nach 2 Tagen aus den FeOCl-Kristallen blaßgelbe Kriställchen hinauszuwachsen scheinen u. nach 4 Tagen die Umwandlung der FeOCl-Kristalle in die blaßgelben Kriställchen prakt. beendet ist. Quantitativ wird die Hydrolysedauer dadurch ermittelt, daß man offene Wägegläser mit 300 mg FeOCl verschieden lange über gesätt. KCl-Lsg. im Exsiccator stehenläßt u. nach Auswaschen des $FeCl_3$ mit Aceton das Acetonunlösliche analysiert. Für die g-Atom Cl pro Fe findet man nach 7—10 Tagen einen Wert von 0,36—0,34, der sich bei sehr langer Versuchsdauer nicht mehr wesentlich ändert; die Hydrolyse erreicht also schnell einen Endzustand. Ähnliche Verss. im Exsiccator wie vorst. mit definiertem Wasserdampfdruck zeigen, daß bei Überschreiten eines P_{H_2O} von 5 mm eine neue Phase entsteht, die $0{,}3_3$ g-Atom Cl auf 1 g-Atom Fe enthält u. deren Zus. sich bei weiterer Erhöhung des P_{H_2O} nicht ändert. Der Hydrolysenvorgang entspricht der Gleichung $4\,FeOCl + m\,H_2O = (Fe_3O_4Cl \cdot n\,H_2O)_{fest} + FeCl_{3\,gelöst} + (m - n)\,H_2O$. Ob die Phase streng stöchiometr. 1 Cl auf 3 Fe enthält, soll noch geklärt werden. Bei $P_{H_2O} > 6$ mm wird die Rk. schnell beendet (Gewichtskonstanz der Proben), bei $P_{H_2O} < 3{,}5$ mm nimmt das FeOCl nur wenig W. auf. Das plötzliche Eintreten der Rk. bei $P_{H_2O} = 5$ mm wird reaktionskinet. u. phasentheoret. gedeutet. Die neue Phase entsteht nicht stetig, sondern das FeOCl verschwindet, während sie sich gleichzeitig ausscheidet; sie bildet kleine, längliche, doppelbrechende Kriställchen u. hat ein eigenes Röntgendiagramm. — Die FeOCl-Präpp. werden aus 1,6 g Fe_2O_3 u. 1,0 cm³ CCl_4 im Einschlußrohr (300°, 72 Std.) gewonnen. (Z. anorg. allg. Chem. **264**. 249—54. Mai 1951. Stuttgart, Max-Planck-Inst. für Metallforschung, Inst. für Physikal. Chem.) v. Dechend. 354

Warren W. Brandt und **Delora K. Gullstrom**, *Untersuchungen über einige Eisen(II)-Komplexe mit substituierten 1.10-Phenanthrolinen.* Aus Messungen der Reaktionsgeschwindigkeit u. Gleichgewichtsunterss. bestimmen Vff. die Beständigkeit einiger 5-substituierter 1.10-Phenanthrolin-Eisen(II)-Komplexe. Die Beständigkeit wächst in der Reihenfolge *5-Methyl-1.10-phenanthrolin* (**I**); *1.10-Phenanthrolin* (**II**); *5-Phenyl-* (**III**), *5-Chlor-* (**IV**) u. *5-Nitro-1.10-phenanthrolin* (**V**). Sie scheint nur von der Basenstärke K_a der Verbb. abhängig zu sein. pK_a wurde für **I**—**V** zu 5,23, 4,96, 4,80, 4,26 u. 3,57 bestimmt. Wie beim Tris-[dipyridyl]-Eisen(II)-Komplex ist eine geradlinige Abhängigkeit des log K_{Diss} von pK_a vorhanden. Diese steht wiederum in enger Beziehung zum Redoxpotential $[Fe(Phen)_3]^{2+}/[Fe(Phen)_3]^{3+}$ (= 1,02; 1,06; 1,08; 1,12; 1,25 V). Die Änderung des Normalpotentials mit der H^+-Konz. entspricht der von Lee, Kolthoff u. Leussing (C. **1950**. II. 2556) gemachten Annahme der 1:1-Kombination von $[Fe(Phen)_3]^{3+}$ u. H^+. Spektrophotometr. Unters. zeigte eine Beziehung zwischen den Absorptionsmaxima u. der Stabilität verschied. substituierter 1.10-Phenanthrolin-Eisen(III)-Komplexe auf.

Die Maxima lagen für den I-Komplex bei 600 mμ, bei **II** bei 590 mμ, **III** bei 588 mμ u. bei **IV** bei 578 mμ. Für die entsprechenden Fe(II)-Komplexe konnte diese Beziehung nicht nachgewiesen werden. (J. Amer. chem. Soc. **74.** 3532—35. 20/7. 1952. West Lafayette, Ind., Purdue Univ., Dep. of Chem.) PLUST. 354

William Zimmerman III, *Herstellung von hochgereinigtem Silberchlorid.* Vf. gibt eine Darstellungsmeth. für 99,999% ig. AgCl an. Danach werden Silbersalze mit granuliertem Zn in HCl (1:10) red., das Metall sorgfältig gewaschen, filtriert u. in einer kleinen Menge HNO_3 (1:1) gelöst. Die erhaltene Lsg. wird verd., wobei Sn, Sb u. unlösl. Chloride zurückbleiben. Nach Filtration wird die Lsg. ammoniakal. gemacht u. dadurch Fe, Al, Tl u. etwas SiO_2 entfernt, mit HNO_3 angesäuert u. zur Trocken eingedampft. Es wird mit W. wieder aufgenommen u. mit konz. HCl in leichtem Überschuß gefällt. Nach Filtration wird das AgCl in der Mindestmenge NH_4OH gelöst u. von nicht Gelöstem abfiltriert. Unter sorgfältigem Rühren u. vorsichtigem Erwärmen tritt Kristallisation ein. Die Lsg. wird dann im Dunkeln weitergerührt, bis der Hauptteil des AgCl ausgefallen ist. Aus der Mutterlauge kann durch weiteres Erwärmen noch der Rest an AgCl gewonnen werden. (J. Amer. chem. Soc. **74.** 852—53. 5/2. 1952. Washington, D. C., Naval Res. Labor., Metall. Div., Crystal Branch.) LINK. 359

Erich Thilo, Anorganische Chemie in Frage und Antwort. 3., verb. u. erg. Aufl. Leipzig: Barth. 1952. (132 S. m. 3. Abb. im Text) 8°. DM 4,—.

C. Mineralogische und geologische Chemie.

P. Laffitte, *Genaue Messung der Doppelbrechung eines Mineralschnittes in einem Dünnschliff. Anwendung zur schnellen Bestimmung der Kalknatronfeldspate.* Es wird zunächst die Best. der Doppelbrechung eines Kristallschnittes sowie die Feststellung der Dicke des Dünnschliffs beschrieben. Als Beispiel wird diese Best. an Quarz angeführt. Bei der Best. der Zus. eines Ca–Na-Feldspats genügt es, den Auslöschungswinkel u. die Doppelbrechung eines einzigen Schnittes der Zone senkrecht (010) zu bestimmen. Einige Beispiele werden erläutert. (Bull. Soc. franç. Minéralog. Cristallogr. **74.** 495—504. Juli/Dez. 1951. Paris, Labor. de l'École Supérieur des Mines et Bureau des Recherches geologiques et geophysiques.) GOTTFRIED. 370

Ivan Th. Rosenqvist, *Untersuchungen zur Kristallchemie von Silicaten.* 3. Mitt. *Die Beziehung Hämatit–Mikroklin.* Die Paragenese von *K-Feldspat* u. Hämatit ist in norweg. Pegmatiten häufig. Die Beziehungen der beiden Minerale werden dadurch untersucht, daß die Löslichkeit von Fe_2O_3 in Mikroklin im festen Zustand unter Verwendung von radioakt. ^{55}Fe u. ^{59}Fe bestimmt wird. Wird Feldspatpulver mit gleicher Menge Fe_2O_3 gemischt, so ergibt sich eine Löslichkeit von 0,21% Fe_2O_3 bei 980°, die bis auf 0,0269% bei 480° absinkt. Wird statt des Fe_2O_3 nur $^2/_3$ Fe_2O_3 u. $^1/_3$ Al_2O_3 benutzt, so wird bei 980° nur noch ein Fe-Geh. von 0,02% erreicht. Es wird geschlossen, daß der Hämatitgeh. in Feldspaten, z. B. *Aventurin,* zunächst homogen im Feldspat enthalten war, dann aber nicht durch Temperaturerniedrigung, sondern durch Zuführung von Al eine Verdrängung aus dem Feldspatgitter stattfand u. das Fe sich unter Hämatitbldg. ausschied (Metasomatose). Das Magma war also ursprünglich arm an Al oder reich an Alkali. Mit einer Abnahme des Alkaligeh. im Magma wird die rote Farbe der Feldspate im Tonsbergit erklärt. (Norsk geol. Tidsskr. **29.** 65—76. 1951.) HILLER. 378

Georges Deicha, *Die flüssigen Phasen als Erscheinung in der Petrologie: Die Bedeutung der flüssigen und gasförmigen Phase angesichts der Theorie.* Es wird zunächst erläutert, welche Bedeutung die fl. Einschlüsse bei der Entw. der klass. Petrologie hatten; dabei wird das Interesse auf einige techn. Verff. gelenkt, die es gestatten, die physikal. Bedeutung fl. Bestandteile bzgl. der geochem. Verhältnisse zu klären. Sie werden mit den Erfahrungen bei der Mineralsynth. verglichen. (Bull. Soc. géol. France [6] **1.** 597—610. 1951, ausg. April 1952.) ZEDLITZ. 378

S. Caillère, *Papierasbest von Ponte-Lieccia* (*Korsika*). Die chem. u. röntgenograph. Unters. des papierartigen Minerals ergab, daß es sich um einen Tremolit handelt, welcher durch Tropfwasser aus einem Antigorit entstanden ist. (Bull. Soc. franç. Minéralog. Cristallogr. **75.** 303—04. April/Juni 1952. Paris, Museum, Mineralog. Labor.) ENSSLIN. 380

S. Caillère, *Über das Vorkommen des Sepioliths bei Bou Azzer* (*Marokko*). (Vgl. vorst. Ref.) In dem Serpentinmassiv von Bou Azzer wurde Sepiolith als Verwitterungsprod. des *Antigorits* gefunden. Zus. 50,40 SiO_2, 2,80 Al_2O_3, 5,00 Fe_2O_3, 1,70 CaO, 20,00 MgO u. 19,80 H_2O. (Bull. Soc. franç. Minéralog. Cristallogr. **75.** 305—07. April/Juni 1952.) ENSSLIN. 380

J. P. Girault, *Kornerupin vom Lac Ste-Marie, Quebec, Canada.* Kornerupin vom Lac Ste-Marie, Quebec, wird untersucht. Zwei Varietäten (grün bzw. gelb) wurden analysiert: SiO_2 30,32, 30,35; B_2O_3 3,51, 3,29; Al_2O_3 40,97, 42,21; Fe_2O_3 0,42, 0,91; FeO 8,52, 9,15; MgO 14,91, 12,56; CaO 0,06, 0,18; Na_2O 0,08, 0,13; H_2O^+ 0,97, 1,07; H_2O^- —, —; P_2O_5 0,09, 0,08%; MnO Spur, Spur. $D_{gem.}$ 3,37, 3,39. Formel: $R_{40}(Si, B)_{18}O_{86}$. Rhomb., Raumgruppe D_{2h}^{19} — Cmmm (?), Gitterkonstanten a = 13,69, 13,65; b = 15,93, 15,91; c = 6,68, 6,68 kX. Beobachtete Formen: (010), (100), (110). Opt. Daten sind abhängig vom Verhältnis FeO/MgO. Paragenese: *Quarz, Orthoklas, Biotit, Turmalin, Andalusit, Almandin, Rutil, Zirkon, Dumortierit* u. a. Das Vork. liegt in einem Paragneis, der metasomat. verändert ist. (Amer. Mineralogist **37.** 531—41. Mai/Juni 1952. Province of Quebec, Dep. of Mines.) HILLER. 380

Carl Bugge, *Korund von Farsjø, Nes, Romerike.* Ein Vork. von Korund in hexagonalen Tafeln wird beschrieben. Er liegt in einem Glimmerschiefer, der außer 28,33% Korund *Muskovit* u. *bas. Plagioklas* enthält. Der Korund besteht aus 93,15% Al_2O_3 u. ist zum Teil in *Gibbsit* u. *Diaspor* umgewandelt. Kristallformen: {0001} {11$\bar{2}$0} {10$\bar{1}$1} {22$\bar{4}$3}. (Norsk geol. Tidsskr. **26.** 77—83. 1951.) HILLER. 380

L. G. Berry, Joseph J. Fahey und **Edgar H. Bailey**, *Robinsonit, ein neues Bleiantimonsulfid.* Im Erz der Quecksilbergrube Red Bird, Pershing County, Nevada, wurde in der Paragenese mit *Pyrit, Zinkblende, Antimonglanz* u. *Boulangerit* ein neues Mineral Robinsonit entdeckt. Er ist triklin, Raumgruppe wahrscheinlich P$\bar{1}$, a = 16,51, b = 17,62, c = 3,97 Å, α = 96°04′, β = 96°22′, γ = 91°12′. Nach [001] prismat. u. gestreift. Dicht bis faserig, Härte 2,5—3, $D_{gem.}$ 5,27 (künstliche Kristalle), 5,20 u. 5,25 (natürliche Splitter), 5,34 (synthet. Schmelze), 5,28 (natürliches Material indirekt bestimmt) $D_{ber.}$ 5,40. Zellinhalt $7PbS \cdot 6Sb_2S_3$. (Amer. Mineralogist **37.** 285—86. März/April. 438—46. Mai/Juni 1952; Bull. geol. Soc. America **62.** 1423—25. Dez. 1951. Ontario, Can., Queen's Univ.; Washington u. San Francisco, Geolog. Survey.) HILLER. 380

Robert L. Parker, *Titanit vom Bortelhorn.* Titanit vom Bortelhorn wurde kristallograph. vermessen. Die erhaltenen Werte sind in einer Winkeltabelle zusammengestellt. Einige für Titanit neue Formen wurden beobachtet. (Schweiz. mineralog. petrogr. Mitt. **31.** 306—08. 1951. Zürich.) GOTTFRIED. 380

S. C. Robinson und **E. J. Brooker**, *Ein Kobalt-Nickel-Kupferselenid vom Goldfields-Distrikt Saskatchewan.* In kleinen Körnern wurde in Erzen vom Goldfields-Distrikt, Saskatchewan, ein neues Selenid gefunden. Paragenese: hauptsächlich *Umangit*, daneben *Klockmannit* u. Spuren von *Berzelianit, Clausthalit, Pyrit, Hämatit, Chalkopyrit.* Härte 3,5; D. 6,6; Metallglanz, bronzefarben, schwarzer Strich, opt. isotrop. Pulveraufnahmen ergeben kub. Symmetrie. Raumgruppe Fm3m, a = 10,005 Å. Die Diagramme sind denen von *Pentlandit* (a = 10,042 Å) ähnlich. Röntgenspektrograph. Unters. führt zur Formel $Co_{3,0}Ni_{2,0}Cu_{3,5}Se_{9,5}$. (Amer. Mineralogist **37.** 542—44. Mai/Juni 1952. Ottawa, Can., Geolog. Survey of Canada.) HILLER. 380

E. J. Brooker und **E. W. Nuffield**, *Untersuchungen über radioaktive Verbindungen.* 4. Mitt. *Uranpechblende vom Athabaskasee, Canada.* (3. vgl. C. **1952.** 981.) Es wurden 6 Proben von Uranpecherz vom Athabaskasee untersucht. Der Geh. an U^{6+} betrug 17,4, 20,2, 40,2, 60,0, 78,5, 85,0%. Mit zunehmendem U^{6+}-Geh. verringerte sich die Gitterkonstante von 5,470 Å (synthet. UO_2) auf 5,405 (78,5%), während die 85%-Probe kein Röntgendiagramm mehr ergab. Der Effekt beruht auf der Einlagerung von O in Zwischengitterplätzen u. Ersatz von U^{4+} durch U^{6+}. Nach halbstd. Erhitzen im Vakuum wurden die Röntgendiagramme schärfer u. die Gitterkonstanten kleiner. Bei den Proben mit hohem U^{6+}-Geh. traten Fremdlinien auf, zum Teil zu einer unbekannten Phase, zum Teil zu U_3O_8 gehörend. Nach Erhitzen der Proben an Luft für 5 Min. fanden sich nur noch U_3O_8-Linien. Bei U_3O_8 nehmen die Zelldimensionen mit dem O-Geh. zu. (Amer. Mineralogist **37.** 286—87. März/April. 363—85. Mai/Juni 1952; Bull. geol. Soc. America **62.** 1425—27. Dez. 1951. Ottawa. Geolog. Survey of Canada; Toronto, Can., Univ.) HILLER. 380

D. H. Gorman, *Untersuchungen über radioaktive Verbindungen.* 5. Mitt. *Soddyit.* (4. vgl. vorst. Ref.) Die Unters. von Soddyit ergab die Zus. $5UO_3 \cdot 2SiO_2 \cdot 6H_2O$. Analyse: UO_3 85,79, SiO_2 7,61, H_2O 6,16%. Rhomb. Raumgruppe Fddd, a = 8,32, b = 11,21, c = 18,71 Å. Opt. negativ, 2V = 84°, n_α = 1,650, n_β = 1,685, n_γ = 1,712; X = c, Y = b, Z = a, pleochroit.: X farblos, Y sehr schwach gelb, Z schwach gelbgrün, vernachlässigbare Dispersion. (Amer. Mineralogist **37.** 386—93. Mai/Juni 1952. Toronto, Can., Univ.) HILLER. 380

I. A. Schamrai und **Ss. Ja. Orechow**, *Mineralogische Besonderheiten der quartären lößartigen Lehme und ihrer marinen Homologen im Becken des unteren Don und der unteren Wolga.* Mineralog. unterscheiden sich die lößartigen Lehme des untersuchten Gebietes sehr stark von den darunterliegenden skyth., Syrt- u. Paläogenschichten. Dies beweist das Vorhandensein besonderer selbständiger terrigener Zuführungsgebiete u. besonderer Bedingungen für die Entstehung der Lehmschicht. Mineralog. u. strukturell ihnen ähnlich sind die marinen altquartären Kaspi-Ablagerungen, ein Beweis für ihre Gleichaltrigkeit. Der hohe Geh. des lößartigen Gesteins an *Amphibol, Pyroxen, Feldspat, Epidot*-Mineralien schließt ihre eluviale u. deluviale Entstehung aus. Ihre regionale Verbreitung mit etwa gleichen mineralog. u. strukturellen Eigg. widerspricht der alluvialen u. proluvialen Entstehung. (Доклады Академии Наук СССР [Ber. Akad. Wiss. UdSSR] [N. S.] **85.** 417—20. 11/7. 1952.) Lebtag. 384

M. P. Lyssenko, *Über die lößartige Form der rotbraunen Tone der Süd-Ukraine.* Lößähnliche rotbraune Tone im Südwesten des Gebietes Dnjepropetrowsk enthalten 53,4% Teilchen der Größe $<0{,}002$ mm, berechnet auf carbonatfreien Boden. Das Verhältnis Grobstaub (0,05—0,01 mm)/Feinstaub (0,01—0,002 mm) ist gleich 0,84, beim typ. südruss. Löß dagegen >1. Die Porosität beträgt 35—43%, die D. 2,67—2,73 g/cm³. Bei Belastung bis zu 5 kg/cm² zeigen sich prakt. kaum erwähnenswerte Absetzwerte. Vgll. des Vf. zeigen, daß diese Tone zwar durch ihre morpholog. Besonderheit zur Gruppe der Lößböden gezählt werden können, daß sie sich jedoch in vielen ihrer Eigg. von Lößen ganz erheblich unterscheiden. (Доклады Академии Наук СССР [Ber. Akad. Wiss. UdSSR] [N. S.] **78.** 121—23. 1/5. 1951. Leningrad, Shdanow-Univ.) v. Mickwitz. 385

G. M. Saridse und **N. F. Tatrischwili,** *Über Porphyrstrukturen einiger Gesteine des Dsirul-Massivs (Grusin. SSR).* Es wird gezeigt, daß die Porphyrstrukturen innerhalb der unterpaläozoischen Granitoide des Dsirul-Massivs metasomat. durch Zufuhr von Leukokratmaterial, bes. SiO_2 u. K_2O, entstanden sind. Das porphyrartige Mineral ist häufiger ein Zufuhr-, seltener ein Reliktmaterial. Im letzteren Fall ist das porphyrartige Aussehen auch durch das zugefügte feinkörnige Material bedingt. Die porphyrartigen Gebilde sind vorwiegend durch *Kalifeldspat,* mitunter durch *Plagioklas,* vertreten. Die Bldg. des porphyrartigen Kalifeldspats durch Mikroklinisation wird bestätigt. (Доклады Академии Наук СССР [Ber. Akad. Wiss. UdSSR] [N. S.] **85.** 405—07. 11/7. 1952.) Lebtag. 385

P. N. Tschirwinski, *Mittlere qualitative mineralogische Zusammensetzung der Hauptgesteine des Gabbro-Massivs südlich des Flusses Barantscha im Ural.* Aus dem Zahlenmaterial von Kusnetzow (Труды Института Геологических Наук, Петрографическая Серия [Abhd. Inst. Geol. Wiss., petrograph. Serie] Nr. 34) ermittelt Vf. die mittlere quantitative Zus. (in Vol.- u. Gew.-%) der Gesteine des Gabbro-Massivs. Hieraus ergibt sich eine Beziehung zwischen der Zus. des Magmas u. der Zus. der aus ihm abgeschiedenen Mineralien. (Записки Всесоюзного Минералогического Общества [Schr. Allunions mineralog. Ges.] [2] **81.** 219—23. 1952. Molotowo, Gorki-Univ., Lehrstuhl für Petrographie.) Lebtag. 385

G. D. Afanassjew, *Einige Besonderheiten in der Entwicklung des Magmatismus des Gebiets der nordkaukasischen Faltung.* Aus der Unters. der zeitlichen Veränderungen im Magmatismus der sauren Intrusiv- u. Effusivgesteine vom unteren Paläozoikum bis einschließlich Känozoikum wird auf eine starke Verschiedenheit der sauren Eruptivgesteine der 5 verschiedenaltrigen magmat. Komplexe des nordkaukas. Faltengebietes geschlossen. (Известия Академии Наук СССР, Серия Геологическая [Nachr. Akad. Wiss. UdSSR, geol. Ser.] **1952.** Nr. **4.** 86—109. Juli/Aug.) Lebtag. 385

J. W. C. M. van der Sijp, *Petrotektonische Analysen einiger metamorpher Gesteine von den Guillerias (Nordost-Spanien).* Ein Teil des kantabr. Gebirges nordöstlich von Barcelona wurde nach der Sanderschen Meth. in bezug auf die Gefügeregelung hin untersucht. Von den zahlreichen gewonnenen Gefügediagrammen ließen sich jedoch nur 2 eindeutig auswerten (Quarz- u. Kalkspatachsen). Danach war die Richtung des Schubes etwa N 55° O. Eine Erklärung für die Störung der übrigen Diagramme wird in Rekristallisationserscheinungen u. Überlagerung der alten Bewegungsrichtung durch posttekton. Intrusionen u. a. gesucht. (Proc., Kon. nederl. Akad. Wetensch., Ser. B **55.** 51—59. Jan./Febr. 1952.) Zedlitz. 385

Dorothy Wyckoff, *Die metamorphen Fazien in den Wissahickon-Schiefern in der Nähe von Philadelphia, Pennsylvania.* Die metamorphen Auswirkuugen in den *Glimmerschiefern* u. *Gneisen* des Wissahickongebietes wurden in Form von graph. Darstellungen (AKF-Diagramme) wiedergegeben. Aus dem Auftreten u. der Verteilung der für diese Metamorphose charakterist. Minerale *Sillimanit, Cyanit, Staurolith* u. *Almandin* u. ihrem Verhältnis zu den übrigen gesteinsbildenden Anteilen wird auf Druck u. Temp. geschlossen. Es ergaben sich im übrigen Zonen (Isograde), in denen spezif. Minerale bes. angereichert auftreten. (Bull. geol. Soc. America **63.** 25—57. Jan. 1952.) Zedlitz. 385

D. R. Bates und **Agnes E. Witherspoon,** *Die Photochemie einiger geringerer Bestandteile der Erdatmosphäre (CO_2, CO, CH_4, N_2O).* Eine krit. Auswertung der Literatur führt zu folgenden Ergebnissen: Oberhalb 110 km ist CO, unterhalb 90 km CO_2 vorhanden. Das Übergangsniveau, in dem Photodissoziation von CO_2 merklich auftritt, liegt dicht bei 100 km. Wird jedoch eine Aktivierungsenergie > 5 kcal. für die Rekombinationsprozesse ($CO + OH \rightarrow CO_2 + H$ u. $CO + HO_2 \rightarrow CO_2 + OH$) angenommen, so kann die Lebensdauer von CO so groß werden, daß es durch Wind u. Diffusion herab bis zu 70 km gelangt. Seine Häufigkeit ist jedoch zu gering, um die von anderen Autoren beobachteten Absorptionslinien zu erzeugen, deren Entstehung Vff. auf das CO aus Verbrennungen zurückführen. — Die Dissoziation von CH_4 durch Stoßprozesse überwiegt erheblich die Photodissoziation. Eine Abschätzung der Lebensdauer des CH_4-Mol. (10^5—10^2 Sek. in 70 bis 120 km) zeigt, daß oberhalb 100 km fast kein CH_4 vorhanden ist, jedoch ist der Gesamtvorrat an atmosphär. CH_4 größer als die Zufuhr aus Ölquellen u. Kohlenlagern. — Bei der Dissoziation von N_2O können Stoßprozesse vernachlässigt werden. Die Bildungsgeschwindigkeit von N_2O ist daher durch die Geschwindigkeit der Photodissoziation ($N_2O + h\nu \rightarrow N_2 + O$ (^3P oder ^1D) im niedrigen Energiebereich u. $N_2O + h\nu \rightarrow NO + N$ (^4S) für hohe Energien), deren Werte in Abhängigkeit von der Höhe angegeben werden, bestimmt. Der Bedarf an N_2O wird von Bodenmikroorganismen u. gewissen Gas-Rkk. gedeckt. Die wichtigsten Bildungs-Rkk. sind $O + N_2 + M \rightarrow N_2O + M$ u. $O_3 + N_2 \rightarrow N_2O + O_2$, denn lediglich die Photodissoziation von O_2 im HERZBERG-Kontinuum liefert genügend Ausgangsteilchen. Ein Anhang enthält eine Betrachtung über die Konz. der N_2 ($A^3\Sigma_u^+$)-Moll. in der oberen Atmosphäre. — 83 Literaturangaben. (Monthly Notices Roy. astronom. Soc. **112.** 101—24. 1952. Belfast, Queen's Univ., Dep. of Appl. Mathematics; London, Univ. Coll., Dep. of Phys.) F. W. KRÜGER. 396

D. Organische Chemie.

D_1. Allgemeine und theoretische organische Chemie.

M. Lora Tamayo und **R. Pérez A.-Ossorio**, *Hyperkonjugationseffekt in den Molekülspektren der Allyl- und Propenylbenzole.* Es werden die UV-Absorptionsspektren zwischen 2500 u. 3200 Å verglichen von *Propenylbenzol* u. *Styrol* einerseits u. von *Allylbenzol* u. *Äthylbenzol* andererseits. Während die starken Unterschiede zwischen den beiden Gruppen auf die Konjugation der olefin. Doppelbindung mit dem Benzolring zurückzuführen ist, werden die kleinen Unterschiede innerhalb der beiden Gruppen mit Hyperkonjugation erklärt. (An. Real Soc. españ. Física Quím., Ser. B **47.** 369—70. Mai 1951. Madrid, Inst. „Alonso Barba" C. S. de I. C., Dep. de Quím. org.) GOUBEAU. D 118

Ferdinand Bohlmann und **Fritz Kröhnke**, *Konstitution, Lichtabsorption und reaktives Verhalten der farbigen Pyridiniumbetaine.* Bei den aus Phenacylpyridiniumsalzen u. ähnlichen Verbb. durch Einw. von Alkali erhaltenen farbigen Anhydrobasen, sogenannten „Enolbetainen", sind folgende mesomeren Grenzformen möglich: O-Betainform **I** u. C-Betainform **II**. Aus Messungen der Absorptionsspektren

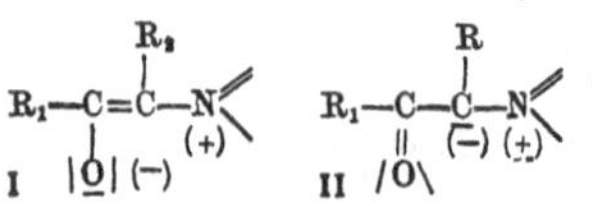

lassen sich zwei Gruppen unterscheiden. Die einen haben ein Absorptionsmaximum bei 320 mμ, sie entsprechen der Form **I**. Die überwiegende Zahl der Verbb. absorbieren bei 440—460 mμ u. entsprechen Form **II**. Dazwischen gibt es Übergänge, die beide Absorptionsmaxima zeigen. Je größer die Zahl der Mesomeriemöglichkeiten, desto langwelliger liegt das Absorptionsmaximum. Basizität ist von geringem Einfluß. Bei ster. stark gehinderten Verbb. ist nur die O-Betainform festzustellen, reine C-Betaine setzen weitgehend ebenen Bau voraus. Allg. sind die O-Betaine wesentlich beständiger als die C-Betaine. C-Betaine, mit Acylhalogeniden umgesetzt, führen zu C-Acylverbb., während O-Betaine O-Acylverbb. geben. (Naturwissenschaften **39.** 43—44. 1952. Braunschweig, TH, Organ. Chem. Inst., u. Säckingen, Baden, Dr. Wander AG., Forschungsinst.) GRALHEER. D 118

B. P. Stoicheff, C. Cumming, G. E. St. John und **H. L. Welsh**, *Rotationsstruktur der ν_3-Ramanbande des Methans.* Ausführliche Wiedergabe der bereits C. **1952.** 4111 referierten Versuchsergebnisse. Darüber hinaus werden die Rotationskonstanten des Grundzustandes auch zur Analyse der $2\nu_3$-Bande im Ultrarotspektr. des *Methans* benutzt. (J. chem. Physics **20.** 498—506. März 1952. Toronto, Can., Univ., McLennan Labor.) GOUBEAU. D 120

G. E. Hansen und **D. M. Dennison**, *Die Potentialkonstanten des Äthans.* Die Daten der Ultrarot- u. RAMAN-Spektren von C_2H_6 u. C_2D_6 wurden sorgfältigst überprüft, um eine möglichst genaue Best. aller Potentialkonstanten des Äthanmol. zu erzielen. Deshalb wurden einige Ultrarotbanden von C_2D_6 mit sehr großer Dispersion neu vermessen u. eine Auflösung der Feinstruktur erreicht, die eine Best. der Trägheitsmomente ermöglichte. Daraus errechnet sich $d_{CC} = 1{,}543$, $d_{CH} = 1{,}102$ Å, ∢ H—C—C = 109° 37′ u. ∢ H—C—H

= 109° 19'. Die 22 Potentialkonstanten der Symmetrie D_{3d} werden aus den Normalfrequenzen u. ζ-Werten beider Moll. berechnet. Die dazu notwendigen Anharmonizitätskorrekturen ergibt der Vgl. mit CH_4. Die Potentialfunktion wurde zunächst mit einfachen Symmetriekoordinaten u. dann zu Vergleichszwecken mit Valenzkoordinaten bestimmt. Für die wichtigsten Kraftkonstanten errechnete sich $k_{CC} = 4{,}57 \pm 0{,}03 \cdot 10^5$, $k_{CH} = 5{,}35 \pm 0{,}03 \cdot 10^5$, $k_{HCH} = 0{,}51 \pm 0{,}02 \cdot 10^5$, $k_{HCC} = 0{,}63 \pm 0{,}02 \cdot 10^5$ dyn/cm. (J. chem. Physics **20.** 313—26. Febr. 1952. Ann Arbor, Mich., Univ., Randall Labor. of Phys.)
GOUBEAU. D 120

John Sheridan und **Walter Cordy,** *Die Mikrowellenspektren und Molekularstrukturen von Methylbromacetylen und Methyljodacetylen.* Es wurden die reinen Rotationsspektren von $CH_3C{\equiv}C^{79}Br$ (I), $CH_3 \cdot C{\equiv}C^{8\cdot}Br$ (II) u. $CH_3 \cdot C{\equiv}CJ$ (III) gemessen. Die beobachteten Übergänge waren I = 8 → 9, 9 → 10 u. 11 → 12 für I, 8 → 9 u. 11 → 12 für II u. 12 → 13, 14 → 15 u. 16 → 17 für III; die ungestörten Schwingungsfrequenzen in der obigen Reihenfolge sind 28009,90 MHz/Sek.; 27907,60 MHz/Sek. u. 37770,57 MHz/Sek. (alle ± 0,1 MHz pro Sek.). Für I beträgt der B_0-Wert 1561,11 MHz/Sek., das Trägheitsmoment J_B 537,379 · 10^{-40} g/cm² u. der Störungskoeff. D_{IK} + 11,4 kHz/Sek.; für II ist B_0 = 1550,42 MHz/Sek.; I_B 541,082 · 10^{-40} g/cm² u. D_{IK} 11,1 kHz/Sek.; für III ist B_0 = 1259,02 MHz/Sek.; I_B = 666,316 · 10^{-40} g/cm² u. D_{IK} = + 7,2 kHz/Sekunde. Die Kernquadrupolkupplungsfaktoren für die Halogene sind: ^{79}Br = + 647 MHz/Sek.; ^{8} Br = + 539 MHz/Sek. u. ^{127}J = − 2230 MHz/Sekunde. Unter der Annahme der Abstände C≡C = 1,207 ± 0,004 Å; C—H = 1,092 ± 0,01 Å u. des Winkels ∢ HCH = 109° 8' ± 1° erhält man die Abstände C—C = 1,46 ± 0,02 Å u. C—Br = 1,793 ± 0,005 Å. Der Abstand C—C ist der gleiche wie in Methylacetylen oder Methylcyanid, während der Abstand C—Br beinahe so kurz ist wie der in Cyanbromid. Der Wert von J_B für III läßt eine ähnliche Verkürzung der Abstände C—C u. C—J vermuten. Der Grund für die Verkürzung der C—C-, C—Br- u. C—J-Abstände wird besprochen. (J. chem. Physics **20.** 735—38. April 1952. Durham, N. C., Duke Univ., Dep. of Phys.)
GOTTFRIED. D 121

H. C. Longuet-Higgins und **R. G. Sowden,** *Hypsochrome Verschiebungen in methylierten Kohlenwasserstoffen.* Die durch Methylsubstitution bei *Azulen* in 2-, 4- oder 6-Stellung u. bei *Fulven* in 1-Stellung hervorgerufene hypsochrome Verschiebung wird von Vff. gedeutet mittels der vereinfachten Molekülbahnmethode. An Stelle der Lsg. der Säkulargleichungen werden dabei induktiver Effekt u. Hyperkonjugationseffekt der eintretenden Alkylgruppe getrennt berechnet u. dann addiert. Die Meth. führt zu quantitativer Übereinstimmung mit der Beobachtung u. illustriert gleichzeitig den Ursprung der hypsochromen Verschiebung. Es wird gezeigt, daß diese Verschiebungen nur eintreten können, wenn ein oder mehrere Ringe mit ungeradzahliger Gliederzahl im Mol. vorhanden sind. Für *2.6-* u. *4.6-Dimethylazulen* werden ebenfalls Berechnungen angestellt unter der Voraussetzung, daß die Effekte der Methylsubstitution additiv sind. Die Ergebnisse stimmen mit Beobachtungen überein. Es wird von Vff. erwartet, daß die durch Substitution verschied. Gruppen in 2- u. 6-Stellung bei Azulen u. 1-Stellung bei Fulven hervorgerufene hypsochrome Verschiebung parallel laufen müßte einer entsprechenden Änderung der Reduktionswärmen. (J. chem. Soc. [London] **1952.** 1404—08. April. Manchester, Univ.)
G. WINKLER. D 122

P. J. Dyne und **D. W. G. Style,** *Fluorescenz von Ameisensäure, Carbonylchlorid und Methylenjodid.* Eine Fluorescenz von *Ameisensäure* wird beschrieben, die mit Wellenlängen unter 1600 Å erregt wird u. die der HCOOH oder Bruchstücken, wie HCOO oder HCO, zugeschrieben wird. Auch *Carbonylchlorid* u. *Methylenjodid* wurden auf ihre Fluorescenz untersucht. Die auftretende Fluorescenz muß jedoch angeregten Chlor- u. Jod-Moll. zugeschrieben werden, deren Entstehung durch Photodissoziation diskutiert wird. (J. chem. Soc. [London] **1952.** 2122—24. Juni. London, King's Coll., Strand.) D. BRÜCK. D 125

Ernst D. Bergmann und **Ernst Fischer,** *Elektronenstruktur des 2-Methyl- und des 3-Methylfluorenons.* Aus Dipolmomentmessungen am *2-Methylfluorenon* (I) u. *3-Methylfluorenon* (II) folgt, daß bei beiden Verbb. ion. Strukturen, bei denen Hyperkonjugation vorliegt, am Grundzustand anteilig sind. Aus den durchgeführten Messungen kann jedoch über die Lage der Mesomerie nichts ausgesagt werden. Die Dipolmomente in Bzl. bei 30° von I u. II wurden zu 3,32 ± 0,03 bzw. 3,58 ± 0,03 D bestimmt. (J. Chim. physique Physico-Chim. biol. **49.** 140. März 1952. Rehovoth, Israel, Weizmann Inst. of Sci., Daniel Sieff Res. Inst.)
ZIMMER. D 132

A. Katchalsky, H. Eisenberg und **S. Lifson,** *Wasserstoffbindung und Ionisation von Carbonsäuren in wässerigen Lösungen.* Vff. führen die empir. Konstante B der Gleichung von SAXTON u. DARKEN (J. Amer. chem. Soc. **62.** [1940.] 846) für die scheinbare Dissoziationskonstante k von Carbonsäuren auf deren Dimerisationskonstante $L = [H_2A_2]/[HA]^2$ zurück u. leiten unter Berücksichtigung der Dimerisation u. Vernachlässigung der

Ionisation des Dimeren ab, daß B = 2 (0,4343)·L ist. Unter Benutzung der experimentellen Daten von MACINNES u. SHEDLOVSKY (J. Amer. chem. Soc. **54.** [1932.] 1429) ergibt sich für *Essigsäure* die thermodynam. Ionisationskonstante K = 1,753 ±0,004·10^{-5}. Bei Verwendung der Daten von SAXTON u. DARKEN wurden die L für folgende Carbonsäuren berechnet: *Ameisensäure* (L = 0,04), *Essigsäure* (0,16), *Propionsäure* (0,23), *Buttersäure* (0,36), *Chloressigsäure* (0,40), *Cyanessigsäure* (0,46), *Milchsäure* (0,46) u. *Benzoesäure* (0,75). (J. Amer. chem. Soc. **73.** 5889—90. Dez. 1951. Rehovoth, Israel, Weizmann Inst. of Sci.) GNAUÇK. D 139

Ernest Grunwald und **Benjamin J. Berkowitz,** *Messung und Beziehungen der Säuredissoziationskonstanten von Carbonsäuren im System Äthanol–Wasser. Aktivitätskoeffizienten und empirische Aktivitätsfunktionen.* (Vgl. GRUNWALD, J. Amer. chem. Soc. **73.** [1951.] 4934.) Die Dissoziationskonstanten von *Ameisensäure, Essigsäure* u. *Benzoesäure* werden bei 25° in A.–W.-Gemischen mit 0, 20, 35, 50, 65 u. 80 Gew.-% A. nach der früher beschriebenen differentiellen potentiometr. Meth. mit einer Genauigkeit von ca. 3% gemessen. Die Ergebnisse, die mit teilweise in der Literatur angegebenen u. nach anderen Methoden gewonnenen relativen u. absol. Werten der Dissoziationskonstanten dieser Säuren in Einklang sind, werden verwendet, um aus Literaturwerten der relativen Dissoziationskonstanten die absol. Dissoziationskonstanten von *Propionsäure, Buttersäure, Isovaleriansäure, Chloressigsäure, Cyanessigsäure, Glykolsäure, Milchsäure, Malonsäure, Bernsteinsäure, Glutarsäure* u. *Salicylsäure* in W.–A.-Gemischen mit einer Genauigkeit von ca. 10% zu berechnen. Die Lösungsmittelabhängigkeit der Dissoziationskonstanten ist allg. gegeben durch $K_A = K_A^W (f_{HA}/f_H f_A)$, wobei K_A^W die Dissoziationskonstante in W. u. die f-Werte Aktivitätskoeffizienten, bezogen auf W., bedeuten. Bei den obigen Carbonsäuren ist eine quantitative Beschreibung möglich unter Zugrundelegung des Aktivitätspostulates $\log (f_A/f_{HA}) = m_A Y$, wobei m_A für die betreffende Säure charakterist. ist u. Y nur vom Lösungsm., d. h. vom Verhältnis A.: W. abhängt. Für die Aktivitätsfunktion Y u. für m_A werden relative empir. Werte tabellar. wiedergegeben; die m_A-Werte variieren stark mit der Struktur der Säure u. steigen im allg. mit abnehmender Polarität des Säureradikals an. Die Lösungsmittelabhängigkeit der Reaktionskonstante ϱ bei der Dissoziation von m- u. p-substituierten Benzoesäuren, die durch die HAMMETTsche Beziehung $\log K = \log K_0 + \varrho\sigma$ (σ = Substituentenkonstante) definiert ist, läßt sich als Funktion von Y für W., W.–A. Volumverhältnis 1:1, A., A.–Methanol 1:1, Methanol u. Butanol + 0,05n LiCl durch eine lineare Beziehung $\varrho = \varrho_{H_2O} + 0{,}628\,Y$ wiedergeben. (J. Amer. chem. Soc. **73.** 4939—44. Okt. 1951. Tallahassee, Fla., Florida State Univ., Dep. of Chem., u. Columbia Univ., Dep. of Chem.) REITZ. D 139

D. W. van Krevelen und **H. A. G. Chermin,** *Die Bestimmung der freien Enthalpie (Gibb'sche freie Energie) der Bildung organischer Verbindungen aus den Gruppenanteilen.* Es wird eine Meth. zur Berechnung der freien Bildungsenthalpie im idealen Gaszustand vorgeschlagen, nach welcher die einzelnen Atomgruppenanteile summiert werden. Diese Anteile werden nach $\Delta G = A + B/100\,T$ angegeben, wobei A der Bildungswärme u. B/100 = Bildungsentropie bei 298,1° K entsprechen. Die A- u. B-Werte einer großen Zahl von Gruppen werden zwischen 300 u. 1500° K angegeben. Die Abweichungen bei der ΔG-Berechnung gegenüber den experimentell bestimmten Werten beträgt ±0,6 kcal/Mol. In einer Tabelle werden die ΔG-Werte von organ. Verbb. mit Literaturwerten verglichen. (Chem. Engng. Sci. **1.** 66—80. 1951. Limburg, Staatsmijnen Centrallabor.) W. KAUFMANN. D 155

Ralph Delbourgo und **Paul Laffitte,** *Zündbereiche von Äthan, Propan und Butan. Beweis für einen doppelten Zündungsmechanismus.* Vff. zünden Gemische von Luft mit *Äthan* (**I**), *Propan* (**II**) u. *Butan* (**III**) mit verschied. N_2-Gehh. in einem Rohr mittels eines einzigen elektr. Funkens oder einer Serie von Funken unter den gleichen Bedingungen, wie früher (C. **1952.** 3629) angegeben. Aus den Diagrammen: Druck in Abhängigkeit vom %-Geh. an KW-stoff ergibt sich für **III** genau der gleiche Kurventyp wie für **II** (vgl. l. c.), d. h. zwei Zündbereiche, die auf zwei verschied. Zündmechanismen hinweisen. **I** dagegen zeigt nur einen Zündbereich. (C. R. hebd. Séances Acad. Sci. **233.** 958—61. 22/10. 1951.) FREIWALD. D 157

Ralph Delbourgo und **Paul Laffitte,** *Über die Zündbereiche von Äthan, Propan und n-Butan.* Vff. haben in früheren Verss. (vgl. C. **1952.** 3629 u. vorst. Ref.) bei der Zündung einiger KW-stoff–Luft-Gemische unter vermindertem Druck neben dem klass. Bereich einen zweiten Zündbereich gefunden. DI PIAZZA, GERSTEIN u. WEST (Joint symposium on combustion chemistry of the division of petroleum chemistry, A. C. S. Cleveland meeting 1951) haben ähnliche Resultate erhalten, teilen jedoch diesen zweiten Zündbereich dem Gebiete der kalten Flammen zu. Vff. weisen dies zurück u. stützen ihre Behauptung, daß es sich nicht um kalte Flammen handelt, mit Hinweisen auf die Konzentrationsverhältnisse der KW-stoffe, die Drucke für das Auftreten kalter Flammen u. das Aussehen der Flammen. Vff. stellen jedoch anderweitige Übereinstimmung zwischen den beiden Flammentypen für die einzelnen KW-stoffe fest. (C. R. hebd. Séances Acad. Sci. **233.** 1612—13. 19/12. 1951.) Freiwald. D 157

D. O. Jordan und **Alfred J. Taylor**, *Die elektrophoretische Wanderungsgeschwindigkeit von Kohlenwasserstofftröpfchen in Wasser und verdünnten Lösungen von Äthylalkohol.* Mit Hilfe einer genau beschriebenen App. können durch mechan. Erschütterungen die aus einer feinen Düse unter geringem Überdruck in das umgebende Wassermedium eintretenden Öltropfen so zerteilt werden, daß Tröpfchen von annähernd gleicher Größe (ca. 40 μ Durchmesser) entstehen. An derart erzeugten, frisch gebildeten Emulsionen von *Dekalin* in reinem W. wird mkr. neben der Fallgeschwindigkeit ihre Auf- u. Abwärtsbewegung im elektr. Feld u. daraus ihre kataphoret. Wanderungsgeschwindigkeit bestimmt. Im Gegensatz zu den Ergebnissen anderer Forscher wird hierbei eine ungewöhnlich große Wanderungsgeschwindigkeit von 7,4 $\pm$0,3 μ/sec/(Volt/cm) gefunden. Der Unterschied gegenüber der etwa halb so großen Wanderungsgeschwindigkeit kleinerer KW-stofftröpfchen von 1—2 μ Durchmesser kann mit der Theorie von Overbeek erklärt werden; es wird eine Formel angegeben, die eine Berechnung des elektrokinet. Potentials mit einer Genauigkeit von ca. 2% erlaubt. Eine Zugabe von A. zum wss. Medium in geringen Mengen setzt die Wanderungsgeschwindigkeit stark herab; bei weiterem A.-Zusatz geht dieselbe durch ein flaches Minimum u. nimmt dann einen konstanten Grenzwert an. (Trans. Faraday Soc. **48.** 346—55. April 1952. Nottingham, Univ., u. London, Birkbeck Coll.) Hentschel. D 168

K. Clusius und **H. R. Weisser**, *Chemischer Beweis für die Konstitution des Phenylazids.* Vff. stellen aus gewöhnlichem Phenylhydrazin mit markiertem $NaNO_2$ (^{15}N = 2,50%) markiertes *Phenylazid* (**I**) dar u. hieraus mit Phenylmagnesiumbromid Diazoaminobenzol (**II**). Durch folgende Rkk. stellen sie durch rein chem. Beweisführung die lineare Anordnung von **I**, die aus physikal. Beobachtungen schon länger gefolgert wird, sicher. **1. I** wird mit HCl zu p-Chloranilin verkocht u. enthält keinen markierten N, so daß der am Phenylrest sitzende N sicher nicht markiert war. **2. II** wird in zwei Stufen red., a) zu Anilin (**A**) u. Phenylhydrazin u. dann b) das Phenylhydrazin zu Anilin (**B**) u. NH_3. Letzteres muß vom mittelständigen N-Atom herrühren. Die Analysenzahlen für ^{15}N der so erhaltenen Prodd. sind nur mit der gestreckten Form der Azidgruppe vereinbar, nicht aber mit der ringförmigen Formulierung. (Naturwissenschaften **39.** 42—43. 1952. Zürich, Univ., Physikal. Chem. Inst.) Gralheer. D 182

Willis B. Person, **George C. Pimentel** und **Kenneth S. Pitzer**, *Die Struktur von Cyclooctatetraen.* Die Frage, ob „Wannen"- oder „Kronen"-Form beim *Cyclooctatetraen* (**I**) vorliegt, beantworten Vff. zugunsten der Wannenform. Beim Vgl. der Bildungswärmen von **I** mit entsprechenden Kettenmoll. ergibt sich eine Differenz von 10 kcal, die der Hyperkonjugation im Wannenmodell zugeschrieben werden kann. Vff. zeigen, daß die niedrigste Frequenz im Raman-Spektr. des **I** bei 194 cm^{-1} der niedrigsten totalsymm. Schwingung entspricht. Bei Annahme der Kronenform müßte diese Frequenz wesentlich höher liegen als die Frequenzen der Ringdeformationsschwingungen. Schließlich schließt das Kronenmodell eine Verdrehung der C=C-Doppelbindung um ungefähr 80° ein, während beim Wannenmodell die Doppelbindungen eben angeordnet sind. Da bei den Olefinen kein Fall mit verdrehter Doppelbindung bekannt ist, muß man im Kronenmodell an Stelle der Doppelbindungen 4 Elektronentriplets annehmen. Bei letzterer Struktur ist kein Grund für das Auftreten der typ. Doppelbindungsvalenzschwingungsfrequenzen zwischen 1600 u. 1650 cm^{-1} vorhanden, die aber sehr deutlich beim **I** beobachtet worden sind. (J. Amer. chem. Soc. **74.** 3437—38. 5/7. 1952. Berkeley, Calif., Univ., Dep. of Chem. and Chem. Engng.) Barchet. D 182

G. Fodor und **K. Nádor**, *Stereochemie des Tropins und Pseudotropins.* Die zur Konstitutionsbest. von diastereomeren 1.2-Aminoalkoholen benutzte Acylwanderung (vom N zum O) wird auf die C_3-epimeren Verbb. des Nortropins (**I**) u. des Norpseudotropins (**II**) übertragen. Das *N-Benzoylderiv.* von **II** zeigt im Gegensatz zum *N-Benzoylderiv.* von **I** in dioxan. HCl langsame Acylwanderung unter Bldg. von O-Benzoylnorpseudotropinhydrochlorid (**III**, F. 214°). Behandlung von **III** mit Alkali liefert umgekehrt rasch wieder N-Benzoyl-**II**, während O-Benzoyl-**I** unter diesen Bedingungen völlig stabil ist. Von den Säureamidsalzen der entsprechenden N-Acetylderivv. zeigt *N-Acetylnorpseudotropin·HCl* (F. 155°) beim Erhitzen bis zum F. quantitative Umwandlung in die O-Acetylverb. (F. 213 bis 214°), während die entsprechende Verb. der Reihe **I** selbst bei 160° diese Umlagerung nur zu 1—2% zeigt. Aus diesen Ergebnissen folgern Vff., daß alle Pseudotropinderivv. die cis-Konfiguration u. alle Tropinderivv. die trans-Konfiguration besitzen. (Nature [London] **169.** 462—63. 15/3. 1952. Szeged, Univ., Inst. of Organ. Chem.) Gralheer. D 184

V. Vand und **I. P. Bell**, *Eine direkte Bestimmung der Kristallstruktur der β-Form von Trilaurin.* Die bei Zimmertemp. stabilste β-Form von Trilaurin wurde dargestellt durch Veresterung von reiner Laurinsäure u. Glycerin bei 180° in Ggw. von p-Toluolsulfonsäure in N_2-Atmosphäre. Einkristalle wurden durch Verdampfung einer benzol. Lsg. bei Zimmertemp. erhalten. Dreh- u. WEISSENBERG-Aufnahmen führten auf eine trikline Zelle mit den Dimensionen a = 12,31 ± 0,10 Å; b = 5,40 ± 0,06 Å; c = 31,77 ± 0,10 Å; α = 94° 16′ ± 33′; β = 96° 52′ ± 18′; γ = 99° 12′ ± 1° 46′. Mögliche Raumgruppen sind C_1^1–P1 oder C_i^1–P$\bar{1}$; z = 2. Unter Anwendung der Unterzellentheorie (subcell) von VAND (vgl. C. **1952.** 5215) wurde für Trilaurin eine ebenfalls trikline Unterzelle mit a_s = 4,287 Å; b_s = 5,40 Å; c_s = 2,45 Å; α_s = 74° 45′; β_s = 108° 2′; γ_s = 117° 24′ erhalten, die 2 CH_2-Gruppen pro Elementarzelle enthält; Raumgruppe ist C_i^1–P$\bar{1}$. Aus den Dimensionen dieser Zelle kann geschlossen werden, daß die KW-stoffketten parallel c_s liegen u. daß die Ebene der Ketten angenähert parallel b_s angeordnet ist. Aus einer FOURIER-Synth. ergaben sich für die eine CH_2-Gruppe die Parameter x = 0,0395; y = 0,6021; z = 0,1991. Für die zweite CH_2-Gruppe dementsprechend x = −0,0395; y = −0,6021; z = −0,1991. Bei der Zurückbest. der Hauptzelle ergibt sich, daß die b-Kante der Hauptzelle u. die c_s-Kante einen Winkel von α_0 = 74° 45′ bilden. Der Winkel zwischen der a-Kante der Hauptzelle u. c_s beträgt β_0 = 115° 5′. Der Drehungswinkel, d. h. der Winkel zwischen c_s u. der ab-Ebene der Hauptzelle wurde aus α_0, β_0 u. γ zu 62° 7′ berechnet. Für die x- u. z-Parameter der KW-stoffketten in der Hauptzelle ergeben sich damit die folgenden Atomkoordinaten: C_1(x/a =) 0,1792; (Z/C =) 0,0260; C_2 0,1824; 0,0554; C_3 0,1251; 0,0950; C_4 0,1283; 0,1244; C_5 0,0710; 0,1640; C_6 0,0742; 0,1934; C_7 0,0169; 0,2330; C_8 0,0200; 0,2624; C_9 0,9628; 0,3020; C_{10} 0,9660; 0,3314; C_{11} 0,9087; 0,3710; C_{12} 0,9119; 0,4004; C_{13} 0,5425; 0,4464; C_{14} 0,5393; 0,4170; C_{15} 0,5966; 0,3774; C_{16} 0,5934; 0,3480; C_{17} 0,6507; 0,3084: C_{18} 0,6475; 0,2790; C_{19} 0,7048; 0,2394; C_{20} 0,7016; 0,2100; C_{21} 0,7589; 0,1704; C_{22} 0,7557; 0,1410; C_{23} 0,8130; 0,1014; C_{24} 0,8098; 0,0720; C_{25} 0,7728; 0,5766; C_{26} 0,7160; 0,6060; C_{27} 0,7187; 0,6456; C_{28} 0,7219; 0,6750; C_{29} 0,6646; 0,7146; C_{30} 0,6678; 0,7440; C_{31} 0,6105; 0,7836; C_{32} 0,6137; 0,8130; C_{33} 0,5564; 0,8526; C_{34} 0,5596; 0,8820; C_{35} 0,5023; 0,9216; C_{36} 0,5055; 0,9410. (Acta crystallogr. [London] **4.** 465–69. Sept. 1951. Port Sunlight, Cheshire, Lever Brothers and Unilever Ltd., Res. Dep.) GOTTFRIED. D 195

Newton Schwartz und **Wayne K. Wilmarth**, *Anwendung der Hammettschen Gleichung auf die Dissoziation bei aromatischen freien Radikalen.* Bei den Gleichgewichtskonstanten für die Dissoziation von substituierten *1.1.4.4-Tetraphenyl-2.3-dibenzoyltetrazanen* (Daten nach GOLDSCHMIDT u. BADER, Ann. Physik **473.** [1929.] 137 u. früher) prüfen Vff. die Gültigkeit der HAMMETTschen Regel log $K/K_0 = \varrho \cdot \sigma$ nach. Auch bei dieser Radikaldissoziation ist die Regel erfüllt, ϱ = −2,6 bei −18° u. in Toluol. (J. chem. Physics **20.** 748–49. April 1952. Los Angeles, Calif., Univ. of Southern California, Dep. of Chem.) KRESZE. D 221

C. Duval, R. Freymann und **J. Lecomte**, *Versuch der Interpretation der Infrarotspektren von Metallacetylacetonaten.* Die Absorptionsbanden zwischen 400 u. 1600 cm^{-1} werden für *Aceton, Acetylaceton* u. die pulverförmigen *Acetylacetonate* von *Be, Mg, Al, Sc, Cr, Fe, Co*·· u. *Co*···, *Cu*··, *Zn, Sm, Th* u. *U* zum größten Teil neu gemessen u. zusammen mit bereits bekannten Werten u. einigen RAMAN-Frequenzen nach Lage u. Intensität zusammengestellt. Die Interpretation der Banden wird versucht unter den Gesichtspunkten: 1. Schwingungsbanden des Kohlenstoffskeletts u. der CH-, CH_2- bzw. CH_3-Gruppen, 2. Keton–Enolisomerie-Banden u. 3. charakterist. Metallbanden.

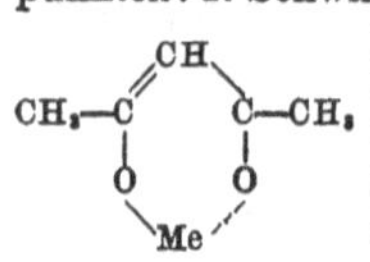
A

Die Analyse der Banden bestärkt die Annahme einer cycl. Struktur der Art A mit einwertigem Me. Diese Auffassung würde dem allg. Verh. der Metallderivv. entsprechen, die nicht als Salze, sondern vielmehr als heterocycl. Komplexe spezieller Art mit einem Metallatom als Heteroatom (gegebenenfalls mit π-Elektronenzirkulation) aufzufassen sind. Hierfür spricht die Existenz charakterist. Metallabsorptionsbanden. Die Frage des Mechanismus der koordinativen Metallbindung (z. B. O—Me → O) bleibt offen. (Bull. Soc. chim. France, Mém. [5] **19.** 106–13. Jan./Febr. 1952.) RUDOLPH. D 223

M. G. Evans, *Untersuchungen auf einigen Gebieten der Reaktionskinetik.* Übersichtsarbeit. Besprochen werden kurz: Übergangszustandstheorie, Messung der Reaktionsgeschwindigkeit schneller Rkk., Bindungsdissoziationsenergien, Rkk. organ. Halide in Lsg.; WALDENsche Umkehrung, Polymerisations-Rkk. in Lsg. (Kinetik der Polymerisation von *Acrylsäuremethylester* u. *Acrylnitril* unter Wrkg. von $H_2O_2 + Fe^{2+}$) sowie Redox-Rkk. in Lösung. (J. Oil Colour Chemists' Assoc. **35.** 49–76. Febr. 1952.) SCHEIFELE. D 225

H. J. Bernstein, *Beziehungen zwischen Aktivierungsenergie, Reaktionsgeschwindigkeit, Bindungsdissoziationsenergien und den Bildungs-, Atomisierungs- und Reaktionswärmen für substituierte Methane.* Bedeuten Q die Atomisierungswärme, E die Aktivierungsenergie, D die Dissoziationsenergie der C—X-Bindung, n die Zahl der Substituenten, ΔH_f die

Bildungswärme, ΔH die Reaktionswärme der Rk. $M + CX_{4-n}Y_n \rightarrow CX_{3-n}Y_n + MX$ u. v_n die Reaktionsgeschwindigkeit dieser Rk. bei dem n-fach substituierten Methanderiv. $CX_{4-n}Y_n$, so kann man nach Vf. E u. v_n durch die Gleichungen $\Delta E = c_1 \cdot \Delta D = c_2 \Delta(\Delta H_f) = c_3 \Delta Q = c_4 \Delta H$ u. $v_n \approx A_n e^{-E_0/RT} \cdot e^{-n E_1/RT}$ mit $E_n \approx E_0 + n E_1$ u. E_0 u. E_1 als Konstanten mit n verknüpfen. Wenn A_n konstant oder $\ln A_n$ eine lineare Funktion von n ist, ergibt sich die Beziehung $\ln v_n = c_0 + c_1 \cdot n$, wo $c_0 = [\ln A_n - (E_0/RT)] \approx \ln v_0{}^0$ u. $c_1 = E_1/RT$. Vf. vermutet, daß die Gleichung für ΔE auch für Reihen der Form RX gilt, wo R die Methyl-, Äthyl-, Isopropyl- u. tert.-Butylgruppe bedeuten kann. (J. chem. Physics **20**. 524. März 1952. Ottawa, Can., Nat. Res. Counc., Div. of Chem.) ROEDER. D 225

Gerald R. Aldridge und **George W. Murphy**, *Kinetik der Umwandlung von Isopropenylallylmalonsäurediäthylester.* Die Umwandlung von *Isopropenylallylmalonsäurediäthylester* (I) in *[1-Methylpenten-(4)-yliden]-malonester* (II) (vgl. COPE, HOFMANN u. HARDY, C. **1942**. I. 1366) wird in fl. Phase im Temperaturbereich von 145—200° refraktometr. nach der Meth. von FOSTER, COPE u. DANIELS (C. **1948**. I. 1095) untersucht. Die Rk. ist von 1. Ordnung u. läuft prakt. bis zum völligen Umsatz; ihre Geschwindigkeit läßt sich durch $k = 2{,}83 \cdot 10^{10}\, e^{-28400/RT}\, sec^{-1}$ darstellen. Die erhaltenen Werte für Aktivierungsenergie (28400 cal/Mol) u. Aktivierungsentropie (—13,5 Entropieeinheiten) liegen nahe bei den von FOSTER, COPE u. DANIELS (l. c.) bei ähnlichen Umlagerungen beobachteten Werten. Die Aktivierungsentropie liegt etwas niedriger als erwartet; der Unterschied wird an Hand des ster. Faktors diskutiert u. auf die am Molekülmodell festzustellende Behinderung der freien Drehbarkeit der Allylgruppe durch die Carbäthoxygruppe zurückgeführt. Werden beide Carbäthoxygruppen durch CN-Gruppen ersetzt, so wird die freie Drehbarkeit der Allylgruppe wiederhergestellt; die Aktivierungsentropie beträgt in diesem Falle ca. —11 Entropieeinheiten (vgl. COPE, HOYLE u. HEYL, C. **1942**. I. 1364). — II wird durch Umwandlung von I bei 178° in 135 Min. u. anschließende Vakuumfraktionierung in Ggw. von etwas Hydrochinon rein dargestellt; $Kp._{10}$ 142—144°, n_D^{25} 1,4607; an der Luft zeigt II eine starke O_2-Aufnahme. (J. Amer. chem. Soc. **73**. 1158—60. März 1951. Madison, Wis., Univ. of Wisconsin, Dep. of Chem.) REITZ. D 225

H. Harry Szmant, Hugh F. Harnsberger, Thomas J. Butler und **Walter P. Barie**, *Kinetik der Wolff-Kishner-Reaktion bei Diarylketonhydrazonen.* Die WOLFF-KISHNER-Rk. von Hydrazonen der Diarylketone verläuft bzgl. des Hydrazons u. bzgl. der als Katalysator wirkenden Base nach dem Zeitgesetz 1. Ordnung. Vff. nehmen bei der Rk. prim. die Bldg. eines Anions des Hydrazons an: $R_2C{=}\ddot{N}\ddot{N}H_2 + B{:}^{(-)} \rightleftharpoons R_2C{=}\ddot{N}\ddot{N}H^{(-)} + BH$. Der geschwindigkeitsbestimmende Schritt ist eine Wanderung eines H in diesem intermediären Hydrazonanion: $R_2C{=}\ddot{N}\ddot{N}H^{(-)} \rightarrow R_2CH\ddot{N}{=}\ddot{N}^{(-)}$. Dann folgen die Reaktionsschritte $R_2CH\ddot{N}{=}\ddot{N}^{(-)} \rightarrow R_2CH^{(-)} + N_2$ (sehr schnell) u. $R_2CH^{(-)} + BH \rightarrow R_2CH_2 + B{:}^{(-)}$. Aus den erhaltenen Werten für die Aktivierungswärmen ΔH u. Aktivierungsentropien ΔS verschied. Verbb. wird geschlossen, daß die H-Wanderung in mehrererlei Art u. Weise erfolgen kann, worüber Vff. eingehend diskutieren. ΔH u. ΔS beträgt für *Phenyl-2-thienylketonhydrazon* 15,7 bzw. —31,0, für *p-Chlorbenzophenonhydrazon* 18,2 bzw. —26,6, für *2.2'.4.4'-Tetrachlorbenzophenonhydrazon* 23,3 bzw. —16,8, für *Benzophenonhydrazon* 23,6 bzw. —17,0, für *p.p'-Dimethoxybenzophenonhydrazon* 24,5 bzw. —16,4, für *Phenyl-p-xenylketonhydrazon* 26,7 bzw. —10,1, für *p-Phenoxybenzophenonhydrazon* 29,3 bzw. —4,4 u. für *p.p'-Dichlorbenzophenonhydrazon* 37,4 bzw. +13,8. (J. Amer. chem. Soc. **74**. 2724—28. 5/6. 1952. Pittsburgh, Pa., Duquesne Univ., Dep. of Chem.) J. MATTNER. D 225

Paul D. Bartlett, *Stereochemische Einflüsse bei Carbeniumionenreaktionen.* Vortrag. Ausgehend von der Bedeutung chem. Rkk., bei denen intermediär Bldg. eines Carbeniumions als geschwindigkeitsbestimmende Rk. auftritt, gibt Vf. einen Überblick über diejenigen ster. Einflüsse, die diese Bldg. erleichtern oder erschweren, wie Möglichkeit der Lagerung des positiv geladenen C-Atoms u. der drei an ihm haftenden Gruppen in einer Ebene, ebene Lagerung auch mit anderen nicht direkt gebundenen Atomen, die aber in Mesomerie mit dem zentralen C-Atom stehen, Teilnahme β-olefin., aromat. u. alicycl. Strukturen bei der Ausbldg. des Carbeniumions, Solvatation des Carbeniumions u. Hyperkonjugationseffekte. Vff. zeigt an Hand verschied. Beispiele die Schwierigkeiten auf, die entstehen beim Vers., einen dieser Einflüsse für sich unter Ausschluß der anderen zu behandeln. Neu bekanntgegeben werden: die Solvolysegeschwindigkeiten in 80%ig. A. von *1-Methyl-1-chlorcyclopentan* ($k^{25°} = 1{,}37 \cdot h^{-1}$) u. *-cyclohexan* (0,0119 h^{-1}), die Geschwindigkeiten der Semicarbazonbldg. bei *Cyclopentanon* ($k^{25°} = 2{,}71$ Liter/Mol·Min.) u. *Cyclohexanon*, (57,9 Liter/Mol·Min.) in 60%ig. Methanol, sowie Darst. u. Rkk. von *Tri-tert.-butylcarbinol*, F. 94—95° bzw. 112—113°, u. dem entsprechenden Chlorid. Erwähnt die Beständigkeit von *9-Phenyl-9-chlor-10.10-dimethyl-9.10-dihydroanthracen.* Vf. faßt dann die Schlußfolgerungen zusammen, die man aus den Ergebnissen dieser Verss. gezogen hat, über die Rolle dieser Faktoren für den Gesamtprozeß. Anschließend Diskussion. (Bull. Soc. chim. France, Mém. [5] **10.** C. 100—06. März/April 1951; u. Colloques int. Centre nat. Rech. sci. **30.** 108—14. April 1950.) GRALHEER. D 225

Robert C. Elderfield und **Malcolm Siegel**, *Bestimmung von ϱ- und σ-Konstanten für Chinolincarbonsäuren und ihre Methylester.* Es werden die Dissoziationskonstanten K_a von Chinolincarbonsäuren u. die Hydrolysengeschwindigkeiten k_h ihrer Methylester bestimmt. Aus diesen Ergebnissen werden ϱ u. σ der HAMMETTschen Gleichung berechnet. Zur Unters. gelangten *Chinolin-2-* (**I**; aus Bzl., F. 156—157°), *-3-* (**II**; aus A., F. 280—281°), *-4-* (**III**; aus W., F. 256—257°), *-5-* (**IV**; aus Essigsäure, F. 346—347°), *-6-* (**V**; aus W., F. 294—296°), *-7-* (**VI**; aus W., F. 256—257°) u. *-8-carbonsäure* (**VII**; aus W., F. 187°) u. ihre Methylester. Zum Vgl. wird Benzoesäure (**VIII**) herangezogen. — Die alkal. Hydrolyse der Ester **Ia—VIIIa** in 50%ig. Methanol bei 25° ist bimol., es ergaben sich folgende Geschwindigkeitskonstanten (in Liter/Mol · Sek.): **Ia** (aus Hexan, F. 86—87°) $298 \pm 2 \cdot 10^{-3}$, **IIa** (aus Hexan, F. 73,5—74,5°) $74,7 \pm 0,7 \cdot 10^{-3}$, **IIIa** (F. 25°, $Kp._{0,1}$ 88—94°, $n_D^{27,5}$ 1,6025) $177 \pm 1 \cdot 10^{-3}$, **IVa** (aus W., F. 52—53°, $Kp._{0,2}$ 105—110°, *Pikrat*, aus A., F. 198—199°) $18,6 \pm 0,2 \cdot 10^{-3}$, **Va** (aus A.-W., F. 86—87°, *Pikrat*, aus Äthylacetat, F. 217—218°) $24,2 \pm 0,2 \cdot 10^{-3}$, **VIa** (aus W., F. 73,5—74,5°, *Pikrat*, aus A., F. 214—215°) $28,0 \pm 0,1 \cdot 10^{-3}$, **VIIa** ($Kp._{0,2}$ 128—132°, n_D^{25} 1,6019, *Pikrat*, aus A., F. 166—167°) $3,90 \pm 0,03 \cdot 10^{-3}$, **VIIIa** $4,63 \pm 0,03 \cdot 10^{-3}$. In einigen Fällen beginnt k_2 nach 70—80% der Rk. leicht anzusteigen, Vff. führen das auf Absorption des CO_2 der Luft zurück. — Die pK_a-Werte wurden unter Vernachlässigung der Aktivitätskoeffizienten berechnet; **I** $4,96 \pm 0,01$, **II** $4,62 \pm 0,02$, **III** $4,53 \pm 0,02$, **IV** $4,81 \pm 0,02$, **V** $4,98 \pm 0,02$, **VI** $4,97 \pm 0,02$, **VII** $7,20 \pm 0,01$ u. **VIII** $5,27 \pm 0,01$. Zwischen den pK_a u. den k_2-Werten besteht im allg. die durch die HAMMETTsche Regel geforderte lineare Beziehung. Bei der Berechnung von ϱ u. σ gehen Vff. daher davon aus, daß trotz des kondensierten Ringsyst. in 4-, 5- u. 8-Stellung kein Orthoeffekt auftritt, daß also die Aktivierungsentropie bei den Rkk. aller untersuchten Verbb. gleich groß ist. Doch zeigt sich, daß $-\log k_2$ nur für die Verbb. **II—VI** linear von pK_a abhängig ist, während für **I** u. **VII** eine relativ große Abweichung auftritt; auch **VI** ordnet sich nicht ganz ein. Vff. korr. die abweichenden Werte unter der Annahme, daß die pK_a von **I** u. **VII** durch Auftreten von H-Brücken zwischen COOH u. N verfälscht sind. Die Steigung der Geraden, also ϱ_1 (Esterhydrolyse)/ϱ_2 (Säuredissoziation), ist dann $1,94 \pm 0,09$. Unter Zugrundelegen von $\varrho_2 = 1,25$ (vgl. ROBERTS, MCELHILL u. ARMSTRONG, C. **1950.** I. 2213) ergibt sich daraus $\varrho_1 = 2,42$. Damit lassen sich als σ-Konstanten für die einzelnen Stellungen am Chinolinkern die folgenden Werte berechnen: 2-: $0,74 \pm 0,09$, 3-: $0,52 \pm 0,03$, 4-: $0,59 \pm 0,03$, 5-: $0,37 \pm 0,03$, 6-: $0,23 \pm 0,03$, 7-: $0,24 \pm 0,03$ u. 8-Stellung: $-0,06 \pm 0,09$. Ferner wurden aus Literaturwerten für pK_a σ-Werte für Pyridinderivv. berechnet. Während $-\log k_h = f(\sigma)$ eine Gerade für Chinolin- u. Benzolderivv. ergibt, weichen die Pyridinderivv. davon ab. Vff. führen das auf Zwitterionenbldg. u. daraus folgender Verfälschung der Dissoziationskonstanten zurück. — $\log k_h$ zeigt ferner eine bemerkenswerte lineare Abhängigkeit von der nach der Molekülbahnmeth. berechneten π-Elektronendichte an dem reagierenden C-Atom.

Versuche: *Chinolin-6-carbonsäure* (**V**), über 6-Methylchinolin (nach SKRAUP aus p-Toluidin), dessen Oxydation mit SeO_2 zu Chinolin-6-aldehyd (aus W., F. 52—54°) u. Weiteroxydation mit $KMnO_4$ bei 70°. *Chinolin-7-carbonsäure* (**VI**), aus 7-Methylchinolin mit CrO_3. — *Chinolin-8-carbonsäure* (**VII**), über 8-Methylchinolin (aus o-Toluidin, Glycerin, m-nitrobenzolsulfosaurem Na u. H_2SO_4), dessen Oxydation zum Chinolin-8-aldehyd mit SeO_2 (aus W., F. 95—96°) u. Weiteroxydation analog **V.** (J. Amer. chem. Soc. **73.** 5622—28. Dez. 1951. New York, Columbia Univ., Dep. of Chem.)

KLEINWÄCHTER. D 225

I. P. Mischtschenko, *Einfluß der UV-Strahlen auf das Absorptionsspektrum der Aminosäuren.* Es wurden in Konzz. von 0,001—10% 0,5—125 Std. mit UV-Strahlen belichtet: *Glykokoll, Alanin, Serin, Cystein, Cystin, Taurin, l-* u. *d-Leucin, Arginin, Lysin, Asparagin, Tyrosin, Tryptophan* u. *Histidin.* Es ergab sich, daß alle Aminosäuren mol. Veränderungen unter dem Einfl. der UV-Belichtung aufwiesen, auch in stark verd. (0,001%) Lsgg., die sich einem chem. Nachw. entziehen. Cystein u. Cystin (jedoch nicht Taurin) zersetzten sich unter Entw. von H_2S. Äußerlich wurden die Lsgg. von Glykokoll, Alanin, Taurin, d-Leucin, Arginin, Asparagin, Lysin durch die UV-Strahlen nicht verändert. Die Lsgg. blieben farblos. Gelbfärbung zeigten Serin u. Tyrosin, Trübung: Cystein, Cystin, l-Leucin, Histidin (1%ig. Lsg.), Tryptophan (0,01%ig. Lsg.). Einige Lsgg. wurden jedoch nachträglich wieder farblos. l-Leucin zeigte Schaumbldg. u. faulen Geruch. Je nach Belichtungsdauer u. mol. Struktur wurde, bes. bei cycl. Aminosäuren, die Bldg. von Zwischenprodd. beobachtet. Die Aminosäuren sind demnach gegen Strahlungsenergie sehr empfindlich. (Биохимия [Biochemie] **17.** 82—90. Jan./Febr. 1952. Troitzkoje, Veterinärinst., Lehrstuhl für pathol. Physiol.) v. WILPERT. D 226

Zoltán Csürös und **Zoltán Hajós**, *Untersuchungen über Katalysatoren.* 8. Mitt. *Inhibitoreffekt bei Autoxydationsprozessen.* (7. vgl. C. **1952.** 7794.) Vff. untersuchen die Inhibitorwrkg. von Kohle auf die Autoxydation des *Benzaldehyds* (I), wobei als Lösungsm. CCl_4 diente. Sie beobachten eine auffallende Wechselwrkg. zwischen der Geschwindigkeit der Inhibierung u. dem Volumengewicht bei der Unters. verschied. Arten von Kohle. Das Wachsen der Inhibierungsgeschwindigkeit hängt mit der Abnahme des Volumengewichts zusammen. Diese Wechselwrkg. ist offenbar auf Oberflächeneffekte zurückzuführen. Bei *Knochenkohle* ist die Oberflächenwrkg. mit der Wrkg. des *Phosphats*, das in der Kohle enthalten ist, verbunden. Die Wrkg. von Phosphat wurde in homogener u. in heterogener Phase untersucht. Zusätze von *Trikresylphosphat* (II) zu *Gaskohle* (III) verbessern deren Inhibitorwrkg. außerordentlich. Die kombinierte Wrkg. von II + III ist kein einfacher additiver Effekt der beiden Komponenten, sondern wird durch einen verwickelten Mechanismus hervorgerufen. Autoxydantien, die allg. in der Gummiindustrie benutzt werden, erwiesen sich auch im Falle des I als wirksame Inhibitoren. Es wurden *Agerite Alba* (*Hydrochinonmonobenzyläther*), *BNA* (*β-Phenylnaphthylamin*) u. *ARD* (= *Agerite Resin D* = *Polymethylchinolin*) untersucht. Die Verss. wurden im Halbmikromaßstab durchgeführt, wofür Vff. eine App. angeben. (Acta chim. Acad. Sci. hung. **1.** 359—76. 1951. Budapest, Technic. Univ., Organ. Chem. Technol. Inst.) R. MATTNER. D 227

Zoltán Csürös, István Géczy und **János Polgár**, *Untersuchungen über Katalysatoren.* 9. Mitt. *Katalytische Hydrierung von Acetylenderivaten.* (8. vgl. vorst. Ref.) Vff. kritisieren die Arbeit von PAAL u. HARTMANN (Ber. dtsch. chem. Ges. **42.** [1909.] 3930), welche bei ihren Unterss. über die Hydrierung der Acetylencarbonsäuren fanden, daß die Hydrierung von *Phenylpropiolsäure* (I) in neutralem Medium bei Ggw. eines Pd-Katalysators (nach PAAL) *cis-Zimtsäure* (II) liefert u. daß die Hydrierung bis zur *Hydrozimtsäure* (III) gehen könne. Vff. stellen im Gegensatz dazu u. in Übereinstimmung mit PAAL u. SCHWARTZ (Ber. dtsch. chem. Ges. **51.** [1918.] 640) fest, daß II nur in mäßiger Ausbeute bei Verwendung des Pd-Katalysators nach PAAL gebildet wird u. daß die Hydrierung nicht bis zur III fortschreitet. Vff. hydrieren unter Beachtung der Neben-Rkk. außer I noch *Isopropylacetylencarbonsäure* (IV) u. *Acetylendicarbonsäure* (V) in Ggw. von *kolloidem Pd* in neutralem Medium. Die absorbierte H_2-Menge schien zwischen 1 u. 2 Mol H_2 pro Mol Säure zu liegen. — Die zur Acetylenbindung benachbarte Carboxylgruppe ist nun sehr reaktionsfähig, sie kann z. B. beim Erhitzen leicht als CO_2 abgespalten werden. Daher untersuchen Vff. zum Vgl. auch den Hydrierungsverlauf bei den entsprechenden Verbb. ohne Carboxylgruppe, *Phenylacetylen* (VI) u. *Isopropylacetylen* (VII). VI u. VII nehmen glatt je 2 Mol H_2 auf. Dies bestätigt, daß die Carboxylgruppen das anomale Verh. der Acetylencarbonsäuren bei der Hydrierung hervorrufen. Vff. hydrieren daher I, IV u. V im alkal. Medium. Dabei werden beide Mol H_2 schnell absorbiert. Daraus folgern Vff., daß Acetylencarbonsäuren CO_2 als Gas abspalten, wenn sie in neutralem Medium in Ggw. von Pd hydriert werden. Die sich widersprechenden Beobachtungen von PAAL u. HARTMANN bzw. PAAL u. SCHWARTZ sind dann auf das Vol. von CO_2 zurückzuführen, das in der Gasphase vorhanden war u. nicht verbrauchtes H_2 vortäuschte, während CO_2 bei den Verss. der Vff. im alkal. Medium durch die Lauge gebunden wurde. — Bei Hydrierung in Ggw. eines Katalysators, der auf einem Träger niedergeschlagen ist, wie z. B. Pt auf Kohle, wird auch in alkal. Medium keine Absorption von 2 Mol H_2 erreicht. Vff. zeigen mit ihren Verss. mit I als Modellsubstanz, daß die vollständige Bindung von 2 Mol H_2 im Falle eines Pt-Knochenkohlekatalysators durch Dimerisation, gegebenenfalls Polymerisation verhindert wird, die in saurem Medium ziemlich bedeutend u. im alkal. Medium gering ist. Decarboxylierung erfolgt unter diesen Bedingungen nicht. — Durch Ändern der angewandten Katalysatormenge konnten Vff. verschied. Stufen der Selektivität erreichen. Die Menge des absorbierten H_2 folgt einer Maximum–Minimum-Kurve, die in Beziehung zur angewandten Katalysatormenge steht. Es kann also das Verhältnis der Hydrierungsgeschwindigkeit zur Geschwindigkeit der Neben-Rkk. durch Änderung der Katalysatormenge variiert werden. (Acta chim. Acad. Sci. hung. **1.** 417—34. 1951.) R. MATTNER. D 227

D₂. Präparative organische Chemie. Naturstoffe.

Juan F. Salellas und **Orfeo O. Orazi**, *Kernhalogenierung mit Dibromdimethylhydantoin.* 3. Mitt. *Polycyclische aromatische Kohlenwasserstoffe.* (2. vgl. C. **1952.** 4751.) 1.3-Dibrom-5.5-dimethylhydantoin (I) u. Anthracen im Mol-Verhältnis 1 : 2 in CCl_4 (1 Std. Wasserbad) liefern *9-Bromanthracen* [II; F. 99—101° (A.); 78—82% (Ausbeute)]. Bei Mol.-Verhältnis 1 : 1 u. 45 Min. Reaktionszeit entsteht gleichfalls II, wobei sich aus I

N-Monobrom-5.5-dimethylhydantoin [III; F. 170,5—171° (Zers.); 74,8%] bildet; nach 15—20 Std. wurde *9.10-Dibromanthracen* [F. 220—222°; 59%] erhalten, das auch aus II u. III (17—18 Std.) entsteht. Aus *Phenanthren* u. I in Chlf. *9-Bromphenanthren*, F. 63—64°; 49,8%; *Pikrat*, F. 118—119°. *Pyren* liefert in CCl_4 *3-Brompyren*, F. 94—94,5° (PAe.); 93,4%; *Pikrat*, F. 173—174° (CH_3COOH). (An. Asoc. quím. argent. **39.** 175—83. Dez. 1951. La Plata, Univ.) ALTPETER. 450

M. E. Fondovila, O. O. Orazi und **J. F. Salellas**, *Kernhalogenierung mit Dibromdimethylhydantoin.* 4. Mitt. *Heterocyclen.* (3. vgl. vorst. Ref.) 1.3-Dibrom-5.5-dimethylhydantoin (I) u. Thiophen liefern *2-Bromthiophen*, Kp. 149,5—152°; 70,5% (Ausbeute); *5-Chlormercuriderıv.*, F. 224°. — Aus I u. Carbazol in CCl_4 *3-Bromcarbazol* [F. 197—198° (A.); 36,5%; *9-Acetylderiv.*, F. 128°]; bei I-Überschuß *3.6-Dibromcarbazol*, F. 211—213° (A.); 68,2%. — Dibenzofuran wird durch I nicht bromiert. (An. Asoc. quím. argent. **39.** 184—88. Dez. 1951.) ALTPETER. 450

Ja. M. Pauschkin, A. W. Toptschijew, B. A. Krenzel und **I. M. Toltschinski**, *Über den thermischen Prozeß der destruktiven Alkylierung von Pentan.* (Vgl. C. **1952.** 4751.) Eine Pentanfraktion, Kp. 32—38°; $D.^{20}{}_4$ 0,620; $n_D{}^{20}$ 1,3575; Bromzahl 0, wurde im Autoklaven in Abwesenheit eines Katalysators auf 450—460°/250—310 at erhitzt. Bei Tempp. $<$375° trat keine merkliche Rk. ein, bei 480° bildeten sich gasförmige Prodd. in größerer Menge. Im gleichen Sinne wirkte sich eine Verlängerung der Reaktionszeit über die optimale Dauer von 2 Std. aus. Die Gase bestanden zu ca. 65% aus CH_4, 22% aus C_2H_6 u. 1% aus *Butanen.* Die unter optimalen Bedingungen durchgeführte Rk. ergab die Fraktionen Kp. 40—150°; 63%, u. 150—300°; 37%. Nach weiterer Fraktionierung der 1. Fraktion wurden mittels des RAMAN-Spektr. nachst. Verbb. identifiziert: *2-* u. *3-Methylpentan, 2.3-Dimethylbutan, n-Hexan, Bzl., 2-* u. *3-Methylhexan, 2.4-Dimethylpentan, 2.2.3-Trimethylbutan, Cyclohexan, 3-Äthylpentan, n-Heptan, Toluol, Methylcyclohexan, 4-Methylheptan, 2-Methyl-3-äthylpentan* u. *n-Octan.* Die entstehenden *ungesätt. KW-stoffe* werden zum Teil polymerisiert. (Доклады Академии Наук СССР [Ber. Akad. Wiss. UdSSR] [N. S.] **86.** 321—23. 11/9. 1952. Erdölinst. der Akad. der Wiss. der UdSSR.) WÜRFFEL. 510

Paul Becher, *Die Reaktion zwischen Magnesium und Trimethylorthophosphat. Trimethylorthophosphat* (I) reagiert mit metall. Mg in bisher vollkommen ungeklärter Rk. explosionsartig unter Bldg. von gasförmigen Stoffen. Die Gasanalyse ergab als durchschnittliche Zus. 71,1% *Methan*, 6,7% *Äthan* u. 13,8% *Acetylen*, sowie eine Spur *Äthylen*; als festes Reaktionsprod. wurde ein teeriger Stoff, der sicher Mg-Carbid enthält, gebildet. Außerdem ließ sich darin noch *Mg-Monomethyl-* oder *Mg-Dimethylphosphat* feststellen. Vf. stellt folgenden Reaktionsverlauf zur Diskussion: $I + Mg \rightarrow PO(OCH_3)_2OMgCH_3 \rightarrow CH_3\cdot + Mg[(CH_3)_2PO_4]_2$, $PO(OCH_3)_2OMgCH_3 \rightarrow Mg(CH_3)_2 + Mg[(CH_3)_2PO_4]_2$; $CH_3\cdot \rightarrow C_2H_2 + C_2H_6 + CH_4$; $Mg(CH_3)_2 + C_2H_2 \rightarrow MgC_2 + CH_4$.

Versuche: *Trimethylorthophosphat* (I), $Kp._{22}$ 94°, $n_D{}^{25}$ 1,3960. Zu einer benzol. Suspension von Na-Methylat wurde bei 50—60° $POCl_3$ zugetropft; nach längerem Stehen wurde dest.; 85% Ausbeute. (J. Amer. chem. Soc. **74.** 2923—24. 5/6. 1952. Dahlonega, Ga., North Georgia Coll., Dep. of Chem.) ZIMMER. 590

F. Weygand und **G. Eberhardt**, *Darstellung von Aldehyden durch Reduktion von Carbonsäure-N-methylaniliden mit Lithiumaluminiumhydrid.* Während die Red. von Carbonsäuredimethylamiden nach WEYGAND u. TIETJEN (C. **1952.** 1152) nicht in allen Fällen gute Ergebnisse liefert, lassen sich durch Red. der entsprechenden Carbonsäure-N-methylanilide mit $LiAlH_4$ aliphat. Mono- u. Dialdehyde, Oxyaldehyde, aromat. u. heterocycl. Aldehyde darstellen. Die 10%ig. Lsgg. der N-Methylanilide in reinem Tetrahydrofuran wurden mit $^1/_4$—$^1/_2$ Mol $LiAlH_4$ (teilweise in fester Form) bei 0° reduziert. Bei Methylaniliden mit akt. H ist die äquivalente Menge $LiAlH_4$ mehr zu verwenden. *Acetaldehyd*, aus Essigsäure-N-methylanilid [F. 102°, aus Acetanhydrid u. Methylanilin (I)] während 3 Std.; 67% (Ausbeute); *Dinitrophenylhydrazon*, F. 163°. — *Succindialdehyd*, aus Bernsteinsäure-bis-N-methylanilid [F. 157°, durch Erhitzen von Bernsteinsäure u. I auf 200—230° (Meth. A) oder aus der Säure + Trifluoressigsäureanhydrid u. I] während 12—15 Std.; 68%; *Dinitrophenylhydrazon*, F. 267°. — *D.L-Äpfelsäuredialdehyd*, aus D.L-Äpfelsäure-bis-N-methylanilid [F. 163°, aus dem Ester u. Hal·$MgN(CH_3)C_6H_5$ (Meth. B) während 12—15 Std.; 75%; *Dinitrophenylhydrazon*, F. 269° (Zers.). — *Benzaldehyd*, aus Benzoesäure-N-methylanilid [F. 60°, aus dem Säurechlorid u. I in Bzl. u. Pyridin (Meth. C)] während 10 Std.; 68%; *Dinitrophenylhydrazon*, F. 235°. — *Salicylaldehyd*, aus Salicylsäure-N-methylanilid (F. 113°, Meth. B) während 10 Std.; 54%; *Dinitrophenylhydrazon*, F. 248°. — *o-Phthalaldehyd*, aus o-Phthalsäure-bis-N-methylanilid (F. 181°, Meth. A) während 24 Std.; 70%; *Dinitrophenylhydrazon*, F. 270°. — *4.5-Dimethoxy-o-phthalaldehyd* [+ Glyoxal → *2.3-Dioxy-6.7-dimethoxynaphthochinon-(1.4)*, F. 268°], aus 4.5-Dimethoxy-o-phthalsäure-bis-N-methylanilid (F. 203, Meth. A) mit guter Ausbeute. — *Nicotinaldehyd*, aus Nicotinsäure-N-methylanilid ($Kp._{13}$ 210°, Meth. C) während 10 Std.; 65%; *Phenylhydrazon*, F. 158°. (Angew. Chem. **64**. 458. 21/8. 1952. Heidelberg, Univ., Chem. Inst.) ROSDORFF. 660

W. W. Crouch, *Physikalische Eigenschaften der Thioessigsäure und des Diacetylsulfids.* Vf. reinigte die *Thioessigsäure*, C_2H_4OS, u. fand im Gegensatz zu früheren Angaben folgende physikal. Konstanten: $Kp._{760}$ 87,5° (korr.), $D.^{20}_4$ 1,0696, n_D^{20} 1,4636. Die Säure erstarrt bei −75° kristallin. Die Infrarotunters. ergab in Übereinstimmung mit den Beobachtungen von BLOCH (C. R. hebd. Séances Acad. Sci. **206**. [1938.] 679), daß die Säure in der Thiolform vorliegt. — Die Konstanten des *Diacetylsulfids*, $C_4H_6O_2S$, sind $Kp._{20}$ 62°, $Kp._{50}$ 82°, n_D^{20} 1,4826, $D.^{20}_4$ 1,1317. Bei Dest. unter n. Druck (Kp. ~ 156—158°) trat teilweise Zers. ein. (J. Amer. chem. Soc. **74**. 2926—27. 5/6. 1952. Bartlesville, Okla., Phillips Petroleum Comp.) ULRICH. 810

Horst Böhme und Heinz-Günther Greve, *Über Alkylmercaptomethyl- und Alkylsulfonylmethylmalonester.* Bei der Rk. von Na-Malonsäurediäthylester mit Chlormethyläthylsulfid (I) entstehen *Methylen-bis-[äthylsulfid]* (nachgewiesen durch Oxydation zum *Disulfon*), *Methylenmalonsäurediäthylester* [zum Teil als Paramethylenmalonester, nachgewiesen durch Verseifung zu *cis-Cyclobutandicarbonsäure-(1.3)*], *[Äthylmercaptomethyl]-malondisäurediäthylester* (II) u. *Propantetracarbonsäure-(1.1.3.3)-tetraäthylester* (identifiziert durch Pyrolyse zu *Glutarsäure*). Die Entstehung einer Vielzahl von Reaktionsprodd. wird auf die Zers. des instabilen II zu *Methylenmalonester* u. *Mercaptan* zurückgeführt. Oxydation von II mit Phthalmonopersäure liefert *Äthylsulfonylmethylmalonsäurediäthylester*, aus dem durch Verseifung *Äthansulfinsäure* (nachgewiesen durch Rk. mit Benzylchlorid zu Äthylbenzylsulfon), durch Spaltung mittels H_2SO_4 daneben noch *polymere Acrylsäure* entsteht. Analog II verhält sich der entsprechende *Dimethylester* (III). Verwendung von alkyl- bzw. arylsubstituierten Malonestern verhindert die Abspaltung von Mercaptanen; es bilden sich *S-haltige Malonester*, die durch Verseifung in die freien *Dicarbonsäuren* übergeführt werden können u. sich weiter zu *sulfidhaltigen Monocarbonsäuren* decarboxylieren lassen. Durch Oxydation können hieraus die entsprechenden *Sulfone* gewonnen werden, die bei Verseifung jedoch nicht die freien Malonsäuren, sondern unter gleichzeitiger Decarboxylierung u. Abspaltung von Sulfinsäuren die substituierten Acrylsäuren bilden. Letztere lassen sich als *Dibromadditionsprodd.* identifizieren.

Versuche: *Methylen-bis-[äthylsulfid]*, $Kp._{0,1}$ 40—45°, durch Zutropfen von 11 g I in Ae. zu einer Lsg. von Na-Malonsäurediäthylester (aus 2,3 g Na u. 16 g Malonester in Ae.), Erwärmen, Zufügen von W. u. Rektifikation im Hochvakuum; 4 g (Ausbeute); nachgewiesen durch Oxydation mit 30%ig. H_2O_2 zum *Sulfon*, F. 104° (wss. Methanol); 85%. Daneben *Methylenmalonsäurediäthylester*, $Kp._{0,1}$ 65—100°; 6,5 g. Aus der letzten Fraktion bei vorst. Rektifikation als fl. Bestandteil *[Äthylmercaptomethyl]-malonsäurediäthylester* (II), $C_{10}H_{18}O_4S$, $Kp._{0,1}$ 136—142°, durch wiederholte Dest. u. Erwärmen mit 40%ig. H_2SO_4 auf 135° (zur Verseifung des hartnäckig anhaftenden *Propantetracarbonsäure-(1.1.3.3-tetraäthylesters)*; 30%. In der wss. Phase hierbei *Glutarsäure*, F. 97° (wss. Methanol). Als fester Bestandteil vorst. Fraktion *Paramethylenmalonester*, F. 156° (Eisessig); 1,5 g; wird zu *cis-Cyclobutandicarbonsäure-(1.3)* (F. 138°) verseift. — *[Äthylsulfonylmethyl]-malonsäurediäthylester*, $C_{10}H_{18}O_6S$, aus II u. Phthalmonopersäure durch mehrtägiges Stehen in äther. Lsg., Abdampfen u. mehrmalige Chloroformextraktion; 96%; zers. sich bei Vakuumdestillation. — *Äthylbenzylsulfon*, F. 84° (Methanol), a) aus vorst. Verb. durch Erhitzen mit 30%ig. NaOH auf 130° unter N_2, Neutralisieren, Abdampfen u. Rk. mit Benzylchlorid in alkoh. Lsg.; 42%. b) Durch Erhitzen vorst. Verb. mit 25%ig. H_2SO_4 auf 130—140° unter N_2, nach Abtrennen der gebildeten *Polyacrylsäure* Neutralisieren u. Eindampfen, Ausziehen des *Na-Äthansulfinats* (85%) mit A. u. Rk. mit Benzylchlorid; 48%. — *[Methylmercaptomethyl]-malonsäuredimethylester* (III), $C_7H_{12}O_4S$, $Kp._{17}$ 138—143°, aus 2,3 g Na, 13,2 g Malonsäuredimethylester u. 4,8 g Chlormethylmethylsulfid wie II; 1,7 g. Daneben 2 g *Methylen-bis-methylsulfid* (Kp. 145—152°; *Disulfon*, F. 145°), *Methylenmalonsäuredimethylester*, Kp. 195—205°, u. *Propantetracarbonsäure-(1.1.3.3)-tetramethylester*, $C_{11}H_{16}O_8$, F. 48° (Bzl. + Ligroin). — *Methylsulfonylmethylmalonsäuredimethylester*, $C_7H_{12}O_6S$, durch Oxydation von III wie vorstehend. — *Äthyl-[äthylmercaptomethyl]-malonsäurediäthylester*, $C_{12}H_{22}O_4S$, $Kp._{13}$ 148—151°, aus Äthylmalonsäurediäthylester u. I wie vorst.; 61%. *Freie Säure*, $C_8H_{14}O_4S$, F. 108° (Bzl.), durch Erhitzen des Esters mit KOH auf 125—130°; 63%. — *α-Äthylmercaptomethylbuttersäure*, $C_7H_{14}O_2S$, $Kp._{18}$ 137°, aus vorst. Säure bei 180—200°; 74%. — *Äthyl-[äthylsulfonylmethyl]-malonsäurediäthylester*, $C_{12}H_{22}O_6S$, $Kp._{14}$ 202—204°, F. 28—29° (PAe. + CCl_4), durch Oxydation der entsprechenden vorst. Verb. wie oben; 82%. — *α-Äthylacrylsäure*, $Kp._{16}$ 81—84°, durch alkal. Verseifung vorst. Verb.; ranzig riechendes Öl. Aus der wss. Mutterlauge durch Neutralisation, Eindampfen unter N_2 u. Rk. des Rückstandes mit Äthylbromid in A. *Diäthylsulfon*, $C_4H_{10}O_2S$, F. 70° (Methanol); 49%. —

Benzyl-[methylmercaptomethyl]-malonsäurediäthylester, $C_{16}H_{22}O_4S$, Kp.$_{15}$ 199—202°, F. 53 bis 54°, analog; 71%. *Freie Säure*, $C_{12}H_{14}O_4S$, F. 163—164° unter Aufschäumen; 75%. — *α-Methylmercaptomethylhydrozimtsäure*, $C_{11}H_{14}O_2S$, Kp.$_{13}$ 181—186°, F. 103—104°, durch Decarboxylierung vorst. Verbindung. — *Benzyl-[methylsulfonylmethyl]-malonsäurediäthylester*, $C_{16}H_{22}O_6S$, F. 112—113°, durch Oxydation vorst. Esters mit H_2O_2 (3 Tage); 76%. — *α-Benzylacrylsäure*, $C_{10}H_{10}O_2$, F. 68—69° (wss. Methanol); 82%. — *α.β'-Dibrom-β-phenylisobuttersäure*, $C_{10}H_{10}O_2Br_2$, F. 146° (Chlf.), aus vorst. Verb. durch Bromierung. *Methylbenzylsulfon*, $C_8H_{10}O_2S$, F. 127° (wss. Methanol), aus der wss. Phase bei vorst. Acrylsäuregewinnung u. Benzylchlorid; 61%. — Analog nachst. $RR'C(CO_2C_2H_5)_2$; $R = CH_3SCH_2$, $R' = CH_3$, $C_{10}H_{18}O_4S$, Kp.$_{18}$ 132—136°; 53%. — $R = CH_3SO_2CH_2$, $R' = CH_3$, $C_{10}H_{18}O_6S$, Kp.$_{14}$ 193—196°, F. 80—82° (wss. Methanol); 76%. — $R = CH_3 \cdot SCH_2$, $R' = C_2H_5$, $C_{11}H_{20}O_4S$, Kp.$_{15}$ 143—148°; 44%. — $R = CH_3SO_2CH_2$, $R' = C_2H_5$, $C_{11}H_{20}O_6S$, Kp.$_{13}$ 192—195°, F. 71—72°; 76%. — $R = C_2H_5SCH_2$, $R' = CH_3$, $C_{11}H_{20}O_4S$, Kp.$_{13}$ 142—146°; 64%. — $R = C_2H_5SO_2CH_2$, $R' = CH_3$, $C_{11}H_{20}O_6S$, Kp.$_{14}$ 197—200°, F. 53—54°; 82%. — $R = C_2H_5SCH_2$, $R' =$ *Isopropyl*, $C_{13}H_{24}O_4S$, Kp.$_{12}$ 152—156°; 33%. — $R = C_2H_5SO_2CH_2$, $R' =$ *Isopropyl*, $C_{13}H_{24}O_6S$, Kp.$_{18}$ 198—200°; 53%. — $R = C_2H_5SCH_2$, $R' = C_6H_5$, $C_{16}H_{22}O_4S$, Kp.$_{11}$ 191—193°; 48%. — $C_2H_5SO_2CH_2$, $R' = C_6H_5$, $C_{16}H_{22}O_6S$, F. 94—95° (PAe. + CCl_4); 76%. — $R = C_2H_5SCH_2$, $R' =$ *Benzyl*, $C_{17}H_{24}O_4S$, Kp.$_{13}$ 203 bis 206°; 74%. — $R = C_2H_5SO_2CH_2$, $R' =$ *Benzyl*, $C_{17}H_{24}O_6S$, F. 92—93°; 74%. — $R = C_2H_5SCH(CH_3)$, $R' = C_2H_5$, $C_{13}H_{24}O_4S$, Kp.$_{12}$ 147—150°; 73%. — $C_2H_5SO_2CH \cdot (CH_3)$, $R' = C_2H_5$, $C_{13}H_{24}O_6S$, Kp.$_{12}$ 196—198°; 65%. — $R = C_6H_5CH_2SCH_2$, $R' = C_2H_5$, $C_{17}H_{24}O_4S$, Kp.$_{11}$ 199—203°, F. 47—49°; 55%. — $C_6H_5CH_2SO_2CH_2$, $R' = C_2H_5$, $C_{17}H_{24}O_6S$, F. 104—105°; 60%. — Nachst. $RR'C(CO_2CH_3)_2$; $R = CH_3SCH_2$, $R' = CH_3$, $C_8H_{14}O_4S$, Kp.$_{16}$ 128—133°; 53%. — $R = C_2H_5SCH(CH_3)$, $R' = CH_3$, $C_{10}H_{18}O_4S$, Kp.$_{12}$ 138 bis 143°; 43%. — $R = C_2H_5SO_2CH(CH_3)$, $R' = CH_3$, $C_{10}H_{18}O_6S$, Kp.$_{12}$ 192—195°; 69%. (Chem. Ber. **85.** 409—15. 20/5. 1952. Marburg, Univ., pharm.-chem. Inst.) LEHWALD. 820

C. E. Rehberg und **Marion B. Dixon**, *Diester der Milchsäure. Veresterung von Lactaten mit zweibasischen Säuren.* (Vgl. C. **1951.** II. 2442.) Milchsäureester werden mit Phthalsäure u. anderen zweibas. Säuren zu Verbb. vom Typ $X[-OCH(CH_3)COOR]_2$ (X zweiwertiges Radikal der Säure, R Alkoholradikal), die sich als Weichmacher eignen, verestert. Angegeben sind die Kpp. zwischen 0,1 u. 10 mm in graph. Darst., Brechungsindices, Dichten u. Viscositäten bei 20 u. 40°, sowie eine lineare Beziehung zwischen den Kpp. bei 1 mm der Diester mit u. ohne Milchsäuregruppe. Die mit Allyllactat erhaltenen Diester sind polymerisierbar.

V e r s u c h e : Lactate durch Alkoholyse von Methyllactat; Bis-[allyllactat]-carbonat über α-Carballyloxyäthylchlorformiat aus Allyllactat u. Phosgen; Maleate u. die Phthalate von 2-Äthylbutyl- u. 2-Äthylhexyllactat aus den Säureanhydriden mit 10—50%ig. Überschuß des Lactates in Ggw. von H_2SO_4 bei Tempp. unter 150°, die übrigen Verbb. aus äquivalenten Mengen Säurechlorid u. Lactat in Ggw. von Pyridin. Folgende Diester der Zus. $X[-OCH(CH_3)COOR]_2$ wurden dargestellt: a) $X = C_6H_4(CO^-)_2$; $R = CH_3$, F. 50—55°, D.$^{20}_{4}$ 1,2242, n_D^{20} 1,4949; 78% (Ausbeute). $R = C_2H_5$, F. 55—60°, D.$^{20}_{4}$ 1,1715, n_D^{20} 1,4870; 84%. $R = C_4H_9$, D.$^{20}_{4}$ 1,1094, n_D^{20} 1,4820; 61%. R = *2-Äthylbutyl*, D.$^{20}_{4}$ 1,0878, n_D^{20} 1,4838; 87%. R = *n-Octyl*, D.$^{20}_{4}$ 1,0381, n_D^{20} 1,4772; 82%. R = *2-Äthylhexyl*, D.$^{20}_{4}$ 1,0423, n_D^{20} 1,4790; 86%. R = *Allyl*, D.$^{20}_{4}$ 1,1693, n_D^{20} 1,4998; 80%. R = *2-Äthoxyäthyl*, D.$^{20}_{4}$ 1,1622, n_D^{20} 1,4859; 75%. R = *2-Butoxyäthyl*, D.$^{20}_{4}$ 1,1092, n_D^{20} 1,4802; 60%. R = *2-[2-Butoxyäthoxy]-äthyl*, D.$^{20}_{4}$ 1,1130, n_D^{20} 1,4790; 96%. R = *Tetrahydrofurfuryl*, D.$^{20}_{4}$ 1,2188, n_D^{20} 1,5030; 90%. — b) $X = {}^-OC{-}CH{=}CHCO^-$: $R = C_2H_5$, Kp.$_{0,02}$ 62°, D.$^{20}_{4}$ 1,1244, n_D^{20} 1,4462; 72%. R = *Butyl*, D.$^{20}_{4}$ 1,0852, n_D^{20} 1,4488; 84%. R = *Isobutyl*, Kp.$_{0,02}$ 105°, D.$^{20}_{4}$ 1,0847, n_D^{20} 1,4475; 83%. R = *2-Äthylhexyl*, Kp.$_{0,03}$ 150°, D.$^{20}_{4}$ 1,0134, n_D^{20} 1,4564; 72%. R = *Allyl*, Kp.$_{0,02}$ 112°, D.$^{20}_{4}$ 1,1562, n_D^{20} 1,4652; 46%. — c) $X = {}^-OC(CH_2)_2CO^-$: $R = CH_3$, D.$^{20}_{4}$ 1,1925, n_D^{20} 1,4408; 65%. $R = C_2H_5$, D.$^{20}_{4}$ 1,1344, n_D^{20} 1,4375; 78%. R = *Butyl*, D.$^{20}_{4}$ 1,0714, n_D^{20} 1,4400; 87%. R = *n-Octyl*, D.$^{20}_{4}$ 1,0042, n_D^{20} 1,4460; 98%. R = *Allyl*, D.$^{20}_{4}$ 1,1353, n_D^{20} 1,4554; 92%. — d) $X = {}^-OC(CH_2)_8CO^-$: $R = C_2H_5$, D.$^{20}_{4}$ 1,0549, n_D^{20} 1,4452; 76%. R = *Butyl*, D.$^{20}_{4}$ 1,0200, n_D^{20} 1,4465; 84%. R = *n-Octyl*, D.$^{20}_{4}$ 0,9872, n_D^{20} 1,4506; 81%. R = *Octyl-(2)*, D.$^{20}_{4}$ 0.9740, n_D^{20} 1,4475; 93%. — e) $X = O{=}C<$, R = *Allyl*, D.$^{20}_{4}$ 1,1284, n_D^{20} 1,4468; 83%. — f) X = *Benzolphosphonsäureradikal*, R = *Butyl*, Kp.$_{0,02}$ 130°, D.$^{20}_{4}$ 1,1082, n_D^{20} 1,4786; 25%. (J. Amer. chem. Soc. **74.** 707—09. 5/2. 1952. Philadelphia, Pa., Eastern Reg. Res. Labor.) FROHLOFF. 850

R. C. Thomas jr., **C. H. Wang** und **Bert E. Christensen**, *Die Darstellung von $^{14}C(\alpha)$-Brenztraubensäure und eine Untersuchung der Hydrolyse von Brenztraubensäurenitril.* Bei Durchführung der Hydrolyse des *Brenztraubensäurenitrils* in äther. Lsg. statt wie bisher in wss. Lsg. wurde eine 40%ig. Ausbeute einer 98%ig. *Brenztraubensäure* (**II**) (Ausbeute bezogen auf Na-Acetat) erreicht.

Versuche: Die Hydrolyse von 103 Millimol ^{14}C-carbonylmarkiertem Brenztraubensäurenitril bei 0° mit 7,4 cm³ 12n HCl lieferte 53 Millimol nicht radioakt. HCOOH, 68 Millimol radioakt. *Essigsäure* u. ein radioakt. Gemisch von 10,5 Millimol *Brenztraubensäureamid* (**I**) u. 22,3 Millimol *Brenztraubensäure* (**II**). Hydrolyse in Ae. u. trockenem HCl lieferte **I**, F. 123—124° (korr.) (79% Ausbeute, bezogen auf das Nitril, 62%, bezogen auf Na-Acetat), wobei 63% der Radioaktivität des als Ausgangsprod. dienenden Na-Acetats wiedergewonnen wurden. Nach Überführung von **I** in **II** mit konz. HCl waren nur noch 41% der Aktivität des Na-Acetats erhalten. (J. Amer. chem. Soc. **73**. 5914. Dez. 1951. Cornvallis, Oreg., Oregon State Coll., Dep. of Chem.) FAASS. 870

George B. Butler und **Robert L. Bunch**, *Tetraallyläthylendiamin und Hexaallyläthylendiammoniumdibromid. Tetraallyläthylendiamin*, $C_{14}H_{24}N_2$, Kp.$_3$ 92°, durch 9std. Kochen von Diallylamin mit $NaHCO_3$ u. Äthylenbromid in W.; D.$^{25}_{25}$ 0,8517, n_D^{25} 1,4702; 41% (Ausbeute). — *Hexaallyläthylendiammoniumbromid*, $C_{20}H_{34}N_2Br_2$, F. 142° (A.), aus vorst. Verb. in Acetophenon mit Allylbromid unter 4std. Rühren; 90%. (J. Amer. chem. Soc. **74**. 3453. 5/7. 1952. Gainesville, Fla., Univ., Dep. of Chem.) LIPPOLD. 910

R. C. Schreyer, *Synthese von 3-Aminopropandiol-(1.2) und 2.3-Diaminopropanol-(1)*. Vf. beschreibt die Synth. von *3-Aminopropandiol-(1.2)* u. *2.3-Diaminopropanol-(1)* aus Methoxyacetaldehyd (**II**) u. HCN, ohne daß im weiteren Verlauf halogenhaltige Verbb. als Zwischenprodd. auftreten. **II** wurde als mit W. azeotrop sd. Gemisch durch Luftoxydation von Methoxyäthanol über Ag gewonnen. Das aus **II** dargestellte *3-Methoxy-2-oxypropionitril* (**I**) kann nicht direkt hydriert werden; es tritt dabei Zers. ein, so daß zur Darst. des entsprechenden prim. Amins zunächst die OH-Gruppe in **I** geschützt werden muß.

Versuche: *3-Methoxy-2-oxypropionitril* (**I**), $C_4H_7O_2N$, aus dem azeotrop sd. Gemisch von Methoxyacetaldehyd (**II**) u. W. (13% W.) u. Spuren Pyridin durch 2std. Zugabe von fl. HCN bei 50—60° u. Ansäuern mit H_3PO_4; Kp.$_{3-4}$ 86—90°; n_D^{25} 1,4240; 91% (Ausbeute). — *3-Methoxy-2-äthoxymethoxypropionitril*, $C_7H_{13}O_3N$, aus **I**, Äthylal u. wenig H_2SO_4 durch ½std. Kochen; Kp.$_6$ 86—87°; n_D^{25} 1,4140; 95%. — *3-Methoxy-2-äthoxymethoxypropylamin* (**III**), $C_7H_{17}O_3N$, aus vorst. Verb., NH_4OH u. RANEY-Ni durch 1std. Hydrierung bei 108—125° u. 450—700 at in einem Autoklaven; Kp.$_3$ 68—71°; n_D^{25} 1,4280; 90%. — *3-Methoxy-2-oxypropylamin*, $C_4H_{11}O_2N$, aus vorst. Verb., A. u. HCl durch ¼std. Kochen. Abdest. von A. + Äthylal u. Neutralisation; Kp.$_{2-3}$ 75—77°; n_D^{25} 1,4530; 88%. — *3-Aminopropandiol-(1.2)*, $C_3H_9O_2N$, aus **III**, A. u. HCl durch ¼std. Kochen, Abdest. des A.–Äthylal-Gemisches, 12std. Kochen des Aminhydrochlorids mit 50%ig. HCl u. Neutralisation mit 60%ig. KOH; Kp.$_{1-2}$ 110—115°; n_D^{25} 1,4910; 83%. — *3-Methoxy-2-aminopropionitril*, $C_4H_8ON_2$, aus **I** u. NH_4OH durch 1std. Erhitzen im Autoklaven auf 48—65°; Kp.$_{1-2}$ 75—77°; n_D^{25} 1,4390; 37%. — *3-Methoxypropylendiamin*, $C_4H_{12}ON_2$, aus vorst. Verb., NH_4OH u. RANEY-Ni durch 1½std. Hydrierung bei 100—152° u. 325—700 at; Kp.$_{3-4}$ 46—48°, n_D^{25} 1,4505. — *2.3-Diaminopropanol-(1)*, $C_3H_{10}ON_2$, aus vorst. Verb. u. HCl durch 14std. Erhitzen auf 105—110° u. Neutralisation; Kp.$_{1-2}$ 108 bis 110°; n_D^{25} 1,4935; 50%. (J. Amer. chem. Soc. **73**. 4404—05. Sept. 1951. Wilmington, Del., E. I. du Pont de Nemours & Co., Inc., Polychem. Dep., Exp. Stat.) KEMPF. 920

Robert W. Holley und **Ann. D. Holley**, *Lactambildung aus Aminosäureamiden: Anwendungen in der Peptidchemie.* Aminosäureamide der Typen **I** u. **III** lassen sich leicht nach folgenden Gleichungen in Lactame überführen:

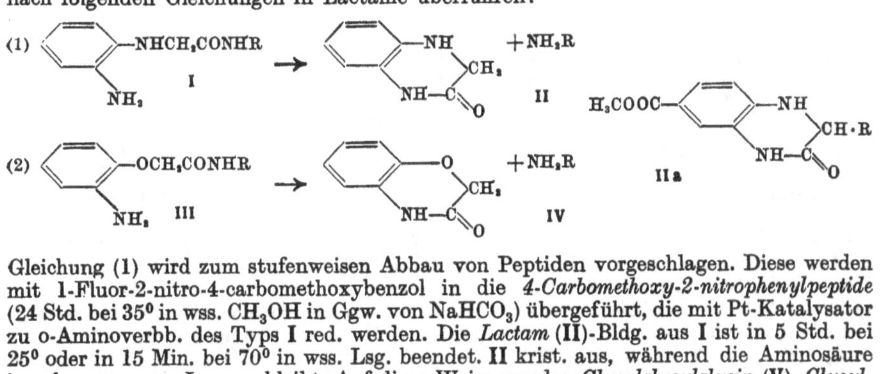

Gleichung (1) wird zum stufenweisen Abbau von Peptiden vorgeschlagen. Diese werden mit 1-Fluor-2-nitro-4-carbomethoxybenzol in die *4-Carbomethoxy-2-nitrophenylpeptide* (24 Std. bei 35° in wss. CH_3OH in Ggw. von $NaHCO_3$) übergeführt, die mit Pt-Katalysator zu o-Aminoverbb. des Typs **I** red. werden. Die *Lactam* (**II**)-Bldg. aus **I** ist in 5 Std. bei 25° oder in 15 Min. bei 70° in wss. Lsg. beendet. **II** krist. aus, während die Aminosäure in salzsaurer wss. Lsg. verbleibt. Auf diese Weise wurden *Glycylglycylglycin* (**V**), *Glycyl-L-alanyl-L-leucin* (**VI**) u. *L-Phenylalanyl-L-leucin* (**VII**) abgebaut. Folgende **IIa** (*7-Carbomethoxy-3.4-dihydro-2[1H]-chinoxalone*) wurden dargestellt: aus *Glykokoll* (R = H),

$C_{10}H_{10}O_3N_2$, F. 292—294°; — aus *L-Alanin* (R = CH_3), $C_{11}H_{12}O_3N_2$, F. 216,5—218°, $[\alpha]_D^{24}$ +17° (c = 1,1 in CH_3OH); — aus *L-Leucin* (R = $[CH_3]_2CHCH_2$), $C_{14}H_{18}O_3N_2$, F. 212—215°, $[\alpha]_D^{26}$ +20° (c = 1,1 in CH_3OH); — aus *L-Phenylalanin* (R = $C_6H_5CH_2$), $C_{17}H_{16}O_3N_2$, F. 197—201° (Umwandlung bei 190—192°), $[\alpha]_D^{22}$ —99° (c = 0,5 in CH_3OH). Sie waren mit den beim Abbau obiger Peptide erhaltenen **IIa** identisch. — Unter Verwendung von Gleichung (2) kann die o-Nitrophenoxyacetylgruppe aus N-o-Nitrophenoxyacetylpeptiden durch katalyt. Red. der NO_2-Gruppe u. anschließende Bldg. des *Lactams* **IV**, die in wss. Lsg. bei 100° in 30—120 Min. beendet ist, entfernt werden. Ähnlich kann die Chloracetylgruppe in N-Chloracetylpeptiden durch Rk. mit o-Phenylendiamin (in wss. Lsg. bei 100° in 30—120 Min.), die nach Gleichung (1) verläuft, entfernt werden. Die Ausbeuten an Peptiden, die aus ihren o-Nitrophenoxyacetyl- bzw. Chloracetylderivv. dargestellt wurden, betrugen bei: *Glycylglycin* (**VIII**) 73 bzw. 76%; **V**: 76 bzw. 68%; **VI**: 65 bzw. 59%; **VII**: 70 bzw. 31%. — **VII** wurde unter Verwendung der o-Nitrophenoxyacetylgruppe als schützender Gruppe u. dem Azidverf. von CURTIUS aus L-Phenylalaninäthylester mit 31% Ausbeute erhalten. Mit der Chloracetylgruppe als schützender Gruppe wurde **V** aus **VIII** nach der Meth. von BOISONNAS (C. **1952**. 836) mit 18% Ausbeute erhalten. (J. Amer. chem. Soc. **74**. 1110—11. 20/2. 1952. Geneva, N. Y., Agricult. Exp. Stat.)

K. F. MÜLLER. 950

A. N. Pudowik, *Eine neue Methode der Synthese von Phosphoncarbonsäureestern und Derivaten.* In Fortsetzung früherer Arbeiten (Доклады Академии Наук СССР [Ber. Akad. Wiss. UdSSR] [N. S.] **73**. [1950.] 327, 499) wurden nach der gleichen Methodik aus Dialkylphosphiten u. Amiden, Estern u. Nitrilen von ungesätt. Monocarbonsäuren die entsprechenden *Derivv.* von *Phosphoncarbonsäuren* hergestellt. Auch die Anlagerung von Dialkylphosphiten an ungesätt. Dicarbonsäuren, z. B. Malein- u. Fumarsäure, u. ihre Ester sowie an Acetylendicarbonsäureester wurde durchgeführt. Weiter wurden aus Phenylphosphonigsäuremonoalkylestern u. Methacrylsäuremethylester (I) *Alkylester* von *[β-Carbomethoxypropyl]-phenylphosphinsäure* gewonnen. Analog verhielten sich bei dieser Rk. Acrylsäureester u. Zimtsäureester.

Versuche: Aus Phosphenylchlorid u. den entsprechenden Alkoholen wurden folgende bisher nicht bekannte *Phenylphosphonigsäuremonoalkylester* $C_6H_5P(OR)OH$ in 60—90%ig. Ausbeute erhalten. R = CH_3, Kp.$_1$ 91—93°; D.$^{20}_4$ 1,1770; n_D^{20} 1,5330. R = C_2H_5 (**II**), Kp.$_{1,5}$ 94—95°; D.$^{20}_4$ 1,1291; n_D^{20} 1,5231. R = *iso*-C_3H_7, Kp.$_1$ 106—107°; D.$^{20}_4$ 1.0922; n_D^{20} 1,5111. R = *iso*-C_4H_9, Kp.$_1$ 112—113°; D.$^{20}_4$ 1,0675; n_D^{20} 1,5081. R = *n*-C_6H_{13}, Kp.$_1$ 139°; D.$^{20}_4$ 1,0388; n_D^{20} 1,5030. R = *n*-C_7H_{15}, Kp.$_1$ 150°; D.$^{20}_4$ 1,0187; n_D^{20} 1,4996. R = *n*-C_8H_{17}, Kp.$_1$ 155°; D.$^{20}_4$ 1,0079; n_D^{20} 1,4982. R = *n*-C_9H_{19}, Kp.$_1$ 158 bis 160°; D.$^{20}_4$ 0,9843; n_D^{20} 1,4900. — *Derivv.* von *α-Dialkylphosphonisobuttersäuren* $(CH_3)_2C[P(:O)(OR)_2]\cdot CO_2H$. *Amide*: R = C_2H_5, Kp.$_{13}$ 146—147°; aus Diäthylphosphit u. Methacrylsäureamid; D.$^{20}_0$ 1,0624; n_D^{20} 1,4361; 20—30% (Ausbeute). R = *n*-C_3H_7, Kp.$_2$ 135°; D.$^{20}_0$ 1,0437; n_D^{20} 1,4438. R = *n*-C_4H_9, Kp.$_{12}$ 164—165°; D. $^{20}_0$ 0,9941; n_D^{20} 1,4421. *Methylester*: R = *n*-C_6H_{13}, Kp.$_4$ 188—189°; aus Di-n-hexylphosphit u. **I**; D.$^{20}_4$ 0,9900; n_D^{20} 1,4442. R = *n*-C_7H_{15}, Kp.$_1$ 183—185°; D.$^{20}_4$ 0,9653; n_D^{20} 1,4480. R = *n*-C_8H_{17}, Kp.$_1$ 193—194°; D.$^{20}_4$ 0,9641; n_D^{20} 1,4489. — *[β-Carbomethoxypropyl]-phenylphosphinsäureester: Äthylester*, Kp.$_{1,5}$ 141—143°; aus **I** u. **II**; D.$^{20}_4$ 1,1390; n_D^{20} 1,5064. *Isobutylester*, Kp.$_1$ 155—156°; D.$^{20}_4$ 1,0962; n_D^{20} 1,4965. — *[β-Carbomethoxyäthyl]-phenylphosphinsäureäthylester*, Kp.$_2$ 159—160°; aus **II** u. Acrylsäuremethylester; D.$^{20}_4$ 1,1619; n_D^{20} 1,5081. — *[α-Phenyl-β-carbomethoxyäthyl]-phenylphosphinsäureäthylester*, Kp.$_1$ 182°; aus **II** u. Zimtsäureäthylester [so im Original; -methylester; der Referent]; n_D^{20} 1,5416.— *Dialkylphosphonbernsteinsäuren*, $HO_2CCH_2CH[P(:O)(OR)_2]\cdot CO_2H$. R = CH_3, Kp.$_3$ 141°; aus Dimethylphosphit (**III**) u. Maleinsäure; D. $^{20}_4$1,2695; n_D^{20} 1,4428; 60—70%. *Dimethylester*, Kp.$_2$ 142°; aus **III** u. Malein- oder Fumarsäuredimethylester; D.$^{20}_4$ 1,2076; n_D^{20} 1,4435; 80—95%. R = C_2H_5, Kp.$_1$ 137—138°; D.$^{20}_4$ 1,1782; n_D^{20} 1,4408. *Dimethylester*, Kp.$_{13}$ 184°; $n_D$$^{20}_4$ 1,1803; n_D^{20} 1,4412. *Diäthylester*, Kp.$_2$ 161—162°; D.$^{20}_4$ 1,1333; n_D^{20} 1,4410. R = *n*-C_4H_9; *Dimethylester*, Kp.$_1$ 161—162°; D.$^{20}_4$ 1,0666; n_D^{20} 1,4425. — *Bis-[diäthylphosphon]-bernsteinsäurediäthylester*, Kp.$_5$ 213—214°; aus Diäthylphosphit u. Acetylendicarbonsäurediäthylester; D.$^{20}_4$ 1,3753; n_D^{20} 1,4700. — *[α-Dialkylphosphonäthyl]-malonsäurediäthylester*, $CH_3CH[P(:O)(OR)_2]\cdot CH(CO_2C_2H_5)_2$. R = CH_3, Kp.$_{13}$ 181°; aus **III** u. Äthylidenmalonsäurediäthylester; D.$^{20}_4$ 1,1748; n_D^{20} 1,4462; 70—80%. R = C_2H_5, Kp.$_{11}$ 180°; D.$^{20}_4$ 1,1172; n_D^{20} 1,4427. R = *n*-C_4H_9, Kp.$_{11}$ 203—204°; D.$^{20}_4$ 1,0560; n_D^{20} 1,4457. — *Phenyldialkylphosphonmethylmalonsäurediäthylester* $C_6H_5CH[P(:O)(OR)_2]\cdot CH(CO_2C_2H_5)_2$. R = CH_3, Kp.$_3$ 200—202°; aus **III** u. Benzalmalonsäurediäthylester; D.$^{20}_4$ 1,2063; n_D^{20} 1,4975; 70—80%. R = C_2H_5, Kp.$_{11}$ 212—214°; D.$^{20}_4$ 1,1364; n_D^{20} 1,4911. R = *iso*-C_4H_9, Kp.$_{14}$ 219°; D.$^{20}_4$ 1,0475; n_D^{20} 1,4812. R = *n*-C_4H_9, Kp.$_{11}$ 218—220°; n_D^{20} 1,4820. — *α-[α'-Dialkylphosphonäthyl]-acetessigsäureäthylester* $CH_3COCH[CHP(:O)\cdot(OR)_2\cdot CH_3]\cdot CO_2C_2H_5$. R = CH_3, Kp.$_{14}$ 164—167°; aus **III** u. α-Äthylidenacetessigsäureäthylester; $D.^{20}{}_4$ 1,1943; $n_D{}^{20}$ 1,4703; 65—70%. R = C_2H_5, $Kp._{12}$ 164—166°; $D.^{20}{}_4$ 1,1473; $n_D{}^{20}$ 1,4672. — *α-[Phenyldialkylphosphonmethyl]-acetessigsäureäthylester* $CH_3COCH \cdot [CHP(:O)(OR)_2 \cdot C_6H_5] \cdot CO_2C_2H_5$. R = CH_3, $Kp._6$ 193—195°; aus III u. α-Benzalacetessigsäureäthylester; $D.^{20}{}_4$ 1,2096; $n_D{}^{20}$ 1,5295; 65—70%. R = C_2H_5, $Kp._7$ 204—206°; $D.^{20}{}_4$ 1,1836; $n_D{}^{20}$ 1,5195. R = *iso*-C_4H_9, $Kp._6$ 204—205°; $D.^{20}{}_4$ 1,1104; $n_D{}^{20}$ 1,4970. R = *n*-C_4H_9, $Kp._{15}$ 195—197°; $D.^{20}{}_4$ 1,0441; $n_D{}^{20}$ 1,4808. — *β-[Dialkylphosphon]-propionitrile* $(RO)_2P \cdot (:O)CH_2CH_2CN$. R = *iso*-$C_5H_{11}$, $Kp._3$ 168—170°; aus Diisoamylphosphit u. Acrylonitril; $D.^{20}{}_4$ 1,0190; $n_D{}^{20}$ 1,4467; 60—65%. R = *n*-C_6H_{13}, $Kp._1$ 198—200°; $D.^{20}{}_4$ 0,9963; $n_D{}^{20}$ 1,4462. R = *n*-C_8H_{17}, $Kp._2$ 218—220°; $D.^{20}{}_4$ 0,9676; $n_D{}^{20}$ 1,4495. — *β-Cyanpropanphosphonsäureester* $(RO)_2P(:O)CH_2CH(CH_3)CN$. R = CH_3, $Kp._{11}$ 141—142°; aus III u. Methacrylsäurenitril; $D.^{20}{}_4$ 1,4351; $n_D{}^{20}$ 1,1562; 60—75%. R = C_2H_5, $Kp._{11}$ 146—147°; $D.^{20}{}_4$ 1,0943; $n_D{}^{20}$ 1,4364. R = *n*-C_4H_9, $Kp._{12}$ 180—182°; $D.^{20}{}_4$ 1,0103; $n_D{}^{20}$ 1,4401. — Aus Dialkylphosphit u. den Nitrilen von Vinylessigsäure u. Crotonsäure wurden in 65—80% ig. Ausbeute infolge Isomerisierung des Vinylacetonitrils ident. Verbb. erhalten: *β-Methyl-β-dimethylphosphonpropionitril*, $Kp._{10}$ 143—144°; $D.^{20}{}_5$ 1,1596; $n_D{}^{20}$ 1,4431. *β-Methyl-β-diäthylphosphonpropionitril*, $Kp._{12}$ 149—150°; $D.^{20}{}_4$ 1,0824; $n_D{}^{20}$ 1,4370. *β-Methyl-β-di-n-butylphosphonpropionitril*, $Kp._{12}$ 176—178°; $D.^{20}{}_4$ 1,0186; $n_D{}^{20}$ 1,4445. — *2-Cyandihydrofuranphosphonsäure-(3)-diäthylester*, $Kp._6$ 130—133°; aus Diäthylphosphit u. Brenzschleimsäurenitril; $D.^{20}{}_4$ 1,1919; $n_D{}^{20}$ 1,4873; zerfällt beim Erhitzen in die Ausgangsverbindungen. (Доклады Академии Наук СССР [Ber. Akad. Wiss. UdSSR] [N. S.] **85.** 349—52. 11/7. 1952. Chem. Arbusow-Inst. der Kasaner Zweigstelle der Akad. der Wiss. der UdSSR.) WÖRFFEL. 980

R. N. Haszeldine, *Perfluoralkyl-Grignard-Verbindungen.* 1. Mitt. *Darstellung und einige Umsetzungen von Heptafluor-n-propylmagnesiumjodid.* Der Verlauf der Bldg. u. Umsetzung von Perfluoralkyl-GRIGNARD-Verb. wird durch die Reinheit des verwendeten Mg, seine Aktivierung, Art des Lösungsm., Konz. der Perjodfluorverb., Temp. u. Bedingungen der Umsetzung mit einer zweiten Komponente wesentlich beeinflußt. Die Perfluor-GRIGNARD-Verbb. sind viel empfindlicher gegen Spuren von Verunreinigungen in dem Mg als die entsprechenden nichtfluorierten Verbindungen. Zu ihrer Darst. ist daher die Verwendung von spektroskop. reinem oder wenigstens Co-, Fe-, Ni- u. Mn-freiem Mg erforderlich. Auch das Lösungsm. spielt eine außerordentlich große Rolle. So sind für die Umsetzung von *Heptafluorjodpropan* (**I**) mit Mg zu *Heptafluorpropylmagnesiumjodid* (**II**) Perfluormethylcyclohexan, Diperfluor-n-butyläther oder Bzl. als Lösungsm. ungeeignet; in ihnen findet bei niederen Tempp. keine Rk. statt u. bei höheren Tempp. entstehen hauptsächlich MgJ_2, MgF_2, *Heptafluorpropan* (**III**), *Hexafluorpropylen* (**IV**) u. polymere Substanzen. Zweckmäßiger sind Ae. u. *n-Butyläther* (**V**); am besten eignen sich Tetrahydropyran u. tert. Amine, mit denen man höhere Ausbeuten u. beständigere GRIGNARD-Verbb. erzielt. In verd. Lsgg. sind die Perfluor-GRIGNARD-Verbb. stabiler als in konzentrierten. Hohe Konzz. der Jodverb. geben Anlaß zu Neben-Rkk. unter Beteiligung des Lösungsm.; z. B. bilden sich aus I u. Mg in Ae. *Heptafluorpentanol-(2)* (**VI**), Äthylen u. Acetaldehyd. Bes. bemerkenswert ist die Wärmeempfindlichkeit der Perfluor-GRIGNARD-Verbb., die tiefe Reaktionstempp. zwischen —50 u. 0° erforderlich macht. Oberhalb 20° zers. sich **II** schnell unter Bldg. von **III**. Deshalb ist es häufig zweckmäßig, daß die mit der GRIGNARD-Verb. umzusetzende Reaktionskomponente bereits bei der Bldg. der GRIGNARD-Verb. zugegen ist. Aus **II** u. CO_2 erhält man auf diese Weise schon bei —80° *Heptafluorbuttersäure* mit 75—80% ig. Ausbeute. — Die Entstehung der bei der Darst. von **II** infolge Zers. auftretenden Nebenprodd. **III**, **IV**, Spuren Perfluor-n-hexan, **IV**-Polymerisat, MgJ_2 u. MgF_2 wird diskutiert. Die Abgabe von Fluor in Form von Fluorid wird durch die Bldg. eines Heptafluorpropylanions gemäß $CF_3—CF_2—CF_2—MgJ \rightarrow CF_3—CF_2—CF_2{}^- + MgJ$ u. dessen Rk. gemäß $CF_3—CF(F)—CF_2{}^- \rightarrow CF_3—CF{=}CF_2 + F^-$ erklärt. Ein solcher Reaktionsmechanismus dürfte auch die Erklärung für die von GILMAN u. JONES (J. Amer. chem. Soc. **65.** [1943.] 2037) u. von HENNE (J. Amer. chem. Soc. **60.** [1938.] 2275) beobachtete Umsetzung von 1.1.1-Trifluor- u. 1.1-Difluor-2-jodäthan mit Mg in Ae. zu 1.1-Difluoräthylen bzw. Vinylfluorid u. äquimol. Mengen MgJ_2 u. MgF_2 bieten. — **II** setzt sich mit Formaldehyd, Acetaldehyd u. Aceton in üblicher Weise zu *Heptafluorbutanol* bzw. **VI** bzw. *Heptafluor-2-methylpentanol-(2)* um.

V e r s u c h e : *Heptafluorjodpropan* (**I**), Kp. 39,5°, $n_D{}^{17}$ 1,329; dargestellt nach den in C. **1950.** II. 635 u. **1951.** II. 2862 beschriebenen Methoden. Die Versuchsergebnisse der Umsetzungen von **I** mit Mg unter verschied. Bedingungen sind in Tabellen zusammengestellt. — Ein Gemisch aus 10 g unter O_2-freiem **V** geschnittenen spektroskop. reinen Mg-Spänen + 600 cm^3 **V** + 2 Kristallen J_2 wird unter Rühren auf —10° abgekühlt u. im CO_2-Strom mit 5 cm^3 einer Lsg. von 30,0 g **I** in 100 cm^3 **V** versetzt. Wenn die Lsg. nach

20 Min. hellbraun geworden ist, wird weiter auf −30° abgekühlt u. die restliche I-Lsg. im Laufe von 2 Std. zusammen mit Trockeneisstücken zugegeben. Die Trockeneiszugabe wird dann noch 8 Std. fortgesetzt. Während weiterem 20std. Rühren läßt man das Gemisch auf Zimmertemp. anwärmen. Aus den flüchtigen Prodd. erhält man 7% *1.1.1.2.2.3.3-Heptafluorpropan* (III), Kp. −14°, u. 2% *Hexafluorpropylen* (IV), Kp. −28,5°. Die Aufarbeitung der Ätherlsg. liefert 77% *Heptafluorbuttersäure* (Kp. 120,5—121°, n_D^{10} 1,297) sowie 0,5% *Perfluor-n-hexan* (Kp. 56°) u. 5% I. — *Heptafluorbutanol*, $C_4H_3OF_7$, Kp. 96,5°, n_D^{10} 1,299; durch Einleiten von 2,0 g CH_2O in eine II-Lsg. [aus 10,0 g I u. 3,2 g Mg in 150 cm³ V bei −25° in 8 Std.] im Laufe von 3 Std., weiteres 8std. Rühren, Anwärmen über Nacht auf Zimmertemp., Erhitzen auf 60°, Eingießen in überschüssige Säuren, Trocknen der V-Schicht über P_2O_5, Dest., 3std. Erwärmen des Rohprod. mit P_2O_5 auf 80° u. Dest.; 42%. Daneben entstehen 17% III u. 4% IV neben 24% unumgesetztem I. — *3.3.4.4.5.5.5-Heptafluorpentanol-(2)* (VI), $C_5H_5OF_7$, Kp. 101°, n_D^{20} 1,315; in ähnlicher Weise aus Acetaldehyd, 32%, neben 21% III, 2% IV u. 8% nicht umgesetztem I. — *3.3.4.4.5.5.5-Heptafluor-2-methylpentanol-(2)*, $C_6H_7OF_7$, Kp. 106,5°, n_D^{25} 1,324; analog durch Eintropfen von Aceton in II-Lsg., 32%, neben 20% III u. 21% unverändertem I. — Wenn bei der Darst. der drei vorst. Alkohole die Carbonylverb. bereits während der Herst. von II in Abständen zugegeben wird, erhöhen sich die Ausbeuten auf 49 bzw. 44 bzw. 37%. (J. chem. Soc. [London] **1952.** 3423—28. Sept. Cambridge, Univ., Chem. Labor.) Forche. 980

Robert D. Abell, *Die Oxydation von Toluol mit Natriumdichromat.* Vf. untersucht die bei der Oxydation von Toluol (I) mit Na-Dichromat u. H_2SO_4 neben *Benzoesäure* entstehenden Prodd. u. kommt zu dem Ergebnis, daß bei Anwendung relativ geringer Anteile des oxydierenden Mittels (d. h. I im Überschuß) bis zu 40% neutrale Verbb., vornehmlich *Phenyl-o-, -m-* u. *-p-tolylketon, Phenyl-o-, -m-* u. *-p-tolylmethan, Benzylalkohol, Benzaldehyd,* sowie wenig *Dibenzyl, Diphenylmethan* u. *Anthrachinon,* gewonnen werden können. (J. chem. Soc. [London] **1951.** 1379—81. Juni. Shipley, Yorkshire, Beck House.) Margarete Velder. 1010

James H. Looker, *Veresterung gewisser Nitrophenole mit Methansulfonylchlorid.* Es wird die Veresterung von p-Nitrophenol (III) u. von einigen 2.6-disubstituierten 4-Nitrophenolen mit Methansulfonylchlorid (I) in Pyridin (II) beschrieben. 2.4-Dinitrophenol (IV) liefert nur bei sehr kurzer Reaktionszeit das gewünschte *2.4-Dinitrophenylmethansulfonat,* das mit trockenem II weiterreagiert; das erhaltene Prod. ist wahrscheinlich *2.4-Dinitrophenylpyridiniummethansulfonat* oder, weniger wahrscheinlich, *Methansulfonylpyridinium-2.4-dinitrophenolat.* Pikrinsäure (V) ließ sich mit I in II nicht verestern, sondern lieferte *Pikrylpyridiniumpikrat.*

Versuche: *2.6-Dijod-4-nitrophenol,* F. 155° (Zers.; CH_3COOH), aus III in wss. NH_4OH durch portionsweise Zugabe von J_2–KJ-Lsg. bei 50°, 20 Min. bei 50° u. Stehen über Nacht; 60% (Ausbeute). — *p-Nitrophenylmethansulfonat,* $C_7H_7O_5NS$, F. 92—93° (CH_3OH), aus III in II mit I in II bei 5°, 4std. Stehen unter Kühlung u. Eingießen in W.; 89%. — Analog nachst. *4-Nitrophenylmethansulfonate: 2.6-Dimethyl-,* $C_9H_{11}O_5NS$, F. 129,5 bis 130° (CH_3OH); 95%. — *2.6-Dibrom-,* $C_7H_5O_5NBr_2S$, F. 136,5—137,5° (CH_3OH); 93%. — *2.6-Dijod-,* $C_7H_5O_5NJ_2S$, F. 177—178,5° (Äthylacetat); 96%. — *2.6-Dichlor-,* $C_7H_5O_5NCl_2S$, F. 90—91° (CH_3OH); 34%. — *2.6-Dibromphenylmethansulfonat,* $C_7H_6O_3Br_2S$, F. 92—93° (CH_3OH); 92%. — *2.4-Dinitrophenylmethansulfonat,* $C_7H_6O_7N_2S$, F. 83—84° (CH_3OH), aus IV u. I in II während 3 Min. bei 5°; 54%; bei längerer Reaktionszeit nimmt die Ausbeute ab. — *2.4-Dinitrophenylpyridiniummethansulfonat* (?), $C_{12}H_{11}O_7N_3S$, F. 165 bis 166,5°, durch 48std. Stehen vorst. Verb. in trockenem II bei 5°. — *Pikrylpyridiniumpikrat,* $C_{17}H_9O_{13}N_7$, F. 221° (Zers.), aus V u. I in II während 1 Min. bei 5° u. Eingießen in H_2O. (J. org. Chemistry **17.** 510—14. März 1952. Lincoln, Nebr., Univ., Avery Labor.) Spaeth. 1060

I. L. Chmelnitzkaja und **F. M. Kogan,** *Bildung und Hydrolyse von Salzen der p-Toluolthiosulfonsäure.* Na-Polysulfide reagieren mit Salzen der p-Toluolsulfinsäure (I) in umkehrbarer Rk. nach $Na_2S_n + (n-1)\ CH_3C_6H_4SO_2Na \rightleftharpoons Na_2S + (n-1)\ CH_3C_6H_4 \cdot SO_2SNa$ unter Bldg. von Salzen der p-Toluolthiosulfonsäure (II). II entsteht auch aus I durch Einw. von S. Diese Rk. kann durch Na_2S oder Na-Polysulfide sehr beschleunigt werden. Die Rk. von II in Ggw. von Sulfiten verläuft nach $CH_3C_6H_4SO_2SNa + Na_2SO_3 \rightarrow CH_3C_6H_4SO_2Na + Na_2S_2O_3$. 1 S-Atom in II hat also den Charakter eines Polysulfid-S.

Versuche: *Na-Salz* der *p-Toluolthiosulfonsäure* (II), $CH_3C_6H_4SO_2SNa \cdot 2H_2O$; 50 cm³ einer Polysulfid-Lsg. (12,5 g krist. Na_2S, 4 g S) wurden mit einer aus 5 g I erhaltenen Lsg. des Na-Salzes 5 Min. erhitzt; die Lsg. wurde auf 30 cm³ eingedampft; 70% (Ausbeute, bezogen auf I). In Abwesenheit von Na_2S mußte 5 Std. gekocht werden, um die gleiche Ausbeute zu erzielen. — *Na-Salz* der *p-Toluolsulfinsäure* (I), $CH_3C_6H_4SO_2Na \cdot 2H_2O$. Eine Lsg. von 4,5 g des Na-Salzes von II in 50 cm³ W. wurde mit 9 g krist. Na_2SO_3

3 Min. gekocht u. die Lsg. bei 10 mm auf 30 cm^3 eingedampft; aus W. Kristalle. Hieraus durch Einw. von Benzylchlorid in A. *p-Tolylbenzylsulfon*, F. 145,5°. Das Filtrat des Na-Salzes von I enthielt $Na_2S_2O_3$, das acidimetr. gemäß der Gleichung $3HgCl_2 + 2Na_2S_2O_3 + 2H_2O = 2HgS \cdot HgCl_2 + 2Na_2SO_4 + 4HCl$ titriert wurde. Für die Ausbeute an $Na_2S_2O_3$ werden Werte zwischen 25 u. 92% (je nach den Versuchsbedingungen?; der Referent) angegeben. (Журнал Прикладной Химии [J. angew. Chem.] **25.** 1004—08. Sept. 1952. Staatl. Inst. für angew. Chem.) Wörffel. 1090

H. Burton und **S. B. David**, *Additionsreaktionen von Chinonen.* 1. Mitt. *Die Reaktion von Cystein und Thioharnstoff und seinen Derivaten mit einigen Chinonen.* Aus 2 Mol 2-Methylnaphthochinon-(1.4) (I) u. 1 Mol Cystein entsteht in schwach saurem Medium *S-[3-Methylnaphthochinon-(1.4)-yl-(2)]-cystein*, das bei der reduktiven Acetylierung ein noch nicht identifiziertes, nichtsaures Prod. liefert, das möglicherweise ein durch Ringschluß (Wasserabspaltung zwischen der NH_2-Gruppe der Seitenkette u. dem benachbarten Chinon-O unter gleichzeitigem Verlust von CO_2) entstandenes hydriertes Thiazinderiv. enthält. — Mit Thioharnstoff liefern I, Benzochinon, Toluchinon-(2.5), Naphthochinon-(1.4) u. -(1.2) die Hydrochloride der 1:1-Additionsverbb.; das so erhaltene *S-2.5-Dioxyphenylthiuroniumchlorid* (**IV**) läßt sich über das Acetat zu *2'-Oxy-4.5-benzothioxolon-(5)* (**III**) hydrolysieren, aus dem bei weiterer Hydrolyse *Mercaptohydrochinon* entsteht.

III

Versuche: *S-[3-Methylnaphthochinon-(1.4)-yl-(2)]-cystein*, $C_{14}H_{13}O_4NS$, durch 60std. Stehen von I in CH_3OH mit II·HCl u. Na-Acetat·$3H_2O$ in W. bei 35° als grünschwarzes Prod., das bei 280° noch nicht geschmolzen ist; lösl. in kalter wss. Sodalsg. mit grüner Farbe, beim Erhitzen Purpurfärbung; die Lsg. in kalter wss. NaOH ist purpurfarben, in sd. Essigsäure rot. Durch 8std. Kochen mit Zn-Staub in Essigsäure u. Acetanhydrid, Filtration in der Wärme u. Aufgießen auf Eis entstehen fast farblose Nadeln, F. ~125° nach Erweichen ab 100°. — Durch Schütteln von Thioharnstoff mit dem Chinon in A. u. 2n HCl bis zur Lsg., mindestens 3tägiges Stehen bei 0° u. Umfällen aus W. mit konz. HCl wurden nachst. *Thiuroniumchloride* dargestellt: *S-[2.5-Dioxyphenyl]-* (**IV**), $C_7H_9O_2N_2ClS$, Zers. bei 160°. — *S-[2.5-Dioxy-4-methylphenyl]-*, $C_8H_{11}O_2N_2ClS$, Zers. bei 185—195°. — *S-[1.4-Dioxynaphthyl-(2)]-, Hydrat*, $C_{11}H_{11}O_2N_2ClS \cdot H_2O$, Zers. bei 170 bis 180°. — *S-[3.4-Dioxynaphthyl-(1)]-*, $C_{11}H_{11}O_2N_2ClS$, Zers. bei 215—218°. — *S-[1.4-Dioxy-3-methylnaphthyl-(2)]-*, $C_{12}H_{13}O_2N_2ClS$, Schwärzung bei 250°. — *2'-Oxy-4.5-benzothioxolon-(2)* (**III**), $C_7H_4O_3S$, F. 170—171°, durch 2std. Kochen von 2,2 g **IV** mit Na-Acetat in W. u. Essigsäure u. Verdünnen mit W.; aus A. 1,3 g Nadeln. Andere Bedingungen der Hydrolyse von **IV** (sd. HCl, n-NaOH) führten zu unreinen oder verharzten Produkten. **III** wird durch Kochen mit konz. HCl oder Behandlung mit Zn-Staub in sd. A.–H_2SO_4 während 5 Std. nicht verändert. — *2'-Acetoxy-4.5-benzothioxolon-(2)*, $C_9H_6O_4S$, F. 88°, aus III mit Acetanhydrid in Ggw. von $HClO_4$; aus Bzl. oder A. Nadeln; 72% (Ausbeute). — *Mercaptohydrochinon*, $C_6H_6O_2S$, F. 118°, durch 1std. Kochen von 2,5 g **III** in O_2-freier NaOH unter N_2, Ansäuern mit $2n H_2SO_4$, Sättigen mit Na_2SO_4 u. Ae.-Extraktion; aus Chlf.–Äthylacetat (10:1) flache Prismen; 2,2 g. — *Bis-[2.5-dioxyphenyl]-disulfid*, F. 179—180°, durch Oxydation vorst. Verb. in Ae.–Chlf. mit J_2. — *S-[2.5-Dioxyphenyl]-N-[naphthyl-(1)]-thiuroniumchloridmonohydrat*, $C_{17}H_{15}O_2N_2ClS \cdot H_2O$, F. 140°, durch 1—2tägiges Rühren von Benzochinon mit N-Naphthyl-(1)-thioharnstoff in 50%ig. A. + konz. HCl (4:1). — *S-[2.5-Dioxyphenyl]-N-[naphthyl-(2)]-thiuroniumchlorid*, $C_{17}H_{15}O_2N_2ClS$, F. 200° (Zers.), wie vorst. mit N-Naphthyl-(2)-thioharnstoff. — Mit N-Phenylharnstoff wurden keine eindeutigen Ergebnisse erzielt. (J. chem. Soc. [London] **1952.** 2193—96. Juni. London, Univ., King's Coll. of Household and Social Sci.) Spaeth. 1190

H. Burton und **P. F. G. Pra ll**, *Additionsreaktionen von Chinonen.* 2. Mitt. *Die sogenannte unkatalysierte Addition von Acetylchlorid an Benzochinon und Toluchinon-(2.5).* (1. vgl. vorst. Ref.) Unter wasserfreien Bedingungen reagiert Acetylchlorid nur sehr langsam mit p-Benzochinon (I), durch Einleiten von HCl während kurzer Zeit oder durch Zugabe eines Tropfens W. wird die Rk. stark beschleunigt u. ist nach ca. 30 Min. beendet. Zunächst scheidet sich ein dunkles Prod. ab, zweifellos ein *Chinhydron*, das sich wieder auflöst, Endprodd. sind *Hydrochinondiacetat* (F. 120—121°), *Chlorhydrochinondiacetat* ($C_{10}H_9O_4Cl$, F. 70—71°, Hauptprod.) u. *2.5-Dichlorhydrochinondiacetat* ($C_{10}H_8O_4Cl_2$, F. 140°), die schwer voneinander zu trennen sind. Toluchinon-(2.5) (II) reagiert mit $CH_3 \cdot COCl$ unter wasserfreien Bedingungen überhaupt nicht, nach Zugabe von etwas W. entsteht *2.5-Diacetoxy-4-chlortoluol* (F. 112—113°) neben nichtkristallisierendem Material; Naphthochinon-(1.4) gibt ein schwarzes polymeres Produkt. Die Rk. der Chinone mit CH_3COCl wird auch durch Zugabe von etwas $ZnCl_2$ beschleunigt. Vff. nehmen an, daß sich aus I u. HCl zunächst *Chlorhydrochinon* bildet, von dem ein Teil durch weiteres I zu *Chlorchinon* dehydriert wird, das dann wieder HCl zu *2.5-Dichlorhydrochinon* addiert, aus I entsteht dabei natürlich *Hydrochinon*; alle 3 Prodd. werden durch CH_3COCl acetyliert. Bei der Rk. von **II** mit CH_3COCl in Ggw. von $ZnCl_2$ entsteht möglicherweise auch *2.5-Diacetoxy-3.4-dichlortoluol*. (J. chem. Soc. [London] **1952**. 2546—48. Juli.) SPAETH. 1190

Friedrich Nerdel und **Günther Kresze**, *Untersuchungen in der Reihe der Hydratropasäure. 1. Mitt. Die Synthese der Nitrohydratropasäuren.* Da die in der Literatur beschriebenen Darstellungswege für *o*- (**Ia**) u. *p-Nitrohydratropasäure* (**Ic**) langwierig sind u. nur mit schlechten Ausbeuten zum Ziel führen, wird die Darst. der 3 isomeren *Nitrohydratropasäuren* (**Ia—c**) mit Hilfe der ARNDT-EISTERTschen Synth. untersucht. Aus den 3 Nitrobenzoylchloriden entstehen mit Diazoäthan (**III**) die entsptechenden *o*-, *m*- u. *p-Nitro-α-diazopropiophenone* (**IIa—c**) mit guter Ausbeute, wenn bei genügend tiefer Temp. gearbeitet wird; bei der Darst. von **IIb** u. **IIc** ließ sich der Verbrauch an **III** durch Zusatz von Triäthylamin zur Bindung von HCl herabsetzen, **IIa** ist dagegen gegen tert. Amine unbeständig. Die Umlagerung der Diazoketone **II** ließ sich nicht nach WOLFF mit Ag_2O durchführen; in Ggw. von Anilin entstanden zwar aus **IIb** u. **IIc** krist. Prodd., bei denen es sich aber nicht um die erwarteten Anilide von **Ib** u. **Ic** handelte, sondern wahrscheinlich um *β-Anilinonitropropiophenone*. Dagegen lassen sich **IIb** u. **IIc** durch Eintragen in Dimethylanilin bzw. Chinolin + Benzylalkohol bei 170—180° in die *Benzylester* von **Ib** u. **Ic** überführen, die ohne Isolierung verseift wurden. **IIa** entwickelte bei gleicher Behandlung zwar auch N_2, doch waren saure Verbb. nur in Spuren zu isolieren, Hauptprod. war ein violettroter, schwach bas. Stoff, wahrscheinlich ein innermol. Kondensationsprodukt.

Versuche: *m-Nitro-α-diazopropiophenon* (**IIb**), $C_9H_7O_3N_3$, F. 50—51,5° (Zers.), durch Zutropfen von m-Nitrobenzoylchlorid in Ae. zu **III** in Ae. + Triäthylamin bei —15°; 79,5% (Ausbeute). — *p-Nitro-α-diazopropiophenon* (**IIc**), F. 109° (Zers.), wie vorst. aus p-Nitrobenzoylchlorid; 74%. — *o-Nitro-α-diazopropiophenon* (**IIa**), $C_9H_7O_3N_3$, F. 79—80° (Zers.), durch Zutropfen von o-Nitrobenzoylchlorid in Ae. zu **III** im Ae. bei —15° unter Vermeidung von Lichtzutritt, Einengen u. Stehen bei —60°; 65%. — *m-Nitrohydratropasäure* (**Ib**), $C_9H_9O_4N$, F. 93—94° (CH_3OH + W.), durch Zugabe von **IIb** zu Benzylalkohol u. Dimethylanilin bei 170—180° in kleinen Anteilen unter Gasentw., Ae.-Extraktion, Verseifung mit HCl u. Eisessig, Verteilung zwischen W. u. Ae. u. Extraktion mit 5%ig. NaOH; 58%. — *p-Nitrohydratropasäure* (**Ic**), F. 87—88° (CH_3OH + W.), analog aus **IIc**; 59%. — *β-Anilino-p-nitropropiophenon*, $C_{15}H_{14}O_3N_2$, F. 131—132°, durch Erwärmen von **IIc** in A. + Anilin mit 10%ig. $AgNO_3$-Lsg. (bei 55—60° Gasentw.); aus CH_3OH, dann Bzl. orangerote Nadeln; 35%. — *β-Anilino-m-nitropropiophenon*, F. 122—123°, analog aus **IIb**; aus CH_3OH gelbe Kristalle. (Chem. Ber. **85**. 168—71. 1952. Berlin-Charlottenburg, TU, Organ.-Chem. Inst.) SPAETH. 1210

Friedrich Nerdel und **Helen Fröhlich**, *Untersuchungen in der Reihe der Hydratropasäure. 2. Mitt. Die Synthese substituierter Hydratropaaldehyde.* (1. vgl. vorst. Ref.) Durch Kondensation von m- u. p-Methoxyacetophenon (**II**) mit Chloressigsäureäthylester (**I**) nach DARZENS, am besten mit gepulvertem Na in Xylol als Kondensationsmittel, entstehen die erwarteten *Glycidsäureester*, die sich durch Verseifung u. Decarboxylierung in *m*- u. *p-Methoxyhydratropaaldehyd* überführen lassen. o-Methoxyacetophenon läßt sich dagegen nicht mit **I** kondensieren, es wird größtenteils unverändert zurückerhalten, in geringem Ausmaß tritt Ätherspaltung zu *o-Oxyacetophenon* ein. Diese Reaktionsträgheit kann mit ster. Hinderung oder einer spezif. Wechselwrkg der o-Gruppen erklärt werden. Auch m-Nitrobenzaldehyd (**III**) u. m-Nitroacetophenon (**IV**) lassen sich mit **I** kondensieren, ohne daß ein störender Einfl. der Nitrogruppe zu beobachten war.

Versuche: *β-Methyl-β-[p-methoxyphenyl]-glycidsäureäthylester*, $Kp._{15}$ 190—196°, durch Zutropfen von 30 g **II** u. 24 g **I** zu 4,6 g feingepulvertem Na in Xylol + 0,2 g A. $<+5°$ unter Rühren u. Aufarbeitung nach weiterem 1 std. Rühren; 25 g (Ausbeute), 10 g **II** wurden zurückgewonnen. — *p-Methoxyhydratropaaldehyd*, $Kp._{18}$ 138—139°, durch 2 std. Kochen vorst. Esters mit 10%ig. NaOH, Ansäuern mit verd. H_2SO_4 u. Dest. mit Wasserdampf. *Semicarbazone*, F. 135° u. F. 207—208°. — *β-Methyl-β-[m-methoxyphenyl]-glycidsäureäthylester*, $Kp._{12}$ 175—179°. — *m-Methoxyhydratropaaldehyd*, $C_{10}H_{12}O_2$, $Kp._{11}$ 128 bis 129°, riecht nach Flieder u. Maiglöckchen. *Semicarbazon*, $C_{11}H_{15}O_2N_3$, F. 108° (A.). — *β-[m-Nitrophenyl]-glycidsäure*, $C_9H_7O_5N$, F. 142° (Zers.; W.), aus **III** u. **I** mit Na in Xylol, Verseifung u. vorsichtiges Ansäuern mit eiskalter H_2SO_4. — *β-Methyl-β-[m-nitrophenyl]-glycidsäureäthylester*, $C_{12}H_{13}O_5N$, $Kp._{0,21}$ 104—107°, aus **IV** u. der doppeltmol. Menge **I** wie oben. — *β-Methyl-β-[m-nitrophenyl]-glycidsäure, Na-Salz*, $C_{10}H_8O_5NNa$, ab 225° Braunfärbung u. Zers., aus vorst. Ester mit der berechneten Menge Na in A. u. W. während 24 Std. in der Kälte. *Freie Säure*, $C_{10}H_9O_5N \cdot H_2O$, durch Zutropfen von verd. H_2SO_4 zur Lsg. des Na-Salzes in W., verliert beim Stehen über P_2O_5 das Kristallwasser unter Zersetzung. — *m-Nitrohydratropaaldehyd*, $Kp._{11}$ 171—172°, durch Ansäuern der Suspension vorst. Säure in W. mit Essigsäure u. Erwärmen auf dem Wasserbad bis zur Beendigung der Entw. von CO_2. *Semicarbazon*, $C_{10}H_{12}O_3N_4$, F. 144,5° (Zers.; CH_3OH). — *m-Nitrohydratropasäure*, F. 93,5—94,5° (A.-W.), durch Zutropfen von n/2 $Ba(OH)_2$ zu 3,5 g vorst. Verb. u. 7 g $AgNO_3$ in W. während 2 Std. bis zur alkal. Rk., 20 std. Stehen, Einleiten von CO_2 nach Filtration, Einengen, Filtration, Ausschütteln der neutralen Nebenprodd. mit Ae. u. Ansäuern mit verd. H_2SO_4; 3 g. — IV-*Semicarbazon*, $C_9H_{10}O_3N_4$, F. 262° (Zers.), hellgelbe Kristalle. (Chem. Ber. **85**. 171—74. 1952.) SPAETH. 1210

Albert L. Williams und **Allan R. Day**, *Synthesen einiger substituierter 1-Phenyl-2.3-diaminopropanole-(1) aus α-halogensubstituierten Mannich-Basen.* Aus α-halogensubstituierten MANNICH-Basen, die aus Aceto- bzw. Propiophenon dargestellt wurden, werden durch Umsetzung mit sek. Aminen u. katalyt. Hydrierung einige *substituierte 1-Phenyl-2.3-diaminopropanole-(1)* gewonnen. Soweit die Hydrierung wegen ster. Hinderung nicht katalyt. durchführbar ist, erfolgt sie durch $LiAlH_4$. Es gelingt nicht, von *α.β-Dipiperidinopropiophenon* das Hydrochlorid darzustellen, da bei Einw. von wss. HCl Piperidin abgespalten wird u. *Acetylbenzoyl* entsteht. Analog verhält sich *α.β-Dimorpholinopropiophenon*. Bei der Rk. von α-Brom-β-[N-methylbenzylamino]-propiophenonhydrobromid mit Aceton findet quantitativ ein Bromaustausch statt, u. es bildet sich *Bromaceton*. Diese Rk. scheint nur bei Ggw. einer β-[N-Methylbenzylamino]-gruppe durchführbar zu sein, da sie bei Verbb. mit anderen Substituenten ausbleibt.

Versuche: *β-Morpholinoisobutyrophenonhydrobromid* (I), F. 174—174,5° (korr.; Aceton + A.), durch 15std. Kochen von Morpholinhydrobromid, Propiophenon u. Paraformaldehyd in A. + konz. HBr unter gelegentlicher Zugabe weiteren Formaldehyds, Gießen in Aceton u. Kühlen; 70% (Ausbeute). — *β-Morpholinopropiophenonhydrobromid*, F. 189,5—190,5° (korr.; Aceton + A.), analog I; 82%. — *β-[N-Methylbenzylamino]-propiophenonhydrobromid* (IV), F. 199—200° (korr.; A.); 84%. — *α-Brom-β-morpholinoisobutyrophenonhydrobromid*, F. 160,5—161,5° (korr.; A.), aus I durch Bromierung in Eisessig bei 100°; 91% (roh). — *α-Brom-β-morpholinopropiophenonhydrobromid* (II), F. 175 bis 176° (korr.; Aceton); 95% (roh). — *α-Brom-β-[N-methylbenzylamino]-propiophenonhydrobromid* konnte nicht rein isoliert werden. — *α.β-Dipiperidinopropiophenon*, F. 73,5 bis 74° (korr.; A.), durch Zutropfen einer wss. Lsg. von α-Chlor-β-piperidinopropiophenon zu Piperidin in W. unterhalb 10°; 67%; verliert bei Erwärmen Piperidin; wird durch 5tägiges Stehen in verd. HCl in *Acetylbenzoyl* (Kp. 223°; 61%; *Osazon*, F. 142,5—144,5°) gespalten. — *α.β-Dimorpholinopropiophenon*, F. 77,5—78,5° (korr.; A. + W.), aus II wie vorst.; 50%; bildet kein stabiles Hydrochlorid. — *α.β-Dimorpholinoisobutyrophenon* (III), F. 84—84,6° (korr.; Ae.), wie vorst.; 96%. — *α-Dibenzylamino-β-morpholinoisobutyrophenon*, F. 130,5—131,5° (korr.; Ae.); 84%. — *α-Benzylamino-β-morpholinoisobutyrophenon*, *α-Dibenzylamino-β-morpholinopropiophenon* u. *α-Morpholino-β-[N-methylbenzylamino]-propiophenon* wurden nur als ölige Verbb. erhalten u. roh weiterverarbeitet. Durch katalyt. Hydrierung in A. mit Pd-Kohle (Meth. **A**) oder durch Red. mit $LiAlH_4$ in Ae. (Meth. **B**) wurden dargestellt: *1-Phenyl-2.3-dipiperidinopropanol-(1)*, F. 105—106° (Aceton + W.), **A**; 68%. — *1-Phenyl-2.3-dimorpholinopropanol-(1)*, F. 107—108° (A. + W.), **A**; 67%. — *1-Phenyl-2-methyl-2.3-dimorpholinopropanol-(1)*, F. 126—130° (A.), **B**; 87%. — *1-Phenyl-2-benzylamino-2-methyl-3-morpholinopropanol-(1)*, F. 131—131,5° (Aceton + W.), **B**; 10%. — *1-Phenyl-2-dibenzylamino-3-morpholinopropanol-(1)*, F. 134,5—135° (wss. Aceton), **B**; 71%. — *1-Phenyl-2-amino-3-morpholinopropanol-(1)*, F. 91—92° (Hexan), **A**; 77%. — *1-Phenyl-2-dibenzylamino-2-methyl-3-morpholinopropanol-(1)*, F. 113,5—114,5° (wss. Aceton), **B**; 73%. — *1-Phenyl-2-morpholino-3-[N-methylbenzylamino]-propanol-(1)*, F. 101—101,5° (A.), **B**; 38%. — *1-Phenyl-2-morpholino-3-methylaminopropanol-(1)*, F. 96,4—96,8° (Hexan), **A**; 78%. — *α-Morpholinoisobutyrophenonhydrobromid*, $C_{14}H_{19}O_2N \cdot HBr$, F. 235—236° (A.), aus III durch Hydrierung mit Pd-Kohle in Eisessig, Alkalisieren bei 0—5°, Extraktion u. Ausfällen mit HBr; 80%. *Freie Base*, F. 43,1—43,4°. — *1-Phenyl-2-morpholino-2-methylpropanol-(1)*, $C_{14}H_{21}O_2N$, F. 73,8—74,2° (A.), aus vorst. Verb. durch Red. mit $LiAlH_4$ in Ae., Zers., Aufnehmen des Nd. in verd. H_2SO_4, Gießen in Alkali u. Ausäthern; 50%. *Hydrochlorid*, F. 231,3—231,8° (Zers.). — IV, aus dem α-Bromderiv. durch Schütteln mit Aceton; 100%. (J. Amer. chem. Soc. **74**. 3875—77. 5/8. 1952. Philadelphia, Pa., Univ., Dep. of Chem.) LEHWALD. 1320

K. Vogler und **H. Baumgartner**, *Spaltung von DL-3.4-Dioxyphenylalanin in die optischen Antipoden.* Zur Spaltung von *DL-3.4-Dioxyphenylalanin* (*DL*-I) in seine opt. Antipoden wurde ein neues Verf. ausgearbeitet. Das Verf. besteht darin, daß man das *Cinchoninsalz* der *DL-β-[3-Oxy-4-methoxyphenyl]-α-benzoylaminopropionsäure* (*DL*-II) aus Aceton fraktioniert krist., die diastereomeren Salze in die Komponenten zerlegt, die erhaltene opt.-akt. Benzoylaminosäuren mit HBr unter Ätherspaltung entacyliert u. die opt.-akt. Aminosäurehydrobromide zu den freien opt.-akt. Aminosäuren aufarbeitet.

Versuche: *Cinchoninsalz* von *L-β-[3-Oxy-4-methoxyphenyl]-α-aminobenzoylaminopropionsäure* (*L*-II), $C_{36}H_{39}O_6N_3$, durch 24—48std. Stehenlassen des Cinchoninsalzes von 0,1 Mol DL-II (nach DEULOFEU u. REPELTO, C. **1934**. II. 2824) in 250 cm³ Aceton bei Zimmertemp. u. im Eisschrank, aus CH_3OH–Aceton, F. 138°, $[\alpha]_D^{20}$ +145±2° (c = 1,5 in CH_3OH); 90% (Ausbeute). Mutterlauge enthält Cinchoninsalz von D-II. — *L-3.4-Dioxyphenylalanin* (*L*-I), $C_9H_{11}O_4N$, durch 3½ Std. Kochen von L-II (aus dem rohen Cinchoninsalz von L-II u. HCl u. Ausschütteln mit Essigester) mit konstant sd. HBr, aus W. (unter Zusatz von mit SO_2 behandelter Tierkohle), Zers. bei 275° (nach Braunwerden ab 220°), $[\alpha]_D^{20}$ −11,5±0,5° (c = 3 in 4%ig. HCl), −7,45±0,5° (c = 3 in 20%ig. HCl); 60% (bezogen auf Cinchoninsalz). — *L-3.4-Dioxyphenylalaninmethylesterhydrochlorid*, $C_{10}H_{14}$·O_4NCl, durch Sättigung der methanol. Lsg. von L-I mit trockenem HCl u. 1 Std. Kochen, aus A.–Ae., F. 170—171°, $[\alpha]_D^{20}$ +11,0±2° (c = 1 in CH_3OH). — *D-3.4-Dioxyphenylalanin* (*D*-I), $C_9H_{11}O_4N$, aus der Acetonmutterlauge analog L-I, Zers. bei 274—275°, $[\alpha]_D^{20}$ +11,5±0,5° (c = 3 in 4%ig. HCl). *Methylesterhydrochlorid*, $C_{10}H_{14}O_4NCl$, F. 170°, $[\alpha]_D^{22}$ −11,1±2° (c = 1 in CH_3OH). — Trennung von D-I u. DL-I durch fraktionierte Kristallisation aus W.; 1. Fraktion, $[\alpha]_D^{20}$ 9,4±0,5° (c = 4,2 in 4%ig. HCl); 2. Fraktion aus Mutterlauge, $[\alpha]_D^{20}$ +1,5±1° (c = 2 in 4%ig. HCl). Löslichkeiten in W. bei 27°: opt.-akt. I 66 mg/40 cm³ Lsg.; DL-I: 144 mg/40 cm³ Lösung. (Helv. chim. Acta **35**. 1776—80. 1/8. 1952. Basel, F. Hoffmann-La Roche & Co. A. G., Wissenschaftl. Labors.)

K. F. MÜLLER. 1350

Je. M. Panow und **K. A. Kotscheschkow**, *Über eine neue Hauptklasse einfachster organischer Bleiverbindungen $ArPbX_3$. Pb-organ. Verbb.* vom Typ *$ArPb(OOCR)_3$* (I) wurden, ausgehend von Ar_4Pb, $Ar_3PbOOCR$ oder am besten $Ar_2Pb(OOCR)_2$, durch Umsatz mit organ. Hg-Salzen in organ. Lösungsmitteln bei Zimmertemp. nach $Ar_2Pb(OOCR)_2$ + $Hg(OOCR)_2$ = $ArPb(OOCR)_3$ + ArHgOOCR synthetisiert. Die gebildete Hg-organ. Verb. wird durch Kristallisieren oder bei Zugabe der äquimol. Menge alkoh. HCl in der Kälte als unlösl. Aryl-HgCl abgetrennt. Bei weiterer Einw. von Hg-Salz wird aus I noch ein Aryl nach $ArPb(OOCR)_3$ + $Hg(OOCR)_2$ = $Pb(OOCR)_4$ + ArHgOOCR abgespalten. — Folgende Verbb. des Typs I wurden synthetisiert: *Phenylbleitriacetat*, $C_{12}H_{14}O_6Pb$, F. 101 bis 102°; 79% (Ausbeute). *Phenylbleitriisobutyrat*, $C_{18}H_{26}O_6Pb$, F. 77—78°; 50%. Gibt in alkoh. Lsg. mit verd. Lauge oder wss. NH_3 einen Nd. von *Phenylplumbonsäure*. Bei Einw. von Benzoesäure in Hexan entsteht *Phenylbleitribenzoat*, $C_{27}H_{20}O_6Pb$, F. 149,5—151°; 41,5%. *p-Tolylbleitriacetat*, $C_{13}H_{16}O_6Pb$, F. 86—88°; 67%. Gibt mit Methacrylsäure in Hexan *p-Tolylbleitrimethacrylat*, $C_{19}H_{22}O_6Pb$; 42%. — Die aus Ausgangsprodd. der Synth. dienenden Verbb. $Ar_2Pb(OOCR)_2$ wurden nach der Methodik von POLIS (Ber. dtsch. chem. Ges. **20**. [1887.] 3331) u. KOTON (Журнал Общей Химии [J. allg. Chem.] **9**. (**71**.) [1939.] 2283; **11**. (**73**.) [1941.] 371) erhalten. *Diphenylbleidiacetat*, F. 200—201,5°. *Diphenylbleidipropionat*, $C_{18}H_{20}O_4Pb$, F. 183,5—184,5° (nach KOTON F. 170—172°); 55%. *Diphenylbleidiisobutyrat*, $C_{20}H_{24}O_4Pb$, F. 204—205°; 72—84%. Durch Umacylieren hieraus *Diphenylbleidistearat*, $C_{48}H_{80}O_4Pb$, F. 100—101°; 64%. *Diphenylbleidimethacrylat*, $C_{20}H_{20}$·O_4Pb, Zersetzungstemp. 205—212°; 96%. *Diphenylblei-bis-chloracetat*, $C_{16}H_{14}O_4Cl_2Pb$, Zersetzungstemp. 185—205°; 77,5%. *Diphenylbleidibenzoat*, $C_{26}H_{20}O_4Pb$, F. 240° (nach KOTON F. 231°); 83%. — Die entsprechenden Di-p-tolylbleiverbb. $(p\text{-}CH_3C_6H_4)_2Pb(OOCR)_2$ wurden aus $[(p\text{-}CH_3C_6H_4)_3Pb\text{-}]_2$ erhalten. Beim Eintragen in sd. HNO_3 fällt Di-p-tolylbleidinitrat aus; man filtriert ab u. löst in A. auf; das beim Alkalisieren ausfallende Oxyd gibt beim Auflösen in organ. Säuren die Salze des Di-p-tolylbleis. Nach dieser Meth. wurden nachst. Verbb. hergestellt: *Di-p-tolylbleidiacetat*, $C_{18}H_{20}O_4Pb$, F. 200—210° (nach POLIS F. 195°); 64%. *Di-p-tolylbleidiisobutyrat*, $C_{22}H_{28}O_4Pb$, F. 202—203°; 48,3%. — Aus Triäthylbleiacetat u. Hg-Acetat konnte ferner *Diäthylbleidiacetat*, $C_8H_{16}O_4Pb$, F. 130°, erhalten werden. Aus alkoh. Lsg. vorst. Verb. entstand durch Einw. von Chloressigsäure das beständigere *Diäthylblei-bis-chloracetat*, $C_8H_{14}O_4Cl_2Pb$, F. 176—177°; 41%. (Доклады Академии Наук СССР [Ber. Akad. Wiss. UdSSR] [N. S.] **85**. 1037—40. 11/8. 1952. Physikal.-Chem. Karpow-Inst.)

WÖRFFEL. 1380

Oliver Grummitt und **Frank J. Christoph**, *Geometrische Isomere von 1-Phenylbutadien-(1.3)*. Bei der Kondensation von Zimtaldehyd (trans-β-Phenylacrolein, III) mit CH_3MgBr (IV) erhalten Vff. nach anschließender Hydrolyse mit 30%ig. H_2SO_4 nur *trans-1-Phenylbutadien-(1.3)* (I), während das gleichzeitig erwartete *cis-1-Phenylbutadien-(1.3)* (II) dabei nicht auftritt. II wird von Vff. nur durch Isomerisierung von I auf photochem. Wege gewonnen, indem I bei 36° in 5%ig. Lsg. in A. im Quarzgefäß mehrere Tage dem UV-Licht ausgesetzt wird. Allem Anschein nach ist diese Rk. jedoch umkehrbar. Nicht isomerisiertes I wird dabei mit Maleinsäureanhydrid (V), Methylstyrylcarbinol mit wenig festem IV entfernt. Rk. von I mit V bei 110° führt nur zu *3-Phenyl-Δ⁴-cis-tetrahydrophthalsäureanhydrid* (VI); diese Rk. ist quantitativ. Reagiert I mit weniger als der theoret. Menge V u. wird dann aus dem Addukt wieder regeneriert, so unterscheiden sich Ausgangsprod u. Regenerat kaum in ihren physikal. Daten u. in der UV-Absorption. Dies beweist **I** als einziges Reaktionsprod. der Umsetzung von **III** u. **IV**. Die für trans-Piperylen [trans-Pentadien-(1.3)] bei der Rk. mit SO_2 mögliche Bldg. eines monomeren cycl. Sulfons, das bei therm. Zers. wieder das Ausgangsprod. regeneriert (vgl. hierzu CRAIG, C. **1945**. II. 1161), läßt sich bei **I** nicht durchführen. Die von MUSKAT u. HERRMAN (C. **1932**. II. 366 u. früher) beschriebenen Verss., nach denen unter bestimmten Bedingungen bei der Rk. von **III** u. **IV** u. anschließender Zers. **II** erhalten werden soll, können Vff. trotz eingehender Unterss. nicht bestätigen; sie erhalten in jedem Falle nur **I**. Im Dunkeln bzw. bei künstlichem Licht durchgeführte Synthesen liefern das gleiche Endprod. **I**, während bei Tages- bzw. UV-Licht in Pyrex- oder Quarzgefäßen merkliche Mengen **II** entstehen (Verschiebung des UV-Absorptionsmaximums von 280 nach 270 mμ). Die bei den Piperylenen bis zu einem Gleichgewicht mögliche Isomerisierung der trans- in die cis-Verb. durch katalyt. Einw. von J_2 ist bei **I** nicht möglich. **II** reagiert bei Raumtemp. mit **V** überhaupt nicht. In sd. Toluol werden nach 4 Std. nur ca. 5% des **V** verbraucht. Mit SO_2 bildet **II** weder ein monomeres noch ein polymeres cycl. Sulfon. Addition von Br_2 erfolgt sowohl bei **I** als auch bei **II** unter Bldg. des gleichen *Tetrabromderivates*. **I** u. **II** zeigen unterschiedliche Polymerisationsneigung. **I** bildet bei Raumtemp. hauptsächlich ein Dimeres (Abnahme des Brechungsindex); bei der Rk. mit SO_2 tritt (durch SO_2 katalysierte) Polymerisation ein, die über das zunächst gebildete Dimere zu höheren Polymeren führt. Bei 79,7° ist nach 5 Tagen die Dimerisation weitestgehend erreicht. **II** polymerisiert dagegen bei 0° selbst innerhalb eines Monats kaum merklich; bei 79,7° ist auch nach 15 Tagen kein Stillstand der Polymerisation festzustellen.

Versuche: *trans-1-Phenylbutadien-(1.3)* (**I**), durch Kondensation von Zimtaldehyd (**III**) mit CH_3MgBr (**IV**), anschließende Hydrolyse mit H_2SO_4 u. mehrfache Feinfraktionierung im Vakuum; Reinigung von noch enthaltenem *Methylstyrylcarbinol* (n_D^{20} 1,5692, $D.^{27,4}_4$ 1,040) durch Rk. mit wenig festem **IV** (erhalten durch Abdampfen des Ae. im Vakuum), anschließende Feinfraktionierung bei ca. 0,1 mm u. nachfolgende mehrfache fraktionierte Kristallisation; **I**, F. +4,52°; Kp.$_2$ 55°; Kp.$_{11}$ 83°; n_D^{25} 1,6089; $D.^{25}_4$ 0,9232; Mol.-Refr. 48,82; UV-Absorptionsmaximum bei 280 mμ. — **I**-*Maleinsäureanhydridaddukt* (**VI**), 1. durch 4std. Kochen von 1 g **I** u. 1,6 g Maleinsäureanhydrid (**V**) in Toluol, Waschen mit W. u. wenig Ae. u. Best. des unverbrauchten **V** in der wss. Phase durch Titration mit n-NaOH, wobei ca. 98,8% **V**-Verbrauch festgestellt wird. Aus der Toluolschicht **VI**, F. 118,5—120,0° (Bzl.). Wird diese Rk. bei 28—32° durchgeführt, so werden nach 3½ Std. 30%, nach 9 Std. 58% u. nach 18 Std. 71% **V** verbraucht; 2. durch Einw. von 5,621 g **V** auf 15 g **I** in Toluol bei Ggw. von 0,075 g Phenyl-β-naphthylamin (**VII**) (4 Tage bei Raumtemp.). Titration wie vorst. zeigt 49,3% **V**-Verbrauch. Abtrennung des nichtumgesetzten **I** durch Dest. im Vakuum. — Darst. von **I** u. **II** nach MUSKAT u. HERRMAN (l. c.): 1. Kondensation von 100 g **III** u. 250 g 4mol. **IV** in absol. Ae. bei 0—10° u. anschließend Zers. mit 30%ig. H_2SO_4. Die Ätherschicht wird im Vakuum dest.; Vff. bekommen jedoch bis Kp.$_3$ 130° keinen Haltepunkt. Fraktionierung im Vakuum bei Ggw. von 1 g festem **IV** u. wenig **VII** gibt Prod. mit Kp.$_{0,15}$ 27°, n_D^{25} 1,6054, u. ist somit **I**; Rk. mit **V** gibt **VI**; 2. Zers. der Kondensationsprodd. aus der Rk. von **III** u. **IV** mit 50%ig. H_2SO_4 bei 6° u. wie vorst., gibt bis Kp.$_2$ 105° keinen Haltepunkt. Aufarbeitung wie vorst. gibt Prod. mit Kp.$_{0,15}$ 27°, n_D^{25} 1,6078, u. ist somit **I**. Rk. mit **V** gibt **VI**. Das auf beiden Wegen dargestellte **I** hat nach Behandlung mit HCl–$CaCl_2$ u. anschließender Dest. Kp.$_3$ 64,5 bis 66°, n_D^{25} 1,6084, u. ist somit nicht isomerisiert. Weder durch UV- noch durch Infrarot-Absorption ist die Ggw. von **II** nachweisbar. — Rk. von **I** u. SO_2, mehrere Tage bei Raumtemp. bzw. einige Std. bei 100° im Druckgefäß bei Ggw. von 1% **VII**: Nach Abdampfen des SO_2 Extraktion der Reaktionsprodd. mit 60° warmem W. u. anschließend mit 60° warmem 50%ig. A. (in beiden Fällen bleibt nach dem Abdampfen der Extraktions-Fl. kein Rückstand). Der in W. unlösl., aber in Ae. lösl. viscose Rückstand gibt mit metall. Na negativen S-Test. Rk. mit **V** gibt **VI**; demnach keine Bldg. eines monomeren cycl. **I**-Sulfons. Rk. von **I** u. SO_2 bei Ggw. von 1% $AgNO_3$ bzw. 0,3% NH_4NO_3 bzw. 3 cm³ (aus H_2O_2, Essigsäureanhydrid u. p-Toluolsulfonsäure dargestellter) *Peressigsäure*, mehrere Std. bei 0° oder mehrere Tage bei Raumtemp. u. wie vorst., gibt ebenfalls ein Prod. mit negativem S-Test; demnach auch keine Bldg. eines polymeren cycl. **I**-Sulfons. Zum Vgl. gibt die Rk. von 2.3-Dimethylbutadien mit SO_2 (8 Std. bei 100°) monomeres *cycl. 2.3-Dimethylbutadiensulfon*, F. 134—135°; 56% (Ausbeute). Dieselbe Rk. (3 Std. bei 0° u. Ggw. von $AgNO_3$) führt zum *Polysulfon*, weißes amorphes, in A. unlösl. Pulver. Die Unterss. der durch SO_2 katalysierten Polymerisations-Rk. werden bei Raumtemp. durchgeführt: 1. mit 1 cm³ **I** u. 1,5 cm³ fl. SO_2 im Bombenrohr; 2. mit 20 cm³ **I**, durch das ein SO_2-Gasstrom durchgeleitet wird. In beiden Fällen wird Zunahme des n-Wertes festgestellt; bei 1. tritt nach 90 Std., bei 2. nach 50 Tagen Verfestigung ein. Best. der Löslichkeit von SO_2 bei Raumtemp. in **I** durch Extraktion mit W., Oxydation zu H_2SO_4 u. Titration: SO_2-Geh.

der gesätt. I-Lsg. ca. 13%. — Eine im Dunkeln hergestellte, 4 mg I je Liter enthaltende Lsg. in A. wird dem Sonnenlicht bzw. dem UV-Licht ausgesetzt. Durch Messung der UV-Absorption vor- u. nachher wird photochem. Isomerisierung von I festgestellt. — *cis-1-Phenylbutadien-(1.3)* (II), $C_{10}H_{10}$, aus I in A. im Pyrexgefäß durch Bestrahlung mit UV-Licht bei 36° unter kräftigem Rühren. Nach 6 Tagen Verdünnung mit W., Extraktion der Reaktionsprodd. mit Skellysolve A u. Isolierung des Gemisches der Isomeren u. Polymeren aus der Lsg. nach Abtreiben des Lösungsmittels. Nach Dest. im Vakuum Einw. von **V** auf das Destillat (1 Woche bei 0°), Abscheidung von I als **VI** u. Abfiltrieren des letzteren. Anschließend Waschen mit 5%ig. NaOH bis zur alkal. Rk., danach mit W., u. Dest. der getrockneten Reaktionsprodd. mit festem **IV** bei 0,2 mm. Nach Redest. im Vakuum erfolgt mehrfache Reinigung durch Adsorption an Al_2O_3 mit Skellysolve B als Lösungsm.; F. —56,99°; $Kp._{11}$ 71°; n_D^{25} 1,5822; $D.^{25}_4$ 0,9197; Mol.-Refr. 47,25; UV-Absorptionsmaximum bei 270 mμ; 10,3%. Verwendung von Quarz an Stelle von Pyrexglas bleibt ohne Einfl. auf die **II**-Ausbeute. — Einw. von 0,1 g J_2 auf 10 g I in Bzl. am Rückfluß zeigt weder nach 7 Std. noch nach 43 Std. eine stattgefundene Isomerisierung; nach Abtreiben des Bzl. u. Vakuumdest. sind Kp., n_D^{25} u. UV-Absorption jeweils mit dem Ausgangsprod. identisch. — Rk. von **II** mit **V** zeigt in sd. Toluol nach 4 Std. 5,2%, bei Raumtemp. jedoch nach 1 Woche noch keinen **V**-Verbrauch. — Rk. von **II** mit SO_2 in Ae. bei Ggw. von **VII** bei Raumtemp. im Druckgefäß zeigt selbst nach 1 Monat noch keine Bldg. eines monomeren cycl. Sulfons. Dieselbe Rk. bei 0° u. Ggw. von $AgNO_3$ statt **VII** führt nicht zur Bldg. eines cycl. Polysulfons. — Einw. von Br_2 auf I in CCl_4 bei 0—10° gibt *1-Phenyl-1.2.3.4-tetrabrombutan*, F. 146,0—147,5° (A.). Einw. von Br_2 auf **II** in CCl_4 bei 0—10° führt zum gleichen Produkt. (J. Amer. chem. Soc. **73**. 3479—84. Juli 1951. Cleveland, O., Western Reserve Univ., Morley Chem. Labor.) KLASSKE. 1410

Ricardo Granados Jarque und **Antonio Garcia Santos**, *Aminoäthylenderivate und analoge Verbindungen.* 2. Mitt. *Beobachtungen über die Kondensation von Orthoameisensäure- und Orthobenzoesäuretriäthylester mit Nitroessigsäureäthylester und Methylenaminoacetonitril.* (1. vgl. C. **1952**. 996.) Bei Einw. von Orthobenzoesäuretriäthylester (**I**) auf Nitroessigsäureäthylester (**II**) entstehen in Abwesenheit von Acetanhydrid (**III**) die n. Kondensationsprodd. $R_1R_2C{=}C(OC_2H_5)R_3$ (**VI**) mit $R_1 = NO_2$, $R_3 = C_6H_5$, $R_2 = CO_2C_2H_5$ bzw. H, während in Ggw. von **III** die Rk. ausbleibt. Dagegen wird bei Einw. von **I** oder Orthoameisensäuretriäthylester (**IV**) auf Methylenaminoacetonitril (**V**) nur in Ggw. von **III** ein Prod. erhalten; es ist im Falle von **IV** verschieden von dem Amid, das bei direkter Einw. von **III** auf **V** erhalten wird. Dagegen ähnelt das mit **I** gewonnene Prod. sehr diesem Amid.

Versuche: **VI**, $R_1 = NO_2$, $R_2 = CO_2C_2H_5$, $R_3 = C_6H_5$, $C_{13}H_{15}O_5N$, F. 110—115°, in sehr geringer Menge bei 18std. Stehen u. anschließendem 3std. Erwärmen auf 150° von I u. II; daneben etwas größere Mengen an **VI**, $R_1 = NO_2$, $R_2 = H$, $R_3 = C_6H_5$, $C_{10}H_{11}O_3N$, $Kp._{10}$ 172—180°. — *Amid*, aus **III** u. **V**, $Kp._{0,5}$ 114—117°. (An. Real Soc. españ. Física Quím., Ser. B **46**. 309—12. Mai 1950. Valladolid Univ., Fac. de Ciencias, Labor. de Quím. Organ.. C. S. J. C., Inst. „Alonso Barba".) FÖRSTER. 1470

William K. Noyce, Charles H. Coleman und **John T. Barr**, *Vinylogie bei Süßstoffen.* 1. Mitt. *Ein Vinyloges des Dulcins.* Als Vinyloges des Dulcins wurde *p-Äthoxystyrylharnstoff* (**I**) synthetisiert aus p-Äthoxybenzaldehyd (**II**) über *p-Äthoxynitrostyrol* (**III**), *p-Äthoxynitrostyroldibromid* (**IV**), Red. zur Aminoverb. (**V**), Umsetzung mit Harnstoff u. Br_2-Abspaltung. **III** war geschmacklos, während sich **I** als süßschmeckend erwies.

Versuche: *p-Äthoxybenzaldehyd* (**II**), aus p-Oxybenzaldehyd mit Äthyljodid in alkal. Lösung. — *p-Äthoxy-β-nitrostyrol* (**III**), $C_{10}H_{11}O_3N$, F. 114—115°, aus **II** mit Nitromethan u. A. bei 0° durch Hinzufügen von alkoh. KOH u. Gießen in verd. HCl + Eiswasser, aus A. lange gelbe Nadeln; 70% (Ausbeute). — *p-Äthoxy-β-nitrostyroldibromid* (**IV**), $C_{10}H_{11}O_3NBr_2$, F. 84—84,5°, aus **III** in Chlf. mit Br_2 bei Belichtung mit einer 150 Watt-Lampe; aus Isooctan fast farblose Kristalle; 92%. — *p-Äthoxy-β-aminostyroldibromid* (**V**), aus **IV** in A. mit $(NH_4)_2S$ unterhalb 20°; aus dem Ae.-Auszug als Sirup, welcher roh weiterverarbeitet wurde. — *p-Äthoxy-β-ureidostyroldibromid* (**VI**), aus **V** mit Harnstoffnitrat in A. durch 7std. Kochen, Verdünnen mit der 5fachen Menge W. u. Ausziehen mit Ae., die äther. Lsg. wird eingeengt u. so weiterverarbeitet. — *p-Äthoxystyrylharnstoff* (**I**), $C_{11}H_{14}O_2N_2$, F. 129—129,4°, aus der äther. Lsg. von **VI** durch 5std. Kochen mit Zn-Staub als gelbgrünes Öl, Reinigung durch Wasserdampfdest., Ausäthern der 1. Fraktion u. Dest. bei n. Druck (Kp. unterhalb 230°), krist. nach einigen Tagen im Exsiccator über $CaCl_2$, hellgelbe Nadeln. (J. Amer. chem. Soc. **73**. 1295—96. März 1951. Fayetteville, Ark., Univ., Dep. of Chem.) KAYSER. 1680

N. A. Domnin und **L. I. Uchowa**, *Untersuchungen auf dem Gebiete ungesättigter cyclischer Kohlenwasserstoffe und ihrer Halogenderivate.* 10. Mitt. *Über die Umwandlung* *von gesättigten und ungesättigten Halogenderivaten des Cyclopentans.* (9. vgl. Журнал Общей Химии [J. allg. Chem.] **17.** (**79.**) [1947.] 2283.) Die Umsetzung von 1-Chlorcyclopenten-(1) mit Cl_2 nach der Chlorierungsmeth. von TISCHTSCHENKO (Журнал Общей Химии [J. allg. Chem.] **8.** (**70.**) [1938.] 1232) ergab 22% *1.2.2-Trichlorcyclopentan* (I) u. 44% *1.2-Dichlorcyclopenten-(2)* (II). Bei der Rk. von I mit Chinolin erhielten Vff. fast quantitativ *1.2-Dichlorcyclopenten-(1)*, dessen Oxydation *Glutarsäure* ergab. II wurde mit 2% ig. $KMnO_4$-Lsg. zu *Bernsteinsäure* oxydiert. Die Red. von II lieferte bei Anwendung von Zn-Staub in A. *2-Chlor-1-äthoxycyclopenten-(2)*, mit Na in Ae. *Dicyclopenten-(2)-yl-(1)*.

Versuche: *1.2-Dichlorcyclopenten-(2)* (II), $C_5H_6Cl_2$, Kp.$_5$ 41—43°; D.$^{20}_4$ 1,244; n_D^{20} 1,49602; Mol.-Refr. ([MR]$_D$) 32,27. — *1.1.2-Trichlorcyclopentan* (I), $C_5H_7Cl_3$, Kp.$_5$ 57 bis 59°; D.$^{20}_4$ 1,356; n^{20}_D 1,49744; [MR]$_D$ 37,35. — *1.2-Dichlorcyclopenten-(1)*, Kp.$_5$ 38 bis 39°; durch Zutropfen von I zu auf 130° erhitztem Chinolin; D.$^{20}_4$ 1,252; n_D^{20} 1,49369; [MR]$_D$ 31,91. — *2-Chlor-1-äthoxycyclopenten-(2)*, $C_7H_{11}OCl$, Kp.$_{16}$ 64—65°; D.$^{20}_4$ 1,0632; n_D^{20} 1,46014; [MR]$_D$ 37,88; 6 g aus 20 g II. — *Dicyclopenten-(2)-yl-(1)*, $C_{10}H_{14}$, Kp.$_6$ 52—54°; Ausbeute gering. (Журнал Общей Химии [J. allg. Chem.] **21.** (**83.**) 522—25. März 1951. Leningrad, Univ., Faworski-Labor.) SCHMEISS. 1810

D. S. Withey, *Cyclische Polymerisation von Acetylen. Untersuchung der $C_{10}H_{10}$-Fraktion.* (Vgl. REPPE u. Mitarbeiter, Liebigs Ann. Chem. **560.** [1948.] 93; CRAIG u. LARRABEE, J. Amer. chem. Soc. **73.** [1951.] 1191; COPE u. FENTON, J. Amer. chem. Soc. **73.** [1951.] 1195.) Vf. bestätigt das Vorliegen von *1-Phenylbutadien-(1.3)* (II) u. *Vinylcyclooctatetraen* (III) in der bei der Polymerisation von C_2H_2 zu Cyclooctatetraen neben letzterem noch erhaltenen $C_{10}H_{10}$-Fraktion (I). Bromierung von I führt außer zu den beiden bekannten stereoisomeren *1.2.3.4-Tetrabrom-1-phenylbutanen* (V bzw. VI) zu einem noch unbekannten *Tetrabromid*. Zum Vgl. wird *trans*-II (IV) dargestellt, das bei Bromierung zu V u. VI führt. Durch Einw. von HCl auf IV u. nachfolgende Bromierung wird *1.2-Dibrom-3-chlor-1-phenylbutan* dargestellt. Bei der Bromierung von III mit 4 Mol Br_2 entsteht schnell ein *Tetrabromid* u. danach bedeutend langsamer ein *Hexabromid*. Bei der Einw. von 12 Mol Br_2 auf III entsteht ein *Oktabromid*, das (in Analogie zu der entsprechenden Verb. aus Cyclooctatetraen) vermutlich ein Deriv. des *Äthylbicyclo-[4.2.0]-octans* ist. Aus III erhält Vf. nur ein *Maleinsäureanhydrid-Addukt*, $C_{10}H_{10} \cdot 2C_4H_2O_3$, während REPPE (l. c.) aus der $C_{10}H_{10}$-Fraktion deren 2 gewann. In Übereinstimmung mit CRAIG (l. c.) werden bei der Hydrierung von III in CH_3OH oder CH_3COOH am Pd-Kontakt zunächst 4 Doppelbindungen abgesätt. (Reaktionsprod. zu diesem Zeitpunkt *1-Äthylcycloocten* [?]), während die fünfte Doppelbindung erst nach einem weiteren längeren Zeitraum hydriert wird.

Versuche: Isolierung der $C_{10}H_{10}$-Fraktion (I) aus den Polymerisationsprodd. von C_2H_2 in Tetrahydrofuran bei Ggw. von $Ni(CN)_2$ u. CaC_2 durch Fraktionierung; orangegelbe bewegliche Fl., Kp.$_{3,8}$ 47,5—48,5°; n_D^{20} 1,5780. — Bromierung von 13 g I in Chlf. bei —50 bis —55° (1¼ Std. unter kräftigem Rühren) gibt nach Erwärmen auf Raumtemp., Waschen u. Abdest. des Lösungsm. im Vakuum 45,8 g dunkelgrünen Sirup, aus dem durch Behandlung mit kaltem Ae. 2 farblose Kristallfraktionen erhalten werden. Die erste Fraktion (3,5 g; F. 122—133°) ist *1.2.3.4-Tetrabrom-1-phenylbutan* (V), $C_{10}H_{10}Br_4$, Rhomben, F. 151—152° (A.). Aus den Mutterlaugen werden geringe Mengen einer nichtidentifizierten *Verb. $C_{10}H_{10}Br_4$* erhalten; feine Nadeln, F. 91° (Ligroin, A. oder CH_3COOH). Die zweite Kristallfraktion (7,8 g; F. 58—63°) ist das niedrigschm. *stereoisomere 1.2.3.4-Tetrabrom-1-phenylbutan* (VI), $C_{10}H_{10}Br_4$, Nadeln, F. 74—75° (A., danach Leichtbenzin). — *trans-1-Phenylbutadien-(1.3)* (IV), in 41% ig. Ausbeute nach KLAGES (Ber. dtsch. chem. Ges **37.** [1904.] 2309); vgl. hierzu GRUMMITT u. CHRISTOPH (C. **1953.** 1798); Fl., Kp.$_{0,8}$ 41—42°; n_D^{16} 1,6098. — Darst. der IV-*Tetrabromide* aus 4 g IV in CCl_4 bei 0—10°; Bldg. des Dibromids schnell, des Tetrabromids jedoch erst nach einigen Stunden. Nach 1 Woche hat sich rohes V (2,5 g; F. 139—140°) abgeschieden; aus den Mutterlaugen nach einiger Zeit rohes VI (11,2 g; F. 64—68°). — *trans-3-Chlor-1-phenylbuten-(1)*, aus 10 g IV in Ae. nach Durchleiten von trockenem HCl bei —10°. Die strohgelbe Lsg. wird nach dem Waschen u. Trocknen mit Br_2 in CCl_4 behandelt u. scheidet am nächsten Tage 4,7 g Nadeln, F. 136—140°, ab. *1.2-Dibrom-3-chlor-1-phenylbutan* (?), $C_{10}H_{11}ClBr_2$, Nadeln, F. 150—151° (A., danach Leichtbenzin u. dann Bzl.-PAe.); 4,7 g. — *Vinylcyclooctatetraen* (III), $C_{10}H_{10}$, durch 12std. Abkühlung von 79 g I : 1 mit PAe. verd. I auf —80°. Gibt helleuchtenden, gelben, kristallinen Nd., der nach Dekantieren u. Rekristallisation im Vakuum dest. wird. Vorlauf: 0,5 g, n_D^{20} 1,5716; Hauptfraktion: F. —20 bis —19°, Kp.$_{0,7}$ 31,5°; n_D^{20} 1,5724. Letzterer wird noch einmal umkrist.; F. —19 bis —18°; Kp.$_{0,5}$ 27°; n_D^{20} 1,5723; D.$^{20}_4$ 0,9325; 40% (Ausbeute). Bleibt im Dunkeln unter N_2 mehrere Monate unverändert, gibt aber im Licht u. bei Luftzutritt schnell einen schwachgelben Niederschlag. — Bromierung von III in CCl_4 mit in CCl_4 gelöstem, für die Absättigung von 4 Doppelbindungen berechnetem Br_2 bei Raumtemp. u. künstlichem

Licht. Von Zeit zu Zeit Entnahme von aliquoter Fl., die mit KJ-Lsg. versetzt u. dann gegen n/10 $Na_2S_2O_3$ zurücktitriert wird. Dadurch wird nachgewiesen, daß 2 Doppelbindungen sofort u. eine dritte nach ca. 25 Min. abgesätt. werden. Nach 12 Std. kann nur geringfügige Weiterbromierung festgestellt werden. Nach Entfernung des überschüssigen Br_2 u. Abdampfen des Lösungsm. hinterbleibt das *Hexabromid*, $C_{10}H_{10}Br_6$, gummiartige Fl., die mit CH_3OH Kristalle abscheidet; Stäbchen, F. 122—123° (A.). Bei der Bromierung von 6,5 g **III** in CCl_4 mit 96 g Br_2 in CCl_4 bei —10 bis 0° werden 2 Moläquivalente Br_2 sofort entfärbt. Danach wird die Mischung verd., bei Raumtemp. im Dunkeln gelassen u. nach 20 bzw. 40 Std. das nicht umgesetzte Br_2 wie oben titrimetr. bestimmt. Gibt nach Entfernung des überschüssigen Br_2 mit NaOH-Lsg., Waschen, Trocknen u. Abdampfen des Lösungsm. im Vakuum mit 90,7% Ausbeute das *Oktabromid*, $C_{10}H_{10}O_8$, gummiartige Fl., die mit Ae. Kristalle abscheidet; Rhomben (aus Ae., danach Bzl. u. dann CH_3COOH), F. 176—177° (Zers.). — III-*Maleinsäureanhydrid-Addukt*, $C_{10}H_{10} \cdot 2\,C_4H_2O_3$, durch Erhitzen von 2,6 g **III** u. 6 g Maleinsäureanhydrid auf zunächst 140°. Die nun eintretende sehr heftige Rk. bringt das Gemisch für kurze Zeit zum Sieden. Danach weiter 1 Std. erhitzen unter allmählicher Steigerung der Badtemp. auf 160°. Die beim Abkühlen entstehenden Kristalle werden mit trockenem Aceton gewaschen (F. 281—288° [Zers.], 1,5 g) u. aus CH_3COOH umkrist.; schmale Parallelogramme, F. (nach schneller Erhitzung auf 260°) 303—305° (Zers.). — Hydrierung von **III** in CH_3OH oder in CH_3COOH an Pd-$BaSO_4$ führt nach 2 Std. zur Absättigung von 4 u. nach weiteren 4 Std. zur Absättigung der fünften Doppelbindung. (J. chem. Soc. [London] **1952**. 1930—32. Mai. London, Brit. Oxygen Co.) Klasske. 1810

Louis H. Schwartzman und **G. Forrest Woods**, *Derivate von Spirocyclohexan-[1:1']-3'-aminoindanen.* Die Nitrierung von Spiro-cyclohexan-[1:1']-3'-aminoindan (**Ia**) (vgl. C. **1951**. II. 965) u. seinem N.N-Dimethylderiv. (**Ib**) erfolgt an derselben Stelle des aromat. Kerns wie die Nitrierung von Spiro-cyclohexan-[1:1']-indanon-(3') (**VIII**), da sich das aus **Ib** erhaltene *Spiro-cyclohexan-[1:1']-x'-nitro-3'-dimethylaminoindan* (**IIb**) u. das aus **VIII** erhaltene *Spiro-cyclohexan-[1:1']-x'-nitroindanon-(3')* (**IX**) über verschied. Zwischenstufen in dasselbe *Spiro-cyclohexan-[1:1']-3'-dimethylamino-x'-oxyindan* (**IV**) verwandeln ließen. Gleichsinnig mit der Nitrierung verläuft auch die Friedel-Crafts-Acylierung von **Ib**, denn das mit Acetanhydrid (mit Acetylchlorid entstand ein untrennbares Gemisch verschied. Verbb.) erhaltene *Spiro-cyclohexan-[1:1']-x'-acetyl-3'-dimethylaminoindan* (**V**) ließ sich durch Schmidt-Rk. in *Spiro-cyclohexan-[1:1']-x'-acetylamino-3'-dimethylaminoindan* (**VI**) überführen, das andererseits aus **IIb** durch Red. u. Acetylierung erhältlich ist. In Analogie zu bekannten Rkk. erscheint die 5'-Stellung am wahrscheinlichsten für das Angreifen der beiden elektrophilen Rkk., doch konnte der strikte Beweis dafür nicht erbracht werden, da die Darst. des für den geplanten Ringschluß zu *Spiro-cyclohexan-[1:1']-5'-oxyindanon-(3')* (= **XI?**) erforderlichen 1-[p-Methoxyphenyl]-1-carboxymethylcyclohexans nicht gelang; die möglichen Zwischenprodd., 2-[p-Methoxyphenyl]-2-cyanmethylcyclohexanon u. 2-[p-Methoxyphenyl]-2-carboxymethylcyclohexanon, spalteten bei der Wolff-Kishner-Red. die Seitenkette ab u. gingen in *p-Cyclohexylanisol* bzw. *p-Cyclohexylphenol* über.

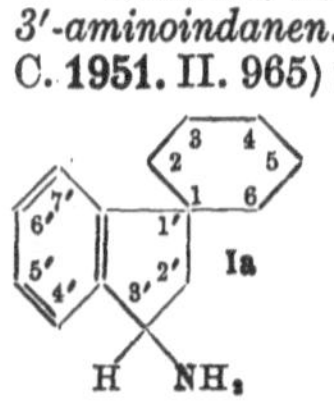

Ia

V e r s u c h e : *Spiro-cyclohexan-[1:1']-3'-dimethylamino-x'-nitroindan* (**IIb**), $Kp._{1,8}$ 182 bis 185°, durch Zutropfen von konz. H_2SO_4 + HNO_3 (D. 1,5) zu **Ib** in konz. H_2SO_4 bei —10°, 1½ std. Rühren bei 30° u. Aufgießen auf Eis als *Bisulfat*, $C_{16}H_{24}O_6N_2S$, F. 125 bis 127° (A. + Ae.); 59% (Ausbeute). — *Spiro-cyclohexan-[1:1']-3'-amino-x'-nitroindan* (**IIa**), $C_{14}H_{18}O_2N_2$, F. 97—99° (CH_3OH-W. u. Sublimation unter vermindertem Druck), wie vorst. aus **Ia**; 59%. *Hydrochlorid*, $C_{14}H_{19}O_2N_2Cl$, F. 268—273° (Zers.; A.-Ae.). — *Spiro-cyclohexan-[1:1']-x'-amino-3'-aminoindan* (**IIIa**), $C_{14}H_{20}N_2$, F. 129—131° (Ae.-PAe.), durch Hydrierung von **IIa** in CH_3OH bei Raumtemp. unter 2 at in Ggw. von Adams-Katalysator; 90%. — *Spiro-cyclohexan-[1:1']-x'-amino-3'-dimethylaminoindan* (**IIIb**), $C_{16}H_{24}N_2$, F. 115—117° (PAe. u. Sublimation bei 120°/1 mm), durch Hydrierung von **IIb** in A. bei 29° unter n. Druck in Ggw. von Raney-Ni während 3¼ Std.; 97%. — *N-Acetylderiv.* (**VI**), $C_{18}H_{26}ON_2$, F. 183—184° (Aceton). — *Spiro-cyclohexan-[1:1']-3'-dimethylamino-x'-äthylaminoindandihydrochlorid*, $C_{18}H_{30}N_2Cl_2$, F. 183—188° (Zers.; A.-Ae.), durch Zutropfen von 1,5 g **VI** in Bzl. zu $LiAlH_4$ in Ae., 18 std. Kochen unter Rühren, Zers. mit W. u. Einleiten von HCl in die Ae.-Lsg. des als rotes Öl erhaltenen Amins (1,3 g). — *Spiro-cyclohexan-[1:1']-3'-dimethylamino-x'-oxyindan* (**IV**), $C_{16}H_{23}ON$, F. 170 bis 172° (A.-W.), durch Diazotierung von **IIIb** in verd. H_2SO_4 bei 0° u. 1 std. Erwärmen der Diazoniumsalzlsg. mit 50%ig. H_2SO_4 auf 97° als *Sulfatdihydrat* [$(C_{16}H_{23}ON)_2 \cdot H_2SO_4 \cdot 2\,H_2O$, F. 250—255° (Zers.)], daraus das freie Amin mit verd. NH_4OH. — *Spiro-cycloexan-[1:1']-x'-cyan-3'-dimethylaminoindan*, $C_{17}H_{22}N_2$, F. 81—82° (PAe., Sublimation unter vermindertem Druck), aus der wie vorst. dargestellten Lsg. von diazotiertem **IIIb** durch Neutralisation bei 0° mit $NaHCO_3$, Zutropfen zu mit Toluol überschichtetem CuCN bei 0°, ½ std. Stehen bei 0° u. 4 Std. bei Raumtemp. u. 3 std. Erwärmen auf 50°. *Hydrochlorid*, $C_{17}H_{23}N_2Cl$, F. 257—260° (A.). — *Spiro-cyclohexan-[1:1']-x'-nitroindanon-(3')* (**IX**), $C_{14}H_{15}O_3N$, F. 195—195,5° (Aceton, Bzl.), durch Zutropfen von KNO_3 in konz. H_2SO_4 zur Lsg. von **VIII** in konz. H_2SO_4 bei 0° während 1¼ Std. u. Gießen auf Eis nach weiterem 1 std. Rühren bei 0°; 83%. *2.4-Dinitrophenylhydrazon*, $C_{20}H_{19}O_6N_5$, F. 297—298° (A.). — *Spiro-cyclohexan-[1:1']-x'-aminoindanon-(3')* (**X**), $C_{14}H_{17}ON$, F. 125—126°, durch Zugabe von $SnCl_2 \cdot 2 H_2O$ in konz. HCl + A. zur sd. Lsg. von **IX** in A., weiteres ½ std. Kochen, Einengen, Alkalisieren mit KOH u. Ae.-Extraktion; aus Bzl.–PAe., CH_3OH–W. u. nach Sublimation bei 120°/0,5 mm fast farblose Kristalle; 82%. *Oxim*, $C_{14}H_{18}ON_2$, F. 178 bis 180° (CH_3OH–W.). — *Spiro-cyclohexan-[1:1']-x'-oxyindanon-(3')* (**XI**), $C_{14}H_{16}O_2$, F. 159—160° (A.–W., Sublimation bei 160°/0,03 mm), aus **X** analog **IV**; 72%. *O-Acetylderiv.*, $C_{16}H_{18}O_3$, F. 100—101° (A.–W.). *Oxim*, F. 182—184° (A.–W.). — *Spiro-cyclohexan-[1:1']-x'-äthoxyindanon-(3')*, $C_{16}H_{20}O_2$, F. 68—70° (PAe., Sublimation bei 80°/0,1 m), aus **XI** mit Diäthylsulfat; Kp.$_{0,7}$ 155°. *Oxim*, $C_{16}H_{21}O_2N$, F. 151,5—152° (A.–W., Sublimation unter vermindertem Druck). — *Spiro-cyclohexan-[1:1']-3'-amino-x'-äthoxyindanhydrochlorid*, $C_{16}H_{24}ONCl$, F. 234—237°, durch Hydrierung von 2,7 g vorst. Oxims in Eisessig bei Raumtemp. in Ggw. von ADAMS-Katalysator u. Einleiten von HCl-Gas in die Ae.-Lsg. des Amins; 2,8 g. — *Spiro-cyclohexan-[1:1']-3'-dimethylamino-x'-äthoxyindanhydrochlorid*, $C_{18}H_{28}ONCl$, F. 211—213° (Aceton), durch Erwärmen von 2,1 g vorst. Hydrochlorids mit 90%ig. HCOOH u. 40%ig. HCHO auf dem Dampfbad bis zur Beendigung der CO_2-Entw. u. Einleiten von HCl in die Ae.-Lsg. des Amins; 2 g; gibt beim 4½ std. Kochen mit 48%ig. HBr in Eisessig **IV**. — *Spiro-cyclohexan-[1:1']-x'-acetyl-3'-dimethylaminoindan* (**V**), $C_{18}H_{25}ON$, F. 90—92° (PAe., Sublimation), durch Zufügen von Acetanhydrid in CS_2 zu **Ib** u. $AlCl_3$ in CS_2, 18 std. Kochen nach beendeter Zugabe u. Eingießen in Eis–NaOH; Kp.$_1$ 145—160°. *Hydrochlorid*, $C_{18}H_{26}ONCl$, F. 254—255° (Zers.; CH_3OH–Ae.). — *Spiro-cyclohexan-[1:1']-x'-propionyl-3'-dimethylaminoindan*, $C_{19}H_{27}ON$, F. 56—58° (PAe.), analog **V** aus 7 g **Ib** u. 4,3 g Propionsäureanhydrid; Kp.$_{0,5}$ 155°; 1,5 g neben 4,3 g zurückgewonnenem **Ib**. *Hydrochlorid*, $C_{19}H_{28}ONCl$, F. 252—255° (A.–Ae.). — *Spiro-cyclohexan-[1:1']-x'-n-butyryl-3'-dimethylaminoindan* (**VII**), $C_{20}H_{29}ON$, F. 48 bis 49° (PAe.), analog **V** aus 7 g **Ib** u. 3,5 g n-Butyrylchlorid; Kp.$_{0,4}$ 150°; 4,4 g neben 1,5 g unverändertem **Ib**. *Hydrochlorid*, $C_{20}H_{30}ONCl$, F. 215—218° (A.–Ae.). — **VI**, durch portionsweise Zugabe von NaN_3 zu 1 g **V** in Bzl. u. 90%ig. H_2SO_4 bei 40—45°; 0,7 g. — *Spiro-cyclohexan-[1:1']-3'-dimethylamino-x'-[1-oxyäthyl]-indanhydrochlorid*, $C_{18}H_{28}ONCl$, F. 245—247° (A.–Ae.), durch Zutropfen von 3 g **V** in Ae. zu $LiAlH_4$ in Ae., weiteres ½ std. Rühren u. Zers. mit W.; die erhaltenen 3 g Amin wurden in Ae. mit HCl-Gas behandelt. — *Spiro-cyclohexan-[1:1']-3'-dimethylamino-x'-[1-oxybutyl]-indanhydrochlorid*, $C_{20}H_{32}ONCl$, F. 210—211° (A.–Ae.), aus 3,4 g **VII** wie vorst.; 3,4 g Amin. — *2-[p-Methoxyphenyl]-2-cyanmethylcyclohexanon*, $C_{15}H_{17}O_2N$, F. 74—77° (PAe., Sublimation unter vermindertem Druck), durch Zugabe von 2-[p-Methoxyphenyl]-cyclohexanon [aus p-Methoxyphenyl-MgBr u. 2-Chlorcyclohexanon; 69%] in Ae. u. Bzl. zu $NaNH_2$ in Ae. + Bzl. unter Rühren, 3½ std. Kochen, Eintropfen von Chloracetonitril in Ae., 24 std. Kochen u. Zers. mit W.; Kp.$_{0,07}$ 190—200° (Bad); 73%; gab bei der WOLFF-KISHNER-Red. als Destillat *p-Cyclohexylanisol* ($C_{13}H_{18}O$, F. 54—56°) u. im Rückstand *p-Cyclohexylphenol* ($C_{12}H_{16}O$, F. 126 bis 127°). — *2-[p-Methoxyphenyl]-2-carboxymethylcyclohexanon*, $C_{15}H_{18}O_4$, F. 149—150° (Bzl.–PAe.), analog vorst. Verb. mit Bromessigsäureäthylester über den *Äthylester* (Kp.$_{0,3}$ 160—165°) u. dessen Hydrolyse mit wss. KOH; WOLFF-KISHNER-Red. lieferte p-Cyclohexylphenol. (J. org. Chemistry **17**. 492—504. März 1952. College Park, Md., Univ., Chem. Labor.) SPAETH. 2650

R. Truffault und **Y. Monteils**, *Alkylierung von Halogenderivaten aromatischer Kohlenwasserstoffe mittels ungesättigter Kohlenwasserstoffe in Gegenwart von Schwefelsäure als Katalysator.* Früher (Bull. Soc. chim. France, Mém. [5] **6**. [1939.] 726) wurde gezeigt, daß nicht nur aromat. KW-stoffe mit ungesätt. KW-stoffen in Ggw. von Katalysatoren alkyliert werden können, sondern auch deren Halogenderivv.; in Fortsetzung dazu wird hier gezeigt, daß auch verschied. *Derivv. der Benzol- u. Naphthalinreihe* zu dieser Rk. fähig sind. — 1. Kondensationen von *Cyclohexen* (**I**): a) mit *Chlortoluolen* (**II**): 1,5 Mol **II** u. 2 Mole konz. H_2SO_4 werden mit 15% P_2O_5 versetzt u. in kleinen Anteilen **I** zugegeben. Nach Beendigung der Rk. wird mit Eiswasser behandelt, mit Wasserdampf dest. u. mit Ae. extrahiert. Erhalten werden: *Cyclohexyl-o-chlortoluol*, $C_{13}H_{17}Cl$, aus o-**II** u. **I**, Kp.$_{20}$ 162 bis 164°; 60% (Ausbeute), bezogen auf **I**. *Cyclohexyl-m-chlortoluol*, $C_{13}H_{17}Cl$, aus m-**II**, Kp.$_{11}$ 149—151°; 79%. *Cyclohexyl-p-chlortoluol*, $C_{13}H_{17}Cl$, aus p-**II** u. **I**, Kp.$_{16}$ 155—157°; 98%. Hiernach steigt die Ausbeute mit der Entfernung des Cl-Atoms von der CH_3-Gruppe bis zum fast theoret. Wert. — b) Mit *p-Cyclohexylchlorbenzol* (**III**): *Cyclohexylchlorphenylcyclohexan*, $C_{18}H_{25}Cl$, Kp.$_{13}$ 201—205°, aus **III** (aus Chlorbenzol u. **I** in Ggw. von H_2SO_4)

u. I wie oben; 45%. — c) Mit *Dichlorbenzolen*: *Cyclohexyl-o-dichlorbenzol*, $C_{12}H_{14}Cl_2$, aus o-Dichlorbenzol u. I, Kp.$_{16}$ 142—144°; 5%. *Cyclohexyl-m-dichlorbenzol*, $C_{12}H_{14}Cl_2$, Kp.$_{27}$ 152 bis 154°; 5%. Die Kondensation mit p-Dichlorbenzol führt trotz Anwendung verschied. Arbeitsweisen zu keiner Alkylierung. Nach den Ergebnissen zeigt sich, daß die Ggw. von 2 Cl-Atomen die Alkylierung stark hemmt. — 2. Kondensation von I mit in der Seitenkette halogenierten Benzolderivv.: a) zu einem Gemisch von 1,5 Mol *Benzylchlorid* (**IV**) u. 1 Mol I werden in kleinen Anteilen unter starkem Rühren 2 Mol konz. H_2SO_4 mit 15% P_2O_5 zugegeben u. fraktioniert; neben unumgesetztem **IV** u. 3 höheren Kondensationsprodd. *p-Cyclohexylbenzylchlorid*, $C_{13}H_{17}Cl$, Kp.$_{28}$ 186—187°; 30%. — b) 1,5 Mol *Benzylidenchlorid* u. 2 Mol konz. H_2SO_4 werden bei 0° mit 15% P_2O_5 versetzt u. sehr langsam 1 Mol I zugefügt. An Stelle der Dest. wird mit einer Mischung von W. u. $CaCO_3$ durch 5std. Kochen hydrolysiert. Aus dem gebildeten *Cyclohexylbenzylidenchlorid* entsteht dabei *p-Cyclohexylbenzaldehyd*, Öl, Kp.$_{18}$ 163—165°; 10%. *Anilinderiv.*, F. 116°. — Die Kondensation mit Benzoylchlorid, Benzylalkohol, Benzylacetat u. Benzoylbenzoat gelingt nicht. — 3. Kondensation mit halogenierten Naphthalinderivv.: *Cyclohexyl-α-bromnaphthalin*, $C_{16}H_{17}Br$, Kp.$_{15}$ 224—225°, aus *α-Bromnaphthalin* u. I; 57%; daraus Organo-Mg-Verb., die mit W. *α-Cyclohexylnaphthalin*, Kp.$_{28}$ 198—200°; 90% (*Pikrat*, F. 120°), mit Sauerstoff keine Rk., mit CO_2 *Cyclohexyl-α-naphthoesäure*, $C_{17}H_{18}O_2$, F. 72°; 63%; mit Formaldehyd als Trioxymethylen *Cyclohexyl-naphthyl-(1)-methanol*, Kp.$_{14}$ 195—196°; 20%; mit Acetaldehyd *Cyclohexyl-1-[1-oxyäthyl]-naphthalin*, Kp.$_{12}$ 203—204°; 60%; mit Benzaldehyd *Cyclohexyl-1-[α-oxybenzyl]-naphthalin*, F. 85—86°; 25% (*Acetat*, $C_{25}H_{26}O_2$, F. 65°) u. mit Benzophenon *Cyclohexyl-1-[α-oxybenzhydryl]-naphthalin*, F. 73°, sehr geringe Ausbeute, gibt. (Bull. Soc. chim. France, Mém. [5] **18.** 97—99. Jan./Febr. 1951. Clermont, Fac. des Sci., Labor. de Chim. organ.) ROTTER. 2700

John D. Roberts und **William F. Gorham**, *Synthesen einiger Bicyclo-[3.3.0]-octanderivate*. Im Rahmen der geplanten Synth. von *Pentalen* (**I**; *Bicyclo-[3.3.0]-octatetraen*) wird *Tetrahydropentalen* (**II**) aus *Bicyclo-[3.2.0]-hepten-(2)-on-(6)* (**III**) dargestellt. — **III** liefert ein Cyanhydrin, das ohne isoliert zu werden bei der Acetylierung eine *Acetylverb.* (**IV**) ergab, die bei der Red. mit $LiAlH_4$ zu *6-Aminomethyl-6-oxybicyclo-[3.2.0]-hepten-(2)* (**V**) führte; als Nebenprod. entstand der **III** entsprechende Alkohol. Die Ringerweiterung von **V** erfolgte durch eine Semipinakolinentaminierung mit HNO_2 u. ergab eine Mischung der Ketone **VI** u. **VII**. Sie ging beim Hydrieren in eine Mischung von *cis-α-* (**VIII**) u. *cis-β-Bicyclo-[3.3.0]-octanon* (**IX**) im Verhältnis 85 : 15 (bestimmt aus dem Ultrarotspektr.) über. Die Red. von **VI** + **VII** mit $LiAlH_4$ ergab eine Alkoholmischung (**XI**), die nach TSCHUGAEFF dehydratisiert eine **II**-Mischung lieferte, die im wesentlichen **IIa** u. **IIb** mit maximal 15% **IIc** enthielt. Ihre Hydrierung ergab reines *cis-Bicyclo-[3.3.0]-octan* (**X**). Zum Vgl. wurden **X** u. das trans-Isomere nach BARRETT u. LINSTEAD (J. chem. Soc. [London] **1936.** 611) hergestellt. — Infrarotspektren der genannten Verbb. vgl. Original. — Alle Verss., I aus **II** durch Dehydrieren zu erhalten, waren ergebnislos. Bei der Dehydrierung in Ggw. von Pt-Asbest bei 360—380° oder Pt-Kohle bei 320—340° entstanden nur 5% oder weniger H_2.

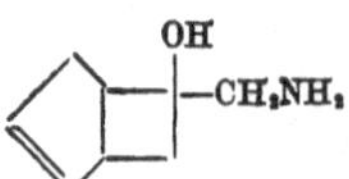

V

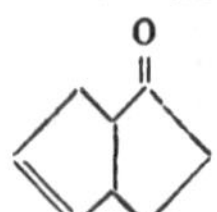

VI

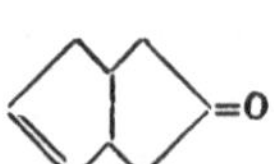

VII

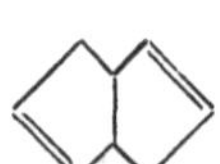
IIa

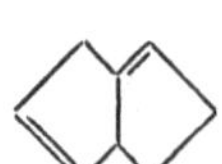
IIb

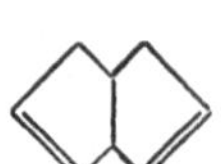
IIc

Versuche: *Bicyclo-[3.2.0]-hepten-(2)-on-(6)* (**III**), Kp.$_{51}$ 83—84°, nach BLOMQUIST u. KWIATEK (J. Amer. chem. Soc. **73.** [1951.] 2098), Reinigen über das *Semicarbazon* (F. 221—222°) u. Dampfdest. mit Oxalsäure; n_D^{25} 1,4801. *2.4-Dinitrophenylhydrazon*, $C_{13}H_{12}O_4N_4$, F. 114—115° (A.). — *6-Acetoxy-6-cyanbicyclo-[3.2.0]-hepten-(2)* (**IV**), $C_{10}H_{11}O_2N$, Kp.$_3$ 106—110°, n_D^{25} 1,4785, aus **III** mit HCN u. Piperidin bei 0° (24 Std.) u. Acetylieren des mit Ae. extrahierten rohen Cyanhydrins mit Essigsäureanhydrid u. Acetylchlorid bei 0° (24 Std.) u. bei Zimmertemp. (1 Woche); 67% (Ausbeute). — *6-Aminomethyl-6-oxybicyclo-[3.2.0]-hepten-(2)* (**V**), $C_8H_{13}ON$, Kp.$_{1,5}$ 83—84°, durch Red. von **IV** mit $LiAlH_4$ in sd. Ae. u. Zers. mit wss. Na-Tartrat; 90%. *Pikrat*, $C_{14}H_{16}O_8N_4$, F. 137—138°, aus Bzl. + A. + Hexan. — *Bicyclo-[3.3.0]-octen-(2)-on-(6)* u. *Bicyclo-[3.3.0]-octen-(2)-on-(7)* (**VI** u. **VII**), $C_8H_{10}O$, Kp.$_{17}$ 81—83°, n_D^{25} 1,4880, aus **V** in verd. Essigsäure mit $NaNO_2$ unter Kühlen mit Eis, Destillieren mit Wasserdampf u. Reinigen über das Semicarbazon (wie **III**); 55% aus **IV**. *2.4-Dinitrophenylhydrazon*, $C_{14}H_{14}O_4N_4$, F. 120—155°, aus A. Prismen. *Semicarbazon*, $C_9H_{13}ON_3$, F. 164—166°, aus wss. Alkohol. — *cis-α-* u. *-β-Bicyclo-[3.3.0]-octanon* (**VIII** u. **IX**), Kp.$_{18}$ 84—86°, n_D^{25} 1,4758, im Verhältnis 85 : 15 durch Hydrieren von **VI** + **VII** in A. in Ggw. von PtO_2. — *Bicyclo-[3.3.0]-octen-(2)-ol-(6 u. 7)* (**XI**), $C_8H_{12}O$, Kp.$_{17}$ 91—94°, n_D^{25} 1,5025, aus **VI** + **VII** mit $LiAlH_4$ in sd.

Ae.; 84%. *Acetat*, $C_{10}H_{14}O_2$, Kp.$_{16}$ 91—94°, mit Acetylchlorid in Pyridin. — *Tetrahydropentalen* (II), C_8H_{10}, Kp. 129—131°, n_D^{25} 1,4865, als Isomerenmischung aus XI durch Überführen in das S-Methylxanthat u. dessen Pyrolyse bei 180—220°, λ_{max} zwischen 220 bis 350 mμ; 53%. — *cis-Bicyclo-[3.3.0]-octan* (X), Kp. 135—137°, n_D^{25} 1,4593, durch Hydrieren von II in Essigsäure in Ggw. von ADAMS-Katalysator; X entsteht auch durch WOLFF-KISHNER-Red. von VIII + IX oder von reinem IX; 75%. — XI-*Formiat*, $C_9H_{12}O_2$, Kp.$_{28}$ 98—100°, entstand beim Vers., XI mit Ameisensäure bei 100° zu dehydratisieren; 75%. — *α-[Carbäthoxymethyl]-cyclopentylidencyanessigester*, Kp.$_{2,8}$ 172—174°, n_D^{25} 1,4831, aus 2-Ketocyclopentanessigester u. Cyanessigester mit Ammoniumacetat in sd. Bzl.; 68%. — *cis-* u. *trans-Cyclopentan-1.2-diessigsäure*, F. 149,5° (aus W.), durch Hydrieren der vorst. Verb. in A. in Ggw. von Pd-Kohle mit 1—2 at H_2 u. anschließende Verseifung, durch Kochen mit konz. HCl als Isomerenmischung 45 : 55; 53%. — *α-[Carbäthoxymethyl]-cyclopentylcyanessigester*, Kp.$_{1,5}$ 150—153°, n_D^{25} 1,4599, als Zwischenstufe bei der Hydrierung; 71%. — IX, Kp.$_{17}$ 88°, n_D^{25} 1,4772, nach BARRETT u. LINSTEAD (l. c.). *Semicarbazon*, F. 194—195° (Zers.). *2.4-Dinitrophenylhydrazon*, $C_{14}H_{16}O_4N_4$, F. 115—116° (aus A.). — *trans-β-Bicyclo-[3.3.0]-octanon*, Kp.$_{22}$ 87—88°, n_D^{25} 1,4755, analog. *Semicarbazon*, F. 243—244° (Zers.). *2.4-Dinitrophenylhydrazon*, $C_{14}H_{16}O_4N_4$, F. 156,5—157,5° (A.). — *trans-Bicyclo-[3.3.0]-octan*, Kp. 136—136,5°, n_D^{25} 1,4592, wie X; 65%. (J. Amer. chem. Soc. **74**. 2278—82. 5/5. 1952. Cambridge, Mass., Inst. of Technol., Dep. of Chem.) GOLD. 2950

Paul Cagniant und **Mme. Paul Cagniant**, *Untersuchungen in der Thiophenreihe*. 3. Mitt. *Beitrag zur Untersuchung der Chlormethylierung und der Bromierung des 2-Äthylthiophens*. (2. vgl. C. **1950**. II. 1118.) Bei der Chlormethylierung von 2-Äthylthiophen (II) entsteht nur in geringer Ausbeute das gewünschte *2-Äthyl-5-chlormethylthiophen* (I), Hauptprod. ist *Bis-[2-äthylthienyl-(5)]-methan*. I gibt mit KCN *2-Äthyl-5-cyanmethylthiophen* (III) u. daraus durch Hydrolyse *[2-Äthylthienyl-(5)]-essigsäure* (V). III läßt sich mit p-Nitroso-N-dimethylanilin zu *[2-Äthylthienyl-(5)]-acetonitril-p-[N-dimethylamino]-anil* kondensieren, aus dem durch Hydrolyse direkt *2-Äthyl-5-carboxythiophen* (VI) entsteht, ohne daß sich das Zwischenprod., 2-Äthylthenoyl-(5)-cyanid, isolieren ließ. Die Bromierung von II mit N-Bromsuccinimid liefert ohne Katalysator *2-Äthyl-5-bromthiophen* (IV), in Ggw. von Benzoylperoxyd entsteht daneben ein instabiles Bromid, das möglicherweise das in der Seitenkette substituierte 2-[α-Bromäthyl]-thiophen ist; in beiden Fällen bildet sich außerdem ein nicht näher untersuchtes Dibromid. Die Konst. von IV wurde durch Carbonisierung seiner Mg-Verb. zu VI bewiesen; ARNDT-EISTERT-Rk. des Säurechlorids von VI (VII) liefert V. Aus VII werden mit Organometallverbb. einige *5-Acyl-2-äthylthiophene* dargestellt, die andererseits aus II u. Acylchloriden zugänglich sind. Die Mg-Verb. von IV gibt mit Äthylorthoformiat *2-Äthyl-5-formylthiophen* (VIII), das mit einigen Arylacetonitrilen kondensiert wird. Die 5-Acyl-2-äthylthiophene gehen die PFITZINGER-Rk. mit Isatin bzw. 5-Methylisatin ein, die erhaltenen *Cinchoninsäuren* liefern durch Decarboxylierung die entsprechenden *Chinoline*.

V e r s u c h e : *2-Äthylthiophen* (II), Kp.$_{752}$ 135,6°, durch Red. von 2-Acetylthiophen; n_D^{20} 1,5124; 90% (Ausbeute). *Chlormercurideriv.*, C_6H_7ClSHg, F. 146,5°. — *2-Äthyl-5-chlormethylthiophen* (I), C_7H_9ClS, Kp.$_{13,7}$ 105°, aus II u. Chlormethyläther in Eisessig erst bei 0°, dann 30 Min. bei 10°, dann bei Raumtemp., wobei Selbsterwärmung auf 30° eintritt, nach Abkühlen auf 10° erneutes Stehen bei Raumtemp., Aufgießen auf Eis u. Extraktion mit Bzl.; n_D^{16} 1,5480, D.$^{20,7}_4$ 1,135; 21%. — *Bis-[2-äthylthienyl-(5)]-methan*, $C_{13}H_{16}S_2$, Kp.$_{13}$ 183°, als Rückstand bei der Dest. von II; n_D^{20} 1,5686, D.$^{20}_4$ 1,098; 50%. — *2-Äthyl-5-cyanmethylthiophen* (III), C_8H_9NS, Kp.$_{17}$ 132°, durch 18std. Kochen von 5 g I mit 2 g KCN in Aceton u. so wenig W. wie möglich; n_D^{20} 1,5380; 2 g. — *[2-Äthylthienyl-(5)]-essigsäure* (V), $C_8H_{10}O_2S$, Kp.$_{14}$ 168°, durch 24std. Erwärmen von 1 g III mit alkoh.-wss. KOH; F. ~ 10°; 0,8 g. *Chlorid*, C_8H_9OClS, Kp.$_{16}$ 125°, mit $SOCl_2$; 95%. *Amid*, $C_8H_{11}ONS$, F. 143°, aus Bzl. Blättchen. — *[2-Äthylthienyl-(5)]-acetonitril-p-[N-dimethylamino]-anil*, $C_{16}H_{17}N_3S$, F. 118°, aus äquimol. Mengen III u. p-Nitroso-N-dimethylanilin in Ggw. von alkoh. $NaOC_2H_5$; aus A. ziegelrote Kristalle. — *2-Äthylthiophencarbonsäure-(5)* (VI), $C_7H_8O_2S$, F. 69,5° (PAe.), durch Hydrolyse vorst. Verb. mit 5%ig. H_2SO_4 während einiger Min. bei 50°. *Chlorid* (VII), C_7H_7OClS, Kp.$_{13,7}$ 119°, $n_D^{18,2}$ 1,5740. *Amid*, C_7H_9ONS, F. 140° (Bzl.). *Äthylester*, $C_9H_{12}O_2S$, Kp.$_{19,7}$ 114°, Kp.$_{27}$ 131°. — *[2-Äthylthienyl-(5)]-diazomethylketon*, $C_8H_8ON_2S$, F. 70°, aus VII u. CH_2N_2; aus Ae.-PAe. glänzende gelbe Nadeln. Gibt durch 2std. Erwärmen mit Ag_2O in A. V-*Äthylester*, Kp.$_{14}$ 130—131°, $n_D^{19,4}$ 1,5138. — *2-Äthyl-5-bromthiophen* (IV), C_6H_7BrS, Kp.$_{11}$ 78,5°, durch Erwärmen von II u. N-Bromsuccinimid in CCl_4 (bei 110° setzt starke Wärmeentw. ein) u. 1½std. Kochen u. Filtration bei 0°; n_D^{20} 1,5600, D.$^{18,5}_4$ 1,468; 88%; im Rückstand bleibt eine höhersd. Fraktion. In Ggw. von Benzoylperoxyd wurden nur ca. 35% IV erhalten, die anderen Prodd. wurden noch nicht identifiziert. IV ließ sich mit CuCN bei 210° nicht in 2-Äthyl-5-cyanthiophen überführen. Aus der in üblicher Weise dargestellten GRIGNARD-Verb. von **IV** entstand durch Einleiten von trockenem CO_2 **VI**; 91%. — *2-Äthyl-5-formylthiophen* (**VIII**), C_7H_8OS, Kp.$_{20}$ 121,5—122°, aus der Mg-Verb. von **IV** in Toluol mit Orthoameisensäuretriäthylester bei 80° bis zum Auftreten eines Nd. u. Zers. mit 10%ig. HCl; D.$^{19}_4$ 1,117, $n_D^{17,8}$ 1,5691; 58%; oder aus **I** mit Urotropin; 64%. *Semicarbazon*, $C_8H_{11}ON_3S$, F. 194°, aus A. Blättchen. *2.4-Dinitrophenylhydrazon*, $C_{13}H_{12}O_4N_4S$, F. 220°, aus Bzl. + A. hellrote Nadeln. — *α-Phenyl-β-[2-äthylthienyl-(5)]-acrylonitril*, $C_{15}H_{13}NS$, F. 105°, aus **VIII** u. Benzylcyanid in A. mit alkoh. $NaOC_2H_5$ in der Kälte; aus A. goldgelbes Pulver; mit H_2SO_4 purpurfarben → braun. — *α-[p-Bromphenyl]-β-[2-äthylthienyl-(5)]-acrylonitril*, $C_{15}H_{12}NBrS$, F. 118°, wie vorst. aus p-Brombenzylcyanid; aus A. blaßgelbe Kristalle; mit H_2SO_4 lachsrosa → gelb. — *α-[Naphthyl-(2)]-β-[2-äthylthienyl-(5)]-acrylonitril*, $C_{19}H_{15}NS$, F. 102°, aus Naphthyl-(2)-acetonitril; aus A. feine Nadeln; mit H_2SO_4 blaugrün → braun. — *2-[2-Äthylthenyliden-(5)]-tetralon-(1)*, $C_{17}H_{16}OS$, F. 59° (PAe.), aus **VIII** u. α-Tetralon. — *2-[Thenyliden-(2)]-tetralon-(1)*, $C_{15}H_{12}OS$, F. 89,5—90°, wie vorst. mit 2-Formylthiophen; aus A. feine Nadeln. Verss. zur Cyclisierung dieser u. der vorst. Verb. nach RAPSON u. SHUTTLEWORTH (J. chem. Soc. [London] **1940**. 636) führten nur zur Verharzung. — *2-[β-Oxyäthyl]-5-äthylthiophen*, $C_8H_{12}OS$, Kp.$_{15,7}$ 131,5—132°, aus der Mg-Verb. von **IV** mit Äthylenoxyd in Bzl.; D.$^{18,5}_4$ 1,085, $n_D^{18,5}$ 1,5337; 60%. *Phenylurethan*, $C_{15}H_{17}O_2NS$, F. 56,5°, feine glänzende Nadeln. *p-Nitrobenzoat*, $C_{15}H_{15}O_4NS$, F. 38°, Blättchen. *3.5-Dinitrobenzoat*, $C_{15}H_{14}O_6N_2S$, F. 82,5°, blaßgelbe Kristalle. — *2-Äthyl-5-acetylthiophen*, $C_8H_{10}OS$, Kp.$_{16}$ 126,5°, aus **VII** u. $Cd(CH_3)_2$; 78%; oder durch FRIEDEL-CRAFTS-Rk. aus **II**; 83%; gibt durch WILLGERODT-Rk. **V**; 7%. — *2-Äthyl-5-propionylthiophen*, $C_9H_{12}OS$, Kp.$_{14}$ 131°, aus **VII** u. $Cd(C_2H_5)_2$; n_D^{21} 1,5418, D.$^{21}_4$ 1,064; 75%. *Semicarbazon*, $C_{10}H_{15}ON_3S$, F. 213°, feine Kristalle. *2.4-Dinitrophenylhydrazon*, $C_{15}H_{16}O_4N_4S$, F. 192,5°, aus A. feine dunkelrote Kristalle. — *β-[2-Äthylthienyl-(5)]-propionsäure*, $C_9H_{12}O_2S$, F. 54,5°, aus vorst. Verb. durch WILLGERODT-Rk.; aus PAe. Blättchen; 35%. *Chlorid*, $C_9H_{11}OClS$, Kp.$_{14}$ 130—131°. — *2-Äthyl-5-benzoylthiophen*, $C_{13}H_{12}OS$, Kp.$_{13}$ 199—200°, aus **VII** u. C_6H_5ZnBr; 70%. *2.4-Dinitrophenylhydrazon*, $C_{19}H_{16}O_4N_4S$, F. 125°, aus A. mikrokrist. ziegelrotes Pulver. — *2-Äthyl-5-butyrylthiophen*, $C_{10}H_{14}OS$, Kp.$_{14}$ 137°, aus **II** u. Butyrylchlorid in CS_2 mit $AlCl_3$ bei 0°, 2 Std bei Raumtemp. u. Zers. mit Eis; n_D^{15} 1,5378, D.$^{15}_4$ 1,048; 70%. *Semicarbazon*, $C_{11}H_{17}ON_3S$, F. 197° (A.). *2.4-Dinitrophenylhydrazon*, $C_{16}H_{18}O_4N_4S$, F. 172°, aus A. rote Kristalle. — *2-Äthyl-5-valerylthiophen*, $C_{11}H_{16}$·OS, Kp.$_{17}$ 153°, wie vorst. mit Valerylchlorid; D.$^{20,2}_4$ 1,027, n_D^{19} 1,5309; 75%. *Semicarbazon*, $C_{12}H_{19}ON_3S$, F. 173° (A.). *2.4-Dinitrophenylhydrazon*, $C_{17}H_{20}O_4N_4S$, F. 167,5°, aus A. dunkelrote Blättchen. — *2-Äthyl-5-phenylacetylthiophen*, $C_{14}H_{14}OS$, F. 63°, wie vorst. mit Phenylacetylchlorid; Kp.$_{13}$ 205—206°, aus A. Blättchen; 91%. *Semicarbazon*, $C_{15}H_{17}$·ON_3S, F. 192° (A.). *2.4-Dinitrophenylhydrazon*, $C_{20}H_{18}O_4N_4S$, F. 175,5°, aus A. rote Kristalle. — Durch PFITZINGER-Rk. der 2-Äthyl-5-acylthiophene mit Isatin bzw. 5-Methylisatin wurden dargestellt: *2-[2-Äthylthienyl-(5)]-4-carboxychinolin*, $C_{16}H_{13}O_2NS$, F. 180°, feine blaßgelbe Kristalle; 90%. — *2-[2-Äthylthienyl-(5)]-chinolin*, $C_{15}H_{13}NS$, F. 59°, aus A. Blättchen. *Pikrat*, $C_{21}H_{16}O_7N_4S$, F. 178°, aus absol. A. braune Blättchen. — *2-[2-Äthylthienyl-(5)]-4-carboxy-6-methylchinolin*, $C_{17}H_{15}O_2NS$, F. 180°, hellgelbes Pulver. — *2-[2-Äthylthienyl-(5)]-6-methylchinolin*, $C_{16}H_{15}NS$, F. 83,5°, feine Nadeln. *Pikrat*, $C_{22}H_{18}$·O_7N_4S, F. 185°, aus absol. A. feine gelbe Nadeln. — *2-[2-Äthylthienyl-(5)]-3-methyl-4-carboxychinolin*, $C_{17}H_{15}O_2NS$, F. 198°, aus A. feine Kristalle. — *2-[2-Äthylthienyl-(5)]-3-methylchinolin*, $C_{16}H_{15}NS$, in den gebräuchlichen Lösungsmitteln sehr leicht lösl. u. daher nicht rein erhalten. *Pikrat*, $C_{22}H_{18}O_7N_4S$, F. 141°, aus absol. A. goldgelbe Nadeln. — *2-[2-Äthylthienyl-(5)]-3.6-dimethyl-4-carboxychinolin*, $C_{18}H_{17}O_2NS$, F. 224° (A.). — *2-[2-Äthylthienyl-(5)]-3.6-dimethylchinolin*, $C_{17}H_{17}NS$, F. 51,5°, aus verd. A. feine Kristalle. — *2-[2-Äthylthienyl-(5)]-3-äthyl-4-carboxy-6-methylchinolin*, $C_{19}H_{19}O_2NS$, F. 212° (Zers.); 68%. — *2-[2-Äthylthienyl-(5)]-3-äthyl-6-methylchinolin*, $C_{18}H_{19}NS$, F. 48°, aus verd. A. feine Kristalle. *Pikrat*, $C_{24}H_{22}O_7N_4S$, F. 186°, aus absol. A. feine gelbe Kristalle. — *2-[2-Äthylthienyl-(5)]-3-phenyl-4-carboxy-6-methylchinolin*, $C_{23}H_{19}O_2NS$, F. 231°, aus verd. A. blaßgelbe Kristalle; gering. (Bull. Soc. chim. France, Mém. [5] **19**. 713—19. Juli/Aug. 1952. Strasbourg, Univ., Labor. de Rech.) SPAETH. 3071

Georges Combes, *Notiz über eine neue Darstellung des 2-Thenaldehyds (2-Thiophenaldehyds). Gewinnung des 5-Nitro-2-thenaldehyds.* Unabhängig von PATRIK u. EMERSON (C. **1952**. 7334) hat Vf. *5-Nitro-2-thiophenaldehyd* (**I**) durch Nitrierung von 2-Thenaldehyd (**II**) als Diacetat dargestellt; **II** wurde auf einem neuen Wege, nämlich durch Hydrolyse von Trichlormethylthienyl-(2)-carbinol, im Gemisch mit einer noch nicht identifizierten Säure erhalten. Zur Darst. von **I**-*Semicarbazon* (**Ia**) wurde außerdem 5-Nitro-2-acetylthiophen (**V**) zu einem Gemisch von *5-Nitro-2-thenoesäure* (**III**) u. *5-Nitrothienyl-(2)-glyoxylsäure* (**IV**) oxydiert; das Semicarbazon von **IV** ist instabil u. geht unter Decarboxylierung in **Ia** über.

Versuche: *2-Thenaldehyd* (**II**), durch Hydrolyse von Trichlormethylthienyl-(2)-carbinol ($Kp._{20}$ 153—154°), a) mit kalt gesätt. wss. K_2CO_3 beim Kochen, wobei **II** mit Wasserdampf zusammen abdest.; b) mit alkoh. NaOH durch 3std. Kochen, Aufnehmen in W. u. Chloroformextraktion; Isolierung als *Phenylhydrazon*, F. 133° (A.); in beiden Fällen wurde ein nichtkrist. Rückstand erhalten. — *5-Nitro-2-thenaldehyddiacetat*, $C_9H_9O_6NS$, F. 68—69°, durch Nitrierung von 1,7 g **II** in Acetanhydrid mit HNO_3 (D. 1,49) in Acetanhydrid bei —5°, 3std. Stehen bei Raumtemp. u. Aufgießen auf Eis; aus A. 4 g Prismen. — *5-Nitro-2-thenaldehyd* (**I**), F. 72—73°, durch 2std. Erwärmen vorst. Verb. mit H_2SO_4 in W.; aus A.-PAe. verfilzte Nadeln. *Semicarbazon* (**Ia**), F. 233—235° (Zers.), aus A. oder Dioxan gelbe Nadeln. *Thiosemicarbazon*, F. 255—258°, aus Dioxan gelborangefarbene Nadeln. — *5-Nitro-2-thenoesäure* (**III**), $C_5H_3O_4NS$, F. 156°, u. *5-Nitrothienyl-(2)-glyoxylsäure* (**IV**), $C_6H_3O_5NS$, F. 125°, durch Zugabe von HNO_3 (D. 1,1) zu **V** in sd. W., Filtration nach 1½ std. Kochen, Abtrennen der beim Erkalten ausgeschiedenen Kristalle, Ausäthern der wss. Lsg., Aufnehmen der sauren Bestandteile aus dem Nd. u. der Ae.-Lsg. in Sodalsg. u. fraktionierte Kristallisation aus W.; Ausbeute 23% **III** als schwerer lösl. u. ~30% **IV** als leichter lösl. Anteil. — **Ia**, durch Behandeln von **V** mit Semicarbazidacetat; die sich bildenden Kristalle (Zers. >280°) gaben in W. mit HCl **Ia**. — **I** liefert durch Oxydation mit $KMnO_4$ **III**. (Bull. Soc. chim. France, Mém. [5] **19**. 701—02. Juli/Aug. 1952.) SPAETH. 3071

V. Prelog, W. Bauer, G. H. Cookson und **Gunnel Westöö**, *Über die Reaktion der 3-Acyl-1.5-dibrom-pentane mit Ammoniak.* Vff. erhalten beim Erhitzen von *3-Acetyl-1.5-dibrompentan* (**I**) bzw. *3-Benzoyl-1.5-dibrompentan* (**V**) mit methanol. NH_3 auf 110° sauerstofffreie bicycl., ungesätt. Basen, die spirocycl. aufgebaut sind u. einen Cyclopropanring enthalten. Auf Grund der Entstehungsweise u. Eigg. dieser Basen (Vorhandensein einer für Cyclopropanderivv. charakterist. Absorption bei 9,9 μ im Infrarotspektr.) nehmen Vff. an, daß der aus **I** erhaltenen ungesätt. Base $C_7H_{13}N$, die vermutlich über das Zwischenprod. **II** entstanden ist, die Konst. **III** oder **IIIa** zukommt. Für die Formel **III** spricht die Anwesenheit einer starken C=N-Bande bei ca. 6,2 μ im Infrarotspektrum. Die Umsetzung mit **V** führt zu analogen Ergebnissen.

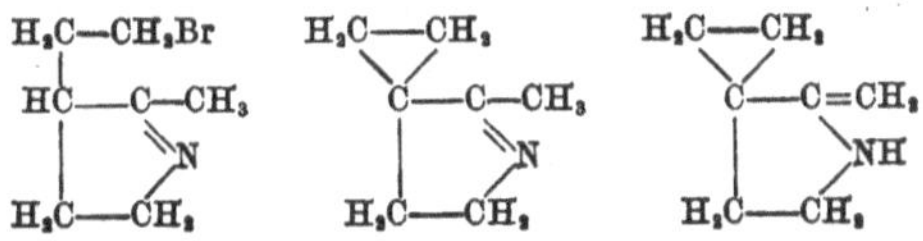

II III IIIa

Versuche (FF. korr., UV-Absorptionsspektren wurden in Cyclohexanlsg., Infrarotabsorptionsspektren in Substanz aufgenommen): *2-Methyl-3-spirocyclopropano-Δ^1-pyrrolin* (**III**), $C_7H_{11}N$, 4-Acetyltetrahydropyran wurde 2,5 Std. mit 66%ig. HBr auf 110° erhitzt, abgekühlt, mit W. verd., mit Bzl. extrahiert, getrocknet u. dest. u. das dunkel gefärbte ölige *3-Acetyl-1.5-dibrompentan* (**I**), $Kp._{0,1}$ 97—98°, sofort mit 20%ig. methanol. NH_3 3 Std. im Rohr auf 110° erhitzt, Methanol wird abdest., der Rückstand mit 50%ig. NaOH versetzt, mit Ae. extrahiert u. dest., $Kp._{10}$ 57°; 39% (Ausbeute); UV- u. Infrarotspektrum. *Pikrat*, $C_{13}H_{14}O_7N_4$, F. 180—182° (Methanol). *Pikrolonat*, $C_{17}H_{19}O_5N_5$, gelbe Täfelchen, F. 197—198° (A.). — *2-Methyl-3-spirocyclopropano-pyrrolidin* (**IV**), $C_7H_{13}N$, **III** wurde mit einem vorhydrierten Katalysator aus PtO_2 in Methanol in 5 Std. hydriert, $Kp._{750}$ 142—144°, n_D^{25} 1,4612, $D.^{25}{}_4$ 0,8991; Infrarotspektrum. *Pikrat*, $C_{13}H_{16}O_7N_4$, F. 136—136,5° (Methanol, dann Bzl.). *Pikrolonat*, $C_{17}H_{21}O_5N_5$, F. 242—242,5° (A.). *N-Benzoylderiv.*, $C_{14}H_{17}ON$, Öl. Zur erschöpfenden Methylierung wurde **IV** 1 Std. mit CH_3J in Methanol stehengelassen, mit Ag_2O in Methanol geschüttelt, filtriert, das Filtrat eingedampft, die quaternäre Ammoniumbase im Vakuum zers., das Destillat in Ae. aufgenommen u. dest., *Base $C_9H_{17}N$*, $Kp._{20}$ 54—60°, die entsprechend **III** hydriert wurde: das Hydrierungsprod., $Kp._{751}$ 150°, gab ein *Pikrat*, $C_{15}H_{22}O_7N_4$, sechseckige Plättchen, F. 144,5—145° (A.), *Pikrolonat*, $C_{19}H_{27}O_5N_5$, F. 160—160,5° (A.), u. ging mit CH_3J in Ae. in ein krist. *Jodmethylat* über, das bei der Dest. mit 50%ig. KOH nur Spuren neutraler Reaktionsprodd. gab. — *4-Benzoyltetrahydropyran*, $C_{12}H_{14}O_2$, aus Tetrahydropyrancarbonsäure-(4)-chlorid mit Diphenylcadmium in Bzl., Blättchen, F. 57—58°. *2.4-Dinitrophenylhydrazon*, $C_{18}H_{18}O_5N_4$, orange Täfelchen, F. 189—192° (Essigester), nach vorherigem Sintern bei 174°. — *Diphenyltetrahydropyranyl-(4)-carbinol*, $C_{18}H_{20}O_2$, als Nebenprod. aus den Mutterlaugen des Ketons durch Chromatographieren an Al_2O_3, Blättchen, F. 185° (A.). — *2-Phenyl-3-spirocyclopropano-Δ^1-pyrrolin* (**VI**), $C_{12}H_{13}N$, aus vorst. Keton mit 66%ig. HBr analog **III**, das erhaltene *3-Benzoyl-1.5-dibrompentan* (**V**) wurde mit bei 0° gesätt. methanol. NH_3 5 Std. auf 130° erhitzt, Methanol abdest., die Neutralteile abgetrennt u. die Basen dest., Fraktion 1, $Kp._{15}$ 155—170°, u. viscoses Öl, $Kp._1$ 155—165°; aus 1 ein *Pikrat*, $C_{18}H_{16}O_7N_4$, gelbe Plättchen, F. 155—157° (A.), aus dem mit LiOH die freie Base **VI** regeneriert wurde, $Kp._{0,5}$ 80°, UV- u. Infrarotspektr.; das viscose *Öl*, $C_{12}H_{15}ON$, gab weder mit Pikrinsäure noch mit 2.4-Dinitrophenylhydrazon krist. Derivate. — *2-Phenyl-3-spirocyclopropano-pyrrolidin* (**VII**), aus **VI** mit vorhydriertem PtO_2-Katalysator, Hydrierungsprod., $Kp._{0,1}$ 80°, *Pikrat*, $C_{18}H_{18}O_7N_4$, orangefarbige Blättchen, F. 153,5—154,5° (stark verd. Methanol), UV- u. Infrarotspektr. der freien Base **VII**. *N-Acetylderiv.*, $C_{14}H_{17}ON$, aus **VII** mit Acetanhydrid in der Siedehitze, F. 132 bis 134° (aus sehr verd. Methanol u. Sublimation im Hochvakuum). (Helv. chim. Acta **34**. 736—44. 15/3. 1951. Zagreb, Univ., u. Zürich, TH.) FROHLOFF. 3081

Jean Lichtenberger und **Jean-Pierre Fleury**, *Einwirkung von Aldehyden auf N-Aroyl-α-phenylaminoacetonitrile.* Die Einw. von Benzaldehyd (**I**) auf N-Benzoyl-α-phenylaminoacetonitril (**II**; Phenylhippursäurenitril) führt zu *5-Benzalamino-2.4-diphenyloxazol* (**IV**), $C_{22}H_{16}ON_2$, F. 158,5°, gelbe Kristalle, unlösl. in u. beständig gegen W. u. heißes konz. Alkali. Hydrolyse von **IV** mit 6n H_2SO_4 gibt **I**, Phenylhippursäure u. NH_3; partielle Hydrolyse zu *5-Amino-2.4-diphenyloxazol* (**III**) konnte nicht erreicht werden, doch entsteht **III**·HCl bei der Behandlung von **II** in Chlf. mit HCl; die freie Base **III** ist unbeständig u. wird schnell weiterhydrolysiert. **III**·HCl gibt mit **I** wieder die SCHIFFsche Base **IV**. Aus den entsprechenden aromat. Aldehyden u. α-Acylaminonitrilen wurden weitere gut krist. u. stark gefärbte SCHIFFsche Basen hergestellt: *5-[p-Nitrobenzalamino]-2.4-diphenyloxazol*, F. 237,5°, rot. — *5-[m-Nitrobenzalamino]-2.4-diphenyloxazol*, F. 195,5°, orange. — *5-[o-Nitrobenzalamino]-2.4-diphenyloxazol*, F. 168,5°, orange. — *5-[p-Dimethylaminobenzalamino]-2.4-diphenyloxazol*, F. 202—203°, orange. — *5-Benzalamino-2-p-nitrophenyl-4-phenyloxazol*, F. 211—212°, orange. (C. R. hebd. Séances Acad. Sci. **234**. 968—70. 2/5. 1952.) ROSDORFF. 3132

Edward B. Knott, *Von Azolonen-(5) abgeleitete Oxonole.* Zur Prüfung als photograph. Sensibilisatoren wurden einige von 2-substituierten Thiazolonen-(5) abgeleitete *Oxonole* der Struktur **I** u. entsprechende Derivv. des 2-Phenyloxazolons-(5) dargestellt. Das symm. *Bis-[2-phenyl-4-oxazolon-(5)]-methinoxonol* wird in alkoh. Lsg. schnell entfärbt, ebenso mit Anilin, wobei *α-Benzamido-β-[5-oxy-2-phenyloxazolyl-(4)]-acrylanilid* entsteht. Aus 4-Äthoxymethylen-2-phenyloxazolon-(5) (**V**) u. 2-Benzylmercaptothiazolon-(5) (**VI**) entsteht statt des erwarteten [2-Benzylmercapto-4-thiazolon-(5)]-[2-phenyl-4-oxazolon-(5)]-methinoxonols ein farbloses Prod., dessen Schmelze rot ist, eine instabile rote Form entsteht auch beim Erwärmen in alkoh. Triäthylaminlsg. u. Ansäuern, bei der Umkristallisation wird wieder die farblose Form gebildet; Vf. nimmt an, daß dieser farblosen Form die Spiranstruktur **II** ($R = CH_2C_6H_5$) zukommt.

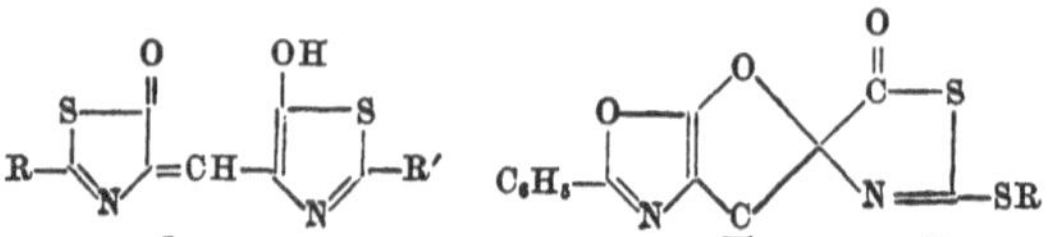

I II

Versuche (Lichtabsorptionen in methanol. Triäthylamin): *Bis-[2-äthoxy-4-thiazolon-(5)]-methinoxonol* (**I**, $R = R' = OC_2H_5$), $C_{11}H_{12}O_4N_2S_2$, F. 146°. N-Thiocarbäthoxyglycin wurde mit Acetanhydrid während 30 Min. auf 130° erwärmt u. die Mischung unter vermindertem Druck eingedampft, das erhaltene Öl wurde mit einem zweiten auf gleiche Weise, aber unter Zusatz von Orthoameisensäuretriäthylester erhaltenen Prod. in A. in Ggw. von Triäthylamin 5 Min. gekocht, die gelbe Lsg. mit W. verd. u. mit HCl angesäuert; aus CH_3OH orangefarbene Prismen, λ_{max} 472 mμ. — *[2-Äthylmercapto-4-thiazolon-(5)]-[2-n-tetradecyloxy-4-thiazolon-(5)]-methinoxonol* (**I**, $R = SC_2H_5$, $R' = OC_{14}H_{29}$), $C_{23}H_{36}O_3N_2S_3$, F. 74°, durch ½ std. Erwärmen von 1,8 g N-Dithiocarbäthoxyglycin (**III**) mit Acetanhydrid auf dem Wasserbad, Eindampfen, Zugabe von 4-Äthoxymethylen-2-n-tetradecyloxythiazolon-(5) (aus 3,3 g N-Thiocarbo-n-tetradecyloxyglycin) u. 3 Min. Kochen in A. mit $(C_2H_5)_3N$; aus Aceton 4,2 g orangefarbene Nadeln, λ_{max} 492 mμ. — *[2-Äthylmercapto-4-thiazolon-(5)]-[2-n-octylmercapto-4-thiazolon-(5)]-methinoxonol* (**I**, $R = SC_2H_5$, $R' = SC_8H_{17}$), $C_{17}H_{24}O_2N_2S_4$, F. 76°, aus **III** u. N-Dithiocarbo-n-octyloxyglycin (**IV**); aus Aceton kleine violette Nadeln, λ_{max} 519 mμ. — *[2-n-Dodecylmercapto-4-thiazolon-(5)]-[2-äthylmercapto-4-thiazolon-(5)]-methinoxonol* (**I**, $R = SC_2H_5$, $R' = SC_{12}H_{25}$), $C_{21}H_{32}O_2N_2S_4$, F. 55°, analog; aus Aceton purpurfarbene Nadeln, λ_{max} 520 mμ. — *[2-Acetamido-4-thiazolon-(5)]-[2-n-octylmercapto-4-thiazolon-(5)]-methinoxonol* (**I**, $R = NHCOCH_3$, $R' = SC_8H_{17}$), $C_{17}H_{23}O_3N_3S_3$, F. 228°, durch ½ std. Erwärmen von **IV**, Äthylorthoformiat u. Acetanhydrid auf 120°, Eindampfen, Zugabe von 2-Acetamidothiazolon-(5)-hydrobromid, A. u. Triäthylamin u. 5 Min. Erwärmen auf dem Dampfbad; aus CH_3COOH braunes Kristallpulver, λ_{max} 497 mμ. — *[3-Carboxymethyl-2-thion-5-thiazolidon-(4)]-[2-phenyl-4-oxazolon-(5)]-methinoxonol*, $C_{15}H_{10}O_5N_2S_2$, F. 245°, durch Erwärmen von **V** u. 3-Carboxymethylrhodanin in A. + $(C_2H_5)_3N$ (noch 5 Min. nach Auflsg.), Filtration, Verdünnen mit W. u. Ansäuern mit verd. H_2SO_4; aus Aceton rote Nadeln, λ_{max} 434 mμ. — *[3-Äthyl-2-thion-5-thiazolidon-(4)]-[2-phenyl-4-oxazolon-(5)]-methinoxonol*, $C_{15}H_{12}O_3N_2S_2$, analog vorst. Verb. mit 3-Äthylrhodanin; aus Bzl. violette Kristalle mit undefiniertem F., λ_{max} 433 mμ. — *[3-Äthyltetrahydro-4-keto-2-thion-1-phenylglyoxalin]-[2-phenyl-4-oxazolon-(5)]-methinoxonol*, $C_{21}H_{17}O_3N_3S$, wie vorst. aus 3-Äthyl-1-phenyl-2-thiohydantoin; aus Bzl. grünlichrote Nadeln mit undefiniertem F., λ_{max} 504 mμ. — *Bis-[2-phenyl-4-oxazolon-(5)]-methinoxonol*, $C_{19}H_{12}O_4N_2$, F. 210° (nach vorherigem Erweichen), durch Erwärmen von 2-Phenyloxazolon-(5) mit **V** in A. + $(C_2H_5)_3N$ während 5 Min. auf dem Dampfbad u. Ansäuern mit 0,5n HCl; aus Bzl. dunkelrote Nadeln mit grünem Reflex; die Farbe der Lsg. in Aceton wird langsam heller, die gelbe alkoh. Lsg. gibt beim Verdünnen mit W. ein gelbes Öl, λ_{max} 498 mμ bzw. 520 mμ (in Bzl.). — *α-Benzamido-β-[5-oxy-2-phenyl-oxazolyl-(4)]-acrylanilid*, $C_{25}H_{19}O_4N_3$, F. 205° (beginnende Zers. bei 195°), durch Zugabe von Anilin zur Lsg. vorst. Verb. in Bzl. bei 70°; aus CH_3OH Nadeln. — *Isomeres des [2-Benzylmercapto-4-thiazolon-(5)]-[2-phenyl-4-oxazolon-(5)]-methinoxonols* (**II**, R = $CH_2 \cdot C_6H_5$), $C_{20}H_{14}O_3N_2S_2$, F. 136° (Aceton), durch Kochen von **V** u. **VI** in A. + $(C_2H_5)_3N$ während 5 Min., Verdünnen mit W. u. Ansäuern; unlösl. in wss. NaOH, lösl. in Xylol, die Lsg. ist in der Wärme rosa, in der Kälte farblos, λ_{max} 496 mμ. — *Isomeres des [2-n-Octylmercapto-4-thiazolon-(5)]-[2-phenyl-4-oxazolon-(5)]-methinoxonols* (**II**, R = n-C_8H_{17}), $C_{21} \cdot H_{24}O_3N_2S_2$, F. 108°, analog vorst. Verb.; aus Aceton rosafarbene Nadeln, λ_{max} 469 mμ. (J. chem. Soc. [London] **1952**. 2399—2401. Juni. Harrow, Middlesex, Kodak Ltd., Res. Labors.) Spaeth. 3142

Albert L. Henne und **Sidney B. Richter**, *Perfluorierte cyclische Äther.* Zur Darst. der perfluorierten cycl. Äther $CF_2-CF_2-O-CF_2-CF_2$ (**III**) u. $CF_2-CF_2-CF_2-O-CF_2-CF_2$ (**V**) wurden die Diäthylester der Perfluorbernsteinsäure u. der Perfluorglutarsäure mittels $LiAlH_4$ zu den Glykolen $HOCH_2-CF_2-CF_2-CH_2OH$ (**I**) bzw. $HOCH_2-CF_2-CF_2-CF_2-CH_2OH$ red., diese mit konz. H_2SO_4 zu den Äthern $CF_2-CH_2-O-CH_2-CF_2$ bzw. $CF_2-CF_2-CH_2-O-CH_2-CF_2$ cyclisiert, diese zu $CF_2-CCl_2-O-CCl_2-CF_2$ (**II**) bzw. $CF_2-CF_2-CCl_2-O-CCl_2-CF_2$ (**IV**) chloriert u. letztere mit SbF_3Cl_2 zu **III** bzw. **V** fluoriert. Perfluorbernsteinsäureanhydrid läßt sich mit PCl_5 nicht in **II** überführen. Die Fluorierung von **II** gelingt leichter als diejenige von **IV**, die von starker Zers. begleitet ist. — Die cycl. Äther **III** u. **V** haben, ebenso wie die offenkettigen Perfluoräther, keine bas. Eigenschaften. Das nichtbas. Verh. dieser Äther ist also nicht auf einen ster. Hinderungseffekt, sondern auf elektronegative Induktion zurückzuführen (vgl. Henne u. Smook, C. **1951**. II. 1719). Auch die bei den offenkettigen Äthern beobachtete Solvolysebeständigkeit der der O-Brücke benachbarten CF_2-Gruppe findet sich bei den cycl. Äthern wieder. So wird **III** durch Erhitzen mit alkoh. Na-Alkoholatlsg. während einer Woche auf 100° nicht verändert. — Das Ultrarotspektr. von **III** wurde aufgenommen u. mit demjenigen des offenkettigen $C_4F_9-O-C_4F_9$ verglichen.

Versuche: *Perfluorbernsteinsäureanhydrid*, $CF_2-CO-O-CO-CF_2$, Kp. 54 bis 55°, $D.^{20}{}_4$ 1,6209, $n_D{}^{20}$ 1,3240, Mol.-Refr. ([MR]) 21,30, Atom-Refr.$_F$ ([AR]$_F$) 1,40; durch Erhitzen von 19 g Perfluorbernsteinsäure mit 28,4 g P_2O_5 auf 185°; 62% (Ausbeute). — *Perfluorbernsteinsäurediäthylester*, durch Chlorierung von CHF_2-CH_3, Cl_2-Abspaltung mittels Zn-Staub zu $CF_2{=}CCl_2$ (95%), Dimerisierung bei 220° in 24 Std. zu $CF_2-CF_2-CCl_2-CCl_2$ (85%), Cl_2-Abspaltung zu $CF_2-CF_2-CCl{=}CCl$, Oxydation mit alkal. $KMnO_4$ u. Veresterung; 74%. — *Tetrafluorbutandiol* (**I**), $Kp._{13}$ 110—112°, F. 80—80,6° (aus Bzl. krist.); durch Red. von 102 g des vorst. Esters mit 17,3 g $LiAlH_4$ in wasserfreiem Ae.; 86%; erste u. zweite Ionisationskonstante $1{,}2 \cdot 10^{-11}$ bzw. $4{,}1 \cdot 10^{-12}$. — $CF_2-CH_2-O-CH_2-CF_2$, $Kp._{743}$ 68°, $D.^{20}{}_4$ 1,4305, $n_D{}^{20}$ 1,3244, [MR] 20,22, [AR]$_F$ 1,12; aus 81 g **I** u. 10 g konz. H_2SO_4 bei 185°; 97%. — $CF_2-CCl_2-O-CCl_2-CF_2$ (**II**), $Kp._{742}$ 131—132°, $D.^{20}{}_4$ 1.7382, $n_D{}^{20}$ 1,4120, [MR] 40,32, [AR]$_F$ 1,28; durch photochem. Chlorierung der vorst. Verb.; 78%. — $CF_2-CF_2-O-CF_2-CF_2$ (**III**), $Kp._{733}$ 0,8—1,2°; durch 24std. Erhitzen von 59 g **II** mit 136 g SbF_3Cl_2 in einer Stahlbombe auf 155°; 67,2%; Reinigung durch Durchleiten durch 10%ig. HCl u. konz. H_2SO_4 u. Dest. über P_2O_5. — *Perfluorglutarsäurediäthylester*, $Kp._{3-4}$ 75—81°, $n_D{}^{26}$ 1,2585; durch Oxydation von $CF_2-CF_2-CF_2-CCl{=}CCl$ mit alkal. $KMnO_4$ zu Perfluorglutarsäure u. deren Veresterung; 81%. —

$HOCH_2-CF_2-CF_2-CF_2-CH_2OH$, F. 78,2—78,8° (aus Bzl. krist.); durch Red. des vorst. Esters mit $LiAlH_4$; 87,2%. — *$CF_2-CF_2-CH_2-O-CH_2-CF_2$* (Ring), Kp.$_{742}$ 98—100°, $D.^{20}_4$ 1,5588, n_D^{20} 1,3250, [MR] 25,04, $[AR]_F$ 1,15; durch Erhitzen von 126,5 g der vorst. Verb. mit 215,6 g konz. H_2SO_4 auf 250°; 86%. — *$CF_2-CF_2-CCl_2-O-CCl_2-CF_2$* (Ring) (**IV**), Kp.$_{737}$ 159°, $D.^{20}_4$ 1,7662, n_D^{20} 1,4008, [MR] 45,67, $[AR]_F$ 1,34; durch photochem. Chlorierung der vorst. Verb.; 89%. — *$CF_2-CF_2-CF_2-O-CF_2-CF_2$* (Ring) (**V**), Kp.$_{742}$ 26°; durch Erhitzen von 100 g **IV** mit 100 g SbF_3Cl_2 in einer Stahlbombe 7 Std. auf 125° u. 16 Std. auf 160°, u. 5std. Schütteln der bei 52—95° sd. Fraktion (78,5 g Gemisch aus **IV** u. **V**) mit 46 g SbF_3Cl_2 bei 160°; 3 g, neben 10 g *cyclo-C_5F_9ClO*, Kp. 48—49°. (J. Amer. chem. Soc. **74.** 5420—22. 5/11. 1952. Columbus, O., Ohio State Univ., Dep. of Chem.)

FORCHE. 3211

Wilson Baker, R. F. Curtis und J. F. W. McOmie, *Kondensationsprodukte von Phenolen und Ketonen.* 8. Mitt. *Beweis der Flavanstruktur der Dimeren des o-Isopropenylphenols und des 3-Isopropenyl-o- und -p-kresols.* (7. vgl. C. **1952.** 1491.) (In den Kresolen zählt CH_3 = 1.) Die aus 2′-Oxy-2.4.4.7.4′-pentamethylflavan (**I**), dem Dimeren des 4-Isopropenyl-m-kresols (vgl. 6. Mitt., C. **1952.** 1489), erhältliche *2.4.4.7-Tetramethylchromancarbonsäure-(2)* (**II**) gibt durch weitere Oxydation *2.4.4-Trimethylchromandicarbonsäure-(2.7)* (**III**), die beim Erhitzen mit Cu-Chromit in Chinolin die am aromat. Kern befindliche Carboxylgruppe verliert u. in *2.4.4-Trimethylchromancarbonsäure-(2)* (**IV**) übergeht. **IV** ist auch das gemeinsame Abbauprod. des *Dimeren* (**VI**) des *o-Isopropenylphenols* (**V**), des *Dimeren* (**VII**), des *3-Isopropenyl-p-kresols* (**X**) u. des *Dimeren* (**XII**) des *3-Isopropenyl-o-kresols* (**XI**), womit sich für **VI, VII** u. **XII** die Strukturen *2′-Oxy-2.4.4-trimethylflavan, 2′-Oxy-2.4.4.6.5′-pentamethylflavan* bzw. *2′-Oxy-2.4.4.8.3′-pentamethylflavan* ergeben. Der Abbau von **VII** wurde analog demjenigen von **I** über *2.4.4.6-Tetramethylchromancarbonsäure-(2)* (**VIII**) u. *2.4.4-Trimethylchromandicarbonsäure-(2.6)* (**IX**), der Abbau von **XII** ebenso über *2.4.4.8-Tetramethylchromancarbonsäure-(2)* (**XIII**) u. *2.4.4-Trimethylchromandicarbonsäure-(2.8)* (**XIV**) durchgeführt. Bei der Decarboxylierung von **III, IX** u. **XIV** entsteht als Nebenprod. *2-Oxy-2.4.4-trimethylchroman* (**XV**), das auch direkt aus **IV** erhältlich ist; entsprechend bildet sich aus **II** *2-Oxy-2.4.4.7-tetramethylchroman* (**XVI**), das mit Methylsulfat u. Alkali *4-[2-Methoxy-4-methylphenyl]-4-methylpentanon-(2)* (**XVII**) vgl. 6. Mitt., l. c.) liefert. **VIII** u. **XIII** geben analog *2-Oxy-2.4.4.6-* bzw. *-2.4.4.8-tetramethylchroman.* Die hier beschriebenen 2-Oxy-2.4.4-trimethylchromane stimmen in ihren Eigg. nicht mit den von NIEDERL (J. Amer. chem. Soc. **51.** [1929.] 2426) beschriebenen Verbb. überein. — Beim Kochen von **II** mit Cu-Chromit in Chinolin entsteht außer **XVI** noch das Olefin *2.4.4.7-Tetramethylchromen* (**XVIII**), das nicht durch Dehydratisierung von **XVI** erhalten werden konnte. **XVI** läßt sich aus **II** auch über deren Amid, HOFMANNschen Abbau zu *2-Amino-2.4.4.7-tetramethylchroman* (**XX**) u. Behandlung mit HNO_2 erhalten. — Die in der Literatur angegebenen Darstellungsmethoden für **V, VI, X, VII** u. **XI** wurden überprüft. — Wie **I** (vgl. 7. Mitt., l. c.) bilden auch **VI** u. **VII** mit zahlreichen Lösungsmitteln krist. Addukte; von **XII** wurden solche Addukte, vermutlich infolge ster. Hinderung durch die 8-Methylgruppe, nicht erhalten.

Versuche: *2.4.4-Trimethylchromandicarbonsäure-(2.7)* (**III**), $C_{14}H_{16}O_5$, F. 261°, durch Kochen von 2 g **II** in 5%ig. wss. Sodalsg. mit $KMnO_4$; aus PAe.–Äthylacetat 1,7 g feine Nadeln. — *2.4.4-Trimethylchromancarbonsäure-(2)* (**IV**), $C_{13}H_{16}O_3$, F. 172°, u. *2-Oxy-2.4.4-trimethylchroman* (**XV**), $C_{12}H_{16}O_2$, F. 91°. 200 mg **III** wurden mit Cu-Chromit in Chinolin 20 Min. auf 260° erhitzt; nach Eingießen in konz. HCl, Verdünnen mit W., Filtration u. Ausschütteln mit Ae. wurde **IV** aus dem Ae. mit gesätt. $NaHCO_3$-Lsg. extrahiert u. daraus mit HCl ausgefällt; nach Sublimation bei 170°/360 mm aus Bzl.–PAe. 29 mg dünne Rhomben; 15 mg **III** wurden zurückgewonnen. Aus der Ae.-Schicht wurden 28 mg **XV** isoliert; aus PAe. Prismen. — *o-Isopropenylphenol* (**V**), $C_9H_{10}O$, Kp.$_{0,4}$ 39°, durch Dehydratisierung von o-Oxyphenyldimethylcarbinol bei 180°/560 mm. — *2′-Oxy-2.4.4-trimethylflavan* (**VI**), $C_{18}H_{20}O_2$, F. 97°, durch Behandlung von 30,2 g **V** mit wasserfreiem HCl unter Wasserkühlung u. 12std. Stehen bei 40°; aus PAe. 26,7 g dünne Prismen oder Rhomben. *Acetylderiv.*, $C_{20}H_{22}O_3$, F. 97°, aus PAe. hexagonale Prismen. — *2′-Methoxy-2.4.4-trimethylflavan,* $C_{19}H_{22}O_2$, F. 116—117°, durch Kochen von 0,5 g **VI** u. CH_3J mit Na in CH_3OH während 2 Std., Eindampfen u. Verdünnen mit W.; aus wss. CH_3OH 0,275 g feine Prismen. — Oxydation von **VI** in Aceton mit $KMnO_4$ lieferte **IV**; 35% (Ausbeute). — *2′-Oxy-2.4.4.6.5′-pentamethylflavan* (**VII**), $C_{20}H_{24}O_2$, Kp.$_{0,5}$ 168°, durch Einleiten von HCl in die Lsg. von p-Kresol in Aceton bei 0°, 2tägiges Stehen unter langsamer Erwärmung auf Raumtemp., Einrühren in 2nNaOH u. Zugabe von Dioxan; aus PAe.–Dioxan als **VII**-*Dioxankomplex,* $C_{20}H_{24}O_2 \cdot C_4H_8O_2$, F. 88—90° (Zers.), aus dem **VII** durch

Erwärmen im Vakuum auf 100° frei erhältlich ist. VII-*Diäthylaminkomplex*, $C_{20}H_{24}O_2 \cdot NH(C_2H_5)_2$, F. 86—88° (Zers.). — *2'-Acetoxy-2.4.4.6.5'-pentamethylflavan* (**XIX**), $C_{22}H_{26}O_3$, F. 151°, aus A. Nadeln. — *2.4.4-Trimethylchromandicarbonsäure-(2.6)* (**IX**), $C_{14}H_{16}O_5$, F. 266°, u. *2.4.4.6-Tetramethylchromancarbonsäure-(2)* (**VIII**), $C_{14}H_{18}O_3$, F. 143°, durch Oxydation von **VII** wie **VI**, Aufnehmen der sauren Prodd. in Äthylenchlorid, Eindampfen, Aufnehmen in Bzl. u. Ausfällen von **IX** mit PAe.; aus Äthylacetat–PAe. mkr. Rhomben; aus dem Filtrat durch Einengen u. Zugabe von Äthylendichlorid **VIII**; aus Bzl., dann CH_3OH Nadeln. Oxydation von **VIII** in Sodalsg. mit $KMnO_4$ lieferte **IX**. Durch Erhitzen von **IX** mit Cu-Chromit in Chinolin während 20 Min. auf 260° wurden außer unverändertem **IX IV** (20%) u. **XV** erhalten. — *2-Oxy-2.4.4.6-tetramethylchroman*, $C_{13}H_{18}O_2$, F. 100° (Sublimation bei 115°/13 mm), durch 6std. Kochen von 0,2 g **VIII** mit Cu-Chromit in Chinolin; 0,01 g. — *2'-Acetoxy-2.4.4.6.5'-pentamethyl-3'-nitroflavan*, $C_{22}H_{25}O_5N$, F. 136 bis 137°, durch tropfenweises Versetzen von 20 g **XIX** mit HNO_3 (D. 1,41) bei 50° u. Eingießen in W.; aus A. 18,5 g blaßgelbe Platten. — *2'-Oxy-2.4.4.6.5'-pentamethyl-3'-nitroflavan*, $C_{20}H_{23}O_4N$, F. 100—101°, durch 2std. Rühren vorst. Verb. mit A. u. 2nNaOH bei 40° u. Ansäuern; aus CH_3OH als *Methanolkomplex*, $C_{20}H_{23}O_4N \cdot CH_4O$, F. 88—89° (Zers.), gelbe Prismen; aus Ae. als *Ae.-Komplex*, $C_{20}H_{23}O_4N \cdot C_4H_{10}O$, F. 73—74° (Zers.); aus PAe.–$(C_2H_5)_2NH$ als *Diäthylaminkomplex*, $C_{20}H_{23}O_4N \cdot C_4H_{11}N$, F. 116—117° (Zers.). — *3'-Amino-2'-oxy-2.4.4.6.5'-pentamethylflavan*, durch Hydrierung vorst. Methanolkomplexes in CH_3OH mit RANEY-Ni unter 5 at während 6 Std. als *Methanolkomplex*, $C_{20}H_{25}O_2N \cdot CH_4O$, F. 130—131°; *Diäthylaminkomplex*, $C_{20}H_{25}O_2N \cdot C_4H_{11}N$, F. 109—110° (Zers.). *N-Acetylderiv.*, $C_{22}H_{27}O_3N$, F. 214°, aus A. Rhomben. — *[2-Oxy-3-methylphenyl]-dimethylcarbinol*, $C_{10}H_{14}O_2$, F. 77°, durch Überführung von o-Kresotinsäuremethylester mit Na in Toluol in das Na-Salz u. dessen Rk. mit CH_3MgJ; aus PAe. lange Nadeln; 75%. — *3-Isopropenyl-o-kresol* (**XI**), $C_{10}H_{12}O$, Kp.$_{0,5}$ 54°, durch 20 Min. Erhitzen vorst. Verb. auf 260°/460 mm; 81%. — *2'-Oxy-2.4.4.8.3'-pentamethylflavan* (**XII**), $C_{20}H_{24}O_2$, F. 70—71°, durch Dimerisierung von 3,1 g **XI** mit J_2 bei 60° u. Aufnehmen in Ae.; Kp.$_{0,5}$ 162—163°; aus PAe. 2,4 g Prismen. *Acetylderiv.*, $C_{22}H_{26}O_3$, F. 103°, aus wss. CH_3OH Prismen. — *2.4.4-Trimethylchromandicarbonsäure-(2.8)* (**XIV**), $C_{14}H_{16}O_5$, F. 198°, u. *2.4.4.8-Tetramethylchromancarbonsäure-(2)* (**XIII**), $C_{14}H_{18}O_3$, F. 151°, durch Oxydation von **XII** wie bei **VI**; **XIV**, Rhomben aus Äthylacetat–PAe.; **XIII**, aus Bzl.–PAe. Nadeln; 25%. Oxydation von **XIII** in Sodalsg. mit $KMnO_4$ gab ebenfalls **XIV**. Bei der Umsetzung von **XIV** mit Cu-Chromit in sd. Chinolin entstanden **IV** u. **XV**. — **XIII** gab durch 2std. Kochen mit Cu-Chromit in Chinolin *2-Oxy-2.4.4.8-tetramethylchroman*, $C_{13}H_{18}O_2$, F. 62—63° (PAe.), u. *2.4.4.8-Tetramethylchromen*, $C_{13}H_{16}O$, Kp.$_{0,3}$ 56—58°. — **XV** wurde ferner durch 4std. Kochen von **IV** mit Cu-Chromit in Chinolin erhalten. — *2-Oxy-2.4.4.7-tetramethylchroman* (**XVI**), $C_{13}H_{18}O_2$, F. 80—81°, u. *2.4.4.7-Tetramethylchromen* (**XVIII**), $C_{13}H_{16}O$, Kp.$_{0,1}$ 46—47°. 2 g **II** wurden mit Cu-Chromit in Chinolin 6 Std. gekocht; Aufarbeitung ergab 0,48 g **II**, 0,62 g **XVI** (aus PAe. rechteckige Prismen) u. 0,149 g **XVIII**. — *2.3.5.6.8-Pentabrom-2.4.4.7-tetramethylchroman*, $C_{13}H_{13}OBr_5$, F. 167°, a) durch Behandlung von **XVIII** mit Br_2 bei Zimmertemp.; 50%; b) aus **XVI** in Chlf. mit Br_2 bei Raumtemp.; 48%; aus PAe. + wenig Bzl. Blättchen. — *4-[2-Methoxy-4-methylphenyl]-4-methylpentanon-(2)* (**XVII**), Kp.$_4$ 132°, durch 5 Min. Kochen von **XVI** mit wss. NaOH, Zugabe von CH_3OH u. Methylsulfat, weiteres Kochen (15 Min.) u. Ae.-Extraktion. *2.4-Dinitrophenylhydrazon*, $C_{20}H_{24}O_5N_4$, F. 143°, aus A. tieforangefarbene Nadeln [der in der 6. Mitt. (l. c.) mitgeteilte F. 138° ist der F. einer zweiten Form]. — *4.4.7.4'.4'.7'-Hexamethyl-bis-2.2'-spirochroman*, $C_{23}H_{28}O_2$, F. 132°, durch 6std. Kochen von **XVII** mit HBr (D. 1,48) u. CH_3COOH, Eingießen in W. u. Ae.-Extraktion; aus wss. CH_3OH hexagonale Platten. — *2-Äthoxy-2.4.4.7-tetramethylchroman*, $C_{15}H_{22}O_2$, Kp.$_{0,2}$ 74°, durch Sättigen von **XVI** in A. mit HCl u. 4std. Kochen; 44%. — *2-Amino-2.4.4.7-tetramethylchroman* (**XX**), $C_{13}H_{19}ON$, F. 76° (wss. CH_3OH), durch Zugabe von 2.4.4.7-Tetramethylchromancarbonsäure-(2)-amid (vgl. 6. Mitt., l. c.) in Dioxan zur Br_2 in KOH bei 0°, 15 Min. Rühren bei 0° u. 1½ Std. bei 80°, Ae.-Extraktion der verd. Lsg., Ausschütteln mit verd. HCl u. Neutralisation. — *2-Acetamido-2.4.4.7-tetramethylchroman*, $C_{15}H_{21}O_2N$, F. 134°, aus Bzl.–PAe. feine Nadeln. — Durch Behandlung von **XX** in verd. HCl mit wss. $NaNO_2$-Lsg. während 6 Std., Verdünnen mit W. u. Ae.-Extraktion entsteht **XVI**. — Von den in der 7. Mitt. (l. c.) aufgeführten Komplexbildnern (mit **I**) lieferten nachst. Verbb. Additionsverbb. mit **VI**: *Dioxan* (2:1), F. 142—144° (Zers.); *Morpholin* (2:1), F. 146—148°; ferner *Diäthylamin, Diisopropylamin, Pyridin* u. *2-Brompyridin*. — Von **VII** wurden außer den bereits aufgeführten nachst. Komplexe (soweit festgestellt im Verhältnis 1:1) erhalten mit: *Tetrahydrofuran*, F. 77 bis 79° (Zers.); *Morpholin*, F. 109—111° (Zers.); *Pyridin*, F. 101—103° (Zers.); *Piperidin*, F. 100—102° (Zers.); *Cyclohexylamin*, F. 69—71° (Zers.); *Di-n-propylamin*; *Diisopropylamin*; *Di-n-butylamin*; *Diisobutylamin*; *3-Methylpyridin*; *4-Methylpyridin*; *2.6-Dimethylpyridin*. (J. chem. Soc. [London] **1952**. 1774—85. Bristol, Univ.) SPAETH. 3211

Frank J. Villani, Mary S. King und **Domenick Papa,** *Substituierte tertiäre Amine.* Vff. beschreiben die Darst. von *N-[β-Dimethylaminoäthyl]-N-benzhydryl-2-aminopyridin* u. verwandten Verbb. (vgl. auch HALL u. BURCKHALTER, C. **1951.** II. 3020). Die Antihistaminwrkg. dieser Verbb. entsprach zu $^1/_{40}$—$^1/_{100}$ der von γ-Phenyl-γ-[pyridyl-(2)]-N.N-dimethylpropylamin.

Versuche: *Benzalanilin,* F. 51—52°. — *Benzyliden-2-aminopyridin* (**I**), $Kp._{18}$ 184 bis 188°, n_D^{21} 1,6564, aus 2 Mol 2-Aminopyridin u. 1 Mol Benzaldehyd; 81% (Ausbeute). — *Benzhydryl-2-aminopyridin,* $C_{18}H_{16}N_2$, F. 103—104° (absol. CH_3OH), aus **I** u. Phenylmagnesiumbromid u. Zers. des Reaktionsprod. mit 10%ig. NH_4Cl-Lsg.; 70%. *Hydrochlorid,* F. 192—193° (absol. A.-Ae.). — Analog wurden erhalten: *α-Phenetyl-2-aminopyridin* (**II**), $C_{13}H_{14}N_2$, F. 91—92° (absol. A.), aus Methylmagnesiumjodid u. **I**, *α-Phenetylanilin,* $Kp._{19}$ 180—182°, n_D^{28} 1,5955, u. *Benzhydrylanilin,* $Kp._1$ 185—188°, aus Methylmagnesiumbromid bzw. Phenylmagnesiumbromid u. Benzalanilin. — *N-[β-Dimethylaminoäthyl]-N-[pyridyl-(2)]-α-phenetylamin,* $C_{17}H_{23}N_3$, $Kp._1$ 149—153°, n_D^{25} 1,5730: Zu 0,5 Mol $NaNH_2$ in Toluol wurden 0,2 Mol **II** u. Dimethylaminoäthylchloridhydrochlorid gegeben. Es wurde 18 Std. gekocht, mit W. versetzt u. mit Ae. extrahiert; Ae. u. Toluollsg. wurden mit 10%ig. HCl extrahiert u. diese Lsg. nach Alkalisieren ausgeäthert; 63%. — Analog wurden erhalten: *N-[β-Dimethylaminoäthyl]-N-[pyridyl-(2)]-benzhydrylamin,* $C_{22}H_{25}N_3$, $Kp._1$ 195—198°; n_D^{22} 1,6141; 28%. — *N-[β-Dimethylaminoäthyl]-N-phenyl-α-phenetylamin,* $C_{18}H_{24}N_2$, $Kp._{17}$ 205—208°; n_D^{27} 1,5709; 47%. — *N-[β-Dimethylaminoäthyl]-N-phenylbenzhydrylamin,* $C_{23}H_{26}N_2$, $Kp._1$ 194—195°; n_D^{21} 1,6012; 51%. (J. Amer. chem. Soc. **73.** 5916—17. Dez. 1951. Bloomfield, N. J., Schering Corp.) FAASS. 3231

Arthur Stempel und **John A. Aeschlimann,** *Ester basisch substituierter Pyridole-(3) mit physostigminartiger Aktivität.* Die in einer früheren Mitt. (vgl. J. Amer. chem. Soc. **71.** [1949.] 2969) durch MANNICH-Rk. mit Derivv. von Pyridol-(3) dargestellten *[3-Oxypyridyl-(2)-methyl]-dialkylamine* werden mit einer Anzahl von Säurechloriden verestert u. die entstandenen Verbb. des Typs **I** u. **II** auf ihre Toxizität, Anticholinesteraseaktivität, Anticurarewrkg. u. Darmaktivität untersucht. Hierbei zeigen die Verbb. sowohl des Typs **I** als auch des Typs **II** dann die größte Aktivität, wenn das substituierte Pyridol-(3) mit Dimethylcarbamylchlorid verestert wurde. Einführung von langkettigen Alkylresten (z. B. Butylgruppen) in R′—R‴ in **II** lieferte Verbb. mit der stärksten Anticurareaktivität. Die Quaternisierung der Verbb. erfolgte stets zuerst am N-Atom der Seitenkette. Während bei Erhitzen von 2-Dimethylaminomethylpyridol-(3) mit Aminen kein Austausch stattfindet, erfolgt dieser bei Verwendung des entsprechenden Trimethylammoniumsalzes leicht. So konnte aus [3-Oxypyridyl-(2)-methyl]-trimethylammoniumbromid (**V**) u. Piperidin *2-Piperidinomethylpyridol-(3)* dargestellt werden. Durch diese Rk. wurde es möglich, aus [3-Oxypyridyl-(2)-methyl]-aminen u. Aminen, die keine oder nicht die erwünschte MANNICH-Rk. eingehen, eine Anzahl von Verbb. des Typs **III** herzustellen.

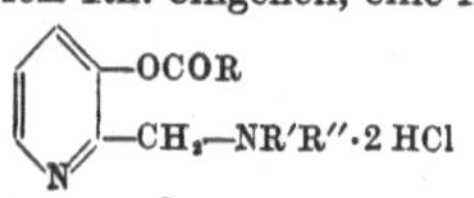
I

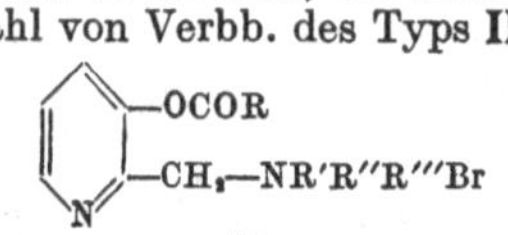
II

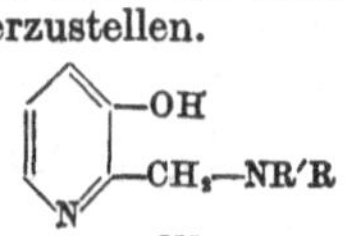
III

Versuche: *Dimethylcarbamat des [3-Oxypyridyl-(2)-methyl]-dimethylamin-dihydrochlorids* [**IV** = **I**: R = $N(CH_3)_2$, R′= R″= CH_3], $C_{11}H_{19}O_2N_3Cl_2$, F. 164—167°, durch 2std. Erhitzen von [3-Oxypyridyl-(2)-methyl]-dimethylamin in Pyridin mit Dimethylcarbamylchlorid auf dem Wasserbad, Abdampfen im Vakuum, Aufnehmen in W., Alkalisieren, Ausäthern u. Sättigen mit HCl; 47% (Ausbeute). *Monohydrochlorid,* F. 128—130° (Ae. + Isopropanol); hygroskopisch. — Analog wurden folgende Derivv. von **I** erhalten: *R* = $N(CH_3)_2$, *R′* = CH_3, *R″* = *H*, $C_{10}H_{17}O_2N_3Cl_2$, F. 140—141° (Methanol-Ae.). — *R* = $N(CH_3)_2$, *R′* = *R″* = C_2H_5, $C_{13}H_{23}O_2N_3Cl_2$, F. 117—119° (Ae. + Isopropanol). — *R* = $N(CH_3)_2$, *R′* = CH_3, *R″* = $CH_2 \cdot C_6H_5$, $C_{17}H_{23}O_2N_3Cl_2$, F. 167—169° (A. + Ae.). — *R* = $N(CH_3)_2$, *NR′R″* = *Piperidino,* $C_{14}H_{23}O_2N_3Cl_2$, F. 111—113° (Methanol + Ae.). — *R* = $N(CH_3)C_6H_5$, *R′* = *R″* = C_2H_5, als *Monohydrochlorid,* $C_{18}H_{24}O_2N_3Cl$, F. 142—144° (Isopropanol + Ae.); 52%. — *R* = *Diisopropylamino,* *R′* = *R″* = CH_3, $C_{15}H_{27}O_2N_3Cl_2$, F. 116—118° (Essigester). — *Dimethylcarbamat des [3-Oxypyridyl-(2)-methyl]-trimethylammoniumbromids* [**II**: R = $N(CH_3)_2$, R′= R″= R‴= CH_3], $C_{12}H_{20}O_2N_3Br$, F. 175 bis 177° (A. + Ae.), aus **IV** u. CH_3Br in Aceton; 60%. — Analog wurden aus den entsprechenden **I**-Derivv. nachst. **II**-Derivv. erhalten: *R* = $N(CH_3) \cdot C_6H_4 \cdot Br(p)$, *R′* = *R″* = *R‴* = CH_3, $C_{17}H_{21}O_2N_3Br_2$, F. 176—178° (Isopropanol + Ae.). — *R* = $N(CH_3) \cdot C_6H_4 \cdot CH_3$ (*p*), *R′* = *R″* = *R‴* = CH_3, $C_{18}H_{24}O_2N_3Br$, F. 153—155° (Methyläthylketon + Ae.). — *R* = $N[CH(CH_3)_2]_2$, *R′* = *R″* = *R‴* = CH_3, $C_{16}H_{28}O_2N_3Br$, F. 173—175° (A. + Ae.). — *R*—*R‴* = CH_3, $C_{11}H_{17}O_2N_2Br$, F. 166—167° (Methanol + Ae.). — *R* = C_6H_5, *R′* = *R″* = *R‴* = CH_3, $C_{16}H_{19}O_2N_2Br$, F. 191—193° (Methanol + Ae.). — *R* = $(C_6H_5)_2CH$

R' = *R''* = *R'''* = CH_3, $C_{23}H_{25}O_2N_2Br$, F. 186—187°. — *R* = $N(CH_3)_2$, *R'* = *R''* = C_2H_5, *R'''* = CH_3, $C_{14}H_{24}O_2N_3Br$, F. 141—143° (A. + Ae.). — *R* = $N(CH_3)_2$, *R'* = *R''* = *R'''* = C_2H_5, $C_{15}H_{26}O_2N_3Br$, F. 166—169° (Methanol + Ae.). — *R* = $N(CH_3)_2$, *R'* = *R''* = C_3H_7, *R'''* = CH_3, $C_{16}H_{28}O_2N_3Br \cdot H_2O$, F. 110—113° (Isopropanol + Ae.). — *R* = $N(CH_3)_2$, *R'* = *R''* = *iso*-C_3H_7, *R'''* = CH_3, $C_{16}H_{28}O_2N_3Br$, F. 159—161° (Aceton + Ae.). — *R* = $N(CH_3)_2$, *R'* = *R''* = C_4H_9, *R'''* = CH_3, $C_{18}H_{32}O_2N_3Br$, F. 154—155° (Isopropanol–Ae.). — *R* = $N(CH_3)_2$, *R'* = $CH_2 \cdot C_6H_5$, *R''* = *R'''* = CH_3, $C_{18}H_{24}O_2N_3Br$, F. 177—179° (A. + Ae.). — *R* = $N(CH_3)_2$, *NR'R''* = *piperidino*, *R'''* = CH_3, $C_{15}H_{21}O_2N_3Br$, F. 156—157° (A. + Ae.). — *R* = $N(CH_3)_2$, *R'* = C_6H_5, *R''* = $CH_2CH_2(CH_3)N(Br)(C_2H_5)_2$, $C_{22}H_{33}O_2 \cdot N_4Br \cdot CH_3OH$, F. 172—174° (Methanol–Ae.). — *R* = $N(CH_3)_2$, *R'* = *R''* = *R'''* = CH_3, als *bisquaternäres Salz*, $C_{13}H_{23}O_2N_3Br_2 \cdot H_2O$, F. 163—165° (Methanol–Ae.). — *[3-Oxy-pyridyl-(2)-methyl]-diisopropylamin* (III: *R* = *R'* = *iso*-C_3H_7), $Kp._{1,2}$ 98—101°, durch 2std. Rk. von V mit Diisopropylamin im Autoklaven bei 125°, Abdampfen u. Ausziehen mit Bzl.; 66%. *Dihydrochlorid*, F. 173—176°. *Methobromid*, $C_{13}H_{23}ON_2Br$, F. 171 bis 172° (Methanol–Ae.); 82%. — Analog wurden nachst. III-Derivv. erhalten: *R* = C_6H_5, *R'* = *p-Dimethylaminoäthyl*, als *Dihydrochlorid*, F. 185—187°. — *NRR'* = *piperidino*, $Kp._{14}$ 151—156°; 75%. *Dihydrochlorid*, F. 201—203°. — *R* = C_6H_5, *R'* = CH_3, als *Dihydrochlorid*, F. 135—137°; 42%. — *R* = $CH_2 \cdot C_6H_5$, *R'* = *H*, als *Dihydrochlorid*, F. 236 bis 241°; 71%. (J. Amer. chem. Soc. **74**. 3323—26. 5/7. 1952. Nutley, N. J., Hoffmann-La Roche, Res. Labors.) LEHWALD. 3231

A. M. Akkerman, D. K. de Jongh und **H. Veldstra**, *Synthetische Oxytocica*. 1. Mitt. *3-[Piperidinomethyl]-indole und verwandte Verbindungen*. *3-[Piperidinomethyl]-indole* wurden nach KÜHN u. STEIN (Ber. dtsch. chem. Ges. **70**. [1937.] 567) aus Indol, HCHO u. Piperidinderivv. oder aus Piperidinderivv. u. 3-[Dimethyl-(oder Diäthyl)-aminomethyl]-indol durch Erhitzen der äquimol. Mengen synthetisiert. Von diesen Verbb., die eine gewisse Strukturähnlichkeit mit Chinin u. Ergometrin aufweisen, erwarteten Vff. oxytoc. Wirksamkeit. Die Aktivität wurde am isolierten Meerschweinchenuterus u. am Kaninchenuterus in situ geprüft. Am isolierten Uterus wurden gewöhnlich höhere Aktivitäten festgestellt. Die LD_{50} wurde durch intravenöse Injektion der Hydrochloride an Mäusen bestimmt. *3-[Piperidinomethyl]-indol* besitzt bereits eine ausgesprochen oxytoc. Wirksamkeit auf den Kaninchenuterus im Molverhältnis $^1/_8$ des Ergometrins. Durch Einführung von Methylgruppen in 2-, 2,4-, 2.6- u. 2.4.6-Stellung wächst die Aktivität. 3- u. 4-Carbäthoxyderivv. sind weit weniger wirksam. Die Amide bringen keine Verbesserung. Die Toxizität der Verbb. ist höher als die des Ergometrins, der therapeut. Index jedoch noch verhältnismäßig groß.

Versuche: *3-[Dimethylaminomethyl]-indol*, F. 128—130° (Bzl.). — *3-[Diäthylaminomethyl]-indol*, F. 103—104° (Bzl./Aceton). — *3-[Piperidinomethyl]-indol*, F. 158—159° (Aceton). — *3-[2'.4'-Dimethylpiperidinomethyl]-indol*, $C_{16}H_{22}N_2$, F. 104—106°. 6 g 2.4-Dimethylpiperidinhydrochlorid, 5,5 g Na-Acetat, 1,6 ml Eisessig u. 3,7 ml Formlain werden unter Rühren mit 4,7 g Indol versetzt, nach 15 Min. 8 ml CH_3OH zugegeben u. kurz bei 65° erhitzt. Die ammoniakal., mit W. verd. Lsg. wird ausgeäthert, 9 g Prismen (PAe.); LD_{50} 19,5 ± 2 mg/kg, Wirksamkeit in mg/kg am Kaninchenuterus in situ im Äquivalent zu 0,2 mg Ergometrin/kg = WK 0,75, minimale wirksame Konz. in mg/Liter am isolierten Meerschweinchenuterus = WM 0,01. — *3-[2'.6'-Dimethylpiperidinomethyl]-indol*, $C_{16}H_{22}N_2$, F. 113—114°, wie vorst. aus 2.6-Dimethylpiperidinhydrochlorid, Ausbeute 3,6 g Prismen; LD_{50} 22 ± 5,4; WK 0,4; WM 0,05. — *3-[2'-Methylpiperidinomethyl]-indol*, $C_{15}H_{20}N_2$, F. 171—173° (Zers.), aus 8 g α-Pipecolin, 8,1 ml Eisessig, 7,4 ml Formalin u. 9,7 g Indol unter Rühren. Nach 4 Std. wird mit W. u. NH_3 versetzt, aus Aceton Prismen (18,1 g); LD_{50} 22 ± 2; WK 0,5; WM 0,05. — *3-[4'-Äthylpiperidinomethyl]-indol*, $C_{16}H_{22}N_2$, F. 121—122°, Prismen (Aceton), aus 8 g 4-Äthylpiperidin (8,2 g Ausbeute); LD_{50} 24,5 ± 2,3; WK 5; WM 0,01. — *3-[2'.4'.6'-Trimethylpiperidinomethyl]-indol*, $C_{17}H_{24} \cdot N_2$, F. 111—112°, Prismen (PAe.), aus 6,85 g 2.4.6-Trimethylpiperidinhydrobromid, 4,5 g Na-Acetat, 1,5 ml Eisessig, 3 ml Formalin u. 3,85 g Indol; (4,0 g); LD_{50} 23,5 ± 2,2; WK 1; WM 0,005. — *3-[2'-Methyl-5'-äthylpiperidinomethyl]-indol*, $C_{17}H_{24}N_2$, F. 103—104°; 7,4 g Prismen (PAe.), aus 8 g 2-Methyl-5-äthylpiperidinhydrobromid wie vorst.; LD_{50} 29 ± 2; WK 2; WM 0,04. — *dl-N-[Indo'yl-(3')-methyl]-piperidincarbonsäure-(3)-äthylester*, $C_{17}H_{22}O_2N_2$, F. 83—84° (nach Trocknen im Vakuum bei 78°), aus 8 g dl-Nipecotinsäureäthylester, 5 ml Eisessig, 4,6 ml Formalin u. 6 g Indol; aus Bzl. 10,2 g Solvat, F. 92 bis 95°; LD_{50} 54 ± 4,1; WK > 5; WM 1; auch aus Nipecotinsäureester u. 3-[Diäthylaminomethyl]-indol bei 100—105°. — *dl-N-[Indolyl-(3')-methyl]-piperidincarbonsäure-(3)-äthanolamid*. $C_{17}H_{23}O_2N_3$, glasartige Substanz, aus 3-[Diäthylaminomethyl]-indol u. Nipecotinsäureäthanolamid, aus Aceton Kristalle mit 1 Mol Aceton; WK > 5; WM 10. — *(+)-N-[Indolyl-(3')-methyl]-piperidincarbonsäure-(3)-(+)-propanolamid-(2'')*, aus (+)-Nipecotinsäure-(+)-propanolamid-(2) u. 3-[Diäthylaminomethyl]-indol; *Hydrochlorid*, $C_{18}H_{25}O_2N_3 \cdot$

HCl (nicht krist.), $[\alpha]_D^{24,5}$ +3,6° (c = 3,6, n-HCl); WM 20. — (+)-*N-[Indolyl-(3')-methyl]-piperidincarbonsäure-(3)-(—)-propanolamid-(2'')*, $C_{18}H_{25}O_2N_3$, F. 161—162°; aus Aceton feine Stäbchen; $[\alpha]_D^{21}$ +11,7° (c = 3,5, n-HCl); WK hemmt. WM hemmt. — (—)-*N-[Indolyl-(3')-methyl]-piperidincarbonsäure-(3)-(—)-propanolamid-(2'')*, *Hydrochlorid*, $C_{18}H_{25}\cdot O_2N_3\cdot HCl$ $[\alpha]_D^{24}$ —4,1° (c = 3,9, n-HCl); WM 20. — (—)-*N-[Indolyl-(3')-methyl]-piperidincarbonsäure-(3)-(+)-propanolamid-(2'')*, $C_{18}H_{25}O_2N_3$, F. 161—162°; Stäbchen (Aceton); $[\alpha]_D^{21}$ —11,0 (c = 3,3, n-HCl); WK >5. — *N-[Indolyl-(3)-methyl]-isonipecotinsäureäthylester*, $C_{17}H_{22}O_2N_2$, F. 113—115° (PAe./Aceton), aus Isonipecotinsäureäthylester u. 3-[Dimethylaminomethyl]-indol bei 130—140° während 45 Min.; LD_{50} 51 ± 5,1; WK hemmt; WM hemmt. — *N-[Indolyl-(3)-methyl]-isonipecotinsäure-(+)-propanolamid-(2')*, $C_{18}H_{25}O_2N_3$, F. 166—167° (Aceton); $[\alpha]_D^{21}$ —5,5° (c = 2,9, A.); LD_{50} 110 ± 2,7; WK hemmt; WM hemmt. — *N-[Tryptophyl]-piperidin*, $C_{15}H_{20}N_2$, F. 150—151° (Bzl.), aus Tryptophylbromid u. Piperidin in Chlf. während 5 Std. unter Rückfluß; LD_{50} 17,5 ± 1,2; WK 0,75; WM 0,02. — *3-[Morpholinomethyl]-indol*, F. 121°; LD_{50} 55,2 ± 5,9; WM 10. — *α-[Piperidinomethyl]-naphthalin*, $C_{16}H_{19}N$, Kp.$_{0,2}$ 128—130°, aus α-Chlormethylnaphthalin u. Piperidin in Chlf.; *Hydrochlorid*, F. 225—230°, Plättchen; LD_{50} 27,6 ± 5; WK 4; WM 0,2. — *β-[Piperidinomethyl]-naphthalin*, Kp.$_{0,16}$ 117°, F. 55°, aus β-Methylnaphthalin nach Bromierung mit N-Bromsuccinimid in CCl_4 u. Umsetzung mit Piperidin; *Hydrochlorid*, F. 240—243°, Täfelchen; LD_{50} 26,0 ± 0,6; WK 1; WM 0,2. — Durch Hydrierung der entsprechenden Pyridine über RANEY-Ni wurden dargestellt: *2.4-Dimethylpiperidin*, Kp. 135—137°; *Hydrochlorid*, F. 185—187°, Nadeln (Aceton/A.). — *2.6-Dimethylpiperidin*, Kp. 126—127°; *Hydrochlorid*, F. 288—291°, Nadeln (Aceton/A.). — *2.4.6-Trimethylpiperidin*, Kp. 141—144°; *Hydrobromid*, F. 310—314°, Nadeln (A./Essigester). — *2-Methyl-5-äthylpiperidin*, Kp. 160—162°; *Hydrobromid*, F. 170—172° (Aceton). — *dl-Nipecotinsäureäthylester*, durch Hydrierung des Nicotinsäureesters, Kp.$_{10}$ 96,5—97,5; n_D^{25} 1,4592; durch Veresterung von Nipecotinsäure, n_D^{25} 1,4583. Spaltung über die Bitartrate der d-Weinsäure in die enantiomeren Formen gab aus wss. A. Tafeln, F. 155—156°; $[\alpha]_D^{23}$ +51° [c = 2 in 0,2%ig. wss. $(NH_4)_2MoO_4$-Lsg.). Hieraus (—)-*Nipecotinsäureäthylester*, $[\alpha]_D^{20}$ —1,8° (c = 5, W.). (—)-*Säure*, F. 259—260° (Zers.); $[\alpha]_D^{23}$ —3,4° (c = 5, W.). Aus der Mutterlauge des Bitartrates $[\alpha]_D^{23}$ +51° wurde nach Eindampfen zur Trockene u. Aufnehmen mit W. der Ester mit NaOH freigemacht u. mit Ae. extrahiert, daraus mit l-Weinsäure das Bitartrat F. 155—156°; $[\alpha]_D^{24}$ —51°. Hieraus (+)-*Nipecotinsäureäthylester*, $[\alpha]_D^{17}$ —1,6° (c = 5, W.). (+)-*Säure*, F. 259—260° (Zers.); $[\alpha]_D^{21}$ +3,6° (c = 5, W.). — *Isonipecotinsäureäthylesterbitartrat*, F. 99—100°, Plättchen (A./Essigester); *Ester*, Kp.$_{10}$ 106°. — *Propanol-(1)-amin-(2)*, Kp.$_{13}$ 148°, F. 66—69°; durch Red. von N-Benzylalaninäthylester mit $LiAlH_4$ in absol. Ae. u. katalyt. Debenzylierung. — *Nipecotinsäureäthanolamid*, $C_8H_{16}O_2N_2$, F. 119—121°, aus dem Äthylester u. Äthanolamin während 3 Std. unter Rückfluß. Nach Abtreiben des überschüssigen Amins wird dest., Kp.$_{0,12}$ 158—162°. — (+)-*Nipecotinsäure-(+)-propanolamid-(2)*, $C_9H_{18}O_2N_2$, F. 176—177°, Nadeln (CH_3OH/Essigester), aus dem (+)-Äthylester u. (+)-Alaninol, $[\alpha]_D^{21}$ —6,6°. — (+)-*Nipecotinsäure-(—)-propanolamid-(2)*, F. 170°, Prismen, $[\alpha]_D^{21}$ +11,9°. — (—)-*Nipecotinsäure-(—)-propanolamid-(2)*, F. 176—177°, feine Nadeln; $[\alpha]_D^{21}$ +6,8°. — (—)-*Nipecotinsäure-(+)-propanolamid-(2)*, F. 169—170°, Prismen, $[\alpha]_D^{17,5}$ —11,3°. — *Isonipecotinsäure-(+)-propanolamid-(2)*, $C_9H_{18}O_2N_2$, F. 157°; $[\alpha]_D^{24}$ —6,7°. (Recueil Trav. chim. Pays-Bas **70**. 899—916. Nov. 1951. Amsterdam, Niederländ. Chininfabrik, Res. Labor.) NEZEL. 3231

Irwin J. Pachter und **Milton C. Kloetzel**, *Die Wohl-Aue-Reaktion.* 1. Mitt. *Struktur der Benzo-[a]-phenazinoxyde und Synthesen von 1.6-Dimethoxyphenazin und 1.6-Dichlorphenazin.* Vff. identifizieren das bei der WOHL-AUE-Rk. (1901) aus Nitrobenzol u. 2-Naphthylamin entstandene Prod. als *Benzo-[a]-phenazin-12-oxyd* (**I**); es liefert bei der Oxydation mit H_2O_2 in Eisessig leicht *Benzo-[a]-phenazin-7.12-dioxyd* (**II**), welches aus dem durch Oxydation von Benzo-[a]-phenazin (**III**) zugänglichen *Benzo-[a]-phenazin-7-oxyd* (**IV**) (vgl. MAFFEI, Gazz. chim. ital. **76**. [1946.] 239) wegen der ster. behinderten 12-Stellung nur durch energ. Reaktionsbedingungen zu erhalten ist. Durch längeres Erhitzen auf ca. 50° wird eine essigsaure Lsg. von **II** in Ggw. von H_2O_2 zu **IV** red.; ohne H_2O_2 tritt diese Rk. nicht ein. Nach WOHL-AUE kann auch *1.6-Dimethoxyphenazin* dargestellt werden, welches im Gegensatz zu dem von Vff. ebenfalls synthetisierten *1.6-Dichlorphenazin*, das sich nicht in das Dioxyd überführen ließ, als Ausgangsprod. zur Darst. des antibiot. Pigments *Jodinin* (*1.6-Dioxyphenazindioxyd*) dienen kann.

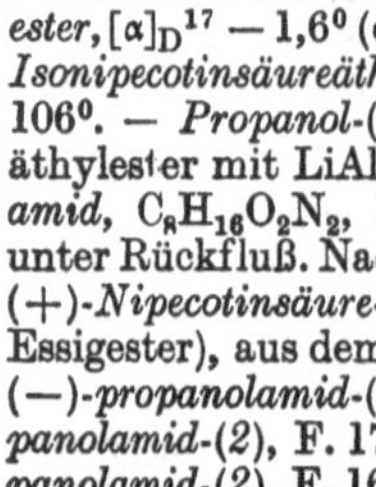

I

Versuche: *Benzo-[a]-phenazin-7-oxyd* (**IV**), $C_{16}H_{10}ON_2$, F. 181,5—182,5°, a) durch Oxydation von **III** nach MAFFEI; b) als Nebenprod. bei der Darst. von **II** aus **I** bei 50°; c) durch 95std. Erhitzen von 0,5 g **II** mit Perhydrol in Eisessig auf 49°, Verdünnen mit W., Lösen des Nd. in Bzl. u. chromatograph. Adsorption an Al_2O_3; 0,083 g (Ausbeute). —

Benzo-[a]-phenazin-12-oxyd (**I**), F. 179—180° (Bzl.-A.), durch 12std. Kochen von 2-Naphthylamin u. Nitrobenzol mit pulverisiertem KOH in Bzl., Aufnehmen in verd. HCl u. Fällen mit NH_4OH; gelb; 16%. — *Benzo-[a]-phenazin-7.12-dioxyd* (**II**), $C_{16}H_{10}O_2N_2$, F. 191° (Zers.), a) durch 48std. Erhitzen von 0,7 g **I** mit Perhydrol in Eisessig auf 50°, Fällen des gebildeten **II** mit W., Aufnehmen in Bzl. u. chromatograph. Adsorption; orangefarben; 52%; daneben 0,092 g **IV**; b) durch 5tägiges Stehen einer Lsg. von **I** in Eisessig mit einer aus Essigsäure u. H_2O_2 bereiteten Peressigsäurelsg. bei 25° u. Aufarbeitung wie unter a); 84%; c) durch 45std. Erhitzen von **IV** mit Perhydrol in Essigsäure auf 75° u. Aufarbeitung wie unter a); 6%; wird nach 120std. Erhitzen mit Essigsäure auf 75° unverändert zurückgewonnen. — *1.6-Dimethoxyphenazin*, $C_{14}H_{12}O_2N_2$, F. 246 bis 247°, durch 7std. Kochen von o-Anisidin, o-Nitroanisol u. pulverisiertem KOH in Bzl., Aufnehmen in 15%ig. HCl u. Alkalisieren; goldgelbe Nadeln aus A.-Dioxan; 12%. Als Nebenprodd. aus der benzol. Lsg. nach 3monatigem Stehen *2.2'-Azoxyanisol*, F. 81°, aus CH_3OH hellgelbe Kristalle, u. *2-Methoxy-2'-nitrodiphenylamin*, F. 82—83°; in PAe. lösl. rote Nadeln. — *1.6-Dichlorphenazin*, $C_{12}H_6N_2Cl_2$, F. 266—267°, durch 8std. Kochen von o-Chlornitrobenzol u. o-Chloranilin mit pulverisiertem KOH in Bzl., Eingießen in W., Filtrieren, Aufnehmen in Bzl. u. chromatograph. Adsorption; kurze gelbe Nadeln; 5,5%. Daneben *2-Chlor-2'-nitrodiphenylamin*, F. 114°, aus A. orangefarbene Nadeln. Beim Einengen der benzol. Mutterlauge, *2.2'-Dichlorazobenzol*, F. 136°, orangefarbene Nadeln u. Blättchen. (J. Amer. chem. Soc. **73**. 4958—61. Okt. 1951. Los Angeles, Univ. of Southern California, Dep. of Chem.) W. HOFFMANN. 3272

Ottó Clauder und **Gyula Bulcsu**, *Diuretisch wirkende neue Triazinderivate*. 1. Mitt. 2.4-Diamino-1.3.5-triazin (Formoguanamin), dessen diuret. Wrkg. von LIPSCHITZ u. HADIDIAN erkannt wurde, kann wegen unangenehmer Nebenwirkungen nicht verwandt werden. Vff. versuchten, diese Nebenwirkungen durch verschied. Substitutionen zu eliminieren, u. konnten feststellen, daß die diuret. Wrkg. am vorteilhaftesten ist, wenn an der 2-Aminogruppe eine Phenylgruppe, bes. aber eine halogensubstituierte Phenylgruppe substituiert wird. Die Darst. erfolgt mit guter Ausbeute (oft über 70%) aus der entsprechend substituierten Biguanidbase, indem diese mit organ. Säuren gekocht wird. Vorteilhaft ist, daß zur Kondensation schon 85—86%ig. Ameisensäure genügt. Vff. stellten so 19 neue, bisher nicht bekannte Derivv. her, deren diuret. Wrkg. im allg. stark, in manchen Fällen sogar auffallend groß ist. Die diuret. Wrkg. wurde nach LIPSCHITZ's Meth. bestimmt. Es wurden dargestellt [in ( ) diuret. Wrkg. nach LIPSCHITZ]: *2-Anilino-4-amino-1.3.5-triazin-Hydrochlorid*, F. 258—260°; 73% (2600). — *2-o-Toluidino-4-amino-1.3.5-triazin*, F. 165—166°; 67% (800). — *2-p-Toluidino-4-amino-1.3.5-triazin-Hydrochlorid*, F. 264—265°; 70% (1500). — *2-[2'.4'.5'-Trimethylphenylamino]-4-amino-1.3.5-triazin-Hydrochlorid*, F. 192—194°; 93% (1250). — *2-p-Chloranilino-4-amino-1.3.5-triazin-Hydrochlorid*, F. 277—278°; 66,6% (>5000). — *2-p-Bromanilino-4-amino-1.3.5-triazin-Hydrochlorid*, F. 282—284°; 85% (3320). — *2-[p-Dimethylaminophenylamino]-4-amino-1.3.5-triazin*, F. 225—226°; 76% (400). — *2-[N-Methyl-N-phenylamino]-4-amino-1.3.5-triazin*, F. 185—186°; 80% (500). — *2-p-Chloranilino-4-diäthylamino-1.3.5-triazin-Hydrochlorid*, F. 191—192°; 60% (1150). — *2-[2'.4'.6'-Tribromphenylamino]-4-amino-1.3.5-triazin*, F. 232—233°; 80% (580). — Weitere Derivv., jedoch mit geringerer diuret. Wrkg.: *2-Dimethylamino-4-amino-1.3.5-triazin*, F. 189—190°; 68% (25). — *2-Diäthylamino-4-amino-1.3.5-triazin*, F. 164—165°; 86,8% (288). — *2-Anilino-4-amino-6-methyl-1.3.5-triazin*, F. 176—177°; 60% (0). — *2-Anilino-4-amino-6-äthyl-1.3.5-triazin*, F. 156—157°; 55% (0). — *2-p-Methoxyphenylamino-4-amino-1.3.5-triazin*, F. 242—243°; 70,4% (280). — *2-p-Äthoxyphenylamino-4-amino-1.3.5-triazin*, F. 209—210°; 81% (300). — *2-α-Naphthylamino-4-amino-1.3.5-triazin*, F. 246—247°; 63% (150). — *2-Diphenylamino-4-amino-1.3.5-triazin*, F. 206°; 55% (0). — *2-Dimethylamino-4-methylamino-1.3.5-triazin*, F. 193 bis 194°; 76% (50). (Magyar Kémiai Folyóirat [Ung. Z. Chem.] **57**. 68—73. 1951. Budapest, Pharm. Fabr. Richter.) PLANK. 3313

M. Uenaka, *Untersuchungen über Zucker und Polysaccharide*. 1. Mitt. *Polymerisation und Struktur von Maltosecarbonsäure. Cellobiose-* (**I**), *Lactose-* (**II**) u. *Maltosecarbonsäure* (**III**) wurden aus den entsprechenden Disacchariden nach der Cyanhydrinmeth. hergestellt u. die Lactonbldg. beim Erhitzen auf 110° durch Vgl. der spezif. Drehung des erhitzten Prod. mit der der freien Säure beobachtet. **I** u. **II** weisen n. γ-Lactonbldg. auf (Drehwerte von + → —). Der Drehwert von **III** ändert sich bei 110° prakt. überhaupt nicht, beim 4std. Erhitzen auf 135° wird eine leichte Senkung beobachtet.

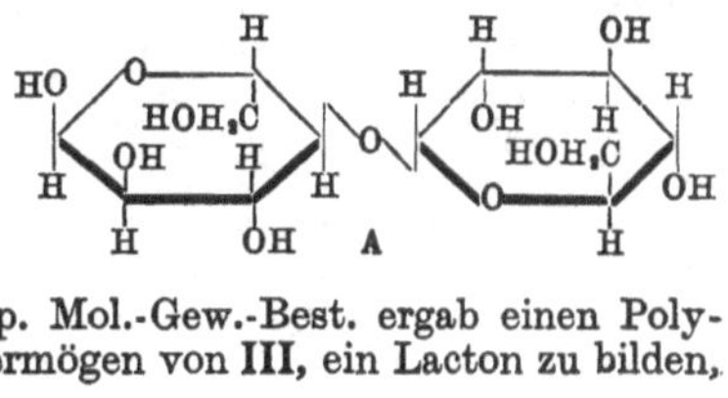

Das erhitzte Prod. wurde acetyliert; die kryoskop. Mol.-Gew.-Best. ergab einen Polymerisationsgrad von 4—7. Als Grund für das Unvermögen von **III**, ein Lacton zu bilden, wird ster. Hinderung angenommen, die sich aus der α-glucosid. Struktur der Maltose ergibt. Für *Maltose* wird eine veränderte HAWORTHsche Strukturformel **A** vorgeschlagen.

Versuche: *Cellobiosecarbonsäure* (**I**), *Lactosecarbonsäure* (**II**) u. *Maltosecarbonsäure* (**III**), aus 1 Mol Zucker in 20 Teilen W. mit $2n\,Ca(CN)_2$-Lsg. (1,1 Mol) u. $CaCl_2$ (1,2 Mol) durch 24std. Stehen bei Raumtemp., Entfernen des NH_3 durch Erwärmen auf 60° (Vakuum), Entfernen der Cl'-Ionen mit Pb-Acetat u. Ag-Acetat, Ausfällen der Säure mit überschüssigem bas. Pb-Acetat, Waschen des Nd. mit bas. Pb-Acetat, bis frei von reduzierendem Zucker (bei **III** nicht erreichbar), nach weiterer Reinigung **I**, **II** u. **III** als glasige, hygroskop. Prodd., leicht lösl. in W., schwer lösl. in CH_3OH u. A., unlösl. in Aceton u. Ae.; **I**-*Acetat*, $C_{13}H_{15}O_{13}(CH_3CO)_9$. — Für die Best. der Drehwerte Herst. der Ca-Salze, Einwaage u. Freisetzung der Säure durch genaue Mengen 0,1n HCl. **I**- u. **II**-*Lacton*, durch 4std. Erhitzen von **I** bzw. **II** auf 110°. (Sci. Pap. Osaka Univ. **1951**. Nr. 23. 1—5. Febr.) ROSSOW. 3400

M. Uenaka, *Untersuchungen über Zucker und Polysaccharide*. 2. Mitt. *Molekularrotation von Maltosecarbonsäure*. (1. vgl. vorst. Ref.) Die Anwendung von HUDSONs Isorotationsregel läßt für Maltosecarbonsäure eine anomale Struktur vermuten, u. zwar müßte das Glucosid in Aldehydform vorliegen, wenn die Regel für die Verb. anwendbar sein soll. (Sci. Pap. Osaka Univ. **1951**. Nr. 24. 7—8. Febr.) ROSSOW. 3400

M. Uenaka, *Untersuchungen über Zucker und Polysaccharide*. 5. Mitt. *Die Abspaltung des Benzylradikals durch katalytische Reduktion*. (4. vgl. C. **1953**. 1823.) Wird bei der Hydrogenolyse von Heptamethyl-β-benzylcellobiosid (**I**), Heptaacetylbenzylcellobiosid (**II**) u. *3-Benzylglucose* Pd-Schwarz als Katalysator verwendet, so gelingt die Abspaltung des Benzylradikals in über 90%ig. Ausbeute, bei der Verwendung von Pt-Schwarz werden schwer trennbare Gemische erhalten, in denen zum Teil der Benzolring hydriert ist u. keine Abspaltung des Benzylradikals erreicht wurde. *Heptamethylhexahydrobenzylcellobiosid*, *Heptaacetylhexahydrobenzylcellobiosid* u. die α- u. β-Form von *Heptamethylcellobiose* konnten isoliert werden.

Versuche: *Heptamethyl-β-benzylcellobiosid* (**I**), F. 71—72,5° (korr., PAe.), aus **II** durch Methylierung mit Dimethylsulfat über das *Hexamethyl-β-benzylcellobiosid* [F. 69 bis 70,5° (korr.), $[\alpha]_D^{19}$ —37,5° (c = 4,718 in Chlf.)] durch weitere 3malige Methylierung; $[\alpha]_D^{18}$ —32,04° (c = 9,674 in Chlf.). — *Heptamethylhexahydrobenzylcellobiosid*, $C_6H_{11}\cdot CH_2O-C_{12}H_{14}O_3(OCH_3)_7$, F. 59,5—60,5° (korr.; Nadeln aus PAe.), aus **I** durch Hydrierung in Ggw. von Pt-Schwarz; $[\alpha]_D^{20}$ —15,36° (c = 6,448 in Chlf.). — *Heptaacetylhexahydrobenzylcellobiosid*, F. 184,5—186,5° (korr.), aus **II** durch Hydrierung in Ggw. von Pt-Schwarz, Misch-F. mit der aus Acetobromcellobiose u. Cyclohexylcarbinol hergestellten Verb. 183°. — Bei der Red. von *3-Benzylglucose* (aus Diacetonglucose u. Benzylalkohol) mit Pt-Schwarz entsteht ein nicht identifiziertes Prod., F. 121° (korr.). — *Heptamethylcellobiose*, *α-Form*, F. 102—105,5° (korr.), $[\alpha]_D^{18}$ +50,2 → 44,1° (in W.); *β-Form*, F. 96 bis 99° (korr.), $[\alpha]_D^{18}$ +42,0 → 44,5° (in W.), aus **I** durch reduzierende Spaltung in Ggw. von Pd-Schwarz. (Sci. Pap. Osaka Univ. **1951**. Nr. 27. 17—19. Febr.) ROSSOW. 3400

Alain Le Hir, *α-Yohimbin und Alloyohimbin*. Corynanthidon, welches aus α-Yohimbin (**I**; Corynanthidin, Isoyohimbin von WARNAT) durch OPPENAUER-Oxydation erhalten wird (JANOT u. GOUTAREL, Bull. Soc. chim. France, Mém. **12**. [1946.] 535), ist ident. mit *Alloyohimbon* (F. 241—242°, $[\alpha]_D$ —130° [Pyridin]), dem Oxydationsprod. des Alloyohimbins (**II**) (WITKOP, C. **1943**. II. 904). Beide liefern bei der WOLFF-KISHNER-Red. *Alloyohimban* ($C_{19}H_{24}N_2$, F. 160°, $[\alpha]_D$ —168° [Pyridin]; *Hydrogentartrat*, F. 200°, $[\alpha]_D$ —121° [Pyridin]), welches andererseits durch katalyt. Hydrierung von Sempervirin u. opt. Spaltung des Racemats gewonnen werden kann. Im Alloyohimban (u. damit in **I** u. **II**) sind die Ringe *D* u. *E* sehr wahrscheinlich cis-verknüpft, wobei die Konfiguration der asymm. C-Atome dem nebenst. Schema entsprechen dürfte. (C. R. hebd. Séances Acad. Sci. **234**. 2613—15. 30/6. 1952.) BOIT. 3500

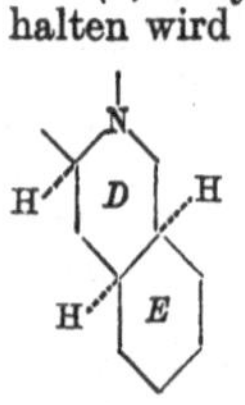

Alfred Bertho und **Alois Stoll**, *Bärlapp-Alkaloide*. 1. Mitt. *Zur Kenntnis der Alkaloide aus Lycopodium annotinum L.* Aus 50 kg lufttrockenem Kraut von Lycopodium annotinum (gesammelt in Oberbayern) werden durch Perkolation mit 3%ig. Weinsäure u. Extraktion der natronalkal. Lsg. mit Ae. 76 g Gesamtalkaloide, davon 26 g krist. Basen, isoliert u. die letzteren durch fraktionierte Kristallisation der Nitrate in 24% eines neuen Alkaloids *Annotin* (**I**), 26% *Acrifolin* (**II**) u. 4% *Annotinin* (**III**) aufgeteilt. Durch erschöpfendere Extraktion von weiteren 7,2 kg Kraut werden neben 3,7 g Rohkristallisat von **I**, **II** u. **III** 2,4 g einer mit Ae. schwer extrahierbaren Base *Annotoxin* (**IV**) u. nach Fällung mit REINECKE-Salz 12 g Reineckat-Gemisch erhalten, das sich in 1,0 g *Lycopodin* (**V**) sowie geringere Mengen zweier neuer Alkaloide $C_{16}H_{25}ON$ (**VI**) u. $C_{10}H_{19(21)}\cdot ON$ (**VII**) trennen läßt. 1,5 kg getrocknete Fruchtstände von L. annotinum liefern bei der

Extraktion mit A. 10 g Gesamtalkaloide, davon 4 g krist., die hauptsächlich aus **III** (1,45 g Nitrat) u. **I** (1,05 g Nitrat) bestehen. Bei einem weiteren Vers. werden aus 0,95 getrocknetem Kraut mit Fruchtständen 0,73 g **V**-Nitrat isoliert. — **I**, $C_{16}H_{23}O_4N$, F. 172 bis 173° (bzw. 175—176° [korr.]), $[\alpha]_D^{21}$ —114,0° (Chlf.), leicht lösl. in Aceton, Ae., A., CH_3OH, Essigester u. Chlf., mäßig lösl. in Ae., schwer lösl. in W., ist eine tert. Base ohne OCH_3-, NCH_3- oder OH-Gruppen; *Nitrat*, $C_{16}H_{23}O_4N \cdot HNO_3$, ohne F. bis 380°, in W. schwer lösl.; *Jodmethylat*, $C_{17}H_{26}O_4NJ$, F. 236—237° (Zers.). — **II**, $C_{16}H_{23}O_2N$, F. 103 bis 104°, $[\alpha]_D^{20}$ —250° (Essigester), leicht lösl. in Ae., CH_3OH, A., Aceton, Essigester u. Chlf. (in diesem unter allmählicher Violettfärbung), mäßig lösl. in W., ist eine tert. Base ohne OCH_3-, NCH_3- oder OH-Gruppen (vgl. MANSKE u. MARION, C. **1948**. I. 909); *Nitrat*, $C_{16}H_{23}O_2N \cdot HNO_3$, F. 236° (Zers.); *Hydrojodid*, $C_{16}H_{23}O_2N \cdot HJ$, F. 258—259° (Zers.); *Perchlorat*, $C_{16}H_{23}O_2N \cdot HClO_4 + H_2O$, F. 260°; *Jodmethylat*, $C_{17}H_{26}O_2NJ$, F. 249 bis 250° (Zers.). — **III**, $C_{16}H_{21}O_3N$, F. 230,5°, $[\alpha]_D^{21}$ —27,5° (Chlf.) (vgl. MANSKE u. MARION, Canad. J. Res., Sect. B **21**. [1943.] 92), enthält keine OCH_3-, NCH_3- oder OH-Gruppen u. bildet kein Jodmethylat, scheint aber dennoch eine tert. Base zu sein, da Acetylierungsverss. u. Methylierungsverss. mit HCHO + HCOOH erfolglos sind; *Nitrat*, $C_{16}H_{21}O_3N \cdot HNO_3$, F. 222—223° (Zers.). — **IV**, $C_{31}H_{42}O_5N_2$, F. 197°, $[\alpha]_D^{20}$ —179° (Chlf.), gut lösl. in Aceton, CH_3OH u. A., mäßig lösl. in Ae. u. W., sehr wenig lösl. in PAe., enthält keine OCH_3- oder NCH_3-Gruppen; *Dinitrat*, $C_{31}H_{42}O_5N_2 \cdot 2\,HNO_3$, F. 215—217°; *Diperchlorat*, $C_{31}H_{42}O_5N_2 \cdot 2\,HClO_4 + H_2O$, F. 227—228° (Zers.); das *Dijodmethylat*, $C_{35}H_{48(46)}O_4 \cdot N_2J$, F. 261° (Zers.), leitet sich von der Desoxy- oder Anhydrobase ab. — **V**, $C_{16}H_{25}ON$, F. 120°, $[\alpha]_D^{18}$ —20,8° (Aceton) (vgl. ACHMATOWICZ u. UZIEBLO, C. **1939**. II. 421); *Nitrat*, $C_{16}H_{25}ON \cdot HNO_3$, F. 268—270° (Zers.); *Pikrat*, $C_{16}H_{25}ON \cdot C_6H_3O_7N_3$, F. 205 bis 207°; *Reineckat*, $C_{20}H_{32}ON_7S_4Cr$, rot, F. 247—248°; *Jodmethylat*, $C_{17}H_{28}ONJ$, F. 295 bis 296° (Zers.). — **VII**-*Pikrat*, $C_{10}H_{19(21)}ON \cdot C_6H_3O_7N_3$, F. 121°; *Jodmethylat*, $C_{11}H_{22(24)} \cdot ONJ$, F. 290° (Block). — **VI**-*Pikrat*, $C_{16}H_{25}ON \cdot C_6H_3O_7N_3$, F. 241—241,5° (Zers.); *Jodmethylat*, $C_{17}H_{28}ONJ$, F. 261° (Zers.); *Perchlorat*, $C_{16}H_{25}ON \cdot HClO_4$, F. 234° (Zers.). — **I**, **II** u. **III** lassen sich im zweidimensionalen Papierchromatogramm mit wassergesätt. Butanol als Lösungsm. trennen (R_F-Werte: 0,35, 0,44 bzw. 0,60); als Entwickler dient DRAGENDORFFs Reagens. Die BAEYERsche Probe u. die Rk. mit $C(NO_2)_4$ sind bei allen 3 Alkaloiden positiv, obwohl sie sich nicht hydrieren lassen. Mit Benzoldiazoniumchlorid nach PAULY kuppelt lediglich **II**. **IV** besitzt ein ähnliches UV-Spektr. wie **V**, aus dem auf das Vorliegen einer Ketogruppe zu schließen ist. In **I** u. **II** wird die Anwesenheit einer CO-Gruppe durch die Umsetzung mit LiC_6H_5 nachgewiesen, wobei **II** eine *Base* der erwarteten Zus. $C_{22}H_{29}O_2N$ (**VIII**; F. 230—231°), **I** hingegen eine *Verb.* $C_{21}H_{27}O_3N$ (F. 215 bis 216°) liefert. Bei der therm. Zers. der aus **VIII**-*Jodmethylat* ($C_{23}H_{32}O_2NJ$, F. 282° [Zers.]) mit Ag_2O dargestellten quartären Base entsteht eine *Des-Base* $C_{23}H_{31}O_2N$ (F. 192—193°). **I** wird durch $LiAlH_4$ in Ae. zu einer *Verb.* $C_{16}H_{23}O_3N$ (F. 162—163°) reduziert. **III** reagiert nicht mit LiC_6H_5 oder $LiAlH_4$ u. sublimiert bei der Zn-Staubdest. größtenteils unzersetzt. (Chem. Ber. **85**. 663—85. 1952. München u. Weilheim/Obb., Univ., Chem. Labor.)

BOIT. 3500

K. Wiesner, S. K. Figdor, M. F. Bartlett und **D. R. Henderson**, *Garrya-Alkaloide. 1. Mitt. Die Struktur von Garryin und Veatchin. Veatchin* (**I**; $C_{22}H_{33}O_2N$, F. 119—120°, pK 11,5; *Hydrochlorid*, $C_{22}H_{33}O_2N \cdot HCl$, F. 267—271°) u. *Garryin* (**II**; $C_{22}H_{33}O_2N$; *Hydrat*, F. 74—82°, pK 8,7; *Hydrochlorid*, $C_{22}H_{33}O_2N \cdot HCl$, F. 263—268°) werden aus der Rinde von Garrya veatchii Kellogg nach der Vorschrift von ONETO (J. Amer. pharmac. Assoc. **35**. [1946.] 204) isoliert u. durch Gegenstromverteilung zwischen Chlf. u. Phosphat-Citrat-Pufferlsg. voneinander getrennt. **I** u. **II** besitzen prakt. ident. Infrarot (IR)-Spektren u. enthalten eine $N-CH_3$-, eine $C-CH_3$- u. (mindestens) eine OH-Gruppe (*Acetyl*-**I**, $C_{24}H_{35}O_3N$, F. 152—153°; pK 11,5; *Hydrochlorid*, F. 258—259°). Bei der Hydrierung mit PtO_2 in Eisessig gehen beide in das gleiche *Tetrahydroveatchin* (*Tetrahydrogarryin*; **IV**; $C_{22}H_{37}O_2N$, F. 148—150°, pK 6,8; *Pikrat*, $C_{22}H_{37}O_2N \cdot C_6H_3O_7N_3$, F. 206—207°) über, das 2 $C-CH_3$- u. 2 OH-Gruppen (*Diacetylderiv.*, $C_{26}H_{41}O_4N$, pK 5,6) enthält. Hierbei erfolgt offenbar Absättigung einer beiden Alkaloiden gemeinsamen $>C=CH_2$-Gruppe, deren Anwesenheit durch das IR-Spektr. u. die Abspaltung von HCHO bei der Ozonolyse bestätigt wird, sowie einer weiteren C.C-Doppelbindung, durch deren Lage sich **I** u. **II** strukturell voneinander unterscheiden; in Übereinstimmung hiermit läßt sich **I** durch sd. methanol. KOH zu **II** isomerisieren. $LiAlH_4$ in Ae. red. **I** zu *Dihydroveatchin* (**III**; $C_{22}H_{35} \cdot O_2N$, F. 141—143°, pK 6,9; *Pikrat*, F. 193—195°), wobei lediglich die nichtendständige Doppelbindung hydriert wird; die gegenüber **III** u. **IV** erhöhte Basizität von **I** u. **II** ist auf die Nachbarschaft dieser Doppelbindung zum N-Atom zurückzuführen. Durch $KMnO_4$ in Aceton wird **I** zu *Oxoveatchin A* (**V**; $C_{22}H_{31}O_3N$, F. 211—213°) u. *Oxoveatchin B* (**VI**; $C_{22}H_{31}O_3N$, F. 234—237°), **II** zu *Oxogarryin* (**VII**; $C_{22}H_{33}O_3N$, F. 187—188°) oxydiert, die alle drei wegen ihres neutralen Charakters u. der Anwesenheit einer CO-Bande in ihren

IR-Spektren als Amide zu formulieren sind. Nach der Lage dieser Bande ist die Amidgruppe in **V** ringständig, in **VI** u. **VII** hingegen nicht. Die Reduzierbarkeit von **VII** zu **III** durch $LiAlH_4$ zeigt an, daß die Amide durch Oxydation an der dem N-Atom benachbarten

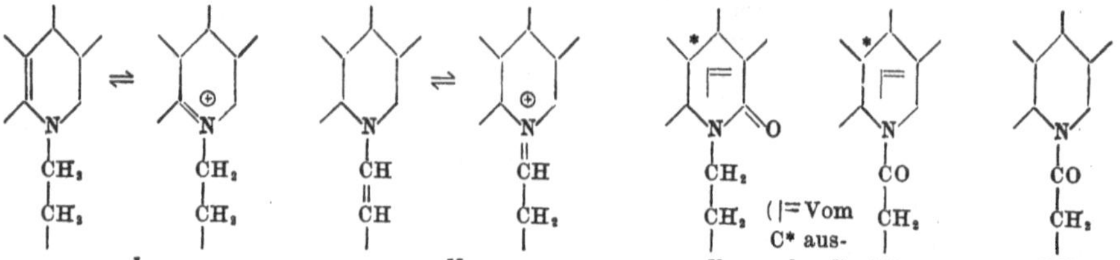

I II V VI VII

Doppelbindung ohne tiefergreifende Veränderung des Mol. gebildet werden. Unter der Voraussetzung, daß das N-Atom einem 6-gliedrigen Ring angehört, lassen sich nach den vorliegenden Befunden die obenst. Teilformeln aufstellen. Bei der Se-Dehydrierung liefert **I** *1-Methyl-7-äthylphenanthren* ($C_{17}H_{16}$, F. 91—91,5°; *Trinitrobenzolat*, $C_{17}H_{16}\cdot C_6H_3O_6N_3$, F. 135—136°) u. eine *Base* $C_{16}H_{15}N$ (F. 115°, pK 4,0; *Pikrat*, $C_{16}H_{15}N\cdot C_6H_3O_7N_3$, F. 243°), nach dem UV-Spektr. ein substituiertes Phenanthridin. Alle Rkk. von **I** u. **II** weisen auf eine strukturelle Verwandtschaft mit Atisin u. Isoatisin (vgl. JACOBS, C. **1952.** 4615) hin. (pK-Werte in Methylcellosolve.) (Canad. J. Chem. **30.** 608—26. Aug. 1952. Fredericton, N. B., Univ. of New Brunswick, Chem. Labors.) BOIT. 3500

T. L. Dawson und **G. R. Ramage**, *Die Caryophyllene.* 8. Mitt. *Synthese der 2-Carboxy-3.3-dimethylcyclobutylessigsäure.* (7. vgl. OWEN C. **1938.** II. 3093.) Von den früher (l. c.) angegebenen beiden möglichen Strukturen für *Caryophyllensäure* (**I**) scheidet *2-Carboxy-3.3-dimethylcyclobutylessigsäure* (**II**) aus, da sich (—)-cis-**I** u. (+)-trans-**I** als verschieden von den entsprechenden, durch opt. Spaltung von synthet. **II** erhaltenen Isomeren erwies. **I** muß demnach *4-Carboxy-2.2-dimethylcyclobutylessigsäure* sein. **II** wurde auf folgenden Wegen synthetisiert: Die Ketogruppe der bereits früher (RAMAGE u. SIMONSEN, C. **1939.** II. 3582) dargestellten *2-Carboxy-4-keto-3.3-dimethylcyclobutylessigsäure* (**III**) ließ sich nach HUANG-MINLON reduzieren u. **II** als *Dimethylester* isolieren, als Nebenprod. fand sich *4-Keto-8.8-dimethyl-2.3-diaza-bicyclo-[4.2.0]-octen-(1)-carbonsäure-(7)* (**VI**). Da **III** selbst aus 7.7-Dimethylbicyclo-[3.2.0]-hepten-(2)-on-(6) (**IV**) nur in geringer Ausbeute erhältlich ist, wurde **IV** über sein Semicarbazon (**IVa**) zu *7.7-Dimethylbicyclo-[3.2.0]-hepten-(2)* (**V**) red., das sich zu **II** oxydieren ließ. Nach Trennung in cis- u. trans-**II** erfolgte die opt. Spaltung mit Chinin.

Versuche: *7.7-Dimethylbicyclo-[3.2.0]-hepten-(2)-on-(6)* (**IV**), Kp. 175—178°, $Kp._{15}$ 72°, aus 8 g Dimethylketen u. 12 cm³ Cyclopentadien bei —80° u. Stehen über Nacht bei Raumtemp.; 10 g (Ausbeute). *Semicarbazon* (**IVa**), aus wss. A. Nadeln, F. 215°. — *2-Carboxy-4-keto-3.3-dimethylcyclobutylessigsäure* (**III**), $C_9H_{12}O_5$, F. 124—125°, durch 12 std. Oxydation von 20 g **IV** in Aceton mit $KMnO_4$, Isolierung als *Dimethylester* [$C_{11}H_{16}O_5$, $Kp._{12}$ 152°; 7,5 g; *Semicarbazon* (**IIIa**), $C_{12}H_{19}O_5N_3$, F. 167—168°, aus W. Prismen; daneben ein Isomeres, F. 125—126°] u. Hydrolyse mit methanol. KOH; aus konz. HCl Rhomboeder. *Anhydrid*, $Kp._{16}$ 162—167°, mit Acetylchlorid. — *4-Keto-8.8-dimethyl-2.3-diazabicyclo-[4.2.0]-octen-(1)-carbonsäure-(7)* (**VI**), $C_9H_{12}O_3N_2$, F. 198—200°, aus **IIIa** mit Na-Äthylat u. A. durch 10 std. Erhitzen auf 180°; aus W. Nadeln. — *2-Carboxy-4-oxy-3.3-dimethylcyclobutylessigsäure*, $C_9H_{14}O_5$, F. 183°, aus **III** nach Neutralisation mit Soda durch 6 std. Red. mit 3%ig. Na-Amalgam; Platten aus Bzl.–Aceton. *Dimethylester*, $C_{11}H_{18}O_5$, $Kp._3$ 153—156°, mit äther. CH_2N_2. — *7.7-Dimethylbicyclo-[3.2.0]-hepten-(2)* (**V**), C_9H_{14}, Kp. 131—134°, aus **IVa** mit Na in Diäthylenglykol durch 4 std. Erhitzen auf 190—200°, wobei das Prod. abdest.; n_D^{19} 1,4578, $D.^{19}_{19}$ 0,8464. — *2-Carboxy-3.3-dimethylcyclobutylessigsäure* (**II**), $C_9H_{14}O_4$. a) **III** wurde mit KOH in Diäthylenglykol mit 85%ig. $N_2H_4\cdot H_2O$ 1 Std. gekocht u. 4 Std. auf 190—200° erhitzt; aus der angesäuerten Lsg. schied sich etwas **VI** ab, aus dem Filtrat wurde **II** mit Ae. ausgeschüttelt, mit CH_2N_2 zum *Dimethylester* ($C_{11}H_{18}O_4$, $Kp._{18}$ 129—130°) verestert u. mit KOH in CH_3OH hydrolysiert; das schwerer lösl. K-Salz gab beim Ansäuern (±)-*trans*-**II**, F. 106—108° (Cyclohexan); aus den Mutterlaugen über das *cis-Anhydrid* ($C_9H_{12}O_3$, $Kp._3$ 140—144°) (±)-*cis*-**II**, F. 120 bis 121° (Cyclohexan). b) **V** wurde in Aceton bei 0—4° mit $KMnO_4$ oxydiert u. die erhaltene rohe **II** wie bei a) aufgearbeitet. Die opt. Spaltung erfolgte mit (—)-Chinin in wss. A., die Hydrolyse der Salze in CH_3OH mit NH_4OH: (+)-*trans*-**II**, F. 144—145°, Prismen aus Cyclohexan, $[\alpha]_D^{21}$ +24,2° (c = 1,115 in Aceton); *Chininsalz*, F. 121°, $[\alpha]_D^{21}$ —114,4° (c = 4,036 in A.). (—)-*trans*-**II**, F. 142—143°, $[\alpha]_D^{21}$ —24,6° (c = 1,084 in Aceton). (—)-*cis*-**II**, F. 157°, Prismen aus Cyclohexan, $[\alpha]_D^{19}$ —11,1° (c = 3,650 in Aceton); *Chinin-*

salz, F. 202°. (+)-*cis*-**II**, F. 157—158°, Prismen aus Cyclohexan, $[\alpha]_D^{20}$ +10,9° (c = 3,960 in Aceton). (J. chem. Soc. [London] **1950**. 3523—25. Dez. Huddersfield, Techn. Coll.) KAYSER. 3600

I. N. Nasarow und **L. D. Bergelsson**, *Stereochemie von Steroidverbindungen.* Zusammenfassende Übersicht über die Stereochemie der Steroide, mit besonderer Berücksichtigung der Methoden zur Aufklärung des räumlichen Baus des Steroidskeletts u. der Epimerie der Substituenten. — 218 Literaturangaben. (Успехи Химии [Fortschr. Chem.] **21**. 566—614. Mai 1952.) WÖRFFEL. 3700

E. F. Rogers, W. J. Leanza, J. P. Conbere und **K. Pfister III**, *Von Cortison und Hydrocortison abgeleitete Aldehyde.* Cortison (**Ia**) u. Hydrocortison (**Ib**) wurden in die entsprechenden 21-Aldehyde (**Va** bzw. **Vb**) übergeführt. **Ia** lieferte mit p-Toluolsulfonsäurechlorid in Pyridin ein Gemisch des *Pyridinium-p-toluolsulfonats* (**IIa**), F. 285—290° (Zers.), u. *-chlorids* (**IIIa**), F. 290—291° (Zers.), $[\alpha]_D^{25}$ +231° (CH_3OH, c = 2). Das aus **IIIa** mit p-Nitrosodimethylanilin erhaltene *Nitron* **IVa**, F. 189—190° (Zers.), wurde mit verd. HCl hydrolysiert zum *Δ^4-3.11.20-Triketo-17α-oxypregnen-21-al* (**Va**)-*Hydrat* (*Cortison-21-aldehydhydrat*), $C_{21}H_{28}O_6$, F. ca. 225° (wss. Aceton), $[\alpha]_D^{25}$ +182° (CH_3OH c = 2), λ_{max} 2380 Å, (E = 15700; CH_3OH). Mehrstd. Erhitzen bei 110° (1 mm) lieferte **Va**, $C_{21}H_{26}O_5$, F. 210—215° (Zers.). Analog wurde **Ib** über das *Pyridiniumchlorid* **IIIb**, F. 295—296° (Zers.), $[\alpha]_D^{25}$ +232° (CH_3OH, c = 2), u. *Nitron* **IVb**, F. 186—188°, in *Hydrocortison-21-aldehyd* (**Vb**)-*Hydrat*, $C_{21}H_{30}O_6$, F. 155—160° (Zers.), $[\alpha]_D^{25}$ +155° (CH_3OH, c = 2), übergeführt; λ_{max} 2420 Å (E = 16000; CH_3OH). **Va**-*Dimethylacetal*, F. 142°, $[\alpha]_D^{25}$ +176° (CH_3OH, c = 2). **Va**-*Diäthylacetal*, F. 77°, $[\alpha]_D^{25}$ +165° (CH_3OH, c = 2). — **Va**-*Diacetat*, F. 169°, $[\alpha]_D^{25}$ +99° (CH_3OH, c = 2). Die Aldehydhydrate haben annähernd dieselbe Aktivität wie **I** u. **II**, **IVa** u. das Diacetat von **Va** sind ebenfalls wirksam, während die Acetale inakt. sind. (J. Amer. chem. Soc. **74**. 2947. 5/6. 1952. Rahway, N. J., Merck & Co., Inc., Res. Labor.) SCHORRE. 3750

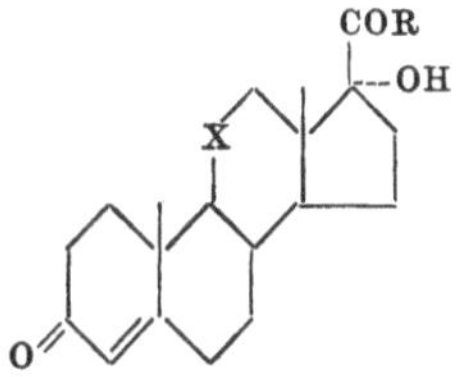

a X = CO
b X = CHOH
I R = CH_2OH
II R = $CH_2 \cdot C_5H_5N^+O^- SO_2C_6H_4CH_3$
III R = $CH_2 \cdot C_5H_5N^+Cl^-$
IV R = CH : $N(O)C_6H_4N(CH_3)_2$
V R = CHO

Margie May, Thomas J. Bardos, Frank L. Barger, Myra Lansford, Joanne M. Ravel, George L. Sutherland und **William Shive**, *Untersuchungen über die Struktur der Folinsäure SF durch Synthese und Abbau.* Die durch Hydrierung von *Folsäure* (**I**) in essigsaurer Lsg. in Ggw. von PtO_2 erhältliche *Tetrahydrofolsäure* (**II**), der die Struktur einer 5.6.7.8-Tetrahydrofolsäure zukommt, geht durch Behandlung mit HCOOH in essigsaurer Lsg. bei Raumtemp. in *Folinsäure SF* (**III**) über, die eine **II** mit einer Formylgruppe der Bruttoformel $C_{20}H_{23}N_7O_7$ darstellt. Die Formylgruppe scheint jedoch nicht am $N_{(10)}$-Atom zu sitzen, da die Red. von *$N_{(10)}$-Formylfolsäure* (**IV**) über ein *Tetrahydroprod.* (**V**) erst dann **III** ergibt, wenn das Reaktionsgemisch erhitzt wird, so daß angenommen wird, daß die Formylgruppe von $N_{(10)}$ nach $N_{(5)}$ wandert. Ein direkter Beweis für die Beteiligung der $N_{(5)}$-Stellung ist die Zerstörung von **III** (auch von deren biol. Wrkg.) in saurer Lsg., wobei die Bldg. eines einen Imidazolring enthaltenden Prod. **VI** angenommen wird, das eine stark bas. Gruppe enthält u. ein Absorptionsmaximum bei 358 mμ aufweist. Durch Behandlung von **VI** mit verd. Alkali wird ein Teil der **III** wieder erhalten, wenn auch das Hauptprod. dieser Rk. **IV** zu sein scheint. Als Modellvers. wurden die UV-Spektren von *N-[2-Anilinoäthyl]-formanilid* (**VII**) in saurer u. alkal. Lsg. untersucht, das in salzsaurer Lsg. in *1.3-Diphenyl-2-imidazoliumchlorid* (**VIII**) übergeht. **V** ist gegen Luft-O_2 extrem empfindlich; *Ascorbinsäure* (**IX**) verhindert diese Oxydation von **V** (zu **IV**), auch in stark alkal. Lösung. **III** kann in stark saurer Lsg. zerstört werden; macht man die Lsg. in Ggw. von **IX** alkal., wobei **V** erhalten wird, u. autoklaviert dann in neutraler Lsg., so gewinnt man wieder **III** in Ausbeuten bis zu 40%. Die Red. von **IV** scheint unter gewissen Bedingungen bei der Dihydrostufe halt zu machen; autoklaviert man ein solches Reaktionsgemisch in Ggw. von **IX**, so erhält man ein Prod. mit **III**-Wirkung. — Aus einigen synthet. Reaktionsgemischen wurde das Ba-Salz eines Faktors isoliert, das das gleiche UV-Spektr. u. eine ähnliche biol. Wrkg. wie **III** zeigte; das Röntgendiagramm dieses Faktors war jedoch nicht mit dem des aus **III** erhaltenen Ba-Salzes identisch. Es ist möglich, daß ein Stereoisomeres des Ba-Salzes von **III** oder nur eine andere Kristallmodifikation vorliegt. Für **III** wird auf Grund der vorliegenden Verss. die Struktur einer *5-Formyl-5.6.7.8-tetrahydrofolsäure* vorgeschlagen.

Versuche: Angaben über die Darst. von **III** aus **I** bzw. **IV** unter verschied. Versuchsbedingungen; die Ausbeuten wurden mikrobiol. mit *Leuconostoc citrovorum* als Testorganismus bestimmt; z. B. 32% Ausbeute an **III** durch: Hydrierung von 500 mg **IV** in 50 cm³ 98%ig. HCOOH in Ggw. von 50—75 mg PtO_2 bei Atmosphärendruck u. 31° bis zur Aufnahme von 1 Äquivalent H_2 u. 1 Std. Erhitzen im Autoklaven auf 120° (in Ggw. von 10 mg **IX**/cm³: 36% Ausbeute). *Ba-Salz* von **III**, $C_{20}H_{21}O_7N_7Ba \cdot 5\,H_2O$, Prismen

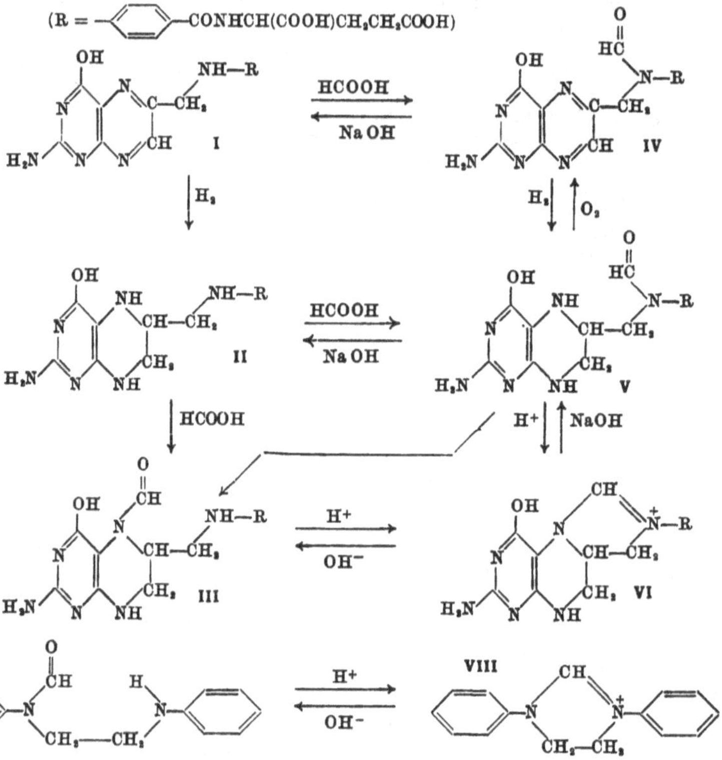

aus W.; Angabe der Netzlinienabstände. Ca-Salz von **III**, $C_{20}H_{21}O_7N_7Ca$, Prismen aus Wasser. — Überführung von **III** in **VI**, $C_{20}H_{22}O_6N_7Cl$, durch 18 Std. Stehenlassen von **III** bei p_H 2 (0,2 mol. Phosphatpuffer) oder 2 Std. bei p_H 1, bis Absorptionsmaximum bei 358 mμ erscheint. Angaben über die Bldg. von *$N_{(10)}$-Formyldihydrofolsäure* aus **VI**, von **V** aus **VI**, über den Abbau von **III** zu **IV** u. **I** in der WARBURG-App.; die Netzlinienabstände der so gewonnenen **I** u. von synthet. **I** sind angeführt. — *1.3-Diphenyl-2-imidazolium-chlorid* (**VIII**), $C_{15}H_{15}N_2Cl$, aus **VII** in 6nHCl (20 Min. bei Raumtemp.), extrem bitteres Pulver, F. 230—240° (Zers.; wird dunkel ab 200°); nimmt schnell Luftfeuchtigkeit (1 Mol. H_2O) auf zum *Hydrat* $C_{15}H_{15}N_2Cl \cdot H_2O$. (J. Amer. chem. Soc. **73**. 3067—75. Juli 1951. Austin, Tex., Univ., Biochem. Inst. and Dep. of Chem., u. Clayton Found. for Res.)

K. F. MÜLLER. 3800

Albert Pohland, Edwin H. Flynn, Reuben G. Jones und **William Shive**, *Eine für Folinsäure SF, einem von der Pteroylglutaminsäure sich ableitenden Wachstumsfaktor, vorgeschlagene Struktur.* Für die zum Wachstum von *Leuconostoc citrovorum* notwendige *Folinsäure SF* (**I**) wird auf Grund der Darstellungsmeth., des Vgl. der UV-Spektren bekannter Modellverbb., der elektrometr. Titration u. der durch Behandlung mit Säure u. Alkali auftretenden Veränderungen die nebenst. Struktur einer *5-Formyl-5.6.7.8-tetrahydropteroylglutaminsäure* vorgeschlagen. Die Darst. erfolgt durch Formylierung u. katalyt. Red. oder durch Red. in

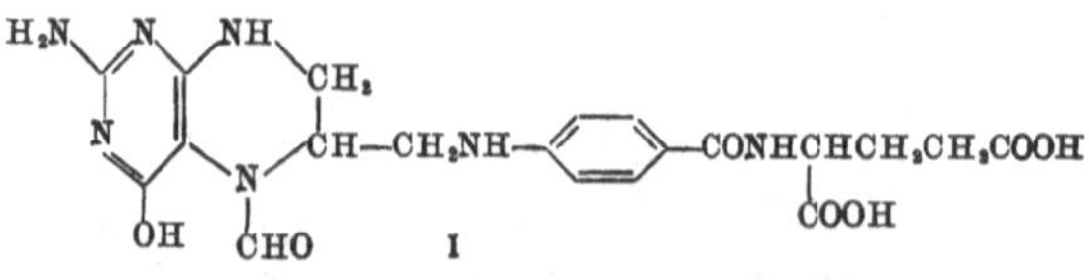

I

HCOOH-Lsg. von *Pteroylglutaminsäure* (**II**); die Oxydation von **I**, dessen Bruttoformel $C_{20}H_{23}O_7N_7$ ist, mit $KClO_3$ führt zu *Guanidin, Oxalsäure* u. *Chloranil*. Daraus folgt, daß **I** eine Tetrahydroformylpteroylglutaminsäure darstellt. Bei der Red. wird der *Pyrazin*-Ring hydriert. **I** ist gegen schweflige Säure stabil, während **II** unter gleichen Bedingungen

2-Amino-4-oxypteridin-6-carboxaldehyd gibt. Die UV-Spektren von *Tetrahydro*-**II** u. seinen Formylderivv. zeigen, daß 5.6.7.8-Tetrahydroverbb. vorliegen. **I** hat 3 saure, elektrometr. titrierbare Gruppen mit pK-Werten von 3,1, 4,8 u. 10,4. **II** hat 2 titrierbare, saure Gruppen mit pK-Werten von 5,0 u. 8,2. Die pK-Werte von 10,4 bei (**I**) bzw. 8,2 (bei **II**) werden der OH-Gruppe in 4-Stellung zugeschrieben. *2.5.6-Triamino-4-oxypyrimidin* u. *2.6-Diamino-5-formylamino-4-oxypyrimidin* haben 3 bzw. 2 titrierbare Gruppen mit pK-Werten von 2,0, 5,1 u. 10,1 bzw. 2,5 u. 9,9. — *10-Formylpteroylglutaminsäure* (**III**) gibt nach der Hydrierung ein biol. unwirksames *Tetrahydroprod.* **IV**. **IV** wird wirksam beim Stehen in alkal. Lsg. oder nach Erhitzen. Nach 24std. Stehen in 0,1nNaOH ähnelt das Spektr. von **IV** dem von **I**, die biol. Wrkg. steigt auf das 10fache. Die Bldg. von **I** aus **IV** wird durch die intramol. Wanderung der Formylgruppe von $N_{(10)}$ nach $N_{(5)}$ erklärt. Analoge Acylwanderungen sind bei gewissen Tetrahydrochinolin u. -isochinolinverbb. bekannt, z. B. gibt die katalyt. Hydrierung von *1-Benzoyl-2-cyan-1.2-dihydrochinolin 2-Benzoylaminomethyl-1.2.3.4-tetrahydrochinolin.* — Die stärkere UV-Absorption bei 282 mμ von **I** gegenüber Tetrahydro-**II** beweist die Ggw. der Formylgruppe in 5-Stellung. *5-Formyl-2-amino-4-oxy-6.7-dimethyl-5.6.7.8-tetrahydropteridin* (**V**) hat mehr als die doppelte mol. Extinktion als die formylfreie Verb. (**VI**). — Hydriert man **II** in HCOOH-Lsg. u. gibt dann Acetanhydrid hinzu, so bildet sich vermutlich eine Verb. **VII** mit 2 Formylgruppen in 5- u. in 10-Stellung, die biol. unwirksam ist. Löst man **VII** in verd. Alkali, so tritt die biol. Wrkg. wieder auf; sie steigt in 13 Tagen auf das 40fache des Anfangswertes. In alkal. Lsg. wird die 10-Formylgruppe von **VII** abgespalten, das Spektr. von **I** erscheint wieder. **I** ist in alkal. Lsg. ziemlich beständig; 6std. Erhitzen auf 90° in 0,1nNaOH bringt kaum einen Verlust der Aktivität. **III** ist gegen alkal. Hydrolyse empfindlich u. geht mit 0,1nNaOH in 24 Std. bei Raumtemp. in ein Prod. mit dem UV-Spektr. von **II** über.

V e r s u c h e: Red. u. Formylierung von **II**: Hydrierung von 880 mg **II** in 50 ml 98—100%ig. HCOOH mit 100 mg PtO_2 (1 Std.), Zugabe von 10 ml Acetanhydrid u. noch 1 Std. bei Raumtemp.; filtrieren u. gefriertrocknen; der hellbraune feste Körper zeigt 0,5% **I**-Aktivität; nach 13 Tagen Stehen bei Raumtemp. in 0,1nNaOH steigt die **I**-Aktivität von 0,2% auf 20%; bei 90—95° steigt die Aktivität in 5 Std. von 0,2% auf 17%. — *2-Amino-6.7-dimethyl-4-oxy-5.6.7.8-tetrahydropteridin* (**VI**)-*Hydrochlorid*, $C_8H_{13}ON_5 \cdot HCl$, durch Red. von *2-Amino-6.7-dimethyl-4-oxypteridin* (**VIII**) in 5nHCl mit PtO_2 (3 Std.), Rosetten aus A.-W.-Aceton (1 : 1 : 3). — *2-Amino-6.7-dimethyl-5-formyl-4-oxy-5.6.7.8-tetrahydropteridin* (**V**), $C_9H_{13}O_2N_5$, durch Hydrierung von **VIII** in 98—100%ig. HCOOH mit PtO_2 (3 Std.), Zugabe von Acetanhydrid u. Stehenlassen über Nacht bei Raumtemp., Eindampfen des Filtrats, Lösen des Rückstandes in W. u. Zugabe von Na_2CO_3 bis p_H 4,5; schwach gelbe Prismen aus W., F. 215° (Zers.). — *Formylfolinsäure SF* (**VII**), $C_{21}H_{23}O_8N_7$, durch Auflösen von **I** in 98—100%ig. HCOOH u. Zugabe von Acetanhydrid (2 Std. bei Raumtemp.); amorphes gelbes Pulver; die *L. citrovorum*-Aktivität entspricht 0,5% der Wrkg. von **I**; sie steigt auf 25% bei 8tägigem Stehen mit 0,1nNaOH bei Raumtemperatur. (J. Amer. chem. Soc. **73**. 3247—52. Juli 1951. Indianapolis, Ind., Lily Res. Labors., Univ. of Texas, Biochem. Inst. and Dep. of Chem., u. Clayton Found. of Res.)
K. F. MÜLLER. 3800

B. A. Sobin, *Ein neues Streptomyces-Antibioticum.* Durch Extraktion der Kultur-Fl. einer *Streptomyces*-Kultur mit n-Butanol bei p_H 2, Extraktion des Butanolextraktes mit Na_2CO_3-Lsg., Ansäuern der alkal.-wss. Lsg. auf p_H 4,5 u. Extraktion mit Butylacetat wird ein neues *Antibioticum* (**I**) erhalten, das aus $C_2H_4Cl_2$ in langen Nadeln kristallisiert. **I** ist eine monobas. Säure der Formel $C_9H_{15}O_3NS$, F. 139—140°, $[\alpha]_D^{23}$ — 54° (c = 1 in Methanol.) Die Lsg. von **I** fluoresciert im UV-Licht blau. Das Infrarotspektr. gibt Hinweis auf eine Carboxylgruppe u. vielleicht auf eine Säureamidgruppe. **I** gibt negative TOLLENS-, 2.4-Dinitrophenylhydrazin- u. Ninhydrinteste. In Eisessig oder CCl_4 tritt mit Br_2 schnelle Bromierung ein; $KMnO_4$ wird schnell verbraucht. Die wss. Lsgg. von **I** sind in weiten p_H-Bereichen stabil. **I** ist in vitro gegen Mycobacterium wirksam, hat aber in vivo keine antiobiot. Wirksamkeit. (J. Amer. chem. Soc. **74**. 2947—48. 5/6. 1952. Brooklyn, N. Y., Chas. Pfizer & Co., Inc., Biochem. Res. Labors.) K. FABER. 3900

D_3. Makromolekulare Chemie.

H. P. Frank, *Einige Bemerkungen über die Beziehung zwischen Intrinsicviscosität und Molekulargewicht.* Zwischen dem Zahlenmittel M_n, dem Gewichtsmittel M_w u. dem Viscositätsmittel M_η der Mol.-Geww. bestehen folgende Beziehungen: $M_w/M_n = 2$; $M_\eta/M_n = 2$ für $\alpha = 1$ bzw. 1,77 für $\alpha = 0,5$; α ist dabei definiert durch $[\eta] = K \cdot M^\alpha$. Diese beiden Grenzfälle $\alpha = 0,5$ u. 1 sind in einem log $[\eta]$ — log M-Diagramm dargestellt. (J. Polymer Sci. **7**. 567—68. Nov. 1951. Brooklyn, N. Y., Polytechn. Inst., Inst. of Polymer Res.) FUCHS. 4000

R. Buchdahl, L. E. Nielsen und **E. H. Merz,** *Rheologie von thermoplastischen Stoffen. 2. Mitt. Rückgängige und nichtrückgängige Deformationen von Polystyrol zwischen 90 und 240° in Abhängigkeit vom Molekulargewicht.* (1. vgl. BUCHDAHL, C. **1949.** I. 1339.) Von fraktionierten u. nichtfraktionierten Proben von *Polystyrol* (I) der Mol.-Geww. M = 74000—1270000 (Gewichtsmittel) wurde zwischen 90 u. 240° das rheolog. Verh. untersucht. Die Verss. wurden unter Verwendung eines Rotations- u. eines Ausfluß-viscosimeters ausgeführt; ferner wurden Spannungs-Fließ-Kurven aufgenommen. Die Verss. zeigen, daß sowohl rückgängige als auch nichtrückgängige Formänderungen auftreten: erstere sind unabhängig von M u. der Einheitlichkeit (Verwendung von fraktionierten u. nichtfraktionierten Proben), letztere aber hängen von M, von der Vorgeschichte der Probe u. von der Einheitlichkeit ab. Die Temperaturabhängigkeit beider Formänderungen ist prakt. die gleiche. Die Ergebnisse werden auf das Vorliegen einer labilen Netzwerkstruktur zurückgeführt; auf diese Weise wird auch der Einfl. der Vorgeschichte verständlich. Für die Abhängigkeit der Viscosität von der Schubspannung u. von der Gleitgeschwindigkeit gilt kein einfaches Potenzgesetz; vielmehr liegt hier eine Abhängigkeit vom σ-Typ (OSTWALD) vor (Einfl. der Capillarabmessungen auf η). Einige Grade unterhalb des Umwandlungspunktes 2. Ordnung ist das Fließverh. unabhängig von M. η einer nichtfraktionierten Probe mit M = 360000 beträgt für die in ( ) genannten Tempp.: $1{,}23 \cdot 10^{12}$ P (92°), $1{,}33 \cdot 10^{10}$ (115°), $8{,}2 \cdot 10^{8}$ (130°), $2{,}5 \cdot 10^{8}$ (143°), $2{,}5 \cdot 10^{5}$ (200°); die zugehörigen Relaxationszeiten (in Sek.) betragen $5 \cdot 10^{5}$, $4 \cdot 10^{3}$, 200—1000, 500 u. 1. Die Abhängigkeit von η von M ist bei 100 u. 200° über einen weiten M-Bereich fast die gleiche; bei 90° ist jedoch η nur noch wenig abhängig von M, da bei dieser Temp. ein anderer Deformationsmechanismus vorliegt. (J. Polymer Sci. **6.** 403—22. April 1951. Springfield, Mass., Monsanto Chem. Co., Plastics Div.) FUCHS. 4010

E. I. Barg, N. N. Meltewa und **D. M. Spitkowski,** *Zum Einfluß der Spannung auf die Verglasungstemperatur der Polymeren.* Die Temp. der Glasbldg. T_g, bei der die lineare Temperaturabhängigkeit der Verformung in einen steileren Anstieg mit der Temp. übergeht, wird an Folien von Polyvinylbutyral (I), Polyvinylacetat (II) u. plastifiziertem Polystyrol (III) in ihrer Abhängigkeit von konstanten Zugspannungen σ (25, 50, 100, 200 kg/cm²) untersucht. T_g nimmt mit steigendem σ ab, u. zwar ist T_g bei **I** 10,2—0,98 σ, bei **II** 6,0—0,91 σ, bei **III** 7,5—0,94 σ, allg. $T_1 = T_0 - (a/u)\, T_0\, \sigma_1$, wobei T_0 u. T_1 die T_g-Werte für $\sigma = 0$ u. $\sigma = \sigma_1$, a = S x_1, S = effektive Oberfläche der sich bewegenden Einheit, x_1 = Abstand, u = Aktivierungsenergie der Wechselwrkg. zwischen bestimmten Gruppen u. Radikalen der polymeren Moll. bedeuten. Bei **I** hängt T_g von der Kettenlänge des Plastifikatormol., d. h. der Zahl Z der C-Atome in der Kette unter Ausschluß der Dipolgruppe $C{\lt}^{O}_{O}$, ab nach $T_g = 9{,}2 - 0{,}98$ Z. Hierbei waren Alkylester (Alkyl = C_2H_5 bis n-C_8H_{17}) von Dicarbonsäuren (Oxalsäure bis Sebacinsäure) Plastifikatoren. Der T_g-Wert für σ_1 bei einer Plastifikatorkonz. c ergibt sich gleich $T_1 - [b\, T_1/(u - a\, \sigma_1)]\, c$; dann ist $A\, \sigma = Z + \Delta T$, mit $A = (1 + \Delta T/T_1) \cdot a\, k/u\, b$, $k = u - a\, \sigma_1$, die Beziehung zwischen Spannung u. Plastifikatormenge. Unterss. an I zeigen, daß eine Erhöhung von σ um 150 kg/cm² dieselbe Herabsetzung von T_g ergibt wie ein Zusatz von 5 Mol-% Diäthyloxalat. Die Herabsetzung von T_g durch Zugspannung läßt sich somit durch eine Verminderung der Aktivierungsenergie erklären, die entweder durch Anlegen eines äußeren Kraftfeldes, durch Einführung eines Plastifikators oder Einführung von Seitengruppen in die Kette des Polymeren bewirkt werden kann. In diesen Fällen beruht der Wirkungs-Mechanismus auf einer Zerrung der Polymerenketten, wobei einer bestimmten Zugspannung eine bestimmte Länge der bei gleichen mol. Verhältnissen als Plastifikator eingeführten Moll. entspricht. (Доклады Академии Наук СССР [Ber. Akad. Wiss. UdSSR] [N. S.] **85.** 1061—64. 11/8. 1952. Inst. für hochmol. Verbb. der Akad. der Wiss. der UdSSR.) R. K. MÜLLER. 4010

Turner Alfrey jr., Paul W. Berg und **Herbert Morawetz,** *Die Gegenionenverteilung in Lösungen von stabförmigen Polyelektrolyten.* Theoret. Arbeit, in der gezeigt wird, daß die POISSON-BOLTZMANNsche Gleichung für Lsgg., die nur stäbchenförmige Polyelektrolyte u. deren Gegenionen enthalten, ohne die übliche Annahme der DEBYE-HÜCKELschen Theorie gelöst werden kann. Die spezielle Anwendung auf *Polyacrylsäure* ergibt, daß bei Ladungsdichten, die halbneutralisierter Polyacrylsäure entsprechen, auch in sehr verd. Lsgg. ($^1/_{800}$n Lsgg.) ein großer Anteil der einwertigen Gegenionen in der Nachbarschaft des Polyions lokalisiert ist. (J. Polymer Sci. **7.** 543—47. Nov. 1951. New York, N. Y., Univ., Polytechn. Inst., u. Inst. for Mathematics and Mechanics, Dep. of Chem.) FUCHS. 4010

A. Katchalsky, S. Lifson und **H. Eisenberg,** *Gleichung der Quellung von Polyelektrolytgelen.* Für das Vol. V eines gequollenen, zum Teil vernetzten Gels eines Polyelektrolyten wird die Beziehung abgeleitet: $\lambda\, V^{2/3}/Z = \alpha\, (1 + B\sqrt{\alpha\, V/n})$; darin bedeuten Z die Zahl der Monomeren zwischen 2 Vernetzungsstellen, α den Dissoziationsgrad, λ einen Korrektionsfaktor (vgl. KATSCHALSKY, KÜNZLE u. KUHN, C. **1952**. 2182), n die Konz. der Grundmoll. im gequollenen Gel u. B eine näher definierte Größe, die von weiteren charakterist. Konstanten des Makromol. abhängt. Befindet sich das Gel unter einem höheren Druck P, so gilt die Beziehung $P V = \alpha n R T (1 - B\sqrt{\alpha V/n})$. Beide Gleichungen stehen in guter Übereinstimmung mit den an Gelen von *Polymethacrylsäure*, die mit Divinylbenzol vernetzt waren, erhaltenen experimentellen Ergebnissen (Abhängigkeit von V von α für verschied. Z-Werte u. Abhängigkeit von V von P für verschied. α-Werte). (J. Polymer Sci. **7**. 571—74. Nov. 1951. Rehovoth, Israel, Weizmann Inst. of Sci., Dep. of Polymer Res.) FUCHS. 4010

A. Ss. Kusminski und **Je. B. Popowa,** *Die Autoinhibierung bei der Oxydation von Butadien–Nitril-Kautschuken.* Ein *Butadien* (I)-*Acrylonitril* (II)-*Mischpolymerisat*, dessen Doppelbindungen in der Hauptkette liegen, wird nicht, wie zu erwarten, schnell oxydiert (vgl. C. **1951**. I. 732), sondern zeigt hohe chem. Widerstandsfähigkeit. Dieses wird auf die im Anfangsstadium der Oxydation erfolgende Bldg. von Prodd. zurückgeführt, die im weiteren Verlauf des Prozesses als Inhibitoren wirken. Mischpolymerisate mit einem **II**-Geh. von 20, 29,6 u. 36% wurden durch Extraktion u. 2maliges Umfällen aus Bzl. gereinigt. Die Bereitung von Filmen u. ihre Oxydation wurden wie früher (Коллоидный Журнал [Colloid J.] **9**. [1947.] 377; vgl. C. **1951**. I. 3500) durchgeführt. Die kinet. Unters. der Oxydation ergab Verlängerung der Induktionsperiode mit steigendem **II**-Gehalt. Es werden 10—15% in A. lösl. Prodd. gebildet, die bei Zusatz zu einem **I**-Kautschuk auch dessen Induktionsperiode bei der Oxydation verlängern, während Zusatz von nicht oxydiertem **I**-**II**-Kautschuk ohne Wrkg. ist. Es wird angenommen, daß der Inhibitor aus den Nitrilgruppen enthaltenden Kettenabschnitten durch Oxydation gebildet wird. Darauf deutet auch der N-Geh. der in A. lösl. Oxydationsprodd. hin. Die inhibierende Wrkg. wird bei Zugabe von Phenyl-β-naphthylamin (**III**) bedeutend verstärkt. Vff. nehmen an, daß in der Induktionsperiode **III** eine Schutzwrkg. ausübt, wobei Löslichkeit u. Struktur des Kautschuks fast unverändert bleiben. Der sich bildende Inhibitor tritt mit **III** zu einem neuen wirksamen Inhibitor zusammen, wobei **III** verbraucht wird. Durch Rk. mit den Kautschukperoxyden bildet dieser Inhibitor ein Radikal, das sich isomerisiert u. dabei seine inhibierenden Eigg. einbüßt. (Доклады Академии Наук СССР [Ber. Akad. Wiss. UdSSR] [N. S.] **85**. 1077—79. 11/8. 1952. Wiss. Forschungsinst. für Gummiindustrie.) WÖRFFEL. 4030

M. Uenaka, *Untersuchungen über Zucker und Polysaccharide.* 3. Mitt. *Molekulargewichtsbestimmung von Inulin mit der osmometrischen Methode.* (2. vgl. C. **1953**. 1816.) Das Mol.-Gew. von *Inulin* [rein KAHLBAUM ($[\alpha]_D^{18}$ —39,9°, Asche 0,23%)] u. von einem durch wiederholte Fällung mit A. aus wss. Lsg. gereinigten Inulin ($[\alpha]_D^{15}$ —37,4°, Asche 0,06%) wurde in wss. Lsg. mit einem Gegendruck-Osmometer zu 5213 bzw. 7010 bestimmt. Genaue Beschreibung der Methode. (Sci. Pap. Osaka Univ. **1951**. Nr. 25. 9—12. Febr.) ROSSOW. 4050

M. Uenaka, *Untersuchungen über Zucker und Polysaccharide.* 4. Mitt. *Methylierung von Ramiecellulose.* (3. vgl. vorst. Ref.) Gereinigte Ramiecellulose wird unter wechselnden Bedingungen der Methylierung mit Dimethylsulfat unterworfen. Etwa ein Viertel der Hydroxylgruppen ist bes. leicht angreifbar u. liegt daher wahrscheinlich im amorphen Teil bzw. in der Micellaroberfläche. Verhältnismäßig leicht erreichbar ist die Dimethylstufe, wenn vorher eine vollständige Bldg. von Na-Cellulose stattgefunden hat. Bleiche oder Oxydation der Cellulose erhöht den erreichbaren Methylierungsgrad bis 43,2%. Die Trimethylstufe konnte in keinem Fall ganz erreicht werden. (Sci. Pap. Osaka Univ. **1951**. Nr. 26. 13—16. Febr.) ROSSOW. 4050

A. L. Saidess, *Einfluß des Erhitzens auf Struktur und Eigenschaften von Proteinen.* 1. Mitt. *Kollagen.* Die trockene therm. Behandlung von Kollagen (die Mittelschicht des Dermas der mit Kalkwasser behandelten, mit Bisulfit neutralisierten u. getrockneten Rinderhaut) u. Chromleder bei 135° bewirkt keine Veränderung des Röntgenogramms. Beim Erhitzen auf 170° verschwindet der dem Flächenabstand 2,9 Å entsprechende, die Länge eines Aminosäure-Kettengliedes charakterisierende Interferenzring, der mit geringer Intensität nach 1½ Jahren wieder auftritt. Mit steigender Temp. nehmen Quellbarkeit in W., Säure u. Lauge, Wasseraufnahme bei verschied. Feuchtigkeitsgeh. der Umgebung, Zerreißfestigkeit, Ausschmelzbarkeit der Gelatine u. Gerinngungstemp. in W. ab. Die Änderungen der Eigg. u. Struktur, die beim trockenen Erhitzen des Kollagens eintreten, werden dahingehend gedeutet, daß hierbei die Ketten desorientiert werden oder Hauptvalenzen abreißen u. senkrecht dazu zusätzliche Bindungen entstehen. (Коллоидный Журнал [Colloid J.] **12**. 347—51. Sept./Okt. 1950. Moskau, Zentr. Wiss. Forschungsinst. für Leder- u. Schuhind.) LEBTAG. 4070

A. L. Saidess, *Einfluß des Erhitzens auf Struktur und Eigenschaften von Proteinen. 2. Mitt. Gelatine.* (1. vgl. vorst. Ref.) Erhitzen der Gelatine (I) im trockenen Zustand auf 135° bewirkt keine Veränderung des Röntgenogramms. Bei 8std. Erhitzen auf 170° verschwinden die den Flächenabständen 2,9 u. 11—12 Å entsprechenden Interferenzringe. Statt des letzteren tritt eine diffuse Schwärzung mit dem Maximum bei ca. 17—18 Å auf. Nach 1½ Jahren Ablagerung erscheint der 2,9 Å entsprechende sehr schwach wieder. Der Unterschied im Vgl. zu den ähnlichen Veränderungen von therm. behandeltem Kollagen (II) ist durch den Strukturunterschied bedingt: das Verschwinden des 2,9 Å entsprechenden Ringes hat bei I die gleiche Ursache wie bei II, während sich der 2. verschwindende Ring auf Flächenabstände von Seitenketten bezieht. Bei II werden sehr wenige Seitenketten vermutet, deren Bindung an die Hauptkette kovalenter Natur ist, u. der ihnen entsprechende Ring bleibt daher beim Erhitzen bestehen. Bei I fehlen offenbar derartige, kovalent gebundene Seitenketten. Mit steigender Temp. u. zunehmender Dauer des Erhitzens nehmen bei I die Löslichkeit in W. u. Säure, die Quellung in W., Säure u. Wasserdampf u. die Zerreißfestigkeit ab. Die Zerreißfestigkeit der 8 Std. auf 170° erhitzten I-Filme wurde im nassen Zustand gemessen; sie ist von derselben Größenordnung wie bei plastifizierten Nitrocellulosefilmen. Das W. kann hier als Plastifikator angesehen werden. Die Ergebnisse zeigen, daß beim Erhitzen von I der Verlust der Löslichkeit nicht sprungweise, sondern stetig erfolgt. Daher kann die mit dem Verlust der Löslichkeit verbundene Zustandsänderung nicht als Übergang in II gedeutet werden. Die bei I u. II eintretenden Veränderungen der Struktur u. der Eigg. verlaufen im übrigen in der gleichen Richtung; auch hier entstehen Querverbindungen. (Коллоидный Журнал [Colloid J.] **12.** 414—20. Nov./Dez. 1950.) LEBTAG. 4070

Heinrich Hopff, Grundriß der organischen Chemie. 13., verb. Aufl. München: Müller & Steinicke. 1952. (168 S.) 8° = Tuchels Repititionskurse. DM 5,—.

E. Biologische Chemie. Physiologie. Medizin.

E_1. Allgemeine Biologie und Biochemie.

Hans Lettré, Annemarie Mex und Eva Ruhbaum, *Vergleich homologer 4'-Alkoxystilbylamine und optischer Antipoden auf ihre zellteilungshemmende Wirkung.* Vff. untersuchen an in vitro gezüchteten Fibroblasten die mitosehemmende Wrkg. von *4'-Methoxystilbylamin* (I), *4'-Äthoxystilbylamin* (II), *4'-n-Propoxystilbylamin* (III) u. von *4'-n-Butoxystilbylamin* (IV). II wirkt mit einer Grenzdosis von 0,4—0,5 γ/ml 10mal stärker als I (Grenzdosis: 4 γ/ml), 2mal stärker als III (0,8 γ/ml) u. 4mal stärker als IV (1,8 γ/ml). Nach Spaltung des Racemats von II mit Cholestenonsulfonsäure erweist sich die linksdrehende Komponente mit einer Grenzdosis von 0,4—0,5 γ/ml als 100mal wirksamer als die rechtsdrehende. (Hoppe-Seyler's Z. physiol. Chem. **289.** 119—23. April 1952. Göttingen, Univ., Chem. u. Org. Chem. Inst.) REISS. 4150

Hans Lettré, Werner Haede und Lotti Schäfer, *Zur Mitosegiftwirkung substituierter α-Phenylzimtsäurenitrile.* 4'-Methoxy-, 4'-Amino- oder 4'-Oxymethyl-α-phenylzimtsäurenitrile wirken an Gewebekulturen mitosehemmend bis zu 1 γ/ml. (Hoppe-Seyler's Z. physiol. Chem. **289.** 298. Juni 1952.) DRUCKREY. 4150

Gerhard Schubert, *Moderne Probleme der Krebsentstehung und -bekämpfung vom Standpunkt des Biologen und Klinikers.* (Vgl. C. **1952.** 7671.) Zusammenfassender Bericht (Vortrag) über krebsauslösende Noxen u. deren Wirkungsweise, die Entw. von Krebszellen zur Geschwulst u. einige moderne Fragen der Krebsbekämpfung unter besonderer Berücksichtigung der schnellen Elektronen. (Strahlentherapie **88.** 308—28. 1952. Hamburg-Eppendorf, Univ., Frauenklinik.) REUSSE. 4160

P. Bjerre Hansen und **J. Bichel,** *Die cancerogene Wirkung der Sulfonamide.* Vff. untersuchten an Wistar-Ratten (geringe Tumorbelastung u. geringe Spontantumorrate), Aka-Mäusen (tumorbelastet, hohe Spontantumorrate) u. Rfl-Mäusen (tumorbelasteter Stamm, aber mit geringer Spontantumorrate) die cancerogene Wrkg. verschied. Sulfonamide. Die Tiere erhielten *6-Sulfanilamido-4.6-dimethylpyrimidin* (50 cg implantiert), *Sulfathiazol* (1 g/kg u. 0,5 g/kg injiziert bzw. peroral 0,165 g/kg oder 2,31 g/kg), *Sulfacombin* (Gemisch aus 26% *Sulfamerazin,* 37% *Sulfadiazin* u. 37% *Sulfathiazol*; 0,4 g/kg injiziert) oder *Sulfamethylizol* (0,5 g/kg injiziert). Der cancerogene Effekt scheint nach diesen Verss. unabhängig vom Applikationsmodus u. von den verwandten Sulfonamiden zu sein. Bei Tieren mit hoher Spontantumorrate wurde eine Beschleunigung dieses Prozesses nach Sulfonamidgabe beobachtet. Bei Tieren mit niedriger Spontantumorrate wurde bei 20—25% der Versuchstiere Tumorbldg. erhalten. (Acta radiologica [Stockholm] **37.** 258—65. März/April 1952. Aarhus, Dänemark, Radium Centre for Jutland, Res. Labor., u. Municipal Hosp., Roentgen-Dep.) H. SCHEURLEN. 4160

S. Neukomm, P. Lerch, L. Péguiron und **M. Richard,** *Beitrag zum Studium des radioaktiven Chromphosphats als Mittel zu lokaler Behandlung von Tumoren.* Bei 10 ♀ Mäusen wurden Injektionen von je 10 cm^3 einer Suspension von $Cr^{32}PO_4$ an Mamma-Adenocarcinomen ausgeführt (Dosis je 5 μC) u. das Tumorgewebe nach 2—42 Tagen histolog. untersucht. Dabei zeigte sich keine Verminderung des Tumorwachstums u. der Metastasierung. Nekrot. Wirkungen zeigten sich ausschließlich unmittelbar im Injektionsbereich. Über den Harn wurden in 26 Tagen nach der Injektion ca. 0,56% der applizierten Dosis ausgeschieden, die Ausscheidung nahm zeitlich nach einem Exponentialgesetz ab. Eine Unters. des Exkretionsmechanismus zeigte, daß die im Urin ausgeschiedenen akt. Phosphationen eine Umsetzung der Art $Cr^{32}PO_4 + PO_4^{3-} \rightleftarrows CrPO_4 + {}^{32}PO_4^{3-}$ mit innergeweblichen Phosphationen erlitten haben. (Acta radiologica [Stockholm] **38.** 239—44. Sept. 1952. Lausanne, Service des Recherches expér. du Centre anti-cancéreux Romand.) REUSSE. 4160

James P. Hennessy und **Antonio Rottino,** *Hodgkinsche Krankheit während der Schwangerschaft mit einem Bericht über zwölf Fälle.* Das Vorhandensein HODGKINscher Krankheit während der Schwangerschaft macht eine Unterbrechung nicht notwendig, da, wie an einigen Fällen gezeigt wird, gesunde Kinder geboren wurden. Röntgenbestrahlungen oder andere Therapieverff. (Behandlung mit Stickstofflost oder Triäthylenmelamin) können ohne Gefährdung der Schwangerschaft u. des Fötus vorgenommen werden. — 42 Literaturhinweise. (Amer. J. Obstetr. Gynecol. **63.** 756—64. April 1952. New York, N. Y., St. Vincent's Hosp., Dep. of Obstetr. and Gynecol., u. Dep. of Med.). R. KÖNIG. 4160

M. K. Brakke und **L. G. Nickell,** *Kein Einfluß von Pflanzenwachstumsregulatoren auf die Wirkung der von einem Virus-Tumorgewebe abgesonderten α-Amylase.* Vff. untersuchen die Wrkg. der synthet. Pflanzenwachstumsregulatoren *2.4-Dichlorphenoxyessigsäure* (I), *β-Indolylessigsäure* (II) u. *β-Naphthoxyessigsäure* (III) auf die Aktivität einer *α-Amylase,* die von einem Tumorgewebe (induziert von Aureogenus magnivena Block) der Wurzeln von Rumex acetosa L. abgesondert wird. Die Aktivität der α-Amylase wird in 1%ig. Stärkelsg. bei 40° (p_H 4,6) ermittelt. **I, II** u. **III** in Konzz. bis zu 100 p. p. m. einschließlich zeigen keine Beeinflussung (die stärkste Wrkg. liegt innerhalb der Fehlergrenze). — Die gleichen Wachstumsregulatoren verursachen in Konzz. von 100 p. p. m. bei dem Tumorgewebe eine Wachstumshemmung zwischen 90 u. 100% u. eine Atmungshemmung bis zu 37% bei **II,** 10% bei **I** u. 70% bei **III.** (Bot. Gaz. **113.** 482—84. Juni 1952. New York, Brooklyn Bot. Garden.) ERIKA HAAS. 4160

Harold Burrows and **Eric Horning,** Oestrogens and neoplasia. Springfield, Ill.: C. C. Thomas. 1952. (196 S. m. Abb.) $ 6,75.

E$_2$. Enzymologie. Gärung.

J. Dondeyne, *Über biologische Oxydationen.* Betrachtungen über Reaktionsgeschwindigkeit, chem. Bindungen, Oxydationen, bes. enzymat. Oxydationen. Resultate: Viele organ. Stoffe, die in O_2-Atmosphäre stabil sind, werden in der lebenden Zelle rasch oxydiert. Biol. Oxydationen werden durch Enzyme (Dehydrogenasen, Oxydasen) katalysiert. Die Aktivierungsenergie begrenzt die Reaktionsgeschwindigkeit. Mesomerie bewirkt Stabilisierung der Zwischenverbindungen. Elektronentransport führt zu Oxydation. Als Beispiele biol. Oxydationen werden genannt: Das gelbe Atmungsferment, Enzym u. Coenzym von BÜCHNER, Metalloproteine (Oxydasen u. Peroxydasen). (Agricultura [Louvain] **50.** 24—41. Juni 1952.) SCHEIFELE. 4200

Y. Avi-Dor und **H. Yaniv,** *Die Katalaseaktivität von Pasteurella tularensis.* Unterss. an 5 von einem Ausgangsstamm abgeleiteten *P. tularensis*-Stämmen ergaben, daß der *Katalase* (I)-Geh. nach 12 std. Bebrütung am höchsten ist, dann rasch abnimmt u. nach 48 Std. einen konstanten Wert erreicht. Zwischen I-Aktivität u. Virulenz besteht keine Wechselbeziehung. Die optimale Substratkonz. liegt für *P. tularensis* unter 0,01n H_2O_2. Es wurde eine reversible (bei kurzer Kontaktdauer [3 Min.]) u. eine irreversible (bei längerer Kontaktdauer [30 Min.]) Hemmung, die auf Enzymzerstörung beruht, beobachtet. Jene ist durch einfaches Verdünnen rückgängig zu machen. Eine Deutung für den Mechanismus der 2fachen Hemmung bietet möglicherweise die Annahme von OPPENHEIMER, daß H_2O_2 2 akt. Zentren der I-Oberfläche besetzen muß. Bei hohen H_2O_2-Konzz. erfolgt jedoch nur Verknüpfung mit einer akt. Enzymstelle. (J. Bacteriol. **63.** 751—57. Juni 1952. Rehovoth, Israel, Weizmann Inst. of Sci.) K. MAIER. 4230

P. N. Hobson, W. J. Whelan und **Stanley Peat,** *Die enzymatische Synthese und der Abbau von Stärke.* 14. Mitt. *R-Enzym.* (13. vgl. C. **1952.** 2681.) Das *R-Enzym* (R), das die Aufspaltung der Verzweigung im Amylopektin (I) katalysiert, konnte aus der Kartoffel u. der Bohne (broad bean) als stabiles amorphes Pulver gewonnen werden. In Versuchsreihen, deren Ergebnisse in Tabellen zusammengefaßt sind, werden die Eigg. des R untersucht.

Als Maß für die Aktivität dient die Erhöhung des Blauwertes von β-Dextrin (II) von 0,15 auf 0,20 unter feststehenden Bedingungen. Die p_H- u. Temperaturoptima liegen bei 6,5—7 bzw. 34°. — R verstärkt die Blauwerte von I u. II, verringert ihre Viscosität u. erhöht den %-Satz ihres Abbaus zu Maltose durch Einw. von β-Amylase. Diese Wirkungen werden durch Hydrolyse der 1—6-Bindungen hervorgerufen. Die Hydrolyse von Amylose wird nicht beschleunigt, die 1—4-Bindung also nicht angegriffen. Die R-Wrkg. ist keine direkte Umkehrung der Wrkg. von Q-Enzym, da R nicht in der Lage ist, 1—4-Bindungen zu synthetisieren, d. h. die abgespaltenen Verzweigungen mit 1—4-Bindung wieder in das Mol. einzubauen. Dies wird durch folgende Versuchsergebnisse bewiesen: Die Blauwerterhöhung bei I erreicht nicht die Werte für Amylose. Die Umwandlung von I in Maltose durch β-Amylase nach Einw. von R beträgt nur 66% (Amylose >90%). Die durch Einw. von R auf I u. II erhaltenen Spaltstücke sind zu kurz, um als Substrat für Q-Enzym zu dienen (vgl. auch 12. Mitt.). Die Wrkg. von I auf die Phosphorylasesynth. ist vor u. nach der R-Behandlung die gleiche, sie würde sinken, wenn durch R-Einw. eine Synth. von 1—4-Bindungen stattgefunden hätte. Die Zahl der reduzierenden Endgruppen von I u. II steigt unter der Einw. von R (von 0 auf 1% bzw. 11,4% berechnet als Maltosegeh.). — Daß R auch unfähig ist, 1—6-Bindungen zu synthetisieren, geht daraus hervor, daß α-Dextrin (aus Amylose mit α-Amylase) nach Einw. von R keine vergrößerte Rk. auf β-Amylase zeigt, u. daß die gleiche Kurve entsteht, ob Amylose mit oder ohne R mit α-Amylase behandelt wird. — Die Polysaccharidsynth. aus Glucose-1-phosphat mit Phosphorylase zeigt bei Anwesenheit von R keinen abweichenden Verlauf. H e r s t. v o n R - E n z y m: Der Q-1 Nd. (vgl. 10. Mitt.) aus Bohnenmehl wird in eiskaltem W. gelöst, Rückstand zentrifugiert u. bei 0—2° wasserfreies Na_2SO_4, absol. A. u. Kartoffelstärke zugefügt, 24 Std. gerührt u. die Stärke abzentrifugiert, der Fl. bei —3° Aceton zugefügt, Nd. bei <0° zentrifugiert u. getrocknet. Lagern im Kühlschrank, nach 11 Wochen zeigt eine Probe 85% ihrer Ausgangsaktivität. (J. chem. Soc. [London] **1951.** 1451—59. Juni. Bangor Univ. Coll. of North Wales.) ROSSOW. 4210

Stanley Peat, S. J. Pirt und **W. J. Whelan,** *Enzymatische Synthese und Abbau von Stärke.* 15. Mitt. *β-Amylase und die Konstitution von Amylose.* (14. vgl. vorst. Ref.) Krist. *β-Amylase* aus Bataten (I) nach BALL (J. biol. Chemistry **173.** [1948.] 9) unterscheidet sich von einem Sojabohnen-β-Amylasepräp. (II) (vgl. J. chem. Soc. [London] **1945.** 882) dadurch, daß sie *Amylose* (III) bei p_H 4,8 nur bis zu 70% zu Maltose abbaut. Ihre Wrkg. hört dann plötzlich auf, während II die III zu 86% abbaut. Verss. des Vf. haben ergeben, daß das Enzym I seine Aktivität bei Beendigung der Rk. nicht eingebüßt hat, daß die gebildete Maltose eine weitere enzymat. Rk. nicht hemmt, u. daß die Alterung der III ihre Widerstandsfähigkeit gegen die Einw. von I nicht erhöht (vgl. Kurven u. Tabellen im Original). Es wird daher angenommen, daß die Amylose glucosid. Bindungen enthält, die von dem α-1.4-Schema abweichen u. von β-Amylase nicht angegriffen werden. II enthält als Verunreinigung ein weiteres *Z-Enzym,* das diese anomalen Bindungen spaltet u. für den weiteren Abbau durch β-Amylase geeignete Bedingungen schafft. Da sich I u. II bei p_H 4,8 gegen *Amylopektin* (IV) völlig gleich verhalten, ist Z-Enzym nicht ident. mit α-Amylase, u. die Verzweigungen der III sind von denen im IV verschieden. Z-Enzym ist thermolabil, inakt. bei p_H 3,6, sein p_H-Optimum liegt bei 6,1. — Ein Vgl. der mit I bzw. II erhaltenen Werte für den Abbau von III u. IV aus Kartoffelstärke einerseits u. für den Abbau vollständiger Kartoffelstärke andererseits zeigt, daß diese nicht eine einfache Mischung aus III u. IV sein kann, da die für die Mischung berechneten Werte immer von den gefundenen abweichen. (J. chem. Soc. [London] **1952.** 705—13. Febr. Bangor, Univ., Coll. of North Wales.) ROSSOW. 4210

Stanley Peat, S. J. Pirt und **W. J. Whelan,** *Enzymatische Synthese und Abbau von Stärke.* 16. Mitt. *Reinigung und Eigenschaften der β-Amylase aus Sojabohnen.* (15. vgl. vorst. Ref.) Für die Reinigung der Sojabohnen-β-Amylase wird nach vergleichenden Verss. folgender Weg eingeschlagen: Mit Ae. entfettetes Sojabohnenmehl wird 2 Std. mit W. geschüttelt (5 cm^3/g Mehl); nach dem Abzentrifugieren wird die Lsg. mit n H_2SO_4 auf p_H 4,8 eingestellt u. das ausgefällte inakt. Protein abfiltriert, die Lsg. wird zur Entfernung von *Z-Enzym* 30 Min. auf 60—61° erhitzt u. nach dem Abkühlen zentrifugiert. Durch langsame Zugabe von 41,8 g $(NH_4)_2SO_4$/100 cm^3 unter Rühren wird aus der Lsg. die β-Amylase ausgefällt. Nach dem Zentrifugieren wird 36—48 Std. gegen fließendes dest. W. dialysiert u. im Kühlschrank unter Toluol gelagert. Bei einem so gewonnenen Präp. war die spezif. Aktivität 2610 Einheiten/mg Protein-N. Eine weitere Reinigung wurde durch fraktionierte Fällung mit $(NH_4)_2SO_4$ bei p_H 3,7 erreicht (9000 Einheiten/mg Protein-N). Durch Zugabe von $(NH_4)_2SO_4$-Lsg. zu einer wie vorst. gereinigten β-Amylaselsg. bis zum Beginn der Fällung u. Abkühlen auf —1,5°, Zentrifugieren des Nd. u Wiederholung der Fällung auf gleiche Weise wird in der überstehenden Lsg. eine Aktivität von 14900 Einheiten/Protein-N erzielt. — Die gereinigte Sojabohnen-β-Amylase zeigt dieselben Eigg. wie das krist. Enzym aus Bataten (vgl. Tabellen u. Kurven im Original). — Sago-, Tapioka- u. Maisamylose werden durch reine β-Amylase ebenso unvollständig hydrolysiert wie Amylose aus Kartoffeln. Ein vollständiger Abbau erfolgt erst bei Zugabe von Z-Enzym. (J. chem. Soc. [London] **1952**. 714—22. Febr.) ROSSOW. 4210

Stanley Peat, Gwen J. Thomas und **W. J. Whelan**, *Enzymatische Synthese und Abbau von Stärke.* 17. Mitt. *Z-Enzym.* (16. vgl. vorst. Ref.) Z-Enzym (I) kann als Pulver durch Ausfrieren frei von α- u. β-Amylase u. von Phosphatase gewonnen werden. — Phosphatase hat keinen Einfl. auf den Grad der β-Amylolyse. Bei der Papierchromatographie des Sojabohnen-β-Amylasepräp. (II) (vgl. vorvorst. Ref.) werden I u. Phosphatase durch $(NH_4)_2SO_4$-Lsg. zusammen eluiert, nach 2 Wochen Stehen bei Raumtemp. ist I aus dem Eluat verschwunden, während die Phosphataseaktivität erhalten bleibt. Damit ist bewiesen, daß I mit Phosphatase nicht ident. ist. — Da eine Mischung von α- u. β-Amylase eine stärker hydrolysierende Wrkg. auf Amylopektin hat als ein Gemisch von I u. β-Amylase u. andererseits II, krist. β-Amylase u. deren Mischung mit I die gleiche Wrkg. auf Amylopektin ausüben, ist auch die Unterscheidung von I u. α-Amylase gegeben. — Die Identität von I mit der von DILLON u. O'COLLA (C. **1951**. I. 2302) beschriebenen *Laminarinase* ist wahrscheinlich. Ebenso wird die Möglichkeit einer Identität zwischen I u. *Mandelemulsin* erörtert, da die Enzyme sich weitgehend gegenseitig ersetzen. — Allg. kann I als β-Glucosidase mit Gruppenspezifität angesehen werden. Die I-labilen Bindungen in Amylose müssen daher β-Konfiguration aufweisen. — Die Phosphorolyse von Kartoffelstärke wird bei Abwesenheit von I ebenso bei 70%ig. Abbau unterbrochen wie die β-Amylolyse. Nachträgliche Zugabe von I erhöht den Abbau zu Glucose-1-phosphat auf 95,4%. — Tabellen u. Kurven vgl. Original.

V e r s u c h e: Die Isolierung von I gelingt durch Schütteln von II mit 0,2 mol. Acetatpuffer (p_H 3,00), Abzentrifugieren des Rückstandes u. 90 Min. Erwärmen der Lsg. auf 35°, nach Einstellen der Lsg. auf p_H 4,8 ist die α- u. β-Amylaseaktivität verschwunden, nach Ausfrieren der Lsg. ist auch die Phosphatase zerstört. (J. chem. Soc. [London] **1952**. 722—33. Febr.) ROSSOW. 4210

Jakob Blom, Torkil Schmith und **Birgit Schwarz**, *Abbau von Kartoffelstärke durch α-Amylasen aus Malz und aus Bacillus subtilis. Differenzierung der Abbauprodukte.* Vff. zeigen, daß der Abbau von Kartoffelstärkekleister durch *α-Amylase* (I) aus Malz u. aus Bacillus subtilis auf dieselbe Weise verläuft, in dem durch Bierhefe vergärbare u. unvergärbare reduzierende Spaltstücke gebildet werden. Das Reduktionsvermögen wächst schnell bis ca. 40% der theoret. möglichen Menge Maltose (% TM) an, u. die Anzahl der vergärbaren Spaltstücke steigt während des Abbaus, der mit ständig abnehmender Geschwindigkeit weitergeht, ununterbrochen an. Auch die Anzahl der unvergärbaren Spaltstücke steigt anfangs an, nimmt aber später nach Durchgang durch ein breites Maximum (35—40% TM) wieder ab. Die gebildeten Stärkeabbauprodd. konnten bisher noch nicht präparativ getrennt werden, es werden Mono-, Di-, Tri- u. Oligosaccharide gebildet. Ein weiterer Vers., bei dem die Stärke durch I aus Bac. subtilis bis ca. 40% TM u. anschließend weiter durch β-Amylase aus Gerste bis ca. 70% TM abgebaut wird, zeigt eine Umwandlung von 50% der Stärke in Disaccharid, 20% in Trisaccharid u. 30% in unvergärbare Dextrine. (Acta chem. scand. **6**. 591—98. 1952. Kopenhagen, Labor. der Tuborg-Brauereien.) FAHRNLAENDER. 4230

Jakob Blom und **Birgit Schwarz**, *Über die Gleichartigkeit von Kartoffelstärken verschiedener Herkunft.* (Vgl. vorst. Ref.) Vff. untersuchen 13 Proben von Kartoffelstärke aus 8 verschied. Ländern der Ernten 1931—1948 hinsichtlich des Abbaues durch α- u. β-Amylasen. Es werden Lsgg. von lösl. Stärke verwendet. Es wird festgestellt, daß der Abbau bei allen Kartoffelstärkesorten gleichartig verläuft. α-Amylase aus Bac. subtilis bildet unvergärbare Dextrine in einer Anzahl von 21,5% TM, 18,3% von diesen werden durch β-Amylase zu vergärbaren Spaltprodd. abgebaut. Somit haben weder Klima u. Boden noch Sorte Einfl. auf die Konst. der Kartoffelstärke. (Acta chem. scand. **6**. 599—601. 1952. Kopenhagen, Labor. der Tuborg-Brauereien.) FAHRNLAENDER. 4230

Jay S. Roth und **Seymour W. Milstein**, *Ribonuclease.* 1. Mitt. *Eine neue Bestimmungsmethode mit ^{32}P-markierter Heferibonucleinsäure.* Nach der Meth. von DI CARLO u. Mitarbeitern (J. biol. Chemistry **180**. [1949.] 329) wurde die mit ^{32}P markierte *Heferibonucleinsäure* (I) hergestellt. Mit dieser I als Substrat läßt sich die Aktivität von Pankreas-*Ribonuclease* (II) schnell bestimmen. Die Verss. zeigten, daß die Radioaktivität der nach Ausfällung der unverdauten I mit Säure–A.-Mischung erhaltenen Filtrate der angewendeten Enzymkonz. proportional war. Die neue II-Bestimmungsmeth. ist empfindlicher u. einfacher durchzuführen als die bisherigen Methoden. Mit ihr bestimmten Vff. die II-Aktivität von Serum, Erythrocyten u. 8 verschied. Geweben der Ratte. (J. biol. Chemistry **196**.

489—98. Juni 1952. Philadelphia, Pa., Hahnemann Med. Coll. and Hosp., Div. of biol. Chem., u. Woods Hole, Mass., Marine biol. Labor.) v. Pechmann. 4210

N. G. Berim, *Die Änderung der Aktivität einiger Fermente von Insekten bei Vergiftung durch HCH und DDT.* An Raupen von Baumweißling, Frostspanner, Eichenwespe u. Goldafter sowie Larven vom Pappelblattkäfer wird gezeigt, daß durch Behandlung mit 5%ig. Staub von *Hexachlorcyclohexan* (HCH; **I**) u. *Dichlordiphenyltrichloräthan* (DDT; **II**) bei erhöhter Atmungsintensität u. verringertem Atmungskoeff. die Aktivität der *Katalase* fast nicht verändert wird. Die Aktivität der *Lipasen* ist bei den gegen **I** u. **II** beständigeren Insekten geringer als bei den unbeständigen. Bei den letzteren tritt die Wrkg. von **I** u. **II** früher ein als bei den ersteren. Während bei der Ca-Fällung mit Alizarinrot bei den Insekten mit hoher Lipaseaktivität ein reichlicher Nd. ausfällt, wird mit den gegen **I** beständigen Insekten kein oder nur ein geringer Nd. erhalten (erst nach langer Zeitdauer). Aus vorläufigen Verss. über die vergleichende Wrkg. von 5%ig. **I** u. Staub aus 2,5% **I**, 2,5% $CaCl_2$ u. 2,5% Albumin geht hervor, daß das Gemisch auf Raupen vom Goldafter u. Larven vom Pappelblattkäfer giftiger wirkt als reines **I**. (Доклады Академии Наук СССР [Ber. Akad. Wiss. UdSSR] [N. S.] **84.** 393—96. 11/5. 1952. Leningrad, Landw. Inst.) Lebtag. 4230

G. Batta und **H. Lecoq,** *Hefeuntersuchungen durch Elektrodialyse.* Verschied. Hefen, die sich bei Ggw. von Nickelionen während der Elektrodialyse positiv, ohne $Ni^{\cdot\cdot}$ negativ geladen zeigen, unterscheiden sich in chem. Hinsicht bzgl. des P-Geh., wobei die zur Kathode wandernde Hefe wesentlich geringere P-Mengen enthält. Die biol. Unterss. ergaben bislang noch keine eindeutigen Unterschiede zwischen kathod. u. anod. Hefen. (Ind. chim. belge **17.** 150—53. 1952. Liège, Univ., Labor. de Chim. ind. min. et de Biochim. apl. à l'ind.) Itzerott. 4270

Kaj Ulrik Linderstrom-Lang, Proteins and enzymes. Stanford, Calif.: Stanford Univ. Press 1952. (121 S. m. Abb. u. Diagr.) $ 3,—.

E_3. Mikrobiologie. Bakteriologie. Immunologie.

Felix Haas, Mary B. Mitchell, Bruce N. Ames und **Herschel K. Mitchell,** *Eine Reihe histidinfreier Mutanten von Neurospora crassa.* Genet. Unterss. an 7 histidinfreien Neurosporamutanten ergaben, daß die *Histidin*-Synth. über 3 unbekannte Zwischenverbb. verläuft. Nur Histidin erwies sich im Wachstumstest als wirksam, wobei eine größere Zahl von Imidazolabkömmlingen u. Aminosäuren geprüft wurde. Keiner der durch eine der Mutanten akkumulierten Stoffe war für eine andere Mutante verwertbar. Dagegen ergab eine Reihe von Aminosäuren Hemmung auf das Wachstum bei geringen Histidinkonzentrationen. (Genetics **37.** 217—26. Mai 1952. Pasadena, Calif., California Inst. of Technol., Kerckhoff Labors. of Biol.) Gerber. 4320

M. A. Soltys, *Eine antituberkuläre Substanz in tuberkulösen Lymphknoten.* Aus tuberkulösen Rinderlymphknoten wurde ein Extrakt erhalten, der Hemmwrkg. gegenüber bovinen u. menschlichen Tuberkelbakterien aufwies. Meerschweinchen, die eine Bakteriensuspension von 1 mg/2 cm^3 Extrakt nach 4—7tägigem Stehen bei Raumtemp. oder 48std. bei 37° erhielten, blieben ohne sichtbare Erkrankungserscheinungen. Nach 6tägiger Extrakteinw. (Raumtemp.) gewaschene u. auf Meerschweinchen überimpfte Bakterien ließen innerhalb 4 Wochen keine tuberkulöse Schädigung erkennen, nach 8 Wochen eine solche der Lymphknoten. Tuberkelbakterien in Extrakt suspendiert verklumpten bei 7tägigem (Raumtemp.) bzw. 2tägigem (37°) Stehen, ohne eine Veränderung der färber. Eigg. zu zeigen. Die Extraktwrkg. richtete sich auch gegen in Milz u. Leber tuberkulöser Meerschweinchen vorhandene Bakterien. Der Extrakt hemmte *H 37 R v* in fl. Medium in der Verdünnung 1 : 50 vollständig, 1 : 100 teilweise. In nichttuberkulösen Rinderlymphknoten oder Meerschweinchenmilz war keine antituberkuläre Aktivität nachweisbar. Ob die antituberkuläre Substanz der Lymphknoten einen Immunkörper darstellt oder dem „*Spermin*" von Hirsch u. Dubos (C. **1952. 6386**) ähnelt, ist noch ungeklärt. (Nature [London] **169.** 1095. 28/6. 1952. Liverpool, Univ., Dep. of Veterinary Pathol.) K. Maier. 4330

Gilberto G. Villela und **Luiz A. Abreu,** *Keine Hemmung des Wachstums von Euglena gracilis durch das Oxydationsprodukt von Vitamin B_{12}.* Beiler u. Mitarbeiter (C. **1952.** 882) hatten gefunden, daß das mit H_2O_2 + starke Säure erhaltene Oxydationsprod. von *Vitamin B_{12}* (**I**) im Test mit *Lactobacillus leichmannii* 4797 dem **I**-Effekt entgegenwirke. Mit einer von Hutner u. Mitarbeitern (Proc. Soc. exp. Biol. Med. **70.** [1949.] 118) zur Testung der Wachstumswrkg. von **I** vorgeschlagenen Kultur von *E. gracilis* konnte eine solche antagonist. Wrkg. nicht festgestellt werden. — Es wurde mit dem leicht modifizierten Hutnerschen Kulturmedium gearbeitet; das Na-Butyrat wurde nach den Angaben von

ROBBNIS u. Mitarbeitern durch Na-Acetat ersetzt. Die Messungen wurden mit einem LUMETRON-Colorimeter mit 420 μ-Filter ausgeführt. Die erhaltenen Wachstumskurven waren absol. vergleichbar. Das nach BEILER erhaltene I-Oxydationsprod. beeinträchtigte das Wachstum von *E. gracilis* nicht, wenn das Medium I-Konzz. enthielt, die freies Wachstum gewährleisten, z. B. 0,001—0,0001 γ/10 cm^3, u. steigende Konzz. des I-Oxydationsprod. bis 50 γ/10 cm^3. (Science [Washington] **115.** 205. 22/2. 1952. Rio de Janeiro, Inst. Oswaldo Cruz, Biochem. Labor.) FRÜHWALD. 4330

Ernest Pollard und **Frederick Forro jr.**, *Die Inaktivierung von Bakteriophagen durch ionisierende Strahlung.* Getrocknete Präpp. der T_1, T_3 u. T_7-Bakteriophagen wurden mit Deuteronen der Maximalenergie 3,67 MeV bestrahlt. Der Energieverlust der Strahlung in einem Modellprotein wird diskutiert u. Primärionisation, Sekundärionisation u. Anregung auf bestimmte Strecken ermittelt. Der log des Prozentsatzes der überlebenden Phagen ist eine lineare Funktion der Strahlendosis, die bis auf $13 \cdot 10^{11}$ Deuteronen/cm^2 gesteigert wurde, dieselbe Beziehung gilt bei Einw. von Röntgenstrahlen. Der Wirkungsquerschnitt steigt linear mit der Ionisationsdichte an. Bei einem Energieverlust von 250 eV/100 Å ergibt sich ein Radius zwischen 115 u. 127 Å bei den drei Phagen, während im Elektronenmikroskop Werte zwischen 225 u. 250 Å erhalten wurden. Vff. schließen daraus auf eine innere Struktur der Phagen u. diskutieren zwei Modelle. (Arch. Biochem. Biophysics **32.** 256—73. Juli 1951. New Haven, Conn., Yale Univ., Biophys. Div.) WIEDEMANN. 4331

I. M. Rollo, J. Williamson und **R. L. Plackett**, *Erworbene Resistenz von Spirochaeta recurrentis gegen Penicillin und Neoarsphenamin.* Nach zahlreichen Mäusepassagen steigt die Resistenz von *Spirochaeta recurrentis* (*S. duttoni*) gegen *Penicillin* um das Doppelte, gegen *Neoarsphenamin* (MAY AND BAKER, LTD.) um das Achtfache im Vgl. zum Elternstamm an. (Brit. J. Pharmacol. Chemotherapy **7.** 33—41. März 1952. London, Wellcome Labors. of Tropical Med., u. London, School of Hyg. and Tropical Med., Dep. of Parasitol., Imp. Chem. Ind. Res. Fellow, u. Liverpool, Univ., Dep. of Applied Math.) RUTKOWSKI. 4340

T. Ss. Ginsburg, *Eine Schnellmethode zum Nachweis der Streptomycinfestigkeit von Tuberkelbacillen.* Aus dem zentrifugierten Auswurf werden Proben entnommen u. 4—5 Abstriche hergestellt, die, im Thermostaten getrocknet, 3—4 Min. in 6—10%ig. wss. H_2SO_4 getaucht u. mit sterilem dest. W. nachgewaschen, in Reagensgläser mit Nährlsgg. (nach PROSKAUER u. BECK) mit verschied. Konzz. von *Streptomycin* (I) gebracht werden. Kontrollabstriche werden in Nährlsgg. ohne Zusatz von I eingetaucht. Nach 6—7 Tagen Entwicklungszeit im Thermostaten wird ein Abstrich nach ZIEHL-NEELSEN angefärbt. Wenn noch kein Wachstum von Tuberkelbacillen beobachtet wird, werden die übrigen Abstriche noch 3—4 Tage im Thermostaten belassen. Man erhält also ein Untersuchungsergebnis bereits nach 10—14 Tagen statt nach 1½—2 Monaten. Die Nährlsg. besteht aus 0,9 Glykokoll, 0,5 KH_2PO_4, 0,05 K_2SO_4, 2,0 Glycerin, 0,15 Mg-Citrat, 10 ml Ascitesfl. in 100 ml Wasser (p_H 7). (Проблемы Туберкулеза [Probleme Tuberkulose] **1952.** Nr. 4. 64—66. Juli/Aug. Kiew, Ukr. Wiss. Forschungsinst. für Tuberkulose, Immunbiol. Labor.) G. REICHARDT. 4340

A. Niethammer und **B. A. Wollny,** *Untersuchungen an aeroben cellulosezersetzenden Mikroorganismen.* Isolierung der Gattung *Trichoderma* u. *Fusarium* aus Pferdemist u. Erdproben auf Filterpapier. Verh. auf Stroh: Wachstum u. Fettspeicherung eröffnen die Möglichkeit der Futtermittelveredelung. In 1%ig. Lsg. von Tylose u. Sulfitablaugen: gutes Wachstum u. gute Speicherung. Metallsalze wirken wachstumsfördernd. Die Zersetzungskraft der Mikroorganismen wird durch Röntgeninterferenzaufnahmen der Cellulose beobachtet. (Holz Roh- u. Werkstoff **9.** 213—16. Juni 1951. Stuttgart, TH, Bot. Inst., Mykolog.-Bakteriolog. Labor.) SCHOENMANN. 4350

Beni Horvath und **Claus W. Jungeblut,** *Untersuchungen über Hämagglutination durch das Columbia SK-Virus.* Die Meth. der Unters. der Hämagglutination (HA) wurde verbessert. Als Quelle für das Columbia SK-Virus, einen Poliomyelitisstamm, diente das Gehirn von durch dieses Virus gelähmten Mäusen. Zur Verdünnung wurde Veronalpuffer verwendet. Bei der Rk. zwischen dem Hämagglutinin u. roten Blutkörperchen von Schafen wurde eine stöchiometr. Beziehung festgestellt. Die Beziehungen zwischen HA u. Adsorption werden diskutiert, das Zeitgesetz der Adsorption abgeleitet. Der geschwindigkeitsbegrenzende Faktor der HA scheint der Abstand zwischen den Zellen zu sein. Die Adsorption hängt von der Temp. ab, sie beträgt bei 0° 100% der ursprünglichen Virusmenge, bei 20° 88% u. bei 35° 50%. Während eine spontane Elution nicht beobachtet wird, bringt die Erhöhung der Temp. von 0 auf 35° die Elution von 17% des adsorbierten Virus mit sich. Durch $CaCl_2$ u. $MgCl_2$ in Konzz. über 0,01 mol. wird die HA gehemmt. NaCl hemmt bereits in Konzz., die etwas über der isoton. liegen, KCl erst bei etwa dem doppelten Wert.

Die Identität zwischen Virus u. Hämagglutinin wird wahrscheinlich gemacht durch die Ähnlichkeit der physikal.-chem. Eigg., das Verhältnis zwischen Hämagglutinin u. Infektiosität sowie die Beziehung zwischen Neutralisation u. HA-Hemmung durch Immunseren. Außer den Blutkörperchen des Schafes agglutinieren auch die des Menschen, der Ratte u. des Meerschweinchens unter den angegebenen Bedingungen. (J. Immunology **68.** 627—43. Juni 1952. New York, Columbia Univ., Coll. of Phys. and Surg., Dep. of Bact.) WIEDEMANN. 4374

Jerald G. Wooley, Howard W. Bond und **Theodore D. Perrine,** *Die Wirkung chemischer Verbindungen auf Infektionen mit St. Louis Encephalitis, Influenza PR 8 Stamm oder Lansing Stamm des Poliomyelitis-Virus bei Mäusen.* 22 Verbb. wurden bei Mäusen auf ihre Wrkg. gegen Infektionen mit St. Louis Encephalitis, 44 mit Influenza Stamm PR 8 u. 98 mit dem Lansing Stamm des Poliomyelitis-Virus geprüft. Die Substanzen wurden in Mengen, die unterhalb der tox. lagen, 10 Tage lang gegeben, beginnend 24 Std. nach der Infektion. Wirksam waren *2.4-, 3.4-* u. *2.5-Dichlorphenoxyessigsäure* sowie *α-[2.4-Dichlorphenoxy]-propionsäure.* Bei Poliomyelitis wurde die Inkubationszeit erhöht bzw. die Todesrate erniedrigt durch 2.4-Dichlorphenoxyessigsäure bzw. α-[2.4-Dichlorphenoxy]-propionsäure-Derivate. Ob es sich hierbei um einen spezif. Effekt auf das Virus oder einen unspezif. Heilmitteleffekt auf das Tier handelt, ist nicht bekannt. Unwirksam waren 31 Essigsäurederivv., 7 Propionsäurederivv., 15 Pyridinverbb., 14 Nicotinsäure- u. verwandte Verbb., 9 Pyrimidinverbb., 6 Indolderivv., 7 Chinone, 4 Aminosäuren, 2 Chinoline, 6 Antihistamine, 9 Kohlenhydrate u. 21 andere Verbindungen. (J. Immunology **68.** 621—26. Juni 1952. Bethesda, Md., Nat. Inst. of Health, Nat. Inst. of Arthritis and Metabolic Diseases, Public Health Serv., Federal Security Agency.) WIEDEMANN. 4374

John B. Loefer, F. W. Bieberdorf und **R. G. Weichlein,** *Wachstumshemmung und -beschleunigung von Pilzen mit Streptomycin.* 17 Pilzstämme wurden mit verschied. *Streptomycin* (I)-Konzz. (0,0 0,1, 1,0 2,5, 5,0 u. 10 mg/ml) auf Medien mit u. ohne Pepton zwischen p_H 4,0—4,1 u. 5,9—6,0 kultiviert. Es wurde entweder Hemmung oder Beschleunigung bei 8 von 17 Pilzen beobachtet. Die besondere Wrkg. schien vom Typ des benutzten Mediums abzuhängen u. nicht von p_H oder Inkubationstemperatur. Wachstumsbeschleunigung zeigte sich am besten bei p_H 5,0 u. 10 mg/ml **I.** Eine Hemmung war ebenfalls in direkter Proportion zur Konz. zu beobachten. Wurde *Nocardia* mit 2,5—10 mg/ml **I** kultiviert, verlor der Pilz seine n. orange Farbe. (Bull. Torrey bot. Club Torreya **79.** 242—50. Mai/Juni 1952. San Antonio, Tex., Southwest Found. for Res. and Educat.) ITZEROTT. 4380

Libero Ajello, Virginia Q Grant und **Mark A. Gutzke,** *Die Anwendung von Mineralöl zur Erhaltung von für Menschen pathogenen Pilzkulturen.* 264 Pilzstämme (15 Genera u. 34 Arten) auf SABOURAUDs *Dextroseagar* konnten durch Überschichten mit schwerem Mineralöl, das 30 Min. bei 7 kg Druck im Autoklaven erhitzt worden war, ohne Überimpfen bei Raumtemp. lebensfähig erhalten werden. Candida stellatoida, Epidermophyton floccosum (I), Microsporum Audouini u. Trichophyton Schoenleini waren nach 19—21 Monaten noch lebensfähig. Im Gegenteil zu PAGE (1947) stellten Vff. fest, daß einige nichtpleomorphe Stämme von **I** ihre pulverige, olivgrüne Form bei der Aufbewahrung unter Öl verloren u. weiß, wollig u. nichtsporenbildend wurden. Auch Trichophyton mentagrophytes u. Trichophyton tonsurans zeigten Formveränderungen. Außer auf sichtbare Veränderungen wurden die Kulturen nicht auf physiol. Veränderungen geprüft. (A. M. A. Arch. Dermatol. Syphilol. **63.** 747—49. Juni 1951. Atlanta, Ga., Publ. Health Serv.) CARLS. 4380

E_4. Pflanzenchemie. Pflanzenphysiologie. Pflanzenpathologie.

Brynmor Thomas, A. Thompson, V. A. Oyenuga und **R. H. Armstrong,** *Die Zusammensetzung der Asche einiger Futterpflanzen in verschiedenen Reifestadien.* In Leguminosen u. anderen krautartigen Futterpflanzen (Cichorium intibus, Luzerne, Esparsette, Festuca rubra var., Poterium sanguisorba, Plantago lanceolata, Dactylis glomerata u. Trifolium hybridum) wurde der Geh. an Mineralstoffen (CaO, MgO, Na_2O, K_2O, Mn, Co, Cu u. P_2O_5) festgestellt. (Empire J. exp. Agric. **20.** 10—22. Jan. 1952. Newcastle upon Tyne, King's Coll.) GRÜTZ. 4410

L. Hedin und **J.-M. Lefebvre,** *Untersuchungen über die chemische Charakterisierung von Gattung und Art auf Futterland und Wiesen wachsender Pflanzen.* 1. Mitt. Um die mineral. Zus. bzw. Ernährung von Maisblättern nicht nur im Augenblick ihrer agrikultur. Nutzung, sondern auch im Laufe ihrer Entw. prüfen zu können, waren zuerst Bestimmungen notwendig über die zu beobachtenden Blätter. Es wurde gefunden, daß sich die beiden letzten Blätter vor der männlichen Blüte dazu eignen, wiewohl die Ergebnisse in den verschied. Entwicklungsstadien nicht regelmäßig waren u. es schwierig ist, einfache Beziehungen aufzustellen. Festgestellt wurde der Geh. an N, P_2O_5, K_2O, CaO u. SiO_2 u. in Tabellen u. Diagrammen die Beziehungen dargestellt. Im 2. Teil der Arbeit wurden einige Arten von

Hundsgras (Dactylus) u. Lieschgras (Phleum) zu charakterisieren versucht, ebenfalls durch Bestimmungen von vor allem N, P_2O_5, K_2O, u. Mutterpflanzen u. Abkömmlinge verglichen. (Ann. Inst. nat. Rech. agronom., Sér. B **2.** 55—98. Jan./März 1952. Stat. Agronom. de Rouen.) SCHLÄGER. 4410

Antonín Němec, *Der Gehalt an Öl und Mineralstoffen von Eiben- und Tannensamen.* Unter den Coniferensamen enthalten jene der Eiben (**I**) (Taxus baccata) das meiste Öl (63,5% bezogen auf Frischsubstanz). Das gleiche gilt vom K-Gehalt. Die Phosphorsäuremenge der **I**-Samen ist merklich größer als die der Tannen (**II**)-Samen, obwohl das bei Kiefernsamen festgestellte Maximum nicht erreicht ist. Der Mg-Geh. der **I**-Samen nähert sich dem der **II**-Samen. Die **I**-Samen weisen unter denen der Coniferen den relativ höchsten Ca-Geh. auf, der dem von Kiefernsamen am nächsten kommt. **I**-Samen sind bes. kieselsäurearm. — Tafeln mit Analysenergebnissen. (Sborník československ. Akad. Zemědělské [Ann. czechoslov. Acad. Agric.] **24.** 419—21. Dez. 1951. Praha, Staatl. Forschungsinst. für Forstwirtschaftl. Erzeugungen.) FREYTAG. 4420

Glenn S. Rabideau, *Freie und durch Säure hydrolysierbare Aminosäuren in 4 Grasarten.* Vf. bestimmt in den 4 Grasarten Andropogon ischaemum, Bartelaea curtipendula, Eragrostis trichodes, Sorghastrum nutans die freien u. die durch Säure hydrolysierbaren Aminosäuren einschließlich Glutamin u. Asparagin mittels einer chromatograph. Methode. Die Unterss. werden an Pflanzen verschied. Alters durchgeführt. Die Ergebnisse sind für die Schößlinge der 4 Grasarten in einer Tabelle zusammengefaßt. Der Geh. an freien Aminosäuren macht nur einen geringen Teil des Gesamtaminosäuregeh. aus. Die 4 Grasarten unterscheiden sich in Zus. u. Geh. der Aminosäuren nur wenig. Im allg. ist sowohl der Geh. an freien als auch der an durch Säure hydrolysierbaren Aminosäuren in den jungen Pflanzen größer als in den älteren. Unterss. der Wurzeln der 4 Grasarten ergeben ähnliche Ergebnisse. — In einer 2. Tabelle wird der Gesamtstickstoffgeh. (errechnet aus dem Gesamtaminosäuregeh.) angegeben. (Bot. Gaz. **113.** 475—79. Juni 1952. Austin, Tex., Univ. of Texas, Plant Res. Inst.) ERIKA HAAS. 4420

A. R. Tschepikowa, *Die Ausnutzung von Vorratsstoffen zur Winterzeit durch mehrjährige Gräser.* Während in den 1 Jahr alten Gräsern fast keine Veränderungen der Reservestoffe eintreten, werden in den 2—4 Jahre alten Pflanzen die komplizierten Kohlenhydrate abgebaut u. einfache akt. Formen gebildet. In der 5—7 Jahre alten Pflanze nimmt der Geh. an Kohlenhydraten während des Winters weniger ab als in der 2. Gruppe. Diese Gesetzmäßigkeiten können in Zusammenhang mit der verschied. Winterfestigkeit u. der Intensivierung der im Frühling erfolgenden Regeneration der Pflanzen gebracht werden. (Бюллетень Московского Общества Испытателей Природы, Отдел Биологический [Bull. Moskauer Ges. Naturforscher, biol. Abt.] **123.** [N. S.] **57.** Nr. 3. 82—86. 1952.) G. REICHARDT. 4460

Pierre Gouny und **Rosette Mazoyer,** *Einfluß von Calciumcarbonat auf die Mineralstoffernährung von Lupinus albus L.* In Nährlsg. (der Bodenlsg. entsprechende Konz.) bei Zugabe von 0—20% $CaCO_3$ kultivierte weiße Lupinen werden mit steigender Konz. zunehmend chlorotisch. Bei Zugabe von 5 bzw. 20% $CaCO_3$ ist der K-Geh. der überird. Teile gegenüber den Kontrollen merklich erhöht, während die Ca- u. Mg-Gehh. entsprechend u. die N- u. P_2O_5-Gehh. stark verringert sind. Die Anionen werden demnach schwächer als die Kationen resorbiert. Der Fe-Geh. liegt bei chlorot. Pflanzen weit niedriger als bei grünen, jedoch noch so hoch, daß kein Mangel besteht. — Der Pflanzenstoffwechsel wird demnach in erster Linie durch mangelndes Gleichgewicht der relativen Kationen- u. Anionenabsorption gestört. (C. R. hebd. Séances Acad. Sci. **233.** 1482—83. 3/12. 1951.) RANG. 4470

Ilse Vogt, *Über den Hemmstoff- und Wuchsstoffgehalt in Getreidewurzeln.* Aus Gersten-, Roggen- u. Weizenwurzeln wurden Extrakte hergestellt, in denen Testpflanzen kultiviert wurden, um aus deren Längenzunahme auf die Wrkg. zu schließen. A.-Extrakte sind am wirksamsten. Die Entfernung des Endosperms hat keinen Einfl. auf die Wirksamkeit des Extraktes. Die wachstumshemmende Wrkg. schlägt in eine wachstumsfördernde um, wenn die Extrakte (auf das 10fache) verd. werden. Da H_2O_2-Behandlung des Extraktes diesen Effekt nicht beeinflußt, kann er nicht durch *Auxin* hervorgerufen worden sein. Dagegen wird er durch UV-Bestrahlung ausgelöscht, was auf Ggw. von *Indolylessigsäure* (**I**) hindeutet. Durch Hydrolyse mit Säuren oder Alkalien verlieren die Extrakte ihre hemmende Wrkg., u. inakt. Wuchsstoff kommt gesteigert zur Wirkung. Da die fördernde Wrkg. von **I** durch Wurzelextrakt gehemmt wird, muß auf das Vorhandensein eines Hemmstoffes geschlossen werden. Bei allen Verss. wurden die Wurzeln stärker beeinflußt als die Blätter. (Planta **40.** 145—69. 1951. Göttingen, Univ., Pflanzenphysiol. Inst.) RANG. 4485

James W. Brown und **Robert L. Weintraub**, *Temperatureinfluß auf die Gestaltsveränderung von Bohnenkeimlingen durch 2.4-Dichlorphenoxyessigsäure.* Verss. mit Bohnenkeimlingen (Phaseolus vulgaris L., var. Block Valentine) zeigen, daß die Ausdehnung des ersten dreizähligen Blattes temperaturabhängig ist u. bei ca. 31° ein scharfes Optimum aufweist. Bei Behandlung der Blattknospe mit *2.4-Dichlorphenoxyessigsäure* bleibt das Blatt kleiner; die Wachstumshemmung ist dem Logarithmus der zugesetzten Dosis proportional u. temperaturunabhängig. (Bot. Gaz. **113.** 479—82. Juni 1952. Frederick, Md., Comp. Petrick, Chem. Corps Biol. Labor.) ERIKA HAAS. 4486

E_5. Tierchemie. Tierphysiologie. Tierpathologie.

A. N. Smolin, *Phosphorverbindungen im Organismus des Eichenseidenspinners Antheraea pernyi G. zu verschiedenen Zeiten seiner Entwicklung.* Von organ. P-Verbb. wurde *Adenosintriphosphorsäure* (**I**), *Fructosediphosphat* (**II**), *Fructose-6-phosphat* (**III**), *Kreatinphosphat* (**IV**), *Glucose-6-phosphat* (**V**) u. *Glucose-1-phosphat* (**VI**) bestimmt. — Im Raupenstadium besteht die Hauptmenge der organ. P-Verbb. aus **V** u. **VI**, **I** u. **IV** treten mengenmäßig zurück, **II** u. **III** (das alles gilt auch von der Hämolymphe) treten erst im Larvenstadium auf, **VI** überflügelt gegen Ende des 5. Entwicklungsstadiums **V**. Das Verhältnis anorgan./organ. P in der säurelösl. Fraktion läßt auf intensive synthet. Vorgänge im Organismus schließen. Der Zerfall der Kohlenhydrate erfolgt im Raupenstadium augenscheinlich durch aerobe Oxydation (ab **V**-Stadium) u. (in den übrigen Stadien) durch Glykolyse. Zusätzliche Fütterung mit P u. Kohlenhydraten ist nur im 5. Stadium zweckmäßig. (Биохимия [Biochemie] **17.** 61—68. Jan./Febr. 1952. Moskau, Pädagog. Inst., Lehrstuhl für organ. u. biol. Chemie.) v. WILPERT. 4520

Fredrick J. Stare und **George V. Mann**, *Cholesteringehalt der Nahrungsmittel in Beziehung zum Cholesteringehalt der tierischen Gewebe.* Der *Cholesterin* (**I**)-Geh. des Blutes wird vom **I**-Geh. der Nahrung nicht beeinflußt, hingegen erhöht ihn die Aufnahme von pflanzlichem u. tier. Fett, da der Organismus imstande ist, **I** zu synthetisieren. Vff. bringen diese Tatsachen in Beziehung zur Atherosklerosis. (J. Amer. Oil Chemists' Soc. **28.** 232—33. Juni 1951. Boston, Mass., Harvard School of Publ. Health, Dep. of Nutr., Harvard Med. School, Med. Clinic, Dep. of Biochem., Peter Bent Brigham Hosp.) GRAU. 4520

A. M. Budanowa, *Einige Aminosäuren in den Muskeleiweißstoffen der Störe und der Gehalt an Trimethylaminoxyd in ihrem Blut bei der Laichwanderung.* Vf. bestimmte vor u. nach der Laichwanderung im Störmuskel den Geh. an *Arginin* (**I**), *Histidin* (**II**) u. *Lysin* (**III**) sowie den Geh. an *Trimethylaminoxyd* (**IV**) im Blut. Danach bleibt der Geh. an **I** etwa konstant, während **III** zunimmt u. **II** abnimmt. Der Blutgeh. an **IV** nahm im Süßwasser stark ab. Das Blut der Weibchen enthält mehr **IV** als das der Männchen. (Биохимия [Biochemie] **17.** 1—6. Jan./Febr. 1952. Moskau, Ssewerzow-Inst. für Tiermorphol. der Akad. der Wiss. der UdSSR, Labor. für allg. u. vergleichende Physiol.) v. WILPERT. 4520

K. M. Rudall, *Die Proteine der Säugetierepidermis.* Der Übersichtsbericht behandelt die Eigg. der Epidermis als Ganzes (Histochemie der S-haltigen Aminosäuren, Röntgenabsorption u. S-Geh., Ribonucleinsäure, Zellteilung, Aminosäuren, S-Geh., Röntgenbeugungsunterss., Temp. u. Stabilität), die Extraktion der Proteine der Epidermis, sowie Reinigung, Mol.-Gew. u. S-Geh. dieser Proteine, physikal. Eigg. der Epidermisproteine u. Infrarotabsorptionsuntersuchungen. — 59 Literaturangaben. (Advances Protein Chem. **7.** 253—90. 1952. Leeds, Univ., Dep. of Biomolecular Structur.) K. F. MÜLLER. 4520

A. Glenn Richards, *Über die Cuticula der Arthropoden.* 7. Mitt. *Freies und maskiertes Kohlenhydrat in der Epicuticula von Insekten.* Der histochem. Nachw. von Polysacchariden nach HOTCHKISS (Arch. Biochemistry **16.** [1948.] 131) fällt auch dann nicht immer positiv aus, wenn sie tatsächlich anwesend sind. Beim Studium von Schnitten der Cuticula von Bienen u. anderer Insektengruppen in verschied. Entwicklungsstadien, die nach HOTCHKISS (Rotfärbung mit SCHIFFs Reagens nach Oxydation mit Perjodsäure) behandelt waren, war die Epicuticula entweder als rote Linie erkennbar oder sie erwies sich als zusammengesetzt aus zwei Schichten, von denen sich nur die äußere rot färbte, die innere dagegen rosa oder überhaupt nicht oder sie war ungefärbt (wobei auch die Procuticula fast oder ganz ungefärbt blieb). Eine bestimmte Beziehung war dabei erkennbar: wenn sich die Epicuticula intensiv färbte, färbte sich die Procuticula mäßig; war die Epicuticula negativ, war es auch die Chitin-haltige Procuticula. Nimmt man an, daß ein negativer Ausfall kein Beweis ist, liegt die Vermutung nahe, daß die Insektencuticula immer ein Kohlenhydrat enthält, das aber bei verschied. Arten oder in verschied. Regionen des gleichen Organs durch Sklerotisierungsprozesse maskiert ist. So kann man bei den Antennen der Honigbiene drei verschied. Typen von Epicuticula finden. Da nach WIGGLESWORTH u. BEAMENT die Epicuticula den Hauptteil der wirksamen Barriere zwischen dem Insekt u.

seiner Umgebung darstellt, ist der Nachw. starker lokaler Unterschiede wichtig. (Science [Washington] **115.** 206—08. 22/2. 1952. St. Paul, Minn., Univ., Div. of Entomol. and Economic Zool.) FRÜHWALD. 4525

G. W. Orlowskaja und **A. L. Saidess**, *Der Aufbau der Faserstrukturen des Bindegewebes.* Histolog. u. mittels der röntgenolog. Strukturanalyse läßt sich zeigen, daß während der embryonalen Entw. das argyrophile *Reticulin* (I) sich in kollagenes Gewebe umwandelt. I enthält weniger hydrophile Gruppen als *Kollagen* (II) u. nimmt deshalb aus der Luft weniger Feuchtigkeit auf als dieses. Auch chem. bestehen insofern Unterschiede, als I weniger N, mehr S, mehr Kohlenhydrate u. mehr unverbrennbare, durch einfaches Auswaschen nicht entfernbare Bestandteile enthält als **II**. Die Argyrophilie des **I** ist wahrscheinlich an den S-Geh. gebunden. Bei der Anfärbung mit Ag werden die Disulfidbrücken des Cystins zu Sulfhydrylgruppen red., die mit Ag gut reagieren. (Архив Патологии [Arch. Pathologie] **14.** Nr. 1. 51—59. Jan./Febr. 1952. Moskau, Inst. für normale u. pathol. Morphol. der Akad. der Wiss. der UdSSR, Labor. für Lungenpathol.; Zentr. Wiss. Forschungsinst. der Leder-Ind., Labor. für physikal. Chem.) RENTZ. 4525

Jonathan Parsons, *Strahlenundurchlässiger Nierenstein, durch Röntgenbeugungsdiagramm als aus Cystin bestehend identifiziert.* Entgegen den geltenden Ansichten gibt es, wie Vf. an einem Fall nachweist, Nierensteine aus chem. reinem *Cystin*, die im Röntgenbild Schatten werfen. Der Nachw. der Zus. wurde chem. u. durch ein Röntgenbeugungsdiagramm geführt. Neben reinem Cystin enthielt der Stein (27×19×13 mm) 2,1% $Ca_3(PO_4)_2$. (Radiology **58.** 878—80. Juni 1952. Detroit, Mich., Henry Ford Hosp., Edsel B. Ford-Inst. for Med. Res.) REUSSE. 4552

Campbell Moses, *Nahrungscholesterin und Arteriosklerose.* Übersicht. — 70 Literaturangaben. (Amer. J. med. Sci. **224.** 212—18. Aug. 1952. Pittsburgh, Pa., Univ., School of Med., A. H. Gibson Labor.) KRUSEN. 4552

H. Zacherl, *Die moderne Hormontherapie bei der Frau.* Vf. bespricht unter Hinweis auf den Einfl. des neuro-vegetativen Syst. (psych. u. psychosomat. Impulse) die Anwendung u. Art der Hormontherapie bei den verschied. Genitalerkrankungen der Frau. Als diagnost. Methoden werden die Basaltemperaturmessungen u. Vaginalabstriche nach PAPANICOLAOU neben der Endometriumbiopsie, der quantitativen Hormonanalyse aus Serum u. Harn bes. hervorgehoben. (Wiener klin. Wschr. **64.** (N. F. 7) 441—46. 20/6. 1952. Wien, Univ., II. Frauenklinik.) DUCHO. 4559

H. E. Briegleb, *Untersuchungen und Erfahrungen mit dem Fluorpräparat Oestro-Gynaedron bezüglich seiner therapeutischen und östrogenen Wirkung.* Von 123 mit *Oestro-Gynaedron* behandelten Patienten waren nur 7, bei denen deutlich psychogene Überlagerungen vorhanden waren, therapieresistent. Das Präp. hat folgende Zus. in der Grundsubstanz eines fettfreien, hydrophilen anorgan. Kolloidgels von salbenartiger Konsistenz u. hohem Hydratationsgrad: 5% Sulfanilamid, 5 mg-% *Dioxydiäthylstilbendipropionat*, Bor u. Milchzucker. Es wird zweimal täglich mittels Vaginalrohr in das hintere Scheidengewölbe appliziert. (Dtsch. med. Wschr. **77.** 994—96. 15/8. 1952. Hamburg-Eppendorf, Univ., Frauenklinik.) DUCHO. 4559

Kurt R. Abt, *Der ovarielle Cyclus der Ratte und seine Beeinflussung durch männliches Keimdrüsenhormon.* Durch Verabreichung von *Testosteronpropionat* (I) bei erwachsenen ♀ Ratten wird der Diöstrus proportional der gegebenen Menge reversibel verlängert. Bei Medikation von I am Tage der Kopulation wird eine Schwangerschaft verhindert, es tritt vorübergehende Sterilität ein. Nach der Kopulation im 1. oder 2. Östrus nach der Medikation tritt bei 7 von 14 Tieren Schwangerschaft auf, nur bei unphysiol. hohen Dosen (50 mg) tritt schwere Schädigung der Keimentw. auf. (Geburtshilfe u. Frauenheilkunde **12.** 735—40. Aug. 1952. Basel, Univ., Frauenklinik.) H.-J. KOCH. 4559

K. Primus, *Erfahrungen mit der Boguthschen Modifikation der Cuboni-Reaktion zur Schwangerschaftsdiagnose bei der Stute.* 15 cm^3 Stutenharn werden durch Kochen mit 5 cm^3 HCl hydrolysiert, nach Abkühlung u. Verdünnung mit 10 cm^3 dest. H_2O in 15 cm^3 thiophenfreiem Bzl. ausgeschüttelt u. filtriert. Der so gewonnene Benzolextrakt wird mit 5 cm^3 konz. H_2SO_4 ausgeschüttelt, wodurch in der absinkenden H_2SO_4-Phase gelbgrüne Fluorescenz der *Östron*-H_2SO_4-Verb. entsteht. Ein besonderes Beobachtungsgerät läßt die Farbintensität objektiv beurteilen. Im Vgl. mit der CUBONI-Rk. erweist sich diese Modifikation praktischer in der Schwangerschaftsdiagnose bei der Stute. (Tierärztl. Umschau **7.** 126—29. April 1952. Gießen, Justus-Liebig-Hochschule, Veterinärklinik.) DUCHO. 4559

Franz Fleck, *Zur Pathogenese und hormonalen Beeinflußbarkeit der Akrocalcinosis.* Vf. bespricht die verschied. hormonalen Störungen als wahrscheinliche Ursachen der Akrocalcinosis (AC). Bei einer 57jährigen Patientin mit AC u. ovariellen Ausfallserscheinungen wurde innerhalb 4 Wochen durch Zufuhr von *Depot-Östromon* (12 mg

Diäthylstilböstroldimethyläther/2 ml) eine Abstoßung der Kalkherde u. Verhinderung weiterer Kalkinkrustation erreicht. (Dermatol. Wschr. **126.** 993—99. 1952. Berlin, Univ.-Hautklinik der Charité.) H.-J. KOCH. 4559

N. I. Ukrainskaja, *Versuch zur Anwendung von Methyltestosteron bei einigen Gefäßerkrankungen.* 34 Männer u. 9 Frauen im Alter von 40—60 Jahren mit verschied. Störungen des Gefäßsyst. (Hyper- u. Hypotonie mit angiospast. Syndrom, obliterierenden Endarteriitiden, asthen. Syndrom) wurden mit *Methyltestosteron* (I) behandelt (2 Tabletten täglich; insgesamt 60 Tabletten bzw. 12—16 Injektionen von I-Propionat). Bei guter Wrkg. Wiederholung der Kur nicht vor 3 Monaten. Die Behandlung führte in den meisten Fällen zu wesentlicher Besserung, die auch nach 1—1½ Jahren noch bestand. Nur 3 Patienten (2 mit Hypertonie u. 1 mit angiospast. Syndrom) blieben unbeeinflußt. (Клиническая Медицина [Klin. Med.] **30.** (**33.**) Nr. 2. 75—76. Febr. 1952. Moskau, Zentrale Poliklinik des Gesundheitsminist. der UdSSR.) RENTZ. 4559

Samuel Lubin, Richard Waltman, Leslie Tisdall und **Samuel R. M. Reynolds,** *Beurteilung der intravenösen Pituitrinanwendung.* Auf Grund der Erfahrungen bei über 1000 Fällen werden die Indikationen u. Kontraindikationen für die intravenöse *Pituitrin*-Anwendung (als Dauertropfinfusion) während der Geburt dargestellt. Wegen der möglichen Gefahren wird vor allg. Anwendung dieser Meth. eindringlich gewarnt, sie soll dem erfahrenen Spezialisten vorbehalten bleiben. (Amer. J. Obstetr. Gynecol. **64.** 248—59. Aug. 1952. Brooklyn, N. Y., State Univ., of New York, Coll of Med., Cumberland Hosp., Baltimore, Md., Carnegie Inst. of Washington, Dep. of Embryol.) DAUTZENBERG. 4560

Oscar M. Reinmuth und **David T. Smith,** *Die Wirkung des adrenocorticotropen Hormons (ACTH) auf durch Tuberkulin in den Lungen sensibilisierter Ratten erzeugte Pneumonien.* 40 Ratten wurden durch subcutane Injektion von 1 ml einer homogenen Suspension avirulenter Tuberkelbacillen sensibilisiert. Nach 30—40 Tagen wurden die Tiere nach Intubation im rechten Unterlappen mit Alttuberkulin infiziert u. zum Teil mit *ACTH* behandelt (täglich 10 mg, 6stündliche Intervalle). Verschied. Zeit danach wurden die Tiere getötet. Bei nicht sensibilisierten Tieren zeigten die Lungen nach 24 Std. geringe erythematöse Bezirke, nach 48 Std. war kaum noch eine Rk. zu beobachten. Die sensibilisierten Ratten zeigten starke Rkk., teilweise bis zur Nekrotisierung. Das Maximum der Wrkg. trat am 4. Tage nach der Infektion auf. Nach *ACTH*-Behandlung waren die Rkk. allg. geringer. Falls die *ACTH*-Therapie zwischen dem 4. u. 13. Tage unterbrochen wurde, zeigten sich in den Lungen frische akute pneumon. Infiltrationen, die jedoch weniger schwer waren als die der Kontrolltiere. (Amer. Rev. Tubercul. **64.** 508—15. Nov. 1951. Durham, N. C., Duke Univ., School of Med., Dep. of Bacteriol.) BALZER. 4560

Alexander A. Doerner, Charles F. Naegele, Frederic D. Regan und **George F. Cameron.** *Die Entwicklung einer tuberkulösen Meningitis infolge Cortison-Behandlung.* Bericht über eine Patientin mit WEBER-CHRISTIANscher Erkrankung, die mit 3635 mg *Cortisonacetat* innerhalb von 35 Tagen (täglich 100—200 mg intramuskulär) behandelt wurde. Es entwickelte sich eine tuberkulöse Meningitis, der die Patientin erlag. (Amer. Rev. Tubercul. **64.** 564—71. Nov. 1951. Staten Island, N. Y., US Public Health Serv. Hosp., Dep. of Med., u. Dep. of Pathol.) BALZER. 4561

W. R. Hepner jr., *Thioharnstoffderivate und der Fötus. Übersicht und Bericht über einen Fall.* Nach einer Übersicht über bisher bekanntgewordene Fälle empfiehlt Vf. die Verabreichung von *J* während des letzten Schwangerschaftmonats, sofern zur Behandlung einer bestehenden Hyperthyreose die Applikation von *Thioharnstoffderivv.* während der Schwangerschaft vorgenommen werden mußte. 1 Fall (34jähr. schwangere Frau, die 250 mg *Propylthiouracil*/Tag erhalten hatte) wird ausführlich mitgeteilt. (Amer. J. Obstetr. Gynecol. **63.** 869—74. April 1952. Chicago, Ill., Univ. u. Lying-in Hosp.) R. KÖNIG. 4562

J. A. Salzmann und **Stanley L. Wein,** *Beziehungen zwischen Zahnentwicklung und durch Schilddrüsendysfunktion bedingtem Zwergwuchs.* Beschreibung eines Falles von Zwergwuchs, bei dem der Patient im Alter von 15 Jahren wegen Hypofunktion der Schilddrüse auf der Entwicklungsstufe eines 7—8jährigen Kindes stand. Obwohl die Verabreichung von Thyreoidhormon für gewöhnlich die Entw. der Zähne u. den Zahndurchbruch fördert, war in diesem Falle auch nach 4 Jahre langer Gabe von *Schilddrüsenextrakt* u. *Methyltestosteron* die Zahnentw. noch immer gehemmt. (Amer. J. Orthodontics **38.** 674—86. Sept. 1952. Lawrence, Long Island, N. Y.) KLESSE. 4562

Sigurd Ramfjord, *Klinische und histologische Wirkung von Alloxan auf Rhesusaffen.* Im Gegensatz zu den Verss. bei Hunden wurden nur bei einem von 10 Affen ein dauernder Diabetes nach Verabfolgung von Alloxan beobachtet. Häufiger erfolgte nach initialer Hyperglykämie Hypoglykämie. Neben der Zerstörung der β-Zellen der LANGERHANS-

Inseln werden dafür die Sternzellenveränderung u. Nekrosen in der Leber u. die Glomerulonephritis verantwortlich gemacht. Deshalb konnten auch Glucoseinjektionen den Zustand nicht bessern. Mund, Zahn- u. Knochenschäden blieben aus. Eine bestimmte Dosis, mit der Diabetes bei Affen hervorgerufen werden kann, konnte nicht festgestellt werden. (Amer. J. clin. Pathol. **22.** 745—54. Aug. 1952. Ann Arbor, Mich., USA, Dep. of oral Pathol.) Gerber. 4564

S. Hirsch, *Werden die Coronararterien durch Adrenalin erweitert? Beitrag zum Studium der Arterienkontraktilität.* Histolog. Präpp. von Hundeherzen, die unmittelbar vor der Entnahme des Herzens *Adrenalin* erhalten hatten, zeigten, daß die Verästelungen der Coronararterien verengt waren, während die Venen erweitert erschienen. Vf. diskutiert den scheinbaren Widerspruch zwischen diesem Befund u. der gesicherten Mehrdurchblutung der Coronarien unter *Adrenalin* u. weist dabei auf die von ihm früher (Acta biol. belg. **1.** [1941.] 364) beschriebenen arteriovenösen Anastomosen in der Herzwand hin. Diese sollen unter Adrenalin in Tätigkeit treten u. damit trotz Kontraktion der Coronarien eine Mehrdurchblutung bewirken. (C. R. Séances Soc. Biol. Filiales **146.** 618—21. April 1952. Bruxelles, Univ., Fac. de Méd., Labor. d'Anatomie patholog.) Dautzenberg. 4569

P. A. Korshujew, *Über die Formen der Lokalisierung und die Menge des Hämoglobins im Blut verschiedener Tiere.* Übersichtsarbeit über die Beziehung der Hämoglobinmenge zur Oberfläche u. zum Vol. der Erythrocyten, die Blutmenge bei den verschied. Gruppen der Wirbeltiere u. die Gesamtmenge des Hämoglobins im Organismus derselben. (Успехи Современной Биологии [Fortschr. gegenwärt. Biol.] **33.** 391—408. Mai/Juni 1952.) Rentz. 4572

W. W. Kowalski und **W. Ss. Tschebajewskaja,** *Die Verteilung des Kobalts im Blut.* Bei Schafen, die 14—20 mg *Kobaltchlorid* (I) wöchentlich in der Nahrung erhielten, stieg parallel zum Hämoglobin auch der I-Geh. des Blutes von 6,6—6,7 auf 7,7—9,4 γ-%. Blut u. Erythrocyten des Hundes enthalten ebensoviel I wie Blut u. Erythrocyten des Schafes. In den Erythrocyten findet sich neben dem Hämoglobin ein Eiweißstoff, der I enthält. Im Schweineblut ist mehr I (30 γ-%) als im Blut der anderen untersuchten Tiere u. des Menschen. In 100 g Schweineblut entfallen auf das Fibrin 0,6 γ I, auf Globulin u. Albumin 7,4 γ, auf die Erythrocyten 6 γ, auf Hämoglobin u. Eiweiß der Erythrocyten 20 γ. Die I-Best. erfolgte mit Hilfe des Nitroso-R-Salzes. (Успехи Современной Биологии [Fortschr. gegenwärt. Biol.] **33.** 317—18. März/April 1952.) Rentz. 4572

L. I. Lando und **M. Ss. Selewa,** *Die Dynamik der biochemischen Änderungen des Blutes bei der kombinierten Behandlung psychisch Kranker mit Elektroschock und Schlafmitteln.* Bei Elektroschock (E. S.) allein oder in Kombination mit Schlafmitteln (Amytal-Na als Klysma) unterscheiden sich die ersten Schocks kaum voneinander. Infolge der Entw. einer „schützenden Hemmung" bei weiteren E. S. kommt es aber bei kombinierter Therapie zu einer Vertiefung der hypnot. Wirkung. Das Gesamteiweiß im Blutserum zeigt nicht mehr die Tendenz der Zunahme von Schock zu Schock wie bei E. S. allein, der Albumin-Globulin-Koeff. wird größer (sein Absinken ist prognost. ungünstig), die Schwankungen der üblichen Indices (Zucker, Milchsäure, Ca, K, Chloride) werden geringer, u. der therapeut. Effekt erweist sich als wesentlich besser. (Журнал Невропатологии и Психиатрии имени С. С. Корсакова [Korssakow J. Neuropathol. Psychiatr.] **52.** Nr. 3. 53—59. März 1952. Zentralinst. für Psychiatrie des Gesundheitsminist. der RSFSR, Psychiatr. Klin. u. Biochem. Labor.) Rentz. 4572

B. W. Kedrowski, *Über die Natur der Reticulocyten des Blutes.* Vf. weist an Hand der Literatur die Identität der Polychromatophilen u. der Reticulocyten des peripheren Blutes nach. Es handelt sich um nicht ganz ausgereifte Erythrocytenformen. Das Koll., welches die Polychromatophilie bedingt u. das Material für die Netze u. Körnchen der Reticulocyten liefert, besteht aus *Ribonucleoproteiden.* Die Ribonucleinsäure wird bei der Vermehrung der Erythroblasten u. bei der Synth. des Eiweißanteils des Blutpigments teilweise verbraucht. Empfindlicher als die Romanowski-Färbung ist die Supravitalfärbung zur Feststellung unreifer Erythrocytenformen. (Успехи Современной Биологии [Fortschr. gegenwärt. Biol.] **34.** 1—7. Juli/Aug. 1952.) Rentz. 4573

E. Stransky, D. T. Dauis-Lawas und **I. L. Lawas,** *Serumkupferspiegel und seine Bedeutung im Kindesalter.* Der Serumkupferspiegel, beobachtet an 144 philippin. Kindern, schwankt zwischen 50 mg-% u. 400 mg-%, jedoch liegt bei den philippin. Kindern der Mittelwert mit über 250 mg-% auffallend hoch. Eine Relation des Serumkupfers zum Alter oder zum Hämoglobingeh. läßt sich nicht aufzeigen. Ebenfalls läßt sich kein Zusammenhang zwischen Kupferspiegel u. Infektionen, wie etwa beim Serumeisen, erkennen. Eine Deutung der Untersuchungen wird nicht gegeben. (Ann. paediatrici [Basel] **179.** 1—11. Juli 1952. Philippines, Univ., Coll. of Med., Dep. of Pediatrics.) Reichle. 4574

George R. Fearnley, Ruth Revill und **J. Moore Tweed,** *Untersuchungen über die Inaktivierung der fibrinolytischen Aktivität in entnommenem Blut.* Die fibrinolyt. Aktivität im Plasma von durch Venenpunktion entnommenem Blut gesunder Personen nach Adrenalingabe fällt erwartungsgemäß mit der Zeit ab. Das Ausmaß der Inaktivierung des Fibrinolysins wird beeinflußt durch p_H-Änderung des entnommenen Blutes u. durch die Temp., bei der die Blutentnahme erfolgt. (Clin. Sci. **2.** 309—14. 1952. London, Postgraduate Med. School, Dep. of Med.) KÖNIGSDORF. 4574

Arnold G. Ware und **Robert Stragnell,** *Eine verbesserte Einphasen-Prothrombinzeitbestimmung.* Das zu untersuchende Plasma wird mit prothrombinfreiem Rinderplasma, dessen Herst. mit $BaSO_4$ beschrieben wird, 1:10 verdünnt. Dadurch ist Fibrinogen u. Acceleratorglobulin im Überschuß. Als Standard dient getrocknetes Humanplasma. Die Normwerte liegen bei 25 Sekunden. Um das Ansteigen des Prothrombinwertes beim Stehen zu vermeiden, wird der 0,1 mol. K-Oxalat-Lsg. 100 γ Heparin/ml zugegeben. (Amer. J. clin. Pathol. **22.** 791—97. Aug. 1952. Los Angeles, Calif., Univ. of Southern California, School of Med., Dep. of Biochem. and Nutr., u. Dep. of Med.; Los Angeles County Hosp.) GERBER. 4574

H. Gohr und **O. Scholl,** *Untersuchungen über eine Mikromethode zur Prothrombinbestimmung in 0,05 cm³ Blut nach der Zweiphasenmethode und ihre klinische Brauchbarkeit.* Folgende Mikrometh. zur *Prothrombin* (I)-Best. in 0,05 cm^3 Blut wurde nach der Zweiphasenmeth. entwickelt: 0,05 cm^3 mit einer Blutzuckerpipette aus der Fingerbeere entnommenes Blut wird in ein KAFKA-Röhrchen mit 1 cm^3 Na-Citrat–NaCl-Lsg. gegeben, u. das Zentrifugat bei einer Plasmaverdünnung von ca 1:35 in Anlehnung an die Meth. nach SCHULTZE (C. **1949.** E. 90) weiterverarbeitet. Dabei wird zunächst durch Thrombokinase u. Ca das **I** des Plasmas in Thrombin (**II**) umgewandelt. Nach vollständiger Überführung von **I** in **II** wird in der 2. Gerinnungsphase die Zeit festgestellt, die das entstandene **II** zur Überführung des Fibrinogens in Fibrin benötigt. Zur Bewertung wird die Berechnung nach dem **I**-Index vorgenommen, indem die **I**-Konz. einer gleichzeitig untersuchten Normalperson = 100 gesetzt wird. Ein Vgl. zwischen dem **I**-Index von Capillarblut nach beschriebener Meth. u. dem Index des durch Venenpunktion gewonnenen Plasmas zeigt gute Übereinstimmung. Auf die klin. Bedeutung der Meth. im allg. u. vor allem in der Thrombosetherapie wird hingewiesen u. ihre Brauchbarkeit auch bei langdauernder Behandlung der Thrombose an Hand eines charakterist. Beispiels gezeigt. (Dtsch. Gesundheitswesen **7.** 1193—97. 1952. Lindenburg-Köln, Univ., Krankenanstalt, Med.-Chem. Abtlg.) KÖNIGSDORF. 4574

W. W. Kartaschewa, *Veränderungen der Rückenmarksflüssigkeit und des Blutes bei der Milben-Encephalitis.* Im akuten Stadium der Milben-Encephalitis ist der Liquor durch erhöhten Eiweißgeh. u. Pleocytose charakterisiert (Überwiegen der Neutrophilen). Die Veränderungen gehen im allg. der Intensität der meningealen Erscheinungen parallel. Zucker u. NaCl sind im Liquor meist vermehrt, während das Blut diesbezüglich kaum verändert erscheint, im Gegensatz zum subakuten Stadium, in welchem der Blutzucker abnimmt. NaCl nimmt im subakuten Stadium sowohl im Liquor als im Blut ab. (Журнал Невропатологии и Психиатрии имени С. С. Корсакова [Korssakow J. Neuropathol. Psychiatr.] **52.** Nr. 2. 38—42. Febr. 1952. Neurol. Inst. der Akad. der Med. Wiss. der UdSSR.) RENTZ. 4578

G. W. Anderson, J. D. Cunningham und **S. J. Slinger,** *Die Wirkung des Proteingehaltes des Futters und von Penicillin auf Wachstum und Intestinalflora von Küken.* Durch Zulage von 10 p.p.m. *Penicillin G Kalium* (**I**) zum 17—26% Protein enthaltenden Futter wurde gesteigerte Gewichtszunahme u. erhöhte Nahrungsausnutzung bei Küken erzielt. Die bes. bei einem Proteingeh. von 23% beobachtete Erniedrigung des p_H-Wertes im Coecum durch **I**-Zufütterung ist auf die gesteigerte Vermehrung von Lactobacillen, Säurebildnern, Anaerobiern u. Aerobiern u. coliähnlichen Mikroorganismen zurückzuführen. Die coecale Enterokokkenzahl wird durch **I** vermindert. In vitro angestellte Respirationsverss. mit den verschied. isolierten spezif. Bakterien auf 17—26% Protein enthaltenden Nährböden zeigten, daß durch **I**-Zusatz eine Erhöhung des O_2-Verbrauches von Lactobacillus u. Säurebildnern bewirkt wird. Ursachen der **I**-Wrkg. werden diskutiert. (J. Nutrit. **47.** 175—89. 10/6. 1952. Guelph, Can., Ontario Agric. Coll., Dep. of Bacteriol. and Poultry Husbandry.) KRUSEN. 4584

Philip L. Harris, Stanley R. Ames und **John H. Brinkman,** *Biochemische Studien über Vitamin A.* 9. Mitt. *Biologische Wirksamkeit von Neovitamin A bei der Ratte.* Durch biol. Teste an der Ratte wurden die physiol. Wirksamkeiten von *Neovitamin A* (**I**) (*cis-trans*) u. **I**-*Acetat* mit denen von „*all*"-*trans-Vitamin A* (**II**) u. **II**-Acetat verglichen. **I** ist biol. weniger wirksam als **II**. Im Rattenwachstumsvers. hatte **I** 85,3% der Wirksamkeit von **II** unter Zugrundelegung der Extinktionswerte u. 80,7% der Wirksamkeit von **II** unter Zugrundelegung der mol. Basis, d. h. **I** hat eine biol. Wirksamkeit von 2690000 E./g, da 1 g **II** definitionsgemäß 3333333 Einheiten enthält. Im Leberspeicherungstest wurden entsprechende **I**-Wirksamkeiten von 75,6 bzw. 71,5% der **II**-Wirksamkeiten gefunden. Ratten haben die Fähigkeit, **II** in **I** umzuwandeln u. umgekehrt; sie speichern in der Leber ein ca. 12% der *neo*-Form enthaltendes Gemisch der beiden Vitamin-A-Isomeren. (J. Amer. chem. Soc. **73.** 1252—54. 15/3. 1951. Rochester, N. Y., Distillations Products Ind., Div. of Eastman Kodak Comp.) K. F. MÜLLER. 4587

Stanley R. Ames, Marion I. Ludwig, William J. Swanson und **Philip L. Harris**, *Biochemische Versuche mit Vitamin A.* 10. Mitt. *Eine nahrungsmittelchemische Untersuchung von synthetischem Vitamin A in Margarine.* Wachstum, Vermehrung u. Lactation von 3 Generationen Albinoratten, deren Diät 7,5% synthet. *Vitamin-A-Palmitat* enthaltende Margarine (1850000 I. E. pro lb. Fett) enthielt, wurden untersucht. Die diese übernormalen Vitamin-A-Dosen erhaltenden Tiere verhielten sich ebenso n. wie die Tiere, welche eine die üblichen Vitamin-A-Mengen (18500 Einheiten pro lb. Fett) enthaltende Margarine erhielten. (J. Amer. Oil Chemists' Soc. **29.** 151—53. April 1952. Rochester, N. Y., Distillation Products Ind., Div. of Eastman Kodak Co., Res. Labors.) K. F. MÜLLER. 4587

E. A. Drogitschina, *Die Rolle des Vitamin B_1 bei der Entwicklung toxischer Polyneuritiden und bei deren Behandlung.* Auf Grund des Studiums der Ausscheidung von täglich intravenös verabreichtem *Thiaminchlorid* (**I**) bei tox. Myelopolyneuritiden u. Polyneuritiden während der verschied. Stadien der Entw. des polyneurit. Syndroms u. gestützt auf Verss. an Hunden, die man mit Trikresylphosphat vergiftete u. mit **I** behandelte, kommt Vf. zum Schluß, daß bei der tox. Polyneuritis in der Mehrzahl der Fälle der Vitamin-B_1-Stoffwechsel gestört ist. Durch Gaben von **I**, das gleichzeitig antineuralg. wirkt, erzielt man eine Förderung der Regeneration u. einen günstigeren Ausgang der Erkrankung. (Журнал Невропатологии и Психиатрии имени С. С. Корсакова [Korssakow J. Neuropathol. Psychiatr.] **52.** Nr. 7. 43—45. Juli 1952. Inst. für Arbeitshyg. u. Berufskrankheiten der Akad. der Med. Wiss. der UdSSR.) RENTZ. 4587

Grace A. Goldsmith, Herbert P. Sarett, U. D. Register und **Janis Gibbens**, *Untersuchungen über den Nicotinsäurebedarf des Menschen.* 1. Mitt. *Experimentelle Pellagra bei Versuchspersonen, die mit einer nicotinsäure- und tryptophanarmen Diät ernährt wurden.* Drei Versuchspersonen, die eine täglich 4,7 mg *Nicotinsäure* (**I**) u. 190 mg *Tryptophan* (**II**) enthaltende Diät erhielten, zeigten nach 50—60 Tagen klin. Symptome der Pellagra. Eine weitere Person, die zu dieser Grunddiät täglich 2 mg **I**-Amid erhielt, zeigte nach 122 Tagen keine Symptome, desgleichen eine Person, die 95 Tage lang eine täglich 5,7 mg **I** u. 230 mg **II** enthaltende Kost bekam. Die Pellagraerscheinungen, die trotz ausreichender Riboflavinzufuhr entstanden, gingen nach Zulage von täglich 10 mg **I** oder 1 g **II** schnell zurück. Das Auftreten der Symptome war von einem deutlichen Rückgang der urinalen Exkretion von *N-Methylnicotinsäureamid* u. von *N-Methylnicotinsäureamid-6-pyridon* begleitet, während die Ausscheidung von **I**, *Chinolinsäure* u. **II** unverändert blieb. Während des **I**- u. **II**-Mangels verabreichte Testdosen von 50 mg **I**-Amid führten zu keiner wesentlichen Steigerung der Ausscheidung von **I**-Stoffwechselprodd., was auf eine Erschöpfung der **I**-Depots des Körpers zurückgeführt wird. Der minimale **I**-Bedarf bei einer 190 mg **II** enthaltenden Kost wird mit täglich 7 mg angegeben. (J. clin. Invest. **31.** 533—42. Juni 1952. New Orleans, La., Tulane Univ., School of Med., Dep. of Med. and Biochem., Nutr. Res. Labor.; Charity Hosp. of Louisiana.) KRUSEN. 4587

Bacon F. Chow, *Die Rolle des Vitamin B_{12} im Stoffwechsel.* Bei peroraler Darreichung von *Vitamin B_{12}* wird die Hauptmenge in den Faeces ausgeschieden u. nur sehr geringe Mengen werden resorbiert, während bei n. Individuen parenterale Dosen fast quantitativ im Urin ausgeschieden werden. Nur wenn die B_{12}-Reserven erschöpft sind, macht sich ein Wachstumseffekt bemerkbar, wie an einer Reihe chron. kranker Kinder nachgewiesen wird. Auch hier werden nur physiolog. Dosen ganz oder teilweise resorbiert, während der Überschuß ausgeschieden wird. Nach Unterss. mit B_{12}, das mit radioakt. ^{60}Co markiert war, geht das B_{12} bei trächtigen Ratten durch die Placenta auf die Jungen über u. findet sich in der Milch säugender Tiere. Geringe Mengen werden auch in Niere, Leber u. Eingeweiden wiedergefunden. Nach der Ernährung junger Ratten mit B_{12}-armen Sojabohnen bis zu auftretenden Mangelerscheinungen findet sich nach anschließenden Gaben von B_{12} eine Zunahme des Körpergewichts u. des Fettgeh., jedoch keine Veränderung des Eiweißstoffwechsels der Tiere. Die Ergebnisse werden diskutiert. — 28 Literaturangaben. (Southern med. J. **45.** 604—12. Juli 1952. Baltimore, Md.) H.-J. KOCH. 4587

John P. Lambooy und **Edward E. Haley**, *Weitere auf Vitamin-B_{12}-Aktivität geprüfte o-Phenylendiamine.* Vff. untersuchten *4-Äthyl-1.2-diaminobenzol*, *4-Chlor-5-methyl-1.2-diaminobenzol* (**II**) u. *4.5-Diäthyl-1.2-diaminobenzol* sowie *4-Methyl-1.2-diaminobenzol* auf etwaige Vitamin-B_{12} (**I**)-Aktivität oder **I**-Antagonismus an der Ratte. Eine sichere Wachstumszunahme bei Ratten, die mit **I**-Mangeldiät ernährt wurden u. diese Stoffe zugeführt erhielten, war nicht nachweisbar. Ebensowenig war ein Antagonismus zum **I** festzustellen.

Versuche: *2-Nitro-4-äthylcarbäthoxyanilid*, aus p-Äthylanilin durch Carbäthoxylierung u. Nitrierung; 58% (Ausbeute). — *2-Nitro-4-äthylanilin*, F. 46—48°, durch Hydrolyse vorst. Verb.; aus n-Hexan orangefarbene Prismen; 77%. — *4-Äthyl-1.2-diaminobenzol*, $C_8H_{12}N_2$, F. 59—60°, durch Hydrierung vorst. Verb. in A. in Ggw. von PtO_2 bei 55 lbs./sq. in. Anfangsdruck; aus n-Hexan Platten, sublimiert unter n. Druck bei 115°; 79%. — *3-Methyl-4-chloranilin*, F. 83° (n-Hexan), aus o-Chlortoluol durch Nitrierung ($Kp._{11}$ 124—127°; 95%) u. Red. in konz. HCl mit Fe-Spänen; $Kp._{23}$ 133—136°; 29—32%. *Acetylderiv.*, F. 90—92°; 78%. — *2-Nitro-4-chlor-5-methylacetanilid*, F. 114—115°; 39%. — *2-Nitro-4-chlor-5-methylanilin*, F. 160,5°, aus n-Hexan orangefarbene Prismen. — *4-Chlor-5-methyl-1.2-diaminobenzol* (**II**), $C_7H_9N_2Cl$, F. 144,5°, aus n-Hexan u. nach Sublimation bei 78°/3 mm; 78%. — *3-Chlor-4-methylanilin*, $Kp._{12}$ 113—114°, durch Red. von 2-Chlor-4-nitrotoluol [F. 65° (verd. A.), $Kp._{13}$ 124°, $Kp._{750}$ 260°] in 22%ig. HCl mit Fe-Spänen; 89%. *Acetylderiv.*, F. 85° (verd. A.) bzw. 104—105° (n-Hexan); 81%. — *2-Nitro-4-methyl-5-chloracetanilid*, F. 116°; 66%. — *2-Nitro-4-methyl-5-chloranilin*, F. 167—168°, aus n-Hexan orangefarbene Prismen; 91%; gibt durch katalyt. Red. **II**; 89%. (J. Amer. chem. Soc. **74**. 1087—89. 20/2. 1952. Rochester, N. Y., Univ., School of Med. and Dentistry, Dep. of Physiol. and Vital Economics.) IPPEN. 4587

G. O. Rudkin jr. und **R. J. Taylor**, *Chemische Methode zur Bestimmung von Vitamin B_{12}*. Es wird eine Meth. zur colorimetr. Best. von *Vitamin B_{12}* in Rohkonzentraten u. Gärungsnährböden angegeben. Der Geh. an B_{12} läßt sich aus der Differenz der Extinktionen bei 382 mμ von reinem B_{12} u. von seinem Dicyanokomplex berechnen. Um die Lsg. an B_{12} anzureichern u. störende rote Pigmente zu beseitigen, wird eine Extraktion des Komplexes mit Benzylalkohol durchgeführt. Die Meth. hat einen Fehler von ca. 5% bei 3 Bestimmungen. Die Probe soll ca. 200 γ B_{12} u. nicht weniger als 1 γ/cm³ enthalten. Zur Best. wird die Probe mit 1% KCN versetzt, auf p_H 9,5—10,0 eingestellt u. nach 5 Std. nach Zusatz von 20% festem Na_2SO_4 bei p_H 11,0—11,5 mit Benzylalkohol extrahiert. Der Extrakt wird nach Zugabe von Chlf. (1:1) mit W. ausgezogen (Ausbeute der Extraktion 97%). Vom wss. Auszug wird ein aliquoter Teil mit KH_2PO_4 auf p_H 5—6 eingestellt, ein anderer Teil mit KCN-Lsg. versetzt. Von beiden Lsgg. wird die Extinktion bei 382 mμ bestimmt. Die maximale Differenz liegt bei 382 mμ mit $\Delta E^{1\,\%}_{1\,cm} = 54$ für krist. B_{12}. Der Cyanidkomplex ist bei p_H 9,5—11,5 in diffusem Licht bei Zimmertemp. 24 Std. haltbar. (Analytic. Chem. **24**. 1155—56. Juli 1952. Brooklyn, N. Y., Chas. Pfizer & Co., Inc.) H. J. KOCH. 4587

D. Migliacci, *Vitamin D, Eigenschaften, Bedarf, Indikationen, Anwendung, Dosierung*. Übersicht. — **41** Literaturangaben. (Boll. chim. farmac. **91**. 58—63. Febr. 1952.) IPPEN. 4587

E. E. van Koetsveld und **H. Onrust**, *Eine Betrachtung über die Umsetzungsmöglichkeiten von Vitamin K_3 in Nahrungsmitteln*. Behandelt werden einige Reaktionsmöglichkeiten von Vitamin K_3 mit Aminosäuren; Bestimmungsmethoden für K_3. (Chem. Weekbl. **48**. 22—24. 12/1. 1952. Amsterdam, Nederlands Inst. voor Volksvoeding.) SCHEIFELE. 4587

Evan Shute und **Wilfrid Shute**, *Mit α-Tocopherol (Vitamin E) behandelte periphere Thrombose*. Mitt. einiger Fälle von akuter u. chron. Thrombophlebitis, die durch Gaben von *Vitamin E* entscheidend gebessert wurden. Auf die Wichtigkeit einer genügend hohen Dosierung wird hingewiesen. Vgl. ähnliche Arbeit der Vff. in J. Obstetr. Gynaecol. Brit. Empire **58**. 842. [1951.] (Amer. J. Surgery **84**. 187—91. Aug. 1952. London, Can., Shute Inst. for Clinical and Laboratory Med.) SPITALER. 4587

H. Becker-Freyseng, *Über eine dosisabhängige paradoxe Wirkung des α-Tocopherols (Vitamins E) auf die Diurese*. Bei Kranken mit hypophysär-diencephaler Oligurie führten Gaben von 30 mg *α-Tocopherolacetat* zu starker Diurese; die doppelte Dosis bewirkte dagegen ausgesprochen Diuresehemmung. (Naunyn-Schmiedebergs Arch. exp. Pathol. Pharmakol. **214**. 411—15. 1952. Heidelberg.) SPITALER. 4587

Antonio Montero Rodríguez, *Die kindlichen Dystrophien*. Die Möglichkeiten, durch die es zur Dystrophie im Säuglingsalter kommen kann, werden besprochen. Eingegangen wird auf Milch-, Mehlnährschaden, kongenitale Anomalien, die Diathesen u. die Vitaminmangelzustände. (Clín. y Lab. **54**. 119—28. Aug. 1952. Málaga, Coín Medico Puericultor.) GERBER. 4589

A. S. Srivastava, *Stoffwechselbeziehung zwischen Mesoinosit und Lindane*. Verss. an der Schabe Blatella germanica L., deren frisch gelegte Eilarven verwendet wurden. Eine Konz. von 9% *meso-Inosit* hemmte sehr stark die Wrkg. von *Lindane* (*γ-Benzolhexachlorid*), konnte jedoch nicht vollständig die tox. Wrkg. neutralisieren, die 100%ig. Letalwrkg. trat erst nach 20 Tagen ein, bei geringeren u. höheren Konzz. schon früher. Es wird angenommen, daß zwischen den beiden Verbb. keine direkte stoffwechselmäßige Beziehung besteht, sondern die Resistenz auf den Einfl. der Vitaminwrkg. zurückzuführen ist.

(Science [Washington] **115.** 403—04. 11/4. 1952. Madison, Univ. of Wisconsin, Dep. of Economic Entomology.) Lüpnitz. 4589

S. B. Slen und **F. Whiting,** *Weitere Beobachtungen über die Wirkung der Höhe der Proteingabe in der Futterration von ausgewachsenen Mutterschafen auf Wolle und Lammproduktion.* Inhaltlich ident. mit C. **1952.** 5920. (Sci. Agric. **32.** 375—79. Juli 1952. Lethbridge, Alberta, Exp. Station.) Nehring. 4589

K. Lenggenhager, *Welchen Sinn hat die Milchsäureproduktion während der Muskelaktion?* Da die bei der Muskelaktion frei werdende *Milchsäure* (I) nachher wieder zu $^4/_5$ zu *Glykogen* resynthetisiert wird, schließt Vf. aus zum Teil eigenen Verss., daß I die Verhinderung einer Überatmungstetanie zu bewirken hat. Bei Fieber oder bei künstlicher Überwärmung (heißes Bad) kommt es durch die Steigerung des Stoffwechsels zu einem stark vermehrten O_2-Verbrauch (um das 2—3fache), der durch vergrößertes Atemvol. gewährleistet wird. Dadurch wird vermehrt CO_2 abgeatmet, so daß eine hypokapn. Alkalose eintritt. Der hypertherme Organismus muß also zur Erreichung einer vermehrten O_2-Aufnahme wegen der Form der Hb–O_2-Bindungskurve relativ zu groß atmen u. dabei aber den großen CO_2-Verlust mit den alkalot. Nachteilen in Kauf nehmen. Bei der Muskeltätigkeit kann der O_2-Verbrauch auf das 10fache ansteigen. Hier wird aber der vergrößerte CO_2-Verlust durch I kompensiert u. somit eine Hyperventilationsalkalose mit der obligaten Tetanie verhindert, die bei der Hyperthermie (Fieber, heißes Bad, Hitzschlag) bis zu einem gewissen Grad immer eintritt. (Schweiz. med. Wschr. **82.** 520—22. 10/5. 1952. Bern, Univ., Chirurg. Klinik.) H. Scheurlen. 4595

J. C. Perrone, *Der Kollagenstoffwechsel.* Nach neueren Unterss. (Orechowitsch u. Mitarbeiter, C. **1951. I.** 71) ist das eigentliche Kollagen bzgl. des Stoffwechsels inert, sein Vorprod. Prokollagen dagegen aktiv. Demnach nehmen 75% des Glycins u. fast das gesamte Oxyprolin des Organismus am Stoffwechsel nicht teil. (Rev. Quím. ind. **21.** 113—14. Mai 1952.) R. K. Müller. 4596

Dwight E. Gardner, Frank A. Smith, Harold C. Hodge, D. E. Overton und **Reuben Feltman.** *Der Fluoridgehalt des Placentargewebes in Beziehung zum Fluoridgehalt des Trinkwassers.* Mit der von Smith u. Gardner (C. **1952.** 1058) für die F-Best. im Blut entwickelten Technik konnte nachgewiesen werden, daß F im Placentargewebe ebenso wie im Blut etwa proportional zum F-Geh. des W. gespeichert wird (aber nicht in dem Maße, daß die Mutter geschädigt werden kann). Die F-Gehh. der Placenten waren durchwegs höher als die des Blutes. Man darf annehmen, daß die Placenta das F — wenn es ein wesentliches Spurenelement ist — zur ausreichenden Versorgung des Fötus speichert, gleichzeitig aber auch dafür sorgt, daß den Fötus wirklich auch nur Spuren erreichen. (Science [Washington] **115.** 208—09. 22/2. 1952. Rochester, N. Y., Univ., School of Med. and Dent.; New York State Dep. of Health and Passaic, N. J., Gen. Hosp., Div. of Dental Res.) Frühwald. 4596

B. I. Kinel, *Änderungen der Bluteiweißstoffe bei der experimentellen Leberdystrophie.* In Verss. an Ratten verursacht das Alkaloid *Heliotrin,* in Dosen von 50 mg pro 100 g Körpergewicht einmalig parenteral verabreicht, eine deutliche Herabsetzung der Blutproteine, die 24 Std. nach der Applikation des Giftes beginnt u. 1½ Monate anhält. Da die Hypoproteinämie mit morpholog. Veränderungen in der Leber einhergeht, sieht Vf. sie als Frühsymptom einer funktionellen Leberinsuffizienz u. als wesentlichen pathogenet. Faktor bei der Entw. des klin. Bildes einer tox. Hepatitis mit Ascites an. (Архив Патологии [Arch. Pathologie] **14.** Nr. 1. 71—73. Jan./Febr. 1952. Taschkent, Med. Inst., Lehrstuhl für pathol. Physiol.) Rentz. 4597

E. Coraboeuf und **R. Thieulin,** *Wechselbeziehungen zwischen Kohlensäure und Ionenmilieu in der Wirkung auf den isolierten Nerven.* Der isolierte Froschischiadicus wurde abwechselnd reinem O_2 u. einem Gemisch von 95% O_2 u. 5% CO_2 in An- oder Abwesenheit von Calciumionen ausgesetzt u. seine Reizschwelle bestimmt. Die Veränderungen der Reizschwelle bestätigen die Anschauung, daß CO_2 den Nerven lähmt, aber gleichzeitig dessen funktionelle Möglichkeiten steigert (schlagartiges Absinken der durch CO_2 erhöhten Reizschwelle bis unter den Ausgangswert beim Übergang zu reinem O_2 in Ca-freier Ringer-Lsg.), während Calcium lediglich lähmend wirkt. (C. R. Séances Soc. Biol. Filiales **146.** 187—90. Febr. 1952. Paris, Sorbonne, Labor. de Physiologie gén.) Dautzenberg. 4598

Sunita Inderjit Singh und **Inderjit Singh,** *Wiederherstellung der Reizbarkeit der glatten Muskulatur nach Lähmung.* Ausgehend von der Tatsache, daß glatte Muskulatur sich dauernden Reizen anpaßt, haben Vff. die Zeit der Wiederherst. der Reizbarkeit der glatten Muskulatur des Froschmagens nach elektr. Reizen gemessen. Die durchgeführten Verss. bestätigen die Ergebnisse von Singh, wonach *Glucose* die Erholungsphase verzögert u. *Cyanide* beschleunigen. Vorliegende Ergebnisse bestätigen den Einfl. von zahlreichen

Ionen. Bromide, Nitrate, Jodide, Thiocyanate, Lithium, Natrium, Kalium, Barium, Calcium, Eserin u. Pilocarpin beschleunigen. Ammonium, Strontium, Magnesium, H-Ionen, Adrenalin, Ephedrin verzögern. Acetylcholin bewirkt beides. Damit wird die Ansicht gestützt, daß bei Anpassung an die Erregung hemmende Substanzen u. bei Anpassung an Lähmung erregende Substanzen freigemacht werden. (Proc. Indian Acad. Sci., Sect. B **35**. 245—50. Juni 1952. Agra, Med. Coll.) DUCHO. 4598

M. I. Schusster, *Die Änderungen des Gehalts an anorganischem Phosphor und leicht hydrolysierbarem Phosphor der Adenosintriphosphorsäure im Gehirngewebe von Hunden beim Absterben und bei der Wiederbelebung.* Der akute, durch tödlichen Blutverlust verursachte O_2-Hunger führt (in Verss. am Hunde) zu einer Zunahme des anorgan. u. einer Abnahme des organ. P, bes. der *Adenosintriphosphorsäure* (**I**) im Gehirngewebe. Bei der Wiederbelebung kommt es zur Demineralisation der Phosphorsäure u. Resynth. von **I**. Beim Einsetzen der Spontanatmung sind P- u. **I**-Geh. wieder n. u. bilden die Voraussetzung für den guten Ausgang des Wiederbelebungsversuches. (Архив Патологии [Arch. Pathologie] **14**. Nr. 1. 36—45. Jan/Febr. 1952. Moskau, Labor. für exper. Physiol. zur Wiederbelebung des Organismus der Akad. der Med. Wiss. der UdSSR.) RENTZ. 4599

Alessandro Crocetta, Lezioni di chimica biologica. Metabolismo dei protidi e lipidi. Genova: Ed. Libreria universitaria Pacetti; Libreria M. Bozzi. 1952. (71 S.) L. 800,—.

E_6. Pharmakologie. Therapie. Toxikologie. Hygiene.

K. Sommermeyer, *Beiträge zur Dosierung der β-Strahlung radioaktiver Substanzen.* Vf. diskutiert eingehend die allg. benutzten Methoden zur Berechnung der Verteilung einer β-Aktivität in der Umgebung eines inkorporierten β-Strahles im Gewebe. Eigene Messungen des Vf. über den Abfall der β-Aktivität mit dem Abstand von der Quelle für ^{32}P u. ^{131}J werden mitgeteilt. Für ^{32}P erhält man unter der Annahme eines exponentiellen Abfalles für μ/ϱ den Wert 3,45 cm^2/g. Die absol. Dosen an der ebenen Grenzfläche von Lsgg. betragen 50% derjenigen im Inneren, wie durch Messungen bestätigt werden kann. (Strahlentherapie **88**. 329—44. 1952. Freiburg/Br., Univ., Radiolog. Inst.) REUSSE. 4601

K. Sommermeyer, *Zur Dosimetrie radioaktiver Substanzen.* Vf. geht aus von der im vorst. Ref. getroffenen Feststellung, daß die Dosis im Inneren einer einen β-Strahler enthaltenden Lsg. genau doppelt so groß ist wie die an deren Oberfläche gemessene. Ein darauf basierendes Meßverf. für die Aktivitätsbest. von Lsgg. besteht in der Fixierung einer offenen Ionisationskammer unmittelbar mit der Öffnung gegenüber der Flüssigkeitsoberfläche. Ein Eichfaktor für die Kammer wird bestimmt. Es wird gezeigt, daß die spezif. Aktivitäten mit hoher Genauigkeit auch bei schwachen β-Strahlern wie ^{35}S u. ^{14}C bestimmt werden können, wobei der Nachw. über einen Meßverstärker vorgenommen wird. (Strahlentherapie **88**. 345—51. 1952. Freiburg/Br., Univ., Radiolog. Inst.) REUSSE. 4601

W. Lorenz, *Hämatologische Untersuchungen über die Cysteinwirkung.* Ausgewachsene Ratten wurden mit 800 r oder 400 r totalbestrahlt (107 kV, 6 mA, Filter: 2,5 mm Al, HWS 3,5 mm Al, FHA 18 cm, Dosisleistung 110 r/Min.). 15 Min. vor der Bestrahlung erhielten die Tiere intracardiale Injektionen von 0,25 cm^3 *Cystein* (**I**) in 10%ig. Lösung. Die Beobachtung der Tiere u. die Unters. des peripheren Blutes nach 2—48 Std. auf Gesamtleukocytenzahl, Zahl der Lymphocyten u. Segmentkernigen, Retikulocyten u. auf Hämoglobin ergab: Nach Bestrahlung mit 800 r kamen ca. 90% der Tiere ad exitum, bei vorheriger Injektion mit **I** sank der Prozentsatz auf 25%. Bei Applikation von 400 r ohne u. mit **I**-Injektion blieben alle Tiere am Leben. Der Verlauf der Blutzellkurven jedoch blieb in allen Fällen annähernd gleich. Vf. schließt daraus, daß bei akuter Strahlenschädigung das Blutbild nicht als maßgeblicher Indicator für den Schädigungsgrad herangezogen werden kann. Das Versagen des hämatopoiet. Syst. kann daher höchstens sek. über Leben oder Tod des Individiums nach Strahlenschädigung mitbestimmen. (Strahlentherapie **88**. 190—97. 1952. Marburg, Univ., Strahleninst., u. Heiligenberg-Inst., Biophysikal. Abtlg.) REUSSE. 4601

Lawrence Reynolds, K. E. Corrigan und **H. S. Hayden,** *Die diagnostische Anwendung von radioaktiven Isotopen.* In einer eingehenden Darst. zeigen Vff. Möglichkeiten u. Grenzen der Diagnose zahlreicher, vor allem von der Schilddrüse beeinflußter Erkrankungen mittels radioakt. Isotopen u. beschreiben Meßmethodik u. Vorsichtsmaßnahmen. (Amer. J. Roentgenol. Radium Therapy **68**. 421—34. Sept. 1952. Detroit, Mich., Harper Hosp., Dep. of Radiol.) REUSSE. 4601

E. R. King, Donald W. Spicer, F. William Dowda, Merrill A. Bender und **William E. Noel,** *Die therapeutische Anwendung von kolloidalem Gold (Au) bei pleuralen Ergüssen und bösartiger Wassersucht.* Vff. berichten über therapeut. Behandlungen von krankhaften Flüssigkeitsansammlungen im Brust- u. Bauchraum mit koll. ^{198}Au. Nach Neutronenbombardement von Au-Folie, anschließender Überführung in koll. Zustand wird ^{198}Au in Gelatine dispergiert. Die Aktivität liegt zwischen 20 u. 30 mC/ml, p_H 5,5—6,5. Durchmesser der koll. Partikel im Mittel 0,003 μ. Die Injektion wird mit einer Pipette nach TABERN vorgenommen. Die Dosis lag bei 16 beschriebenen Fällen zwischen 41 u. 148,8 mC. Die Abscheidung des ^{198}Au erfolgt über Urin u. Faeces. 25% der Fälle verzeichneten Erleichterung, weitere 25% nur mäßige Besserung, die restlichen 50% reagierten ungleichmäßig. Vff. empfehlen die beschriebene Meth., halten aber weitere Verss. u. langfristige Beobachtung der Patienten für notwendig. (Amer. J. Roentgenol. Radium Therapy **68.** 413—20. Sept. 1952. Bethesda, Md., US Naval Hosp., Radioisotope Labor. u. US Naval Med. School.) REUSSE. 4601

B. Rajewsky und **H. Muth,** *Untersuchungen zum Problem der Radiumvergiftung.* 6. Mitt. *Die Ausscheidung radioaktiver Substanz aus dem menschlichen Körper (bei zwei Radiumvergiftungsfällen gewonnene Untersuchungsergebnisse).* (5. vgl. Strahlentherapie **80.** [1949.] 271.) Die Arbeit stellt in Form von Tabellen u. Kurven die Ablagerung von radioakt. Substanz u. die Ausscheidung durch Stuhl u. Urin für zwei Vergiftungsfälle dar. Im einen Fall nahm Patient durch Einatmung verseuchter Luft nach Explosion einer Ra-Be-Kapsel Ra auf, im anderen Fall lag ein Selbstmordvers. durch intravenöse Injektion von $RaCO_3$-Lsg. vor. Der Bereich stärkster Ausscheidung über den Urin erstreckte sich über 9—10 Tage nach der Injektion bzw. 3—4 Tage nach der Beatmung. Die verschied. Ausscheidungskoeffizienten sind tabellar. u. graph. zusammengestellt. (Strahlentherapie **88.** 261—75. 1952. Frankfurt/M., Max-Planck-Inst. für Biophysik.) REUSSE. 4601

—, *Richtlinien für die Anwendung offener radioaktiver Präparate (vor allem künstlich radioaktiver Isotope) in medizinischen Betrieben.* Die Strahlengefährdung beim Umgang mit offenen radioakt. Substanzen (künstliche Isotope) ist wesentlich größer als bei der bisher üblichen medizin. Anwendung geschlossener radioakt. Präpp. (Ra, Th), da Möglichkeiten der Verseuchung der Körperoberfläche, der Inkorporation radioakt. Substanzen infolge peroraler Aufnahme, der Inhalation oder des Eindringens durch die intakte oder verletzte Haut zusätzlich gegeben sind. In 25 Punkten werden die Maßnahmen zur Herabminderung dieser Gefahren zusammengefaßt. (Fortschr. Gebiete Röntgenstrahlen verein. Röntgenprax. **76.** 256—58. Febr. 1952.) BRAUKMANN. 4601

E. Frank Everett und **Leo G. Riegler,** *Cholecystographie mit Telepaque.* Vff. berichten über *cholecystograph.* Studien an ca. 80 Patienten mit dem Kontrastmittel *Telepaque (3-[3-Amino-2.4.6-trijodphenyl]-2-äthylpropionsäure).* Gegenüber anderen ähnlichen Mitteln mit J-Geh. erhält man bessere Kontrastwirkungen in den Gallengängen u. weniger nachteilige Wirkungen auf den Patienten. Die optimale Dosis beträgt 3 g. Als einziger Nachteil wird eine gewisse zusätzliche Verschattung im Gastrointestinaltrakt beobachtet. (Radiology **58.** 524—28. April 1952. Port Angeles, Wash., u. Minneapolis, Minn.) REUSSE. 4601

William H. Shehadi, *Telepaque. Ein neues Kontrastmittel für die Cholecystographie mit verbesserter Darstellung der Gallenblase und der Gallenwege.* Als neues Kontrastmittel zur Röntgendarst. der Gallenblase wird *Telepaque* (I; *3-[3-Amino-2.4.6-trijodphenyl]-2-äthylpropionsäure;* 66,68% Jodgeh.) beschrieben. Vf. berichtet über klin. Erfahrungen an 300 Fällen, bei denen schädliche Nebenwirkungen nur sehr selten verzeichnet wurden. Die Darst. der Gallenblase u. der Gallenwege ergibt kontrastreiche Bilder, u. die Abscheidung des **I** erfolgt sehr schnell. Es wird oral in Tablettenform gegeben (3—6 g = 6—12 Tabletten), u. zwar 10—12 Std. vor der geplanten Aufnahme. Ca. 85% werden über die Faeces, 2,1 bis 4,9% durch den Harn abgeschieden. Vergleichsaufnahmen mit anderen jodhaltigen Kontrastmitteln beweisen die Überlegenheit des **I.** (Amer. J. Roentgenol. Radium Therapy **68.** 360—68. Sept. 1952. New York, New York Policlinic Med. School and Hosp., Dep. of Radiol.) REUSSE. 4601

E. Wiedau, *Zur Frage der Dosierung und schädlichen Nebenwirkungen bei Ultraschalltherapie unter besonderer Berücksichtigung des Blutzuckerspiegels.* Literaturübersicht u. Bericht über eigene Erfahrung. Vf. verwendet Ultraschall (US) der Frequenz 800 kHz u. beschallt im allg. mit 2 Watt/cm^2 5 Minuten. Hinweis auf die Schwierigkeit exakter Dosismessung. Bei Beachtung der Schmerzgrenze sind keine Schäden durch US zu befürchten. Vf. vertritt die Auffassung der prim.-mechan. Wrkg. auf das vegetative Nervensystem. Ruhende maligne Prozesse können durch US aktiviert werden. Blutzuckerveränderungen sind vorübergehend, sie können nicht zur objektiven Beurteilung von US-Nebenwirkungen herangezogen werden. (Dtsch. Gesundheitswes. **7.** 1385—93. 30/10. 1952. Potsdam-Babelsberg, Zentralinst. für Röntgendiagnostik u. physikal. Therapie.) DOSSMANN. 4601

B. Sjollema, *Über die Aufnahme von Mineralstoffen und Stickstoff durch tetaniebedrohte Milchkühe und Erklärung der Wirkung von Calcium- und Magnesiumchloridinfusionen bei Paresis puerperalis und Tetanie der Milchkühe.* Da es sich zeigte, daß das Verhältnis von Ca'' zu Mg'' im Serum von Kühen bei Tetanie nach oben (4,4) u. bei der Paresis puerperalis nach unten (0,25) von der Norm (1,4) abweicht, behandelte der Vf. die von diesen Krankheiten bedrohten oder befallenen Tiere mit einer Infusion, die 7 g Ca'' u. 1,3 g Mg'' enthielt. Die Ursache für eine Verschiebung des Ca''/Mg''-Verhältnisses beruht nicht auf einem Überangebot oder Mangel dieser Ionen in der Nahrung. Durch die Verschiebung des Ca''/Mg''-Verhältnisses kommt es zu einer veränderten Reizbarkeit des autonomen Nervensyst., die durch die Infusion beseitigt wird, da diese nach Ansicht des Vf. stoßartig die benötigten freien Ionen zur Verfügung stellt. Die Verschiebung des Ca''/Mg''-Verhältnisses scheint in erster Linie durch eine zu starke Basizität des Futters infolge K-Mangels des Bodens bedingt zu sein; dasselbe kann aber auch bei starkem N-Mangel des Futters eintreten. (Tijdschr. Diergeeneskunde **77.** 451—61. 15/6. 1952. de Schothorst.) IPPEN. 4606

J. Paris, J. Vanlerenberghe, A. Robellet und **C. Asbroucq**, *Wirkung des Isoamylaminomethylheptans auf die isolierte Gallenblase des Meerschweinchens.* Spontankontraktionen der isolierten Meerschweinchengallenblase werden durch *Isoamylaminomethylheptan* (I) (Konz. 10^{-4}) aufgehoben, desgleichen die durch *Acetylcholin* (10^{-8}), *Eserin* ($4 \cdot 10^{-6}$), *883 F = Diäthylaminomethylbenzodioxan* (10^{-4}) u. *Morphin* ($5 \cdot 10^{-5}$) ausgelösten Kontraktionen. Dabei sinkt der Tonus unter Einw. von I rasch, oft bis unter den Ausgangswert. Die Wirkungen von I entsprechen völlig denen von *Theophyllinäthylendiamin*, sind aber ca. 10 mal intensiver. (C. R. Séances Soc. Biol. Filiales **146.** 265—66. Febr. 1952. Labor. de Pharmacodynamie.) DAUTZENBERG. 4607

K. Pfannstiel und **E. Lüdde**, *Das Indazolon und seine pharmakologische Wirkung. (Eine Studie über die Beziehung: chemische Konstitution — pharmakologische Wirkung.)* Vff. betrachten die Anwendung eines Arzneimittels (I) als Störung im enzymat. Geschehen des Körpers. I wird als Katalysator, im Sinne von LANGENBECK, als Inhibitor oder als künstliches Ferment angesehen. Als Beispiel wird das *Indazolon* (II) herangezogen. II besitzt antipyret., spasmolyt. u. sedative Eigg., die durch Substitution eine Verstärkung erfahren können. II ist ferner Methämoglobinbildner. (Pharmaz. Zentralhalle Deutschland **91.** 345—49. Sept. 1952. Jena, Univ., Pharmakol. Inst.) R. KÖNIG. 4607

H. O. J. Collier und **Pamela D. Waterhouse**, *Die Aktivität einiger 2.4-Diaminopteridine und Sulfathiazole gegen Streptococcus faecalis und Staphylococcus aureus.* Von 27 in 6.7-Stellung substituierten *2.4-Diaminopteridinen* entfalten Dialkylverbb. mit geraden oder verzweigten Ketten, die 3—6 C-Atome enthalten, sowie die Dibenzylverb. (I) u. eine N-Methylindolverb. die größte Hemmwrkg. gegen 4 Stämme von *Streptococcus faecalis* Dabei sind diejenigen Stämme empfindlicher, die vorgebildete *Pteroylglutaminsäure* (II) zum Wachstum benötigen, als jene, die II selbst synthetisieren können. Die Empfindlichkeit der letzteren Stämme läßt sich steigern durch Kombination von I mit *Sulfathiazol* (III). *Staph. aureus* wird am besten gehemmt durch I, die Dicyclohexylmethylverb. u. durch 6.7-Dialkylverbb. mit unverzweigten Seitenketten (Di-n-butyl- u. Di-n-amylverbb.). Die Toxizität von I-Salzen entspricht der des **III.** Verträgliche Dosis bei Mäusen: 2 g/kg. Die Lebensdauer von Mäusen, die mit Staph. aureus infiziert sind, wird durch einzelne Gaben von I-Phosphat verlängert. (Brit. J. Pharmacol. Chemotherapy **7.** 161—69. März 1952. Ware, Herts, Allen and Hanburys Ltd., Res. Div.) RUTKOWSKI. 4610

Bruce M. Fisher, Gwyn Roberts und **H. Corwin Hinshaw**, *Die subcutane Verabreichung des Natriumsalzes der p-Aminosalicylsäure bei der Behandlung der Tuberkulose.* Das *Na-Salz der p-Aminosalicylsäure* (I) wurde täglich in 1—2%ig. Lsg. zu 6,25—39,5 g I zusammen mit *Hyaluronidase* appliziert. Die dabei beobachteten I-Konzz. im Blut waren den nach intravenöser Verabreichung festgestellten vergleichbar. Im Liquor cerebrospinalis betrugen die Konzz. nach subcutaner Injektion von 12,5—18,75 g I 14 mg-%. Lokale Reizerscheinungen können durch langsame Injektion u. Beachtung einer Höchstkonz. von 2% I vermieden werden. Die parenterale Verabreichung des I ist indiziert bei oraler Unverträglichkeit u. bei Kindern. (Amer. Rev. Tubercul. **64.** 557—63. Nov. 1951. San Francisco, Calif., Stanford Univ., Dep. of Med., San Francisco Hosp.) BALZER. 4610

Hans Rohkrämer und **Wilfried Wernitz**, *Thiosemicarbazone und Gewebsatmung, zugleich ein Beitrag zum Abbau des Conteben.* Dünne Leber-, Nieren-, Milz-, Lungen-, Gehirnschnitte wurden in die WARBURG-App. gebracht. Die Suspensions-Fl. war eine mit Natriumbicarbonat gepufferte RINGER-Lsg., der *Conteben* in einer Konz. von 5 mg-% zugesetzt wurde. Die Atmung erfolgte in reinem Sauerstoff bei 37°, Versuchsdauer 2—3 Stunden. Es konnte gezeigt werden, daß Leber- u. Nierengewebe Conteben abbaut; dagegen waren Anfangs- u. Endkonz. von Lungen-, Milz- u. Gehirngewebe bei einer Fehlerbreite von 0,1 mg unverändert. Bei Unterss. über die Atmung von Leber- u. Milzgewebe von Mäusen bei Zusatz von *Solvoteben* u. Conteben erwies sich nur Solvoteben als wirksam. Jedoch trat auch beim Solvoteben ein hemmender Einfl. auf die Atmungsfunktion isolierter Leberzellen erst bei hohen, in der Klinik nicht erreichten Konzz. ein. Der Stoffwechsel der Leber ist empfindlicher als der der Milz; dies wird dadurch zu erklären versucht, daß bei der Zerstörung von Conteben u. Solvoteben reines Thiosemicarbazid abgespalten wird. (Naunyn-Schmiedebergs Arch. exp. Pathol. Pharmakol. **214**. 513—17. 1952. Wuppertal-Elberfeld, Städt. Krankenanstalten, Nerven- u. Med. Klinik.) REICHLE. 4610

Luis de Velasco, *Aktuelle Gesichtspunkte der Chemotherapie der Tuberkulose.* Über 100 Fälle mit verschied. Tuberkuloseformen, davon 26 Fälle in längerer Beobachtung, wurden mit gutem Erfolg mit *Isonicotinsäurehydrazid* (I) behandelt. Auffallend war hier das bekannte schnelle Sterilwerden des Sputums, während die röntgenolog. Veränderungen bei allen Formen der Lungentuberkulose nur langsame Besserung zeigten. Tox. Nebenerscheinungen wurden in Form von mäßigen Somnolenzen, Schlaflosigkeit, pruriginösem Exanthem u. a. beobachtet. Dem I wird ein neues span. Medikament gegenübergestellt, das *F. S. R. 3* (II), bei dem es sich um ein *Sulfanilylphenylazoisothiocarbonamidohydrazobenzalacetanilid* handelt. Dieses Mittel erweist sich in vivo wirksamer als in vitro u. kam bei 34 Patienten verschied. Tuberkulosen zur Anwendung. II wird zu 1 cg/kg Körpergewicht dosiert u. besitzt eine breite Toleranzrate, so daß nach der ersten Behandlungswoche die Dosis verdoppelt werden kann. Bei 10% der Patienten wurden Zeichen von Unverträglichkeit beobachtet: Nausea u. Vomitus, die nach Unterbrechung der Medikation schwanden, außerdem passagere Bindehautentzündungen, Albuminurie ohne Cylindrurie, Somnolenzerscheinungen. II unterscheidet sich gegenüber I wesentlich dadurch, daß es zu einer bedeutend schnelleren Besserung des röntgenol. Befundes führt, während das Sputum über längere Zeit Tbc.-positiv bleibt. Auffallend ist vor allem die rapide Besserung der Blutkörperchensenkung (bis zu 30 mm innerhalb einer Woche), sowie die nahezu konstante Eosinophilie. Es wird angenommen, daß die geschilderten Wirkungen auf einer Veränderung im Plasmastatus bzw. im Bluteiweißbild beruhen, die beim I nicht oder nicht in diesem Maße beobachtet werden konnten (Verh. der BKS, Eosinophilie u. Gewebsneubildung im tuberkulös geschädigten Lungenparenchym). Nach allem darf dem II eine antituberkulöse Wrkg. zugesprochen u. es als Unterstützung der PAS- bzw. Streptomycintherapie betrachtet werden. (Med. españ. **28**. (**15**.) 1—8. Juli 1952. Valencia, Sanatorio Nacional de Porta-Coeli.) P. G. SCHEURLEN. 4610

Gueh-Djen Hsiung und **H. J. Stafseth,** *Hundestaupe.* 1. Mitt. *Bakteriologische Untersuchungen.* Vergleichsweise Unterss. der Bakterienflora von Augen u. Nase bei 22 Hunden ohne u. 14 mit Staupe. Es wurden Schwankungen in den verschied. Arten von Mikrokokken, Streptokokken u. gramnegativen Bacillen festgestellt, Micrococcus pyogenes var. albus dominierte in beiden Gruppen, lediglich Brucella bronchisepta wurde nur bei den Staupetieren festgestellt. Der saisonbedingte Verlauf der Krankheit wird betont. (Cornell Veterinarian **42**. 223—31. April 1952. East Lansing, Mich., State Coll., Dep. of Bacteriol. and Public Health.) DOSSMANN. 4610

Gueh-Djen Hsiung und **H. J. Stafseth,** *Hundestaupe.* 2. Mitt. *Der Wert gewisser therapeutischer Mittel gegenüber den bakteriellen Infektionen von Hunden mit Staupe.* (1. vgl. vorst. Ref.) An 46 Hunden wurde die Wrkg. folgender Therapeutica bei lokaler Behandlung untersucht: *Staupe-Serum, Sulfathiazol*-Salbe 5%ig., *Na-Sulfacetamid*-Lsg. 30%ig., *Baciguent*-Salbe mit 500 E *Bacitracin* (I)/g, I-Salbe 500 E/g, *Streptomycin*-Lsg. 10^5 E/ml, K-*Penicillin* (II)-Salbe $2{,}86 \cdot 10^4$ E/g, Ca-II-Salbe $1{,}43 \cdot 10^4$ E/g. Bei der Behandlung sek. Infektionen in Augen u. Nase, die die Staupe begleiten, wurden nur mit *Ca-II-Salbe* gute Ergebnisse erzielt. Wiederholte Anwendung ist zur Erreichung eines Dauererfolges notwendig. (Cornell Veterinarian **42**. 232—37. April 1952.) DOSSMANN. 4610

Ss. I. Iljenkow, *Penicillin-Novocain-Infiltration der Appendektomiewunde.* Vf. schlägt vor, nach Operation des Blinddarms bei phlegmonösen, gangränösen bzw. perforierten Appendicitiden wie folgt vorzugehen: 1. Infiltration des Peritoneums mit 40—50 cm³ 0,25%ig. *Novocainlsg.* (I) in RINGER mit 50000 I.E. *Penicillin* (II). 2. Intraperitoneale Infusion von 50—100 cm³ I im Gemisch mit 200000—300000 I.E. II. 3. Nach Catgutnaht Infiltration der Gewebe im Gebiet der Appendektomiewunde mit 40—50 cm³ I + 100000 bis 200000 I.E. II. Von 57 so behandelten Wunden heilten 53 per primam, u. nur 4 mal kam es zu subcutanen Vereiterungen, während von 29 Patienten mit katarrhal. Appendicitis, die kein I-II erhalten hatten, in 7 Fällen Komplikationen auftraten. (Советская Медицина [Sowjet-Med.] **16**. Nr. 5. 43—44. Mai 1952.) RENTZ. 4611

L. Ss. Kopziowskaja und **I. Ss. Petropawlowskaja,** *Die Behandlung der Peritonitis durch intraperitoneale Zufuhr von Penicillin.* Auf Grund ausgedehnter Erfahrungen u. klin. Unterss. wird bei Peritonitiden die intraperitoneale Zufuhr von 100000—600000 I.E. *Penicillin* (I) in 5—10 cm³ physiol. NaCl-Lsg. empfohlen. Außer der einmaligen Injektion kommen bei schweren Formen der Peritonitis auch wiederholte Injektionen (2—10) in Frage. Die Anwendung von I schließt den operativen Eingriff sowie andere bei der Peritonitis übliche Maßnahmen nicht aus. (Советская Медицина [Sowjet-Med.] **16.** Nr. 7. 8—9. Juli 1952. Moskau, Städt. Wiss. Sklifossowski-Forschungsstat. für Unfalldienst.) RENTZ. 4611

Svante Orell, *Die Behandlung von Gelenkknochentuberkulose durch Radikaloperation und lokalen Gebrauch von Streptomycin.* Beschreibung von 2 Fällen, bei denen trotz allg. u. lokaler Behandlung mit *Streptomycin* u. anderen Antibioticis eine Knochenmetastase auftrat, die erst nach Excision des nekrot. Gewebes u. lokaler Anwendung von Streptomycin u. *Penicillin* als Puder u. Ruhigstellung ohne Komplikation ausheilte. (Brit. J. Tubercul. Diseases Chest **46.** 173—75. Juli 1952. Stockholm, Clinic for Orthopaedics and Surgical Tuberculosis at St. Gorans Sjukhus and Kronprinsessan Lovisa's Hospital for Sick Children.) BÖHM. 4611

G. P. Uglowoi, *Die Anwendung von sowjetischem Streptomycin bei der ulcerösen Bubonenform der Tularämie beim Menschen. Streptomycin* (250000—500000 E. 2mal täglich, insgesamt 5000000 E.) erwies sich bei 7 Tularämiekranken (mit Ulcera u. Bubonen) als wirkungsvolles Heilmittel. Subjektive u. objektive Besserung bereits am 2.—3. Tage der Therapie, bes. bei frühzeitigem Behandlungsbeginn. Wurde mit der Behandlung erst nach der 2. Krankheitswoche begonnen, so gingen die Bubonen nicht zurück, sondern sklerosierten oder vereiterten; postoperative Wunden jedoch heilten in solchen Fällen rascher als nach Anwendung anderer Mittel. Die immunbiol. Rkk. des Organismus wurden nicht beeinträchtigt, tox. Nebenwirkungen nicht beobachtet. (Клиническая Медицина [Klin. Med.] **30.** (**33.**) Nr. 2. 30—32. Febr. 1952.) RENTZ. 4611

C. Levaditi und **A. Vaisman,** *Experimentelle Untersuchung der Antimalariawirkung von Terramycin.* Mäuse vom Gewicht 20 g wurden mit *Plasmodium berghei* infiziert. Orale Verabreichung von *Terramycin* (I) nach, vor u. während des Ausbruchs der Krankheit in Dosen von 70, 90, 110 u. 120 mg bewirkte eine verlängerte Lebenszeit, verglichen mit den Kontrollen. Eine Reihe von Tieren war nach I-Verabreichung völlig immun. (C. R. Séances Soc. Biol. Filiales **146.** 511—12. April 1952. Inst. Alfred Fournier.) DOSSMANN. 4611

Harry J. Greene, *Terramycin zur Behandlung von Trichomonas-vaginalis-Vaginitis. Bericht über 21 Fälle.* Behandlung mit *Terramycin*-Vaginal-Suppositorien (CHAS. PFIZER & Co., INC.) zu 250 mg, eine Woche lang. In allen Fällen war Heilung bzw. merkliche Besserung festzustellen. 14 Fälle wurden 6 Monate lang beobachtet, nur ein Rückfall, der mit einer erneuten 10tägigen Kur behoben werden konnte. Die restlichen 6 Fälle blieben bisher innerhalb eines Monats symptomfrei. (Int. Rec. Med. **165.** 206—09. April 1952. Brooklyn, N. Y., Kings County Hosp.) DOSSMANN. 4611

Royal L. Brown, *Gastrointestinaler Trakt und Stuhl nach Aureomycintherapie.* Bericht über 25 ambulante Patienten; *Aureomycin* (I) wurde in Dosen von täglich 0,75 bis 1,25 g 4—10 Tage verabreicht, in 16 Fällen wurden diese Kuren wiederholt, in 1 Fall 32mal mit einer Gesamtdosis von 196 g ohne irgendwelche Nebenerscheinungen. Stuhlunterss. vor u. während der I-Kur. Die auftretenden Nebenerscheinungen bestanden in: Glossitis, Stomatitis, Pharyngitis, Ösophagitis, Gastritis, Colitis u. Proctitis. Nach Absetzen von I verschwanden die Symptome im allg. nach ein paar Tagen. Einflüsse auf die Konsistenz des Stuhls traten während I-Therapie auf, normalisierten sich aber innerhalb weniger Tage. Mkr. Faeces-Unterss. ergaben Abnahme des *Mucin*-Geh. u. Zunahme von *Candida albicans.* I kann B-Hypovitaminose-Läsionen hervorrufen, in denen vermehrtes Auftreten von Candida albicans nachzuweisen ist. (Int. Rec. Med. **165.** 100—06. Febr. 1952.) DOSSMANN. 4611

A. Murray Fisher, *Eine Methode zur Bestimmung antibakterieller Kraft des Serums während der Therapie von akuten Infektionen.* Während der Behandlung mit Antibioticis wurden den Patienten Blutproben entnommen u. die daraus erhaltenen Seren in vitro in Verdünnungsreihen auf ihre antibakterielle Wirksamkeit geprüft. Da dieser Test mit dem klin. Bild im allg. gut übereinstimmt, kann danach die Therapie abgestimmt werden. (Bull. Johns Hopkins Hosp. **90.** 313—20. April 1952. John Hopkins Univ. and Hosp., Biol. Div., Dep. of Med.) ITZEROTT. 4611

F. Mlczoch und **H. Vinazzer,** *Ein Apparat zur Herstellung eines antibiotischen Fibrinfilms.* Es wird ein sogenannter *„Fibrinospray"* (Firma ODELGA, Wien IX) zur Erzeugung eines antibiot. Fibrinfilms beschrieben, der durch wahlweisen Zusatz von Therapeuticis aktiviert werden kann. Die damit gesammelten Erfahrungen in der Chirurgie u. Dermatologie versprechen bessere Wrkg. als alle bisherigen Methoden lokaler Wundbehandlung. (Wiener klin. Wschr. **64.** (N. F. 7.) 457—58. 20/6. 1952. Wien, Univ., II. Med. Klinik.) DUCHO. 4611

George L. Baum und **Philip Oransky,** *Eine ungewöhnliche Reaktion auf intrapleurale Verabreichung von Streptokinase und Streptodornase. Streptokokkenfibrinolysin, Streptokinase* (I), u. *Streptokokkendesoxyribonuclease, Streptodornase* (II), werden vorwiegend zur Verflüssigung von Pleuraexsudaten verwendet. Bei einem 51 jährigen Patienten mit exsudativer Pleuritis (Dyspnoe, rechtsseitige Pleurabeschwerden u. niedriges Fieber), der 2mal täglich 300000 E. wss. Penicillin erhielt, traten nach 1maliger intrapleuraler Zufuhr von 100000 E. I, zusammen mit 25000 E. II, Schüttelfrost u. Temperaturerhöhung auf. Vff. nehmen an, daß diese fieberhafte u. anaphylakt. Neben-Rk. eine direkte Folge der Enzymzufuhr darstellt. (J. Amer. med. Assoc. **149.** 1012—14. 12/7. 1952. Coval Gables, Fla.) K. MAIER. 4614

Viggo Faber und **Mogens Iversen,** *Veränderungen des Serum-Hyaluronidaseinhibitors während Behandlung mit 3-Oxy-2-phenylcinchoninsäure (HPC).* Während 5 rheumatoide Arthritiden klin. nahezu unbeeinflußt blieben, zeigten 5 Fälle rheumat. Fiebers unter der Behandlung mit *3-Oxy-2-phenylcinchoninsäure (HPC)* parallel zur allg. u. symptomat. Besserung einen deutlichen Abfall des *Serum-Hyaluronidaseinhibitor*-Spiegels. cta med. scand. **143.** 436—41. 29/9. 1952. Kopenhagen, Statens Seruminst., u. Bispebjerg Hosp., Med. Dep. C.) GIBIAN. 4614

A. H. Beckett, *Ein allgemeiner Überblick über Analgetica.* Übersicht über Chemie, Aufnahme, Verteilung, Stoffwechsel u. Ausscheidung der Analgetica mit besonderer Berücksichtigung der Theorien über ihre Wirkungsweise u. die Beziehung zwischen chem. Struktur u. analget. Wirkung. — 248 Literaturzitate. (J. Pharmacy Pharmacol. **4.** 425—47. Juli 1952. London, Chelsea School of Pharm.) SPITALER. 4621

Albert Faulconer jr., *Beziehungen zwischen den Ätherkonzentrationen im arteriellen Blut und dem elektroencephalographischen Bild während Äther–Sauerstoff- und während Lachgas–Sauerstoff–Äther-Narkosen chirurgischer Patienten.* Zwischen den in den verschied. Narkosestadien abgeleiteten Hirnstromkurven u. der arteriellen *Ae.*-Konz. besteht eine lineare Abhängigkeit. Bei gleichzeitiger Anwesenheit von N_2O im arteriellen Blut werden entsprechende elektroencephalograph. Bilder schon mit geringeren Ae.-Konzz. erhalten als ohne N_2O. — 225 Messungen bei 31 Patienten. (Anesthesiology **13.** 361—69. Juli 1952. Rochester, Minn., Mayo Clinic, Sect. of Anesthes. and Intraven. Ther.) DAUTZENBERG. 4621

Sylvan M. Shane und **W. Newton Long,** *Das ausgeglichene Gemisch zur Narkose bei der Kreißenden.* Vorläufiger Erfahrungsbericht über die Anwendung eines Gemisches von 45% N_2O, 10% Cyclopropan u. 45% O_2 im halboffenen Syst., als „ausgeglichenes Gemisch" (balanced mixture) bezeichnet, bei 100 Kreißenden. Die Ergebnisse waren ermutigend. (Amer. J. Obstetr. Gynecol. **64.** 392—96. Aug. 1952. Baltimore, Md., Lutheran Hosp. of Maryland.) DAUTZENBERG. 4621

Elizabeth Anderson und **J. Eugene Ruben,** *Klinische Anwendung von Cyclaine (Hexylcaine-Hydrochlorid) zur Spinal- und Leitungsanästhesie: Bericht über 2000 Fälle. Cyclaine (1-Cyclohexylamino-2-propylbenzoathydrochlorid;* SHARPE & DOHME INC.), das bei etwas größerer Toxizität als *Procain* ca. 3—6mal wirksamer ist, hat sich bei über 1300 Spinalanästhesien gut bewährt. Vff. heben das schnelle Eintreten der Anästhesie, ihre lange Dauer u. die gute Muskelerschlaffung hervor. Bei 700 Leitungsanästhesien machte sich ein Brennen bei der Injektion u. eine bleibende Schmerzhaftigkeit der Injektionsstelle unangenehm bemerkbar. (Anesthesiology **13.** 429—34. Juli 1952. Philadelphia, Pa., Philadelphia Gener. Hosp., Dep. of Anesthes. and Pain Clinic.) DAUTZENBERG. 4621

K. Ja. Shurawlewa, *Schmerzlosmachung mit Hilfe der Novocain–Hexenal-Infiltration der Gewebe.* Zur Lokalanästhesie u. zwecks gleichzeitiger Ausschaltung des Bewußtseins, bes. bei geschwächten Patienten oder erhöhter Nervenerregbarkeit, empfiehlt Vf. die *Novocain* (I)–*Hexenal* (II)-Infiltration der Gewebe: 30 Min. vor der Operation 1 cm^3 1%ig. Pantopon oder Morphin subcutan u. kurz vor der Operation 1 g II, gelöst in 250 bis 300 cm^3 0.25%ig. I-Lsg. in die Weichteile auf der Linie des zu führenden Schnittes. Beginn der Operation am besten 4—6 Min. nach Durchführung der Infiltration. Nur bei 39 von 212 Patienten wurde eine zusätzliche Ae.-Narkose (50—60 g) erforderlich. Keine Komplikationen; Amnesie in der postoperativen Periode. (Советская Медицина [Sowjet-Med.] **16.** Nr. 5. 40—41. Mai 1952.) RENTZ. 4621

Ja. L. Gran und **Je. M. Ssokolow,** *Die Verwendung von Amytal-Natrium bei Schafen.* Amytal-Natrium (50 ml einer 10% wss. Lsg. per rectum) kann bei Schafen einen 1 std. Schlaf, bei zusätzlichen Dosen (25 ml) einen Schlaf von mehr als 4 Std. hervorrufen. Intravenöse Anwendung u. Anwendung per os sind nicht zu empfehlen. (Ветеринария [Tierheilkunde] **29.** Nr. 7. 53. Juli 1952. Stawropol, Inst. für Landw. u. Biofabrik.) G. REICHARDT. 4621

F. Klinge und **H. G. Fassbender,** *Allergisch-hyperergische Entzündung und kolloidaler Schwefel.* Angeregt durch die im amerikan. u. europäischen Schrifttum angeführte Schwefeltherapie bei Rheuma unternahmen Vff. folgende Verss.: 7 Kaninchen wurden in üblicher Weise mit Pferdeserum sensibilisiert. Um zu prüfen, ob die Antikörper aus dem Organismus zu lösen oder zu blockieren sind, wurde ½ cm^3 *koll. Schwefel* intravenös injiziert. Der Titer war gegenüber vorher unverändert. In einer 2. Reihe wurde untersucht, ob die Antigen–Antikörper-Rk. (AAR.) durch koll. Schwefel zu hemmen ist. Es wurde sensibilisiertes Kaninchenserum mit Schwefeldiasporal versetzt u. in aufsteigender Verdünnung das antigenhaltige Serum dazu gegeben. In keinem Falle wurde Trübung beobachtet. 3. wurde geprüft, ob Schwefelgaben die AAR. im lebenden Organismus verhindern können. Dazu erhielten entsprechend sensibilisierte Kaninchen vor der Antigeninjektion Schwefeldiasporal intravenös. In der nachfolgenden Kontrolle war der Titer überall auf 0 abgesunken. Die Organe der danach getöteten Tiere wurden histolog. untersucht u. ergaben allerg.-hyperergische Veränderungen. In einer 4. Reihe wurde geprüft, ob intravenöse Schwefelgaben einen kurativen Effekt bei allerg.-hyperergische Myocarditis von entsprechend vorbehandelten Tieren erzielen. Das Resultat war negativ. (Virchow's Arch. pathol. Anatom. Physiol. klin. Med. **321.** 531—34. 1952. Mainz, Univ., Pathol. Inst.) DUCHO. 4625

Norbert Brock, Engelbert Kühas und **Dietrich Lorenz,** *Untersuchungen über Spasmolytica. 1. Mitt. Zur Pharmakologie der Mandelsäureester.* Eine Reihe von *Mandelsäureestern,* bes. der homologen aliphat. Alkoholreihe, besitzt papaverinähnliche spasmolyt. Wrkg. mit dem Optimum bei den Amyl- bis Nonylestern. Alle Verbb. sind nicht in W. lösl., gut in Lipoiden lösl. u. zeigen geringe Toxizität. Geprüft wurden der *Methyl-, Äthyl-, Propyl-, Butyl-, Amyl-, Isoamyl-, Hexyl-, Heptyl-, Octyl-, Nonyl-, Decyl-, Undecyl-, Hexadecyl-, Benzyl-, 3.5.5-Trimethylcyclohexyl-* u. der *2-Diäthylaminoäthylester* der *Mandelsäure.* (Arzneimittel-Forsch. **2.** 165—68. April 1952. Brackwede/Westf., Chem. Fabrik Asta-Werke A. G., Pharmakol. u. chem. Abt.) DAUTZENBERG. 4628

Jean Delay und **Jean Thuillier,** *Experimentelle Curarisierung auf rektalem Wege.* Vff. zeigten am Kaninchen, daß auch durch rektale Applikation von *Tubocurarin* (ca. 10 mg/kg) oder anderen curarisierenden Mitteln, hier z. B. *336 H. C.* (dargestellt im pharmakolog. Labor. der medizin. Fakultät Paris, Formel nicht angegeben, Dosis 20—25 mg/kg) eine Curarisierung in gleicher Reihenfolge der verschied. Muskelgruppen wie bei intravenöser Gabe erreicht wird. Die Wrkg. tritt hierbei langsam nach 4—6 Min. ein u. hält ca. 3—5 Std. an. Die Gegenwrkg. von *Prostigmin* bzw. *Eserin* ist dabei ebenfalls vorhanden. (C. R. Séances Soc. Biol. Filiales. **146.** 185—87. Febr. 1952. Paris, Clin. des Maladies mentales or de l'Encéphale, u. Chaire de Pharmacol.) DAUTZENBERG. 4628

John D. Fuller, *Vorteile der präoperativen Anwendung langsam resorbierten d-Tubocurarins.* In 70 Fällen wurde 2 Std. vor der Operation 0,892 mg/kg *d-Tubocurarin* in langsam resorbierbarer Form (*Tubadil*; ENDO PRODUCTS INC.) gegeben. Dadurch konnte man während des Eingriffs mit kleineren Mengen Anästheticis u. Relaxantien auskommen als üblich. Störungen, bes. der Atmung, wurden in keinem Fall gesehen. (Anesthesiology **13.** 370—73. Juli 1952. Santa Cruz, Calif.) DAUTZENBERG. 4628

José M.ª Escuin Vera, *Akinesie durch Curare bei der Kataraktoperation.* Zur Ruhigstellung des Augapfels bei Operationen werden bei Männern $^1/_{10}$ des kg-Gewichts mg Curare (0,5%ig.), bei Frauen 1 mg weniger intravenös gespritzt. Auf die weitere Operationsvorbereitung u. die Kontraindikationen wird eingegangen. (Clín. y Lab. **54.** 92—104. Aug. 1952. Zaragoza, Spanien, Calatayud.) GERBER. 4628

R. H. Stewart, *Uterusdynamik in Schwangerschaft und Geburt, mit besonderer Berücksichtigung des Calciums und des Chinins.* Nach Darst. der Muskeldynamik des Uterus in Schwangerschaft u. Geburt wird die Rolle des *Calciums* u. *Chinins* besprochen. Durch *Calcium* wird die Motilität des Uterus erhöht u. koordiniert, so daß er dann stärker auf Wehenmittel anspricht. *Chinin* sensibilisiert den Uterus. An Hand von 100 ausgesuchten Fällen wird die wehenfördernde Wrkg. von *Calglucuin* (SANDOZ; 0,06 g *Chiningluchonat* + 0,009 g *Ca*/ml) beschrieben. (Amer. J. Obstetr. Gynecol. **64.** 359—64. Aug. 1952. Washington, Swedish Hosp., Dep. of Obstetr. and Gynecol.) DAUTZENBERG. 4628

A. C. Corcoran, R. D. Taylor und **Mary Harrison,** *Unwirksamkeit von 688 A (N-Phenoxyisopropyl-N-benzyl-β-chloräthylaminhydrochlorid) in der Behandlung der essentiellen Hypertension.* Orale Verabreichung von täglich 40—1200 mg *688 A* 2—26 Wochen lang bewirkte bei 8 Patienten mit essentieller Hypertension keine klin. Besserung, dagegen eine Reihe von Nebenerscheinungen. (Proc. Soc. exp. Biol. Med. **80.** 265—68. Juni 1952. Cleveland, O., Cleveland Clin. Found., u. Frank E. Bunts Educat. Inst.) KRUSEN. 4630

G. Melchinger, H. Sarre, L. Walz und **G. Zimmermann,** *Über die Behandlung der Hypertonie mit Rhodan.* 24 Patienten mit essentieller Hypertonie u. 1 Patient mit Übergangshochdruck erhielten zur Therapie eine tägliche Dosis von 0,15—0,375 g *Kaliumrhodanid.* Es wurde der Rhodanspiegel im Serum bestimmt. Serum wurde enteiweißt u. mit Ferrinitrat versetzt. Die durch Verb. des dreiwertigen Eisens mit Rhodan entstehende Rotfärbung wurde colorimetr. bestimmt. Ergebnis der Behandlung: Es wurde eine Blutdrucksenkung u. Besserung der subjektiven Beschwerden erzielt. Die Wrkg. stand anderen medikamentösen u. diätet. Maßnahmen nicht nach. Bei 2 Patienten wurden Müdigkeit u. Schwäche besonders in den unteren Extremitäten als Intoxikationserscheinungen beobachtet. An Hand eines Falles wird vor Anwendung der Rhodantherapie bei Niereninsuffizienz gewarnt. Allg. Gefäßsklerose als Kontraindikation der Rhodanbehandlung wird nochmals hervorgehoben. (Dtsch. med. Wschr. **77.** 990—93. 15/8. 1952. Freiburg, Univ., Med. Poli-Klinik.) DUCHO. 4630

Ss. W. Beljakowa, *Die Thrombocytenzahl bei langwährender Behandlung der Hypertonie mit Rhodankalium.* Bei 30 Hypertonikern, die 2—4 Monate lang 3mal täglich je 0,3 g KCNS (I) erhielten, wurde festgestellt, daß, beginnend mit dem 2. Monat der Behandlung, die Thrombocytenzahl unter 200000, gelegentlich sogar unter 50000 absank (als Norm werden 300000—200000 angegeben). Vf. sieht den Abfall der Thrombocytenzahl unter 200000 als Frühsymptom einer beginnenden I-Intoxikation an. Wird die I-Therapie unterbrochen, so normalisiert sich die Thrombocytenzahl innerhalb von 10—12 Tagen. Die Gerinnbarkeit des Blutes blieb im allg. unbeeinflußt. (Клиническая Медицина [Klin. Med.] **30.** (**33.**) Nr. 2. 76—77. Febr. 1952. Moskau, II. Med. Stalin-Inst., Hosp.-Therap. Klinik.) RENTZ. 4630

Manuel Marcos Lanzarot, *Überraschende elektrokardiographische Veränderungen während Migräneanfällen und ihre Behandlung mit Ergotamintartrat.* Zufällig wurden bei einigen Patienten, die sonst völlig n. EKG-Verhältnisse boten, während der Migränekrise Veränderungen im EKG in Form von Senkung der T-Zacke u. niederer Gesamtspannung beobachtet. Subjektiv bestanden keine Beschwerden. Durch 0,5 cm^3 *Ergotamintartrat* oder mindestens durch 1,0 cm^3 *Hydergin* konnten diese auf einen Status adrenosympathicotonus zurückgeführten Abweichungen behoben werden. Gelegentlich wurde während der Migräne bei unbehandelten Patienten Vorhofflimmern festgestellt. (Rev. clín. españ. **46.** 81—92. 31/7. 1952. Madrid.) P. G. SCHEURLEN. 4630

George V. Rossi, *Die Herzglykoside, ein Überblick.* Überblick (auf Grund der amerikan. Literatur) über die Chemie, Pharmakologie u. Toxikologie, die wichtigsten Glykoside der Digitalisgruppe u. den Mechanismus ihrer Wrkg. auf das Herz. (Amer. J. Pharmacy, Sci. support. publ. Health **124.** 77—93. März 1952.) v. GIZYCKI. 4630

Werner Lueg, *Zur Grundlage der Herztherapie mit Digitaloiden.* Bericht über die Verwendungsmöglichkeiten des *Card-Ompin* (eines Fertigpräp. mit Convallaria, Adonis, Crataegus u. 1,5% Saponin) zur Behandlung leichterer Herzinsuffizienzen. (Med. Klin. **47.** 910—11. 4/7. 1952. Bad Nauheim.) HOHENSEE. 4630

I. I. Ssiwkow, *Behandlung von Stenokardiekranken mit intravenösen Novocaininjektionen.* Empfehlung langsamer intravenöser Injektionen einer 0,5%ig. *Novocain*-Lsg. bei Stenokardie, beginnend mit 3 cm^3 u. täglich um 1 cm^3 steigernd bis zum Verschwinden der Schmerzen, was meist bei 8—10 cm^3 erreicht war. Von 50 so behandelten Patienten wurden 31 wesentlich, 12 deutlich gebessert, während 7 unbeeinflußt blieben. Kam es zu Recidiven, so wiederholte man die Therapie unter Zugabe von 0,2—0,5 cm^3 0,1% Atropinsulfatlösung. (Советская Медицина [Sowjet-Med.] **16.** Nr. 7. 33—34. Juli 1952. Moskau, I. Med. Inst., Therapeut. Fak. Klin.) RENTZ. 4630

Isidor Mufson, *Reaktionen bei gestörter arterieller Durchblutung auf verschiedene Reize bei Untersuchung mittels radioaktiven Natriums.* 2. Mitt. *Intraarterielles Histamin, Papaverin, Aminophyllin und Adrenalin; Sympathektomie und Etamon; Schmerz.* Am liegenden Patienten wird das Zählrohr unter die Fußsohle bzw. andere Körperteile gebracht u. nach intravenöser Gabe von *radioakt. Na* (100 mC) laufend gezählt. In Gebieten mit gestörter arterieller Versorgung steigt die Aktivität langsamer an. Die — allerdings bei Schmerzzuständen reduziert — Fähigkeit des *Histamins* (I) u. der Sympathektomie zur Vasodilatation auch bei obliterierenden Gefäßerkrankungen wird bestätigt. Da bei venöser Obstruktion auch I ohne Wrkg. bleibt, *Procain*-Blockade der Ganglien dagegen noch erweitert, dürfte I mehr an kleinen Gefäßen u. Capillaren wirksam sein, der Block dagegen arteriovenöse Anastomosen öffnen. *Papaverin, Aminophyllin* u. *Etamon* waren ohne deutliche Wirkung. (Ann. intern. Med. **34.** 428—41. Febr. 1951. New York, Columbia Univ., Coll. of Physic. and Surg., Dep. of Med.) JUNG. 4630

C. B. Bloemertz und **N. Custodis,** *Die Prophylaxe und Therapie des Narkoseerbrechens mit dem neuen Antiemeticum Vomex A.* Mit Hilfe von *Vomex A* konnte das Narkoseerbrechen von 50% bei unbehandelten auf 15% bei mit Vomex A behandelten Patienten gesenkt werden. Es wurde jeweils 1 Suppositorium mit 100 mg Vormex A u. 100 mg Trichlortrimethylcarbinol, um die Wrkg. zu potenzieren, verabreicht. Mit einer individuelleren Dosierung dürften noch bessere Resultate erzielt werden. Das Präp. wirkt sowohl bei Ae.-Narkosen als auch beim Chloräthylrausch gleichermaßen gut. (Dtsch. med. Wschr. **77.** 1063 bis 1064. 5/9. 1952. Beuel, St. Josefs Hosp., Chirurg. u. gynäkol. Abt.) REICHLE. 4646

R. Schobinger von Schowingen, *Weitere Experimente zur Behandlung von Filariasis mit Hetrazan.* Die Behandlung der Filariasis Bancrofti mit höheren Dosen von *1-Diäthylcarbamyl-4-methylpiperazinhydrochlorid* („*Hetrazan*"), die über kürzeren Zeitraum gegeben werden als bisher bekannt, wird in klin. Verss. erprobt. Allerg. u. tox. Rkk., Blut- u. Urinunterss., sowie die therapeut. Ergebnisse werden für 17 Fälle beschrieben. (Acta tropica [Basel] **9.** 270—71. 1952. San Juan, Puerto Rico, School of Propical Med.) NIESWANDT. 4649

Ivan Price, *Das Scabies-Problem.* Nach einer zusammenfassenden Übersicht über Entstehung, Verbreitung u. Diagnose der Scabies empfiehlt Vf. als therapeut. Maßnahme bei impetigoähnlichen Infektionen die Verwendung einer *Bacitracin*-Salbe (500 E./g Salbengrundlage). Neben den bekannten Scabiesmitteln (S-Salbe, MARCUSSENs Salbe, Dimethyldiphenylendisulfid, Benzylbenzoat) wurden bei 700 Fällen sehr gute Ergebnisse (Heilung von 98,8% nach 2tägiger Behandlung) mit einer 4%ig. Emulsion von *Isobornylthiocyanacetat* (CIDALON) erzielt. Eine anschließende Salbenbehandlung bis zur völligen Abheilung der Haut ist angezeigt. (Canad. med. Assoc. J. **66.** 445—47. Mai 1952. London, Ontario, Can., Univ. of Western Ontario, Dep. of Med.) R. KÖNIG. 4665

P. I. Kusminow, *Die Anwendung von Eukalyptustinktur bei eiterigen Prozessen.* Auf Grund klin. Ergebnisse u. der Unters. von Blut u. Eiterausstrichen empfiehlt Vf. bei verschied. eitrigen Prozessen an Nutztieren die Anwendung von verd. Eukalyptustinktur (**I**) (1 : 2 u. 1 : 3). **I** wird durch 10tägige Extraktion von 10 g Trockenblättern mit 90 ml 70%ig. A. hergestellt. **I**-Lsgg. besitzen starke antisept. Wrkg. u. bewirken schnelle Reinigung u. Regeneration der Gewebe. Sie sind bei Injektion nicht tox., haben blutstillende Wrkg. u. verstärken die Gerinnungsfähigkeit des Bluts. Bei eitrigen nekrot. Prozessen kann **I** den operativen Eingriff nicht ersetzen. (Ветеринария [Tierheilkunde] **29.** Nr. 1. 44—49. Jan. 1952. Troitzkoje, Tierärztl. Inst.) K. MAIER. 4670

N. G. Schmotowa, *Die Anwendung eines Glaskörperpräparates in der Gynäkologie.* Das von GAMALEJA als biol. Stimulator angesehene *Glaskörperpräp.*, hergestellt aus dem Corpus vitreum der Augen von Rindern, wurde bei entzündlichen Erkrankungen der Genitalsphäre der Frau mit Erfolg angewandt. Man injizierte jeden 2. Tag 2 cm³ subcutan. Dauer der Behandlung: 2 Wochen bis 2 Monate. Die Resorption entzündlicher Infiltrate wird gefördert, Erosionen werden rasch epithelisiert. (Советская Медицина [Sowjet-Med.] **16.** Nr. 7. 35—36. Juli 1952. Moskau, 22. Poliklinik des Timirjasew-Bezirks.) RENTZ. 4670

E. Rosenplänter, *Unsere Erfahrungen mit der Schwangerschaftsunterbrechung durch intraovuläre Formalininjektion.* Vf. berichtet über 31 Fälle der Schwangerschaftsunterbrechung nach BOERO-NÖLLE durch intraovuläre *Formalin*-Injektion. In 6 Fällen mißlang die Punktion der Eihöhle. Bei 23 Fällen erfolgte zwischen der 1. u. 3. Woche nach der Injektion Spontanabort ohne nennenswerte Komplikationen. In 2 Fällen wurde vor dem Abortus Ausräumung vorgenommen (nach 1 Woche bzw. 3½ Monaten). Alle Patientinnen befanden sich im 2. bis 5. Schwangerschaftsmonat. (Geburtshilfe u. Frauenheilkunde **12.** 766—68. Aug. 1952. Osnabrück, Frauenklinik der Städt. Krankenanstalten.) H.-J. KOCH. 4670

Lester Adelson, *Pathologische Befunde bei Tod durch übliche Gifte.* (Amer. J. clin. Pathol. **22.** 509—19. Juni 1952. Cleveland, O., Labor. of the Cuyahoga County Coroner's Office, u. Western Reserve Univ., School of Med., Inst. of Pathol.) LIEBNER. 4675

J. Earl Smith, B. W. Lewis und **Herbert S. Wilson,** *Bleivergiftung: Planmäßiges Aufsuchen der Ursachen.* Vff. berichten über ihre Methoden zur Auffindung der Quellen der beruflichen sowie nichtberuflichen *Pb*-Vergiftungen. Zahl der Erkrankungen, Pb-Geh. im Blut u. Urin u. Differentialdiagnose werden mitgeteilt. (Amer. J. publ. Health Nation's Health **42.** 417—21. April 1952. St. Louis, City Dep. of Public Welfare, Health Div.) BRAUKMANN. 4675

H. Saexinger, *Zur Therapie der Sublimatvergiftung. BAL* (= *2.3-Dimercaptopropanol*) erwies sich aus der Gruppe der untersuchten Dithiole bei der Behandlung von experimentellen Kampfstoffvergiftungen (As) als wirksamste Substanz: aber auch gegen Hg-, Pb-, Sb-, V-, Bi-, Cd-, Zn- u. Au-Vergiftungen erwies sich BAL in Tierverss. als sehr wirksam. Vf. berichtet über einen Fall von mit BAL mit Erfolg behandelter $HgCl_2$-Vergiftung, bei der auch die Dauer der Anurese verkürzt werden konnte. (Wiener med. Wschr. **102.** 786—89. 27/9. 1952. Wien, I. Med. Univ.-Klinik.) LIEBNER. 4675

—, *Vermag Cyanid in Wasser mit Poliomyelitis verwechselbare Symptome zu veranlassen?* Vf. stellt die (sich unterscheidenden) Symptome der Poliomyelitis u. der Cyanidvergiftung gegenüber. (Engng. News-Rec. **148.** 76. 3/4. 1952.) LIEBNER. 4675

D. Boocock, *Gefährdung der Gesundheit durch Formaldehyd.* Über die im Verlaufe der letzten 50 Jahre bekanntgewordenen toxikolog. Eigg. des *Formalins* wird zusammenfassend berichtet. Die Formalinschädigung wird unter folgenden Gesichtspunkten betrachtet: Einw. über den Verdauungstrakt, Einatmung der Dämpfe, Einw. auf die Haut. (Chem. Products chem. News [N. S.] **15.** 25—26. Jan. 1952.) BRAUKMANN. 4675

Albert V. Myatt und **James A. Salmons,** *Tetrachlorkohlenstoff-Vergiftung.* Vff. beschreiben 7 Fälle einer CCl_4-Vergiftung, die sich in Leber- u. Nierenentzündung u. Herzaffektionen, in schweren Fällen durch Lungenödeme äußert. Es wird die klin. Behandlung der Vergifteten angegeben u. der Personenkreis aufgezeigt, der nicht mit CCl_4 in Berührung kommen darf. (A. M. A. Arch. ind. Hyg. occupat. Med. **6.** 74—82. Juli 1952. San Francisco, Public Health Serv. Hosp., Surg., U. S. Public Health Serv.) FAHRNLAENDER. 4675

George P. Child und **Malcolm Crump,** *Die Toxizität von Tetraäthylthiuramdisulfid (Antabus) bei Maus, Ratte, Kaninchen und Hund.* Bei oraler Verabreichung von *Antabus* (I) beträgt die DL_{50} bei Zufuhr in wss. Suspension bei Kaninchen $1{,}8 \pm 0{,}13$ g/kg, bei Ratten $8{,}6 \pm 0{,}37$ g/kg u. bei Zufuhr in Lsg. in Baumwollsamenöl bei Ratten $1{,}3 \pm 0{,}35$ g/kg. Die bei Ratten festgestellte höhere DL_{50} bei I-Verabreichung in wss. Suspension ist auf die langsamere Resorption im Intestinaltrakt zurückzuführen. Die annähernde DL_{100} beträgt bei Hunden 3,5 g/kg, bei Ratten 4,0—4,5 g/kg. Tox. Symptome sind Diarrhoe, Anorexie, Emesis, Lethargie, Gewichtsverlust, Ataxie, Hypothermie, Paralyse u. Atemhemmung. Bei chron. Verabreichung waren bei Ratten täglich 0,25 g/kg in 30 Tagen, bei Kaninchen 0,05 g/kg in 21 Tagen u. bei Hunden 0,1 g/kg in 1 Jahr ohne jede Toxizität. Steigende Dosen bewirkten Intoxikationssymptome, die teilweise irreversibel waren. Histolog. wurden bes. viscerale Entzündungen sowie Schäden an Herz, Leber, Niere, Milz, Verdauungskanal u. Nervensyst. beobachtet. Lokale Applikation führte zu Hautreizungen. Die tox. Eigg. von I werden auf dessen entzündungserregende u. fermenthemmende Wirkungen zurückgeführt, die aber bei der Dosis von 0,025 g/kg beim Menschen in der Behandlung von Alkoholmißbrauch nicht zu befürchten sind. (Acta pharmacol. toxicol. [Köbenhavn] **8.** 305—14. 1952. Albany, N. Y., Med. Coll., Dep. of Physiol. and Pharmacol.) KRUSEN. 4675

Wm. L. Sippel, *Vergiftung durch Adlerfarn.* Vf. beschreibt cumulative Vergiftungserscheinungen an Rindern nach Fraß von 260—420 lbs *Adlerfarn* (*Pteridium aquilinum*). Die Symptome sind hohes Fieber, petechiöse Haemorrhagien u. Auftreten von Blutklümpchen in den Faeces. Es wird eine hohe Mortalität beobachtet (12—72 Std. nach Auftreten der Symptome). Behandlungen mit Vitamin-B-Komplex oder Vitamin K sind erfolglos. Verhütung der Vergiftung durch Kontrolle des Farnwachstums u. Weidewechsel. (J. Amer. veterin. med. Assoc. **121.** 9—13. Juli 1952. Tifton, Ga.) FAHRNLAENDER. 4675

Hans Thilo Hofmann, *Über Wirkungen von Bienengift am Skelettmuskel des Frosches.* Vf. zeigt, daß *Bienengift* in bestimmten Konzz. am Froschmuskel Kontraktionen hervorruft, die irreversibel, atropin- u. novocainresistent sind u. zu den Schädigungskontrakturen gehören. Gleichzeitig vermindert sich oder erlischt die elektr. Erregbarkeit. Cobragift u. andere Schlangengifte rufen ebenfalls die obengenannten Erscheinungen hervor. (Naunyn-Schmiedebergs Arch. exp. Pathol. Pharmakol. **214.** 523—33. 1952. Würzburg, Univ., Pharmakol. Inst.) REICHLE. 4675

George E. Morris, *Industrielle Dermatitis durch Hantieren mit Messing.* Über 3 Fälle von Dermatitis infolge Berührung mit Messing wird berichtet. (New England J. Med. **246.** 366—68. 6/3. 1952. Boston, Tufts Coll. Med. School, u. Brighton St. Elizabeth's Hosp.) BRAUKMANN. 4681

Leonardo Donatelli e **Umberto Serafini,** Gli antistaminici di sintesi. Farmacologia e terapia. Napoli: Esi, Edizioni scientifiche italiane. 1952. (300 S.) L. 1500,—.

Maiténa-Marie-Jeannine-Michelle Heugas, Contribution à l'étude de la thérapeutique anti-tuberculeuse par les thiosemicarbazones. Bordeaux: Impr. de E. Drouillard. 1952. (54 S.)

J. Paraf et **J. Fouquet,** Traitement de la tuberculose par l'acide Para-Amino-Salicylique. Paris: Masson & Cie. (404 S. m. 29 Abb.) fr. 3200,—.

Jean Salvaing, La tuberculose méningée traitée par streptomycine, étude anatomo-clinique. Paris: L'Expansion scientifique française. 1952. (300 S. m. Abb.) fr. 2000,—.

—, Antibiotica und ihre Anwendung. Sammlung von Experimentaluntersuchungen. Unter der Redaktion von **S. W. Jermoljew.** Heft 1. Moskau: Verlag der Akad. der Medizin. Wiss. der UdSSR. 1952. (160 S. m. Abb.) 8 Rbl. 70 Kop. [russ.]

F. Pharmazie. Desinfektion.

M. W. Lindner, *Das Internationale Arzneibuch (Pharmacopoea Internationalis, Editio Prima, Volumen I).* (Vgl. C. **1952.** 7858.) Vorgeschichte der Entstehung des Internationalen Arzneibuches, Aufzählung der wichtigsten Punkte der allg. Bestimmungen, kurze analyt. Angaben von 65 Einzelpräpp., Daten über die Anlagen des Internationalen Arzneibuches. (Pharmaz. Zentralhalle Deutschland **91.** 225—33. Juli 1952. Berlin.) KERSTEIN. 4750

C. H. Hampshire, *Die erste Internationale Pharmakopoe.* Angaben über Vorgeschichte, Inhalt u. Bedeutung der Pharmakopoe. (Amer. J. Pharmacy, Sci. support. publ. Health **124.** 64—68. Febr. 1952.) Herrmann. 4750

Marie L. Barrett, *Über die Alkaloide der Chinarinden.* Überblick über Botanik, Chemie. Pharmakologie u. Geschichte der Chinarinden. (Chem. Products chem. News [N. S.] **15.** 315—21. Sept. 1952. London, Cinchona Bureau.) Schmersahl. 4782

Floyd P. Hallett und **Lloyd M. Parks,** *Zur Isolierung von l-Inosit aus Euphorbia pilulifera.* Beschreibung der Extraktion u. Identifizierung von *l-Inosit* aus *Euphorbia pilulifera.* — Die Rohdroge enthält 0,5% *l-Inosit.* (J. Amer. pharmac. Assoc. sci. Edit. **40.** 474. Sept. 1951. Madison, Wis., Univ. of Wisconsin, School of Pharm.) J. Keil. 4782

Ricardo Montequi D'az de Plaza, *Material für Pharmazie und Kosmetik aus Walfischen.* Geschichtlicher Überblick über Entw. der aus Walfischen gewonnenen Stoffe, wie Öle u. deren Verarbeitung, Spermaceti, Glycerin, Cetylalkohol, Vitamin A, Hormone, Histidin, „Kitol" (aus dem Öl der Leber). (Medicamenta [Madrid] **4.** 75—78. 10/2. 1952. Madrid, Inst. Oceanográfico.) Altpeter. 4786

—, *Injizierbare Präparate.* Kurze Besprechung der Bedingungen, die an Präpp. gestellt werden müssen. (Chem. pharmac. Techniek **7.** 311. 1/8. 1952.) Freytag. 4790

Frederick H. Theodore und **Robert R. Feinstein,** *Praktische Vorschläge zur Herstellung und Haltbarmachung steriler Augenlösungen. Bact. Pseudomonas aeruginosa* (*B. pyocyaneus*), das schwere Hornhautgeschwüre hervorrufen kann, gedeiht in fast jedem Medium u. wurde als Verunreinigung in zahlreichen zur Augenbehandlung dienenden Lsgg. gefunden. Vff. schlagen vor, alle mit der Lsg. in Berührung kommenden Gefäße vorher im Autoklaven zu sterilisieren, die Lsgg. mit Hilfe gesätt. Chlorbutanollsg. herzustellen u. Filtration (Porzellanfiltertiegel), Abfüllen usw. unter UV-Bestrahlung vorzunehmen. In bestimmten Fällen wird Zusatz von Merthiolate (1:10000) als bakteriostat. Mittel empfohlen. (Amer. J. Ophthalmol. [3] **35.** Nr. 5. Part 1. 656—59. Mai 1952. New York, N. Y.) Spitaler. 4790

L. Zechner und **E. Pfeifer,** *Zur Frage der Baldrianzubereitungen.* 1. Mitt. Zusammenstellung über Baldrian (botan. Systematik, Wirkstoffe der getrockneten u. frischen Wurzel, Wertbestimmungsmethoden, galen. Präpp. u. biol. Auswertungsverff.). Verschied. Zubereitungen werden pharmakol. geprüft: wss. Infus u. alkoh. Tinktur aus getrockneter Wurzel, alkoh. Extrakt (Alkoholatur), eingedampfte Alkoholatur u. 2 Jahre alter Trockenextrakt aus frischer Wurzel. Prüfung an weißen Mäusen nach der „Wischmeth." von A. Forst (Naunyn-Schmiedebergs Arch. exp. Pathol. Pharmakol. **189.** [1938.] 289) mit photoelektr. Best. der Lichtdurchlässigkeit. Die Präpp. aus frischer Wurzel zeigten die 4fache sedative Wrkg. derjenigen aus trockener Wurzel. Das äther. Öl ist an der Wrkg. der Frischwurzelpräp. nur wenig beteiligt. (Scientia pharmac. **20.** 137—49. 30/9. 1952. Graz, Univ., Pharm.-Chem. Inst.) Fresenius. 4790

E. Soos (unter Mitarbeit von **H. Biener,** *Die Herstellung und Haltbarkeit von Tinkturen aus Drogen mit herzwirksamen Glykosiden.* Pharmakol. Auswertung von Tinkturen aus Fol. Digitalis purp. (**I**), Fol. Digitalis lanat. (**II**), Herba Convallariae (**III**), Bulbus Scillae (**IV**) am Meerschweinchen. Herst. mit 70- bzw. 96 Vol.-% ig. A. nach dem Perkolationsverf. im Gewichtsverhältnis 11 : 90 bzw. bei **III** 22:90. Die Zubereitungen mit 70% ig. A. hatten genau den dem Verdünnungsverhältnis entsprechenden Wirkwert der Drogen, die mit 96% ig. A. davon nur 60% (**I**), 50% (**II, III**) u. 40% (**IV**). Die ersteren Zubereitungen verloren je nach Aufbewahrung im Dunkeln oder am Licht innerhalb eines Jahres 30 bzw. 40% (**I**), 15% (**II**), 0% (**III**) bzw. 80% (**IV**) an Wirksamkeit. Die Wertbeständigkeit der letzteren war besser. Vf. schlägt Zubereitung mit 70% ig. A., Aufbewahrung unter Lichtabschluß u. Begrenzung der Verwendungszeit bei **I** auf 3—6 Monate u. bei **II—IV** auf mindestens 1 Jahr vor. (Scientia pharmac. **20.** 149—55. 30/9. 1952. Wien, Univ., Pharmakognost. Inst.) Fresenius. 4790

—. *Neue, nicht offizinelle Arzneimittel. Semoxydrine Hydrochloride* (S. E. Massengill Co., Bristol, Tenn.): Tabletten zu 2,5; 5; 7,5 mg Methamphetamin. — *Clopane Hydrochloride* (Eli Lilly & Co., Indianapolis): Cyclopentaminhydrochlorid. N-α-Dimethylcyclopentanäthylamin. Dem Ephedrin ähnliches Sympathicomimeticum. (J. Amer. med. Assoc. **147.** 127—29. 8/9. 1951.) Hotzel. 4800

Yojiro Tsuzuki u. **Masako Sawada,** *Abweichender Schmelzpunkt und Zersetzung von Aspirin. Aspirin* (I) wurde aus verschied. Lösungsmitteln umkrist. u. lieferte bald Plättchen (wie beim Bayer-Prod.), bald Prismen. Der jeweilige F. war: Chlf. 136,3—137,4°, Dioxan 135,7°, Essigsäureanhydrid 135,7°, Ae. 135,6°, A. 135,1°, CH_3OH 132,6—133,6°, u. W. 131,7°. Die Hitzezers. des I wurde durch Best. der entstandenen Salicylsäure mittels $FeCl_3$-Meth. gemessen. Bei 110° war der Zersetzungsgrad des I in % nach 5; 15; 25 u.

35 Min.: 0,65, 0,79, 1,38 u. 1,77, bei 128° nach 5; 15 u. 25 Min.: 1,98, 4,41 u. 5,81%. Die nach dem Molverhältnis an Salicylsäure errechneten F.-Depressionen für die Zers. bei 128° nach 5; 15 u. 25 Min. waren 0,79, 3,23 u. 4,22°, die beobachteten 2, 13,5 u. 20,5°. p-Acetoxybenzoesäure zeigte eine ähnliche Abnormität, nicht dagegen Salicylsäure u. p-Oxybenzoesäure. Es wird mit einer spezif. Empfindlichkeit bzw. Unbeständigeit der o-Acetylverb. gerechnet. (Science [Japan] **20.** 86—87. Febr. 1950. Tokyo. [Orig.: jap.]) SCHULER. 4806

Sixten Ljungberg, *Haltbarkeitsversuche mit Acetphenolisatin (Ph. Sv. Ed. XI) in Tabletten und Paraffinemulsionen.* Zur Unters. der Haltbarkeit von Acetphenolisatin (I) wird das bei seiner Hydrolyse gebildete Phenolisatin (II) photometr. bestimmt. Nach Ph. Sv. Ed. XI sind für I 0,3% II zulässig. Bei der Herst. von Tabletten ist die Hydrolyse von I größer als beim Lagern in geschlossenen Gefäßen, u. in Paraffinemulsionen hydrolysiert I schnell beim Lagern. Es ist angebracht, für Tabletten u. Emulsionen für II einen Maximalgeh. von 3% vorzuschlagen. (Svensk farmac. Tidskr. **56.** 567—73. 30/9. 1952. Stockholm, Statens Farmaceutiska Labor.) GEITZ. 4806

—, *Isonicotinylhydrazid, das neue Chemotherapeuticum gegen T.B.* Bedeutung u. Zukunftsaussichten von Isonicotinylhydrazid als erstem bakericidem Antituberkulosepräp. werden erörtert. (Chem. pharmac. Techniek **7.** 238. 1/5. 1952.) WESLY. 4806

—, *Über Lebertranemulsionen.* Hinweise auf Pharmakopöe-Vorschriften; prakt. wurde festgestellt, daß die Verwendung von *Tylose* u. 0,1% Nipa-Ester homogene Emulsionen gibt, deren Keime schon nach 3 Tagen abgetötet sind. (Chem. pharmac. Techniek **7.** 299. 15/7. 1952.) FREYTAG. 4808

Josef Augustin, *Schäumen der Zahnpaste.* Die weitere Entw. der Zahnpasten (schäumende Pasten) schließt die Verwendung seifenfreier Schaummittel, wie Fettsäure-Kondensationsprodd. u. Fettalkoholsulfonate, ein. Die stark entfettende Wrkg. dieser Schaummittel erfordert Hautschutzmittel, deren Menge aus verschied. Gründen, vor allem aber infolge des großen Anteils von Bindemitteln, in der Zahnpasta nicht so groß zu sein braucht wie bei Körperpflegemitteln. Solche Hautschutzmittel sind: Polyacrylsäure, Tylose, Zelluton, Dermolan, Na-Alginat, Traganth, echte Seifen u. rückfettende Mittel, z. B. Wollfett. (Seifen-Oele-Fette-Wachse **77.** 479—80. 26/9. 1951.) KLEFFNER. 4822

Louis C. Barail, *Chlorophyll in Zahnputzmitteln.* Chlorophyll u. seine Derivv. absorbieren Mundgeruch. Versuchsreihen an 50 Personen mit Zahnpasten gleicher Zus., deren einer 0,1% wasserlösl. Na–Cu-Chlorophyllin (I) zugesetzt ist. Beschreibung u. Ergebnis der Verss. bei Verwendung eines Osmometers. Ohne I wurde Mundgeruch auf 2 bzw. 4 Std. beseitigt bei 50 bzw. 34%, mit I bei 98 bzw. 74% der Versuchspersonen. (Amer. Perfumer essent. Oil Rev. **60.** 23—24. Juli 1952.) MÜHLMEISTER. 4822

H. Roser, *Über Luftentkeimung mit ultravioletten Strahlen.* (Gesundheits-Ing. **73.** 170—72. Mai 1952. Mainz, Univ. — C. **1952. 4341.**) MANZ. 4836

L. Vallet, *Sterilisation durch Ultraviolettbestrahlung.* Die geeignetste Quelle für Erzeugung wirksamer keimtötender Strahlen (2100—2900 Å) ist die Niederdruck-Hg-Lampe, die zu 95% Strahlen von 2537 Å aussendet. Besprochen wird die Anwendung dieser Art von Sterilisation bei Luft, bei der Tropfeninfektion u. bei der Herst. von Impflösungen. (Chemist and Druggist **157.** 845—47. 21/6. 1952.) BOYE. 4836

R. Opfer-Schaum, *Vereinfachte Identitäts- und Reinheitsprüfung organisch-anorganischer Arzneimittel.* Zur Identifikation von organ. Arzneimitteln mit anorgan. Komponente schlägt Vf. die Best. des Eutekticums mit Dicyandiamid (I) vor. Die Sicherung der Best. kann, wie bei der gewöhnlichen F.-Best., durch die Unters. einer Mischprobe erreicht werden, wobei die Zumischung der Vergleichssubstanz keine Erniedrigung der eutekt. Temp. hervorrufen darf. Es werden die eutekt. Tempp. mit I (F. 210—212°) von folgenden Arzneimitteln bestimmt: *Ferrum gluconicum* 158°, *Kalium sulfoguajacolicum* 165°, *Natrium benzoicum* 196°, *Natriumdiäthylbarbituricum* 202°, *Natriumphenyläthylbarbituricum* (167) 177°, *Natriumphenylallylbarbituricum* 172°, *Natrium salicylicum* 182°. (Mikrochem. verein. Mikrochim. Acta **38.** 548—50. 1951. Rodheim-Bieber, Apotheke.) H. GEHLEN. 4880

Ada Anastasi, Enrico Mecarelli und Leo Novacic, *Anwendung der elektrometrischen Methoden zur Bestimmung pharmazeutischer Produkte.* 6. Mitt. *Argentometrische Bestimmung von Tri-(diäthylaminoäthoxy)-1.2.3-benzoltrijodäthylat in Gegenwart von NaCl.* (5. vgl. C. **1952.** 7223.) Das *Sincurarin* (FARMITALIA) ist das *Trijodäthylat des Tri-(diäthylaminoäthoxy)-1.2.3-benzols* u. kommt als 2%ig. Lsg. mit 0,18% NaCl in Ampullenform in den Handel. 5 cm^3 der Lsg. können bequem elektrometr. mit 0,1n $AgNO_3$ titriert werden. Zur Fällung des AgJ werden 3,0—3,5 cm^3, zur Ausfällung beider Halogenide 4,5 bis 5,0 cm^3 benötigt. Es wird eine HgCl-Elektrode u. eine Agar–Agar-Brücke mit gesätt. KNO_3-Lsg. sowie eine 1 cm^3-Bürette mit 0,02 cm^3-Teilung verwendet. Die Genauigkeit ist sehr gut. (Pharmac. Acta Helvetiae **27.** 188—90. 31/7. 1952. Como, Farmitalia Stabilimento.) FREYTAG. 4880

Johann A. Wülfing, Chemische Fabrik (Erfinder: **Richard Fleischmann**), Gronau, Hann., *Herstellung von Suppositorien*, die Ca enthalten, dad. gek., daß man ein in W. leicht lösl. anorgan. Ca-Salz, z. B. CaS_2O_3, im Vakuum bei möglichst niedriger Temp. bis auf einen Hydratwassergeh. von ca. 1—2 Mol entwässert, darauf in einer Schwingmühle mahlt u. dann mit der vorher geschmolzenen Suppositoriengrundmasse homogen vermengt. Der Schmelze können noch z. B. Vitamin D, Vitamin C, Rutin, Gallensäuren oder Epithelkörperchenextrakte zugefügt werden. (**D. B. P. 849 170** Kl. 30h vom 31/5. 1950, ausg. 11/9. 1952.) SCHINDLER. 4767

United States of America, übert. von: **George W. Rigby**, Wilmington, Del., V. St. A., *Antioxydantien enthaltende Salbe* mit 2.3-Dimercaptopropanol (I) als *Therapeuticum gegen As-Vergiftungen.* Der nichttrocknende Öle neben Lanolin usw. enthaltenden Salbengrundlage werden Tocopherole (II) (natürliche oder synthet.) in Mengen von 0,5—10% der Mercaptoverb. zugesetzt. Nach einem Beispiel werden 80 (Teile) wasserfreies Lanolin, 10 Benzylbenzoat, 0,1 gemischte natürliche **II** u. 10 **I** gemischt. Die **II** entstammen einem 40%ig. Fischöldestillat. (**A. P. 2 582 395** vom 6/3. 1945, ausg. 15/1. 1952.) SCHINDLER. 4793

Charles Cofran Hubbard Thomas, Pittsburgh, Pa., V. St. A., *Jodhaltiges Wundbehandlungsmittel*, bestehend aus einem anorgan., koll. Trägerstoff, wie Bentonit, der mit einer koll. Jodlsg. zu einer Paste angeteigt ist. Es kann ein Schutzkoll., wie Carboxymethylcellulose oder Akaziengummi bzw. Alkylcellulose u. MgO, zugesetzt werden. Beispiele. (**E. P. 668 968** vom 13/3. 1950, ausg. 26/3. 1952. A. Prior. 14/3. 1949.) HEINZE. 4805

Allied Laboratories, Inc., Kansas City, Mo., übert. von: **Herman E. Faith**, New Palestine, Ind., V. St. A., *3.3'-Methylenbis-(4-oxybenzolarsinsäure)*, Zersetzungspunkt $>300^0$, unlösl. in absol. A., Aceton u. Eisessig, lösl. in verd. Alkali, erhält man durch Kondensation von p-Oxyphenylarsinsäure mit CH_2O (40%ig., Paraformaldehyd, Trioxan) in wss. H_2SO_4, z. B. bei 0—5°. — Mittel gegen *Coccidiosis.* (**A. P. 2 586 316** vom 23/6. 1950, ausg. 19/2. 1952.) KRAUSS. 4807

F. Hoffmann-La Roche & Co. Akt.-Ges., Basel, Schweiz, *Herstellung von 2-Carboxyäthylmercaptobenzolstibinsäure* (I) durch Diazotierung von 2-Carboxyäthylmercaptoanilin (II) u. anschließende Rk. mit einem Salz der antimonigen Säure. — Z. B. werden nach Diazotierung von **II** Sb_2O_3, Glycerin, NaOH, Cu-Staub u. W. zugesetzt. Säurefällung ergibt **I**. — *Wrkg. auf Trypanosomen u. Leishmania donovani.* (**Schwz. P. 276 856** vom 29/6. 1949, ausg. 1/11. 1951. A. Prior. 13/7. 1948.) HEINZE. 4807

Monsanto Chemical Co., St. Louis, Mo., übert. von: **Milton Kosmin**, Dayton, O., V. St. A., *Wasserlösliche Alkylenoxybenzyldiaminodiphenylsulfone* erhält man durch Kondensation einer Verb. der allg. Formel (I) (R = Alkyl bis zu 18 C-Atomen, x = 5—30) mit CH_2O in Ggw. von überschüssiger HCl, anschließende Rk. des Prod. mit 4.4'-Diaminodiphenylsulfon u. Behandeln mit 5—30 Mol. Äthylenoxyd. — Das Umsetzungsprod. aus Isooctylphenol mit 11 (Mol.) Äthylenoxyd wird mit CH_2O u. HCl behandelt, dann neutralisiert man mit $NaHCO_3$, salzt mit NaCl die Verb. **II** aus, die mit Diaminodiphenylsulfon

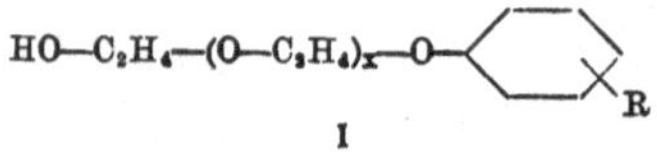
I

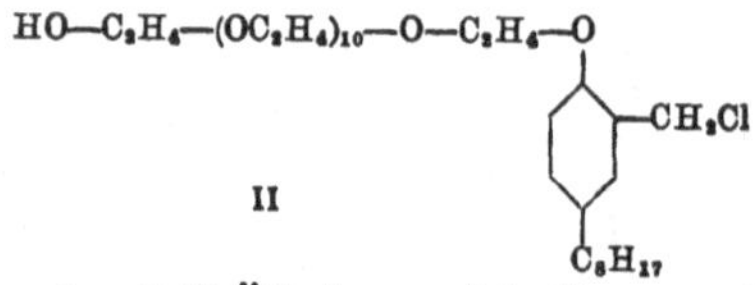
II

bei 90—95° kondensiert wird. Das Prod. wird noch mit 20 Äthylenoxyd in Ggw. von 0,1% KOH bei 150—160° im Druckgefäß umgesetzt. Verwendung als *bakteriostat. Mittel* gegen *Tuberkulosebakterien* (Beispiel). (**A. P. 2 577 708** vom 24/11. 1948, ausg. 4/12. 1951.) KRAUSS. 4807

Smith, Kline & French Laboratories, übert. von: **James F. Kerwin** und **Glenn E. Ullyot**, Philadelphia, Pa., V. St. A., *β-Chloräthylaminoindane* u. ihre Salze der allg. Formel **I** (Z = Alkyl, Alkenyl, Benzyl; R_1, R_2 = H, Methyl oder Äthyl, X = Cl oder Br) erhält man z. B. durch Kondensation eines α-Chlorhydrindens mit einem N-monosubstituierten Aminoalkohol u. Ersatz der OH-Gruppe durch Cl oder Br. — Beispiele: α-Chlorhydrinden wird mit Äthylaminoäthanol in trockenem Bzl. 1½ Std. erhitzt, nach dem Filtrieren u. Einleiten von HCl erhält man N-(α-Hydrindenyl)-N-äthylaminoäthanolhydrochlorid, F. 116 bis 117°, das beim Erhitzen mit $SOCl_2$ *N-(α-Hydrindenyl)-N-äthyl-β-chloräthylaminhydrochlorid*, F. 143—144° liefert. — N-(α-Hydrindenyl)-N-benzylaminoäthanolhydrochlorid, F. 199—202°. *N-(α-Hydrindenyl)-N-benzyl-β-chloräthylaminhydrochlorid*, F. 184—185°. — *N-(α-Hydrindenyl)-N-methyl-β-chloräthylaminhydrochlorid.* — *N-(α-Hydrindenyl)-N-allyl-*

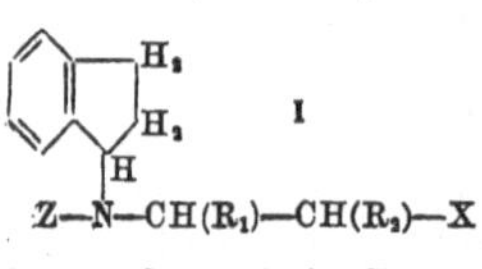
I

β-chloräthylaminhydrochlorid. — *N-(α-Hydrindenyl)-N-äthyl-1-amino-2-chlorpropanhydrochlorid.* — *N-(α-Hydrindenyl)-N-isopropyl-2-amino-1-chlorbutanhydrochlorid.* — *N-(α-Hydrindenyl)-N-benzyl-β-bromäthylaminhydrobromid.* —Die Prodd. zeigen *adrenolyt.* oder *sympatholyt.* u. antihistamin. Eigenschaften. (**A. P. 2 573 644** vom 22/3. 1949, ausg. 30/10. 1951.) KRAUSS. 4807

Smith, Kline & French Laboratories, übert. von: **James F. Kerwin** und **Glenn E. Ullyot**, Philadelphia, Pa., V. St. A., *N-Oxyäthylaminoindane* der Formel I, worin Z einen niederen Alkyl-, Alkenyl-, Phenyl-, Phenylalkyl-, Alkoxyalkyl- u. Phenoxyalkylrest, R_1, R_2 u. R_3 H, CH_3 u. C_2H_5 bedeuten, dienen als *Zwischenprodd.* zur Herst. *adrenolyt.*, *sympatholyt.* u. *antihistamin.* wirkender Verbindungen. Sie entstehen durch Rk. von α-Chlorhydrinden mit den entsprechenden Aminoäthanolen. — (II = *N-(α-Hydrindenyl)-*). — II-*N-äthyl-β-oxyäthylamin; Hydrochlorid*, F. 116—117°. Gibt mit $SOCl_2$ II-*N-äthyl-β-chloräthylaminhydrochlorid*, F. 143—144°. — II-*N-benzyl-β-oxyäthylaminhydrochlorid*, F. 199—202°. — II-*N-benzyl-β-chloräthylaminhydrochlorid*, F. 184 bis 185°. — II-*N-methyl-β-oxyäthylamin.* — II-*N-allyl-β-oxyäthylamin.* — II-*N-phenyl-β-oxyäthylamin.* — II-*N-(p-chlorphenyl)-β-oxyäthylamin.* — II-*N-(p-methoxyphenylisopropyl)-β-oxyäthylamin.* — II-*N-(β-äthoxyäthyl)-β-oxyäthylamin.* — II-*N-(β-phenoxyäthyl)-β-oxyäthylamin.* — II-*N-(β-methylphenoxyäthyl)-β-oxyäthylamin.* — II-*N-äthyl-1-amino-2-oxypropan.* — II-*N-isopropyl-2-amino-1-oxybutan.* (**A. P. 2 573 645** vom 25/5. 1949, ausg. 30/10. 1951.) LANGER. 4807

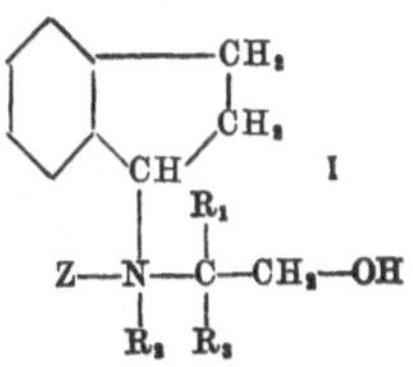

I

Smith, Kline & French Laboratories, übert. von: **James F. Kerwin** und **Glenn E. Ullyot**, Philadelphia, Pa., V. St. A., *β-Halogenäthylaminoacenaphthene* der Formel I, worin Z eine niedere Alkyl-, Alkenyl- oder eine Phenylalkylgruppe, R_1 u. R_2 = H oder CH_3 u. X = Cl oder Br bedeuten, besitzen *adrenolyt.* oder *sympatholyt.* Eigenschaften. — *N-(7-Acenaphthenyl)-N-benzyl-β-chloräthylaminhydrochlorid.* Man erwärmt 7-Chloracenaphthen mit Benzylaminoäthanol in Bzl. auf 75° u. setzt das entstandene *N-(7-Acenaphtenyl)-N-benzylaminoäthanolhydrochlorid* (F. 228 bis 230°) mit $SOCl_2$ in sd. Chlf. um; F. 196—197,5°. [II = N-(7-Acenaphthenyl)]. — II-*N-methyl-β-chloräthylaminhydrochlorid.* — II-*N-äthylaminoäthanolhydrochlorid*, F. 150,5—152,5°. — II-*N-äthyl-β-chloräthylaminhydrochlorid*, F. 197,5 bis 198°. — II-*N-isoamyl-β-chloräthylaminhydrochlorid.* — II-*N-allyl-β-chloräthylaminhydrochlorid.* — II-*N-äthyl-1-amino-2-chlorpropanhydrochlorid.* — II-*N-äthyl-2-amino-1-chlorpropanhydrochlorid.* — II-*N-(p-methoxyphenylisopropyl)-β-chloräthylaminhydrochlorid.* (**A. P. 2 569 814** vom 15/12. 1948, ausg. 2/10. 1951.) LANGER. 4807

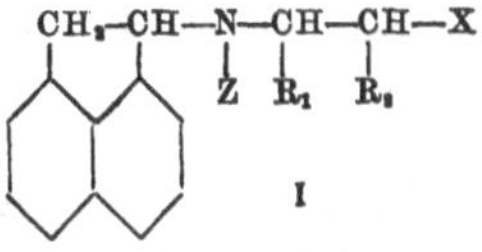

I

Smith, Kline & French Laboratories, übert. von: **James F. Kerwin** und **Glenn E. Ullyot**, Philadelphia, Pa., V. St. A., *Acenaphthenylaminoalkohole* der Formel I, worin Z eine niedere Alkyl-, Alkenyl- oder Phenylalkylgruppe, R, R_1 u. R_2 = H oder CH_3 bedeuten. — (*N-7-Acenaphthenyl-* = II). — II-*N-äthylaminoäthanolhydrochlorid.* Aus 7-Chloracenaphthen u. Äthylaminoäthanol in Toluol bei 85—100°; F. 150,5—152,5°. Liefert mit $SOCl_2$ II-*N-äthyl-β-chloräthylaminhydrochlorid*, F. 197,5—198°. — Analog: II-*N-benzylaminoäthanolhydrochlorid*, F. 228—230°. — II-*N-benzyl-β-chloräthylaminhydrochlorid*, F. 196—197,5°. — II-*N-methylaminoäthanolhydrochlorid.* — II-*N-isoamylaminoäthanolhydrochlorid.* — II-*N-allylaminoäthanolhydrochlorid.* — II-*N-äthyl-1-amino-2-aminopropanolhydrochlorid.* II-*N-äthyl-2-amino-1-aminopropanolhydrochlorid.* — II-*N-(p-methoxyphenyl)-aminoäthanolhydrochlorid.* — Zwischenprodd. zur Darst. von *adrenolyt.* wirkenden Verbindungen. (**A. P. 2 574 150** vom 24/5. 1949, ausg. 6/11. 1951.) LANGER. 4807

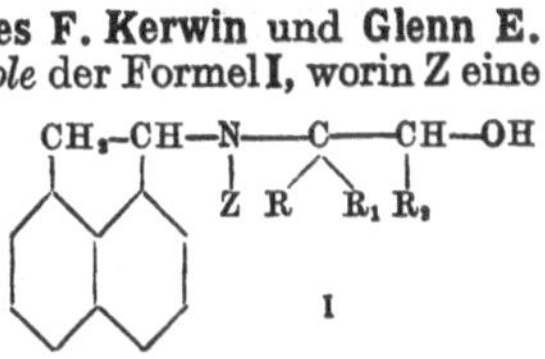

I

William R. Warner & Co., Inc., New York, N.Y., V. St. A., *N.N-Dimethyl-N'-phenyl-N'-(2-thienylmethyl)-äthylendiamin* erhält man durch Kondensation von Anilin mit β-Dimethylaminoäthylchlorid u. Kondensation des Reaktionsprod. mit 2-Thienylmethylchlorid in Ggw. von z. B. K_2CO_3 u. Behandeln des Monochlorhydrats (F. 185—186°) mit Alkali. Refraktion ($n_D^{24°}$) = 1,584—1,585. *Antihistaminicum.* (**Schwz. P. 279 770** vom 8/5. 1948, ausg. 17/3. 1952. A. Prior. 10/5. 1947.) SCHINDLER. 4807

American Cyanamid Co., New York, N. Y., übert. von: **James W. Clapp**, Darien und **Richard O. Roblin jr.**, Riverside, Conn., V. St. A., *Benzthiazolsulfonamide.* 2-Mercaptobenzthiazol behandelt man in wss.-essigsaurer Lsg. mit Cl_2-Gas unter Rühren u. Kühlen (<8°). Das erhaltene *2-Benzthiazolsulfonylchlorid*, F. 109°, reagiert mit NH_3 unter Bldg. von *2-Benzthiazolsulfonamid*, F. 177,5°; mit Propylamin unter Bldg. von *2-Benzthiazolsulfonpropylamid*, F. 101°; mit Butylamin unter Bldg. von *2-Benzthiazolsulfon-*

dibutylamid, F. 90°; mit 2-Aminothiazol unter Bldg. von *N-(2'-Thiazolyl)-benzthiazol-2-sulfonamid*, F. 148—153°. — *Therapeutica*. (**A. P. 2 595 334** vom 8/4. 1950, ausg. 6/5. 1952.) Brösamle. 4807

Badische Anilin- & Soda-Fabrik (Erfinder: **Heinrich Hopff** und **Hermann Spänig**), Ludwigshafen/Rh., *Kondensationsprodukte*. Man erhitzt p-(N-Mono-γ-oxobutylamino)-salicylsäure (I) oder deren Homologe, vorzugsweise in alkal. Medium. An Stelle von I kann man von p-Aminosalicylsäure u. z. B. Vinylmethylketon ausgehen, setzt diese bei ca. 30—50° miteinander um u. erwärmt, ohne die gebildete N-Oxobutylverb. zu isolieren, auf ca. 60°. Man erhält die *4-Methyl-6-oxy-1.2-dihydrochinolin-5-carbonsäure*, F. 203—205°. — *Tuberkulostat*. Wirkung. (**D. B. P. 858 553** Kl. 12p vom 8/12. 1950, ausg. 8/12. 1952.) Brösamle. 4807

Badische Anilin- & Soda-Fabrik (Erfinder: **Curt Schuster**), Ludwigshafen/Rh., *Pyridin- und Chinolinderivate* erhält man durch Rk. von substituierten oder unsubstituierten Homologen des Pyridins oder Chinolins, die in der α- u./oder γ-Stellung zum Ring-N eine CH_3-Gruppe tragen, mit niedrigmol. Äthern bei höheren Tempp. in Ggw. von wasserabspaltenden Katalysatoren. Man leitet z. B. ein Gemisch aus Chinaldin u. Tetrahydrofuran bei 300° über Al_2O_3 u. erhält *2-Cyclopentylchinolin*, $Kp._{10}$ 163°. — *2-Isopropylchinolin*, $Kp._{0,8}$ 84—87°. — *Zwischenprodd.* für *Pharmazeutica*. (**D. B. P. 858 698** Kl. 12p vom 9/2. 1951, ausg. 8/12. 1952.) Brösamle. 4807

C. F. Boehringer & Soehne G. m. b. H. (Erfinder: **Erich Rabald** und **Hans Dietrich**), Mannheim-Waldhof, *Chinolylketone*. Man kondensiert Chinolincarbonsäureester mit Fettsäureestern, wobei Alkaliamide als Kondensationsmittel verwendet werden, u. führt anschließend eine Ketonspaltung der gebildeten β-Ketonsäureester durch. — Durch Kondensation von 6-Methoxychinolincarbonsäure-(4)-äthylester mit Propionsäureäthylester in Bzl. u. in Ggw. von $NaNH_2$ erhält man den *6-Methoxychinoloyl-(4)-propionsäureäthylester*, der beim Erhitzen mit 25%ig. H_2SO_4 in *6-Methoxychinolyl-(4)-äthylketon*, F. 60°, übergeht. — Analog: *6-Methoxychinolyl-(4)-propylketon, Hydrochlorid*, F. 180°; *6-Methoxychinolyl-(4)-amylketon, Pikrat*, F. 135°; *Chinolyl-(4)-äthylketon, Acetat*, F. 87°. — *Zwischenprodd.* zur Herst. von *Arzneimitteln*. (**D. B. P. 858 249** Kl. 12p vom 6/6. 1943, ausg. 4/12. 1952.) Brösamle. 4807

J. R. Geigy A.-G. (Erfinder: **Emil Senn**), Basel, Schweiz, *Darstellung von Halogen-8-oxychinaldinen* durch Behandeln der 8-Oxychinaldine mit Halogen. Aus 5-Chlor-8-oxychinaldin u. Br entsteht das *5-Chlor-7-brom-8-oxychinaldin*, farblose Nadeln, F. 113—114°, entsprechend das *5-Chlor-7-jod-8-oxychinaldin*, ockergelbes Pulver; aus 8-Oxychinaldin mit Cl das *5.7-Dichlor-8-oxychinaldin*, gelbliche Nadeln, F. 111,5—112°, entsprechend mit Br das *5.7-Dibrom-8-oxychinaldin*, farblose Nadeln, F. 125—126°. *Bakterizide*. (**D.B.P. 852 853** Kl. 12 p vom 25/6. 1942, ausg. 29/10. 1952. Schwz. Prior. 4/6. 1942.) Schindler. 4807

Imperial Chemical Industries Ltd., übert. von: **William R. Boon, Herbert C. Carrington** und **Charles Henry Vasey**, Blackley, England, *Herstellung von Pyrimidinderivaten*. Barbitursäurederivv. der allg. Formel I, in der R_1 für einen einkernigen, carbocycl. oder Alkenylrest mit nicht mehr als 3 C-Atomen, R_2 für einen Alkyl- oder Alkenylrest mit nicht mehr als 3 C-Atomen, R_3 für H oder einen Alkylrest mit nicht mehr als 4 C-Atomen, X für O oder S oder einen Alkylrest u. Y für H stehen, werden mit H_2 in Ggw. von Katalysatoren, wie Raney-Ni, oder elektrolyt. reduziert.

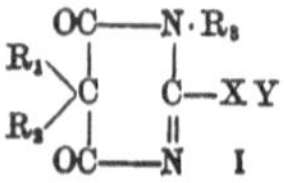
I

Man erhält z. B. aus 5-Phenyl-5-äthyl-2-thiobarbitursäure (**II**) durch Erhitzen mit Raney-Ni in Ggw. von A. das 5-Phenyl-5-äthylhexahydropyrimidin-4.6-dion (**III**), F. 281—282°. **III** kann auch durch Erhitzen von α.α-Phenyläthylmalondiamid mit Formamid unter Rückfluß erhalten werden. Zur Gewinnung von **III** kann man auch **II** mittels CH_3J in wss.-alkoh. NaOH-Lsg. in 2-Methylthio-5-phenyl-5-äthyltetrahydropyrimidin-4.6-dion überführen, das mit Raney-Ni red. wird. Analog werden erhalten: *5-Phenyl-5-n-propylh.* (h = *hexahydropyrimidin-4.6-dion*), F. 308—309°; *5-Phenyl-5-isopropylh.*, F. 303°; *5-Phenyl-5-allylh.*, F. 295—296°; *5-Cyclohexyl-5-n-propylh.*, F. 320°; *5-Phenyl-1.5-diäthylh.*, F. 135—136°; *5-Phenyl-1.5-dimethylh.*, F. 174°; *5-Phenyl-5-methyl-1-n-propylh.*, F. 150—151°; *5-Phenyl-5-äthyl-1-methylh.*, F. 185—186°; *5-Phenyl-5-äthyl-1-n-propylh.*, F. 124—125°; *5-Phenyl-5-n-propyl-1-methylh.*, F. 166—167°; *5.5-Diallylh.*, F. 314—315°. *Krampflösende Arzneimittel*. (**A. P. 2 576 279** vom 11/7. 1950, ausg. 27/11. 1951. E. Prior. 27/7. 1949.) Dersin. 4807

Soc. des Usines Chimiques Rhône-Poulenc, Paris, übert. von: **Paul Charpentier**, Choisy-le-Roi, Frankreich, *Phenothiazine*. Durch Erhitzen von Diäthylamin mit N-(2'.3'-Epoxypropyl)-phenothiazin in alkoh. Medium in geschlossenem Kessel auf 120°, erhält man *N-(3'-Diäthylamino-2'-oxypropyl)-phenothiazin*, F. 142—143°; *Hydrochlorid*, F. 134°. — Analog: *N-(3'-Dimethylamino-2'-oxypropyl)-phenothiazin*, F. 85°; *Hydrochlorid*, F. 131°. — *Therapeutica*. (**A. P. 2 595 215** vom 5/4. 1951, ausg. 6/5. 1952. F. Prior. 23/5. 1950.) Brösamle. 4807

Lever Brothers & Unilever N. V., Rotterdam (Erfinder: **Jan Boldingh**, Dordrecht), Holland, *Gewinnung von Carotin* (I) aus Ölen durch Adsorption an Aktivkohle (II), die gegen Zutritt von O_2 geschützt ist. Die II wird vorher mit CO_2 oder H_2 auf 350° erhitzt. I wird durch Eluieren mit Bzl., Toluol oder Xylol gewonnen. — Z. B. wird II in Bzl. suspendiert, in eine Säule gegossen u. Bzl. abgelassen. Sodann wird mit Benzollsg. von Hydrochinon durchgespült u. Lsg. von Palmöl in PAe. aufgegeben. I wird adsorbiert. (**D. B. P. 858 293** Kl. 30h vom 22/6. 1950, ausg. 4/12. 1952. Holl. Prior. 22/6. 1949.) HEINZE. 4809

F. Hoffmann-La Roche & Co. Akt.-Ges., Basel, Schweiz (Erfinder: **Alexander Lang Morrison** und **Frank Ratcliffe Atherton**, Welwyn Garden City, Hertfordshire, England), *Lactoflavinphosphorsäureester*. Man behandelt in Phenol gelöstes Lactoflavin mit P_2O_5 bei $<100°$, bes. bei 20—40°. F. 209—210°. (**D. B. P. 859 622** Kl. 12p vom 2/8. 1951, ausg. 15/12. 1952. E. Prior. 10/11. 1950.) BRÖSAMLE. 4809

Usines Chimiques des Laboratoires Français (Erfinder: **Henry Penau** und **Guy Hageman**), Frankreich, *Reinigung von Penicillin*. Eine Chloroformlsg. von Rohpenicillin wird bei ca. +2° mit Tricalciumphosphat (I) 5 Min. gerührt, das I durch einen BÜCHNER-Trichter schnell abgesaugt, nochmals mit $CHCl_3$ gewaschen u. im Vakuum kalt getrocknet. Der vom $CHCl_3$ befreite Nd. wird dann in einer Pufferlsg. vom p_H-Wert 6,8—7 suspendiert u. wiederum filtriert u. dieses ca. 5mal wiederholt, bis die Lsg. nur sehr wenig gefärbt ist. Die Waschwässer enthalten das Penicillin als Na-Salz. Die Pufferlsg. besteht aus 6 Teilen $^1/_{15}$ Mol. Na_2HPO_4 u. 4 Teilen $^1/_{15}$ Mol. KH_2PO_4. (**F. P. 995 475** vom 8/3. 1945, ausg. 3/12. 1951.) WITTHOLZ. 4811

Imperial Chemical Industries Ltd., England, *Reinigung und Isolierung von Penicillin*. Man entzieht dem Kulturmedium von Penicillium notatum mit einem organ. Lösungsm., z. B. $CHCl_3$, in Ggw. eines tert. Amins, wie N-Äthylhexamethylenimin, den Wirkstoff u. kann durch geeignete Eluierung die im Kulturmedium gebildeten verschied. Penicillinarten getrennt erhalten. — Beispiele. (**F. P. 980 555** vom 9/2. 1949, ausg. 15/5. 1951. E. Prior. 8/3. 1948.) WITTHOLZ. 4811

Distillers Co. Ltd., England, *Kristallisiertes Na-Salz des Penicillins*. Die wss., mit akt. Kohle gereinigte Butanollsg. des Na-Salzes von Penicillin läßt man mehrfach über einen Dünnschichtverdampfer strömen, bis der Wassergeh. der Lsg. 5% u. der Geh. an Penicillin 25 mg pro cm³ beträgt. Dann wird die Verdampfung fortgesetzt, bis Kristallisation erfolgt. Das Umkristallisieren des Na-Salzes erfolgt durch Lösen in der doppelten Menge wss. Butanol (88%ig.) u. Zufügen von trocknem Butanol bis zur Steigerung der Konz. auf 97%. Die ausfallenden Kristalle sind rein weiß, Ausbeute ca. 79%. Durch Vereinigen der Mutterlaugen u. Behandlung in gleicher Weise kann eine Gesamtausbeute von 99% erreicht werden. (**F. P. 989 620** vom 28/6. 1949, ausg. 11/9. 1951. E. Prior. 14/7. 1948.) WITTHOLZ. 4811

E. Lilly & Co., übert. von: **John A. Leighty**, Indianapolis, Ind., V. St. A., *Kristalline Penicillinsalze*. Die filtrierte, Penicillin G enthaltende Lsg. wird mit einem Alkylacetat, z. B. Amylacetat, extrahiert u. eine Alkalimetallverb., wie KOH, K_2CO_3, K_2HPO_4, oder die entsprechenden Na-Verbb., in Isoamylalkohol aufgelöst, zugesetzt. (**Can. P. 476 092** vom 15/1. 1948, ausg. 14/8. 1951. A. Prior. 15/8. 1947.) WITTHOLZ. 4811

E. Lilly & Co., übert. von: **John A. Leighty**, Indianapolis, Ind., V. St. A., *Kristalline Penicillinsalze*, z. B. NH_4-, K- oder Na-Salze, werden aus einer wss. Stammlsg. durch alternierende Extraktion gewonnen. Die Stammlsg. wird mit organ. Lösungsmitteln, wie Cyclohexanol, Benzylalkohol, in saurem Medium extrahiert u. die so erhaltene Lsg. mit W. in alkal. Medium. Die Lsg. wird eingeengt, mehrere Voll. n-Butanol zugegeben u. weiter eingedampft, bis der Wassergeh. ca. 5% beträgt; dabei bildet sich ein krist. Nd., der abfiltriert u. getrocknet wird. (**Can. P. 476 093** vom 16/1. 1948, ausg. 14/8. 1951. A. Prior. 24/2. 1947.) WITTHOLZ. 4811

E. R. Squibb & Sons, New York, N. Y. (Erfinder: **Morris A. Dolliver**, Stelton, und **Serge Semenoff**, New Brunswick, N. J.), V. St. A., *Dihydrostreptomycin* (I). Eine nicht alkal., elektr. leitende, wss. Lsg. des Streptomycins als Kathoden-Fl. mit p_H 4—7 bei der Elektrolyse u. eine wss. Lsg. einer starken, anorgan. Säure als Anoden-Fl. werden in einer Zelle mit einem durch ein semipermeables Diaphragma (zweckmäßig aus Al_2O_3) getrennten Kathoden- u. Anodenraum elektrolyt. red., wobei I aus der Kathoden-Fl., bes. durch Ausfrieren, abgetrennt wird. Zweckmäßig verwendet man eine metall. Kathode aus Pb oder Pt oder auch aus Kohle. — Das poröse Al_2O_3-Diaphragma enthält Streifenelektroden aus 2% Sb enthaltendem Pb-Blech, der Kathodenraum eine 25%ig. wss. Lsg. von reinem I-Hydrochlorid u. der Anodenraum 0,5%ig. wss. H_2SO_4. Es wird Gleichstrom mit 6 V u. 2 A je cm² verwendet. An der Kathode wird verd. H_2SO_4 zugesetzt, um das p_H auf 7 zu halten, gleichzeitig wird auf 20—30° gekühlt. Nach 6 Std. erhält man eine

99,75%ig. Reduktion. Nach dem Ausfrieren der Kathoden-Fl. gewinnt man I-*Sulfat* mit einer Wirksamkeit von 756 Einheiten je mg in einer Ausbeute von 74%. (**D. B. P. 848 816** Kl. 12o vom 23/11. 1950, ausg. 8/9. 1952. A. Prior. 9/12. 1949.) Krauss. 4811

Merck & Co., Inc., Rahway, übert. von: **Frank J. Wolf**, Westfield, N. J., V. St. A., *Herstellung von kristallinem Dihydrostreptomycinsulfat und -sesquisulfat.* Das Sulfat erhält man aus dem Hydrochlorid u. $(NH_4)_2SO_4$ in Methanol (I) bei p_H 4,5 als Niederschlag. Statt $(NH_4)_2SO_4$ können auch Sulfate der Alkyl- oder Alkylolamine, z. B. Triäthanolaminsulfat, verwendet werden. Für das Sesquisulfat wird das Sulfat in W. gelöst u. das p_H auf 4,5 mit H_2SO_4 eingestellt. Durch Zusatz von I entsteht der krist. Niederschlag. — Mengenbeispiele. (**A. PP. 2 590 140** vom 13/1. 1949 u. **2 590 141** vom 6/4. 1949, beide ausg. 25/3. 1952.) Schindler. 4811

Parke, Davis & Co. (Erfinder: **Harry Means Crooks**), Detroit, Mich., V. St. A., *Herstellung von Chloramphenicollösungen* durch Auflösen des Antibioticums in einem zu 30 Vol.-% mit W. mischbarem Amid der allg. Formel $R-\overset{\overset{O}{\|}}{C}-N(R_1)(R_2)$, worin R u. R_1 H oder Alkylradikale mit 1 oder 2 u. R_2 ein Alkylradikal mit 1 oder 2 C-Atomen bedeuten. Genannt sind tert. Amide, wie N.N-Dimethylacetamid u. N.N-Dimethylformamid. *Intravenöse Injektion.* (**D. B. P. 852 123** Kl. 30h vom 10/10. 1950, ausg. 13/10. 1952. A. Prior. 18/5. 1950.) Schindler. 4811

Josef Klosa, Lübbecke, Westf., *Gewinnung von antibiotisch wirksamen Stoffen aus Flechten der Familie der Usneaceae*, wie Usnin-, Evernsäure (II) u. anderen Flechtensäuren, dad. gek., daß man die Flechten mit einem Lösungsm., in dem Usninsäure (I) schwer lösl. ist, z. B. Ae. u./oder Bzl., in der Wärme extrahiert, durch Abkühlung I krist. u. aus dem Filtrat durch Eindampfen die anderen Wirkstoffe, wie II, abscheidet. (**D. B. P. 853 500** Kl. 30h vom 9/5. 1950, ausg. 27/10. 1952.) Schindler. 4811

J. B. Roerig & Co., Chicago, Ill., V. St. A., *Zahnpflegemittel*, gek. durch einen Geh. an 10—30 (%) Harnstoff, 0,0006—0,0024 Urease u. 70—90 der üblichen Reinigungsmittel, z. B. Ca-, Mg- oder Na-Carbonat. (**E. P. 673 670** vom 11/5. 1949, ausg. 11/6. 1952.) E. Petersen. 4823

Lise Wurmser et **Irène Vischniac**, Pharmacopée homoeopathique. I: Dilutions d'hormones et des vitamines par **Lise Wurmser**. II: Préparation de l'acide sarcolactique par **Irène Vischniac**. Communications faites aux Journées de travail du Centre homoeopath que de France, novembre 1951. Paris: Laboratoires homoeopathiques de France (La Chapelle-Montligeon, Impr. de Montligeon). 1952. (24 S.)

G. Analyse. Laboratorium.

R. Schiffner, *Ein praktisches Laboratoriums-Feststativ.* Ein 5 mm dickes quadrat. Fe-Blech wird auf dem Laboratoriumstisch festgeschraubt. In dessen Mitte wird eine stehende Buchse mit seitlicher Gewindeschraube aufgeschweißt, um Stativstäbe in der Buchse zu befestigen. Vf. schlägt mehrere verschieden geformte Stativstäbe vor. (Chem. Techn. **4**. 211—12. Mai 1952. Teltow-Seehof.) Moslé. 5004

Alvin B. Kaufman, *Wismut-Thermoelemente.* Seit es möglich ist, duktile Bi-Drähte herzustellen, ist Bi als Thermoelementwerkstoff zusammen mit einer Bi-Legierung „B" bes. für niedere Temp. gut geeignet. Die Thermokraft ist sehr hoch: 0,073 mV/° zwischen —80 u. +175°. Bi ändert seinen Widerstand stark mit der Temp., hat kleinste Wärmekapazität u. -leitfähigkeit, daher schnelle Einstellzeit des Thermoelements. Der therm. Wirkungsgrad des Elements ist gering. Die beiden Drähte dürfen nicht verlötet werden, sondern die Legierung „B" muß auf ihren F. (215°) erwärmt werden u. um das Bi fließen, das erst bei 270° schmilzt. Kommt Bi zum Schmelzen, verliert es seine Duktilität. (Instruments **25**. 762. 802—05. Juni 1952. Northrup Aircraft, Inc.) Miething. 5016

John A. Brown, *Ein Thermoregulator für gasbeheizte Bäder.* Die Regulierung erfolgt durch eine sd. Fl., die sich in einem am unteren Ende des Regulators sitzenden Kölbchen über dem Hg befindet, u. die beim Sieden die Hg-Säule zum Steigen bringt, wodurch die Gaszufuhr zum Brenner abgesperrt wird. (J. chem. Educat. **28**. 465. Sept. 1951.) Dietl. 5046

W. Bostock, *Eine Sedimentationswaage für die Teilchenanalyse unterhalb der Siebgrenze.* Aus einem Mischtrichter fließt die Suspension der zu untersuchenden Probe durch eine Schicht reinen W. in einen Zylinder, unter dem sich das Schälchen einer Torsionswaage befindet. Mittels Fernrohrablesung der Ablenkung des Torsionsdrahtes wird die in bestimmten Zeitabschnitten erfolgte Gesamtgewichtszunahme verfolgt. In einem Beispiel wird die Auswertung der Gewichts–Zeit-Kurve erläutert. Das für Teilchen von 5—50 μ geeignete Verf. zeichnet sich durch Schnelligkeit u. einfache Bedienung aus. (J. sci. Instruments **29**. 209—11. Juli 1952. Stockport, Simon-Carves Ltd.) Hentschel. 5048

H. J. Antweiler, *Lichtstarkes Meßverfahren für Sedimentations-, Elektrophorese- und Diffusionsversuche. Ein Gerät zur Messung der Diffusionskonstanten.* Das zur Unters. von Sedimentations-, Elektrophorese- u. Diffusionsvorgängen geeignete Instrument nutzt den Vorteil der hohen Lichtstärke einer JAMINschen Anordnung des Planparallelplatten-Interferometers gegenüber dem Doppelspaltinterferometer nach RAYLEIGH voll aus, indem als opt. Zusatzglied zwei gewinkelte gleich dicke Planparallelplatten verwendet werden. Näher beschrieben wird ein Gerät zur Messung der Diffusionskonstanten. (Chemie-Ing.-Techn. **24.** 284—88. Mai 1952. Bonn, Univ., Chem. Inst.) HENTSCHEL. 5048

Tage Astrup, Agnete Stage und **Erik Olsen,** *Eine Entsalzungsapparatur für Aminosäuren.* Beschreibung eines Entsalzungsapp. (Abb.) für Aminosäuren. Der App. weist verschied. Vorteile (geringes Vol., hohen Entsalzungseffekt ohne Erhitzung der Lsg., keine Rückdiffusion des Chlors, Entfernung von anderen Anionen als Cl^-, geringe Hg-Oberfläche [deshalb geringere Umwandlung von Arginin in Ornithin]) gegenüber dem App. von CONSDEN, GORDON u. MARTIN (Biochem. J. **41.** [1947.] 590) auf. (Acta chem. scand. **5.** 1343—48. 1951. Copenhagen, Carlsberg Foundat., Biol. Inst.) K. F. MÜLLER. 5048

Kurt Michel, *Eine neue mikrokinematographische Einrichtung.* Ausführliche Beschreibung eines Gerätes u. der Arbeitsweise für die Herst. von Normal- u. Zeitrafferaufnahmen mkr. Objekte auf Kino- u. Schmalfilm. (Z. wiss. Mikroskop. mikroskop. Techn. **60.** 481—96. April 1952. Göttingen.) BLUMRICH. 5056

S. Tolansky, *Oberflächenprofilmikroskop hoher Auflösung.* Zur Beobachtung u. Messung von Oberflächenrauhigkeiten fällt monochromat. Licht durch einen Schlitz schräg auf die Oberfläche, im Mikroskop sieht man den hellen Streifen entsprechend dem Oberflächenquerschnitt geknickt oder wellig. Vf. schlägt vor, statt des Lichtstreifens einen Schattenstreifen zu verwenden, was die Vorteile hat, 1. daß man die übrige Fläche zugleich sehen u. damit die Lage des Querschnitts auf dem Prüfling feststellen kann, 2. daß man mehrere Schattenstriche gleichzeitig beobachten kann. Das Verf. eignet sich für Kristallflächen sowie mechan. polierte Flächen, bes. deren Änderung bei Härteprüfungen durch Eindrücken, elast. Nachwirkungen u. dergleichen. (Nature [London] **169.** 445—46. 15/3. 1952. Englefield Green, Surrey, Univ. of London, Royal Holloway Coll.) PAULI. 5056

J. L. Rodda, *Mikroseparation von Mineralen in schweren Lösungen.* Vf. gibt ein Verf. an, mit Hilfe eines Tropfens schwerer Lsg. unter dem Mikroskop Mineralkörner auszulesen. Es wird dabei empfohlen, Substanzen wie Methylenjodid zu verwenden, um gleichzeitig eine Best. der Lichtbrechung vornehmen zu können. (Amer. Mineralogist **36.** 625—26. Juli/Aug. 1951. Palmerton, Pa., New Jersey Zinc Co., Res. Dep.) HILLER. 5056

Conrad N. Trumbore und **Horace E. Rogers,** *Versuche auf dem Gebiete der Papierverteilungschromatographie.* Es wird eine „Chromatobox" beschrieben, die für auf- u. absteigende Papierchromatographie verwendet werden kann. Untersucht wurde der Einfl. des Mischungsverhältnisses des Lösungsmittelgemisches Butanol–Eisessig (**I**) bzw. des p_H u. die Breite der Papierstreifen auf die R_f-Werte der Nitrate von Ag^+, Pb^{2+} u. Hg^+. Die R_f-Werte nehmen mit steigender **I**-Konz. zu. (J. chem. Educat. **29.** 404—05. Aug. 1952. Carlisle, Pa., Dickinson Coll.) MOSLÉ. 5062

Harold H. Strain, *Qualitative Trennungen durch Zweiweg- und Dreiweg-Elektrochromatographie.* Zur Zweiweg-Elektrochromatographie wird Substanzgemisch in einem mit Lösungsm. getränkten Bogen eines Absorptionsmaterials der trennenden Wrkg. des elektr. Stromes ausgesetzt, das Lösungsm. geändert u. quer zur ersten Laufrichtung erneut durch Stromfluß getrennt. Die nicht differenzierten Bestandteile werden dann aus dem Zweiwegchromatogramm ausgeschnitten, mit den Kanten zweier rechtwinkliger Bögen, befeuchtet mit drittem Lösungsm., in Kontakt gebracht u. nochmals der Elektrowanderung unterzogen. Die Trennung von Mischungen verschieden konz. Einzelbestandteile wird durch Änderung des p_H, des Absorptionsmaterials, des Lösungsm., der Reagentien u. durch Zugabe von Komplexbildnern erleichtert. Die App. wird beschrieben u. Neutronenbeschuß zur Erkennung kleinster Mengen anorgan. Bestandteile vorgeschlagen. — Die Gestalt u. Wanderungswerte der Zonen von $Cu(NO_3)_2$, 0,00001—0,5 mol. in NH_3 u. Milchsäure, bei Elektrowanderung u. einfacher Chromatographie werden angegeben. Untersucht werden *Ag, Hg, Pb, Bi, Cd, Cu, Sn, Sb, As, Fe, Al, Cr, Mn, Co, Ni, Zn* auf die Reihenfolge ihrer Wanderung in folgenden Lösungsmitteln u. Komplexbildnern: *Milchsäure, Weinsäure,* NH_3, *NaOH, Triäthylamin, Triäthanolamin,* $N(CH_2COOH)_3$, *Anthranilsäure,* L(+)-*Glutaminsäure,* DL-*α-Alanin, β-Alanin, Harnstoff,* DL-*Histidinmonohydrochlorid, KCN, Versen.* Folgende organ. Stoffe wurden elektrochromatograph. getrennt: *Pyrogallol, Glucose, Sucrose, Anthranilsäure, p-Arsanilsäure, Salicylsäure* u. *Sulfanilsäure.* (Analytic. Chem. **24.** 356—60. Febr. 1952. Chicago, Ill., Argonne Nat. Labor.) BRINKMANN. 5062

John G. Conway und **Milton F. Moore**, *Spektrographische Analyse von radioaktivem Material.* Beschreibung einer in einer „gloved box" montierten Kammer für die Elektroden, welche ebenso wie die „gloved box" mit einem wirksamen Luftfiltersyst. verbunden ist. In dieser Anordnung können stärkste radioakt. Proben ohne Gefahr einer Verseuchung angeregt werden. (Analytic. Chem. **24.** 463—64. März 1952. Berkeley, Calif., Univ. of California, Radiat. Labor.) EICHHOFF. 5063

E. H. Gilmore und **R. H. Knipe**, *Eichung der relativen spektralen Empfindlichkeit von Photovervielfachern im Gebiet von 2500—3500 Å.* Die 1 P-28-Zelle arbeitet bis 2200 Å. Die für Wellenlängen $<$ 3500 Å schwierige Best. der relativen spektralen Empfindlichkeit wird durch Vgl. mit einer Thermosäule gelöst. Die nichtselektive Verminderung der eingestrahlten Energie wird durch Änderung der Entfernung der Energiequelle bzw. durch Benutzung einer diffus reflektierenden Oberfläche erreicht, wobei der letzteren Meth. der Vorzug gegeben wird. (Physic. Rev. [2] **85.** 764—65. 15/2. 1952; Bull. Amer. physic. Soc. **26.** Nr. 8. 16. 27/12. 1951. Inyokern, U. S. Naval Ordnance Test Stat.) LINDBERG. 5063

D. Dejardin und **R. Falgon**, *Der Gebrauch von Bildwandlerröhren in der Infrarotspektroskopie.* (Vgl. C. **1950.** I. 1698.) (Sitzungsbericht.) Verschied. Bildwandlerröhren wurden mit Infrarotspektrographen so verbunden, daß auf dem Fluorescenzschirm der Röhre ein auch photograph. aufnehmbares Bild eines Spektrumausschnittes entsteht. Unter anderem wurde auf diese Weise das infrarote Spektr. von *Ar, Hg* u. *H* aufgenommen. Das beste Ergebnis, z. B. an dem Hg-Spektr. oder an den ersten positiven Banden von N_2, wurde mit einer Bildwandlertriode ähnlich der der A. E. G. erzielt. Zur Aufnahme des Nachthimmelspektr. muß die Photoplatte stark gekühlt werden. (Physic. Rev. [2] **81.** 296. 15/1. 1951. Lyon, Univ.) STAHL. 5063

René Falgon, *Verwendung einer Bildwandlerröhre als Empfänger in einem Gitterspektrographen.* Mit Hilfe einer Bildwandlerröhre werden Infrarotspektren bis 12000 Å, z. B. einer Hg- u. N_2-Entladungslampe photograph. aufgenommen. Die Belichtungszeiten bei diesem Verf. sind für 10—12000 Å wenigstens dreimal kürzer als für hypersensibilisierte KODAK Z-1-Platten. Mit Hilfe eines Gitterspektrographen u. dieser Bildwandleranordnung konnte die Rotationsstruktur der Banden des ersten positiven Syst. des N_2 bis auf 3 Å-Abstände identifiziert werden. (J. Physique Radium **13.** 34 S. April 1952.) RUDOLPH. 5063

F. B. Thomas und **R. J. Nook**, *Ein Registrierapparat für die Polarographie.* Vff. teilen eine Schaltskizze u. die Beschreibung eines Potentialregistrierapp. mit, der für polarograph. Zwecke verwendet werden kann u. gestattet, allg. kleine Potential- oder Stromstärkeänderungen zu messen u. zu registrieren. (J. chem. Educat. **29.** 414—16. Aug. 1952. Cleveland, O., John Caroll Univ.) MOSLÉ. 5066

Walter Käuflein, *Selbsttätige Messung der Verunreinigungen im Acetylen.* Acetylen ist oft durch Phosphine, H_2S, N-Verbb., Arsenwasserstoff, Siliciumwasserstoffverbb., CO, H_2, Luft, Kalkteilchen, Feuchtigkeit (meist 100%) sowie Polymere u. Kondensate verunreinigt. Das zu prüfende techn. Acetylen wurde durch eine Reinigungsmasse gesaugt, dann wurden die *Phosphorwasserstoffe* zu Phosphorsäure oxydiert u. das p_H einer Auffanglsg. mit einem Röhrenverstärker u. Punktschreiber laufend gemessen. (Chemiker-Ztg. **75.** 555—57. 25/10. 582—84. 5/11. 1951.) PAULI. 5086

Edmund Thelen und **Samuel N. Muchnick**, *Eine Ausfrierapparatur zur Sammlung von Luftverunreinigungen.* Vff. beschreiben eine Luftausfrierapp., die gestattet, in 1 Min. 2,5 cuft. Luft auf -183^0 abzukühlen. Durch Infrarotspektroskopie u. chem. Mikroanalyse können dann geringste Mengen von Luftverunreinigungen nachgewiesen werden. (J. Franklin Inst. **253.** 505—06. Mai 1952. Philadelphia, Pa., Franklin Inst.) MOSLÉ. 5088

a) Elemente und anorganische Verbindungen.

J. P. Boonstra, *Modifikation der Fluorbestimmung nach Sanchis.* Durch die Veränderung des Verhältnisses Zirkonium : Alizarin im Reagens wurde die Empfindlichkeit der SANCHIS-Meth. zur colorimetr. Best. von *Fluor* um das sechsfache gesteigert. Es besteht dann eine lineare Beziehung zwischen Fluorkonz. u. Extinktion bei 530 mμ, so daß die Meth. auch zur Spektrophotometrie geeignet ist. (Acta physiol. pharmacol. neerl. **2.** 292. 1951/52, ausg. 1952. Amsterdam, Univ., Labor. of Physiol. Chem.) ITZEROTT. G 246

F. Sierra und **J. Hernández Cañavate**, *Das System Fe^{3+}-o-Dianisidin als argentometrischer Oxyadsorptionsindicator.* 2. Mitt. *Jodide mit Silber und umgekehrt.* (1. vgl. C. **1952.** 2723.) Das l. c. beschriebene argentometr. Verf. der Cl^--Best. beruht darauf, daß bei einer minimalen Acidität Fe^{3+} für sich allein zwar nicht *o-Dianisidin* (**I**) zu oxydieren vermag, daß es aber, an der Oberfläche der $(AgCl)_nCl^-$-Teilchen zum Komplex $(AgCl)_n \cdot Cl^-(Fe^{3+}$-**I**) adsorbiert, durch Adsorption aktiviert wird, so daß die Fällung eine Färbung annimmt; im Äquivalenzpunkt (ÄP) wird infolge Bldg. von $(AgCl)_nAg^+$ der Farbstoff zusammen mit dem Fe^{3+} desorbiert, so daß eine Lösungsfarbe auftritt. Entsprechende Vorgänge zeigen sich bei der Titration von $0{,}1-10^{-4}$n J^--Lsgg. mit Ag^+ u. in umgekehrtem Ablauf von $0{,}1-2\cdot10^{-4}$n Ag^+-Lsgg. mit J^-, die mit Cl^- nicht möglich war. Stets ist eine gewisse Minimalacidität nötig. Die maximal zulässige Acidität ist 0,5n HNO_3 oder 2n H_2SO_4 für 0,1n J^--Lsg., 4,5n HNO_3 für 0,1n Ag^+-Lsg., geringer für verdünntere Probelsgg.; auch ist für 10 ml 10^{-4}n J^--Lsg. der Zusatz von 1 ml Eisessig zulässig. In jedem Falle ist die vorgeschriebene Reihenfolge der Zusätze einzuhalten: Säure, alkoh.-essigsaure I-Lsg., 4%ig. Fe-Alaunlsg. für J^--Probelsgg. bzw. 4%ig. Fe-Alaunlsg., Säure, I-Lsg. für Ag^+-Probelösungen. Bei den J^--Bestimmungen ist nach dem letzten Zusatz der Fe^{3+}-Lsg. sofort mit der Titration zu beginnen, da anderenfalls der Indicator sich vorzeitig verfärbt u. der Lsg. eine gelbliche Farbe verleiht, die im Laufe der Titration zunimmt u. die genaue Beobachtung des Farbumschlags stört. Den Konzz. der Probelsgg. u. ihrer Acidität entsprechen etwas verschied. optimale I- u. Fe^{3+}-Zusätze u. verschied. Farbtönungen bei Beginn der Titration, bei Annäherung an den ÄP u. beim ÄP, denen Ausführung u. Beobachtung der Farben des Adsorbats u. der Lsg. anzupassen sind; Einzelheiten s. Original. (An. Real Soc. españ. Física Quím., Ser. B **48.** 451—56. Juni 1952. Murcia, Fac. Cie., Inst. „Alonso Barba", Secc. Quím. analít.) METZENER. G 248

F. Sierra und **J. Hernández Cañavate**, *Die Systeme Fe^{3+}-Benzidin, Fe^{3+}-Tolidin und Fe^{3+}-o-Dianisidin als argentometrische Oxyadsorptionsindicatoren.* 3. Mitt. *Bromide mit Silber und umgekehrt.* (2. vgl. vorst. Ref.) Zur argentometr. Best. des Br^- u. der umgekehrten des Ag^+ in $0{,}1-10^{-3}$n Lsgg. werden dieselben Indicatoren wie in der 1. Mitt. (C. **1952.** 2723) benutzt. Die Farbumschläge beim Äquivalenzpunkt sind scharf u. können in der festen Phase, der darüber stehenden Lsg. oder in der durchgeschüttelten Mischung beobachtet werden. Auch hier ist die minimale Konz. von 0,5 ml HNO_3 auf 10 ml Probelsg. nötig. Die maximal zulässige HNO_3-Konz. ist größer als bei der Cl^--Best., nämlich 3,3n für 0,1n Br^- bei der Titration mit Ag^+ u. 2,2n für 0,1n Ag^+ bei der mit Br^-, aber geringer für kleinere Konzz. der zu bestimmenden Ionen. Die Reihenfolge der Reagenszusätze ist genau wie in der 2. Mitt. angegeben innezuhalten. Bei der argentometr. Br^--Best. ist für alle Konzz. der Fe^{3+}-o-Dianisidinindicator empfindlicher als die beiden anderen. Bei der Best. des Ag^+ ist im allg. die Empfindlichkeit der 3 Systeme gleich. Nur bei 0,1n Ag^+-Lsg. in stark saurer Lsg. erwies sich der Fe^{3+}-Benzidinindicator als überlegen, bei noch größeren Ag^+-Konzz. waren es die beiden anderen. Einzelheiten der Verff. u. der Farberscheinungen s. Original. (An. Real Soc. españ. Física Quím., Ser. B **48.** 457—64. Juni 1952.) METZENER. G 248

W. B. Healy, *Fehlerquelle bei der Bestimmung von Bor durch Chromotrop B.* Bei der Best. von B in Pflanzenmaterial mit Chromotrop B (p-Nitroazobenzol-1.8-dioxynaphthalin-3.6-disulfonsäure; I) in Ggw. von Mn können beträchtliche Fehler auftreten. Zur Überprüfung der Ursachen arbeitete Vf. nach der Meth. von AUSTIN u. MCHARGUE (J. Assoc. off. agric. Chemists **31.** [1948.] 427) folgendes Verf. aus: Zu 0,5 g lufttrockenen u. Mn-armen Pflanzen wurden 0, 25, 50, 100, 200 u. 500 μg Mangan(II)-acetat in jeweils 5 ml Lsg. hinzugefügt. Das Material wurde mit Infrarot getrocknet, nach Zusatz von 3 ml gesätt. $Ba(OH)_2$-Lsg. u. nochmaliger Trocknung 2 Std. bei 600° geglüht, mit 5 ml 70%ig. CH_3COOH aufgenommen u. B mit I bestimmt. Mit steigendem Mn-Geh. sinken die B-Werte u. erreichen bei 500 μg Mn den Wert Null. Erfolgt der Mn-Zusatz jedoch nach dem Glühen, so tritt keine Störung für den B-Nachw. ein. Wahrscheinlich liegt die Ursache in der Oxydation von I durch Permanganat, das sich neben MnO_2 bei den Bedingungen des Verf. bildet. Ein zweiter Glühprozeß bei 200° nach Aufnahme mit 70%ig. CH_3COOH oder Behandlung mit H_2O_2 red. die Fehler zwar, konnte sie jedoch nicht ganz beseitigen. (Analytic. Chem. **23.** 1716. Nov. 1951. Wellington, New Zealand, Soil Bur., Dep. Sci. ind. Res.) SCHLEGEL. G 258

DeWitt Stetten jr., *Das saure Verhalten konzentrierter Borsäurelösungen.* Vf. untersucht mittels elektrometr. Titration das Verh. von *Borsäure* (I) in verschied. konz. Lösungen. Bei der Titration von Lsgg., die 1 g rekrist. I in 20,00 ml enthalten u. denen 0—75 ml dest. W. zugesetzt werden, mit 0,0200n NaOH (Indicator: 1 Teil 0,1% Methylenblau in 95%ig. A. u. 2 Teile 0,1% Methylrot in 80%ig. A.) wird das p_H der Lsgg. bei Beendigung der Titration stets zwischen 5,2 u. 5,4 gefunden. In konz. Lsgg. werden 0,005 Äquivalente NaOH benötigt, um zum Umschlagspunkt des Indicators zu gelangen. Diese Menge nimmt mit Verdünnen der Lsg. rasch ab u. verschwindet, wenn die Konz. $\gtrless$0,1mol. wird. Bei der Titration konz. Lsgg. von I in Ggw. von Methylrot werden nur undeutliche, bei verd. Lsgg. (Konz. $<$0,1mol.) dagegen deutliche Endpunkte erhalten. Konz. Lsgg. von I verhalten sich demnach so, als ob sie eine weitaus stärker komplexe Säure als H_3BO_3 enthielten. Das Durchschnittsmolekulargewicht dieser Säure beträgt das 3,2fache der monomeren Verbindung. (Analytic. Chem. **23.** 1177—79. Aug. 1951. New York, N. Y., Public Health Res. Inst. of the City of New York.) GEDSCHOLD. G 258

S. Vivarelli, *Die Wirkung der Ionenstärke auf polarographische Halbwellenpotentiale der anionischen Wellen von Arsenit- und Antimonitionen.* In 0,1n NaOH als Grundlsg. mit 1% *Thymolphthalein* zur Unterdrückung des Strommaximums untersucht Vf. bei $25 \pm 0,1^0$ den Einfl. der Ionenstärke σ auf die Halbwellenpotentiale $E_{1/2}$ u. die Diffusionskoeffizienten von AsO_2^- u. SbO_2^-, wobei die Veränderung von $\sqrt{\sigma}$ zwischen 0,316 u. 2,145 durch Zugabe der indifferenten Elektrolyte *$LiNO_3$, $NaNO_3$, KNO_3, NaCl, KCl, Na_2SO_4* u. *Na_3PO_4* erfolgt. Die mit einer Abweichung von ± 2 mV reproduzierbaren Versuchsergebnisse werden tabellar. u. graph. mitgeteilt u. zeigen selbst für gleichionige Elektrolyte Verschiebungen von $E_{1/2}$ in entgegengesetzter Richtung u. verschied. Größe. Ferner nehmen die aus der Gleichung nach ILKOVIČ berechneten Diffusionskoeffizienten mit steigendem $\sqrt{\sigma}$ ab. Die Faktoren für die Potentialverschiebungen werden diskutiert, u. eine Möglichkeit wird an einer weinsäurehaltigen As–Sb-Lsg. mit 1 mol. KCl gezeigt, durch die Änderung von $E_{1/2}$ nicht genügend getrennte Wellen besser aufzulösen. (Analytica chim. Acta [Amsterdam] **6.** 379—86. April 1952. Florenz, Univ., Inst. analyt. Chem.) WEITBRECHT. G 266

Bruce B. Bendigo, Rosemond K. Bell und **Harry A. Bright,** *Spektrophotometrische Bestimmung von Wismut in Legierungen auf Blei- und Zinnbasis.* Sn, As u. Sb werden nach Zusatz einer $HBr–Br_2$-Mischung als Bromide aus $HClO_4$-Lsg. verflüchtigt. Bi wird aus $HClO_4–HNO_3$-Lsg. als BiOCl gefällt. Der Nd. wird in HNO_3 gelöst u. das Bi mit Thioharnstoff in eine gelbe Komplexverb. übergeführt. Die Absorption der Lsg. wird mit einem Filterphotometer bei 425 mμ gemessen u. der Bi-Geh. aus einer Eichkurve abgelesen. Bi-Gehh. in Pb- u. Sn-Legierungen von 0,02—0,10% lassen sich auf $\pm 0,002$% bestimmen. (J. Res. nat. Bur. Standards **47.** 252—55. Okt. 1951. Washington.) EICHHOFF. G 334

Reinaldo Vanossi, *Nachweis von Rhodium und Iridium.* Wenn im Analysengang zuerst die destillierbaren Elemente mittels Säuren, die übrigen durch Extraktion der Chloride u. Jodide mit Lösungsmitteln entfernt werden, läßt sich nach Red. der wss. stark salzsauren Lsg. durch $SnCl_2$ die Extraktion der niedrigwertigen Chloride von Rh u. Ir mit Essigsäureäthylester erzielen. Rh wird durch Fällung mit Pb abgetrennt u. durch die Rk. mit $SnCl_2$, Extraktion mit Amylalkohol u. Rk. mit KJ identifiziert, Ir mit $HClO_4$ in heißer schwefelsaurer Lösung. Die Red. mit Mg bietet gegenüber derjenigen mit $SnCl_2$ Nachteile. (An. Soc. ci. argent. **153.** 64—87. Febr. 1952. Buenos Aires, Fac. de Ci. exact., fís. y naturales.) R. K. MÜLLER. G 367

b) Organische Verbindungen.

Harry R. Roe und **John Mitchell jr.,** *Bestimmung kleiner Konzentrationen von Carbonylverbindungen durch eine p_H-Differentialmethode.* Zur raschen Best. kleiner Konzz. an akt. Carbonylverbb. wird eine Meth. verwendet, die auf der Messung des p_H einer 0,5n wss. $NH_2OH \cdot HCl$-Lsg. vor u. nach der Zugabe der Probe beruht. Die Abnahme des p_H ist eine direkte Funktion der Menge der in der Probe vorhandenen Carbonylverbindung. Zur Auswertung dient eine Eichkurve. Innerhalb 5 Min. lassen sich 0,0—0,023 mMol. CO-Verb./ml (in Bzl., Dioxan, CH_3OH, W. als Lösungsm.) mit einer Reproduzierbarkeit von ± 2% bestimmen. Von 25 untersuchten Aldehyden u. Ketonen reagierten *Acetophenon, Benzil, Diäthylketon, Äthyl-n-amylketon, Propyl-n-amylketon* unvollständig; *Diacetyl* reagiert nur mit 1 CO-Gruppe, *Acetyl-* u. *Acetonylaceton* geben, für 1 CO-Gruppe berechnet, zu hohe Resultate. Anorgan. u. organ. Säuren stören (zu hohe Resultate!), Ester scheinen nicht zu stören. Ausführung: Mit Hilfe eines BECKMAN-p_H-Meters wird das p_H einer Lsg. von 1 ml 0,5n $NH_2OH \cdot HCl$ in 10 ml W. bei einer gemessenen Temp. bestimmt; dieser „Blindwert" soll etwa bei 3,65—3,75 liegen. Dann gibt man 10 ml Probe, die nicht mehr als 0,23 mMol. CO-Verb. enthalten soll, hinzu, mischt u. läßt 5 Min. bei Raumtemp. stehen (bei mit W. nicht mischbaren Lösungsmitteln, wie Bzl., ist 5 Min. zu rühren). Dann mißt man wieder bei der gleichen Temp. das p_H. Aus der p_H-Differenz Δ p_H wird auf einer mit bekannten Konzz. auf gleiche Weise hergestellten Eichkurve der Geh. entnommen. (Analytic. Chem. **23.** 1758—60. Dez. 1951. Wilmington, Del., E. I. du Pont de Nemours & Co., Inc., Polychem. Div.) K. F. MÜLLER. 5364

Saul Soloway und **Abraham Lipschitz,** *Farbreaktion von Amiden und Nitrilen.* Vff. stellen fest, daß sich Amide u. Nitrile bei höherer Temp. u. unter teilweiser Verwendung von Alkali als Katalysator ebenso wie Ester, Anhydride oder Säurechloride mit $NH_2OH \cdot HCl$ zu Hydroxamsäuren bzw. Amidoximen umsetzen u. dadurch mit Hilfe der $FeCl_3$-Farb-Rk. nachweisen lassen. 4 Versuchsvorschriften (A—D) mit von Fall zu Fall stärker wirkenden Reaktionsbedingungen werden angegeben. Bei A werden 30 mg der Probe mit 1 ml 1n $NH_2OH \cdot HCl$ in Methanol u. 1 ml 1n KOH in Methanol versetzt, die Mischung 2 Min. zum Sieden erhitzt, gekühlt u. mit 0,5—1,0 ml 5%ig. Lsg. von $FeCl_3 \cdot 6\,H_2O$ in A.

zur Rk. gebracht. Bei B werden an Stelle der methanol. Lsg. 2 ml 1n$NH_2OH \cdot HCl$ in Propylenglykol verwandt. C sieht außerdem noch 1 ml u. D 2—6 ml 1nKOH in Propylenglykol vor, bei D mit nur 1 ml $NH_2OH \cdot HCl$ in Propylenglykol. In beiden Fällen wird die Kalilauge zur Reaktionsmischung vor der Erhitzung zugegeben. Eine große Anzahl von Verbb. wird untersucht. Außer mit Amiden u. Nitrilen werden mit Proteinen, Guanidinen u. Harnstoffderivv. positive Rkk. erhalten. Vorschrift A ergibt außer mit den sehr reaktionsfähigen Estern, Säurechloriden u. Anhydriden nur mit acetylierten Aniliden, die in o- oder p-Stellung eine elektronegative Gruppe besitzen, eine positive Farb-Rk.; B gibt außer mit den Verbb., die schon nach der Vorschrift A reagieren, positive Farb-Rkk. mit bas. Gruppen enthaltenden Nitrilen, unsubstituierten Amiden u. N-Alkylamiden, C mit unsubstituierten Nitrilen u. N-Arylalkylamiden u. D mit N-Arylarylamiden. (Analytic. Chem. **24**. 898—900. Mai 1952. New York, N. Y., City Coll., Chem. Dep.) Barchet. G 800

Joseph R. Spies, *Eine ultraviolettspektrophotometrische Mikromethode zur Untersuchung der Proteinhydrolyse.* Es wird eine Meth. zur quantitativen Best. von *Aminosäuren* beschrieben, die auf der Messung der UV-Absorption ihrer Cu-Salze beruht. Das Spektr. des Cu-Salzes von *Alanin* hat ein Maximum bei 230 mμ, u. die Lage der Absorptionsmaxima der 18 anderen untersuchten Aminosäuren (*Arginin, Asparaginsäure, Cystin, Glutaminsäure, Glycin, Histidin, Oxyprolin, Isoleucin, Leucin, Lysin, Methionin, Phenylalanin, Prolin, Threonin, Tryptophan, Tyrosin* u. *Valin*) ist nur wenig verschieden u. liegt in allen Fällen zwischen 225 u. 240 mμ. Die Intensität der Absorptionsbanden bei 230 mμ ist für Cu-Salze der meisten Monoaminosäuren ebenfalls sehr ähnlich wie für Alanin. Die Cu-Salze der Di- u. Tripeptide (*Dialanylcystin, Alanylglycin, Glycylalanin, Glycylaminoisobuttersäure* u. *-n-buttersäure, Glycyldehydrovalin, -sarkosin* u. *-serin, Sarkosylphenylalanin, Glycyl-alanylglycin, -glycylalanin, -glycylleucin* u. *-leucylglycin, Leucylglycylglycin*) zeigen ein wesentlich anderes Spektrum. Die Intensität bei 230 mμ ist bedeutend geringer. Auf diesem Unterschied zwischen den Spektren der Cu-Salze von Monoaminosäuren u. Di- bzw. Tripeptiden beruht die Best. des Hydrolysengrades von Proteinen. Sie wird am Beispiel der *Casein*-Hydrolyse in 3nHCl bei 100° beschrieben. (J. biol. Chemistry **195**. 65—74. März 1952. Washington, Allergen Res. Div.) D. Brück. G 950

Leavitt N. Gard, *Eine Bestimmungsmethode für Isopropyl-N-phenylcarbamat.* Die Meth. zur Best. von *Isopropyl-N-phenylcarbamat* (I) beruht auf dessen Hydrolyse u. Auffangen des entstandenen CO_2 in nNaOH. Die Genauigkeit der Meth. beträgt $\pm 0,2\%$. *Diphenylharnstoff* (II), der unter den Analysenbedingungen 82% seiner theoret. CO_2-Menge entwickelt, stört; er kann auf Grund seiner Unlöslichkeit in Perchloräthylen bei 25° (0,04 g/Liter) bestimmt werden. Sind größere II-Mengen vorhanden, so ist der Gesamt-CO_2-Wert entsprechend der II-Menge zu korrigieren. Die Meth. ist natürlich auch auf andere Carbamatester anwendbar. Ausführung: 2,5—3,0 g I werden in einem 250 cm³-Erlenmeyer mit 5 cm³ W. u. 30 cm³ eines Gemisches aus 9 cm³ konz. H_2SO_4 u. 91 cm³ 85%ig. H_3PO_4 45 Min. gekocht u. das entstandene CO_2 in 40,0 cm³ nNaOH-Lsg. aufgefangen. Nach Verdünnung mit ca. 400 cm³ W. gibt man 50 cm³ 10%ig. $BaCl_2$-Lsg. hinzu u. titriert die überschüssige NaOH mit nHCl gegen Phenolphthalein. Eine geeignete App. ist abgebildet. (Analytic. Chem. **23**. 1685—86. Nov. 1951. Balerton, O., Pittsburgh Platt Glas Co., Columbia Chem. Div.) K. F. Müller. G 1350

V. C. Vespe und **D. F. Boltz**, *Ultraviolettspektrophotometrische Untersuchung des Systems Eugenol–Isoeugenol.* Ein Vgl. der UV-Absorptionsspektren von *Eugenol* (I) u. *Isoeugenol* (II) zeigt für die Quotienten der mol. Absorptionsindices von I u. II bei 254 mμ ein Minimum u. bei 282 mμ ein Maximum. Bei diesen Wellenlängen ist die Überlappung der UV-Absorptionskurven am geringsten, eine spektrophotometr. Simultanbest. von I u. II also möglich. Vff. weisen nach, daß bei 254 u. 282 mμ Lsgg. von I u. II dem Beerschen Gesetz entsprechen u. die Absorptivitäten additiv sind. Vff. führten die Best. an I-II-Lösungsgemischen im Molverhältnis 0,5—50 bei einer absol. Konz. an I von 10^{-4} bis 10^{-5} mol. durch. Den höheren Wert des mol. Absorptionsindex von II beim Absorptionsmaximum von 254 mμ erklären Vff. durch den bathochromen Einfl. der zum Benzolkern in Konjugation stehenden Doppelbindung der Seitenkette. (Analytic. Chem. **24**. 664—66. April 1952. Detroit, Mich., Wayne Univ.) Moisar. G 1460

c) Bestandteile von Pflanzen und Tieren

W D. Burbanck, Charles H. Driver und **Madeline P. Burbanck**, *Essigsäure–Carmin–Milchsäure–Phenol-Präparate von Paramaecium aurelia.* (Stain Technol. **27**. 193—95. Juli 1952. Emory, Ga., Univ., Dep. of Biol.) Krusen. 5661

Horst Kaudewitz, *Ein neues Einschlußmittel.* Verwendung von *Kaurit 65* (Formaldehyd–Carbamid-Kondensat; Lsg. in Formaldehyd mit n_D 1,4915), das schnell erstarrt, zum Einbetten ungefärbter mkr. Objekte, wenn nötig verd., mit Celodal, Oxal- oder Maleinsäure versetzt. Kein Lackring erforderlich. (Mikrokosmos **41.** 142—44. März 1952. Rosenheim.) Blumrich. 5661

Helge Bergh, *Bestimmung von Aminosäuren, Cystin, Methionin, Tyrosin und Tryptophan in tierischen und pflanzlichen Produkten.* Beschreibung der Methoden zur Best. von *Cystin* u. *Methionin* nach Evans (Arch. Biochemistry **7.** [1945.] 439) u. von *Tyrosin* (I) u. *Tryptophan* (II) nach Alten u. Haupt (C. **1940.** II. 670) u. tabellar. Wiedergabe der damit an einer Reihe tier. u. pflanzlicher Proteine erhaltenen Ergebnisse. Vf. konnte zeigen, daß bei Gerste in Wasserkultur durch steigende *Zn*-Gaben eine Erhöhung des Geh. an I u. II bei gleichbleibendem Proteingeh. bewirkt wird. — 79 Literaturangaben. (Acta Agric. scand. **2.** 158—72. 1952. Trondheim, Norwegen, State Agric. Labor.) Krusen. 5666

d) Medizinische und toxikologische Analyse.

R. B. Gibson, T. L. Carr, Saul Green und W. M. Fowler, *Photometrische Bestimmung von Plasmaheparin.* Eine photometr. Bestimmungsmeth. für *Heparin* (I)-Na wird beschrieben: 5 cm^3 Plasma (P.) werden mit n-Octylamin gefällt, umgefällt mit $Zn(OH)_2$, der Nd. mit Phosphatpuffer (p_H 7,8, 65—70°) zers. u. erneut mit Toluidinblau O gefällt. Nach Waschen des roten Nd. mit W. u. Aufnehmen in alkoh. NaOH erfolgt photometr. Best. bei $\lambda = 530$ mμ. Best. von zu P. u. Urin zugesetztem I war quantitativ. Normales P. enthält 0,02—0,54 mg-%, u. Urin 3—12 mg-% inakt., I-ähnliche Substanz, ausgedrückt als I-Na. (Proc. Soc. exp. Biol. Med. **79.** 577—80. April 1952. Iowa, Iowa, State Univ. of Iowa, Hosp., Dep. of Biochem. and Internal Med.) Königsdorf. 5727

S. Vulterini und S. Magalini, *Über die Bestimmung des an salzgefällte Serumproteine gebundenen Cholesterins.* Für die Best. des *Cholesterins* (I), das an die mit Na_2SO_4 fällbaren Eiweißfraktionen des Serums gebunden ist, verwenden Vff. eine Modifikation der von Schoenheimer u. Sperry (J. biol. Chemistry **106.** [1934.] 745) angegebenen Methode. Die mit Na_2SO_4-Lsgg. verschied. Konz. ausgefällten Globuline werden abfiltriert, das freie I aus dem Filtrat mit Chlf. extrahiert u. mit Digitonin gefällt. Durch Subtraktion des so erhaltenen I-Wertes von dem analog bestimmten Gesamt-I-Geh. des Serums erhält man die Menge an I, die an Na_2SO_4-fällbares Eiweiß (Globulin) gebunden vorliegt. (Riv. Ist. sieroterap. ital. **27.** 203—12. Mai/Juni 1952. Roma, Univ., Ist. di Clinica med. generale e Terapia med.) Ippen. 5728

Klaus Walter, *Zur Bestimmung der 17-Ketosteroide im Harn.* Vf. gibt eine Extraktionsmeth. der bei der Zimmermannschen Rk. entstehenden roten Farbe mit Bzl. an. Durch die Verwendung von Bzl. werden gegenüber der Ae.-Meth. größere Verdunstungsverluste vermieden. Durch schwache Alkalisierung des Extrakts mit alkoh. KOH wird eine Farbkonstanz von mindestens 30 Min. garantiert u. eine störende Trübung vermieden. Die Extinktion der benzol. Extrakte ist kleiner als die der äther., doch sind die Charakteristika der Absorptionskurven identisch. (Klin. Wschr. **30.** 474—75. 15/5. 1952. Erlangen, Med. Univ.-Klinik.) H.-J. Koch. 5732

John F. Marchand, *Mikroteste für Cholinesterase. Auswertung nach Nervengas- oder Insekticidvergiftung.* Vf. weist darauf hin, daß eine sichere Diagnose von Vergiftungen durch Insekticide oder Kampfstoffe mit Anticholinesterasewrkg. (z. B. Diisopropylfluorphosphat, Tetraäthylpyrophosphat) nur durch Bestimmungen der *Cholinesterase* (I)-Aktivität u. von Plasma u. Erythrocyten zu stellen ist. Es wird eine Meth. beschrieben, bei der die zur Hämatokritbest. verwendeten Capillaren nach Behandlung mit Heparinlsg. zur Blutentnahme u. Zentrifugierung verwendet werden. Die I-Best. wird in 0,02 ml Plasma oder entsprechendem Vol. Erythrocyten vorgenommen. Wenn die I-Aktivität sowohl in Plasma als auch in Erythrocyten unter 50—60% der n. Werte gesunken ist, so liegt der Beweis einer schweren Vergiftung auch bei Fehlen anderer Symptome vor. (J. Amer. med. Assoc. **149.** 738—40. 21/6. 1952. New York.) Krusen. 5764

W. N. Alexejew, Kursus der analytischen Chemie. 4. Aufl. Moskau-Leningrad: Gosschimisdat. 1952. (408 S. m. Abb.) 9 Rbl. 90 Kop. [russ.]

Georges Laplace, Dosage de quelques éléments rares dans les minerais de fer de Lorraine. Paris: Centre de documentation sidérurgique. 1952. (62 S. m. Abb.)

H. Angewandte Chemie.

I. Allgemeine chemische Technologie.

J. Moss, *Wärmeübergang.* An Hand von ca. 150 Zitaten wird ein Überblick über die in letzter Zeit veröffentlichten Bücher u. Arbeiten auf dem Gebiet der Wärmeleitung u. des Wärmeübergangs gegeben. (Chem. Process Engng. **33.** 603—06. Nov. 1952. London, Univ. Coll., Dep. Chem. Engng.) Cramer. 5814

G. S. van der Vlies, *Die Entwicklung der technischen Ionenaustauscher und ihre Anwendungen.* Übersicht. (Chem. Weekbl. **48.** 350—55. 17/5. 1952.) Wesly. 5826

J. Class und **A. F. Maier**, *Bauarten von Hochdruckhohlkörpern in Mehrteil-, insbesondere Mehrlagen-Konstruktion.* Grundlegender Überblick über die 4 Konstruktionsprinzipien zum Bau von *Hochdruck-Hohlkörpern* (Aufnahme der Längsbeanspruchung 1. durch die ganze Wand beim Vollmantel; 2. durch den inneren Teil; 3. durch besondere Bauelemente; 4. durch den Mehrlagenteil bei mehrteiligen Mänteln). Aus wirtschaftlichen u. techn. Gründen haben in den letzten 15 Jahren die Mehrlagenkörper gegenüber den Vollmantelkörpern den Vorrang eingenommen, wobei die Herst. von Geschützrohren als Vorbild diente. — Überblick über Ausführungsmöglichkeiten; das Wickeln von Hochdruckkörpern mit profilierten Bändern; Beispiele von ausgeführten großen Hochdruckhohlkörpern in Mehrteilbauart; Werkstofffragen u. -prüfung. Die Arbeit wird durch 36 photograph. Abbildungen, Skizzen u. Diagramme ergänzt. — 39 Literatur- u. 30 Patentangaben. (Chemie-Ing. Techn. **24.** 184—98. April 1952. Ludwigshafen/Rh., BASF; Hattingen/Ruhr, Ruhrstahl A. G.) Rotter. 5834

T. J. Walsh, *Hochtemperaturdestillation.* Literaturübersicht über die für techn. Destillationsvorgänge von Ende 1950—1951 veröffentlichten bedeutsamen Arbeiten mit 115 Schrifttumshinweisen. (Ind. Engng. Chem. **44.** 45—49. Jan. 1952.) Stage. 5864

L. G. Beckett, *Gefriertrocknung-Vakuumsublimation.* Bei dem beschriebenen Trocknungsverf. werden wärmeempfindliche biol. Präpp. erst im gefrorenen Zustand dem Vakuum ausgesetzt. Das Einfrieren des Materials, das zur Vermeidung von Entmischung schnell geschehen muß, das verwendete Vakuumpumpensyst., die gekühlten Kondensatoren usw. werden beschrieben. Dieses Verf. wird schon im Großmaßstab, u. zwar zur Herst. von Penicillin, verwendet. (J. sci. Instruments, Suppl. Nr. **1.** 66—68. 1951.) Dietl. 5874

Metallgesellschaft Akt.-Ges. (Erfinder: **Wilhelm Herbert** und **Wendlin Vollmer**), Frankfurt/M., *Gewinnung adsorbierbarer Stoffe aus Gasen oder Dämpfen mittels Aktivkohle.* Mit Wärmespeicher (I) ausgestattete Adsorber werden derart verwendet, daß bei der Desorption Wärme von dem aus dem Adsorptionsmittel austretenden Gasdampfgemisch an den I abgegeben u. diese Wärme für das Verf. während der Adsorption nutzbar gemacht wird. Die Konz. der zu behandelnden Gase usw. an adsorbierbaren Stoffen wird vor Eintritt derselben in I durch Gas-, z. B. Luftzusatz, erniedrigt. — Zeichnung. (**D. B. P. 843 544** Kl. 12e vom 12/10. 1950, ausg. 10/7. 1952.) Heinsen. 5849

Pease Anthony Equipment Co., Waltham, Mass., V. St. A., *Gaswäsche.* Um aus Gasen feinverteilte suspendierte Stoffe abzuscheiden, leitet man die Gase durch ein Venturi-Rohr u. bringt sie in diesem mit der Wasch-Fl. in Berührung, wobei diese im sogenannten Halsstück des Rohres möglichst senkrecht in das Gas eingeführt wird, das in diesem Teil seine Geschwindigkeit erhöht. Hierdurch wird eine bes. gute Vermischung erzielt. (**Finn. P. 25 863** vom 7/11. 1947, Auszug veröff. 31/8. 1952. A. Prior. 8/11. 1946.) J. Schmidt. 5851

Total K. G. Foerstner & Co. (Erfinder: **Karl Friedrich** und **Friedrich Emmrich**), Mannheim, *Reinigen und Abfüllen verflüssigter Gase,* bes. CO_2, bei welchem das Gas nach Überführung in den Dampfzustand durch Reinigungsfilter u. nach Abkühlung bis zur Wiederverflüssigung in die zu füllenden Behälter geleitet wird, dad. gek., daß das verflüssigte Gas vor seiner Verdampfung auf einen Druck gebracht wird, der ausreicht, um die Verflüssigung bei Leitungswassertemp. zu bewirken. Durch das Filter soll ein annähernd gleichbleibender Dampfstrom gehen. — Vorrichtung. (**D. B. P. 858 103** Kl. 17g vom 16/12. 1944, ausg. 4/12. 1952.) Schindler. 5857

Gesellschaft für Linde's Eismaschinen Akt.-Ges. (Erfinder: **Kurt Nesselmann**), Wiesbaden, *Eindicken von Lösungen durch Ausfrieren,* dad. gek., daß die Lsg. auf eine rotierende zylindr. Kühlfläche aufgebracht wird, wobei der ausgefrorene Anteil von der Fläche abgeschabt u. die fl. Restlsg. durch Zentrifugalkräfte abgespritzt u. kontinuierlich wieder auf die Kühlfläche gespritzt wird. Das Kühlrohr wird entweder mittels Sole oder durch direkt verdampfendes Kühlmittel gekühlt. — Vorrichtung. (**D. B. P. 853 902** Kl. 12a vom 18/4. 1943, ausg. 30/10. 1952.) Schindler. 5859

Heinrich Ratte, Frankfurt/M., *Beheizung von Destillierkolonnen,* dad. gek., daß vor-, neben- u. nachgeschaltete Kolonnen indirekt über Aufkocher oder in Heizschlangen durch die Dämpfe vom Rückstand einer sogenannten ausgezeichneten Kolonne beheizt werden. Die letztere ist diejenige, deren Rückstand bei dem gewählten Druck am höchsten sd. u. der im Sumpf durch Erhitzen u. Verdampfen des Rückstandes die notwendige Wärme zugeführt werden kann. Weitere Variationen. — Zeichnungen. (**D. B. P. 851 635** Kl. 12a vom 2/3. 1950, ausg. 6/10. 1952.) Schindler. 5865

Giuseppe Rossi, Lezioni di chimica industriale. Bologna: Ed. Libr. universitaria L. Tinarelli. 1952. (348 S.)

II. Feuerschutz. Rettungswesen.

Morris Katz, *Das Problem der Luftverunreinigung in Canada.* Überblick über Ausmaß u. bisherige Eindämmung der Rauchgasschäden in den Pb–Zn-Gruben von Trail, B. C., den Sudbury Ni–Cu-Gruben in Copper Cliff, Coniston u. Falconbridge, sowie der Rauchgas- u. Staubbelästigung im Detroit–Windsor-Bezirk, sowie den Stand der einschlägigen topograph., meteorolog. u. pflanzenphysiol. Unterss. als Grundlage für weitere Abhilfsmaßnahmen. (Chem. in Canada **4.** 25—32. Aug. 1952. Ottawa, Defence Res. Chem. Labors.) MANZ. 5930

A. Haid und **H. Koenen,** *Ammonsalpeterexplosionen.* Die mit NH_4NO_3 (I) ausgeführten Destillationsverss. ergaben, daß die Temp. einer **I**-Schmelze durch stark erhöhte Wärmezufuhr bei möglichst geringer Wärmeableitung über die Zersetzungstemp. hinaus bis zur Dest. von **I** bei 280—300° gesteigert werden kann. Hierdurch wird der Zerfall in N_2O u. H_2O zugunsten der Verdampfung des Salzes u. der Dissoziation des Mol. in NH_3 u. HNO_3 bzw. Stickoxyde stark zurückgedrängt u. die Entstehung brennbarer Gase veranlaßt, die sich bei Tempp. über 450° entzünden. Um einen explosiven Reaktionsverlauf zu erreichen, ist ferner erforderlich, daß durch Behinderung des ungehemmten Abzuges der Zerfallsprodd. eine Gas- u. Wärmestauung eintritt, die eine weitere Beschleunigung des Zersetzungsvorganges hervorruft. Freiliegendes **I**, erhitzt bei freiem Abfluß der Zersetzungsgase sowie der Schmelze, leitet die Verbrennung nicht weiter u. explodiert nicht, da das Salz flüchtig ist, seine Destillationstemp. unter der Entzündungstemp. liegt u. infolge der Verdampfung ein großer Betrag an Wärme abgeführt wird. Die Maßnahme, die vorsieht, daß der Geh. an verbrennlichen Bestandteilen in **I** nicht mehr als 0,4% betragen darf, ist gerechtfertigt. (Chemiker-Ztg. **76.** 471—75. 20/7. 1952. Berlin-Dahlem, Materialprüfungsamt.) OPPERMANN. 5936

W. Kohl, *Betriebliche Hygiene im graphischen Gewerbe.* Die Möglichkeiten von Gesundheitsschädigungen in graph. Betrieben (Vergiftungen durch Bleistaub u. -rauch u. Lösungsmitteldämpfe, Hautschädigungen durch Chromverbb., photograph. Entwickler u. andere Chemikalien) werden aufgezeigt u. Hinweise für Vorbeugungs- u. Bekämpfungsmaßnahmen gegeben. Ein erhöhtes Bleirisiko im graph. Gewerbe besteht nicht mehr. (Polygraph **5.** 421—22. 20/9. 1952.) EISENBARTH. 5940

Brauer, *Feuerschutz in der Textilindustrie.* Angeführt werden die in Textilbetrieben vorkommenden Brandmöglichkeiten. Die für einen wirksamen Feuerschutz geeigneten Feuerlöschanlagen u. -geräte werden beschrieben. (Textil-Praxis **7.** 733—36. Sept. 1952.) P. ECKERT. 5944

Hans Schulze-Manitius, *Das Löschen und die Löschmittel brennbarer Stoffe.* Brennbare Fll. u. halbstarre Stoffe müssen, wenn sie in Brand geraten sind, ihren Eigg. entsprechend gelöscht werden. W. eignet sich zum Löschen von Alkoholen u. anderen mit W. mischbaren Fll., nicht aber von sonstigen brennbaren Fll. u. halbstarren Stoffen (Mineralöle, Fette, Wachse). Durch Zusatz von Netzmitteln u. Salzen wird die Löschfähigkeit von W. gesteigert. Auch Wasserdampf ist verwendbar, wenn er mit großem Überdruck eingeblasen wird u. unter Spannung bleibt. Sägemehl, Häcksel u. Torfmull in trockener Form mit Zusatz von Na_2CO_3 werden mit Vorteil zum Löschen durch Abdecken verwendet. Bei größeren Bränden sind Löschschaum u. Kohlensäureschnee gute Löschmittel. Gase, wie CO_2, N_2, SO_2 oder Cl_2, eignen sich zum Löschen von Bränden in abgeschlossenen Räumen. Gute Löschmittel sind CCl_4 (Gefahr der Phosgenbldg.), CH_3Cl (sollte nicht mehr verwendet werden, da der Gebrauch zu tödlichen Vergiftungen geführt hat) u. CH_3J. (Seifen-Oele-Fette-Wachse **78.** 419—22. 13/8. 445—46. 27/8. 1952.) EISENBARTH. 5944

Alfred-Louis-René Laporte, Frankreich, *Verbesserung des Schutzes gegen Röntgen- und ähnliche Strahlungen,* dad. gek., daß Papier, Pappe, Holz, Öl, Harz, Farbe, Lack, Gewebe, Filz, verschied. Gummiarten, Latex, Kautschuk, Glas u. Kristall usw. mit *Bi-Verbb.*, z. B. gelbes Bi_2O_3 oder metall. Bi, versehen werden. Die so erhaltenen Stoffe dienen zur Herst. von Schutzvorrichtungen, Kleidern, Handschuhen usw., als Schutz gegen Röntgenstrahlen, radioakt. u. ähnliche Strahlungen. Die Schutzwrkg. eines Gemisches von 70% Bi_2O_3 u. 30% Gummi ist fast die gleiche wie die von metall. Pb. (**F. P. 986 868** vom 24/3. 1949, ausg. 6/8. 1951.) HEYNE. 5937

Horace J. Price, Silver Spring, Md., V. St. A., *Verringerung der Feuergefahr auf kleinen Booten.* Auf dem Bilgewasser können sich Bzn. oder andere leicht entzündliche KW-stoffe ansammeln. Daher werden diesem ca. 3—6 Gew.-% einer konz. Emulsion aus 20—30% gesätt. u. ungesätt. Fettsäuren mit 8—22 C-Atomen, 1,5—3% kaust. Alkali, 0,5—1% n-Butyl-, Isobutyl-, n-Propyl-, Isopropyl, sek.-Butyl-, tert.-Butyl-, Amylalkohol oder Propylenglykol, 50—60% eines hochsd. KW-stoffes mit einem Flash-Punkt von

105° F (Kerosen) u. 5—30% W. eingerührt, wodurch die leicht entzündlichen KW-stoffe gelöst werden. (**A. P. 2 573 599** vom 21/10. 1949, ausg. 30/10. 1951.) STEIL. 5945

T. Wieslander, Bromma, Schweden, *Herstellung von Schaum für Feuerlöschzwecke.* Man bringt im Schaummischer zwei verschied. Massen zusammen, von denen eine Bicarbonat u. Erbsenmehl u. die andere Al-Sulfat, Salpeter u. NaCl enthält. Das Bicarbonatsalz kann auch Hirschhornsalz enthalten. Beide Massen können trocken getrennt gelagert werden u. erst in der Spritzdüse mit W. vermischt werden. Das Erbsenmehl dient dazu, an der Brandstelle festhaftende Krusten zu bilden, die die Ausdehnung des Feuers verhindern. (**Schwed. P. 131 864** vom 4/10. 1947, ausg. 29/5. 1951.) J. SCHMIDT. 5945

Nathalie Demassieux, geb. **Filatoff**, und **Igor Znatchkowsky**, Frankreich, *Gelbildung verhindernder Zusatz für Schaumfeuerlöscher.* Zu der Säurefüllung, die im allg. aus Al-Sulfat besteht, wird noch Oxalsäure gegeben, während der Bicarbonatfüllung NaCl, KCl u. NH_4Cl zugesetzt werden. (**F. P. 990 165** vom 10/3. 1944, ausg. 18/9. 1951.) WITTHOLZ. 5945

Mine Safety Appliances Co., Pittsburgh, übert. von: **Carey B. Jackson**, Forest Hills, Pa., V. St. A., *Sauerstoff entwickelnde Masse.* Ein Gefäß enthält reines K_2O_4 (I) mit ca. 0,02—0,06 (Mol) W. auf 1 I. Die Mischung ist bis ca. 150° F stabil u. reagiert mit CO_2 rasch unter O_2-Entw. bis zu 0° F. (**A. P. 2 547 267** vom 24/8. 1944, ausg. 3/4. 1951.) STEIL. 5945

IV. Wasser. Abwasser.

Rolf Eliassen und **Herbert H. Uhlig**, *Sogenannte elektrische und katalytische Kesselwasserreinigung.* Die in den Anpreisungen elektr. u. katalyt. Kesselstein- u. Korrosionsverhütungsmittel gegebenen Erläuterungen halten einer wissenschaftlichen Nachprüfung nicht stand. (J. Amer. Water Works Assoc. **44**. 576—82. Juli 1952.) MANZ. 6030

B. A. Southgate, *Abwasserbeseitigung in England.* Überblick über die neueren gesetzlichen Maßnahmen zur Minderung der Flußverschmutzung durch gewerbliche Abwässer u. die Arbeiten des RESEARCH LABORATORY über die Verbesserung biol. Reinigungsverff. zur Erzielung eines Ablaufes mit weniger als 20 mg/Liter BSB. (Ind. Engng. Chem. **44**. 524—30. März 1952. Watford, Herts, Water Pollution Res. Labor., Dep. of Sci. and Ind. Res.) MANZ. 6038

G. Müller-Neuhaus, *Über die Kennzeichnung der hydraulischen Verhältnisse bei Klärbecken.* Für die Beurteilung der Wrkg. verschied. Formen u. Ausbildung eines Klärbeckens sind nur die hydraul. Verhältnisse, also Durchflußkurve, Lage des Anlauf- u. Auslaufpunktes, die Form der Durchflußwelle, wichtig; es ist daher untunlich, die für Rein- oder Schmutzwasser, für kaltes u. warmes W. gültige Durchflußkurve mit einer die Sedimentationsfähigkeit eines bestimmten Abwassers kennzeichnenden Absetzkurve zu verbinden. An Stelle der nur an Hand vollständiger Durchflußkurven zu ermittelnden Schwerpunktslage der Durchflußfläche wird das Verhältnis der mittleren, rechner. oder planimetr. bestimmten Durchflußzeit zur theoret. Aufenthaltszeit als hydraul. Kennwert vorgeschlagen u. seine Berechnung erläutert. (Wasserwirtschaft **43**. 7—10. Okt. 1952. Essen, Emschergenossenschaft-Lippeverband.) MANZ. 6040

F. v. Ammon, *Kann man Molkereiabwässer „klären"?* Um die durch Molkereiabwässer verursachten Schädigungen der Vorfluter auf das unvermeidliche Mindestmaß zu beschränken, ist die anfallende Molke restlos zurückzuhalten, das Abwasser in einem täglich zu räumenden Absetzschacht zu klären u. der Vorfluter zur Beseitigung von Schlammansammlungen im Frühjahr gründlich zu entschlammen. Hinweis auf die Erprobung der Verrieselung bzw. Verregnung in der Versuchsanlage Reichertshausen. (Allg. Fischerei-Ztg. **76**. 134. 1/4. 1952. München, Bayer. Biol. Versuchsanstalt.) MANZ. 6040

Jean Pien, *Neue Gesichtspunkte zum Problem der Abwasserreinigung der Molkereiindustrie.* Um die Erstellung von Kläranlagen in Molkereien zu vermeiden u. die Abwässer unter weitestgehender Ausnutzung der Selbstreinigungskräfte des Vorfluters unschädlich zu machen, ist eine über den ganzen Tag geregelte Abführung der Abwässer, die restlose Beseitigung aller ungelösten Bestandteile durch Filtration, zweckmäßig ein in Schwebe gehaltenes u. belüftetes Torffilter u. die Verhinderung des Anfaulens u. vorzeitiger Keimentw. durch Zusatz von Hypochlorit (0,05—0,1% 28—30° Javellauge) anzustreben. Unter diesen Voraussetzungen wird für eine minimale O-Sättigung des Vorfluters von 50% bei 20°, entsprechend 4,5 mg/Liter O_2-Geh. die notwendige Wasserführung des Vorfluters auf verschied. Wegen ermittelt, die zur Verarbeitung bestimmter Abwassermengen erforderlich ist. Für eine Abwassermenge von 80 cm^3 ergibt sich eine notwendige Vorflut von 100 Sekundenliter. Steht die Vorflutmenge nicht zur Verfügung, so wird Flockung mit

$FeSO_4$ oder Al-Sulfat (1 g/Liter) mit anschließender Kalkung zur Minderung der Belastung empfohlen. (Ind. laitière [N. S.] **1952.** 10—16. Jan. 53—61. März. 102—13. Mai. 153 bis 160. Juli 1952.) MANZ. 6042

Don E. Bloodgood, *Baumwurzeln, Kupfersulfat und Faulraum.* Um in Kanalisationsröhren bzw. -kanäle eingedrungene Wurzeln abzutöten u. zu entfernen, wird $CuSO_4$ angewendet. Dieses beeinträchtigt nach Kleinverss. in Mengen bis zu 3,2 g/Liter die Faulgasmenge nicht, wenn der Zusatz höchstens einmal in 4 Monaten erfolgt. Mengen von 0,8 g/Liter sind auch bei längerer Einw. prakt. ohne Einfluß. (Water Sewage Works **99.** 190—93. Mai 1952. Lafayette, Ind., Purdue Univ.) MANZ. 6048

H. H. Gerstein, Ray L. Derby, Roy J. Morton, Harold E. Pearson, H. Gladys Swope und **Frank S. S. Taylor** (unter Mitarbeit von **William F. Bale, Robert L. Butenhoff** und **L. R. Setter**), *Apparatur und Methoden zur Prüfung von Wasser auf radioaktive Verunreinigung.* Kommissionsbericht der amerikan. Wasserwerksgesellschaft mit Erläuterung der radioakt. Maßeinheiten, Angabe der Grenzwerte für dauernden u. kurzzeitigen Geh. des Trinkwassers an radioakt. Stoffen, Auswahl der für die Überwachung der Wasserversorgungsanlagen im Rahmen des Luftschutzes geeigneten Kontrollinstrumente, des transportablen GEIGER-MÜLLER-Zählers, der Landsverk-App. (Ionisationskammer u. Quarzfadenelektrometer) u. des Proportionalzählers mit Gebrauchsanweisung u. Angabe des Anwendungsbereiches. (J. Amer. Water Works Assoc. **44.** 583—94. Juli 1952.) MANZ. 6056

E. Graf und **H. Bertholdt,** *Zur Lithiumbestimmung in Quellwässern.* Die Li-Best. in einem Ca^{2+} u. Mg^{2+} enthaltenden Mineralwasser wird dadurch vereinfacht, daß aus sulfatfrei gemachter Lsg. Mg u. die Hauptmenge des Ca in einer Al_2O_3-Säule nach BROCKMANN gegen Na ausgetauscht werden. Durch Subtraktion der titrierten $CaCl_2$-Menge von der durch Isoamylalkoholextraktion erhaltenen Summe von $CaCl_2$ + LiCl ergibt sich der Geh. an Lithium. Der Mg-Geh. wird aus der mit Amylalkohol extrahierten Gesamtmenge von $MgCl_2$, $CaCl_2$ u. LiCl durch Subtraktion der Summe von $CaCl_2$ u. LiCl ermittelt. (Z. Lebensmittel-Unters. u. -Forsch. **94.** 412—14. Juni 1952. Würzburg, Univ., Inst. für Pharmazie u. Lebensmittelchemie.) KLEVER. 6058

Alexander Goetz, R. H. Gilman und **A. M. Rawn,** *Verwendung der molekularen Filtermembranen für besondere Aufgaben bei Wasseruntersuchungen.* (Vgl. C. **1952.** 7236.) Die bisher zwecks Wechsel der Nährlsg. notwendige Übertragung der Membranen wird nach neuerer Technik vermieden, indem die Membranen auf eine Doppelpapierscheibe (ein oberes poröses Papier u. eine untere dickere Löschpapierscheibe, die mit Nährlsg. bzw. dem selektiven Nährboden getränkt u. getrocknet sind) aufgelegt werden. Werden die Papierscheiben wieder hydratisiert, so wird der wachstumshemmende Farbstoffzusatz des selektiven Mediums zunächst in der oberen Scheibe zurückgehalten, so daß an die Membran zuerst nur das Anreicherungsmedium gelangt, das allmählich in den selektiven Nährboden übergeht. Wenn die die Diffusionsgeschwindigkeit vornehmlich beeinflussende Bebrütungstemp. genau eingehalten wird, kann der Ablauf genau reproduziert werden. Diese mit Nähr- u. Endolsg. durchgeführte Membranmeth. ergab bei der Kontrolle der Küstengewässer neben dem in üblicher Weise ermittelten Colititer gute Übereinstimmung bei Colizahlen unter 220. Nicht hygroskop. Membranplatten können ohne vorherige Trocknung auch zur Best. der Schwebestoffe verwendet werden. (J. Amer. Water Works Assoc. **44.** 471—83. Juni 1952. Pasadena, Calif., Inst. of Technol.; Los Angeles, Calif., County Sanitary District.) MANZ. 6064

Christian Hülsmeyer, Düsseldorf, *Filter zur Entsauerstoffung von Wässern und feuchten Gasen,* bestehend aus Parkettstahlspänen u. deren Abfällen. (**D. B. P. 840 978** Kl. 85b vom 15/11. 1949, ausg. 9/6. 1952.) REICHELT. 6025

Merkantila Ingeniörsbyrån Pehr Husberg A/B, Stockholm, Schweden, *Reinigung von Wasser,* bes. von zirkulierendem Schwimmbassinwasser. Es wird eine Überchlorierung des W. über den sogenannten Brechpunkt hinaus bis zu einem Überschuß an wirklich freiem Cl_2 mit einer Filtrierung über alkal. reagierendes Filtermaterial (I) kombiniert. Als I werden Oxyde, Carbonate u. Hydroxyde des Ca u./oder des Mg verwendet. (**Schwz. P. 280 487** vom 25/6. 1949, ausg. 1/5. 1952. **F. P. 989 925** vom 30/6. 1949, ausg. 14/9. 1951. Beide Schwed. Prior. 2/7. 1948.) REICHELT. 6025

Walter Heiman, Wiesbaden, und **Werner Heimann,** Karlsruhe, *Entchlorung von Wasser.* Das Entchlorungsmittel wird in genau dosierten Mengen in Tablettenform oder als Fl., z. B. mit Tropfflaschen, verwendet. Geeignet sind $Na_2S_2O_3$ (I) u./oder l-Ascorbinsäure; I u. Lactose, Glucose oder andere Kohlenhydrate; CH_2O in monomerer oder polymerer Form. (**D. B. P. 846 626** Kl. 85b vom 3/5. 1949, ausg. 4/9. 1952.) REICHELT. 6027

V. Anorganische Industrie.

M. Ch. Kischinewski und **M. A. Kerdiwarenko,** *Kinetik der Kohlensäureabsorption der Natriumhydroxydlösungen in einem Propellerrührwerk mit großer Umdrehungszahl.* Bei der Unters. der CO_2-Absorption durch NaOH im Propellerrührwerk mit 1200 u. 1800 Umdrehungen/Min. wird die Konstanz der Phasengrenzfläche nach dem Verf. von KISCHINEWSKI u. PAMFILOW (C. **1950.** II. 1202) erreicht, das auf der Einhaltung einer konstanten Viscosität der Fl. durch entsprechende Wahl von Temp. u. Lösungskonz. beruht. Die Ergebnisse bestätigen die Richtigkeit der Absorptionsgleichung von KISCHINEWSKI. Aus dem Vgl. der daraus berechneten Absorptionsgeschwindigkeit mit der experimentellen Geschwindigkeitskurve, die mit dem App. bei der intensiven Durchmischung bei 400 Umdrehungen/Min. erhalten wurde, geht hervor, daß bis zur Konz. 2n statt der CO_2-Löslichkeit in NaOH die Löslichkeit in NaCl eingesetzt werden kann. Die zu 13200 cal aus der Gleichung berechnete Aktivierungsenergie der Rk. zwischen CO_2 u. OH' stimmt mit den direkten Messungen überein. (Журнал Прикладной Химии [J. angew. Chem.] **24.** 413—20. April 1951. Kischinew, Univ., Labor. für physikal. Chemie.) LEBTAG. H 274

Vittorio de Nora und **Patrizio Gallone,** *Die Entwicklung der elektrolytischen Prozesse zur Erzeugung von Chlor und Soda.* In histor. Darst. werden die Verff. der Chlor-Alkali-Elektrolyse beschrieben. Der Vgl. der mit Diaphragma u. mit Hg-Kathode arbeitenden Verff. zeigt die größere Beweglichkeit des letzteren. (Chim. e Ind. [Milano] **33.** 17—24. Jan. 1951. Mailand.) R. K. MÜLLER. H 274

Z. Horváth, *Reinigung verunreinigter Kupfersulfatlösungen.* Es wurde versucht, die aus Kupfererzen hergestellten, mit Fe, As u. Al verunreinigten $CuSO_4$-Lsgg. durch Versetzen mit $CaCO_3$ bzw. CaO oder CuO u. Einblasen von Luft in die warme Lsg. zu reinigen. Wird zu der Lsg. eine dem Sulfatüberschuß äquivalente Menge $CaCO_3$ zugesetzt u. bei 50° 5 Std. Luft durchgeleitet, so scheidet sich das Fe ab. Höhere Temp. u. längeres Durchlüften ist der Cu-Verluste wegen nicht angezeigt. Die besten Erfolge wurden erzielt, wenn zum Neutralisieren CuO verwendet wurde, CaO bewährte sich am wenigsten. (Bányászati Kohászati Lapok [Ung. Z. Berg- u. Hüttenwes.] **83.** 522—29. 1950.) PLANK. H 358

—, *Einheimische Kieselgur.* Bericht über französ. Kieselgurvorkommen. (Ind. chimique **39.** 70. März 1952.) STEINER. 6156

Olin Industries, Inc., East Alton, Ill., übert. von: **Joseph J. Wehrle,** Altoona, Pa., **Oliver L. Niehouse** und **Jerome G. Burtle,** Alton, Ill., V. St. A., *Reinigen von Alkaliazid.* Die durch Einw. von N_2O auf Alkaliamide erhaltenen Azide enthalten Alkalihydroxyd u. färbende Verunreinigungen. Man löst in wasserfreiem fl. NH_3, wobei die Verunreinigungen ungelöst bleiben. Nach deren Abfiltrierung u. nach Abdest. des NH_3 verbleiben farblose reine Azide. (**A. P. 2 591 664** vom 23/2. 1946, ausg. 8/4. 1952.) ZÜRN. H 243

Kinetic Chemicals, Inc., Wilmington, Del., V. St. A., *Trennung eines HCl, HF und CCl_2F_2 enthaltenden Reaktionsgemisches in die Bestandteile.* Das Reaktionsgemisch wird z. B. durch Einw. von HF auf CCl_4 erhalten. Durch fraktionierte Dest. bei 2,8—14 at u. —63 bis —20° treibt man HCl aus. Der Rückstand trennt sich in zwei Schichten, die eine besteht aus CCl_2F_2 mit wenig HF, die andere — die man wieder zum Fluorieren von CCl_4 verwenden kann — aus HF mit wenig CCl_2F_2. Vor der Bldg. u. Trennung der Schichten werden vorteilhaft HF u. CCl_2F_2 durch eine 2. fraktionierte Dest. von geringen Mengen CCl_4 u. CCl_3F abdestilliert. Aus CCl_2F_2 wird HF durch Waschen mit NaOH-Lsg. entfernt. — Vorrichtungen. (**Schwz. P. 280 176** vom 30/4. 1948, ausg. 1/5. 1952.) ZÜRN. H 245

Stora Kopparbergs Bergslags Aktiebolag, Falun, Schweden (Erfinder: **B. Lundén** und **K. N. Cederquist**), *Herstellung von festem Alkalichlorit.* Man leitet in eine Ätzalkalilauge in Ggw. von Kohle so lange ClO_2 ein, bis alles Alkalihydroxyd (**I**) verbraucht ist. Dann filtriert man u. setzt zum Filtrat so viel **I**, daß beim Eindampfen ein Prod. mit 1—10, bes. 1—5% freiem Alkali erhalten wird. (**Schwed. P. 133 595** vom 1/8. 1949, ausg. 20/11. 1951.) JÜRGEN SCHMIDT. H 247

Standard Oil Development Co., Elizabeth, N. J., V. St. A., *Herstellung von reinem Kohlendioxyd.* Holzkohle, Kohle, Koks, Öle, Lignit, Bitumen usw. (in feinverteiltem Zustand) oder KW-stoffe oxydiert man mit Hilfe eines Oxyds (Fe_2O_3, CuO auf einem Träger, V_2O_5, SnO_2), das O_2 abgeben kann u. das durch CO_2 bei hohen Tempp. aufgewirbelt wird, bei denen die Oxyde noch nicht sintern. (**E. P. 671 493** vom 1/3. 1950, ausg. 7/5. 1952. A. Prior. 12/5. 1949.) ZÜRN. H 260

American Cyanamid Co., New York, N. Y., V. St. A., übert. von: **Elmer W. Cook,** Dolphin, Square, England, *Herstellung von Thiophosphorylchlorid* (**I**). PCl_3 u. S werden in Ggw. von $AlCl_3$ oder $AlBr_3$ bei 20—76° umgesetzt. Die Rk. ist exotherm; es ist deshalb zu kühlen. Aus dem Reaktionsgemisch wird I abdestilliert. (**A. P. 2 591 782** vom 26/1. 1950, ausg. 8/4. 1952.) ZÜRN. H 264

—, Methoden zur Untersuchung und Wege zur Ausnutzung von Salzseen. Sammlung von Arbeiten. Moskau-Leningrad: Gosschimisdat. 1952. (292 S. m. Abb.) 10 Rbl. [russ.]

VI. Silicatchemie. Baustoffe.

Bumpei Yoshiki, *Über die Zusammensetzung von nicht alkalischem, manganoxydhaltigem Glas.* Da alkalihaltiges Glas leicht verwittert u. dadurch die guten Isolationseigg. für Elektrizität verliert, in Japan aber Bor fehlt, macht Vf. Verss., z. B. für Glasfasern, ein Glas von der Zus. SiO_2 55%, Al_2O_3 11%, CaO 17%, MgO 7%, MnO 10% zu verwenden. Er gibt in einer Reihe von Tabellen Vgll. dieses Glases mit einem Borosilicatglas in bezug auf Isolationswrkg. u. chem. Beständigkeit mit dem Ergebnis, daß es in jeder Hinsicht brauchbar ist. (Glass Ind. **33.** 353—76. Juli 1952.) KÜHNERT. 6200

R. C. Turnbull und **W. G. Lawrence,** *Die Rolle des Titans in Silicatgläsern.* Vff. berichten über Versuchsschmelzen des Glassyst. $Na_2O-SiO_2-TiO_2$, deren spezif. Gew. u. Brechungskoeff. nach beschriebener Meth. festgestellt wurden. Die Molarrefraktion wurde berechnet u. festgestellt, daß die partielle Refraktion des TiO_2 im Glas der aus Kristallen erhaltenen entspricht. Die Werte werden in Tabellen u. graph. Darstellungen gegeben. Die Ionendistanzen werden zu 1,60 Å zwischen Si—O u. zu 2,01 Å zwischen Ti—O errechnet u. stimmen mit den Ergebnissen anderer Unterss. befriedigend überein. Ti ist nicht selbst ein Glasbildner, schwächt aber die Netzbldg., u. daraus erklärt sich die Wrkg. der Herabsetzung des F. u. der Viscosität. (J. Amer. ceram. Soc. **35.** 48—53. 1/2. 1952.) KÜHNERT. 6200

Bernard Schwartz, *Grundlegende Arbeiten über Tone.* 12. Mitt. *Über den Einfluß der Oberflächenspannung von Wasser auf die Plastizität von Ton.* (11. vgl. KINGERY, C. **1952.** 6425.) Nach NORTON ist in Ton–W.-Systemen die Plastizität abhängig von Anziehungskräften zwischen den Teilchen. In diesem Zusammenhang ist Abhängigkeit des Fließpunktes von Teilchengröße u. Wassergeh. geklärt. Die Verformbarkeit eines Tones ist nach WILSON durch das Prod. aus Fließpunkt u. Druckverformung gekennzeichnet. Vf. untersuchte nun den Einfl. der Oberflächenspannung auf die Plastizität aus Druckverformungsdiagrammen. Massen aus einem Floridakaolin wurden mit dest. W. u. mit 1%ig. Lsg. von Santomerse D angemacht u. geprüft. 1% dieses organ. oberflächenakt. Stoffes der MONSANTO CHEMICAL CO. erniedrigt die Oberflächenspannung des W. bei 25° von 73 auf 33 dyn/cm. Diese Verringerung der Oberflächenspannung erniedrigt den Fließpunkt, die Druckfestigkeit u. maximale Verformbarkeit bei allen geprüften Wassergehh. zwischen 27,0 u. 31,4%, deren Einfl. mit früheren Arbeiten übereinstimmte. Theoret. Erklärungen wurden in Anlehnung an die Theorie von TERZAGHI gegeben. (J. Amer. ceram. Soc. **35.** 41—43. 1/2. 1952. Brit. Clayworker **61.** 80—82. 15/6. 1952. Cambridge, Mass., Massachusetts Inst. of Technol.) F. HEINRICH. 6216

M. Linseis, *Ein Beitrag zum Verhalten keramischer Gießschlicker.* Der Vf. diskutiert zunächst das Kraft–Bewegungs-Diagramm keram. Schlicker u. erläutert die Definitionen der Beweglichkeit, der Thixotropie, Viscosität, „dilatency" u. Anlaßdruck (yield value). Auf den Gleichlauf von Thixotropie mit Anlaßdruck u. Scherwiderstand der Plastizitätsmessung wird hingewiesen. Die Messungen an Amberger Kaolin wurden mit dem Ausflußviscosimeter nach BINGHAM, welches gut reproduzierbare Werte gibt, u. dem nach IRWIN durchgeführt. Beide leiden unter der geringen Variationsbreite der Bewegungskraft, welche bei einem Rührviscosimeter gegeben ist. — Literaturnachweis. (Sprechsaal Keram., Glas, Email **85.** 321—26. 20/7. 1952.) SCHÜTZ. 6216

—, *Die Umsetzung von Portlandzement mit Opal.* Kurze Zusammenfassung dreier größerer Arbeiten von VIVIAN u. DAVIS über den Chemismus u. die Auswirkungen der zwischen den Alkalien im Zement u. dem Opalanteil gewisser Mörtelzuschläge eintretenden Reaktion. Zemente mit ca. 0,35% Na_2O u. mehr führen mit opalhaltigen Zuschlägen zu einer nachträglichen Ausdehnung des Mörtels. (Cement Lime Manufact. **25.** 7—8. Jan. 1952.) MAUNE. 6222

Alberto Boselli, *Die Spektralanalysen.* Nach einführender Übersicht über die physikal.-chem. sowie verfahrenstechn. Grundlagen der Spektralanalyse (I) vermittelt Vf. einen Einblick in die Anwendungsmöglichkeiten von I auf dem Gebiet der Keramik. Das elektr. Photometer der Firma PHILIPS gestattet die Durchführung quantitativer Vollanalysen. Das Flammenphotometer von DR. BRUNO LANGE (II) findet besonders zur Best. des Na_2O- u. K_2O-Geh. (nach dem klass. Aufschluß nach LAWRENCE SMITH werden die Alkalien als Chloride durch photoelektr. Intensitätsmessungen im Vgl. mit Standardlsgg. quantitativ ermittelt) weitgehende Verwendung. Die erhaltenen Werte zeigen gute Übereinstimmung mit denen der gravimetr. Bestimmungen. Beim Arbeiten mit **II** geben Schwankungen im Gas- u. Luftdruck, unterschiedliche Heizwerte des Gases sowie verschied. Lufttempp. u. -zuss. zu Fehlern Veranlassung, worauf beim Arbeiten zu achten ist. Dem steht aber die ganz außerordentlich vorteilhafte u. schnelle Arbeitsweise der spektralanalyt. Methoden gegenüber. (Ceramica [Roma] [N. S.] **7.** 52—53. Aug. 1952. Uff. Studi della Soc. Ceramica.) ANIKA. 6240

Fr. Hegemann, *Neue Ergebnisse der quantitativen spektrochemischen Silicatanalyse.* Nach Hinweis auf die verschied. Nachteile der spektroskop. Unters. im Kohlestiftlichtbogen wird in Erweiterung des von HASLER angegebenen „Bläsersubstanz"-Verf. folgende Arbeitsweise empfohlen: 1 g Analysensubstanz + 0,05 g TiO_2 + 0,3 g Li_2CO_3 (Bezugselement) werden in einer Sinterkorundschale gut gemischt u. dann 1 g NH_4NO_3 + 2 g NH_4Cl als „Bläserstoffe" zugegeben. Unter Verwendung einiger Tropfen A. u. einer Form aus Kunstharz werden mit je 0,1 g der Probemischung Pastillen angefertigt. Man belichtet mit Wechselstromabreißbogen 10 A 30 Sek. oder nimmt 2 Aufnahmen von je 1 Pastille auf dieselbe Kasettenstellung mit je 15 Sek. unter Benutzung eines Sechsstufenfilters vor. Die Reproduzierbarkeit wird mit ca. $\pm 2\%$, der Zeitbedarf für die Best. von 6 Elementen mit 3—4 Std. angegeben. (Ber. dtsch. keram. Ges. e. V. Ver. dtsch. Emailfachleute e. V. **29.** 68—73. März 1952. München, TH.) HENTSCHEL. 6240

O. E. Radczewski und **R. Rath,** *Zur Bestimmung des Mineralbestandes von Tonen mit Hilfe der thermischen Analyse (Entwässerungskurven).* Es wird auf die Bedeutung der therm. Analyse, bes. der Entwässerung, für die Best. von Tonen eingegangen u. ein einfaches Verf. zur Aufnahme von Entwässerungskurven nach der dynam. Meth. beschrieben, mit dem innerhalb kurzer Zeit reproduzierbare u. vergleichbare Kurven erhalten werden können. Die Entwässerung der Tonminerale *Kaolinit, Montmorillonit, Nontronit, Illit* u. von *Nadeleisenerz,* sowie die hierzu verwandte App. werden näher beschrieben. Die Kurven von Mischungen je zweier dieser Minerale liegen meist so günstig, daß sie halbquantitativ ausgewertet werden können. Eine einfache Summenformel gestattet, aus den Entwässerungskurven der reinen Komponenten den Verlauf der Entwässerung ihrer Mischungen zu berechnen. Aus den geschilderten Verss. geht hervor, daß auch aus der dynam. aufgenommenen Entwässerungskurve eines Tones auf seinen Mineralbestand geschlossen u. in günstigen Fällen eine Aussage über die Menge der Bestandteile gemacht werden kann. Ist dieser Mineralbestand bekannt u. die Zahl der Komponenten gering, dann ist eine halbquantitative Auswertung mit einer Genauigkeit von $\pm 5\%$ möglich. Die Meth. eignet sich für die Praxis zur Betriebskontrolle, wenn es darauf ankommt, Tone einer u. derselben Lagerstätte schnell auf ihre mineral. Gleichartigkeit hin zu prüfen. Mit Hilfe der Entwässerung ist es möglich, die Identität wasserhaltiger Minerale verschied. Fundorte oder auch die Identität natürlicher u. synthet. Verbb. zu prüfen. (Ber. dtsch. keram. Ges. e. V. Ver. dtsch. Emailfachleute e. V. **29.** 247—52. Aug. 1952. Hamburg, Geolog. Staatsinst.) PISTOR. 6248

K. Gaede, *Einfache Bestimmung des Kalkgehaltes in frischem Kalkmörtel.* Einer krit. Betrachtung über die Unzuverlässigkeit des sogenannten Absetzvers. für die Unters. frischer Kalkmörtel folgt die Beschreibung einer auch von angelernten Kräften durchführbaren Titrationsmeth. (Neutralisation des Kalkes mit 5n HCl, Indicator: Phenolphthalein), die innerhalb von 20 Min. hinreichend genaue Ergebnisse liefert. Eine genaue Arbeitsanweisung mit Rechenbeispiel wird gegeben u. nachgewiesen, daß ein etwaiger Kalksteingeh. im Mörtelsand das Ergebnis nur unwesentlich beeinflußt. Für den Fall, daß der Kalksteinanteil des Sandes bekannt ist, werden Faktoren zur geringfügigen Korrektur der Untersuchungsergebnisse angegeben. — 2 Kurventafeln. (Zement-Kalk-Gips **5.** (**41.**) 78—81. März 1952.) MAUNE. 6254

Robert M. Fowler, Wallace M. Hazel, J. Paul Highfill und **R. E. Stevens,** *Silicatanalyse.* Es wird über neue Methoden der Best. von SiO_2, der Lsg. von feuerfesten Materialien, der Analyse von Be-Erzen u. der Granite u. Diabase berichtet. Die Schnellbest. der letzteren Mineralien bedient sich ausschließlich photometr. u. titrimetr. Methoden, während gravimetr. Bestimmungen nicht mehr durchgeführt werden. (Analyt. Chem. **24.** 196—97. Jan. 1952.) K. SEIDEL. 6256

Franz Kögl, *Untersuchungsmethode zur Bestimmung der mineralogischen Bestandteile von Sintermagnesit.* Zur Ermittlung des prozentualen Anteils der mineralog. Komponenten des Sintermagnesites wurde die Analyse des Rückstandes einer Behandlung mit 10% NH_4NO_3 im Vgl. mit der Totalanalyse verwendet. Der Fe-Anteil wird durch 20% Na-Tartratlsg. bestimmt. (Silikattechnik **3.** 311—12. Juli 1952. Meißen.) SCHÜTZ. 6256

Corning Glass Works, übert. von: **William H. Armistead,** Corning, N. Y., V. St. A., *Optisches Glas.* Zur Herst. anomaler achromat. opt. Systeme wird ein Glas von der Zus.:

15 (%) SiO_2, 15 B_2O_3, 20 La_2O_3, 5 BeO, 20 CaO, 20 CdO u. 5 ZrO_2 verwendet, welches folgende opt. Daten aufweist: n_D 1,726, $\gamma = 47,8$. (**A. P. 2 584 974** vom 13/5. 1948, ausg. 12/2. 1952.) HANS HOFFMANN. 6201

Corning Glass Works, übert. von: **William H. Armistead**, Corning, N. Y., V. St. A., *Optisches Glas*. Zur Herst. anomaler achromat. photograph. Linsen wird ein ThO_2-freies Glas verwendet, das folgende Zus. hat: 5—40 SiO_2, 5—40 B_2O_3. 5—35 La_2O_3 sowie wenigstens zwei der Oxyde BeO (2—15), MgO (bis zu 30), CaO (10—60), ZnO (bis zu 60), SrO (bis zu 60), CdO (bis zu 60), BaO (bis zu 60) u. PbO (bis zu 20). Die Summe der Oxyde der zweiwertigen Metalle soll zwischen 20 u. 75 u. die Summe dieser Metalloxyde einschließlich La_2O_3 zwischen 55 u. 80 liegen. — Beispiel: 15 SiO_2, 15 B_2O_3, 10 La_2O_3, 5 BeO, 20 CaO, 20 BaO. 10 PbO u. 5 ZrO_2; n_D 1,702; $\nu = 45,9$. (**A. P. 2 584 975** vom 27/3. 1951, ausg. 12/2. 1952.) HANS HOFFMANN. 6201

American Optical Co., Southbridge, übert. von: **Alexis G. Pincus**, Worcester, Mass., V. St. A., *Ultraviolettabsorbierendes Glas für Linsen, Filter* oder dgl. enthält ca. 70,4 (%) SiO_2, 8,7 Na_2O, 8,2 K_2O, 10,5 CaO, 0,6 Cl, 0,6 SO_3, 0,8 V_2O_5 u. 0,2 MnO_2. Es wird bei 2550° F erschmolzen u. kann bei 2200—1800° F verarbeitet werden. Das Glas ist amethystfarbig. — Diagramme. (**A. P. 2 582 453** vom 2/7. 1948, ausg. 15/1. 1952.) HANS HOFFMANN. 6201

Henri Duval, Seine, Frankreich, *Schnellerhärtender, zementartiger Mörtel*, der aus 10 (%) $CaCO_3$, 5 MgO, 4 Na- oder K-Bicarbonat u. W. besteht. Der Mörtel kann zur Bindung von Sand, Sägemehl, Kohlenstaub Verwendung finden, gegossen, geformt, gepreßt oder gerüttelt u. auf größeren Flächen als Verkleidungsschicht aufgebracht werden. Die Trockenkomponenten können vorher vermischt u. in Säcken zur Baustelle gebracht werden, wo dann der Zusatz von W. erfolgen kann. (**F. P. 988 695** vom 14/4. 1949, ausg. 30/8. 1951.) BEWERSDORF. 6227

Louis S. Wertz, Cleveland, O., übert. von: **Alexander Klein**, Berkeley, Calif., V. St. A., *Herstellung von Zementmörteln*. Zur Herabsetzung des Wassergeh. von Zementmörteln werden den Ausgangsstoffen beim Anmachen mit W. 0,005—0,6%, bezogen auf das Zementgewicht, eines Reaktionsprod. aus einer Polyoxycarbonsäure (**I**) mit 4—18 C-Atomen u. der wss. Lsg. einer N-haltigen Base (**II**) zugesetzt. Als **I** kommen Glucon-, Wein-, Citronen-, Zucker-, Arabon-, Adipin-, Palmitin-, Öl- oder dgl. Säuren in Frage, während als **II** Stoffe, wie NH_3, Amine oder dgl. verwendet werden können. — Z. B. wird zur Erzeugung eines geeigneten Mörtelzusatzes Triäthanolamin mit einer 50% ig. wss. Lsg. von Gluconsäure zur Rk. gebracht. — Diagramm. (**A. P. 2 588 248** vom 8/11. 1948, ausg. 4/3. 1952.) HANS HOFFMANN. 6227

Alfred Nowak, Steeg am Hallstätter See, Oberösterreich, *Herstellung extraharter Formkörper, wie Faserplatten*. Zur Herst. der Formkörper werden Lignocellulosemassen verwendet, die durch Imprägnierung von unter Schonung der Fasern grob zerkleinerter Lignocellulose mit 2—5% NaOH, auf Trockenholzsubstanz berechnet, u. anschließender Dämpfung mit Dampf von 7—9 atü durch mindestens 1 Std. behandelt wurden, wodurch der Erweichungspunkt des holzeigenen Lignins unter Erhaltung seiner Wasserunlöslichkeit auf ca. 100° herabgesetzt wird. Man kann auch einem solchen oder beliebigen anderen Faserbrei ein Lignin beliebiger Herkunft mit einem Erweichungspunkt um 100° als Bindemittel zusetzen. Die Wasserfestigkeit solcher Platten ist besser als selbst solcher mit 5% Bakelitzusatz. Verwendung für Dach- u. Wandplatten, Bootsbeplankung, Knotenbleche bei Holzkonstruktionen, Schichtkörpern für Lager, Zahnräder, Schläger, Isolierlaschen in der Textilindustrie, Konstruktionsteile im Holz- u. Maschinenbau. (**Oe. P. 170 640** vom 5/11. 1949, ausg. 10/3. 1952.) PANKOW. 6229

Alfred Nowak, Steeg am Hallstätter See, Oberösterreich, *Herstellung extraharter Formkörper, besonders Faserplatten* durch Zusatz von hochpolymeren Natur- oder Kunststoffen zu alkal., in der Wärme vorbehandeltem Lignocellulosefasergut (**I**), dessen Faserbündel möglichst erhalten blieben, dad. gek., daß als Grundstoff ein aktiviertes Lignin enthaltendes **I** verwendet wird, das durch Kochen oder Dämpfen von unter Schonung der Faser grob zerkleinerter Lignocellulose, wie Hackschnitzeln, nach Zusatz von 1—5% NaOH, auf trockne Holzsubstanz berechnet, durch mindestens 1 Std. bei Dampfdrücken von 6—10 atü erhalten wird. Das Lignin wird hierdurch depolymerisiert u. gibt dadurch mit dem Bindemittel, wie Bakelit, eine bessere Bindung, so daß Platten mit erhöhter Biegefestigkeit entstehen. Verwendung für Fußboden-, Dach-, Wandplatten, Bootsbeplankungen, Scheiben für Druckrollen oder Textilspulen, Isolierlaschen im Gleisbau, Schichtkörper, Knotenbleche bei Holzkonstruktionen, Lager, Zahnräder, Ritzel, Schläger, Konstruktionsteile. (**Oe. P. 170 811** vom 18/6. 1949, ausg. 25/3. 1952.) PANKOW. 6229

Carl Mendius, Riverside, Ill., V. St. A., *Herstellung von Kalksandsteinen*. Feuchte SiO_2-haltige Stoffe, wie Sand, Schlacke, werden mit 4% CaO bis zum Löschen des Kalkes vermischt. Nach Zusatz von $^1/_4$—2% $FeSO_4$, $ZnSO_4$ oder $CuSO_4$ in Form einer 50% ig. wss. Lsg. wird die M. durch Pressen verformt u. mit Wasserdampf unter Druck gehärtet. (**A. P. 2 584 604** vom 26/12. 1947, ausg. 5/2. 1952.) HANS HOFFMANN. 6229

Imperial Chemical Industries Ltd., London, und **James William Davison**, Welwyn Garden City, Hertford, England, *Baumaterial für Feuchtigkeitsabzugkanäle*. Hierfür werden dünne Platten aus Mischpolymerisaten aus Vinylchlorid u./oder Vinylidenchlorid u. einer anderen ungesätt. organ. Verb., z. B. Vinylacetat, Acrylnitril, Methylacrylat oder Methylmethacrylat, als Auskleidungsmaterial verwendet. (**E. P. 665 166** vom 25/4. 1950, ausg. 16/1. 1952.) R. HERBST. 6229

Karl Stauss, Dresden, *Formbare Masse aus Torf* zur Erzeugung von *Bau-, Dämm-, Fußboden-, Schallschluckplatten, Röhren* u. dergleichen. Die Torfmasse wird ohne oder mit Füllstoffen im Anschluß an die Homogenisierung in stäbchen- oder kugelförmige Gestalt gebracht, getrocknet u. gegebenenfalls durch ein anorgan. oder organ. Bindemittel, z. B Kunstharz, erforderlichenfalls unter Anwendung eines geringen Verdichtungsdruckes, vereinigt u. in die Endform gebracht. (**D. B. P. 856 220** Kl. 39b vom 30/6. 1950, ausg. 20/11. 1952. **Zusatz zu D. B. P. 831 321; C. 1953. 118.**) SALZMANN. 6229

Gyproc Products Ltd., Gravesend (Erfinder: **Norman William Browne** und **Frederick Ernest Strable**, Strood), England, *Schallschluckende Wand- oder Deckenplatte* bestehend aus papierverkleideter Gipsplatte mit Löchern, deren eine Seite mit Woll-, Kunstseide- oder Baumwollfasern belegt ist. Verwendung von gekörntem Kork oder Schaumvermiculit, mit geeignetem Klebstoff aufgeblasen, u. Füllung der Löcher mit Glaswolle u. dgl. ist vorgesehen. Wärme- u. Schalldämmung. (**D. B. P. 857 271** Kl. 37b vom 15/7. 1950, ausg. 27/11. 1952. E. Prior. 15/7. 1949.) SCHINDLER. 6229

Raybestos-Manhattan, Inc., Passaic, N. J., übert. von: **Alvin M. Yocom**, Detroit, Mich., und **George D'Olier**, Devon, Conn., V. St. A., *Elastische, korkhaltige Platte*, bestehend aus einer Asbest–Kautschuk-Schicht (I), aus 10—30 (Gew.-%) Korkteilchen, 35—70 faserigem Asbest u. 10—20 Kautschuk. Diese ist in zwei noch dichtere, aber korkfreie I eingebettet. — Zeichnungen. (**A. P. 2 584 959** vom 14/9. 1948, ausg. 5/2. 1952.) NEBELSIEK. 6229

W. M. Mosskwin, Korrosion von Beton. Moskau: Verlag für Bauwesen und Architektur. 1952. (344 S. m. Abb.) 11 Rbl. 50 Kop. [russ.]

VII. Agrikulturchemie. Schädlingsbekämpfung.

K. G. Clark und **John O. Hardesty**, *Behandlung von Phosphatmineral mit Salpetersäure*. Vff. berichten über zwei Anlagen in den Niederlanden u. in Norwegen, die salpetersaures Superphosphat als Düngemittel herstellen. Ausführliche Angaben u. Fließdiagramme werden gegeben. (Agric. Chemicals **6**. Nr. 9. 42—46. 113. 117. Sept. 1951.) BOYE. 6282

G. E. G. Mattingly, *Veränderungen in der Stickstoffverteilung während der Strohkompostierung*. Der Geh. an lösl. u. unlösl. N-Fraktionen wurde nach angegebenen Verff. in aus Kloakenschlamm (langsam verfügbarer N) u. Weizenstroh bereitetem Kompost (Reifungsdauer 471 Tage) untersucht u. tabellar. wiedergegeben. Der ursprüngliche Geh. an lösl. N. wurde ammonifiziert u. gleichzeitig ein Teil des ursprünglichen Proteins desamidiert. Die sich anschließende Zunahme des lösl. N im reifenden Kompost ist ein sehr langsamer, von paralleler Abnahme der unlösl. N-Fraktionen begleiteter Vorgang. (Nature [London] **169**. 75—76. 12/1. 1952. Reading, Univ., Dep. of Horticult.) RANG. 6294

T. D. Biswas, *Mangangehalt einiger indischer Böden*. Große Ungleichheit in der Verteilung der verschied. Formen von Mn wurde in ganz Indien beobachtet. Der Mn-Geh. der Böden richtet sich nach der Bodenart u. klimat. Faktoren. Es wurden Wechselbeziehungen beobachtet zwischen dem Mn-Geh. der Böden u. ihrer Farbe, Struktur, Größe der $CaCO_3$-Rk. u. dem Vorherrschen der Tonmineralien. Feuchtigkeit des Klimas hat großen Einfl. auf die relativen Beträge verschied. Formen von Mn in den Böden. Erhöhung bzw. Erniedrigung des p_H der Boden-Rk. u. des $CaCO_3$-Geh. hat eine Verminderung bzw. Erhöhung des Betrages der bivalenten Formen des Mn zur Folge. Kalkhaltige Böden u. solche mit hohem p_H haben einen niedrigen Geh. an akt. Mn. (Indian J. agric. Sci. **21**. 97—107. Juni 1951. New Delhi, Ind. Agric. Res. Inst.) WALCKER. 6304

P. Prevot, M. Ollagnier und **P. Gillier**, *Blatt-Test bei Arachis und Gleichgewicht der Düngerbestandteile im Senegal 1951*. In Fortsetzung früherer Unterss. (vgl. C. **1952**. 3845) wird über weitere Verss. mittels des sogenannten Blatt-Testes (Ermittlung von N, P, K, Ca, Mg in den Blättern von Arachis) berichtet, um das optimale Mischungsverhältnis, gemessen am Ertrag von Erdnüssen, für die Einzelbestandteile des Mineraldüngers in Abhängigkeit von der jeweiligen Bodenart zu bestimmen. Es handelt sich um Anbauverss. in den Gemarkungen von M'Bambey, Bambylor, Sefa (Casamance), Louga u. Guinguinéo.

Aus dem umfangreichen experimentellen Material wird abgeleitet, daß der Ertrag in den Ländereien von Sefa, Louga u. Guinguinéo im wesentlichen von den Gaben an P bzw. N bzw. K allein abhängt, während in denen von M'Bambey u. Bambylor neben P auch K u. N von Bedeutung sind. Es werden tabellenmäßig die für jede Gemarkung optimale Mischung von N, P u. K angegeben u. der Ertrag an Erdnüssen bei verschied. Düngermenge je ha. (Oléagineux **7.** 185—94. April 1952. Liège, Service Agronomique de l'J. R. H. O.) TÄUFEL. 6304

O. Verona und **J. Stefanelli,** *Kurze Mitteilung über die Wirkung des Natriums auf die Pflanzenernährung. (Orientierende Versuche bei Spinat und Tabak.)* Bericht über Nitratdüngungsverss. mit $NaNO_3$ u. $Ca(NO_3)_2$ bei Spinat u. Tabak, wobei bei gleicher Nitratkonz. das Na-Salz stärker wachstumsfördernd wirkte als das Ca-Salz. (Agric. ital. **51.** [N. S. 6] 47—55. März 1951. Pisa.) GRIMME. 6304

O. Verona und **G. C. Treggi,** *Vergleichende Untersuchung der Wirkung von Natriumnitrat und Calciumnitrat auf die Entwicklung junger Weizenpflanzen.* Generell wirkte $NaNO_3$ bei jungen Weizenpflanzen entwicklungsfördernder als $Ca(NO_3)_2$. Dies wird zurückgeführt auf die erhöhte Bldg. von Leit- u. Stützzellen durch die Na-Komponente. (Agric. ital. **51.** [N. S. 6] 153—57. Sept. 1951. Pisa,) GRIMME. 6304

W. W. Jakowlewa, *Kopfdüngung der Kleesämlinge mit Bordüngemitteln.* (Vgl. C. **1952.** 5476.) (Советская Агрономия [Sowjet. Landwirtschaftskunde] **10.** Nr. 6. 75—77. Juni 1952.) A. JACOB. 6304

J. W. Rakitin und **A. W. Krylow,** *Die Anwendung von Wachstumsreizmitteln zur Steigerung der Tomatenerträge.* Prakt. Winke zur Anwendung synthet. Heteroauxine, z. B. Derivv. der Phenoxyessigsäure. (Dtsch. Landwirtsch. **2.** 611—13. Nov. 1951.) GRIMME. 6304

O. v. Plotho, *Weitere Untersuchungen zur Humusbildung der Mikroorganismen.* In Fortführung der Unterss. von LAATSCH, BAUER, BIENECK (vgl. C. **1951.** I. 919), SCHEFFER, v. PLOTHO, WELTE (vgl. C. **1951.** I. 1322) u. v. PLOTHO (vgl. C. **1951. II.** 2242) wurde durch lang andauernde, streng asept. Oxydationsverss. in Durchlüftungskulturen bei $p_H > 7$ mit Aspergillus niger-Farbstoff (Oxynaphthochinon, **I**) bzw. Actinomyces-Farbstoff (Actinorhodin) Bldg. von Huminsäurederivv. festgestellt. Aus Waldboden wurde durch Filtration ein chinonhaltiger Stoff isoliert, der mit **I** in verschied. Eigg. übereinstimmt. Verss. über das Verh. von 3 Cellulosezersetzern zeigten, daß Stachybotrys lobulata aus den Abbauprodd. Humusstoff aufzubauen vermag. Alternaria tenuis hat diese Fähigkeit nicht; Aspergillus fumigatus Fres. nimmt eine Zwischenstellung ein. Bei allen 3 Testorganismen entstand beim Celluloseabbau Uronsäure, jedoch in verschied. hohen Mengen. Die Möglichkeit der Humusbldg. aus Uronsäure über Furfurol wurde diskutiert. Weiter wurde die Fähigkeit verschied. Mikroorganismen zur Humusbldg. aus Sorbit, Glucose, Gluconsäure, Glucuronsäure u. Zuckersäure als C-Quelle untersucht u. der N- u. S-Geh. in den Huminsäure-Ndd. u. im Gartenerdehumus verglichen. N- u. S-Geh. variieren bei den einzelnen Organismen beträchtlich; mit steigendem N steigt auch der S-Gehalt. Die einschlägige Literatur (55 Zitate) wird eingehend besprochen. (Z. Pflanzenernähr., Düng., Bodenkunde **55.** 151—69. 1951. Göttingen, Inst. für Mikrobiol.) RANG. 6306

R. C. Muirhead-Thomson, R. M. Gordon und **T. H. Davey,** *Forderung der Normung experimenteller Arbeit über Insekticide mit Rückstandswirkung (residual insecticides).* Es wurden die Faktoren aufgezählt, die berücksichtigt werden müssen, um bei der Prüfung auf insekticide Wrkg. zu vergleichbaren Ergebnissen zu kommen. (Trans. Roy. Soc. trop. Med. Hyg. **46.** 271—74. Mai 1952.) LIEBNER. 6312

A. B. Hadaway und **F. Barlow,** *Einige physikalische Faktoren, die die Wirksamkeit von Insekticiden beeinflussen.* Zusammenfassender allg. biol. Bericht über die Art der Wrkg. (bes. gegen Anopheles) von Präpp. als Larvicide, als Aerosole u. Sprays, über rückbleibende Ablagerungen, über Öllsgg., Emulsionen u. netzfähige Pulver, bes. mit *DDT, DDD, Pyrethrin* u. $C_6H_6Cl_6$. (Trans. Roy. Soc. trop. Med. Hyg. **46.** 236—44. Mai 1952. Porton, Colonia Insecticides Res. Unit.) LIEBNER. 6312

C. Mary Harrison, *Die Widerstandsfähigkeit von Insekten gegen Insekticide.* Zusammenstellung über die verschied. biol. bedingte Widerstandsfähigkeit, bes. von Aonidielle aurantii, Boophilus decloratus, Musca domestica, Culex pipiens autigenicus, Aedes taeniorhynchus, Aedes sollicitans, Aedes nigromaculus, Pediculus humanus corporis u. Cimex lectularius gegenüber *HCN, As, DDT, DDD,* γ-$C_6H_6Cl_6$, *Aldrin, Toxaphen, Dieldrin, Heptachlor, DDE, DDA, Allethrin, Pyrethrin, Chlordan* u. *Lindan.* — Zahlreiche Schrifttumsangaben. (Trans. Roy. Soc. trop. Med. Hyg. **46.** 255—63. Mai 1952. London, School of Hygiene and Tropical Med.) LIEBNER. 6312

J. R. Busvine, *Die neueren Insekticide in bezug auf Insekten von medizinischer Bedeutung.* Vf. bringt eine Zusammenfassung neuerer Insekticide gemäß dem Schrifttum unter Hinweis auf die betreffenden Schrifttumsstellen. Bes. führt er den Grad der insekticiden

Wrkg. von *DDD, Methoxychlor, Toxaphen, $C_6H_6Cl_6$, Chlordan, Aldrin, Dieldrin, Parathion* u. *Allethrin* in bezug auf DDT gegenüber verschied. Insekten tabellar. an. (Trans. Roy. Soc. trop. Med. Hyg. **46.** 245—54. Mai 1952. London, School of Hygiene and Tropical Med.) LIEBNER. 6312

Sumio Nagasawa, *Die verschiedene Widerstandskraft der männlichen und weiblichen Hausfliege gegen DDT.* Die weiblichen Fliegen sind 1,58mal resistenter als die männlichen. (Science [Japan] **21.** 591—92. Nov. 1951. Kyoto. [Orig.: japan.]) SCHULER. 6312

A. Buxtorf, *Die Verwendung von Insekticiden zur Bekämpfung von Glossinen.* Verschied. Methoden zur Bekämpfung der Glossinen mit *DDT* u. *Hexachlorcyclohexan* werden angeführt. Die große Verschiedenheit der Biotope der einzelnen Tsetse-Arten erschwert ihre Bekämpfung. Es wird darauf hingewiesen, daß vielleicht neue therapeut. Mittel gegen die Trypanosomen schneller zum Erfolg führen. (Acta tropica [Basel] **9.** 216—32. 1952.) NIESWANDT. 6312

Veikko Kanervo, *Die Schädlinge der blattreichen Stoppelrübe und deren Bekämpfung.* Für die Bekämpfung der die Blätter der in Finnland neuerdings als Futterpflanze viel angebauten blattreichen Stoppelrübe angreifenden Schädlinge haben sich sowohl DDT-, als auch Hexa-Präpp. gut bewährt. Für die schwierigere Bekämpfung der Wurzelschädlinge wird 2—3malige Hexa-Bestäubung empfohlen. (Karjatalous **28.** 251—56. 23/5. 1952.) BECKMANN. 6312

Svit, Národní Podnik, Gottwaldov, Tschechoslowakei, *Herstellung von Düngemitteln aus Abfällen der Lederverarbeitung.* Schnitzel von Lederabfällen werden nach Zusatz von 3—5% Säure, bes. 80%ig. H_2SO_4, im Autoklaven bei $>60^0$ u. 2,5—3 at mit Wasserdampf hydrolysiert. Die M. wird dann mit Hydroxyden oder Salzen des Ca oder K neutralisiert u. mit Sand oder Holzmehl vermischt. Kalk- oder Carbidschlämme können ebenfalls zur Neutralisation verwendet werden. (**E. P. 672 071** vom 25/4. 1950, ausg. 14/5. 1952. Tschech. Prior. 20/5. 1949.) KARST. 6297

J. R. Geigy Akt.-Ges., Basel, übert. von: **Kurt Engel,** Basel, und **Charles J. Morel,** Arlesheim, Schweiz, *Substituierte Carbaminsäureester* der Formel $R\cdot C_6H_4\cdot N(R_1)\cdot COOCH_2\cdot CH_2OR_2$ (R = H, niedrige Alkyl- bzw. Alkoxyreste oder Halogen; $R_1 = CH_3$ oder C_2H_5; $R_2 = CH_3$, C_2H_5 oder C_3H_7) sind ausgezeichnete *Insektenvertreibungsmittel.* Durch Rk. von Methoxyäthanol u. N-Äthyl-N-(o-tolyl)-carbaminsäurechlorid erhält man *N-Äthyl-N-(o-tolyl)-carbaminsäuremethoxyäthylester,* $Kp._{13}$ 159—160°. — Analog: *N-Äthyl-N-(o-tolyl)-carbaminsäureäthoxyäthylester,* $Kp._{0,1}$ 108°; *N-Methyl-N-(o-chlorphenyl)-carbaminsäuremethoxyäthylester,* $Kp._{0,12}$ 115°; *N-Äthyl-N-(m-chlorphenyl)-carbaminsäuremethoxyäthylester,* $Kp._{0,25}$ 127°; *N-Äthyl-N-(p-chlorphenyl)-carbaminsäuremethoxyäthylester,* $Kp._{0,3}$ 134°; *N-Äthyl-N-(o-methoxyphenyl)-carbaminsäuremethoxyäthylester,* $Kp._{0,06}$ 115°. (**A. P. 2 573 420** vom 3/11. 1950, ausg. 30/10. 1951. Schwz. Prior. 23/11. 1949.) BRÖSAMLE. 6313

Ethyl Corp., New York, N. Y., übert. von: **Waldo B. Ligett,** Berkley, **Rex D. Closson,** Detroit, und **Calvin N. Wolf,** Ferndale, Mich., V. St. A., *N-Triäthylblei-2.3-dihydrophthalazin-1.4-dion* erhält man durch Rk. von 2.3-Dihydrophthalazin-1.4-dion mit $Pb\cdot(C_2H_5)_3Cl$ in wss.-alkal. Medium. Analog lassen sich entsprechende N-Triphenyl- u. weitere N-Trialkylverbb. darstellen. — *Fungicide, Insekticide, Baktericide.* (**A. P. 2 595 798** vom 28/10. 1950, ausg. 6/5. 1952.) BRÖSAMLE. 6313

Allied Chemical & Dye Corp., New York, N. Y., übert. von: **Michael Puchir,** Wilmington, und **Sager Tryon,** Claymont, Del., V. St. A., *Hexaalkyltetraphosphate* (**I**) bilden sich bei der Rk. von Trialkylphosphaten mit $POCl_3$ in Ggw. von metall. Ni-, Co- oder Mn-Katalysatoren (**II**) oder deren im Reaktionsmedium lösl. Verbb., wie den entsprechenden Acetaten bei 120—170°. **II** werden in Mengen von 0,001—0,5 Gew.-% angewendet. Von den **I** sind bes. *Hexaäthyl-* u. *Hexabutylphosphate* als *Insekticide* geeignet. (**A. P. 2 562 244** vom 21/1. 1949, ausg. 31/7. 1951.) G. KÖNIG. 6313

Imperial Chemical Industries Ltd., übert. von: **Leslie J. Burrage,** London, England, *Herstellung von Benzolhexachlorid* für *insekticide* Zwecke durch Chlorieren von Bzl. unter der Einw. von aktin. Licht in Ggw. von 0,1—1,0% eines aromat. Disulfids der allg. Formel X—S—S—X, worin X ein Benzyl- oder Phenylrest ist, der auch mit einem gegen Cl_2 indifferenten Substituenten besetzt sein kann. Genannt ist Dibenzyldisulfid. (**Can. P. 476 480** vom 22/1. 1947, ausg. 28/8. 1951.) M. F. MÜLLER. 6313

Redies & Co. G. m. b. H., Leverkusen-Bayerwerk (Erfinder: **Franz Redies,** Bergisch Neukirchen), *Halogenierte Benzolazosulfoharnstoffe* durch Halogenierung von Benzolazosulfoharnstoff (**I**). — Z. B. werden zu 20 (g) **I** in 1000 (cm^3) CH_2Cl_2 (**II**) bei 10—15° 5,9 Br in 80 **II** getropft. Reaktionsprod. in **II** schwerlösl. (Zers. 142—144°); 10 **I** werden in 700 Ae. mit 4,5 SO_2Cl_2 versetzt, Zers. 143—145°. Zur *Bekämpfung von Ratten u. Mäusen.* (**D. B. P. 832 744** Kl. 12o vom 2/10. 1948, ausg. 28/2. 1952. F. Prior. 18/3. 1948.) HEINZE. 6313

VIII. Metallurgie. Metallographie. Metallverarbeitung.

Josef Blanderer, *Metallprobenahme und Sortierung.* (Z. Erzbergbau Metallhüttenwes. **5.** 257—63. Juli 1952. München.) HABBEL. 6350

Willy Finn, *Die Zinn-Wolframerzflotation „Schwarzwasser" Altenberg im Erzgebirge.* (Z. Erzbergbau Metallhüttenwes. **5.** 266—70. Juli 1952. Rheinhausen.) HABBEL. 6362

Voya Kondic, William Shakespeare und **Geoffrey James Shaw,** *Bemerkung zum Auftreten von Ausschwitzungen in Gußblöcken.* Erörtert werden die Erkenntnisse auf dem Gebiete der umgekehrten Blockseigerung, u. es wird durch Verss. gezeigt, daß eine gleichgerichtete Erstarrung der Schmelzen erzielt werden kann. Verss. mit Legierungen aus *Al–Cu* u. *Cu–Sn–P* führten zur Annahme, daß Ausschwitzungen in Gußblöcken hauptsächlich auf Schrumpfspannungen unter bestimmten Erstarrungsbedingungen zurückzuführen sind. (Z. Metallkunde **43.** 95—97. März 1952. Birmingham, Univ.) HOCHSTEIN. 6382

M. Jordan Nathason, *Vermeidung von Gußausschuß durch Imprägnieren.* Poröser Guß wird vermieden, indem man das Gußeisen bei Über- oder Unterdruck mit einer Mischung aus Metallpulver u. Silicaten bei ca. 300° F tränkt. (Iron Age **168.** Nr. 10. 115—17. 6/9. 1951. Culver City, Calif., Western Sealant., Inc.) PAHL. 6382

Hans Betz, *Verschiedene Herstellungsverfahren von Stahl–Bleibronze-Verbundgußlagern.* Behandelt werden das Zapfenguß-, Tauchguß-, Schleuderguß- u. Bandgußverfahren. (Werkstatt u. Betrieb **84.** 501—02. Nov. 1951. Wiesbaden-Schierstein.) HABBEL. 6382

A. Jackson, *Die Entwicklung der aktiven Mischerpraxis in Appleby-Frodingham.* Behandelt wird die Veränderung der Roheisenzus. auf dem Weg vom Hochofen zum Mischer in offenen, in durch Hochofenschlacke abgedeckten u. in isolierten Pfannen. Durch Flotation von MnS wird eine Entschwefelung des Roheisens erzielt. Durch Rk. des Roheisens in der Pfanne mit Eisenoxyd, Kalkstein u. Flußspat wird die S-Entfernung gefördert. Durch O_2-Einblasung in den Mischer findet eine Verringerung der Si-, Mn- u. C-Gehh. des Roheisens statt. Jedoch hat sich das Verf. wegen Betriebsschwierigkeiten nicht bewährt. Durch Zusatz von Sodaasche wird weiterhin die Entschwefelung in der Pfanne gefördert. (J. Iron Steel Inst. **172.** 184—202. Okt. 1952. Appleby-Frodingham Steel Co.) HOCHSTEIN. 6400

Masazo Okamoto und **Renpei Yoda,** *Die chemischen und physikalischen Veränderungen von mit Magnesium behandeltem Eisen.* Einem Gußeisen wurde bei 1400° eine Mg–Si–Cu–Fe–Al-Legierung mit 20% Mg in einem derartigen Maße zugesetzt, daß noch 0,9% Mg im Gußeisen verblieben. 30 Min. nach dem Zusatz erfolgte der Abguß. In einem anderen Falle wurde eine 95%ig. Mg-Legierung zugesetzt, die noch 5% Chlorid, Fluorid oder Oxyd enthielt. Durch den Mg-Zusatz wurde neben einer sphärolith. Graphitbldg. noch eine Desoxydation, Entschwefelung u. Entkohlung bewirkt. Es werden die Festigkeitseigg. des Gußeisens angegeben. (Foundry **80.** Nr. 10. 126—27. Okt. 1952. Tokio, Inst. für Technol.) HOCHSTEIN. 6404

Adalbert Wittmoser, *Zum Gefügeaufbau des Gußeisens mit Kugelgraphit.* Mit Primärätzmitteln behandeltes Gefüge von Gußeisen mit Kugelgraphit ergab außer den bekannten Seigerungsräumen unterschiedliche Typen von Einschlüssen. Diese ließen sich durch geeignete Primärätzmittel mittels einer charakterist. Ringbldg. kennzeichnen. Das Auftreten der Ringbldg. wurde auf eine aus den Einschlüssen gespeiste Gasentw. zurückgeführt, welche als Folge der chem. Rk. des Ätzmittels mit den in den Einschlüssen enthaltenen Verbb. auftrat. Als Folge der Mg-Behandlung treten bis zu 7 Verbb. als neue Gefügebestandteile in Form von Einschlüssen auf. Es wurde die Existenz von Mg-Nitrid, -Sulfid u. -Phosphid nachgewiesen. Der größte Teil der punkt- oder schlauchförmigen Einschlüsse ist nicht graphit. Natur. Es wurde klar zwischen solchen Einschlüssen unterschieden, die in den zentralen Bereichen der Mischkristalle auftreten, u. anderen, die in den Grenzbezirken der aneinanderstoßenden Mischkristalle in Seigerungszonen zu finden sind. Durch die Mg-Behandlung wird das Gußeisen nicht metallurg. gereinigt, sondern an Verunreinigungen angereichert. Es wird auf die Bedeutung der Einschlüsse für die mechan. Eigg. des Werkstoffes, bes. für seine Duktilität u. für die Erleichterung des Zerfalls des prim. u. perlit. Zementits hingewiesen. (Giesserei, techn.-wiss. Beih. **1952.** 323—34. März. Gelsenkirchen, Eisenwerke Gelsenkirchen Akt.-Ges.) HOCHSTEIN. 6404

N. Croft, *Die Herstellung von zähem Gußeisen. Einige gießtechnische Erfahrungen.* Bewährt hat sich ein Gußeisen mit 3,3—5 (%) Gesamt-*C*, 1,9—2,0 *Si*, maximal 0,10 *S*, 0,4—0,5 *Mn*, 0,05—0,2 *P*, wobei S, Mn u. P möglichst niedrig zu halten sind. Es soll nie mehr als 20% Mg in die Pfanne gegeben werden, um Explosionen zu vermeiden. Mg entschwefelt. Die sorgfältig zu entfernende Schlacke besteht im wesentlichen aus *MgS.* Vor dem Vergießen muß ein graphitisierender Bestandteil zugegeben werden, um die Erstarrung zu weißem Gußeisen zu verhüten. Nach dem Gießen möglichst lange Abkühlung in der Form, Steiger entfernen u. spannungsfrei bei 500° eine Std. + eine Std./Zoll lang glühen. Gußeisen für höchste Zähigkeit wird 1—3 Std. bei 850° geglüht, um freie Carbidreste zu beseitigen, dann langsam auf 500° abgekühlt u. hier 5—8 Std. gehalten. Best. des Mg-Geh. angenähert spektrograph., genau durch chem. Analyse (Lösen in H_2SO_4, Elektrolyse über Hg-Elektrode, Filtern u. Mg-Salze in Form von Phosphaten durch Zugabe von $(NH_4)_2PO_4$ fällen). — Literatur. (Iron and Steel **24.** 45—50. Febr. 1951.) G. RICHTER. 6404

W. Wolf, *Tiefzieh-, Präge- und Stanzwerkzeuge aus Zinklegierungen.* Die Zinklegierung „*Kirsite A*" mit 90—93 (%) *Zn*, 3,5—4,5 *Al*, 2,5—3,75 *Cu* u. bis zu 1,25 *Mg* wird im Ausland für die Herst. von Zieh- u. Prägewerkzeugen verwendet, sofern es sich um Tiefziehteile geringerer Stückzahlen handelt. Die dieser Legierung ähnliche Feinzinklegierung *Z 430* mit 4 Al, 3 Cu, 0,03 Mg, Rest Feinzink, hat den Vorteil, ohne größere Nachbearbeitung Zieh- u. Prägewerkzeuge liefern zu können. Beim Einschmelzen u. Gießen der Legierung ist darauf zu achten, daß Schmelztempp. über 480° vermieden werden u. der Guß selbst am zweckmäßigsten bei 420—440° erfolgt. Das Gefüge von langsam abgekühlten u. abgeschreckten Legierungen wird mkr. geprüft, u. es zeigt sich, daß der Zn-reiche Mischkristall nach der Abschreckung von feinen Nadeln durchsetzt ist, wobei es sich um Ausscheidungen der Al-haltigen Phase aus dem Zn-Mischkristall handeln kann, die kristallograph. orientiert sind. Zum Unterschied von den Druckgußlegierungen treten bei langsamer Erstarrung Primärausscheidungen des ε-Kristalles [Zn_3Cu] auf. (Metall **6.** 240—43. Mai 1952. Frankfurt/M.) HOCHSTEIN. 6426

Ernst-Justus Kohlmeyer, *Verbrennung und Reduktion feinkörniger Stoffe im abwärtsgerichteten Luftstrom mit besonderer Anwendung auf Zinkoxyd–Kohle-Gemische.* Nach dem Anzünden der Beschickung, oben im Schacht, durchwandert eine Brennzone denselben von oben nach unten, deren Oberseite die Höchsttemp. von ca. 1600° hat, deren mittlerer, breiterer Teil zwischen 1000—1100° liegt, u. deren unterer Teil in Raumtemp. übergeht. Mit dem Absinken der Brennzone wird die mittlere Zone konstanter Temp. immer breiter als Folge der verschwindenden Feuchtigkeit in den unteren Schichten u. der Aufspeicherung zunehmender Verbrennungswärme. Vorverss. mit gekörntem *ZnO* zeigten, daß die Red. desselben sich in den von oben nach unten blasenden Generatorprozeß einbauen läßt. Vorbedingung bei der Red. von Metalloxyden ist jedoch, daß diese bei der Wechselwrkg. zwischen Luft u. Kohle im abwärtssteigenden Gasstrom vor der Brennzone herwandern. (Z. Erzbergbau Metallhüttenwes. **5.** 385—89. Okt. 1952. Berlin-Grunewald.) HOCHSTEIN. 6426

G. Lorber, *Verarbeitung von Zinkaschen.* Zinkaschen von der durchschnittlichen Zus. 67,58 (%) *Zn*, 6,25 *Pb*, 0,175 *Cu*, 0,016 *Cd*, 0,45 *Sn*, 0,145 *Sb*, 2,18 *Cl*, 0,41 *S*, 1,82 *Fe* u. 4,198 Rückstand werden zunächst zerkleinert, worauf der magnetisierbare Fe-Anteil magnet. separiert wird. Die zerkleinerte Zinkasche wird mit dem Reduktionsmaterial gemischt u. sodann in den Ofen gebracht. Es ist darauf zu achten, daß nach Möglichkeit der Cl-Geh. der Charge nicht über 2 bis maximal 4% liegt. Ein höherer Cl-Geh. wirkt sich im Ofen durch $ZnCl_2$-Entw. störend aus. Die Verhüttung von Zinkasche allein wird nicht empfohlen, sondern man geht auf ein Gemisch von Klinkeroxyd u. Zinkasche über. (Metall **5.** 291—92. Juli 1951. Nordenham.) HOCHSTEIN. 6426

W. Deisinger, *Kupfer-Beryllium-Legierungen und ihre technische Verwendung.* Überblick über die Eigg. u. Verwendungsgebiete der aushärtbaren Cu–Be-Legierungen mit 0,7—2,3% Be. — Schrifttumsangaben. (Metall **6.** 436—40. Aug. 1952. Hanau.) HOCHSTEIN. 6432

D. I. Brown, *Umwälzung in der Messingindustrie durch kontinuierliches Gießen.* (Iron Age **168.** Nr. 10. 106—08. 6/9. 1951.) PAHL. 6432

Johanna Hunger und **Otto Werner,** *Einfluß des Gefüges auf das Schleiffunkenbild unlegierter und legierter Stähle.* Neben dem C-Geh. kommt auch der Gefügezustand im Schleiffunkenbild zum Ausdruck, bes. die Größe der Ferrit- oder Zementitkörner. Wahrscheinlich werden bei der Funkenbldg. die ferrit. Bestandteile des Spanes leichter schmelzflüssig u. verbrennen zunächst. CO-Bestimmungen in den Funkengarben geben keinen eindeutigen Aufschluß über den genauen Ablauf der Verbrennung im Schleifspan, da mit steigendem C-Geh. der Stähle auch die Gasmenge zunimmt. Die Einflüsse des Gefüges lassen sich auch am Schleiffunkenbild legierter Stähle u. von Gußeisen nachweisen. (Arch. Eisenhüttenwes. **23.** 277—86. Juli/Aug. 1952. Berlin-Dahlem, Materialprüfungsamt.) HABBEL. 6480

Kurt Orths, *Optische Temperaturmessungen und Beitrag zur Strahlungsanalyse von Gußeisen.* Das Gesamtstrahlungspyrometer ist für eine einwandfreie Messung der Temp.

von Gußeisenschmelzen oft völlig ungeeignet. Die gleichzeitige Ermittlung von „schwarzer“ u. wahrer Temp. ermöglicht jedoch eine gewisse Qualitätsvorausbest. schon beim Gießen, so daß durch Festlegung der günstigsten Gießtemp. u. durch Strahlungsanalyse eine Ausschußverminderung herbeigeführt wird. (Stahl u. Eisen **72.** 1349—53. 23/10. 1952. Brebach/Saar.) HOCHSTEIN. 6480

W. Ruttmann und **M. Werner,** *Werkstoffverhalten in der Kälte und Wärme.* Für metall. Werkstoffe werden die Versprödung in der Kälte u. das Zeitstandverh. in der Wärme behandelt. Für Tempp., bei denen die Werkstoffe zeitabhängige Festigkeitseigg. zeigen, ist auf Grund von Langzeitstandverss. das Anlegen von Zeitstandschaubildern erforderlich, in denen die Zeitbruchlinien glatter u. gekerbter Proben, die Dehngrenzlinien für 0,2 u. 1% sowie Angaben über die beginnende u. bleibende Schädigung enthalten sind.— Schrifttumsangaben. (Z. Ver. dtsch. Ing. **94.** 673—82. 11/7. 1952. Leverkusen.) HOCHSTEIN. 6480

Aurelio Palazzi, *Abnahmeprüfung eines vorschriftsmäßig gehärteten Stahles.* (Metallurgia ital. **43.** 185—89. Mai 1951. Genua, Ist. Siderurgico Finsider.) RUMPF. 6480

F. H. Stevenson, *Hinweise zum Schweißen hoch-hitzebeständiger Werkstoffe.* (Iron Age **168.** Nr. 3. 109—11. 19/7. 1951. Azusa, Calif., Aerojet. Engng. Corp.) G. RICHTER. 6506

A. Müller-Busse, *Lichtbogenschweißen von Aluminium.* Überblick. (Aluminium **27.** 57—66. Nov. 1951. Bonn/Rh., Ver. Aluminiumwerke u. Ver. Leichtmetallwerke, Forschungslabor.) G. RICHTER. 6506

W. V. Blinstead und **E. G. West,** *Britische Erfahrungen mit dem Schweißen von Aluminium im Argonbogen.* Überblick. — 10 Literaturangaben. (Trans. Inst. Welding **14.** Nr. 4. 121—39. Aug. 1951.) PAHL. 6506

F. Je. Tretjakow, *Argonbogenschweißen von Duraluminium.* Verss. des Vf., dünne Bleche aus Duraluminium durch Stumpfschweißen zu verbinden, verliefen erfolgreich. Verwendet wurde Wechselstrom, eine W-Elektrode u. Ar als Schutzgas. Mechan., metallograph., röntgenograph. u. Korrosionsunterss. bestätigten die befriedigende Beschaffenheit der Schweißverbindung. Auf die einzuhaltenden Arbeitsbedingungen wird näher eingegangen. (Автогенное Дело [Autogene Ind.] **23.** Nr. 2. 10—13. Febr. 1952.) EHMCKE. 6506

H. Bühler und **W. Günther,** *Schweißen mit Argon als Schutzgas.* Bericht über die Entw. des *Argonarc-* u. des *Aircomatic-*Verfahrens. Bei letzterem Verf. wird der Lichtbogen nicht mehr zwischen einer W-Elektrode u. dem Werkstück sondern zwischen einem maschinell zugeführten Schweißdraht u. dem Werkstück gebildet. Der Schweißdraht wird mit hohen Stromstärken abgeschmolzen. — 37 Schrifttumsstellen. (Schweißen u. Schneiden **3.** 110—12. April 1951. Saarbrücken.) HABBEL. 6506

C. Croxson, *Besprechung von Röntgenaufnahmen an Schweißungen.* (Trans. Inst. Welding **15.** Nr. 1. 7—12. Febr. 1952. Woolwich, Ministry of Supply.) PAHL. 6506

Chuk-Ching Ma und **Ernest M. Peres jr.,** *Der Widerstand gegen Korrosion von anodisch behandeltem und unbehandeltem Titan. Der Einfluß von gewöhnlichen Mineralsäuren.* Die Proben werden 96 Std. im Wechseltauchvers. mit verschied. konz. Mineralsäuren behandelt. Die Oxydation des Ti erfolgt bei 20° bei 7 V u. 55,8 A/dm² 15 Min. in einer 15% H_2SO_4-Lösung. Es wird festgestellt, daß der Korrosionswiderstand weniger von der Konz. des Mediums als vielmehr von dessen oxydierenden oder red. Eigg. abhängt. In oxydierenden Lsgg. sind sowohl behandelte als auch nicht behandelte Proben widerstandsfähig, u. zwar bei allen Konzz. u. Temperaturen. In reduzierenden Medien werden beide gleich angegriffen. In neutralen Medien verhält sich das anod. behandelte Ti besser. (Ind. Engng. Chem. **43.** 675—79. März 1951. New Orleans, La., Tulane Univ.) J. FISCHER. 6538

—, *Zweiter Bericht des Unterausschusses für Korrosionsprüfverfahren.* (1. vgl. J. Iron Steel Inst. **158.** [1948.] 463.) Berichtet wird über Vergleichsverss. zwischen Freiluftkorrosion, der A. R. E.-Salztropfmeth. u. der Provisional British Standard-Meth. 1391. Es wurde ein neues Korrosionsprüfverf. mit SO_2 entwickelt, dessen Ergebnisse mit den Freiluftkorrosionsverss. gut übereinstimmen. Ferner werden Verff. zum Ablösen von *Anstrichen* u. zum Entfernen von Korrosionsprodd. von Versuchsblechen aus Stahl erörtert. (J. Iron Steel Inst. **171.** 255—70. Juli 1952.) MARKHOFF. 6540

Arnold Goltz, Gebshardshagen b. Braunschweig, *Trennung der Buntmaterialien aus sulfidischen Erzen.* Zwecks Trennung der Pb-, Zn- u. Cu-Mineralien vom Fe werden die Sulfiderze nach dem Rösten flotiert, wobei man zweckmäßig zunächst soweit röstet, daß das Eisensulfid oxydiert wird, während die Buntmetallsulfide ihre Flotationsfähigkeit beibehalten. (**D. B. P. 846 531** Kl. 1c vom 1/12. 1950, ausg. 14/8. 1952.) HAUSWALD. 6363

Battelle Memorial Institute, übert. von: **Wayne C. Hazen**, Columbus, O., V. St. A., *Erhöhung der Selektivität bei der Erzflotation*, bes. von Taconiterzen, Rohphosphaten oder Kupfersulfiderzen. Zur Erhöhung der Selektivität bei der Flotation unterwirft man die Erzteilchen der Einw. von Ionenaustauschmaterial in aktiver Form, die die Eig. haben, die tox. Ionen zu entfernen u. durch nichttox. zu ersetzen. Die Kation- u. Anionaustauscher können der Trübe an jeder Stelle des Flotationsprozesses zugesetzt werden. Solche Austauscher sind sulfonierte Kohle, Aluminiumsilicagel, synthet. organ. Harze, z. B. „*Amberlite IR 100*". (**A. P. 2 557 361** vom 28/6. 1946, ausg. 19/6. 1951.) HAUSWALD. 6363

American Cyanamid Co., New York, N. Y. (Erfinder: **Robert Ben Booth**, Springdale, und **Earl Conrad Herkenhoff**, Stamford, Conn., V. St. A.), *Anionaktiver Sammler als Flotationsmittel für nichtsulfidische Erze.* Der Sammler besteht aus einem Gemisch von 1—25 (Gewichtsteilen) öllösl. Sulfonate u. 25—1 wasserlösl. Petroleumsulfonate. Diese verschied. Sulfonate sind in Tabellen in großer Menge teilweise genannt. So wurde z. B. bei der Flotation eines hochwertigen Erzes, das Magnetit, Martit u. Silicatgangart enthielt, mit 66% Eisen, bei Verwendung von 1,1 kg/t Erz einer Mischung von *Calol* (öllösl. Sulfonat der STANDARD OIL CO of Calif.) u. Grünsulfonsäuren, neutralisiert, im Verhältnis 1:1 ein Eisenausbringen von 91,44% im Konzentrat erzielt. (**D. B. P. 849 982** Kl. 1c vom 1/1. 1949, ausg. 20/11. 1952. A. Prior. 4/2. 1944.) HAUSWALD. 6363

Hellmut Freudenberg, Süchteln, *Herstellung von Zementmassen für Gießereizwecke oder von Zementmörteln* durch Zugabe von feinverteiltem Glaukonit (I). In natürlichen I-haltigen Sanden wird das I durch Reiben fein verteilt, während I-freie Sande mit feinverteiltem I gemischt werden. Die Massen besitzen große Bildsamkeit u. Standfestigkeit. (**D. B. P. 846 275** Kl. 31c vom 8/12. 1950, ausg. 11/8. 1952.) BÜLTMANN. 6383

National Lead Co., New York, N.Y., V. St. A., übert. von: **John Michael Ciborski** und **Frank Lambertus**, *Lagerherstellung.* Ein Tragkörper aus Eisen oder Bronze wird zusammen mit einem dicht anliegenden Kupferdrahtgebilde in einem fl. Metallbad, z. B. aus 45—75% Pb, Rest Sn, von 580—600° F (300—315° C) erhitzt u. dann mit einem Lagermetall, bes. Weißmetall, ausgegossen, z. B. durch Schleudergießen. Die Tragkörper aus Eisen müssen vorher bei 650—750° F (340—400° C) verzinnt werden. (**E. P. 663 431** vom 18/7. 1949, ausg. 19/2. 1951. A. Prior. 14/8. 1948.) BÜLTMANN. 6383

Allegheny Ludlum Steel Corp., Brackenridge, übert. von: **Claude M. Sheridan**, New Kensington, und **Theodore A. Pruger**, Creighton, Pa., V. St. A., *Stahllegierung mit hohem Widerstand gegen Oxydation und Aufkohlung* besteht aus bis 0,2 (%) *C*, 22—40 *Ni*, 1—5 *Si*, 0,5—4 *Zr* u. Rest *Fe* mit Verunreinigungen. Ferner können vorhanden sein bis 5 *Mn*, je bis 2 *Mo*, *W* oder *V* u. je bis 0,02 *P* u. *S*. Der Stahl besteht vorzugsweise aus 0,05—0,15 C, 26—30 Ni, 3—4,5 Si, 2 Zr, 0,2—1 Mn u. Rest Fe mit Verunreinigungen. — Bes. geeignet für Einsatzkästen. (**A. P. 2 602 736** vom 12/1. 1950, ausg. 8/7. 1952.) HABBEL. 6411

Armco Steel Corp., O., übert. von: **Paul A. Jennings**, Baltimore, Md., V. St. A., *Stahl für hohe Temperaturen.* Der austenit. Stahl besteht aus 0,08—1,5 (%) *C*, 19—23 *Cr*, 2—5 *Ni*, 7—11 *Mn*, 0,06—0,40 *N*, bis 0,15 *Si*, 0,04—0,2 *S* u. Rest *Fe*. Der Stahl besitzt bei 1400° F (760° C) eine BRINELL-Härte >145 u. ist korrosionssicher gegen gebleite Treibstoffverbrennungsprodd. u. daher bes. geeignet für Auslaßventile. (**A. P. 2 602 738** vom 30/1. 1950, ausg. 8/7. 1952.) HABBEL. 6411

Vanadium-Alloys Steel Co., übert. von: **James P. Gill**, Latrobe, Pa., V. St. A., *Eisenlegierung* besteht aus 1,65—2,5% *C*, 7,5—15% *W*, bis 1,5% mindestens 3 der 4 Elemente *Si*, *Mn*, *Cr* u. *Mo*, wobei der Geh. an den Einzelelementen 0,1—1% beträgt, u. Rest *Fe* mit Verunreinigungen an *P* u. *S*. Ferner kann bis 2,5% *V* vorhanden sein. Der Geh. an Si, Mn, Cr u./oder Mo wird entsprechend der vorgesehenen Einhärtetiefe eingeregelt. — Widerstand gegen Stoß u. Oberflächenverschleiß; geeignet für Werkzeuge. (**A. P. 2 588 514** vom 5/8. 1950, ausg. 11/3. 1952.) HABBEL. 6411

Heppenstall Co., V. St. A., *Stähle für Warmmatrizen* u. andere Gegenstände großer Abmessungen, die hohen Widerstand gegen Schlag, verbunden mit großer mechan. Widerstandsfähigkeit, großer Zähigkeit u. Härtbarkeit besitzen sollen, bestehen aus 0,2—0,6 (%) *C*, 2—3,5 *Cr*, 1—2 *Ni*, 0,5—1 *Mn*, 0,3—0,9 *Mo* u. Rest *Fe* mit 0,1—0,35 *Si*. Vorzugsweise beträgt der C-Geh. 0,2—0,45, ist das Cr/Ni-Verhältnis 1,75:1 bis 2,5:1, so ist das Verhältnis Carbidbildner/Austenitbildner mindestens 1,5:1, u. es kann bis 0,3 V vorhanden sein. (**F. P. 986 313** vom 18/5. 1949, ausg. 30/7. 1951. A Prior. 18/5. 1948.) HABBEL. 6411

Western Electric Co., Inc., New York, N. Y. (Erfinder: **Otis Leonel Boothby**, Brooklyn, N. Y., **Richard Milton Bozorth**, Short Hills, N. J. und **Daniel Hermann Wenny jr.**, West Orange, N. J.), V. St. A., *Magnetischer Werkstoff hoher Permeabilität* besteht aus 75—85 (%) *Ni*, 2—7 *Mo*, bis 2 *Mn*, Rest *Fe* mit den üblichen Verunreinigungen. Die Bestandteile werden unter stark verminderten Oxydationsbedingungen zusammen geschmolzen u. zu einem Körper geformt, der in einer Atmosphäre aus trockenem H_2 bei einer unterhalb des Legierungs-F. u. oberhalb 1100° liegenden Temp. wenigstens eine Std. lang geglüht wird. Die Abkühlungsgeschwindigkeit im Temperaturbereich von 600—300° nach der Wärmebehandlung oder gegebenenfalls nach vorangegangener Abkühlung auf Raumtemp. u. Wiedererwärmung wird entsprechend dem Maximalwert der Anfangspermeabilität der verwendeten Legierungszus. eingestellt. — Permeabilitätskurven. (**D. B. P. 846 465** Kl. 40d vom 10/8. 1950, ausg. 14/8. 1952. A. Prior. 23/8. 1946 u. 3/9. 1949.) GÖTZE. 6435

Blaw-Knox Co., Pittsburgh, Pa., V. St. A., *Nickel-Chrom-Legierungen* bestehen aus 40—60 (%) *Ni*, 22—34 *Cr*, 4—6,5 *W*, 0,35—0,75 *C*, Rest *Fe*. Die Legierungen haben eine hohe mechan. Widerstandsfähigkeit u. sind bis zu 1260° korrosionsfest. (**Schwz. P. 278 052** vom 2/9. 1947, ausg. 3/1. 1952. A. Prior. 4/9. 1946.) GÖTZE. 6435

Heraeus Vacuumschmelze Akt.-Ges., Hanau, *Nickel-Kobalt-Chrom-Legierungen* bestehen aus 70 (%) *Co* u. *Ni*, davon mindestens 15 Co, 12—25 *Cr*, 2,5—15 *Mo* oder *W* einzeln oder zusammen u. 0,1—15 *Zr*. Sie können außerdem bis 12 *Ti*, bis 15 *Ta*, bis 15 *Nb*, bis 8 *Th* einzeln oder zu mehreren, bis 30 *Fe* u. bis 1 an Desoxydations- u. Verarbeitungszusätzen, wie *Si*, *Mg*, *Mn*, *Be*, *Al*, *Alkali-* u. *Erdalkalimetalle*, enthalten. Die Legierungen eignen sich für bei hohen Tempp. hochbeanspruchte Werkstücke, bes. für Auslaßventile von Verbrennungsmotoren u. Schaufeln für Auspuffturbinen. (**D. R. P. 729 423** Kl. 40b vom 15/4. 1938, ausg. 22/9. 1952. **Zusatz zum Zusatz D. R. P. 723 911; C. 1945. I. 844.**) GÖTZE. 6435

Sidney Low, Springfield, Mass., V. St. A., *Zahnbrücken und ähnliche gießbare Formstücke* bestehen aus bis 0,05 (%) C, bis 0,6 Mn, bis 0,6 Si, 55,0—62,0 Ni, 14,0—17,0 Cr, 13,0—20,0 Cu, 3,0—4,0 Mo, 0,02—0,10 Al, 0,40—0,60 Ti, 0,40—0,60 Zr u. 0,60—0,80 Ag. (**A. P. 2 570 355** vom 9/4. 1949, ausg. 9/10. 1951.) GÖTZE. 6435

Kenmore Metals Corp., übert. von: **Etienne L. A. Camin**, New York, N. Y., **Sven E. Hybinette** und **Herbert B. Taylor**, Wilmington, Del., V. St. A., *Erzeugen von Nickelüberzügen*. Als Elektrolyt wird eine mindestens 30 g Ni/Liter in Form eines komplexen Fluorides, HF u. $B(OH)_3$ enthaltende Lsg. verwendet, deren p_H-Wert 1—6 ist. Ein Bad mit 45 (g/Liter) Ni u. 50 $B(OH)_3$ liefert bei einer Stromdichte von 20 A/dm² u. 50° duktile Ni-Überzüge, wenn durch HF-Zusatz ein p_H-Wert von 3,5 eingestellt wird. Ni wird z. B. in Form von $NiCO_3$ in die Lsg. eingebracht. (**A. P. 2 576 922** vom 26/6. 1946, ausg. 4/12. 1951.) MARKHOFF. 6521

Badische Anilin- & Soda-Fabrik (Erfinder: **Adolf Hrubeth**, Ludwigshafen/Rh., und **Paul Friedmann**, Kaiserslautern), *Erzeugen von Überzügen aus Nickel und Nickellegierungen*. Ni oder Ni-Legierungen in Form eines feinen Pulvers, bes. mit einem Bindemittel vermengt, u. ein Desoxydationsmittel werden auf der Oberfläche der Metallgegenstände aufgebracht u. dann einer Diffusionserhitzung, bes. in reduzierender oder inerter Atmosphäre, unterworfen. Es bilden sich auf Metallen, in die Ni einzudiffundieren vermag, dichte Überzugsschichten. (**D. B. P. 851 581** Kl. 48b vom 3/3. 1944, ausg. 6/10. 1952.) MARKHOFF. 6521

Dr. W. Kampschulte & Cie., Solingen, *Elektrolytische Herstellung hochglänzender Nickelüberzüge*. Die Überzüge werden aus den üblichen galvan. Vernicklungsbädern mit einem Zusatz mehrwertiger ungesätt. Alkohole, bes. dreifach ungesätt. Alkohole (0,1 bis 1 g/Liter), wie Dimethylacetylencarbinol, abgeschieden. (**D. B. P. 848 890** Kl. 48a vom 28/9. 1950, ausg. 8/9. 1952.) MARKHOFF. 6521

Philadelphia Rust-Proof Co., übert. von: **Samuel Heiman**, Philadelphia, Pa., V. St. A., *Erzeugen von Zinküberzügen auf Aluminium*. Nach dem Entfetten der Al-Oberfläche u. Entfernung der Oxydschicht, z. B. durch Tauchen in HF oder HNO_3, werden die Teile mit der Lsg. eines Zn-Salzes, wie $ZnSO_4$, u. eines Fluorids, wie NaF, NH_4F $(NH_4)HF_2$, oder HF behandelt. Man verwendet z. B. eine 3—7n $ZnSO_4$-Lsg., der eine 0,2—2,5n HF zugesetzt ist. — Beispiel einer Lsg.: 718,9 g/Liter $ZnSO_4 \cdot 7 H_2O$ u. 35 ml einer 48%ig. HF. Man erhält gleichmäßige, festhaftende Zn-Überzüge. Auch Überzüge von anderen Metallen, wie *Cd*, *Sn*, lassen sich mit entsprechenden Lsgg. erzeugen. (**A. P. 2 580 773** vom 31/7. 1948, ausg. 1/1. 1952.) MARKHOFF. 6523

Poor & Co., Chicago, übert. von: **Allan E. Chester**, Highland Park, Ill., V. St. A., *Galvanisches Verzinkungsbad* besteht aus einer Lsg. von $ZnSO_4$ u. einer Aldonsäure oder Aldonaten, sowie gegebenenfalls von einem alkylierten Naphthalinsulfonat. Das Bad liefert glänzende Ndd., die auch bei hohen Stromdichten nicht zum Mattwerden neigen. — Beispiel: 450 (g) $ZnSO_4$, 30 Na-Acetat, 32 cm³ einer 50%ig. Gluconsäurelsg., 4 cm³ einer 25%ig. wss. Lsg. von Aerosol OS (Na-Salz der Isopropylnaphthalinsulfonsäure) u. W. zur

Herst. von 1 Liter Lösung. p_H-Wert 2,5—4. (**A. P. 2 576 997** vom 19/6. 1948, ausg. 4/12. 1951.) Markhoff. 6523

Poor & Co., V. St. A., *Galvanische Zinküberzüge.* Das alkalicyanidhaltige Zn-Bad enthält Zn-Aldonat u./oder -Gluconat, ein alkalilösl. Protein eines vegetabil. Mehls (z. B. Sojamehls) u. ein Arylaminsalz einer Aldonsäure (z. B. α-Naphthylamin, gelöst in Gluconsäure. Stromstärke 0,3—10 A/dm². Ein glänzender Nd. wird schnell erzeugt. Anwendung z. B. für Flintenläufe. (**F. P. 986 116** vom 12/5. 1949, ausg. 27/7. 1951.) Holm. 6523

Pure Oil Co., Chicago, übert. von: **Glenn A. Marsh**, Crystal Lake, Ill., V. St. A., *Verhindern des Korrosionsangriffes von Sauerstoff enthaltenden Salzlösungen auf Stahl.* Den Salzlsgg. wird als Inhibitor 0,001—3% eines wasserlösl. Alkalidithiocarbamats, wie Na-Diäthyldithiocarbamat, zugesetzt. (**A. P. 2 574 576** vom 12/10. 1949, ausg. 13/11. 1951.) Markhoff. 6539

N. V. de Bataafsche Petroleum Mij., Den Haag, Holland (Erfinder: **Thurston Alfred Skei**, Emeryville, V. St. A.), *Verhinderung der Korrosion von eisenhaltigen Metallflächen durch Behandlung in der Gasphase.* Die Metallflächen werden einer Atmosphäre ausgesetzt, die eine wirksame, in der Dampfphase wirkende korrosionsverhindernde Menge eines Salzes einer Borsäure enthält, wie ein Alkalisalz der Tetraborsäure. Das Salz kann z. B. dem Packpapier einverleibt werden, mit dem die Metallgegenstände umhüllt werden. (**D. B. P. 849 791** Kl. 48d vom 9/6. 1951, ausg. 18/9. 1952. A. Prior. 10/6. 1950.) Markhoff. 6539

Standard Oil Development Co., Elizabeth, N. J., übert. von: **Rudolph C. Buchan**, Houston, Tex., V. St. A., *Korrosionsverhinderung bei Tiefbohrungen.* Die eisenhaltigen Oberflächen der mit korrosiven Fll. der Formationen in Berührung kommenden Bohrungen werden dadurch gegen Korrosion geschützt, daß man nach Außerbetriebsetzung des Durchflusses der korrosiven Fl. durch die Bohrrohre in diese eine konz. wss. Lsg. eines Alkalimetallsilicates (Na-Silicat oder Li-Silicat) von ca. 30% einführt, u. zwar 1 gal. für annähernd 167—500 Fuß Bohrtiefe. Zur Bldg. eines Silicatüberzuges läßt man die Lsg. 30 Min. bis 10 Std. in den Rohren. (**A. P. 2 560 331** vom 30/7. 1948, ausg. 10/7. 1951.) W. Hauswald. 6539

C. Chaussin et G. Hilly, Métallurgie. T. 1: Alliages métalliques. Paris: Dunod. (236 S.) fr. 960,—.

A. W. Mastrjukow, Technologie der Metalle. 2. umgearbeitete u. ergänzte Aufl. Moskau: Maschgis. 1952. (494 S. m. Abb.) 14 Rbl. 40 Kop. [russ.]

IX. Organische Industrie.

Friedrich Klema, *Synthetische Produkte auf Basis Cyanamid.* Überblick über physikal. u. chem. Eigg. sowie techn. Anwendungsmöglichkeiten von Phenylbiguanidin, Phenyl-o-tolylbiguanidin (salzsaures Salz), Mercaptobenzthiazolsalz des Phenylbiguanidins, Dicyandiamidin, Cyanurchlorid, dicyanguanidinsaurem K. — Zahlreiche Literatur- u. Patentzitate. (Mitt. chem. Forsch.-Inst. Wirtsch. Österreichs **6.** 94—99. Okt. 1952. Innsbruck.) Winiker. H 890

Srish Kumar Saha, *Eine verbesserte Methode zur Darstellung von Chinolin.* Vf. führt eine Nachunters. des E. P. 549 502 (= A. P. 2 358 162; C. **1945.** II. 575) durch u. stellt fest, daß die günstigste Ausbeute an *Chinolin* hiernach dann entsteht, wenn man zunächst Anilin mit H_2SO_4 vermischt. Es bildet sich Anilinsulfat. Die so gebundene H_2SO_4 reagiert mit dem anschließend zugefügten Glycerin + Jod nicht so stürmisch. Gleichzeitig wird das entstehende W. kontinuierlich abgezogen, um eine Verdünnung der Reaktionslsg. zu verhindern. Vf. erreicht so in 2½ Std. Rk. eine Ausbeute von bis zu 75%.

Versuche: *Chinolin*, $Kp._{14}$ 109° (99% Reinheit); durch langsames Zufügen von 600 g dest. techn. Anilin zu 1800 g H_2SO_4 (D. 1,82) unter Kühlen u. Rühren, schnelles Zufügen von 900 g Glycerin u. 30 g Jod, Erhitzen im Paraffinbad (Rk. beginnt bei 140° durch SO_2-Entw.); nach 1 std. Erhitzen auf 160° u. 1 std. Erhitzen auf 180° unter Abdest. von 850 cm³ gebildeten W. Gießen in 50—60%ig. NaOH u. Wasserdampfdest.; 580 bis 600 g Ausbeute. (Ind. News Edit. J. Indian chem. Soc. **14.** 50—52. 1951. Calcutta, Bengal chem. and phar. Works, Sir Prafulla Chandra Labor.) Lehwald. H 3231

Farbwerke Hoechst, vormals Meister Lucius & Brüning (Erfinder: **Ferdinand Quint**), Frankfurt/M.-Höchst, *Stabilisieren halogenierter, langkettiger, aliphatischer Kohlenwasserstoffe*, dad. gek., daß man sie mit wasserfreiem K_2CO_3 bei 85—120° längere Zeit verrührt. (**D. B. P. 854 349** Kl. 12o vom 21/2. 1943, ausg. 4/11. 1952.) G. König. H 500

Badische Anilin- & Soda-Fabrik, Ludwigshafen/Rh. (Erfinder: **Helmut Hanisch**, Krefeld-Uerdingen, und **Franz Strätz**, Dortmund), *Isomerisierung von gesättigten aliphatischen Kohlenwasserstoffen* in Ggw. von $AlCl_3$ u. gegebenenfalls von HCl in der Gasphase, dad. gek., daß die Umsetzungsprodd. vor der Kondensation in einem in einem üblichen Kühler befindlichen Zwischenbehälter so weit vorgekühlt werden, daß sich das übersublimierte $AlCl_3$ mit einem Teil der KW-stoffe als bewegliche M. abscheidet, worauf die Kondensation der KW-stoffe zu Ende geführt wird. Die Vorkühlung kann man durch Einspritzen von verflüssigten KW-stoffen in die gasförmigen Reaktionsprodd. erreichen. — Zeichnung. (**D. B. P. 854 501** Kl. 12o vom 4/7. 1944, ausg. 4/11. 1952.) G. KÖNIG. H 500

Uddeholms Aktiebolag, Skoghall (Erfinder: **Nils Nordenborg**, Skoghall, und **Leonhard Tiganik**, Karlstad), Schweden, *Chloräthylene aus Chloräthanen* unter HCl-Abspaltung durch Pyrolyse in Ggw. eines Katalysators, dad. gek., daß als solcher mit gasförmigen Mitteln, bes. HCl, aktivierte akt. Kohle als solche oder mit anderen, an sich bekannten Katalysatoren imprägniert, verwendet wird, bes. bei Tempp. von 160—350°. Gegenüber mit anderen als gasförmigen Mitteln aktivierter Kohle wird erhöhte Aktivität bei niedrigeren Tempp., erhöhte Lebensdauer, Kompensationsmöglichkeit fortschreitender Alterung durch Erhöhung der Temp. hervorgehoben. Der Umsatz von Tetrachloräthan zu *Trichloräthylen* bei 250° geht von anfangs 98% nach 26 Std. auf 84% herunter, der von Pentachloräthan zu *Perchloräthylen* beträgt anfangs bei 285° 99,5% u. nach 43 Std. noch 98,5%. (**D. B. P. 857 958** Kl. 12o vom 5/11. 1949, ausg. 4/12. 1952. Schwed. Prior. 21/4. 1948.) GANZLIN. H 520

N. V. de Bataafsche Petroleum Mij., Den Haag, Holland (Erfinder: **Harry Ashley Cheney** und **Sumner Hatch McAllister**, San Francisco, Calif., V. St. A.), *Dichlorpropylene*, die 1 Cl-Atom in Allyl- u. das andere in Vinylstellung enthalten, erhält man dadurch, daß ein vorerhitztes Gemisch, das ganz oder vorwiegend aus Propylen u. Allylchlorid besteht u. bes. 0,5—3,0 Mol Allylchlorid je Mol Propylen enthält, bei 120° übersteigender Temp. mit Cl in Berührung gebracht u. die Rk. oberhalb 200°, jedoch unterhalb der Temp., bei der eine wesentliche Zers. stattfindet, bes. bei ca. 350—675°, durchgeführt wird. Das Mol-Verhältnis der ungesätt. Verbb. zu Cl soll zwischen 2:1 u. 7:1 gehalten werden. Das Propylen wird zweckmäßig kontinuierlich auf ca. 350° vorerhitzt u. dann mit Allylchloriddämpfen vermischt. Danach wird kontinuierlich Cl zugemischt u. die so erhaltene Mischung der Reaktionszone zugeführt. (**D. B. P. 858 398** Kl. 12o vom 2/10. 1948, ausg. 8/12. 1952. A. Prior. 30/7. 1945.) GANZLIN. H 520

Standard Oil Co., übert. von: **Edwin F. Peters**, Chicago, Ill., V. St. A., *Katalytische Polymerisation von α-Olefinen*, bes. aliphat., tert. α-Olefinen, wie Isobutylen, in der fl. Phase bei Ggw. von BF_3 als Katalysator u. von $O_2(O_3)$ oder O-haltigen Gasen (Luft) bei 70—250° u. Drucken, welche die fl. Phase der monomeren Olefine gewährleisten. Die Menge an BF_3 kann zwischen 0,05 u. 3,0 Gew.-% oder mehr betragen. Der O_2-Geh. der Reaktionsmischung soll 5—40 Gew.-% des Olefins sein. Man erhält durch die Ggw. von O_2 vorwiegend Dimere oder Trimere der eingesetzten Olefine. (**A. P. 2 552 508** vom 15/12. 1948, ausg. 15/5. 1951.) G. KÖNIG. H 520

Union Carbide & Carbon Corp., New York, N. Y., übert. von: **Raymond I. Hoaglin**, Charleston, W. Va., und **Samuel F. Clark**, Oxford, Miss., V. St. A., *Alkoxyacetale* erhält man bei der Rk. von Dialkylacetalen mit Äthern von α,β-ungesätt. Alkoholen bei 25—75° in Ggw. eines BF_3-Katalysators, bes. der Komplexverb. des BF_3–Ae., in Mengen von 0,01—0,5%. — Vinyläthyläther (I) u. Diäthylbutyral ergeben, bei 43—51° mit BF_3–Ae. (**II**) behandelt, als Destillat *1.1.3-Triäthoxyhexan*, Kp.$_5$ 85°, $D.^{20}_{20}$ 0,874, bei der Hydrolyse erhält man *2-Hexenal*. — **I** u. Diäthyl-2-äthylhexanal in Ggw. von **II** ergeben *1.1.3-Triäthoxy-4-äthyloctan*, Kp.$_1$ 94°, $D.^{20}_{20}$ 0,873, n_D^{20} 1,4277. **I** u. Diäthylacetal geben *1.1.3-Triäthoxyoctan*. — Äthyl-1-butenyläther u. Diäthylacetal ergeben *1.1.3-Triäthoxy-2-äthylbutan*, Kp.$_5$ 76°, $D.^{20}_{20}$ 0,881, n_D^{20} 1,4172. — Diäthylacetal u. 1-Propenyläthyläther geben *1.1.3-Triäthoxy-2-methylbutan*, Kp.$_5$ 69°, $D.^{20}_{20}$ 0,881, n_D^{20} 1,4116. Die Verbb. sind als Lösungsmittel, Plastifikatoren u. als Zwischenprodd. zur Herst. von gesätt. Alkoholen über die ungesätt. Aldehyde verwendbar. (**A. PP. 2 564 760** vom 26/10. 1946 u. **2 564 761** vom 29/6. 1948, beide ausg. 21/8. 1951.) G. KÖNIG. H 550

Shell Development Co., San Francisco, übert. von: **Aldo De Benedictis**, Berkeley, **Seaver A. Ballard**, Orinda, und **George W. Hearne**, Lafayette, Calif., V. St. A., *Aliphatische Alkohole mit mehr als 8 C-Atomen* erhält man in heterogener fl. Phase durch Hydrolyse der entsprechenden Alkylhalogenide mittels wss. alkal. Lsgg. bei höheren Tempp. (120—275°) unter Zusatz eines in W. unlösl. inerten organ. Lösungsm., z. B. aliphat. oder aromat., auch halogenierten KW-stoffen. Das Atomgewicht des Halogens soll zwischen 17 u. 53 liegen. — Z. B. erhält man aus n-Octylbromid n-Octylalkohol. (**A. P. 2 572 251** vom 31/10. 1949, ausg. 23/10. 1951.) G. KÖNIG. H 560

Badische Anilin- & Soda-Fabrik, Ludwigshafen/Rh. (Erfinder: **Helmut Jacobi**, Wuppertal-Barmen), *Herstellung von Glycerin* (**I**) durch Verseifung von aus Allylalkohol u. Cl_2 erhaltenen sauren Lsgg. von Glycerinchlorhydrinen, dad. gek., daß man die Lsgg.

einer fraktionierten Dest. unter vermindertem Druck unterwirft, zweckmäßig in der Weise, daß man das als zuerst übergehende, prakt. säurefreie Dichlorhydrin nebst Verunreinigungen u. die nachfolgende, die Hauptmenge HCl enthaltende Fraktion auffängt, worauf der verbleibende Rückstand zu I verseift wird. (**D. B. P. 857 801** Kl. 12o vom 26/9. 1944, ausg. 1/12. 1952.) G. König. H 580

N. V. de Bataafsche Petroleum Mij., Den Haag, Holland (Erfinder: **William Eugene Vaughan** und **Frederick Farlow Rust**, San Francisco, Calif., V. St. A.), *Organische Schwefelverbindungen*, die den S in *Mercaptan*- oder *Thioäther*-Bindung enthalten, erhält man durch Rk. von organ. Verbb. mit ungesätt. Bindung in aliphat. oder cycloaliphat. Gruppierung, bes. α-Olefine oder ungesätt. Halogenide, wie Vinylchlorid, mit H_2S in Ggw. von UV-Licht, zweckmäßig mit einer Wellenlänge von 3000 Å, vorteilhaft in fl. Phase bei nicht über ca. 25°. Buten-(1) wird mit H_2S im Druckrohr 4 Std. bei ca. °0 belichtet, man erhält *Di-n-butylthioäther*, n_D^{20} 1,4530 u. *n-Butylmercaptan*, Kp. 98°; n_D^{20} 1,4431. Aus Propylen werden ca. 65% *n-Propylmercaptan*, Kp. 67,5°; n_D^{20} 1,4351 u. ca. 35% *Di-n-propylthioäther*, Kp. 142,8°; n_D^{20} 1,4493 erhalten. — Acrylsäuremethylester → *β-Mercaptopropionsäuremethylester*. — Vinylchlorid → Mischung aus *Äthylenthiochlorhydrin* u. *β.β'-Dichlordiäthylthioäther*. — 2-Chlorbuten-(2) → *2-Chlor-3-mercaptobutan*. (**D. B. P. 844 898** Kl. 12o vom 21/9. 1950, ausg. 24/7. 1952. A. Priorr. 28/3. u. 29/3. 1941.) Krauss. H 600

N. V. de Bataafsche Petroleum Mij., Den Haag, Holland, *Sulfonylderivate von Di-tert.-alkylperoxyden*. Man kondensiert Peroxyde mit SO_2 u. Cl_2 oder Br_2 in Ggw. von aktin. Licht, zweckmäßig bei 0—20°. Die erhaltenen Sulfonylchloride oder -bromide können dann noch mit Verbb. mit polaren Gruppen (W., NH_3, Aminen, organ. Hydroperoxyden, Alkoholen) umgesetzt werden. — Durch Behandeln von Di-tert.-butylperoxyd mit SO_2 u. Cl_2 bei 6—8° u. Belichten mit 500 Watt erhält man *2-tert.-Butylperoxy-2-methylpropansulfonylchlorid* (I), $(CH_3)_3C—O—O—C(CH_3)_2CH_2SO_2Cl$, Kp.$_1$ 72—77°, F. 20—25°. — 2-tert.-Butylperoxy-2-methylhexan → $C_{11}H_{23}O_4BrS$. — Di-tert.-hexylperoxyd → $C_{12}\cdot H_{26-n}O_2(SO_2Cl)_n$, n = größer als 1. — Bromdi-tert.-butylperoxyd → $C_8H_{16}O_4ClBrS$. — I gibt beim Erhitzen mit 20—30% ig. wss. KOH $C_8H_{17}O_5SK$, *2-tert.-Butylperoxy-2-methylpropansulfonat*. Mit $Ca(OH)_2$ erhält man die entsprechenden *Ca-Salze*. Mit W. die entsprechende *Sulfonsäure*. — *2-tert.-Butylperoxy-3-methylpropansulfonanilid*, F. 91,6—92,4°. *2-tert.-Butylperoxy-2-methylpropansulfonamid*. — *N.N-Dibutyl-2-tert.-butylperoxy-2-methylpropansulfonamid*. — *Tert.-Butyl-2-tert.-butylperoxy-2-methylpropanpersulfonat* $(CH_3)_3\cdot C—O—O—C(CH_3)_2—CH_2SO_2—O—O—C(CH_3)_3$. (**E. P. 670 255** vom 8/12. 1948, ausg. 16/4. 1952. A. Prior. 19/12. 1947.) Krauss. H 600

General Aniline & Film Corp., New York, N. Y., übert. von: **John W. Copenhaver**, Easton. Pa., V. St. A., *Acetale der Trihalogenpropionaldehyde* erhält man aus 1.3.3.3-Tetrahalogenäthern u. Alkoholen oder substituierten Alkoholen, wie Chlorhydrinen, Benzylalkohol, Polyoxyäthylenen, 2-Nitroäthanol. Vorteilhaft werden Tempp. von 50—100° u. ein Überschuß an Alkohol angewandt. — Aus 1.3.3.3-Tetrachlorpropylbutyläther (I) u. n-Butylalkohol nach Erwärmen auf 60—70° *Di-n-butylacetal des Trichlorpropionaldehyds* (II), Kp.$_2$ 110°, n_D^{25} 1,4518. — Aus 1.3.3.3-Tetrachlorpropyläthyläther u. A. *3.3.3-Trichlorpropionaldehyddiäthylacetal*, Kp.$_{10}$ 83—84°, n_D^{25} 1,4454, D.$^{25}_4$ 1,1829. Aus dem entsprechenden Methyläther u. Methanol erhält man *3.3.3-Trichlorpropionaldehyddimethylacetal*, Kp.$_{14}$ 75°, n_D^{25} 1,4552. — I gibt mit 2 Mol Äthylenglykol bei 80—90° II u. ein cycl. Acetal der nebenst. Formel.

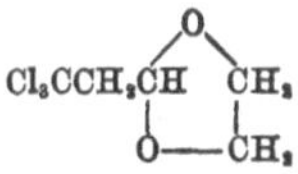

(**A. P. 2 556 905** vom 5/11. 1948, ausg. 12/6. 1951.) G. König. H 670

Imperial Chemical Industries Ltd., London (Erfinder: **John George Mackay Bremner, David Gwyn Jones** und **Robert Reid Coats**, Norton-on-Tees, Durham), England, *Herstellung aliphatischer Ketone*, dadurch, daß 2-alkylsubstituierte Furane (I) mit H_2 in Ggw. eines Cu-haltigen Katalysators umgesetzt werden. Die Rk. erfolgt in der Dampfphase bei 200—400°, bes. bei 1—5 at u. einem Mol-Verhältnis von H_2:I von 5:1 bis 7:1. — Z. B. werden 430 g Silvan bei ca. 325° in Ggw. eines Katalysators aus Cu auf ZnO unter Ringspaltung zu 130 g Methyl-n-propylketon hydriert. Aus Äthylfuran wird Äthyl-n-propylketon gewonnen. (**D. B. P. 828 540** Kl. 12o vom 31/12. 1948, ausg. 17/1. 1952. E. Prior. 29/3. 1946.) Heinze. H 710

Commercial Solvents Corp., Terre Haute, Ind., übert. von: **Milton C. Kloetzel**, Los Angeles, Calif., V. St. A., *Nitrocarbonsäureester* der allg. Formel (I), $NO_2\cdot C(R_2)(R_3)\cdot CH(R_1)\cdot CH_2CO_2R$, erhält man bei der Kondensation von prim. oder sek. Mononitroalkanen der Formel $(R_2)(R_3)\cdot CHNO_2$ (II) u. einem ungesätt. Ester der Formel $R_1—CH = CH—CO_2R$ (III) in Ggw. von sek. oder tert. Aminen, wie Di- oder Triäthylamin, bei einer bevorzugten Reaktionstemp. von 20—30°. In I bedeuten: R = niedrigmol. Alkylgruppe,

R_2 = H oder $-CO_2$; R_2 = Alkylgruppe u. R_3 = H oder Alkylgruppe. Bes. geeignet sind: Nitroäthan, 1-Nitropropan, Nitrohexan u. Phenylnitromethan. In **III** bedeuten: R_1 = H oder $-CO_2R$ (wobei R = niedrigmol. Alkylgruppe), z. B. Äthyl-, Methylacrylat, Äthyl-, Methylmaleat. — Methylacrylat (**IV**), Nitromethan u. Triäthylamin ergeben bei exothermer Rk. u. Einhalten einer Temp. von 30° während einiger Std. den *Methylester der 4-Nitropentansäure*, $Kp._2$ 88—89°, n_D^{20} 1,4359, $D.^{20}_{20}$ 1,1398, farblos, campherähnlicher Geruch ($C_6H_{11}O_4N$). — **IV** u. 2-Nitropropan ergeben: den *Methylester der 4-Methyl-4-nitropentansäure*, farbloses, angenehm riechendes Öl, $Kp._{1,3}$ 77—78,5°, n_D^{20} 1,4419, $D.^{20}_{20}$ 1,1166 ($C_7H_{13}O_4N$). — Dimethylfumarat u. 2-Nitropropan ergeben den *Methylester der 1-Nitroisopropylbernsteinsäure*, Kp. 60—75°, F. 35,5—36°, schwachgrün gefärbt, aus Ae. u. PAe. umkrist. farblose, rechtwinklige Platten ($C_9H_{15}O_6N$). — Mit 1-Nitropropan erhält man den *Methylester der 1-Nitropropylbernsteinsäure*, $Kp._{1,5}$ 125—126° ($C_9H_{15}O_6N$). — Zwischenprodukte. (**A. P. 2 554 831** vom 18/12. 1947, ausg. 29/5. 1951.) G. König. H 810

Chemische Werke Hüls G. m. b. H. (Erfinder: **Walter Franke** und **Herbert Meister**), Marl, Kr. Recklinghausen, *Herstellung ungesättigter Nitrile oder Carbonsäureester.* Es werden KW-stoffe der Acetylenreihe mit Vinylverbb. unter Zusatz von alkal. wirkenden Verbb. umgesetzt. Lösungsmittel können zugegen sein. — Ein Gemisch aus 80 (cm^3) Diacetylen u. 150 Acrylsäurenitril wird in 100 Acetonitril u. 9 g NaOH-Pulver eingetropft. Aufarbeitung ergibt *Hexadiinyl-(3.5)-cyanid-(1)*, F. 83°. — Zwischenprodd. für Riechstoffe u. Heilmittel. (**D. B. P. 828 542** Kl. 12o vom 2/10. 1948, ausg. 17/1. 1952.) Heinze. H 810

Daniel F. Kelly, Hammond, Ind., übert. von: **Hoy A. Cranston**, Chicago, Ill., V. St. A., *Aconitsäure* (**I**) erhält man durch Erhitzen von Citronensäure auf 120—140° in Methan-, Äthan- u. Propansulfonsäure oder ihren Mischungen als Lösungsm. für beide. **I** krist. nach dem Abkühlen der Lsg. auf 35—40° in über 95%ig. Reinheit aus. (**A. P. 2 566 172** vom 3/9. 1949, ausg. 28/8. 1951.) Krauss. H 830

Union Carbide & Carbon Corp., übert. von: **Benjamin Phillips jr.**, Charleston, W. Va., V. St. A., *Enolester* erhält man durch Rk. von Carbonsäureestern von Enolen mit Anhydriden von Alkoxycarbonsäuren, indem man z. B. eine Mischung aus 1000 (Teilen) Isopropenylacetat, 1090 β-Äthoxypropionsäureanhydrid u. 4,2 konz. H_2SO_4 3 Std. unter Rückfluß auf 115° erhitzt, dann mit 14 wasserfreiem Na-Acetat neutralisiert u. schnell dest., worauf man durch Fraktionieren des Destillats 470 *Isopropenyl-β-äthoxypropionat* ($Kp._9$ 66°, n_D^{20} 1,4187) erhält. (**A. P. 2 568 296** vom 28/7. 1948, ausg. 18/9. 1951.) Müller-Meiningen. H 850

Badische Anilin- & Soda-Fabrik, Ludwigshafen/Rh. (Erfinder: **Walter Stade**†, Ludwigshafen/Rh., und **Walter Flemming**, Hermeskeil), *Primäre aliphatische, aromatischaliphatische bzw. cycloaliphatische Amine* entstehen durch Rk. der entsprechenden Alkyl-, Aralkyl- bzw. Cycloalkylhalogenide mit NH_4SCN (**I**), Behandeln mit H_2S in alkal.-wss. Medium, u. Zers. des entstandenen dithiocarbaminsauren Salzes mit einer Säure zu Aminsalz u. CS_2, wobei letzterer zur Herst. von weiterem **I** u. der hierbei entstehende H_2S zur Rk. mit den Senfölen verwendet wird. — Beispiele: *Allylamin, Butylamin, Cyclohexylamin.* (**D. B. P. 845 516** Kl. 12q vom 21/9. 1940, ausg. 31/7. 1952.) Langer. H 910

Mo och Domsjö Aktiebolag, Örnsköldsvik, Schweden (Erfinder: **R. E. Morén**), *Herstellung von mehrbasischen Oxyalkylaminen.* Man setzt Oxyalkylamine, die weniger OH-Gruppen als gewünscht aufweisen, mit Alkylenoxyden in Ggw. von NH_3 u. W. bei 30—80°, bes. bei 50°, vorzugsweise unter erhöhtem Druck bis zu 50 (at), bes. 5—10, um. Z. B. wird Monoäthylamin bei 50° mit Äthylenoxyd zu farblosem *Triäthanolamin* höchster Reinheit umgesetzt. (**Schwed. P. 132 439** vom 26/2. 1946, ausg. 31/7. 1951.) J. Schmidt. H 920

Svit, Národní Podnik, Gottwaldov, Tschechoslowakei, *Isolierung von Lactamen* aus durch Rk. von cycl. Oximen mit H_2SO_4 (**I**) erhaltenen wss. Rohgemischen erfolgt durch Schichtentrennung auf Zusatz von Alkalicarbonaten oder -hydroxyden. — Man mischt z. B. 180 (g) einer durch Rk. von Cyclohexanonoxim mit heißer **I** erhaltenen, 52% *6-Caprolactam* (**II**) enthaltenden halbfesten M. mit 50 cm^3 Eiswasser u. gibt gleichzeitig 50 Eisstücke zu, neutralisiert mit K_2CO_3 (**III**), filtriert u. fügt weitere 20 **III** zu, worauf Schichtentrennung erfolgt. Aus der oberen Schicht läßt sich prakt. salzfreies **II** in 78%ig. Ausbeute, z. B. durch Dest., gewinnen. — Löslichkeitsdiagramm. (**Schwz. P. 277 303** vom 8/9. 1947, ausg. 16/11. 1951. D. Priorr. 24/9. u. 21/10. 1942.) Müller-Meiningen. H 950

H. Lundbeck & Co., Kemisk Pharmaceutisk Laboratorium A/S, Kopenhagen, Dänemark, *Herstellung von 2-Äthoxybenzamid.* Man setzt Salicylamid mit einem Äthylierungsmittel, wie Diäthylsulfat, um. (**Finn. P. 25 579** vom 22/3. 1949, Auszug veröff. 29/2. 1952.) J. Schmidt. H 1250

Soc. des Usines Chimiques Rhône-Poulenc, Paris (Erfinder: **Michel Marius Mosnier** und **Louis Bobichon**, Lyon), Frankreich, *Arylcyanamide* erhält man durch Behandeln von arylierten S-Alkylisothioharnstoffen mit starken Basen, bes. im Überschuß, wobei das gebildete Mercaptan entfernt u. das Arylcyanamid abgetrennt wird. — Beispiele: S-Methyl-N-p-chlorphenylisothioharnstoff, F. 80,5—81°; Pikrat, F. 179° (erhalten aus p-Chlorphenylthioharnstoff mit Dimethylsulfat) wird mit wss. Ätzkali erhitzt, bis das Mercaptan entfernt ist. Das *p-Chlorphenylcyanamid*, F. 107°, wird durch Neutralisation mit Eisessig ausgefällt; Ausbeute 87%. — Aus S-Methyl-N-β-naphthylisothioharnstoff → *β-Naphthylcyanamid*, F. 100—101°. — Zwischenprodd. für Heilmittel. (**D. B. P. 825 257** Kl. 12o vom 19/4. 1950, ausg. 17/12. 1951. F. Prior. 6/1. 1948.) KRAUSS. H 1290

X. Färberei. Organische Farbstoffe.

A. F. Cheshire, *Absorption und Desorption von Direktfarbstoffen.* Kurzer Überblick über Forschung u. Theorie. (Brit. Rayon Silk J. **29.** Nr. 341. 76. Okt. 1952.) P. ECKERT. 7002

J. A. Somers, *Die Forschung auf dem Gebiet neuer Polymerer.* Besprochen wird die Abhängigkeit der Farbstoffaufnahme von der durch Streckung bedingten zusätzlichen Festigkeit der Chemiefasern. Bes. behandelt wird in diesem Zusammenhang die Anfärbbarkeit der synthet. Fasern, deren Streckungsgrad angegeben wird. Das verminderte Anfärbevermögen wird auf die durch das Strecken bedingte verringerte Porengröße der Fasern zurückgeführt. Eingegangen wird ferner auf die Bedeutung der für den Färbevorgang in Betracht kommenden funktionellen Gruppen der synthet. Fasern. (Brit. Rayon Silk J. **29.** Nr. 338. 51—52. Juli 1952.) P. ECKERT. 7002

C. Th. Speiser, *Möglichkeiten zur Anwendung von Indigosolen beim Färben von Wolle, Halbwolle, Acetatkunstseide und Rhovyl.* (Vgl. C. **1953.** 929.) (Färgeriteknik **28.** 97—99. Mai. 122—27. Juni 1952.) P. ECKERT. 7020

P. J. Choquette, *Das Färben neuer Fasern.* Besprochen werden die Eigg. u. das Färben neuer, bes. synthet. Fasern. In diesem Zusammenhang werden behandelt: *Dacron* (Polykondensat aus Terephthalsäure u. Äthylenglykol, DU PONT). Die Faser kann mit Acetat- u. Küpenfarbstoffen sowie mit den Leukoestern der Küpenfarbstoffe gefärbt werden. Entwickelt wurden ferner gewisse Azokombinationen. Schließlich wird auf das Färben von Dacron-Reyon-Mischungen eingegangen. — *Orlon* ist ein Polyacrylnitrilpolymerisat u. wird von der DU PONT als *Typ 81* (Langfaser) u. als *Typ 41* (Flocke) hergestellt. Zum Färben kommen Küpenfarbstoffe, deren Leukoester, Acetat- u. Säurefarbstoffe in Betracht. — *Dynel* ist ein Mischpolymerisat aus Acrylnitril u. Vinylchlorid. Hersteller ist die UNION CARBIDE & CARBON COMP. Als Farbstoffklassen werden Acetatfarbstoffe, Acetat- u. Direktfarbstoffe, Acetat- u. Säurefarbstoffe, sowie Leukoester der Küpenfarbstoffe u. Küpenfarbstoffe angeführt. — *Acrilan* ist eine Acrylfaser, die noch ein Harz zur Verbesserung der Anfärbbarkeit enthält. Die wollähnliche Faser wird von der CHEMISTRAND CORP. hergestellt. Gefärbt wird die Faser mit Säure-, Chrom- u. Acetatfarbstoffen. Auch das Färben von Acrilan- Woll-Mischungen wird behandelt. — *Vicara* ist eine Proteinfaser aus Zein, die von der VIRGINIA-CAROLINA-CHEMICAL-CORP. produziert wird. Es sind vor allem Säure- u. Chromfarbstoffe, die für Vicara in Frage kommen. — *Celcos* ist eine teilweise verseifte Acetatfaser der CELANESE CORP., die sich dementsprechend mit Direkt- u. Acetatfarbstoffen anfärben läßt. — *Saran*, ein Vinylidenchloridprod. der SARAN YARN COMP., wird mit Acetatfarbstoffen gefärbt. — *Fortisan* der CELANESE CORP. ist eine hochorientierte völlig verseifte Acetatfaser. Nach einer Vorbehandlung läßt sich die Faser mit Direkt-, Naphthol- u. Küpenfarbstoffen färben. Färbevorschriften werden für eine Reihe der angeführten Fasern gegeben. (Mod. Textiles Mag. **33.** 31—60. 62. 68. Okt. 1952.) P. ECKERT. 7020

Hermann P. Baumann, *Probleme der neuen Fasern.* Diskussion des Färbens von Nylon (**I**), Dacron (**II**), Dynel (**III**), Acrilan (**IV**) u. Orlon (**V**), Färben von Mischgeweben u. Lichtechtheitsfragen. Zum Schluß werden einfache Färbe-Rkk. zur Unterscheidung der neuen Fasern ebenso mkr. Querschnittsbilder beschrieben. 0,5 g eines Gemisches aus 1 Teil Chromorhodin BR, 1 Teil Anthrachinonblau SWF u. 1 Teil Cellitonechtgelb GA werden in 200 cm^3 W. gelöst, erhitzt, mit 1 cm^3 sd. Essigsäure (56%) u. der zu untersuchenden Faserprobe versetzt u. 2—3 Min. gekocht. Es treten folgende Färbungen auf: **I**: dunkelgrün, **II**: gelb, **III**: rotbraun, **IV**: grau, **V**: rosa, Wolle: schwarz. (Amer. Dyestuff Reporter **41.** P 453—56. 21/7. 1952. Lodi, N. J., United Piece Dye Works.) ZAHN. 7020

Walter Hees, *Spezielle Verfahrenspraktiken auf dem Gebiete des Färbens und Ausrüstens von Perlon bzw. Nylon sowie von Polyamidfasermelangen.* Die vorliegende Arbeit befaßt sich mit Sondergebieten des Färbens u. Ausrüstens von Polyamidfasern. In diesem Zusammenhang werden behandelt: Die Egalisierhilfsmittel in der Polyamidfärberei, die

Naßechtheitsverbesserung von Telonlicht- u. Telonechtfärbungen, die perboardingechte u. überfärbechte Polyamidseidenfärbung für Kontrastnähte in Damenstrümpfen, das Abziehen von Damenstrümpfen aus Perlon u. Nylon mit indanthrenfarbigen Baumwolleffektfäden, die infrarot-reflektierenden Färbungen, die Signierfarbstoffe für Polyamidfasern, die flammfeste Ausrüstung von Nylongeweben, das Nylonizingverf. zur Erhöhung des Schweißaufnahmevermögens von Nylonartikeln. Besprochen wird ferner das Färben von Woll-Nylon-Melangen. (Dtsch. Textilgewerbe **54.** 914—18. 5/10. 958—62. 20/10. 1952.) P. Eckert. 7020

C. P. Tattersfield, *Das Färben von Nylonflocke enthaltenden Mischungen.* Es werden Färbevorschriften gegeben u. Farbstoffe angeführt, die für Mischgespinste aus Wolle u. Nylon, Cellulosefasern u. Nylon sowie für Mischungen, die andere synthet. Fasern, wie Terylene, Vinyon, Acrilan, Dynel, Orlon, Chemstrand, X–51 u. andere enthalten, geeignet sind. (Brit. Rayon Silk J. **29.** Nr. 341. 51—53. Okt. 1952.) P. Eckert. 7020

T. A. Feild jr., *Das Färben von Dynel und verwandten Produkten.* Der gegenwärtige Stand des Färbens von Polyacrylnitrilfasern bes. Dynel wird besprochen u. eigene prakt. Erfahrungen mitgeteilt. (Amer. Dyestuff Reporter **41.** P 475—P 78. 4/8. 1952. Union Carbide and Carbon Corp.) Zahn. 7020

Fred F. Jacobs, *Kontinuierliche Färbemethode beim Küpenfarbstoffdruck.* Wenn man beim Klotz–Dämpf-Verf. statt Pigment aufzuklotzen, dieses druckt, gelangt man zu einem kontinuierlichen Druckverfahren. Bei diesem wird das Küpenfarbstoffpigment durch Blitzalterung („flash aging") entwickelt. Statt der ursprünglich verwendeten Methylcellulose dient u. a. Locust bean gum als Pigment bindendes Verdickungsmittel. Das gedruckte Gut wird mit den notwendigen Chemikalien bespritzt u. 10—20 Sek. gedämpft. Die Vorteile des neuen kontinuierlichen Druckverf. gegenüber alten Methoden werden aufgezählt. (Amer. Dyestuff Reporter **41.** 441—42. 21/7. 1952. Ciba Comp. Inc.) Zahn. 7022

—, *Methode der Prüfung der Tageslichtechtheit gefärbter Textilien.* Das Komitee für Echtheitsprüfungen der Soc. Dyers Colourists stellt einen revidierten Entwurf der Ausgabe Nr. 1006 der British Standards, Teil 1 (1942) zur Diskussion: Blaumaßstab, Meth. des Abdeckens u. der Auswertung. (J. Soc. Dyers Colourists **68.** 197—200. Juni 1952.) Zahn. 7028

E. Atherton und **R. H. Peters**, *Einige weitere Untersuchungen über die Ausbleichgeschwindigkeiten von Monoazofarbstoffen.* In einer früheren Mitt. hatten Atherton u. Seltzer (C. **1950.** II. 822) die Ausbleichgeschwindigkeit substituierter Phenylazo-α-naphthylamine (I) in Celluloseacetat (II)-filmen mit dem Hammett-σ-Wert der Substituenten R in lineare Beziehung gebracht. Farbstoffe mit positiven σ-Werten hatten höhere Lichtechtheit. I mit folgenden R wurden dargestellt: p-OCH_3, p-CH_3, m-CH_3, m-OCH_3 p-Cl, p-Br, m-Cl, m-NO_2, p-$COCH_3$, m-$COOCH_3$, p-$COOH_3$, p-NO_2.

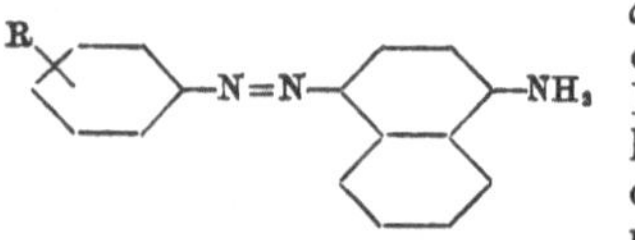

Die Konzentrationsverluste beim Ausbleichen in **II** wurden gegen die absorbierte Lichtenergie aufgetragen u. hieraus graph. die relativen Abbaukonstanten berechnet, deren Logarithmus gegen die σ-Werte der R eine steilere Gerade lieferte als in der oben angeführten Mitteilung. Farbstoffe mit R = m-NO_2, p-NO_2 u. p-$COCH_3$ gehorchten der Beziehung nicht, ihre Lichtechtheit ist niedriger. Farbstoffe mit zur Azogruppe o-ständigen Substituenten haben höhere Echtheiten, wenn R = $-OCH_3$, $-NH_2$, nicht aber $-CH_3$ ist (ster. Effekte). Der Farbstoffabbau erfolgt über die Azogruppen, was durch zusätzliche Rk. an einem Substituenten überlagert sein kann. Der Chemismus der Veränderungen an der Azogruppe wird diskutiert. (J. Soc. Dyers Colourists **68.** 64—66. Febr. 1952. Manchester, I C I, Dyehouse Labors.) Zahn. 7028

W. E. Saxby (Nottingham) Ltd., Basford (Erfinder: **Charles Frederick Ward**, Old Basford, und **Craythorne Spencer Groves**, West Bridgford, Nottingham), England, *Färben von aus Wolle bestehendem oder Wolle enthaltendem Textilmaterial.* Man verwendet zur Einstellung des p_H-Wertes des wss. Bades ein Alkalisalz von Pyro- oder Metaborsäure, gegebenenfalls zusammen mit freier H_3BO_3. So läßt sich z. B. die Acidität bei einem Chromfärbeprozeß allmählich entwickeln. (**D. B. P. 851 046** Kl. 8m vom 8/6. 1950, ausg. 2/10. 1952. E. Prior. 21/4. 1949.) v. Schiller. 7021

General Aniline & Film Corp., New York (Erfinder: **Sam Charles Slifkin**, Binghamton, N. J., V. St. A.), *Lichtempfindliches Textilmaterial.* Textilien aus natürlichen oder synthet. Fasern werden mit einer Lsg. getränkt, die eine durch Belichtung (unter Bldg. einer nichtkuppelnden Verb.) zersetzbare Diazoverb. (I), eine in alkal. Medium kupplungsfähige Komponente (II), eine die vorzeitige Kupplung verhindernde Verb. u. $ZnCl_2$ enthält. Nach dem Trocknen wird das Muster aufkopiert u. mit NH_3-Dämpfen entwickelt.

Als I werden bes. Benzoldiazoniumverbb. mit p-Alkylamin- oder p-Arylaminsubstituenten verwendet, als II Polyoxyverbb. der Benzol- u. Naphthalinreihe, Verbb. mit reaktionsfähigen Methylengruppen, wie Acetessigsäurearylide, Pyrazolon- u. Pyrazoloncarbonsäurederiv., auch Gemische mehrerer II, wobei II in mol. Überschuß gegenüber I vorhanden sein soll. (**D. B. P. 849 654** Kl. 57b vom 1/1. 1949, ausg. 18/9. 1952. A. Prior. 18/8. 1945.) KALIX. 7023

J. R. Geigy, Akt.-Ges. (Erfinder: **Achille Conzetti** und **Guido Schetty**), Basel, Schweiz, *Chromierbare Azofarbstoffe.* Diazotierte aromat. Amine, die metallkomplexbildende Gruppen enthalten, gegebenenfalls auch Azogruppen, werden mit Azokomponenten der allg. Formel I gekuppelt. Hierin ist X ein H-Atom oder ein gegebenenfalls substituierter Phenylrest. Die Chromierung kann am Farbstoff selbst oder auf der Faser nach bekannten Verff. ausgeführt werden. Als Amine sind z. B. verwendbar: o-Aminophenole,

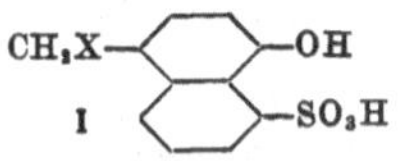

-Naphthole, -benzolcarbonsäuren, -naphthalincarbonsäuren u. -alkoxybenzole, die noch weiter substituiert sein können; als Azokomponenten die in den Schwz. PP. 251 640 u. 256 518 genannten. — Beispiel: Kupplungsprod. aus diazotierter 4-Chlor-1-aminobenzol-3-sulfosäure u. 4-Methyl-2-amino-1-oxybenzol diazotiert u. verkuppelt man mit 4-Methyl-1-oxynaphthalin-8-sulfonsäure zu einem Farbstoff, der Wolle aus saurem Bade violett färbt; die Nachchromierung ergibt eine reingrüne licht- u. walkechte Färbung. (**D. B. P. 842 090** Kl. 22a vom 5/11. 1948, ausg. 23/6. 1952. Schwz. Prior. 21/12. 1944.) KALIX. 7055

J. R. Geigy, Akt.-Ges., Basel (Erfinder: **Otto Schmid**, Muttenz b. Basel, und **Guido Schetty**, Basel), *Metallisierbare Azofarbstoffe.* Diazoverbb. aus Aminodiarylketonen der allg. Formel A—CO—B—NH_2 werden mit beliebigen Azokomponenten gekuppelt, die auch Azogruppen enthalten können. Hierbei bedeutet A einen o-Oxycarboxyarylrest u. B einen Arylrest, die beide weiter substituiert sein können, z. B. durch Halogenatome, Alkyl-, Carboxyl-, Sulfonsäure-, Nitro-, Oxy-, Alkoxy- oder Aryloxygruppen. Die Reaktionsprodd. können als Farbstoff oder auf der Faser mit metallabgebenden Mitteln behandelt werden; bes. verfährt man so, daß nicht alle metallisierbaren Gruppen umgesetzt werden. — Beispiel: Diazotierte 1-(3'-Aminobenzoyl)-4-oxybenzol-5-carbonsäure wird mit 1-(2'-Chlorphenyl)-3-methyl-5-pyrazolon-5'-sulfonsäure gekuppelt. Das Reaktionsprod. färbt Wolle grünstichig gelb, durch Nachchromieren wird die Naßechtheit ohne Änderung des Farbtons verbessert. (**D. B. P. 842 091** Kl. 22a vom 5/11. 1948, ausg. 23/6. 1952. Schwz. Prior. 25/1. 1945.) KALIX. 7055

J. R. Geigy, Akt.-Ges., Basel (Erfinder: **Peter Hindermann**, Bodmingen b. Basel), *Kupferbare Dis- und Polyazofarbstoffe.* 1 (Mol) eines tetrazotierten Diamins der allg. Formel I wird in beliebiger Reihenfolge mit 1 eines kupplungsfähigen β-Ketocarbonsäurederiv. (II) u. mit 1 gleichen oder verschied. II oder mit einer in Nachbarstellung zu OH kuppelnden Oxynaphthalinsulfosäure (III) gekuppelt, die weitere Substituenten oder auch Azogruppen enthalten kann. R bedeutet ein H- oder Halogenatom, eine Methyl- oder Alkoxygruppe. Je nach Wahl der Azokomponenten erhält man gelbe, gelbbraune oder rotbraune Farbstoffe, deren Cellulosefärbungen nachgekupfert gegen mehrfache Seifenwäsche echt sind. Als I werden vorzugsweise die nach dem Verf. des D. R. P. 536 653 hergestellten Diamine verwendet, als II Acetessigsäurearylamide u. 5-Pyrazolone, z. B. 1-Acetoacetylamino-2-methoxy- u. -4-aminobenzol, sowie 1-(4'-Amino-3'-sulfophenyl)-3-methyl-5-pyrazolon, u. als III z. B. 1-Oxynaphthalin-4- oder -5-sulfonsäure, oder 2-Oxynaphthalin-4-, -6- oder -7-sulfonsäure. — Beispiel: 1 (Mol) 1-(3'-Amino-4'-oxybenzoylamino)-4-aminobenzol-3-carbonsäure werden tetrazotiert u. mit 2 1-(4'-Aminophenyl)-3-methyl-5-pyrazolon gekuppelt. Braunes wasserlösl. Pulver, das Cellulose gelb, nachgekupfert gelbbraun färbt. (**D. B. P. 842 096** Kl. 22a vom 19/10. 1948, ausg. 23/6. 1952. Schwz. Priorr. 15/10. 1947 u. 6/8. 1948.) KALIX. 7055

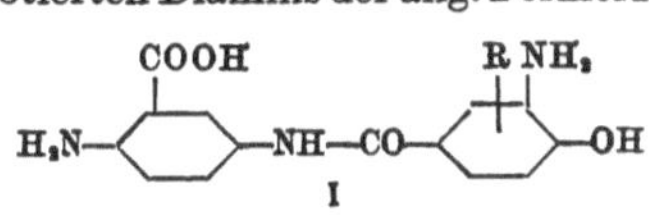

J. R. Geigy, Akt.-Ges., Basel (Erfinder: **Peter Hindermann**, Bodmingen b. Basel), *Kupferbare Dis- und Polyazofarbstoffe.* 1 (Mol) eines Diamins (I) der allg. Formel I wird tetrazotiert u. mit 2 einer in o-Stellung zu OH kuppelnden Naphtholsulfonsäure (II) vereinigt, die noch weitere, in Azokomponenten übliche Substituenten u. auch Azogruppen enthalten kann. Hierbei bedeutet X eine direkte C-Bindung oder ein 2wertiges

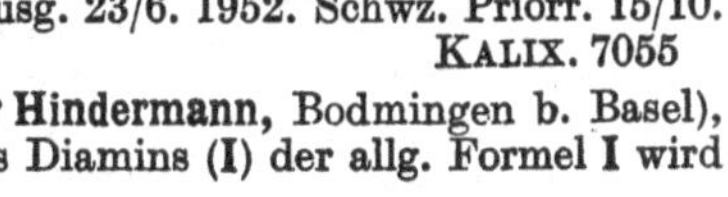

Brückenglied, wie S, SO, SO_2, CH_2, CO, NH, NHCO, NHCONH. Je nach Art der Azokomponente erhält man bordeauxrote bis violette Farbstoffe, deren gekupferte Cellulosefärbungen stark licht- u. seifenecht sind. Als I werden vorzugsweise nach dem Verf. des

D. R. P. 536 653 hergestellte Diamine verwendet, als II Naphtholmonosulfosäuren u. Aminomononaphtholsulfosäuren, sowie deren N-Substitutionsprodukte. — Beispiel: 1 (Mol) tetrazotiertes 4.4'-Di-(3''-amino-4''-oxybenzoylamino)-3.3'-dimethoxydiphenyl werden mit 2 1-Acetylamino-8-oxynaphthalin-4-sulfonsäure gekuppelt. In W. violett lösl. Pulver, das natürliche u. regenerierte Cellulose nachgekupfert violett färbt. (**D. B. P. 842 097** Kl. 22a vom 19/10. 1948, ausg. 23/6. 1952. Schwz. Prior. 15/9. 1947.) KALIX. 7055

Textilausrüstungs-Gesellschaft Schroers & Co. (Erfinder: **Joachim Müller**), Krefeld, *Erzeugung hochdisperser Pulverformen von Küpenfarbstoffen* in Form der Küpensäuren (I). Man neutralisiert konz. Küpen, zerkleinert die so erhaltenen Aufschlämmungen der I fein u. trocknet schonend. (**D. B. P. 845 336** Kl. 8m vom 18/7. 1950, ausg. 31/7. 1952.) v. SCHILLER. 7069

Ciba Akt.-Ges., Basel (Erfinder: **Walter Wettstein**, Aigle-les-Tormes), Schweiz, *Dispergierbare Zinkphthalocyanine.* 1 (Teil) des rohen Zn-Phthalocyanins wird mit 2—4 eines in W. oder in organ. Lösungsmitteln lösl. Zusatzes bis zur Bldg. eines farbkräftigen Pigments vermahlen, der Zusatz herausgelöst u. der Farbstoff getrocknet oder zusammen mit dem Lösungsm. zu einer Paste verarbeitet. Als Zusätze werden z. B. verwendet: feinkrist., mit organ. Fll. ausgefälltes NaCl, im Vakuum entwässertes Na_2SO_4, wasserfreies $CaCl_2$, NH_4Cl, $BaCl_2$, H_3BO_3, KOH, NaOH, aromat. Sulfonsäuren, Phthalsäureanhydrid, p-Toluolsulfamid usw. Die Bldg. der α-Modifikation beim Auswaschen kann weitgehend verhindert werden, wenn dem Farbstoff beim Vermahlen oder Auswaschen ganz geringe Mengen von nichtionogenen organ. Fll., wie A., Methanol, Dioxan, Bzl. usw., zugesetzt werden. Auch durch Mahlen bei 60—90° kann die Bldg. der α-Modifikation verhindert werden. (**D. B. P. 842 104** Kl. 22c vom 17/6. 1950, ausg. 23/6. 1952. Schwz. Priorr. 13/7. 1949 u. 24/5. 1950.) KALIX. 7073

XIa. Farben. Anstriche. Lacke. Naturharze.

C. Boelhouwer, A. C. Jol und **H. I. Waterman**, *Thermische Polymerisierung von Leinöl.* Kurzbericht über die chem. Charakterisierung der Reaktionsprodd. bei der therm. Polymerisierung von 3 Leinölstandölen verschied. Viscosität (Erhitzen in N_2-Atmosphäre auf 300° während 6, 6½ bzw. 7½ Std.); Arbeitsweise vgl. J. Inst. Petrol. Technologists **21.** [1935]. 661, 701; Chem. Weekbl. **39.** [1942.] 282, 299. Die Standöle werden zuerst durch Mol.-Dest. scharf in mono- u. polymere Glyceride fraktioniert, dann zur Stabilisierung der Doppelbindungen hydriert (150°; 100 at Wasserstoffdruck, 5% Nickel–Kieselgur-Katalysator); freie Fettsäuren werden bei der Dest. abgetrennt. Aus den monomeren Glyceriden werden durch Verseifung die konstituierenden Fettsäuren in Freiheit gesetzt u. als Methylester fraktioniert dest.; Prüfung auf intrapolymere Polymerisierung. Analoge Behandlung der polymeren Glyceride; ferner Überführung der Methylester nach GRIGNARD in gesätt. KW-stoffe, indem die prim. gebildeten tert. Alkohole dehydratisiert u. dann hydriert werden. Aus den Ergebnissen ist abzuleiten, daß bei der therm. Polymerisierung von Leinöl intra- u. intermol. Polymerisierung erfolgt, wobei ersterer Vorgang von geringerer Bedeutung ist; dabei bilden sich in geringer Menge dimere Fettsäuren mit ca. 2 Ringen je Molekül. Die intermol. Polymerisierung führt zur Ringbldg. zwischen 2 Fettsäuren verschied. Glycerinmoll.; hierbei bleibt zusätzlich die intramol. Polymerisierung möglich. Bei Standölen hoher Viscosität ist Polymerisierung zwischen mehr als 2 Fettsäuren wahrscheinlich (Bldg. von Fettsäuren, die in PAe. unlösl. sind). Die direkte Hydrierung von polymerisiertem Leinöl zu gesätt. KW-stoffen geht ohne Einflußnahme auf die Zahl der gebildeten Ringsysteme vor sich. (Research **5.** 336—38. Juli 1952. Delft, Univ., Labor. of Chem. Engng.) TÄUFEL. 7096

C. W. Patton, *Schutz durch Vinylite.* Als Vinylite werden Vinylchlorid-Acetat-Mischpolymerisate (I), Polyvinylacetate (II) u. Polyvinylbutyrale (III) bezeichnet. Sie werden in lufttrocknenden u. Einbrennlacken auf fast jedem Untergrund eingesetzt u. können nach den üblichen Methoden verarbeitet werden. I ist beständig gegen Säuren, Alkalien, A., Fett, Bzn. u. Witterung. Anwendung in Lacken für Bierdosen, Schiffe, Tanks, Fahrzeuge u. ähnlichem. II ist geruch- u. geschmacklos u. gibt hochglänzende Anstriche auf Leder u. Cellophan. Die Säurebeständigkeit ist nicht so gut wie von I. Mit Phenolharz gibt III einen Abdecklack u. mit H_3PO_4 u. lösl. Zinkchromat in A. einen Reaktionshaftgrund (wash primer) für Metalle. Stoffe können mit Vinyliten getränkt werden, um sie als Vorhänge zu verwenden. Als neuartiger Fußbodenbelag findet Papier, das mit Vinylite–synth. Gummilatex getränkt, mit I-Lacken bestrichen u. auf asphaltgetränktes Gewebe geklebt ist, Verwendung. (Austral. Plastics **7.** Nr. 75. 51—54. Okt. 1951.) H. BECKER. 7096

Jean Lemée, *Versuche zum Schutz von Latexbehältern.* Zum Schutz von Behältern aus Zement werden Anstriche auf Chlorkautschukbasis empfohlen. Für metall. Behälter sind Überzüge auf Teerbasis bes. geeignet, doch haben sich Anstriche auf Chlorkautschukbasis ebenfalls bewährt. (Rev. gén. Caoutchouc **29.** Nr. 3. 195—97. März 1952. Paris, Inst. Franç. du Caoutchouc.) WINIKER. 7106

Henry Grinsfelder, *Wasserbeständigkeit von Anstrichen, die stickstoffhaltige Harze enthalten.* Vf. untersuchte Harnstoff-Melamin- u. Triazinharze mit 50% Pigmentgehalt. Die Prüfung auf Wasserbeständigkeit geschah: 1. durch Einlegen der gesandeten u. mit dem betreffenden Lack — ohne Grundierung — gespritzten Fe-Bleche in W. von 165° F; 2. Behandeln der Bleche mit 100% Feuchtigkeit bei Tempp. von 14—120° F; 3. Dauerbeanspruchung bei 100% relativer Feuchtigkeit u. 100° F. Die Unterschiede bei den verschied. Methoden waren nicht groß, doch scheint Wasserdampf etwas aggressiver zu sein als Wasser. Als Kriterien für die Einw. des W. diente die Beobachtung der entstandenen Blasen u. die Prüfung der Härte (mit Bleistiften verschied. Härte). Änderungen im Lösungsm., z. B. Zusatz von Butanol oder 2-Äthylhexanol zum n. gebrauchten Xylol, hatten wenig Einfl.; in W. lösl. Zusätze verringern die Wasserfestigkeit. Was den Formaldehyd angeht, so war reiner Flockenparaformaldehyd dem salzhaltigen, gewöhnlichen Formaldehyd in Wasserfestigkeit, Härte u. Glanz beträchtlich überlegen. Saure Katalysatoren, wie Phthal- oder Citronensäure, hatten nur in anomal großer Menge schädlichen Einfluß. Ein Zusatz von 5% ZnO zu dem sonst benutzten TiO_2-Pigment verbesserte die Wasserfestigkeit u. verschlechterte die Härte, namentlich bei Lacken auf Harnstoffbasis. Von den eingangs genannten Lackkörpern hatten die Harnstofflacke die schlechtesten, die Triazinlacke die besten Eigenschaften. Die theoret. Grundlagen der Blasenbldg. konnten nicht ermittelt werden, obgleich Vf. auch von der Unterlage losgelöste Filme untersuchte. (Ind. Engng. Chem. **44.** 563—68. März. 1952. Philadelphia, Pa., Röhm u. Haas.) FRIEDEMANN. 7106

F. K. Shankweiler, G. N. Bruxelles und **R. E. Whitney,** *Widerstandsfähige Überzüge mit chloriertem Kautschuk.* Chlorierter Kautschuk (I) ist ein guter Filmbildner, dessen Überzüge Metalle vor Korrosion schützen können. Für höchste Ansprüche — Schutz gegen Chemikalien wie Säuren, Alkalien oder angreifende Salzlsgg. — werden inerte Harze oder Weichmacher, z. B. chlorierte Paraffine, zugemischt. Erfahrungsgemäß hat sich die folgende Mischung bewährt. I 50—57 (%), Harz 15—20, Weichmacher 25—30. Für den Gebrauch für niedere Tempp. wird die Zumischung eines bes. wirksamen Weichmachers empfohlen (bis 15%). Bei Beständigkeit gegen höhere Tempp. u. UV-Licht sind ca. 5% Stabilisatoren notwendig. I eignet sich sowohl für Grund- als auch für Deckanstriche. Es werden Prüfergebnisse aus dem Laboratorium u. Erfahrungen aus der Praxis mitgeteilt. (Corrosion [Houston] **8.** 130—39. April 1952. Wilmington, Del., Hercules Powder Comp.) J. FISCHER. 7106

Herbert Niesen, *Die Verarbeitung und Prüfung von Holzpolierlacken.* Vor der Lackierung muß ein Spannungs- u. Feuchtigkeitsausgleich in den Hölzern erfolgen. Die Grenzen der Schleifbarkeit u. Geschmeidigkeit der Lackfilme werden im Temperaturwechselvers. (cold check test) sowie durch Zerreißproben ermittelt. Frisch verleimte Furnierhölzer müssen nach dem Pressen längere Zeit lagern, damit ein Ausgleich der Feuchtigkeit erfolgt. Glutinleime sind wegen der geschmeidigeren Leimfuge besser als Kunstharzleime. Da Geschmeidigkeit u. Schleifbarkeit der Polierlacke sich entgegenstehen, ist für den Aufbau der Polierlacke ein Mittelweg zu wählen. Der Weichmachergeh. ist entscheidend für die Schleifbarkeit der Lackierungen. — 6 Literaturzitate. (Holz Roh- u. Werkstoff **10.** 56—62. Febr. 1952. Detmold.) SCHEIFELE. 7106

Aluminum Co. of America, Pittsburgh, Pa., übert von: **Robert J. Wray,** New Klusington, und **Wayne B. Roberts,** Mount Labanon, Pa., V. St. A., *Mit Wasser emulgierbare Aluminiumpasten.* Man stellt sich ein Gemisch her aus: 40—78 (%) Al-Plättchen oder -Flocken, 5—20 fl. KW-stoff, 0,25—3,0 Stearin- oder Palmitinsäure, 15,0—45,0 Tallöl, 4,5—8.5 Casein, 0,5—7,0 $NaHCO_3$, 0,5—7,0 $Na_2B_4O_7$, 0,01—0,5 wasserlösl. Silicat u. 0,5—1.25 Na-Stearat. (**A. P. 2 587 266** vom 10/8. 1948, ausg. 26/2. 1952.) NEBELSIEK. 7093

Aluminum Co. of America, Pittsburgh, übert. von: **Junius D. Edwards,** Oakmont, Pa., V. St. A., *Verbesserungen bei Al-Bronzepasten.* Man unterwirft 68—85 (%) Al-Plättchen oder -Flocken, die mit 14—28 KW-stoffen angefeuchtet sind, 1—12 Std. einer nassen Polierbehandlung bei ca. 45° in Ggw. von 1—4 Palmitin- oder Stearinsäure. (**A. P. 2 591 245** vom 11/8. 1948, ausg. 1/4. 1952.) NEBELSIEK. 7093

Deutsche Gold- & Silber-Scheideanstalt vormals Roessler, Frankfurt/M. (Erfinder: **Karl Werner** und **Kurt Nagel,** Wolfgang, Kr. Hanau), *Herstellung von wasserfeste Überzüge ergebenden, emulgierten Spachtelmassen* auf Basis von Polyvinylacetat oder dessen Gemischen mit Polyvinylchlorid, dad. gek., daß den Massen Aminoplaste (**I**) in Mengen von 3—20%, bes. 5—15%, zugesetzt werden. Als **I** sind z. B. acrolein- oder melaminhaltige Harnstoff–Formaldehyd-Kondensate oder Dicyandiamid–Formaldehyd-Zwischenkondensat genannt. Ferner können den Prodd. noch Katalysatoren, z. B. H_2SO_4, H_3PO_4, Essigsäure, NH_4NO_3, zugesetzt werden. (**D. B. P. 853 482** Kl. 22h vom 14/9. 1950, ausg. 23/10. 1952.) SCHINDLER. 7097

California Research Corp., San Francisco, übert. von: **William E. Elwell**, Berkeley, und **Zephaniah H. Ballmer jr.**, Lafayette, Calif. V. St. A., *Herstellung von Trockenstoffen.* Als fl. Trockenstoffe, deren Lsg. in leichten KW-stoffen nicht geliert u. die sich gut mit trocknenden Ölen, Ölfarben usw. verträgt, eignen sich Salze mehrwertiger Metalle (Co, Pb, Mn, Ca, Zn, Fe) von ungesätt. Säuren, die durch Kondensation von stark verzweigten, 6—20 C-Atome enthaltenden Polymeren niedrigmol. Olefine (Äthylen, Propylen, Butylen) mit einer α.β-ungesätt. aliphat. Säure, wie Croton- oder Angelicasäure, hergestellt wurden. Aus dem Trimeren des Propylens u. Crotonsäure entsteht z. B. durch Kondensation Nonenylbuttersäure, deren Co-Salz einen ausgezeichneten Trockenstoff darstellt. (**A. P. 2 561 791** vom 6/7. 1948, ausg. 24/7. 1951.) BEIERSDORF. 7097

Badische Anilin- & Soda-Fabrik, Ludwigshafen/Rh. (Erfinder: **Franz Broich**, Marl), *Herstellung von trocknenden Bindemitteln* aus Butadienrückstandsölen, dad. gek., daß man sie mit Di- oder Polyisocyansäureestern u. gegebenenfalls mit Polyalkoholen behandelt. Geeignete Ester sind: Hexamethylen-, Toluylen- u. Chlorphenylendiisocyanat, Diisocyanatdiphenylmethan, Triisocyanatobenzol. Die Gemische ergaben gute *Anstrichmittel.* (**D. B. P. 852 882** Kl. 22h vom 24/8. 1944, ausg. 20/10. 1952.) SCHINDLER. 7107

Monsanto Chemical Co., St. Louis, Mo., übert. von: **Joel Fantl**, Springfield, Mass., V. St. A., *Glanz-, alkali- und lösungsmittelbeständige Lackharze* erhält man durch Rk. eines Mischpolymerisates aus einer ungesätt. Verb. u. einem (mit einem trocknenden Öl modifizierten) Alkydharz einerseits mit einem durch Arylsulfonamide modifizierten Melaminharz andererseits. — 100 (Teile) Glycerin–Phthalat-Harz, das mit dehydratisiertem Ricinusöl modifiziert ist, u. 100 Styrol werden in 200 Xylol gelöst u. unter Rückfluß 7 Std. mit 2 Benzoylperoxyd polymerisiert. Getrennt werden 100 Melamin, 43 p-Toluolsulfamid u. 463 CH_2O bei p_H 8—9 unter Rückfluß polymerisiert u. mit Butylalkohol aufgenommen. Mischungen beider Ansätze trocknen zu harten Filmen auf. (**A. P. 2 580 289** vom 20/6. 1947, ausg. 25/12. 1951.) MÖLLERING. 7107

Minnesota Mining & Mfg. Co., St. Paul, Minn., übert. von: **Alan J. Stockwell**, Detroit, Mich., V. St. A., *Gleitschutzmittel.* Um das Ausgleiten auf Tragflächen oder Laufstegen von Flugzeugen oder dem Verdeck von Schlachtschiffen zu verhindern, trägt man auf die betreffenden Flächen eine innige Mischung von z. B. 900 (Gewichtsteilen) eines kautschuk- oder harzartigen Polyalkylenpolysulfids, 4,5 Ca-Stearat, 1050 30%ig. Nitrocelluloselsg., 11,6 rotes Eisenoxyd, 16,5 Chromgelb, 1,5 Ruß, 580 Butylacetat, 320 Aceton u. 136 gemahlenem Kork auf. Als Nitrocellulose verwendet man zweckmäßig eine niedrigviscose mit einem N-Geh. von 11,2—12,3%. Sie kann durch Äthylcellulose, Polyvinylbutyral, Mischpolymerisaten aus Polyvinylacetat u. -chlorid usw. ersetzt werden. An Stelle von Kork kann man auch gemahlenes Harz, z. B. Phenol–Aldehyd-Harze, verwenden. (**A. P. 2 564 735** vom 14/10. 1944, ausg. 21/8. 1951.) BEIERSDORF. 7107

XIb. Plaste (Kunstharze. Plastische Massen).

J. Risi, *Kunststoffe und Chemikalien aus Holzzucker.* Überführung von A. in Äthylen, das als Ausgangsmaterial dient für Acetaldehyd, Butadien (Kautschuk), Essigsäure, Acrolein, Allylalkohol usw. sowie für Vinyl- u. Vinylidenchlorid (Vinylharze) u. für Acrylsäure (Acrylharze). Sulfitablauge usw. kann schließlich auch auf Fumarsäure verarbeitet u. letzteres auf verschied. Mischpolymerisate weiterverarbeitet werden. (Pulp Paper Mag. Canada **53**. 63—64. Febr. 1952. Quebec City, Laval Univ.) SCHEIFELE. 7170

Kiichi Iriye, *Herstellung von Phosphorsäureester-Weichmachern.* Besprechung der Darstellungs-Rkk. ohne Katalysatoren, mit sauren u. bas. Katalysatoren u. mit Metallsalzen. — 10 Literaturzitate. (Chem. and chem. Ind. [Kagaku to Kogyo] **4**. 469—74. Dez. 1951. [Orig.: japan.]) SCHULER. 7170

A. S. Dunn und **H. W. Melville**, *Synthese von „Block"-Mischpolymerisaten.* Vff. beschreiben 2 Verff. zur Herst. von „Block"-Mischpolymerisaten, die aus Blockpolymerisaten bestehen, an die andere Monomere anpolymerisiert wurden u. die sich daher von den n. Mischpolymerisaten u. von den Mischungen der 2 reinen Polymerisate unterscheiden müssen. Bei dem 1. Verf. wird ein wasserunlösl. Monomeres [Styrol (I)]in einer wss. Lsg. eines wasserlösl. Monomeren [Acrylsäure (II), Methacrylsäure (III)] mit Hilfe eines Emulgators (Na-Dodecylsulfonat) suspendiert; die in der einen Phase (mit Uranylnitrat photochem.) erzeugten Radikale diffundieren dann durch die Phasengrenzfläche u. addieren

monomere Moll. in der anderen Phase (I ist in den monomeren Säuren beträchtlich lösl.). Das Block-Mischpolymerisat aus I u. II bzw. I u. III ist in Chlf. u. A. unlösl. (im Gegensatz zum I- bzw. III-Polymerisat u. zum I–III-Mischpolymerisat) u. nur in Pyridin löslich. — Bei dem 2. Verf. wird ein Polymerisat (Polystyrol) mit photochem. aktivierbaren (Brom- u. Tribrommethyl-) Endgruppen hergestellt, das dann ein 2. Monomeres (Methacrylsäuremethylester, Acrylsäuremethylester) addiert, in dem das Polymere gelöst wird. Die I-Menge im ätherunlösl. Polymerisat wurde aus dem spezif. Extinktionskoeff. bei 2620 Å in Chloroformlsg. ermittelt. Der Unterschied zwischen dem gefundenen u. berechneten I-Geh. hängt sicher mit dem Vorhandensein eines durch abgespaltenes Br gestarteten Polymethacrylsäuremethylesters neben dem Block-Mischpolymerisat im ätherunlösl. Anteil zusammen. (Nature [London] **169.** 699—700. 26/4. 1952. Birmingham, Univ., Chem. Dep.)
SCHÄFF. 7172

H. Beduneau, *Der Polyvinylalkohol. Eigenschaften und Anwendungen.* Überblick. — 14 Literaturhinweise. (Rev. Produits chim. **54.** 273—79. 31/12. 1951.) WINIKER. 7172

R.-G. Cheatham und **A.-G.-H. Dietz,** *Der Einfluß der Orientierung auf die mechanischen Eigenschaften des Polystyrols.* Es wurde festgestellt, daß die Zugfestigkeit u. der Elastizitätsmodul in Dehnungsrichtung mit dem Dehnungsgrad zunehmen, u. zwar um 1200—2000%, wobei die Zuggeschwindigkeit, die Deformierungsgeschwindigkeit u. die Temp. bestimmend sind. (Für stärkere Dehnungen nimmt die Zugfestigkeit etwas ab.) Ebenso nehmen Biegefestigkeit u. Biegungsmodul mit der Dehnung zu. Der Torsionswiderstand nimmt mit der Dehnung ab, während der Scherwiderstand leicht zunimmt. Die maximale Deformierbarkeit bis zum Bruch nimmt für eine Dehnung von mindestens 500% zu. Das Aussehen der Bruchstelle ändert sich ebenfalls unter dem Einfl. der Dehnung. Während ein nicht gerecktes Probestück eine scharfe Bruchstelle aufweist, wird dieselbe mit zunehmender Dehnung immer faseriger. Die Doppelbrechungsmessungen deuten für gereckte Probestücke auf ausgeprägte Orientierung, doch konnte röntgenograph. keine krist. Struktur festgestellt werden. (Ind. Plast. mod. **4.** Nr. 1. 30—35. Jan. 1952.)
WINIKER. 7172

—, *Wie gießt man Alkydharze?* Prakt. Hinweise zur Verarbeitung von Alkydharzen. (Ind. Plast. mod. **4.** Nr. 1. 10. 13. Jan. 1952.) WINIKER. 7176

—, *Plastisches Fließen von Anilin-Formaldehydharzen.* Anilin-Formaldehydharze (I) sind weder thermoplast. noch hitzehärtend. Ihr plast. Fließen wurde mit dem ROSSI-PEAKES-Instrument gemessen. Bei der Herst. von I wird zu einer 5—10%ig. Lsg. von Anilin in HCl 1,1—1,2 Mol Formaldehyd gegeben. Temp. steigt bis 40°, nach 15—30 Min. wird in NaOH gegossen, zur Koagulation des I gekocht u. filtriert. Die Konzz. an Anilin u. HCl haben nur geringen Einfluß. Mit Ansteigen des p_H-Wertes bei der Koagulation verstärkt sich erst das Fließen u. sinkt dann ab. Bei steigender Reaktionstemp. wird das Fließminimum früher erreicht, das Harz aber weicher. Mit ansteigender Formaldehydmenge wird das Fließen geringer. Als Härter für I wirken Paraformaldehyd u. Furfurol am besten. Beste Weichmacher sind Benzidin, das aber wahrscheinlich mit I reagiert, Diphenylamin u. Benzylanilin (II). Es wird angenommen, daß das einzelne Kettenmol. von I in seinem Aufbau II entspricht. (Austral. Plastics **7.** Nr. 75. 55—58. Okt. 1951.) H. BECKER. 7180

—, *Preßguß von Nylon.* Nylon (I) hat eine große Zähigkeit u. Resistenz gegen mechan. u. chem. Einflüsse, gute Temperaturbeständigkeit, elektr. Eigg. sowie einen niedrigen Reibungskoeffizienten. Die Preßmassen werden u. a. verwendet für chirurg. Instrumente, Zahnradpumpen, elektr. Spulen. Um den Feuchtigkeitsgeh. von I konstant zu halten, wird es in geschlossenen Dosen gelagert. Die Gießtemp. von 265° muß genau eingehalten werden, da bei zu tiefer Temp. noch nicht alles geschmolzen ist u. bei zu hoher Temp. die Viscosität zu gering wird u. Zers. eintreten kann. Änderungen der Gießtemp. haben Schrumpfungen zur Folge. (Austral. Plastics **7.** Nr. 75. 41—43. Okt. 1951.)
H. BECKER. 7180

E. W. Jackson, *Schichtstoffe in der Kartographie.* Die Originalkarten für den Offsetdruck werden mit wasserfester Tinte auf weißlackierte Al- oder Zn-Bleche gezeichnet. Es wurde versucht, statt der Bleche Kunststoffe einzusetzen. Diese sollen eine weiße, matte Oberfläche haben, die Tinte u. Lsg. für das Photokopierverf. annimmt, u. dürfen nach 30—40jähriger Lagerung nicht die Farbe u. mechan. Eigg. ändern. Acetylcellulose u. Vinylite neigen zu Dimensionsänderungen, Polystyrol (I) ist zu spröde. Eigg. von Schichtstoffen auf Glasgeweben sind: I auch hier noch spröde u. hat eine Fettigkeit der Oberfläche, die sich aber durch Abwischen mit stark verd. Lsg. von Gelatine u. Teepol beseitigen läßt. Melamin-Formaldehydharze sind auch zu spröde. Am besten waren Schichtstoffe mit Nuron, einem methacrylierten Polyesterharz. Einer allg. Verwendung steht noch die gelbliche Eigenfarbe u. der hohe Preis des Harzes im Wege. (Austral. Plastics 7. Nr. 75. 12—16. Okt. 1951.) H. BECKER. 7204

John Delmonte, *Dickenmessung mit Hilfe von β-Strahlen.* Überblick über die Methodik der Dickenmessung von Kunststoff-Folien mit Hilfe von β-Strahlen. (Ind. Plast. mod. 4. Nr. 6. 27—29. Juni 1952.) WINIKER. 7210

J. J. Millane, *Die physikalische Prüfung der Thermoplaste. Eine kritische Betrachtung üblicher Methoden.* Vf. weist auf die Schwierigkeiten bei der Auswertung physikal. Unterss. an Thermoplasten hin u. betont die Notwendigkeit, dieselben in einem großen Zeit-, Temperatur- u. Kraftbereich auszuführen. (Brit. Plastics 25. 367—73. Nov. 1952.) WINIKER. 7210

I. G. Farbenindustrie Akt.-Ges., Frankfurt/M. (Erfinder: **Georg Wick,** Bitterfeld), *Kunststoff.* Die bei der Emulsionspolymerisation von Vinylchlorid in Ggw. eines organ. Quellungs- oder Suspensionsmittels (Tetrachloräthan, $CHCl_3$) anfallende wss. Suspension wird mit oder ohne Anwendung von Druck der Nachchlorierung unterworfen. (**D. R. P. 754 679** Kl. 39b vom 11/12. 1940, ausg. 1/12. 1952.) SALZMANN. 7173

Badische Anilin- & Soda-Fabrik, Ludwigshafen/Rh. (Erfinder: **August Kling,** Mannheim), *Plastische Massen aus Polyvinylchlorid,* gek. durch einen Geh. eines Mischpolymerisats aus asymm. Dichloräthylen u. Vinylchlorid. Bessere Verschweißbarkeit von z. B. mehreren Folien. (**D. B. P. 854 847** Kl. 39b vom 18/2. 1944, ausg. 6/11. 1952.) SALZMANN. 7173

Advance Solvents & Chemical Corp. (Erfinder: **Gerry P. Mack**), New York, N. Y., V. St. A., *Herstellung von wärme- und lichtbeständigen halogenhaltigen Harzen* aus Polyvinylhalogeniden oder Mischpolymerisaten, gek. durch den Zusatz von 0,5—0,6% eines Erdalkalisalzes, bes. Sr-Salzes einer 4-16 C-Atome aufweisenden substituierten aliphat. Carbonsäure (α-Äthylcapron-, 2-Äthylbutter-, 2.3-Dimethylbutter-, Benzylessig-, 3.5-Diäthoxycapron-, 3-Methylamylacryl- oder β-Oxybuttersäure), dessen α-C-Atom frei von einer Arylgruppe ist, als Katalysator. In den Salzen der allg. Formel $(Y—C[R_3R_4]—C\cdot[R_1R_2]—COO)_2X$ bedeutet X Erdalkali, Y Alkyl oder Aryl, $R_1—R_4$ Alkyl oder eine alicycl. Alkoxygruppe; einer der 4 Substituenten kann OH sein. Wenn R_3 u./oder R_4 Phenyl, Tolyl oder Naphthyl ist, muß R_1 oder R_2 H sein. (**D. B. P. 850 228** Kl. 39b vom 22/3. 1950, ausg. 22/9. 1952. A. Prior. 21/4. 1946.) SALZMANN. 7173

Hardesty Chemical Co., Inc., übert. von: **Walter E. Scheer,** Jackson Heights, N. Y., V. St. A., *Diglykolsäureester* der Struktur $R^1OOC—CH_2—O—CH_2—COOR^2$ (R^1 u. R^2 = Alkyl- u. Alkoxyalkylgruppen mit jeweils 4—12 C, Aryl- u. Aralkylester) erhält man z. B. folgendermaßen: 456 (Teile) Diglykolsäure, 715 Methylisobutylcarbinol, 258 Toluol u. 2 H_2SO_4 werden 12 Std. unter Entfernung des Reaktionswassers am Rückfluß erhitzt, anschließend mit 300 W. gewaschen, mit 25%ig. NaOH schwach phenolphthaleinalkal. gemacht, 2mal mit W. gewaschen, I u. restlicher Hexylalkohol bei 180° Kopftemp. über eine Kolonne abgetrieben u. im Vakuum als Hauptfraktion 780 *Dihexyldiglykolsäureester,* $[(CH_3)_2CH\cdot CH_2\cdot CH(CH_3)\cdot OOC\cdot CH_2]_2O$, $Kp._5$ 156°, erhalten. — *Dioctyldiglykolsäureester,* $Kp._3$ 192°. — *Weichmacher für Polyvinylchlorid.* (**A. P. 2 565 888** vom 13/11. 1946, ausg. 28/8. 1951.) MÜLLER-MEININGEN. 7173

Deutsche Hydrierwerke Akt.-Ges., Düsseldorf (Erfinder: **Rudolf Endres** und **Hanns Höllerer,** Dessau), *Weichmachungsmittel* für Lacke, Fäden, Filme u. plast. Massen aus nicht nachchlorierten Polyvinylchloriden, bestehend aus Estern von einbas. aliphat. Carbonsäuren mit 7—9 C-Atomen u. ein- oder mehrwertigen halogen- u. schwefelfreien aliphat. oder cycloaliphat. Alkoholen oder deren Derivv., z. B. aus Äthylenglykol u. Carbonsäuren, 1.2-Propylenglykol u. Pelargonsäure, aliphat. Alkoholgemischen u. 2-Äthylcapronsäure oder 1.6-Hexandiol u. einem Fettsäuregemisch. (**D. R. P. 756 642** Kl. 39b vom 16/11. 1939, ausg. 29/9. 1952.) SALZMANN. 7173

N. V. Philips' Gloeilampenfabrieken, Eindhoven, Holland (Erfinder: **J. C. Derksen**), *Herstellung von Phenolformaldehydkondensationsprodukten.* Man löst gasförmigen CH_2O in Phenol unter solchen Bedingungen, daß keine Rk. eintritt, z. B. unter Kühlen, u. läßt dann die Rk. durch Erwärmen eintreten. Es ist nicht notwendig, wasserfreies Phenol zu verwenden. Während der Kondensation verdampft das Wasser. Dieses kondensiert man in einem Rückflußkühler, so daß das zurücklaufende W. zur Regelung der Temp. dient. Zur Einleitung der Kondensation werden zweckmäßig Säuren oder Alkalien als Katalysatoren zugesetzt. — Zeichnung. (**Schwed. P. 132 735** vom 18/9. 1950, ausg. 21/8. 1951. Holl. Prior. 20/9. 1949.) J. SCHMIDT. 7177

Ciba Akt.-Ges., Basel, Schweiz, *Herstellung elastischer Kunststoffe* durch Rk. von Verbb. mit 2 u. mehr Epoxydgruppen pro Mol. mit Vernetzungsmitteln mit mindestens

2 mit Epoxydgruppen reaktionsfähigen Gruppen, wobei mindestens 2 dieser Gruppen durch eine Kette von mindestens 14, bes. mindestens 24 Gliedern voneinander getrennt sind, wobei erhitzt wird u. auch in Ggw. eines Katalysators gearbeitet werden kann. Als reaktionsfähige Gruppen nimmt man COOH-, Sulfo-, Phosphorsäure-, Amino-, Amido-, Imino- oder Imidogruppen; als Vernetzungsmittel können Polyester mit akt. Gruppen dienen. Als Zwischenstufen der Rk., die gewonnen werden können, erhält man schmelzbare, unelast., dann schmelzbare, elast. u. endlich unschmelzbare, elast. Stoffe. Verwendung für Gießlinge zum Umgießen von elektrotechn. Teilen u. für Lacke. Nicht in Rk. gehende Vernetzungsmittel wirken als Weichmacher. — Man erhitzt 730 (Gewichtsteile) Adipinsäure u. 278 Glykol auf 220°, zuletzt unter Vakuum. Das salbenartige Prod. (I) ist ein Polyester mit endständigen COOH-Gruppen. Ferner erhält man aus 228 Dioxydiphenyldimethylmethan, 148 Epichlorhydrin u. wss. NaOH ein sprödes Harz (II). Beim Verschmelzen von gleichen Teilen I u. II bei 100° erhält man ein Prod., das bei 165° in 16 Std. in eine weichkautschukartige M. übergeht, deren Härte erhöht wird, wenn man noch Phthalsäureanhydrid zusetzt. (**Oe. P. 171 730** vom 4/8. 1950, ausg. 25/6. 1952. Schwz. Priorr. 12/8. 1949 u. 5/7. 1950.) PANKOW. 7177

Imperial Chemical Industries Ltd., London (Erfinder: **Henryk Zenftman**, Saltcoats), England, *Kunstharze* erhält man durch Kondensation eines Aryloxyphosphoryldichlorids, in dem die Arylgruppe aus einem Diphenylrest besteht, mit einer aromat. Dioxyverb., deren beide OH-Gruppen kerngebunden u. nicht benachbart sind. — Äquimol. Mengen *p-Phenylphenoxyphosphoryldichlorid* ($Kp._{0,5}$ 160°, F. 78°) u. *Hydrochinon* werden unter Rühren 7 Std. auf 150° erhitzt, wobei ca. 50% des frei werdenden HCl abgetrieben werden. Nach insgesamt 25 Std. (bei 180—185°) ist die HCl-Entw. beendet. Nach dem Abkühlen erhält man ein hellgelbes, klares Harz, das zur Reinigung in Bzl. gelöst u. mit Ae. wieder ausgefällt werden kann (SZ. 10). — Klebstoffe, Grundmasse für Schallplatten. (**D. B. P. 849 903** Kl. 39c vom 16/5. 1950, ausg. 18/9. 1952. E. Prior. 30/5. 1949.) MÖLLERING. 7177

Auxiliaire de Chemins de Fer et de l'Industrie, Seine, Frankreich, *Herstellung von Aminaldehydharzen.* Man kondensiert Aldehyde, Dialdehyde, Ketone, Diketone oder Aldehydketone (CH_2O, Glyoxal, Alkyl-, Arylglyoxal, Crotonaldehyd, Furfural) mit Amin- oder Iminderivv. von heterocycl. N-Verbb., wie Triazole oder Tetrazine, wie man sie durch Kondensation von Hydrazinsalzen mit alkal. Cyanaten oder Dicyandiamiden erhält, wobei die Triazole auch die Gruppe CO·NH enthalten können. Letztere Triazole können auch zusammen mit Aminen kondensiert werden. — Man läßt z. B. 1 (Mol) Hydrazocarbonamid, 1 Formol (gegebenenfalls 1 m-Phenylendiaminhydrochlorid) u. 1 Furfural miteinander reagieren, dampft bei niedriger Temp. zu leicht viscoser Konsistenz ein, setzt 1% Säure zu u. heizt bis zur teilweisen Verfestigung auf 60°, dann 120° u. trocknet bei 125°. Verwendung für plast. Massen, Preßmassen, Isoliermaterial, Anionenaustauscher u., wenn man die unfertigen Kondensate mit organ. Säuren fertig kondensiert, zum Appretieren u. Knitterfestmachen von Gewebe. (**F. P. 993 954** vom 27/11. 1944, ausg. 9/11. 1951.) PANKOW. 7181

Badische Anilin- & Soda-Fabrik (Erfinder: **Hanns Ufer**), Ludwigshafen/Rh., *Herstellung von Polyamiden* durch Kondensation von äquimol. Mischungen von Dicarbonsäuren u. Diaminen oder deren Salzen oder von Mischungen, die solche Komponenten enthalten, dad. gek., daß man sie in kontinuierlicher Weise bei Ggw. geringer, einander äquimol. Mengen von Diiso- bzw. Diisothiocyanaten u. Dicarbonsäuren durchführt. — Z. B. wird eine Lsg. von 100 (Teilen) adipinsaurem Hexamethylendiamin, 7,72 Hexamethylendiisocyanat, 6,7 Adipinsäure u. 100 W. 3—6 Std. auf 270—280° erhitzt. Hochmol. Kondensat, das zum *Verspinnen* u. als *Kunststoff* brauchbar ist. (**D. B. P. 851 128** Kl. 39c vom 13/2. 1945, ausg. 2/10. 1952.) HERBST. 7181

Sun Chemical Corp., New York, übert. von: **Ernst Zerner, Marcel Gradsten**, New York, N. Y., und **Fred W. West**, North Arlington, N. J., V. St. A., *Polymerisierbare Verbindungen* sind die Acrylyltriazine der Formel I, wobei A einen niedrigmol. Alkylrest, Halogen oder H bedeutet. Sie werden aus (Meth- oder α-Chlor)-acrylnitril in Benzollsg. u. in Ggw. von H_2SO_4 durch Rk. mit Trioxan erhalten als *1.3.5-Triacrylyl-*, *1.3.5-Trimethacrylyl-* u. *1.3.5-α-Chlortriacrylyltriazin.* — Die Verbb. polymerisieren für sich z. B. in Essigsäure oder Chlf., z. B. in Ggw. von Benzoylperoxyd, zu weißen, unlösl. Harzen (auch auf Textilien), oder in Gemisch mit *Styrol* bei 60 u. 130°. — Beispiele. (**A. P. 2 559 694** vom 10/6. 1948, ausg. 10/7. 1951.) MÖLLERING. 7181

I

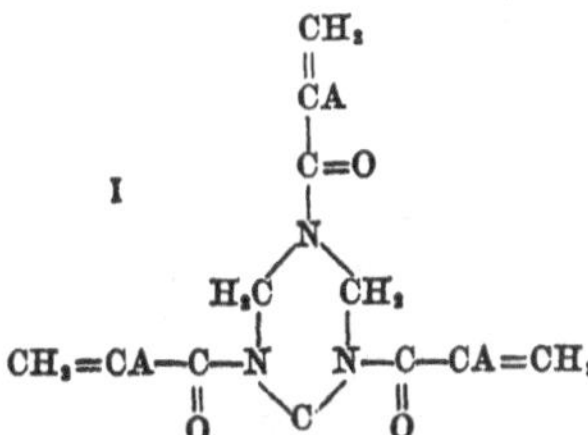

Käthe Warth (Erfinder: **Karl Warth**), Karlsruhe, *Preßmassen aus Lignin* oder ligninhaltigen Stoffen nach Patent 839 866 (C. **1952.** 6618). Das gegebenenfalls in einer Schwingmühle (Vibratom) vorbehandelte Lignin wird vor u./oder nach der Pressung mit Hochfrequenzstrom beheizt u./oder mit Ultraschall behandelt. (**D. B. P. 853 971** Kl. 39b vom 1/6. 1949, ausg. 30/10. 1952.) SALZMANN. 7199

Gaetano F. D'Alelio, Kunststoff-Praktikum (Experimental plastics and synthetic resins, dt.) Übers. u. dt. Bearb.: Karl-Heinz Hauck. München: Hanser. 1952. (201 S. m. 10 Abb.) 8°. DM 12,80.

XII. Kautschuk. Guttapercha. Balata.

C. E. Rhines, J. McGavack und **C. J. Linke**, *Mineraldüngung von Hevea brasiliensis.* Vff. untersuchten den Einfl. der Bestandteile mineral. Düngemittel (K, Ca, Mg, Fe, S, P) u. des p_H-Wertes auf das Wachstum u. die Latexausbeute der Hevea brasiliensis. (Rubber Age [New York] **70.** 467—74. Jan. 1952. Passaic, N. J., U. S. Rubber Co., Gen. Labors.) SCHÄFF. 7222

F. P. Ford und **A. Y. Mottlau**, *Untersuchung der Verteilung von SRF-Ruß in Butylkautschuk.* Vff. beschreiben eine einfache, den prakt. Bedingungen weitgehend entsprechende Labormeth. zur Herst. von Kautschuk–Ruß-Mischungen mit verschied. Graden der Rußverteilung im Kautschuk u. geben ein neuartiges (elektronenmkr.) Verf. zur Unters. dieser Rußverteilung an. (Die Verss. wurden mit SRF-Ruß = semi-reinforcing furnace black ausgeführt.) Dabei wurden große Unterschiede im Agglomerationsgrad des Rußes in Mischungen, die unter verschied. Bedingungen hergestellt worden waren, festgestellt. Zwischen den elektronenmkr. Aufnahmen u. den Lichtdurchlässigkeitsmessungen verd. Lsgg. von Kautschukmischungen wurde gute Übereinstimmung gefunden. Es wird gezeigt, daß die beobachteten Unterschiede in der Rußverteilung einen Einfl. auf die physikal. Eigg. der unvulkanisierten Mischungen haben, u. zwar zeigen die mit dem Parallelplattenplastometer bestimmten Viscositäten einen direkten Zusammenhang mit den elektronenmkr. Beobachtungen. (Rubber Age [New York] **70.** 457—63. Jan. 1952. Linden, N. J., Standard Oil Development Co.) SCHÄFF. 7226

Lehl, *Möglichkeiten der Bindung zwischen anorganischen und organischen Stoffen mit besonderer Berücksichtigung der Arbeiten von Rehbinder und Neuhaus.* Kurzer Überblick über einige Hypothesen zur Deutung der verstärkenden Wrkg. von Füllstoffen im Kautschuk. — 10 Literaturhinweise. (Kautschuk u. Gummi **5.** Nr. 10. Wiss. u. Techn. WT 163. Okt. 1952.) WINIKER. 7226

G. A. Bloch, Je. A. Golubkowa und **G. P. Mikluchin**, *Reaktion von elementarem Schwefel mit Mercaptobenzothiazol (Captax).* Um den Wirkungsmechanismus von Vulkanisationsbeschleunigern zu klären, wurde die Austausch-Rk. zwischen S von 2-Mercaptobenzothiazol (**I**) u. radioakt. S in Schmelzen, auch in Ggw. von Kautschuk, bei den Tempp. der Vulkanisation untersucht. In Schmelzen wurde bei 145, 150 u. 154° intensiver Austausch (maximal 88%) beobachtet. Diese Rk. ist reversibel. Bei Tempp. $<100°$ war die Mischung noch nicht geschmolzen, u. Austausch erfolgte nicht. Auch in Ggw. von Naturkautschuk wurde bei 145 u. 150° u. einem hydraul. Druck von 120 at ausgetauscht (maximal 24%). Obwohl der Mechanismus der Austausch-Rk. nicht geklärt ist, glauben Vff., daß intermediär Bldg. einer **I**–S-Verb. erfolgt (Di- oder Polysulfid?). Damit gewinnen die Vulkanisationstheorien, die eine unbeständige, bei ihrem Zerfall bes. reaktionsfähigen S liefernde Verb. von S mit dem Beschleuniger annehmen, an Wahrscheinlichkeit. (Доклады Академии Наук СССР [Ber. Akad. Wiss. UdSSR] [N. S.] **86.** 569—71. 21/9. 1952. Pisshearwski-Inst. für physikal. Chem. der Akad. der Wiss. der UkrSSR, u. Kiew, Technolog. Inst. für die Leichtind.) WÖRFFEL. 7228

H. Roelig und **G. Fromandi**, *Über die Bestimmung der Wechselfestigkeit schubbeanspruchter Weichgummi-Elemente und ihre Beziehung zur Energieaufnahme und Formgebung.* Unterss. an verschied. Buna S- u. Naturgummisorten ergaben, daß die Wechselfestigkeit prakt. linear mit dem Formfaktor (= Verhältnis der belasteten zur freien Fläche) zunimmt. Die Naturgummimischungen haben eine höhere Wechselfestigkeit als die Buna S-Mischungen, doch sind hierbei die Härteunterschiede in Rechnung zu stellen. Vff. nehmen an, daß die umgesetzte Energie der zum Bruch führenden Zermürbungsarbeit proportional ist. Die Wechselfestigkeit nimmt mit fallendem Formfaktor ab, da (unter der Voraussetzung, daß der Anteil an Zermürbungsarbeit, proportional den Dämpfungsverlusten, derselbe ist) weichere Proben mehr Energie aufnehmen als härtere. Zerreißfestigkeit u. Kerbzähigkeit liefern keine Anhaltspunkte für die Wechselfestigkeit. — Beschreibung einer geeigneten Prüfeinrichtung für die dynam. Prüfung von Gummiteilen bei dynam. Schubbeanspruchung. — 3 Abbildungen. (Kautschuk u. Gummi **5.** Nr. 10. Wiss. u. Techn. WT 157. Okt. 1952. Leverkusen.) WINIKER. 7230

Charles Saint-Mleux, *Verwendung eines Klebstoffs auf Latexbasis zur Reifenreparatur.* Vf. weist auf die Vorteile eines Klebstoffs auf Latexbasis für die Reifenreparatur (Nichtentzündbarkeit, Ungiftigkeit, schnellere Trocknung, konstante Viscosität u. Konz., größere mechan. Widerstandsfähigkeit, niedrigerer Preis) hin u. gibt einige Hinweise zur Herst. des Klebstoffs sowie zur Ausführung von Reparaturen. (Rev. gén. Caoutschouc **29.** 709—11. Okt. 1952.) WINIKER. 7230

A. Eyrault, *Untersuchungen an Formeln für Autoreifen und Förderbänder.* Vergleichende Verss. mit Mischungen, welche nur Channel-Ruß (I), I + Furnace-Ruß (II) sowie I + II + gewöhnlichen Ruß (III; inoir de fumée) enthielten, ergaben, daß die Mitverwendung von III eine Verbesserung gewisser Eigg. (leichtere Verarbeitbarkeit, erhöhter Modul, verbesserte bleibende Dehnung, größere Elastizität u. Biegefestigkeit) bedingt. (Rev. gén. Caoutchouc **29.** 723—24. Okt. 1952.) WINIKER. 7230

J. Wettly, *Der „Dip process“, ein neues Regenerierungsverfahren.* Hinweis auf ein amerikan. Regenerierverf., das dadurch charakterisiert ist, daß das zu regenerierende Altgummimaterial sehr rasch auf die Reaktionstemp. (175°) gebracht u. ebenfalls sehr rasch abgekühlt wird. (Rev. gén. Caoutchouc **29.** Nr. 3. 192—94. März 1952.) WINIKER. 7232

Phillips Petroleum Co., Del., übert. von: **John E. Wicklatz,** Cincinnati, O., V. St. A., *Emulsionspolymerisation.* Der Ansatz zur Herst. von synthet. Kautschuk aus z. B. 72 (Gewichtsteilen) Butadien, 28 Styrol, 5 Seife u. 180 W. erhält als Initiator u. Beschleuniger (I) 3,43 1.3.5-Triphenyl-1.4-pentazdien der Zus. $C_6H_5 \cdot N{=}N{-}N(C_6H_5){-}N{=}N{-}C_6H_5$. Es kann z. B. auch 1.3.5-Tri-(p-chlorphenyl)- oder 1.3.5-Tri-(p-tolyl)-1.4-pentazdien als I verwendet werden. (**A. P. 2 564 632** vom 2/6. 1947, ausg. 14/8. 1951.) SALZMANN 7225

United States Rubber Co., New York, N. Y., übert. von: **James W. Adams,** Seymour, Conn., V. St. A., *Kunstkautschuk–Ruß-Mischungen.* Wss. Dispersionen von synthet. Kautschuk werden mit wss. Rußdispersionen vermischt, welche letztere als Stabilisator die alkal. Lsg. des Parenchymgewebes der Douglas-Tanne enthalten, u. koaguliert. Das Koagulat wird wie üblich verarbeitet. (**A. P. 2 548 757** vom 10/3. 1950, ausg. 10/4. 1951.) OVERBECK. 7227

R. T. Vanderbilt Co., Inc., New York, übert. von: **Albert A. Sommerville,** Carmel, N. Y., V. St. A., *Schnellvulkanisierverfahren.* In einer Kautschukmischung mit üblichen Vulkanisationszusätzen wird als Beschleuniger ein Bi-Dialkyldithiocarbamat verwendet (Alkyl = CH_3—C_5H_{11}). Die Vulkanisation erfolgt während 5—60, bes. 5—30 Sek. bei 170—230°. Verwendung bes. bei der kontinuierlichen Vulkanisation von *Kabelisolierungen.* (**A. P. 2 549 396** vom 17/5. 1949, ausg. 17/4. 1951.) OVERBECK. 7229

United States Rubber Co., New York, N. Y., übert. von: **Bernard C. Barton,** Clifton, N. J., V. St. A., *Vulkanisationsaktivator.* In einer Kautschukmischung, die neben S als Vulkanisiermittel als Beschleuniger ein disubstituiertes Amin u. CS_2 oder deren Reaktionsprod., ein dialkylsubstituiertes Ammoniumdithiocarbamat (Akyl = 1—12 C-Atome) enthält, dient als Aktivator Zn-2-Äthylhexanoat oder Zn-Naphthenat. Die Mischung ist lagerbeständig u. dient zur Vulkanisation bei mäßigen Tempp., bes. für *Tankauskleidungen.* (**A. P. 2 550 182** vom 15/6. 1948, ausg. 24/4. 1951.) OVERBECK. 7229

Chemical Development Co., übert. von: **Arvel O. Franz,** Cartersville, Ga., V. St. A., *Vulkanisationsbeschleuniger.* Für die Vulkanisation von Mischpolymerisaten („Butylkautschuk“) aus geringeren Mengen eines Diens mit 4—8 C-Atomen u. größeren Mengen eines Isoolefins, bes. Isobutylen oder Isoheptylen, dient neben den üblichen Zusätzen Morphylmorpholinodithiocarbonat in Mengen von 0,5—1,5%. (**A. P. 2 550 342** vom 29/4. 1947, ausg. 24/4. 1951.) OVERBECK. 7229

Phillips Petroleum Co., übert. von: **Lynn Harbison,** Akron, O., V. St. A., *Vulkanisationsregler.* Die Vulkanisation von Mischungen mit Ofenruß von p_H 8,6—10,5 wird verzögert durch den Zusatz von 0,5—3,5% $ZnCl_2$. (**A. P. 2 565 812** vom 18/10. 1948, ausg. 28/8. 1951.) OVERBECK. 7229

United States Rubber Co., New York, übert. von: **Eugene J. Bethe,** Mishawaka, Ind., V. St. A., *Schwammgummi.* Natur- oder Kunstlatex wird außer mit den üblichen Füll-, Vulkanisiermitteln u. Beschleunigern mit 1—10 (%) H_2O_2 u. 2—50 (berechnet auf H_2O_2) Äthylendiamin, Diäthylentriamin, 2-Aminoäthyläthanolamin oder einem anderen Polyamin versetzt. Die Mischung dehnt sich in der Form innerhalb von 4 Min. aus, wird bei —56° zum Erstarren gebracht u. dann bei 121° vulkanisiert. Als Stabilisierungsmittel kann Na-Silicofluorid zugegeben werden. (**A. P. 2 567 988** vom 30/6. 1949, ausg. 18/9. 1951.) SALZMANN. 7231

Commonwealth Engineering Co. of Ohio, übert. von: **William R. Stauffer,** Dayton, O., V. St. A., *Herstellung von Schwammkautschuk.* In eine durch z. B. Na-Silicofluorid wärmeempfindlich gemachte Dispersion von natürlichem oder synthet. Kautschuk wird

N_2O unter Druck eingeleitet, worauf durch Druckentlastung gebläht, wärmekoaguliert u. vulkanisiert wird. (**A. P. 2 567 950** vom 12/6. 1948, ausg. 18/9. 1951.) OVERBECK. 7231

Wingfoot Corp., übert. von: **Harold J. Osterhof** und **Thomas H. Rogers**, Akron, O., V. St. A., *Schaumkautschukpolster.* Der zur Herst. verwendete Kautschukmilchschaum erhält einen Zusatz von bis zu 10% Baumwoll-Linters von ca. ½ mm Faserlänge. Benetzungszeit >30 Minuten. (**A. P. 2 568 866** vom 4/12. 1948, ausg. 25/9. 1951 u. **E. P. 665 388** vom 12/4. 1949, ausg. 23/1. 1952. A. Prior. 4/12. 1948.) OVERBECK. 7231

National Cash Register Co., Dayton, O., V. St. A., *Zweischichtige poröse Kautschukgegenstände.* Eine grobe, auswaschbare Teilchen enthaltende Grundschicht aus einer Kautschukmischung wird mit der organ. Lsg. einer feine, auswaschbare Teilchen enthaltenden Deckmischung überzogen, worauf nach Trocknung, Formgebung u. Vulkanisation die auswaschbaren Teilchen herausgelöst werden. (**D. B. P. 854 260** Kl. 39b vom 28/1. 1951, ausg. 4/11. 1952. A. Prior. 28/2. 1950.) OVERBECK. 7231

A. P. Krjutschkow, Allgemeine Technologie der synthetischen Kautschuke. Moskau-Leningrad: Gosschimisdat. 1952. (364 S. m. Abb.) 6 Rbl. 90 Kop. [russ.]

XIII. Ätherische Öle. Parfümerie. Kosmetik.

Edward E. Langenau, *Die Rolle der ätherischen Öle in der modernen Industrie.* (Übersicht.) Bedeutung u. Produktion von äther. Ölen aus Pflanzenstoffen (kleine Ausbeuten) u. ihrer Unters. durch Wasserdampfdest. mit Verwendung von CLEVENGER-Scheidevorr. für Öle, die leichter oder schwerer als das umlaufende W. sind. (J. chem. Educat. **29.** 290—91. Juni 1952. New York, N. Y., Fritzsche Brothers, Inc.) BLUMRICH. 7262

A.-G. Neybergh, *Rektifikation gealterter ätherischer Öle. Vorläufige Mitteilung über Rektifikationsversuche durch erneute Wasserdestillation und durch Fraktionierung.* Durch jahrelanges Lagern unter dem Einfl. von W., Luft, Metallsalzen, Licht, Wärme in Geruch, Löslichkeit, Farbe u. durch Verharzung verschlechterte äther. Öle werden zur Aufbesserung erneuter Dest. mit W. u. unter Vakuum unterworfen. Verluste unverhältnismäßig hoch, vorläufige Ergebnisse uneinheitlich bei Geranium-, Lemongras-, Pfefferminz-, Eucalyptus Dives- u. Euc. Macarthuri-Öl, niedergelegt in 16 Tabellen. Die redest. Öle neigen zu bes. schneller Alterung, wenn sie nicht sorgfältig getrocknet u. vor Luft, Licht u. Metall geschützt werden. Fraktionierte Dest. mit überhitztem u. gesätt. Wasserdampf zeigen bei Euc. citriodora u. Euc. Smithii, daß der größte Teil des äther. Öls mit der Hauptmenge des Citronellals bzw. Cineols im Anfang der Dest. übergeht. (Bull. agric. Congo belge **43.** 767—96. Sept. 1952. Costermansville, Labor. de l'O. P. A. C.) MÜHLMEISTER. 7262

Jules Saman, *Ätherische Öle immergrüner Bäume.* Von Thuja occidentalis (weiße Ceder), Picea mariana (Schwarzfichte) u. Abies balsamae (Balsamtanne) werden Vork., sowie Gewinnung, Ausbeute, Eigg. u. Zus. der äther. Öle beschrieben. (Amer. Perfumer essent. Oil Rev. **60.** 19—22. Juli 1952. Watertown, N. Y.) MÜHLMEISTER. 7262

H. Schmidt, *Die Bedeutung der Acetale als Riechstoffe unter besonderer Berücksichtigung ihrer Anwendung in der Seifenparfümerie und Kosmetik.* Kurzer Überblick über die Bildungsweisen der Acetale (FISCHER), bei denen als Katalysatoren aromat. Sulfonsäuren (*p-Toluolsulfonsäure*) sich sehr günstig verhalten. Schwierig ist die Acetalisierung der aromat. Aldehyde. Hier bewähren sich ebenfalls saure Katalysatoren, darunter $SnCl_4$, $FeCl_3$ u. NH_4Cl. Die Acetalisierung mit *o-Ameisensäureester* nach CLAISEN ist teuer u. nur bei empfindlichen Aldehyden u. Ketonen lohnend. Cycl. Acetale gewinnt man durch Behandlung der Aldehyde mit Äthylenoxydderivv., z. B. mit *Epichlorhydrin* u. $SnCl_4$ oder $AlCl_3$ als Katalysatoren. Die Rk. ist auf *Glycid-3-ester* von Vf. u. WERNER SCHÜTT übertragen worden. Die Darstellungsmeth. von SABETAY ist sehr wichtig u. bes. interessant die Umacetalisierung. Acetale sind gegen Alkali beständig, daher als Seifenriechstoffe bes. geeignet. Wegen Hydrolyse durch Säuren sind sie nur beschränkt in Fruchtaromen zu verwenden. Veränderungen durch Oxydation finden nicht statt. Bedeutungsvoll sind die Acetale der höheren aliphat. Aldehyde: Dimethyl- bzw. Diäthylacetal des *Decylaldehyds* (Orangengeruch u. -geschmack); die sogenannten Aldehydparfüms enthalten aliphat. C_8—C_{12}-Aldehyde (Crêpe de Chine, Parfüm Chanel 5 mit *Undecyl-* bzw. *Undecylenaldehyd*), die aber sich leicht oxydieren u. polymerisieren; aromat. Radikale in Fettaldehydacetalen übertönen die Tonalität dieser Aldehyde; das Acetal aus *Heptylaldehyd* u. *Glycerin* (Hersteller Firma DESCOLLONGES) besitzt Pilzgeruch; das Ketal des *Methylamylketons* mit *Brenzcatechin* riecht jasminartig; *Citral* ist Träger des Citronengeruchs; parfümist. wird oft das *Dimethylacetal* des *Citronellal-Hydrats* (genannt Hydroxal, Hydracetal) verwandt. Es ist seifenecht, *Oxycitronellal* dagegen unbeständig u. hautreizend; das *Diäthylacetal des p-Tolylaldehyds* riecht fliederartig; große Möglichkeiten bieten die

Acetale des *Phenylacetaldehyds* mit grünem, krautigem Geruch u. Hyazinthnoten; die Acetale des *α-Methylphenylacetaldehyds* haben erd- u. pilzartigen Geruch; die des *Tolyl-* u. *Xylylacetaldehyds* riechen typ. nach Fliedergrün; *Hydrozimtacetale* riechen geißblattähnlich; das *Dimethyl-* u. *Diäthylacetal* des *α-Amyl-Zimtaldehyds* verleiht Seifen beständige Jasminnote. Vanillin- u. Piperonal-Acetale sind parfümist. bedeutungslos. (Fette Seifen einschl. Anstrichmittel **53.** 42—45. Jan. 1951. Holzminden/Westf., Haarmann & Reimer.) FREYTAG. 7276

V. Vasic, *Cremes zum Entfernen von Nagellack.* Cremes sind vorteilhafter als fl. Entferner. Hinweise auf geeignete, nicht hautschädigende Lösungs- (n-Butylacetat) u. Emulgiermittel; Mischungsvorschriften mit Zusatz von Nährstoffen für die Nagelsubstanz. (Soap, Perfum. Cosmet. **25.** 935. 944. Sept. 1952.) MÜHLMEISTER. 7284

A. Luger, *Schädigungen durch Dauerwellverfahren unter Hitzeanwendung.* Vf. gibt einen Überblick über die möglichen Änderungen im Keratinmol., wie sie bei Einw. von Hitze bei den verschied. Dauerwellverff. auftreten können. Bei Verwendung von Heizwässern auf der Basis von freier verd. HNO_3 u. Hg kann es zu schweren Hautreizungen u. Dermatiden kommen; wie Testverss. an 34 Personen ergaben, reagierten 26 mit Hautreizungen. (Wiener med. Wschr. **102.** 419—22. 31/5. 1952. Wien, Univ., Klinik für Geschlechts- u. Hautkrankheiten.) DOSSMANN. 7284

XIV. Zucker. Kohlenhydrate. Stärke.

L. Hahn, *Rauchgasseitige Kesselpflege in der Zuckerindustrie nach dem Hutter-Verfahren.* Die durch rauchgasseitige Verschmutzungen auftretenden Korrosionsschäden in Kesselanlagen werden besprochen. Die Beseitigung dieser Verschmutzungen durch das HUTTER-Verf., bei dem die Heizflächen einer mehrstd. Dämpfung mit einem Ammoniak-Wasserdampf-Gemisch ausgesetzt werden, wird beschrieben. (Zucker **5.** 234—36. 15/5. 1952.) RUTKOWSKI. 7400

M. Simon, *Wie kalkt man saure Rübenböden?* Die Rübe ist ausgesprochen kalkbedürftig, CaO-Mangel führt zu empfindlichen Wachstumsstörungen. Vf. gibt prakt. Hinweise zur systemat. Herst. u. Erhaltung eines guten CaO-Zustandes. (Publ. Inst. belge Améliorat. Betterave **19.** 153—78. Juli/Aug. 1951.) GRIMME. 7406

O. W. Willcox, *Stickstoffdünger und Kochsalz zu Zuckerrüben in England.* Feldverss. mit $(NH_4)_2SO_4$ u. $NaNO_3$ zu Zuckerrüben lieferten bei Zusatz von Kochsalz unterschiedliche Mehrerträge. Die Ergebnisse der von CROWTHER u. GARNER mit $(NH_4)_2SO_4$ u. $NaNO_3$ unter Zusatz von Kochsalz durchgeführten Feldverss. zu Zuckerrüben (C. **1950.** II, 808) werden in bezug auf die Gültigkeit der Gesetze von MITSCHERLICH u. BAULÉ krit. besprochen. (Sugar **46.** 30—32. Aug. 1951.) WALTER SCHULTZE. 7406

K. P. Pollmann, *Klärung der Filtrate von Rotationsfiltern.* Bei der Saftreinigung kann das 1. Filtrat aus den Rotationsfiltern, das noch ca. 10% der ursprünglich vorhandenen unlösl. Verunreinigungen enthält, durch Erhitzen auf über 90° weitestgehend gereinigt werden. Die unlösl. Bestandteile sinken dabei zu Boden, sofern das p_H des Originalfiltrates nicht unter 7,6 liegt. Eine für die Technik geeignete App. wird beschrieben. (Sugar **47.** 37—38. Sept. 1952. British Guyana, Enmore Estates, Ltd.) RUTKOWSKI. 7412

P. Smit, *Ionenaustausch und Adsorption in der Zuckerindustrie.* Ausführliche Übersichtsarbeit sowohl histor. als auch in bezug auf den augenblicklichen Stand der Technik. (Z. Zuckerind. **2.** 149—54. 20/5. 1952. Santpoort, Holland.) ROSSOW. 7412

L. Nesvadba, *Progressive Scheidung und kontinuierliche Saturation in der Zuckerfabrikation.* Es wird dem üblichen Verf. der Reinigung des Rohsaftes u. der Scheidung das neuzeitliche progressive Verf. mit mehreren Saturationsgefäßen u. kontinuierlicher Saturation gegenübergestellt. Hierbei wird Platz- u. Kalkersparnis, Herabsetzung des Wärmebedarfs, gute Qualität des Saftes sowie eine große Verminderung der Fehler in der Saftreinigung erzielt. (Mitt. chem. Forsch.-Inst. Wirtsch. Österreichs **6.** 5—8. Febr. 1952. Wien.) WALCKER. 7412

Thomas M. Rinehart und **Rivers Fortier,** *Aktivkohle in der Rohrzuckerraffination.* Entw. des Aktivkohleverf. führte zu raffiniertem Zucker von hoher Reinheit in guter Ausbeute bei angemessenen Betriebskosten. (Sugar **47.** 35—38. März 1952. Atlas Powder Co., Darco Dep.) RUTKOWSKI. 7416

H. C. Bhattacharga, *Neue Methode der Klärung durch Sulfitierung.* Der neutrale Zuckersaft wird zunächst auf 70° erhitzt, mit Kalkmilch thymolphthaleinalkal. ($p_H > 10$) gemacht u., um eine Oxydation zu vermeiden, möglichst schnell filtriert. Das hellgefärbte Filtrat wird mit SO_2 behandelt u. wie üblich zum krist. Zucker weiterverarbeitet. (Sugar **47.** 52—53. Sept. 1952. Kanpur, Indien, Indian Inst. of Sugar Technologists.) RUTKOWSKI. 7416

M. L. Wolfrom, W. W. Binkley und **L. F. Martin,** *Melasse: Ein vernachlässigtes Produkt des Zuckerrohrs. Einige ihrer unbekannten Bestandteile.* Rohrzuckermelassen enthalten mehr als 15% N-haltige Zuckerpolymere. Durch Chromatographie wurden folgende Aminosäuren nachgewiesen: *Asparagin, Alanin, Glutamin, Valin, Leucin, Glycin, Asparaginsäure, Glutaminsäure* u. *γ-Aminobuttersäure.* Im Rohrzuckersaft sind am reichlichsten vorhanden: *Asparagin, Aconitsäure, D-Glucose, D-Fructose* u. *Sucrose.* (Int. Sugar J. **54.** 249—50. Sept. 1952.) RUTKOWSKI. 7418

—, *Ein kontinuierlicher Zuckerrohrdiffusionsapparat.* Ein kontinuierlich arbeitender Diffusionsapp. zur Extraktion von Zuckerrohr wird beschrieben. (Sugar **47.** 49—51. März 1952.) RUTKOWSKI. 7440

Wolfgang Werner, *Die Herstellung von Stärkesirup.* Allg. Ausführungen. (Lebensmittel-Ind. **3.** 141—42. April 1951. Kyritz, VEB Stärkefabrik.) WINIKER. 7446

Dietrich Becker, *Untersuchungen über Sulfide in getrockneten Schnitzeln und deren Herkommen.* Vf. schlägt eine neue titrimetr. Bestimmungsmeth. für Sulfide bzw. H_2S in Rübenschnitzeln vor. Es wird der nach dem Einquellen der Schnitzel in W. für den tier. Organismus noch vorhandene schädliche H_2S bestimmt. Diese Meth. wird in ihrer Genauigkeit mit den bisher gebräuchlichen Verff. von SPENGLER u. Mitarbeiter verglichen. Die Ergebnisse differieren bei sämtlichen Analysenverff. u. bringen eine gewisse Unsicherheit in die Genauigkeit der Analysenergebnisse. Vf. diskutiert die möglichen Fehlerquellen. Die Unterss. des Vf. über die Ursache für den Sulfidgeh. getrockneter Schnitzel bestätigen die von anderen Forschern aufgestellten Thesen über mitgerissene Flugascheteilchen. (Zucker **5.** 226—31. 15/5. 1952. Dormagen.) RUTKOWSKI. 7472

H. C. S. de Whalley, S. D. Gardiner und **R. E. Runeckles,** *Bestimmung von Saccharose in Rübenmelassen, rohen Rübensirupen und anderen, Raffinose enthaltenden Sirupen.* Vff. diskutieren eine einfache chem. Meth. zur Best. von Rübenzucker u. Raffinose mittels Invertase-Inversion. — 4 Literaturhinweise. (Int. Sugar J. **54.** 244. Sept. 1952.) RUTKOWSKI. 7476

Hans Rüggeberg, *Die Bestimmung der verschiedenen Kohlenhydrate im Stärkesirup.* Zusammenstellung der gebräuchlichen Methoden zur Best. von *Glucose, Maltose* u. *Dextrin* in Stärke- u. Maltosesirupen. (Zucker- u. Süßwaren-Wirtsch. **5.** 452—56. 5/6. 1952.) RUTKOWSKI. 7476

T. R. Gillett und **P. F. Meads,** *Messung der Reflexion von weißem Zucker.* Es wird ein neues photoelektr. Reflektometer beschrieben, das auf dem Prinzip der diffusen Reflexion beruht u. einen ausgeglichenen photoelektr. Stromkreis benutzt. Mit seiner Hilfe können zahlreiche Faktoren bzgl. der Korngröße, des Glanzes, der Verteilung der Farbe im Kristall usw. aus dem Reflexionswert der verschied. Typen des weißen Zuckers bestimmt werden. Gute Wechselbeziehung konnte zwischen der reflektierten Farbe u. der Lösungsfarbe von weißem Zucker festgestellt werden. (Analytic. Chem. **24.** 829—32. Mai 1952. Crockett, Calif., California and Hawai Zucker Raff. Assoc.) WALCKER. 7488

N. V. Centrale Suiker Mij., Amsterdam, Holland, *Gewinnung von Zuckersaft aus Rüben* durch Extraktion mit saurem W., das ein p_H von 2,5—4,9, bes. 4,5—4,7, aufweist. Erreicht wird dies vorteilhaft durch Zusatz von $AlCl_3$. Anschließend wird der Saft über einen Kationenaustauscher vom Kunstharztyp gereinigt. (**E. P. 648 905** vom 12/12. 1947, ausg. 17/1. 1951. Holl. Prior. 12/12. 1946.) SCHINDLER. 7413

Atlas Powder Co., Wilmington, Del., übert. von: **George Joseph King,** Hewlett, N. Y., V. St. A., *Beschleunigung der Kristallisation von Zuckern und Zuckersirupen.* Durch Zusatz von 0,01—0,5% 20-Polyoxyäthylensorbitanmonostearat. Allg. sind hierzu geeignet: Partialester von langkettigen Fettsäuren u. Polyoxyverbb. mit 3—6 C-Atomen; Polyoxyalkylenäther der Partialester von langkettigen Fettsäuren u. Polyoxyverbb. mit 3—6 C-Atomen, wobei der Oxyalkylenrest 2—3 C-Atome aufweist; Polyoxyalkylenester solcher Fettsäuren oder Ester langkettiger Fettsäuren von Polyoxyalkylenäther von Polyoxyverbb. mit 3—6 C-Atomen, wobei die Oxyalkylengruppe 2—3 C-Atome aufweist. (**A. P. 2 591 704** vom 5/8. 1950, ausg. 8/4. 1952.) SCHINDLER. 7417

Usines de Melle, Melle, Frankreich (Erfinder: **Jean Pigeot** und **Roland Mironneau**), *Gewinnung von Lactose aus Molken.* Zunächst wird das Eiweiß gefällt u. nach Zugabe von Kalk der Nd. abfiltriert. Nach einer Vorkonz. wird HCl zugesetzt, die Fl. weiterkonz. u. zur Kristallisation gebracht. Durch Zusatz von H_2SO_4, Weinsäure, Oxalsäure oder Na_2CO_3 statt HCl werden die entsprechenden Ca-Salze krist. erhalten, abfiltriert u. erst dann wird die Lsg. zur Kristallisation eingedampft. Verringerung des Aschegeh. der Lactose. (**Schwz. P. 277 972** vom 24/11. 1948, ausg. 17/12. 1951. F. Prior. 20/12. 1947.) SCHINDLER. 7445

Pabst Brewing Co., Milwaukee, übert. von: **Samuel A. Morell,** Whitefish Bay, und **John Shovers,** Shorewood, Wis., V. St. A., *Gewinnung löslicher Substanzen aus den Filterkuchen von Filterpressen.* Zum Besprühen u. Auswaschen wird der Wasch-Fl. eine in dieser unlösl. inerte, zu einer Gelform quellbare Substanz zugeführt, in einer Menge, daß ein Druckabfall vermindert, aber die Bldg. eines festen Gels verhindert wird. Es werden Montmorillonit, Bentonit, Mg–Al-Silicate, z. B. eine 1%ig. Suspension von Bentonit zum Auswaschen des bei der Filtration von viscosem *Zucker*-Sirup gebildeten Filterkuchens verwendet. (**A. P. 2 561 812** vom 11/7. 1950, ausg. 24/7. 1951.) REICHELT. 7447

XVI. Nahrungs-, Genuß- und Futtermittel.

Josef Schormüller und **Hildegard Ballschmieter,** *Der Gehalt an Methionin, Cystin und Schwefel in Lebensmitteln pflanzlicher und tierischer Herkunft. Zugleich ein Beitrag zur Aufstellung von Schwefelbilanzen.* Vff. bestimmen in einigen Lebensmitteln, Proteinkonzentraten u. Reinproteinen pflanzlicher u. tier. Herkunft den Methionin- (I) u. Cystin (II)-Gehalt. Es wird gezeigt, daß bei einem großen Teil der Proben, bes. bei vielfältig zusammengesetzten Lebensmitteln, exakte S-Bilanzen (aus **I**-, **II**-, H_2S- u. Gesamtschwefel) mit den derzeitigen Analysenverff. nicht aufgestellt werden können. (Dtsch. Lebensmittel-Rdsch. **47.** 1–7. Jan. 1951. Berlin-Dahlem, Robert-Koch-Inst.) REISS. 7630

Harry W. von Loesecke, *Industrie der Citrusfrüchte.* Vf. berichtet über die Probleme der vorteilhaften Nutzung der festen u. stärker konz. Abfallprodd. sowie die auf diesem Gebiet erzielten Fortschritte. — 37 Literaturangaben. (Ind. Engng. Chem. **44.** 476–82. März 1952. Washington, D. C., Bur. of Agricult. and Ind. Chem., Agricult. Res. Admin.) FREYTAG. 7688

Ernst Stammer, *Die Trübung von Erbsenkonserven in Gläsern.* Es wurde festgestellt, daß eine Verwendung von permutiertem W. (enthärtet von ca. 25° auf unter 1°) sowie der Zusatz von Soda (0,005–0,2%) die Trübung begünstigen. Erschwert wird die Trübung durch Verwendung reinen oder abgekochten Leitungswassers, Beimischung von Karotten, Zusatz von Salzsäure (0,005–0,008%) bzw. Milchsäure (0,05–0,1%) zum Aufgußwasser. Die Verwendung dest. W. sowie der Zusatz von Na–K-Tartrat oder NaCl hatten keinen Einfl. auf die Trübung. (Lebensmittel-Ind. **3.** 24–25. Jan. 73. Febr. 1951. Hecklingen/Anhalt.) WINIKER. 7690

Frank A. Lee und **A. C. Wagenknecht,** *Über die Ausbildung eines Beigeschmacks bei der Lagerung von gefrorenen rohen Erbsen.* Es ist eine bekannte Tatsache, daß Erbsen vor dem Tiefgefrieren blanchiert werden müssen, um nicht einen unangenehmen Beigeschmack anzunehmen. Hier wurde der Lipoidanteil von blanchierten u. unblanchierten Erbsen untersucht, die über einen Zeitraum von 5 Jahren bei –18° gelagert waren. Die jeweils 250 g betragenden Proben wurden im Vakuum getrocknet, zerkleinert u. mit peroxydfreiem Ae. extrahiert. An dem über P_2O_5 getrockneten Lipoidanteil wurden Peroxydzahl, SZ. u. JZ. bestimmt. Weitere Proben wurden nach der Extraktion mit 80%ig. Aceton in einem BECKMANN-Spektrophotometer bei 663 u. 645 μ auf den Geh. an Chlorophyll a u. b untersucht. β-Carotin wurde nach vorausgegangener Chromatographie (MgO + Kieselgur) bestimmt. Es zeigt sich, daß der an den unblanchiert gefrorenen Erbsen beobachtete Beigeschmack mit oxydativem Verderb des Lipoidanteils im Zusammenhang steht. So wurde im Fett der nicht blanchiert gefrorenen Erbsen eine Peroxydzahl von 27,3, eine niedrigere JZ. u. ein Ansteigen der SZ. von 22,6 auf 97,2 ermittelt. Der Chlorophyll- u. Carotingeh. war bei den nicht blanchierten Erbsen um ca. 50% zurückgegangen. Die gesamten an dem blanchiert gefrorenen Gut festgestellten Kennzahlen erbrachten keinerlei Anzeichen für oxydative Fettverderbnis. (Food Res. **16.** 239–44. Mai/Juni 1951. Geneva, N. Y., Cornell Univ., New York State Agricult. Exp. Stat.) ZOPFF. 7690

Rudolf König, *Neue Wege maschineller Herstellung von Fruchtbrotaufstrich.* Das Fruchtmark wird mit etwa der gleichen Menge Zucker kalt vermischt u. durchläuft dann eine Dispergier- u. Schleudermaschine. Die hierbei aus den Gewebeteilen austretenden pektinhaltigen fl. Anteile erstarren nach einigen Std. u. bewirken die Erzielung eines festen Fruchtbrotaufstrichs unter Wahrung des Fruchtaromas u. schonendster Behandlung der Vitamine. — 2 Rahmenrezepte. (Lebensmittel-Ind. **3.** 28. Jan. 1951. Nordhausen.) WINIKER. 7702

Luciano Pennisi, *Über die neuesten Fortschritte in der Technik der Verwendung und Konservierung von Citronensaft.* Sammelbericht über neueres Schrifttum über Saftgewinnung, Entölung u. Entlüftung, Pasteurisierung, Konzentrierung durch Wärme u. Gefrieren, sowie Herst. von Trockenpräparaten. — 11 Literaturhinweise. (Ann. Sperimentaz. agrar. **6.** [N. S.] Suppl. I–XV. 1952. Acireale.) GRIMME. 7706

K. Ulrich, *Die Süßkraft der künstlichen und natürlichen Süßstoffe.* Zusammenstellung der bisher bekannten Süßstoffe. (Zucker **5.** 236–39. 15/5. 1952.) RUTKOWSKI. 7712

Fritz Lickint, *Die gesundheitliche Bedeutung des Kaugummis.* Vf. gibt zunächst einen Überblick über pharmakol. Effekte, Genußmittelwert u. Geschichte der verschied. Kauprodukte. Grundprod. für Kaugummi (I) ist hauptsächlich der Milchsaft aus dem Stamme der mexikan. Pflanze Achras Sapota. Neuerdings werden auch Kunststoffe verwendet, wie Polyvinylacetat. Als Aromatisierungsmittel finden Anwendung Citronen-, Nelken-, Kümmel-, Pfefferminzöle, Zimt, Myrrhe, Ingwer, Cardamom, Vanillin, Cumarin, Schokolade, Süßholz. Weitere Zusätze sind z. B. Pepsin, Silargel, Vitamine, Penicillin. Schließlich werden Wrkg. u. therapeut. Bedeutung von I besprochen. (Münchener med. Wschr. **93.** 2007—13. 5/10. 1951. Dresden-N., Stadtkrankenhaus.) BOYE. 7730

M. M. Kibe und **N. Naravana**, *Bodenart in Beziehung zur Tabakqualität.* Ertrag u. Güte des geernteten Tabaks werden in hohem Maße vom Klima u. vor allem von der physikal. u. chem. Zus. des Bodens beeinflußt. Ein guter Tabakboden soll reich sein an Ton u. Humus, also eine gute wasserhaltende Kraft besitzen. Starker CaO-Geh. beeinträchtigt die K_2O-Aufnahme, der N-Bedarf ist relativ hoch u. steht in direkter Beziehung zur Nicotinbldg., der P_2O_5-Bedarf ist nicht groß, dagegen aber der Bedarf an K_2O. Je höher der Geh. des Bodens an austauschbarem K_2O, desto besser ist die Tabakqualität. Starker P_2O_5-Geh. beeinflußt ungünstig die Brennbarkeit des Tabaks. Ein Absinken von p_H unter 5,0 wirkt sich stets schädlich aus. (Poona agric. Coll. Mag. **42.** 131—36. Nov. 1951.) GRIMME. 7734

G. Nitsche, *Methoden der Tabakfermentation.* Kurzer Bericht über Arbeiten, durch welche die amerikan. Redryinganlage, die nur zur Tabaktrocknung entwickelt worden war, in Deutschland zu einer wirklichen Tabakaufbereitungsmaschine weiterentwickelt wurde. (Lebensmittel-Ind. **3.** 149—50. April 1951. Wohlsdorf, Inst. für Tabakforschung.) WINIKER. 7734

W. Brandenburg, *Die Fischkonserve in der Blechdose.* Allg. Ausführungen nebst kurzem Überblick über die Ursachen der Bombagen u. deren Vermeidung. (Lebensmittel-Ind. **3.** 153—55. April 1951.) WINIKER. 7752

A. Hloch, *Ei-Austauschstoffe. Ernährungsphysiologische und küchentechnische Bewertung.* Allg. Ausführungen. (Lebensmittel-Ind. **3.** 29—30. Jan. 68—69. Febr. 1951. Bitterfeld.) WINIKER. 7754

Josef Schormüller und **Hildegard Ballschmieter**, *Über den Aminosäure- und Kohlenhydratgehalt des Gesamtproteins von Trockenvollei im frischen, gelagerten und erhitzten Zustand.* Vgl. unterschiedlich behandelter Trockenvolleiproben hinsichtlich ihres Geh. an Cystin (**I**), Methionin (**II**), Tyrosin (**III**), Tryptophan (**IV**), Lysin (**V**), Histidin (**VI**), Glucose (**VII**) u. Glucosamin (**VIII**). Volleiproteine aus Trockenvollei des Handels bzw. nach längerer Lagerung (bis zu 4 Jahren) weisen gegenüber solchen aus frischen Eiern einen Mindergeh. an **II**, **V** u. **VI** auf. 65tägige Lagerung bei 37° bewirkt einen starken Abfall im Geh. an **II**, nicht aber an **I**. Lagerung bei hoher Luftfeuchtigkeit hatte den gleichen Effekt zur Folge. 1std. Bestrahlung mit UV-Licht bewirkt keine Veränderung des Aminosäurengehaltes. 2std. Erhitzen auf 100—200° verursacht eine proportional der Temp. verlaufende Zerstörung der Aminosäuren. Nach 2 Std. bei 200° sind 75% des ursprünglich vorhandenen **V**, 62% **I**, 38% **VI** u. 24% **III** zerstört; der Geh. an **II** fällt bis 174° um ca. 24%, steigt aber bei weiterer Erhöhung der Temp. bis fast auf den Ausgangswert an; der Geh. an **IV** wird unter diesen Bedingungen kaum verändert. 50 Min. langes Autoklavieren bei 105° zerstört 5% **IV** u. **V**, 15 bzw. 17% **III** u. **VI** sowie 27 bzw. 24% **I** u. **II**. Erhitzen von Volleiprotein mit **VII** führt sowohl in Lsg. als auch in trockenem Zustand zu einem beträchtlichen Abfall des Geh. an **II**; der Abfall an **I** entspricht dagegen dem bei Umsatz mit W. allein. Vff. machen für die Verluste an Aminosäuren in Trockenvollei u. a. die natürlich vorhandenen Kohlenhydrate verantwortlich. Die Verss. deuten weiter darauf hin, daß ein Umsatz zwischen **VIII** u. den Aminosäuren stattfindet. (Dtsch. Lebensmittel-Rdsch. **47.** 119—28. Juni 1951. Berlin-Dahlem, Robert-Koch-Inst. für Hygiene u. Infektionskrankheiten, Abt. Physiol. u. Pharmakol.) REISS. 7754

M. Iwanowa, *Bekämpfung des Schleimigwerdens von Kefirpilzen und Säureweckern.* Schleimig gewordene Kefirpilze wurden bei 40° getrocknet u. dadurch wieder gebrauchsfähig gemacht. In einem anderen, leichteren Fall wurden durch Waschen u. Zugabe von gutem Kefirpilzsäurewecker n. Zustände erreicht. (Молочная Промышленность [Milch-Ind.] **12.** Nr. 11. 37. Nov. 1951. Gorki, Milchfabrik.) KRAFT. 7756

R. W. Bell und **T. J. Mucha**, *Verhütung des Oxydationsgeschmacks in gefriergelagerter Milch durch Vorerhitzung.* Bei der Gefrierlagerung von Milch wird der Oxydationsgeschmack nicht allein durch eine Vorerhitzung verhütet. Beste Versuchsergebnisse wurden erzielt durch Wärmebehandlung bei 71° während 1 Min. mit anschließendem Zusatz von 5 mg-% *l*-Ascorbinsäure, sowie durch Erhitzung auf 76,5° für 1 Min. mit anschließendem kurzem Aufsieden im Vakuum. Da sich der Kochgeschmack bei längerer Lagerung in der

Kälte verliert, können für nicht bald zum Verbrauch bestimmte Milch höhere Tempp. angewendet werden. (J. Dairy Sci. **34.** 432—37. Mai 1951. Washington, U. S. D. A., Agric. Res. Admin., Bur. of Dairy Ind.) HÜCKSTÄDT. 7756

P. H. Tracy, Joseph Tobias und **John Ordal,** *Kurzzeit-Hocherhitzung von Eiscrem-Mix.* Bei der Pasteurisierung von Eiskrem entspricht die Erhitzung auf 68,3° für 30 Min. einer solchen von 79,4° für 30 Sek., die auf 71,1° für 30 Min. einer solchen von 81° für 30 Sekunden. Die bakteriolog. Wirkungen sind gleichwertig, jedoch bewirkt die Kurzzeit-Hocherhitzung etwas bessere Resultate in Geschmack u. Konsistenz. (Dairy Wld. **30.** Nr. 7. 9—13. 24—26. Dez. 1951. Univ. of Illinois, Dep. of Dairy Technol.) HÜCKSTÄDT. 7756

N. King, *Trockenrahm (Rahmpulver), Butterpulver und Butterkonzentrat.* Beschreibung der physikal. u. chem. Eigg. von Trockenrahm, Butterpulver u. Butterkonzentrat an Hand der Literatur (5 Hinweise). (Molkerei-Ztg. **5.** 57—58. 18/1. 1951. Malmö, Schweden.) HÜCKSTÄDT. 7758

Stanislav Koudela, *Beitrag zur Analyse der Produktionsbedingungen für Schlachtschweine während der letzten Fütterungsperiode.* Der Futterwert von handelsüblichen Eiweißgemischen u. extrahiertem Cocosnußmehl zur Fütterung von Schlachtschweinen nach Erreichung eines Lebendgewichts von 80 kg wurde im prakt. Vers. an zwei Gruppen von Schweinen verglichen. Die geprüften Futtermittel wurden einer Grundkost aus Alfalfamehl, Kartoffelflocken u. Maisschrot zugefügt. In der letzten Wachstumsperiode der Fütterung zeigte sich kein so günstiger Einfl. tier. Eiweißes gegen Zusätze von pflanzlichem wie anfangs u. in der Mitte der Entw., d. h. bis zu 50—80 kg Lebendgewicht. Die tägliche Durchschnittszunahme an Lebendgewicht betrug bei 20% Zusatz von tier. Eiweiß (Futtermehl) 0,886 kg, bei Zusatz von Cocosnußmehl 0,860. Je kg Lebendgewichtszunahme war der Eiweißverbrauch im letzten Falle nur um 3% niedriger. Tägliche Zugabe von 0,40 kg handelsüblichem Eiweißgemisch bis zur Beendung der Fütterung rief keine Verdauungs- u. andere Störungen hervor u. beeinflußte nicht ungünstig die Qualität des Fleisches u. der Nebenprodukte. (Sborník českoslov. Akad. Zemědělské [Ann. czechoslov. Acad. Agric.] **24.** 325—34. Dez. 1951. Brno, Hochsch. für Land- u. Forstwirtschaft, Inst. für Biotechnologie der Futtermittelproduktion.) FREYTAG. 7786

Almario C. de los Santos, *Mit Wasser behandeltes Koprameht als ergänzende Eiweißnahrung bei der Aufzucht von Hühnern.* Unbehandeltes u. zur Entfernung seines tox. Anteils mit W. gewaschenes Koprameht erwiesen sich im Fütterungsvers. an Kücken auf Grund der hohen Sterblichkeit der Versuchstiere als ungeeignet. (Philippine Agriculturist **34.** 174—77. Jan./März 1951.) v. GIZYCKI. 7786

K. G. Bergner und **H. Sperlich,** *Anwendungen der Papierchromatographie bei der Untersuchung von Lebensmitteln. Nachweis und Trennung von Vanillin, Äthylvanillin, Piperonal und Cumarin.* Die zu untersuchenden Lebensmittel werden mit A., Ae. oder Aceton extrahiert (z. B. 0,5 g Vanillinzucker mit 1 ml A. schütteln; 5 g Puddingpulver, süße Suppen usw. mit A. extrahieren); einige Tropfen dieser Lsg. werden nach der aufsteigenden Technik chromatographiert. Als Filtrierpapier wird SCHLEICHER & SCHÜLL 597 oder 604 benutzt, als bewegliche Phase dient Petroläther. Nach Einstellung des Wassergeh. wird der Papierstreifen 10—15 Min. entwickelt, getrocknet u. mit einem geeigneten Reagens behandelt. Es werden sichtbar gemacht: Vanillin (I) u. Äthylvanillin (II) durch NH_3-Dämpfe (Blaufluorescenz im UV-Licht), **I, II** u. in höherer Konz. Piperonal (**III**) mit Benzidin (gelb), **I, II** u. **III** mit Hydrazinsulfat-HCl (gelb) u. **I, II** u. Cumarin (**IV**) mit 0,1n alkoh. KOH (blau bzw. grün im UV-Licht). Es werden die R_F-Werte bei verschied. Feuchtigkeitsgeh. des Papieres angegeben (bei einem Geh. von 12,4% W.: **I** 0,11; **II** 0,36; **III** 0,92; **IV** 0,65). (Dtsch. Lebensmittel-Rdsch. **47.** 134—38. Juni 1951. Stuttgart, Chem. Landesuntersuchungsanstalt.) REISS. 7826

Matti Hietaranta, *Über verschiedene Reduktaseproben zur Bestimmung der bakteriologischen Beschaffenheit der Milch.* Zusammenfassender Vortrag. — Es werden die ursprüngliche Methylenblau-Reduktaseprobe, die Verff. von WILSON u. von SKLAR, die Labprobe u. die Resazurinprobe verglichen. (Karjantuote **35.** 229—33. 2/5. 263—68. 16/5. 1952.) BECKMANN. 7856

Brycel Ltd., Brentford (Erfinder: **Walter Eduard Asmus Simon,** Watford), England, *Haltbarmachen von Lebensmitteln,* indem man das Gut (Orangen, Früchte, Fleisch) mit einem Film oder Überzug aus einer eine koll. Ag-Verb., z. B. Proteinsilber, enthaltenden Lsg. von Gelatine oder anderen durchlässigen, gelatinösen Substanzen versieht. (**D. B. P. 853 246** Kl. 53c vom 13/1. 1951, ausg. 23/10. 1952. E. Prior. 3/2. 1950.) MAASS. 7635

Fa. Georg Planga (Erfinder: **Jakob Litzendorff**), Düsseldorf, *Kräftigungsmittel aus Getreidekeimen.* Anwendung des Verf. des D. R. P. 745 364 zur Verbesserung dunkler, nicht backfähiger Mehlpassagen durch Erwärmung in Trockenvorr. bei 150—200° auf ruhende Getreidekeime, die anschließend mit Zucker, Malzextrakt, Honig u. dgl. zu Teig geknetet, verformt u. getrocknet werden. (**D. B. P. 852 938** Kl. 53k vom 2/10. 1948, ausg. 20/10. 1952. **Zusatz zu D. R. P. 745 364; C. 1944. II. 178.**) KRANZ. 7673

British Arkady Co. Ltd. (Erfinder: **Walter Percy Ford** und **James Denis Mounfield**), Manchester, England, *Backhilfsmittel.* Dem Teig wird ein Ester einer Fettsäure mit mindestens 12, bes. 16, C-Atomen u. eines Polyalkohols oder inneren Äthers, wie Glucose-, Erythrit-, Mannit-, Sorbitstearat oder Glucosepalmitat oder -laurat in Mengen von 0,01—4% trocken oder in Emulsionsform zugesetzt. (**E. P. 648 782** vom 13/1. 1948, ausg. 10/1. 1951.) KRANZ. 7675

British Arkady Co. Ltd., Walter Percy Ford und **James Denis Mounfield,** Manchester, England, *Backhilfsmittel,* bestehend aus dem Ester einer anorgan. oder organ. Säure u. einem Fettalkohol mit 6 u. mehr, bes. 12 C-Atomen, wie Cetylcitrat oder -succinat, Lauryl-, Octyl- oder Stearyltartrat. Zusatz zum Teig in Pulver- oder Emulsionsform. (**E. P. 652 006** vom 19/7. 1948, ausg. 11/4. 1951.) KRANZ. 7675

A. S. P. Chemical Co., Ltd., Bulstrode, Buckinghamshire, England, *Gewinnung von Pektinsubstanzen.* Das Ausgangsmaterial, z. B. Sisalfleisch, wird mit einer schwachen, z. B. 1%ig. Säurelsg. zur Entfernung von Ca- u. Mg-Ionen behandelt, mit W. ausgewaschen u. mit NaOH, KOH oder NH_4OH bis zur Bldg. des entsprechenden Pektinderiv. in Solform behandelt. (**E. P. 648 870** vom 13/4. 1948, ausg. 17/1. 1951.) KRANZ. 7703

Matthias Stemmler und **Heinz Stemmler,** Köln-Braunsfeld, *Konditorei- und Backmassen.* Methylcellulose wird in Form einer wss. Emulsion mit Zucker schaumig geschlagen u. den üblichen Zutaten, wie Fett usw., untermeliert. (**D. B. P. 852 647** Kl. 53f vom 17/8. 1949, ausg. 16/10. 1952.) KRANZ. 7705

Farbenfabriken Bayer, Leverkusen (Erfinder: **Arnold Bohne,** Wuppertal-Elberfeld), *Klären und Schönen von Säften,* bes. *Süßmosten,* durch Zusatz von Methylcellulose, gegebenenfalls in Verbindung mit Enzymen pektolyt., diastat. u. proteolyt. Art. (**D. B. P. 856 259** Kl. 53k vom 7/6. 1941, ausg. 20/11. 1952.) KRANZ. 7707

Standard Brands Inc., übert. von: **William E. Barch,** New York, V. St. A., *Gewinnung von Aromastoffen.* H_2S wird 2—8 Std. durch die Lsg. eines aliphat. Aldehyds, Methylketons (deren längste Kette nicht $>$6 C-Atome enthält) oder von Cyclohexanon u. einem aliphat. Ester einer mehrwertigen Säure, wie Triäthylcitrat, bis zum Verschwinden des ursprünglichen Geruchs geleitet. Überschüssiger H_2S wird mit einem inerten Gas (N_2) verdrängt. Das Prod. besitzt z. B. den Geschmack u. Geruch von Zwiebeln u. dient zum Aromatisieren von Fleischspeisen, Suppen u. dergleichen. (**A. P. 2 594 379** vom 16/9. 1950, ausg. 29/4. 1952.) KRANZ. 7715

Pennsylvania Mfg. Confectioners' Association, übert. von: **Sherwood Thomas Cross,** Elsmere, Del., V. St. A., *Stabilisieren von Schokoladen.* Der geschmolzenen Grundmasse werden zwecks Verhinderung der Verfärbung u. des „Ausschwitzens" wenigstens 0,5% einer Mischung aus einem Fettsäureester, wie Sorbitmonostearat, u. einem Polyoxyalkylenfettsäureester, wie Polyoxyäthylensorbitmonostearat, zugesetzt. (**A. P. 2 586 615** vom 5/7. 1950, ausg. 19/2. 1952.) KRANZ. 7727

Paul Leraillez, La conservation industrielle des fruits. Paris: J.-B. Baillière et fils. 1952. (347 S. m. Abb. u. Kart.) fr. 1200,—.

XVII. Fette. Seifen. Wasch- u. Reinigungsmittel. Wachse. Bohnermassen usw.

T. N. Mehta, *Chemie der Fettsäuren.* Überblick über Fettforschung, bes. ab 1924, unter besonderer Berücksichtigung von Oxydation, Autoxydation, Hydrierung, Halogenierung, Aminierung, Sulfonierung, Veresterung, Polymerisation usw. — Zahlreiche Literaturzitate. (Indian Soap J. **17.** 201—211. März 1952. Nagpur, Univ., Laxminarayan Inst. of Technol.) BÖSS. 7870

E. R. Woodward und **E. G. Fenrich,** *Beseitigung von luftverunreinigenden Gerüchen durch ein neues Verfahren.* Üble Gerüche aus Fett- u. Fischschmelzen werden durch Absaugen der Dämpfe u. Waschen mit einem Gemisch von Chlorwasser u. Na-Chloritlsg. mit 100—500 mg/Liter freiem Cl als ClO_2 in Rieseltürmen mit eingebauten RASCHIG-Ringschichten beseitigt. Dabei werden die von Cl allein nicht angegriffenen Amine abgebaut. (Food Engng. **24.** 75—76. 207. April 1952. Baltimore, Md., Mathieson Chemical Corp.) MANZ. 7872

C. H. Lea und **D. N. Rhodes,** *Trimethylaminoxyd und die Autoxydation von ungesättigten Fettestern.* Die Wrkg. von Trimethylaminoxyd (I; Vork. in Seefischen zu 0,1 bis

1,5%) auf ungesätt. Fettester (II; aus Leinsamen- u. Baumwollsamenöl) wurde untersucht. I wurde bei 100° sehr schnell durch autoxydierende oder vorher oxydierte II in Abwesenheit von O reduziert. Nichtoxydierte II reduzierten in Abwesenheit von O I nicht. Bei 37° verlief die I-Red. durch autoxydierende II sehr langsam; weder Hämoglobin noch Froschmuskelautolysat vermochten die Rk. zu katalysieren. In keinem Fall trat bei II fischartiger Geruch auf. (J. Sci. Food Agric. **2.** 556—61. Dez. 1951. Cambridge, Univ. of Cambridge, u. Dep. of Sci. and Ind. Res.) RANG. 7878

Torbjorn Pedersen, *Ein antarktisches Fischöl. Das Öl von Notothenia rossii mamorata.* Der Fettgeh. von *Notothenia rossii mamorata* (I), von Walfängern auch „*South Georgia cod*" genannt (Fangzeit Anfang März) beträgt ca. 10%; das Öl ist rot u. zeigt bei 20° keine Stearinabscheidungen. Es ähnelt dem aus dem Blauwalspeck gewonnen. Charakterist. Daten des handelsüblichen Öles von I: JZ. 148, VZ. 193, SZ. 4,04, Unverseifbares 1,0%, Farbe nach Lovibond 2″ Cuv.: 35 Y bis 13 R. Ausführliche Tabelle über Fraktionierungsdaten der methylierten Fettsäuren u. berechnete Fettsäurezus. (Gew.-%): Ester: C_{12} 0,2, C_{14} 10,0, C_{16} 13,8, C_{18} 4,5; ungesätt. Ester: C_{14} 0,6, C_{16} 15,1, C_{18} 28,4, C_{20} 17,1, C_{22} 10,3. (Tidsskr. Kjemi, Bergves. Metallurgi **12.** 83—85. Mai 1952. Sandefjord, Res. Labor., Sandar Fabrikker A/S. [Orig.: engl.]) BÖSS. 7898

H. Bünger, *Physik und Chemie der Reinigung.* Es werden die physikal. u. chem. Eigg. einiger Reinigungsmitteltypen sowie ihre Wirkungsweisen bei der Reinigung besprochen. (Seifen-Oele-Fette-Wachse **78.** 458—59. 10/9. 1952.) BOYE. 7912

S. K. Basu, *Ein vereinfachter Prozeß zur Bestimmung des unterchlorigen Säurewertes von Ölen.* Unterchlorige Säure lagert sich nach Unterss. von GOSWAMI u. BASU quantitativ an die Doppelbindung ungesätt. Fettsäuren an, wenn letztere in Form ihrer Na-Salze vorliegen. Vff. verwendeten bei dem vorliegenden Verf. an Stelle von H_2SO_4 Eisessig. Reagentien: NaOCl (5 cm³ verbrauchten 20—35 cm³ 0,1n Thiosulfatlsg.), durch Dest. mit $KMnO_4$ gereinigte CH_3COOH, alkoh. KOH. 0,1—0,2 g Öl werden mit 10 cm³ 0,5n alkoh. KOH verseift u. mit 0,5n HCl zurücktitriert. Die entstandene Seife wird in W. gelöst u. 5 cm³ NaOCl-Reagenz u. 10 cm³ CH_3COOH zugegeben bei sofortigem Schließen der Flasche, Schütteln u. Aufbewahren im Dunkeln während 15 Minuten. Anschließend Zugeben von 10 cm³ 20%ig. KJ-Lsg., 5 Min. im Dunkeln belassen u. mit 0,1n $Na_2S_2O_3$ Lsg. titrieren. Die mit CH_3COOH erhaltenen Resultate waren denen mit H_2SO_4 überlegen (Indian Soap J. **17.** 216—218. März 1952. Calcutta, Univ., Dep. of Applied Chem.) BÖSS. 7932

Märkische Seifen-Industrie, Witten/Ruhr, *Sulfonierungsprodukte* erhält man durch Sulfonierung von Mischungen aus prim., aliphat. Alkoholen u. Ketonen, die aus einem Fettsäuregemisch von C_4—C_{10} hergestellt wurden, bes. mit Kp. 180—350°. — Eine Mischung von Alkoholen aus der katalyt. Hydrierung von Palmkernöl u. von Ketonen aus der Ketonisierung von einem Fettsäuregemisch mit 4—10 C-Atomen im Verhältnis 5:1 wird mit rauchender H_2SO_4 bei 70° behandelt, anschließend gießt man in Eiswasser u. neutralisiert mit NaOH. Die erhaltenen Prodd. zeigen gegenüber den Fettalkoholsulfonaten eine bessere Wasch-, Netz-, Dispergier- u. Reinigungsfähigkeit. (**D. R. P. 764 950** Kl. 12o vom 12/5. 1940, ausg. 4/8. 1952.) KRAUSS. 7913

Märkische Seifen-Industrie (Erfinder: **Arthur Imhausen** und **Karl-Heinz Imhausen**), Witten/Ruhr, *Sulfonate sekundärer Alkohole.* Ein Gemisch von niedermol. Carbonsäuren, das durch Oxydation von KW-stoffgemischen erhalten wurde ($Kp._{3-4}$ 110—125°) wird in Ketone übergeführt, diese werden hydriert, anschließend wird bei 3—6° mit rauchender H_2SO_4 die Sulfonierung eingeleitet u. mit $ClSO_3H$ beendet. — Ein Säuregemisch, das durch Oxydation von Kohlenoxydhydrierungsprodd. mit Luft erhalten wurde, wird als Kalkmilch in die Ca-Salze übergeführt u. diese werden bei ca. 400° in Ketone umgewandelt; dann wird bei 200—250° u. ca. 75 at in Ggw. eines Ni-Katalysators mit H_2 hydriert. Das Prod. wird mit rauchender H_2SO_4 bei 3—6° 6 Std. u. weitere 4 Std. mit $ClSO_3H$ behandelt. Durch Neutralisation erhält man die Sulfonate. *Waschmittel.* (**D. R. P. 767 428** Kl. 12o vom 12/12. 1940, ausg. 7/8. 1952.) KRAUSS. 7913

Gustav Schack & Co. (Erfinder: **Erik Thyco Ravnkilde**), Kopenhagen, Dänemark, *Putzlappen für Metallgegenstände,* dad. gek., daß er mit einer Mischung von Türkischrotöl, Hexalin, CCl_4, Petroleum, Ölsäure u. Kieselkreide imprägniert ist. — Rezept. (**D. B. P. 849 884** Kl. 22g vom 5/6. 1951, ausg. 18/9. 1952.) SCHINDLER. 7917

Christian Missions Foundation, Inc., übert. von: **Paul Fastenan Bruins,** New York, V. St. A., *Gewinnung von Sisalwachs.* Das Wachs wird ohne Zerstörung der Blätter durch Extraktion mit bes. verdampften Lösungsmitteln gewonnen. (**E. P. 675 001** vom 17/11. 1949, ausg. 2/7. 1952. A. Prior. 5/4. 1949.) LÜTTGEN. 7925

S. C. Johnson & Son, Inc., übert. von: **Robert W. Pressing, Grant P. Lawless** und **Bradley J. Pettibone**, Racine, Wis., V. St. A., *Herstellung von Polliturwachs.* Paraffinwachs u. Carnaubawachs werden geschmolzen u. in Petroleum gelöst. Die M. wird ca. 2 Wochen auf ca. 65° gehalten u. dann auf ca. 45° abgekühlt, bevor es in die Behälter gefüllt wird. Variationen mit anderen Wachsen u. Lösungsmitteln möglich. Verbesserung der Härte. (**A. P. 2 592 466** vom 23/9. 1948, ausg. 8/4. 1952.) SCHINDLER. 7925

XVIIIa. Holz. Cellulose. Zellstoff. Papier. Papierdruck. Celluloid. Linoleum.

R. Ducé und **C. B. Tabb**, *Entwicklung der Zellstoffherstellung aus Stroh und Bagasse.* Bagasse, der ausgepreßte Gerüststoff des Zuckerrohrs, u. Stroh werden immer mehr zur Herst. von Zellstoff verwendet, der ungebleicht zu Papiersäcken u. Pappe, gebleicht auch zu feinsten Papieren verarbeitet wird. Dieser Zellstoff kann allein u. in Mischung mit Altpapier oder Holzzellstoff eingesetzt werden. Er erreicht fast die Eigg. des Holzzellstoffs, nur die Falzzahl ist wesentlich geringer. Die Natron- u. Sulfatverff. geben guten Zellstoff, aber geringe Ausbeute; das durch den kontinuierlich arbeitenden Kamyr-Aufschlußsturm verbesserte Monosulfitverf. u. das Celdecor-Soda–Chlor-Verf., das die Rohstoffe, bes. Bagasse, schonend aufschließt. (Paper-Maker Brit. Paper Trade J. **123**. 480—89. Juni 1952. Hatch End, Middlesex, Cellulose Develop. Corp. Ltd.) H. BECKER. 7958

—, *Glykocellon und seine Verwendung in der Papierindustrie.* Celluloseglykolsaures Na (I) findet unter dem Namen *Glykocellon* Verwendung in der Papierindustrie. I wird in verschied. Reinheit geliefert, es ist lösl. in W., mit Al-Sulfat quantitativ ausfällbar u. schimmelt nicht. Die wss. Lsg. von I wird im Holländer vor dem Al-Sulfat oder im Kaolinauflöser zugegeben. I erhöht die Leimfestigkeit, Reißlänge, Falzzahl u. wirkt als Dispergiermittel für die Füllstoffe. Die Leimmilch wird durch I stabilisiert, gibt einen besseren Leimungseffekt u. setzt keine Sedimente ab. Zur Oberflächenbehandlung wird I in wss. Lsg. durch Walzen, Spritzen oder Tauchen aufgetragen u. gibt dem Papier bessere Fettdichtigkeit, Glanz, Glätte u. Reißfestigkeit. Wird die Lsg. vorher mit Al-Sulfat auf p_H 4,5 gebracht, so erhält man wasserbeständige u. teilweise auch -dichte Pappen u. Papiere. Diese Lsg. ist aber nur beschränkt haltbar. (Chem. Rdsch. [Solothurn] **5**. 309—10. 1/10. 1952.) H. BECKER. 7978

F. R. Neale, *Die Aufhellung von Eukalyptusholzschliff mit Zinkhydrosulfit.* Es werden die verschied. Einflüsse auf die Aufhellung des Eukalyptusholzschliffs mit Zn-Hydrosulfit (I) untersucht u. die günstigsten Bedingungen angegeben. Maximale Wrkg. haben 0,8—1% I, aber schon 0,5% geben Helligkeitsanstiege von 4—9 Einheiten. Nach dem angegebenen Verf. wird der Holzschliffbrei mit NaOH auf p_H 4,5 gebracht, bei 50—65° ca. 1 Std. mit I reagieren lassen, mit H_2SO_4 bis p_H 2,6 angesäuert u. gut gewaschen, um späteres Auftreten einer blaugrauen Färbung zu vermeiden. Vor der Papierherst. wird bis über p_H 5 neutralisiert. Wird der Holzschliff vor der Rk. noch ausgewaschen, so verringert sich der NaOH-Verbrauch u. die Helligkeit steigt noch um 1—2 Einheiten. (Paper Trade J. **135**. Nr. 11. 26—31. 12/9. 1952. Australien, Newsprint Mills Ltd.) H. BECKER. 7982

A. E. Williams, *Fluorescierende Druckfarben.* In hoher Verdünnung fluorescierende Farbstoffe (Rhodamin) werden in Monomeren gelöst, diese darauf polymerisiert u. fein gemahlen. In dieser festen Lsg. zeigt der Farbstoff starke Fluorescenz, bes. bei Anregung durch UV-Licht. Stark fluorescierende Farbstoffe sind *Rhodamin, Euchrysin 2G* u. *Safranin*, die in Mengen von 15—25 mg/cm³ in Harnstoff- oder Melaminharz dispergiert werden; darauf werden die Harze gehärtet. Die gehärteten Harze werden auf eine Korngröße von ca. 20—50 Mikron zerkleinert u. in einem wasserhellen, für UV-Licht transparenten Lack von etwa gleichem n wie der des Harzpigmentes dispergiert. Das Aushärten der Harzpigmente erfolgt zweckmäßig im Infrarot. Maximale Leuchtkraft ergibt ein Farbfilm von 3 mm Dicke, der 0,000015—0,00003 g Pigment/cm² Oberfläche enthält. Das Aufdrucken der Farbe geschieht am besten im Siebdruckverfahren. In Polyvinylalkohol angeriebene Farben lassen sich auch durch Streichen oder Spritzen auftragen. Hohe Leuchtkraft wird nur mit reinen Pigmenten erreicht. Die Fluorescenzfarben lassen sich nach ihrem UV-Spektr. beurteilen. Das Bindemittel für Fluorescenzfarben muß hohe UV-Durchlässigkeit u. möglichst den gleichen n wie die festen Pigmentharzteile, bei Dispersion in Harnstoff- oder Melaminharz also wie diese besitzen. Das Bindemittel muß natürlich auch lichtbeständig sein. Bei Siebdruck ist jede Verunreinigung zu vermeiden. Zum Bedrucken eignen sich dichte, schwere Papiere. Durch einen klaren Überzugslack werden die Drucke gegen Verschmutzung u. Feuchtigkeit geschützt. (Wld. Paper Trade Rev. **138**. 970—72. 25/9. 1952.) SCHEIFELE. 7988

H. Kühne und **H. Strässler**, *Über die Bestimmung der Holzfeuchtigkeit.* An Hand von 46 Literaturzitaten wird eine Übersicht über die Bestimmungsverff. der Holzfeuchtigkeit gegeben. Bes. berücksichtigt werden Verss. u. Erfahrungen der Vff. unter Werkstattverhältnissen mit Geräten für den holzverarbeitenden Betrieb. Behandelt werden: das Darrenverf., das lufthygrometr. Verf., die elektr. Widerstandsmessung u. die dielektr. Verlustmessung. (Schweiz. Arch. angew. Wiss. Techn. **18.** 264—75. Zürich, Eidg. Materialprüfungs- u. Versuchsanstalt für Industrie, Bauwesen u. Gewerbe.) P. ECKERT. 8004

Hercules Powder Co., übert. von: **Charles L. P. Vaughan,** Wilmington, Del., V. St. A., *Amphotere Cellulosederivate.* Man läßt eine Celluloseoxyfettsäure oder -oxyalkylsulfonsäure mit einem Dialkylaminoalkylhalogenid in Ggw. einer Base reagieren. Beispiel: Cell·O·CH_2·CH_2·COOH + $(C_2H_5)_2N$·C_2H_4Br als HBr-Salz in $(CH_3)_3C_6H_5CH_2$·NOH als Lösungsmittel. (**A. P. 2 591 748** vom 23/12. 1949, ausg. 8/4. 1952.) FABEL. 7971

Camille Dreyfus, New York, N. Y. (Erfinder: **George Wilbur Seymour, Blanche Rabette White,** Summit, N. J.), V. St. A., *Sekundäre Celluloseester,* bes. *Celluloseacetat.* Man verestert Cellulose (I) mit einem organ. Säureanhydrid in z. B. Essigsäure (bes. 12—20% H_2SO_4 als Katalysator). Dann wird W. zugesetzt u. die H_2SO_4 mit z. B. $MgCO_3$ auf 4—10 (Gew.-%) von I eingestellt, außerdem auf 8—12 des anwesenden Wassers. Die Reifung wird zunächst nur teilweise bei 40—80° durchgeführt u. dann weiteres W. zugesetzt, bis das Verhältnis H_2SO_4:W. unter das zu Beginn der Reifung gesunken ist. Schließlich wird bei 40—80° zu Ende gereift. (**D. B. P. 852 084** Kl. 12o vom 12/9. 1950, ausg. 13/10. 1952. E. Prior. 8/7. 1939.) FABEL. 7971

National Cash Register Co., Dayton, O., V. St. A., *Farbiges Druck- oder Schreibpapier zum Herstellen von Aufzeichnungen durch dessen Entfärbung.* Auf das Papier wird Attapulgit mit Hilfe eines Stärkebinders aufgetragen. Auf diese ca. 0,0013 cm dicke Schicht (I) wird eine Lsg. aus Kristallviolett-Lacton (II) u. Toluol aufgebracht, wodurch I einen dunkel violettblauen Farbton annimmt. Mittels der Druckverff. oder Schreibstifte aufgebrachte Entfärbungsmittel, z. B. Stearyltrimethylammoniumchlorid, entfärben I, so daß bildmäßig das Weiß des Papiers hervortritt. — Wird Sudanrot als Kontrastfarbstoff der II-Lsg. zugemischt, so entstehen nach dem Entfärben z. B. rote Schriftzeichen auf dem dunkelpurpurblauen Papier. (**D. B. P. 855 406** Kl. 15k vom 6/1. 1951, ausg. 13/11. 1952. A. Prior. 18/1. 1950.) LAASS. 7987

Harris-Seybold Co., Cleveland, O., übert. von: **Karl Gollner,** Chevy Chase, Md., V. St. A., *Ätzlösung für Druckplatten,* bes. für solche aus Cr-, Ni-Legierungen oder rostfreiem Stahl. Der Ätzlsg. wird ein Katalysator aus der Pt-Gruppe zugesetzt. (**A. P. 2 585 864** vom 7/10. 1949, ausg. 12/2. 1952.) LAASS. 7989

Davidson Corp., Chicago (Erfinder: **William Ward Davidson,** Evanston), Ill., V. St. A., *Herstellen einer biegsamen Flachdruckplatte.* Um die Faltenbldg. der auf dem Druckzylinder befestigten, aus mit einem Überzug versehenen oder imprägnierten Papier bestehenden Druckplatte beim Feuchten zu verhindern, werden an einem der Einspannränder senkrecht zur Zylinderachse Einkerbungen angebracht. (**D. B. P. 855 408** Kl. 151 vom 29/9. 1950, ausg. 13/11. 1952. A. Prior. 1/3. 1946.) LAASS. 7989

Louis Elsberg Wise and **Edwin C. Jahn,** Wood chemistry. V. 1. 2nd ed. New York: Reinhold. 1952. (727 S. m. Abb. u. Diagr.) $ 15,—.

XVIIIb. Textilfasern.

Frederick F. Morehead, *Das Hochkontrast (Weitfeld)-Objektiv für Elektronenmikroskopie und Faserabdruckbilder.* Die Verwendung des HILLIERschen Objektivs (C. **1952.** 4266) erlaubt die elektronenmkr. Abb. von Hautabdrücken von Fasern, ohne daß Schrägbedampfung mit Metallen zusätzliche Details erschließt. Beispiele sind Oberflächenbilder von Seide, Celluloseacetat, Viscosereyon, Wolle. Verwendete Lacke sind Nitrocellulose, Polystyrol u. Äthylcellulose. (Textile Res. J. **22.** 379—84. Juni 1952. Marcus Hook, Pa., American Viscose Corp.) ZAHN. 8040

Bess V. Morrison, *Die Wirkung des Sterilisationsprozesses auf die physikalischen Eigenschaften von Proteinfasern enthaltenden Textilien.* 4 verschied. Serge aus Wolle, Wolle/Viscoseseide, Wolle/Acetatseide u. Viscoseseide/Azlon-Faser werden 3 unterschiedlichen Sterilisierungsverff. unterworfen. Alle drei Verff. beeinträchtigen Farbe, Griff, Reißfestigkeit u. Gewicht. Dampfsterilisierung unter Druck ohne Schutz-Fl. schädigt allg. am meisten. Der Na-Silicofluoridprozeß (30 Min. 60°, 0,6%) beeinträchtigt bes. die Reißfestigkeit, läßt aber Farbe u. Griff fast unverändert. Dampfbehandlung mit Schutz-Fl. (STODDART-Lsg.) erhöht in einigen Fällen die Reißfestigkeit, die anderen Eigg. sind aber auch beeinträchtigt. (Vgl. C. **1952.** 5190.) (J. Home Econ. **44.** 195—98. März 1952.) ROSSOW. 8040

Evelyn E. Stout, Gloria Yantis Wood und **Elizabeth Cooner Bryant,** *Der Einfluß von zu Hause und in der Fabrik ausgerüsteter Baumwoll-Chambray auf die Tragechtheiten.*

Es wurde gefunden, daß die für die Haushaltausrüstung (Stärke + thermoplast. Harz, Stärke + Polyvinylchlorid u. Wachs-Stärke) u. für die Fabrikausrüstung verwendeten Methoden den hier verwendeten Baumwoll-Chambray (empfindlicher Kleiderstoff) in seiner Tragechtheit wesentlich verbessern. Irgendein schädlicher Einfl. der Ausrüstungen auf die Licht- u. Waschechtheiten der gefärbten Ware konnte nicht festgestellt werden. Auf der anderen Seite werden die Feuchtigkeitsaufnahme deutlich verringert u. die Krumpf- u. Knitterechtheit verbessert, was sich auf das Tragen sehr günstig auswirkt. (J. Home Econ. **44.** 634—37. Okt. 1952.) H. G. FRÖHLICH. 8044

H. Zahn, *Neue Forschungsergebnisse an Wolle.* Behandelt werden Morphologie der Wolle (I) u. Chemie der Quervernetzungs-Rkk. an I. Aus *l*-Cystein u. 1.2-Dibromäthan, 1.3-Dibrompropan u. 1.4-Dibrombutan wurden Dimethylen-, Trimethylen- u. Tetramethylenbiscystein in Ausbeuten von 39—99% gewonnen. Diese Verbb. wurden auch aus nach HARRIS red. u. mit Alkylendibromiden umgesetzter I präparativ isoliert. Aus Glycin, Alanin, Prolin u. 1.3-Difluor-4.6-dinitrobenzol (II) wurden N.N-Dinitrophenylenbisglycin, -alanin u. -prolin gewonnen. 1 Mol 1-Chlor-3-fluor-4.6-dinitrobenzol + 1 Mol Glycin + 1 Mol Alanin ergaben N.N'-Dinitrophenylenglycinalanin. In mit II behandelter Seide wurde O.O'-Dinitrophenylenbistyrosin nachgewiesen. (Textil-Rdsch. [St. Gallen] **7.** 305—19. Juli 1952. Heidelberg, Univ., Chem. Inst.) ZAHN. 8060

—, *Photochemisch geschädigte Wolle.* Allg. gehaltene Ausführungen an Hand von 11 Literaturzitaten unter besonderer Berücksichtigung der Anfärbbarkeit lichtgeschädigter Wolle. (Dtsch. Textilgewerbe **54.** 957—58. 20/10. 1952.) P. ECKERT. 8060

—, *Neue Verfahren zur schrumpfbeständigen Ausrüstung.* Beschrieben wird das *Lanfix*-Verf. der BRITISH COTTON AND WOOL DYERS ASSOC. zur schrumpfbeständigen Ausrüstung von Wolle u. Wollwaren. An Hand von Mikroaufnahmen wird der Unterschied bzgl. der Wirkungsweise gegenüber der Behandlung der nassen Wolle mit Cl gezeigt. Gemäß dem Verf. wird das gewaschene Material während 10 Min. bei 70° mit einer schwachen Metallsalzlsg. imprägniert. Es folgt dann eine zweistündige Behandlung in einem Bad bei 40°. Vor dem Färben wird das Material einer leichten Wäsche in Essigsäure unterworfen. (Genauere Angaben fehlen.) Die Gleichmäßigkeit der Anfärbung soll durch das Verf. verbessert werden. (Textile Mercury Argus. **127.** 339—46. 22/8. 1952.) P. ECKERT. 8060

—, *Positex, ein neues Ausrüstungsmittel. Positex* ist ein Präp. auf Kautschukbasis zur schrumpfbeständigen Ausrüstung u. zur Verbesserung der Tragfähigkeit von Wollwaren. Die Auftragung des Ausrüstungsmittels erfolgt in einer Flotte bei 35—40°, wobei die positiv geladenen alkal. Kautschukteilchen auf die negativ geladene Faser aufziehen. Kurze Hinweise über das Färben entsprechend ausgerüsteter Wolltextilien werden gegeben. (Textile Mercury Argus. **127.** 377—78. 29/8. 1952.) P. ECKERT. 8060

J. B. Taylor, *Die Sorption von Wasser durch Viscosereyon bei geringer Feuchtigkeit.* Die Sorptionsverss., bei denen handelsübliche Viscosereyon verwendet wurden, wurden bei einer Luftfeuchtigkeit unter 2½% u. bei Tempp. von 25—65° durchgeführt. Wird das W. bei nicht zu hohen Tempp. entfernt, so ist die Adsorptionsisotherme reproduzierbar. Ferner werden an Hand von Adsorptions-Desorptions-Kurven Hysteresiseffekte gezeigt, u. zwar bis zu einer Feuchtigkeitsaufnahme von 1—2%. Die Feuchtigkeits-Adsorptions-Isothermen werden mit Hilfe der Gleichung von FREUNDLICH berechnet. (J. Textile Inst., Trans. **43.** 489—516. Sept. 1952. Hendon, London, British Launders Res. Assoc.) P. ECKERT. 8074

H. Ashton, *Spinngefärbte Viscose-Zellwolle.* Kurze Ausführungen über spinngefärbtes „*Fibro*" (COURTAULDS LTD.), dessen Eigg. u. Verwendung im Gemisch mit verschieden gefärbten Fasern. Ein Farbkreis als Hilfe zum Mischen mit anderen spinngefärbten Viscose-Zellwollen wird angeführt u. dessen Verwendung beschrieben. (Brit. Rayon Silk J. **29.** Nr. 338. 59—60. Juli 1952.) P. ECKERT. 8074

R. F. Nickerson, *Untersuchung der Fixierung von Harnstoff-Formaldehyd auf Viscosereyon.* Unter Fixierung oder Harzzurückhaltung wird die Waschechtheit des Harnstoff-Formaldehyd-Harz (I) auf Viscosereyon (II) verstanden. Es wurde untersucht, ob zwischen der I-Fixierung u. der Gebrauchstüchtigkeit der Gewebe eine Beziehung besteht. Eine krit. Unters. über den I-Geh. vor u. nach dem Waschen wurde mit Hilfe des gravimetr. sauren Abziehverf. u. durch Best. des N-Geh. von II durchgeführt. Es wurden beträchtliche Fehlerquellen bei der Abziehmeth., bes. bei kleinen I-Mengen, festgestellt, deren Ursachen diskutiert werden. (Amer. Dyestuff Reporter **41.** P482—86. 4/8. 1952. Boston, Mass., Monsanto Chemical Co., Text. Res. Labor.) ZAHN. 8074

A. J. Hall, *Einige Vorbeugungsmethoden.* Die stat. Aufladung der Acetatseide bei der Verarbeitung läßt sich entweder durch Aufbringung einer leitenden Schicht, beispielsweise einer wss. Emulsion, auf die Faser oder durch Ionisieren der die Faser umgebenden Luft verhüten. In diesem Zusammenhang wird ein App. zur Best. der stat.

Aufladung beschrieben. Anschließend werden einige antistat. Gleitmittel auf Äthylenglykolbasis, beispielsweise der Polyäthylenglykolester einer Fettsäure, der Diäthanolaminäthylester der Laurinsäure sowie der Monolaurylester der Phosphosäure, angeführt u. deren Herst. u. Wirkungsweise besprochen. (Textile Mercury Argus **127**. 152. 155. 157. 25/7. 1952.) P. ECKERT. 8076

—, *Die Chemie der Silicone und deren Anwendung in der Textilausrüstung.* Die Ausführungen über die Ausrüstung behandeln in erster Linie Gewebe aus Acetatseide. Kurze Arbeitsvorschriften werden gegeben. (Brit. Rayon Silk J. **29**. Nr. 341. 68. 70. Okt. 1952.) P. ECKERT. 8076

Jett C. Arthur jr. und **Hugh G. Many**, *Fasern aus Erdnußprotein: Fließverhalten von Spinnlösungen in Abhängigkeit von der Geschwindigkeit des Ausspinnens.* Spinnfähige Lsgg. wurden aus 20 Teilen Erdnußprotein u. 80 Teilen W. hergestellt, wobei nach 20 Min. Rühren 1,3 Teile NaOH zugesetzt wurden. Nach Filtrieren, Entlüften u. Zusatz von 1 Teil Butyltartrat wurden viscosimetr. Messungen derartiger Proteindispersionen in Abhängigkeit von der Pumpgeschwindigkeit ausgeführt u. wurde gefunden, daß der Energieverlust im Spinnkopf mit zunehmender Pumpgeschwindigkeit zunimmt, wobei jede Proteinlsg. eine besondere Funktion zeigt. Um daher den Energieverlust im Spinnsyst. niedrig zu halten, muß die Pumpgeschwindigkeit angepaßt werden. (Amer. Dyestuff Reporter **41**. 385—86. 23/6. 1952. New Orleans, La., Southern Reg. Res. Labor.) ZAHN. 8078

J. A. Somers, *Forschung auf dem Gebiet neuer Polymerer.* Es wird ein Verf. zur Herst. linearer Polyamide beschrieben, die eine 4-Amino-1.2.4-triazolgruppe enthalten. Zu diesem Zweck wird Sebacinsäure u. Hydrazin miteinander zur Rk. gebracht u. das polymere Reaktionsprod. bei der Herst. faserbildender Polymere als amidbildendes bifunktionelles Prod. verwendet. Die die Triazolgruppe enthaltenden Polyamidfasern besitzen bes. günstige färber. Eigenschaften. So lassen sie sich mit einer großen Reihe von Baumwollfarbstoffen in tiefen Tönen anfärben. Weitere färber. Vorteile werden angeführt. (Vgl. auch C. **1953**. 1883.) (Brit. Rayon Silk J. **29**. N. 341. 61—62. 64. Okt. 1952.) P. ECKERT. 8080

N. Cryer, *Die Prüfung der Textilien.* Besprochen werden die Prüfungen der Fasern u. Garne im laufenden Fabrikationsgang, die Best. der Faserfeinheit u. Faserlänge sowie die Längenverteilung, der Feuchtigkeitsgeh. u. die Ermittlung der Garngleichmäßigkeit. Eingegangen wird ferner auf die Feststellung der Faserart unter Zuhilfenahme chem. Prüfmethoden sowie der Faserstruktur. Abschließend werden Angaben über verschied. Prüfmethoden bzgl. der Licht- u. Waschechtheit gefärbter Textilien gemacht. (South African nd. Chemist **6**. 157—62. Juni 1952. South Africa Bureau of Standards.) P. ECKERT. 8096

P.-A. Koch, *Erkennung und Unterscheidung der verschiedenen Arten von chemischen Faserstoffen.* (Vgl. C. **1952**. 8066.) Tabellar. Anordnung. — Schrifttumsnachweis. (Dtsch. Textilgewerbe **54**. 622—26. 1952.) P. ECKERT. 8100

Calico Printers' Association Ltd., Manchester, Lancashire (Erfinder: **Louis Arnédée Lantz**, Manchester, und **Jack Shore 'ngham**, Halifax, Yorkshire, England, *Waschechtmachen von mechanisch auf Geweben oder Webstoffen erzeugten Effekten.* Man tränkt die Stoffe mit CH_2O (I) oder einem seiner Polymeren u. einem anderen Aldehyd oder einem Keton, Aldehydalkohol oder Ketonalkohol, der wasserlösl. ist u. mit I ein wasserlösl. Vorkondensat bildet, das beim Trocknen u. höherem Erhitzen in ein unlösl. Harz umgewandelt wird oder mit einem wasserlösl. Vorkondensat dieser Stoffe, worauf das Material getrocknet, konditioniert, mechan. gemustert u. erhitzt wird. (**D. B. P. 849 988** Kl. 8k vom 29/9. 1950, ausg. 22/9. 1952. E. Priorr. 15/3. 1940 u. 19/2. 1941.) v. SCHILLER. 8033

Henkel & Cie. G. m. b. H. (Erfinder: **Arthur Zimmermann**), Düsseldorf, *Herstellung von Chitinxanthogenat.* Chitin oder chitinhaltige Stoffe werden mit starkem Alkali behandelt, zerkleinert u. mit CS_2 sulfidiert. — Verwendung (in Mischung mit Cellulosexanthogenatlsgg.) zur Herst. von *Fäden, Bändern* usw. (**D. B. P. 856 146** Kl. 12o vom 8/2. 1944, ausg. 20/11. 1952.) FABEL. 8075

N. V. Onderzoekingsinstituut „Research", Arnhem, Holland, *Kontinuierliche Herstellung von Erzeugnissen aus Viscose.* Fäden, Fasern, künstliches Roßhaar, Bändchen oder Filme aus Viscose werden kontinuierlich durch Einwirkenlassen von salz- u. säurehaltigen Bädern größtenteils von Xanthogenat (I) u. darauf (z. B. durch Auswaschen) so vollständig wie möglich vom salzhaltigen Bade befreit, alsdann zwecks Zerlegung der noch zurückgebliebenen Cellulosexanthogenatreste nochmals mit I-Zerlegungsmitteln, die höchstens geringfügige Mengen neutraler Salze, wie Na_2SO_4, enthalten, behandelt, bis das I-Verhältnis niedriger als 0,003, bes. niedriger als 0,002, ist, u. nach etwaigem Waschen kontinuierlich entschwefelt, gebleicht u. naß nachbehandelt. Die Zerlegung der I-Reste soll hierbei zweckmäßig mittels einer wenig salzhaltigen 0,5—6,0%ig. H_2SO_4, die je Mol höchstens 1, bes. $^1/_3$ Mol oder weniger Na_2SO_4 enthält, bei einer Temp. von 60—95°, bes.

80—95°, oder aber mittels verd. Lsgg. von oxydierenden Zerlegungsmitteln, wie NaOCl-Lsgg. mit 0,5—2,0% akt. Cl_2 oder 0,2—1,0%ig. $NaClO_2$-Lsgg., bei erhöhter Temp. erfolgen; auch H_2O_2, $K_2S_2O_8$, $HClO_3$, $HClO_4$ oder $NaNO_2$ können als Oxydationsmittel Verwendung finden. Man erreicht so eine vollständige Zerlegung des I u. Entfernung des S, so daß das darauffolgende Bleichverf. bis zur Erzielung einer rein weißen Kunstseide durchgeführt werden kann. — Beispiel. (**Oe. P. 171 546** vom 2/5. 1949, ausg. 10/6. 1952, Holl. Prior. 7/5. 1948.) RAETZ. 8075

Badische Anilin- & Soda-Fabrik, Ludwigshafen/Rh. (Erfinder: **Joachim Amende**, Marl), *Verbesserung der Eigenschaften von Cellulosegebilden*, z. B. Zellwolle, Kupferkunstseide, dad. gek., daß man sie mit einer wss. Lsg. von Säureamiden tränkt, trocknet u. dann der Einw. von Isocyanaten aussetzt. (**D. B. P. 855 145** Kl. 29b vom 28/12. 1944, ausg. 10/11. 1952.) SALZMANN. 8075

Theodor Lieser, Darmstadt, *Fäden, Fasern und Filme aus Cellulosehydrat.* Man verspinnt eine Cellulosenitratlsg. in ein Fällbad, das Denitrierungsmittel enthält, u. verstreckt das noch plast. Gebilde entsprechend dem Fortgang der Denitrierung in optimaler Weise. (**D. B. P. 856 199** Kl. 29b vom 24/1. 1951, ausg. 20/11. 1952.) SALZMANN. 8075

Deutsche Rhodiaceta Akt.-Ges. (Erfinder: **Arnulf Sippel**), Freiburg/Br., *Fasern, Fäden und Filme aus Cellulosederivaten* mit hoher Hitze- u. Lösungsmittelbeständigkeit erhält man aus Spinn- oder Gießmassen, denen Diisocyanate (I) zugefügt worden sind. Die fertigen Gebilde werden mit Lsgg. von mit I Harze bildenden Stoffen, wie Äthylenimin oder Epichlorhydrin, nachbehandelt u. gegebenenfalls erhitzt. (**D. B. P. 855 146** Kl. 29b vom 11/11. 1944, ausg. 10/11. 1952.) SALZMANN. 8077

Dr. Alexander Wacker, Ges. für elektrochemische Industrie G. m. b. H., München (Erfinder: **Paul Ernst**, Burghausen), *Acetatzellwolle mit verbesserter Kräuselung* erhält man aus einem Acetylcellulosegemisch mit sehr unterschiedlichem CH_3COOH-Geh., z. B. zwischen ca. 52 u. 57, im Mittel 54,5%. Die nach dem Trockenspinnverf. erhaltene Faser wird z. B. durch Kochen in sehr verd. Seifenlsg. gekräuselt. (**D. B. P. 850 057** Kl. 29b vom 23/12. 1950, ausg. 22/9. 1952.) SALZMANN. 8077

Nordmark-Werke G. m. b. H., Uetersen (Erfinder: **Ulrich Ebbecke**, Bonn), *Fäden, Filme und Schäume aus Fibrin.* Als Ausgangsstoff verwendet man Blutplasma, dem vor dem Gerinnen Glycerin zugesetzt wird. Die hergestellten Schäume, Fäden u. dgl. werden abschließend zwecks Sterilisation erhitzt. (**D. B. P. 849 165** Kl. 29b vom 1/3. 1951, ausg. 11/9. 1952.) SALZMANN. 8079

Gustav Martin Lange, Lützelsachsen, *Fäden, Schläuche oder Filme aus Dispersionen von tierischem Haut- und Sehnenkollagen.* Kollagen, welches keine oder nur eine geringe chem. Vorbehandlung erfahren hat, wird zerkleinert (zerfasert), die M. unter Zusatz von Säure (HCl) durch Quellung in einem wss. Medium homogen verteilt, die gequollene M. gegebenenfalls durch Sieben, Pressen, Walzen u. Rühren mechan. noch weiter verfeinert (wobei das Material stets $<40^0$, besser $<25^0$ gehalten wird u. die Dispersion verformt. Herst. von Wurstdärmen, Borsten, Polstermaterial u. dergleichen (**D. B. P. 842 825** Kl. 29b vom 6/10. 1948, ausg. 14/8. 1952. F. Prior. 17/7. 1947.) SALZMANN. 8079

E. I. du Pont de Nemours & Co., Wilmington, Del., übert. von: **Charles D. Coxe**, Bridgeport, Conn., V. St. A., *Formartikel aus Acrylnitrilpolymerisaten.* Zur Herst. von Fäden, Bändern, Folien, Schläuchen oder dgl. aus Acrylnitrilpolymerisaten mit 85% Acrylnitril vom Mol.-Gew. 60000 u. Styrol oder 2-Vinylpyridin wird das zerkleinerte Polymerisat mit einem Nichtlöser, z. B. W., imprägniert, in einem Autoklaven erhitzt u. unter Druck gesetzt, worauf die M. durch ein Mundstück gepreßt u. der Formling gehärtet wird. Als Nichtlöser kommen noch Methylalkohol, Aceton, Ae., Äthylacetat u. chlorierte KW-stoffe in Betracht. (**A. P. 2 585 444** vom 29/7. 1948, ausg. 12/2. 1952.) SCHLITT. 8081

E. I. du Pont de Nemours & Co., Wilmington, Del., übert. von: **George M. Rothrock**, Kenmore, N. Y., V. St. A., *Herstellen von Formkörpern, besonders Fäden aus Acrylnitrilpolymerisaten.* Pulverförmiges trockenes Acrylnitrilpolymerisat vom Mol.-Gew. 55000 wird mit Phenol oder Äthylenglykol zu einer Mischung (30% Phenol u. 70% Acrylnitril) mechan. verarbeitet, in einem Autoklaven erhitzt u. unter Druck gesetzt, worauf die M. in der gewünschten Form aus einem Mundstück gespritzt u. der Formling gehärtet wird. Das Polymerisat besteht aus Acrylnitril u. Styrol oder 2-Vinylpyridin. (**A. P. 2 585 499** vom 29/7. 1948, ausg. 12/2. 1952.) SCHLITT. 8081

Edward Erlick Verdiers, London, England, *Aufarbeitung von faserförmigen Polyamidabfällen*, gek. durch eine Behandlung des Materials mit verd. H_2SO_4 oder HCl, wobei neben dem Herauslösen der Farbstoffe die Faserstruktur zerstört wird. Mit W. wird ein poröses Pulver ausgefällt. Gibt man der Lsg. 10% Naturseide (I) zu u. rührt nach einiger Zeit mit Na-Peroxyd kräftig durch, so schlägt sich I auf dem schwammartigen Polyamid nieder. Die Polyamidlsg. kann auch 1—2 Std. bei 60° mit einer höheren Fettsäure oder höheren Alkoholen behandelt u. neutralisiert werden. Das Pulver dient in der Kosmetik als Puder, als Zusatz zu Toilettencreme, Zahnpasta u. Seife, als Träger für Drogen, Farben u. therapeut. Mittel (z. B. in Verbindung mit Wachs), als Filtrier- u. Anstrichmittel. (**E. P. 670 693** vom 10/10. 1947, ausg. 23/4. 1952.) SALZMANN. 8081

Imperial Chemical Industries Ltd., London, England, *Herstellung von gefärbten Fäden und Fasern.* Es wird Polyäthylenterephthalat, welches eine bei der Temp. der Spinnoperation beständige organ., färbende Substanz in gelöster Form enthält, versponnen. (**Schwz. P. 280 799** vom 2/12. 1949, ausg. 3/6. 1952. E. Prior. 3/12. 1948.) v. SCHILLER. 8081

Imperial Chemical Industries Ltd., London (Erfinder: **Denis Coleman**, Manchester), England, *Fäden aus Mischpolymeren von Anhydro-N-carboxy-α-aminocarbonsäuren* mit einem Mol.-Gew. >40000. Beispiel: Eine Mischung von 628 (Teilen) Anhydro-N-carboxy-l-leucin, 788 Anhydro-N-carboxy-dl-phenylalanin, 1 Na-Phenylalaninat u. 50000 wasserfreiem Bzl. wird 100 Std. gekocht. Die Lsg. wird durch eine Einlochdüse in CH_3OH versponnen. Die bis 130° säure- u. alkalibeständigen Fäden geben ein Röntgenbild (interplanarer Abstand 5,22 Å), das dem von α-Keratin ähnlich ist. (**D. B. P. 855 455** Kl. 29b vom 19/2. 1950, ausg. 13/11. 1952. E. Prior. 18/2. 1949.) SALZMANN. 8081

Industrial Metal Protectives, Inc., Wilmington, Del., übert. von: **Ivan Kenis**, Dayton, O., V. St. A., *Imprägnieren von Glasfasern.* Man versieht Glasfasern mit einem Überzug aus einer Suspension von Zn-, Pb- oder Al-Staub (Teilchengröße <6 μ) in einer Na-Silicatlsg. ($Na_2O:SiO_2 = 1:2—3$). — Zeichnung. (**A. P. 2 583 855** vom 22/3. 1948, ausg. 29/1. 1952.) NEBELSIEK. 8083

Louis Diserens, Progrès réalisés dans le domaine de la technologie chimique des textiles. 1re partie. Progrès réalisés dans l'application des matières colorantes, des produits auxiliaries dans l'industrie textile. Vol. 2. 2e éd. Paris: Editions Teintex. 1952. (VIII + 534 S.) fr. 4000,—.]

XIX. Brennstoffe. Erdöl. Mineralöle.

Ch. Tixier, *Die Aufarbeitung von Kohlen.* Es wird zunächst über die Natur u. Art der Kohlen, über die Bedingungen, die eine zur Entgasung u. Verkokung verwendete Kohle erfüllen muß u. über die geforderten Eigg. von Gas u. Koks berichtet. Es folgen techn. Angaben über die Kokerei von Carling (Kohlenbecken von Lothringen), über die Kokerei von Thionville u. über eine Versuchsanlage in Marienau. (J. Usines Gaz **76.** 183—87. Juni 1952.) BOYE. 8126

H. L. Willett, *Die Auswertung von Gasproben aus gedämmten Kohlengrubenabschnitten und die Möglichkeit der Wiedereröffnung.* Während in manchen Flözen das durch Erwärmung oder plötzliche Verbrennung entstandene CO bei der Abdämmung des betroffenen Abschnittes u. Erlöschen des Feuers verschwindet, u. in diesem Fall das $CO-O_2$-Verhältnis der Grubenatmosphäre ein Merkmal für den Zustand des Grubenbrandes darstellt, gibt es Flöze, aus denen auch nach Erlöschen des Feuers noch immer CO entweicht. Weil hier das $CO-O_2$-Verhältnis keine zuverlässige Beurteilung gestattet, wurde eine neue Meth. entwickelt, nach der man sich durch die Änderung des Verhältnisses von erzeugtem CO_2 zu Grubengas u. anderen brennbaren Gasen ein genaueres Bild vom Fortschreiten des Grubenbrandes machen kann. (Trans. Instn. Mining Engr. **111.** 629—46. Juni 1952.) H. SCHÖBERL. 8126

L. Goldmann, *Beitrag zur Theorie der Brikettbildung.* Vf. entwickelt eine capillarphysikal. Betrachtungsweise des Zusammenhaltes der Brikett-Teilchen (Kohle, pharmazeut. Tabletten, techn. Briketts, z. B. das bei der Acetylenherst. anfallende Calciumhydrat). Danach ist das Korngefüge eines Briketts ein stark verästelter Porenraum. W. spielt die Rolle eines Bindegliedes zwischen den festen Teilchen. Sobald zwei Teilchen, die mit adhärierendem W. an der Oberfläche umhüllt sind, zusammentreffen, fließt es unter der Mitwirkung eines hydrostat. Druckunterschiedes in den Winkel am Berührungspunkt zusammen. Mit kleiner werdendem Korn wird die Anzahl der Berührungspunkte u. die Berührungswinkel größer, das W. kann vom Treffpunkt zum Öffnungswinkel hin nicht weiter steigen, die Bindung wird gleichmäßiger u. fester, der Porenraum enger. Bes. bemerkbar macht sich dies bei der Körnung unter 1 mm. Steigt der Wassergeh., so kann kein capillarer Unterdruck entstehen. Fehlt W., so sind zur Brikettierung unvorstellbare Preßdrücke notwendig. (Bergbautechnik **2.** 353—54. Aug. 1952. Braunsbedra.) H. G. SCHÄFER. 8136

E. Rammler, *Zur Entwicklung der Arbeiten über Braunkohlenhochtemperaturkoks.* Nach Darlegung der histor. Entw. vor u. nach 1945 wird die Herst. von stückigem Braunkohlenhochtemperaturkoks durch schonende Verkokung von verkokungsstandfestem Feinstkorn-Hartbrikett unter Vorschaltung eines Vortrockners u. unter Vermeidung großer Temperatursprünge beschrieben. Verwendet wurde asche- u. S-arme Niederlausitzer Braunkohle. (Bergakademie [Freiberg] **4.** 7—14. Jan. 1952. Freiberg.) BOYE. 8144

P. H. Given, *Die Entstehung und Verbrennung der flüchtigen Bestandteile von Kohlen.* 1. Mitt. *Thermische Spaltung von organischen Substanzen.* Der Verlauf der therm. Zers. von Verbb. bekannter Zus. kann mit ziemlich großer Genauigkeit vorausgesagt werden: Fast alle diese Rkk. verlaufen unter Zwischenbldg. von Molekülgruppen, die in manchen Fällen aus freien Radikalen bestehen, u. liefern sowohl einfache Endprodd., wie W., H_2 usw., als auch komplizierte aromat. Verbindungen. Die chem. Beschaffenheit u. Struktur der Kohle hat einen großen Einfl. auf den Verlauf der Zerlegung u. die Art der Spaltprodukte. (Brit. Coal Utilisat. Res. Assoc., monthly Bull. **16.** 247—57. Juni 1952.) H. SCHÖBERL. 8146

A. H. Billington, I. G. C. Dryden und **D. H. Napier,** *Die Entstehung und Verbrennung der flüchtigen Bestandteile von Kohlen.* 2. Mitt. *Thermische Spaltung der Kohle.* (1. vgl. vorst. Ref.) Während die Spaltung der Kohle anfangs unter Entstehung kleiner, reaktionsfähiger Teilchen erfolgt, die rasch zu höhermol. Verbb. weiterreagieren, werden diese Komplexe bei höherer Temp. wieder zerlegt, u. erst in einem allmählich fortschreitenden Aufbauprozeß wird im wesentlichen Teer gebildet. Gleichzeitig steigt der Anteil an ungesätt. Aromaten der Teerprodd. auf Kosten der Aliphaten, Naphthene u. gesätt. Aromaten gemäß der verhältnismäßig geringen thermodynam. Stabilität der aliphat. Verbb. bei höheren Temperaturen. Nach der Kondensation treten weitere Änderungen ein, wie z. B. die Pechbildung. Es hat sich gezeigt, daß es unmöglich ist, die prim. Prodd. genau festzustellen, da der Ablauf der sek. Rkk. nicht verhindert werden kann. Die Art u. das Ausmaß dieser Rkk. in industriellen Prozessen sind erheblich von der Beschaffenheit der Anlage u. der Entgasungstemp. abhängig. (Brit. Coal Utilisat. Res. Assoc., monthly Bull. **16.** 258—70. Juni 1952.) H. SCHÖBERL. 8146

R. H. Griffith, *Katalytische Oxydation von organischen Schwefelverbindungen im Kohlengas.* Zur Entfernung von organ. S-Verbb. aus dem Kohlengas — im allg. CS_2, Kohlenoxysulfid, Thiophen u. andere Komplexverbb. — eignet sich ein Nickelsubsulfidkatalysator, der CS_2 u. Kohlenoxysulfid bei einem Sauerstoffverbrauch von 1,2% des durchgesetzten Gases u. einer mittleren Temp. von 350° oxydiert. Thiophen wird in reinem H_2-Strom unter Einw. von metall. Ni aufgespalten. Es wird die Arbeitsweise einer nach diesem Prinzip gebauten Anlage, ihre selbsttätige Regelung u. die Regenerierung des Katalysators beschrieben. Der erzielte Reinheitsgrad betrug ca. 0,1 g S je m^3. Die Anlage findet in kleinerer u. etwas abgewandelter Ausführung auch Anwendung bei der SO_2- u. H_2S-Reinigung von Gasen, die metallurg. Zwecken zur Herst. einer reduzierenden Atmosphäre dienen. (Gas J. **271** (**104.**) 475—81. 27/8. 1952.) H. SCHÖBERL. 8156

A. P. Lien und **B. L. Evering,** *Extraktion mit Fluorwasserstoff bei stark schwefelhaltigen Rohölfraktionen.* Vorgetrocknete Rohölfraktionen werden bei Raumtemp. mit HF (99,5%) gerührt. Im abgetrennten neutralisierten Raffinat wird S bestimmt. Der Einfl. der Menge HF, der Anwendungsweise (Ein-, Mehrstufenverf.), Temp., Wassergeh. u. Bortrifluorid als Aktivator wird untersucht. Bei leichten Fraktionen ist die Entschwefelung fast vollständig, Aromaten werden fast nicht entfernt, Mercaptane werden bevorzugt extrahiert. Bei höhersd. Fraktionen werden auch Aromaten u. Polyaromaten (Koksbildner) extrahiert, so daß HF auch entasphaltierend wirkt. Die HF-Raffinate verhalten sich bei der Crackung günstig hinsichtlich Umwandlung u. S-Geh. der Produkte. Bei Schmierölen bewirkt HF-Raffination Erhöhung des Viscositätsindex um 22—26 Punkte. (Ind. Engng. Chem. **44.** 874—79. April 1952. Whiting, Ind., Standard Oil Co., Indiana.) SYDOW. 8194

E. Clarence Oden und **Thomas S. Granberry,** *Mit Propan entasphaltiertes Gasöl als Einsatzmaterial für katalytisches Cracken.* Wirtschaftliche Gründe sprechen für Verwendung der Destillationsrückstände aus gemischt-bas. Rohölen als Einsatzmaterial für katalyt. Cracken. Es wird gezeigt, daß die den hohen CONRADSON-Test bedingenden Bestandteile bei der Crackung zu 100% als Koks auftreten. Die mit Propan entasphaltierten Rückstände enthalten Kontaktgifte, die die Selektivität der Crackung ungünstig beeinflussen. Als wirksamste Gegenmaßnahme erweist sich die Beschleunigung des Katalysatorumlaufs. Arbeitsweise u. Versuchsapp. werden beschrieben. (Ind. Engng. Chem. **44.** 896—902. April 1952. Lake Charles, La., Tutwiler Rafinery, Cities Service Corp.) SYDOW. 8196

C. W. Georgi, J. F. O'Connell und **T. C. Eitel,** *Vorteile und Verwendungsbeschränkungen von Ölfiltern.* Die meisten Motorenöle enthalten heute in den USA Zusatzstoffe. Diese bewirken, daß Feststoffe im Öl sich nicht zusammenballen u. so die Filtrierbarkeit der Öle verschlechtern. Vff. beschreiben Verss., die ergaben, daß gute Filtrierbarkeit solcher Öle ermöglicht wird durch Adsorption der Additiven an Ton u. ähnliche Stoffe.

Der Ton kann hierbei in feiner Verteilung zugesetzt werden oder es kann auch ein Filterbett aus Ton diese Funktion ausüben. Die Wrkg. der Reinigungsmittel ist bes. stark bei Vorliegen von Ruß als Feststoff, während Bleisalze weniger davon beeinflußt werden. (S. A. E. Journal **60.** Nr. 4. 27—32. April 1952.) GERHARD GÜNTHER. 8220

R. N. Traxler und **J. W. Romberg,** *Asphalt, ein Kolloid.* Zusammenfassender Bericht über eigene u. fremde Beiträge, welche die Kolloideigg. des Asphalts beleuchten: Löslichkeit in organ. Lösungsmitteln, mkr. Unterss., rheolog. Charakteristika, Dispersion u. Ausflockung der Asphaltene. (Ind. Engng. Chem. **44.** 155—58. Jan. 1952. Port Neches, Tex., Texas Co.) FRÜHWALD. 8228

F. P. Richter, P. D. Caesar, S. L. Meisel und **R. D. Offenhauer,** *Zusammensetzung von Erdöl. Die Verteilung von Stickstoff in Erdöl gemäß der Basizität.* Bas. N-Verbb. im Rohöl werden durch Extraktion mit 5%ig. wss. HCl nachgewiesen. Durch Titration von Rohölen verschiedenster Provenienz u. der Destillatfraktionen von 3 Rohölen mit Perchlorsäure wird festgestellt, daß ein konstantes Verhältnis von $0{,}3 \pm 0{,}05$ von bas. zum Gesamt-N besteht, das sich auch durch längeres Erhitzen bis 315° nicht ändert. Die Typen u. Verhältnisse dieser N-Verbb. in ganz verschied. Rohölen sind die gleichen, wenn auch die relativen Mengen beträchtlich schwanken, was nach Ansicht der Vff. auf den Bildungsmechanismus der verschied. Rohöle zurückzuführen ist. Da diese N-Verbb. bei katalyt. Spaltverff. eine stark zerstörende Wrkg. auf die Bauelemente haben, so muß in Zukunft diesen Verbb. größere Aufmerksamkeit gewidmet werden. Versuchsdurchführung u. -ergebnisse sowie 20 Literaturhinweise im Original. (Ind. Engng. Chem. **44.** 2601—05. Nov. 1952. Paulsboro, N. J., Socony-Vacuum Labors., Res. and Developm. Dep.) K. O. MÜLLER. 8252

R. Stansfield, *Die Sunbury-Ölprüfmaschine.* Eingehende Beschreibung von Konstruktion u. Betrieb der SUNBURY-Ölprüfmaschine. Es ist dies eine Einzylinderverbrennungsmaschine, die nach verschied. Schmiersystemen geschmiert werden kann. An allen interessierenden Teilen läßt sich die Betriebstemp. kontrollieren. Achtet man auf richtige Temperaturverhältnisse, so kann man in dieser einen Maschine die verschiedensten Betriebsarten eines Motors schmiertechn. untersuchen. Die Reproduzierbarkeit der Ergebnisse wird als zufriedenstellend bezeichnet. (Schweiz. Arch. angew. Wiss. Techn. **18.** 46—62. Febr. 1952. Sunbury-on-Thames, England, Anglo Iran. Oil Co., Res. Stat.) K. L. WOLF. 8258

Demag Akt.-Ges., Duisburg (Erfinder: **Otto Pistorius,** Duisburg, und **Wilhelm Flesch,** Neckargemünd), *Vergasen feinkörniger Brennstoffe* im Wechselbetrieb von Aufwärts- u. Abwärtsgasen. In der Abwärtsperiode arbeiten jeweils 2 Generatoren parallel, während sie in der Aufwärtsperiode abwechselnd hintereinandergeschaltet sind. Die Dauer der beiden Perioden wird je nach dem Endzweck kürzer oder länger bemessen. (**D. B. P. 842 823** Kl. 24e vom 29/3. 1949, ausg. 3/7. 1952. **Zusatz zu D. B. P. 829 483; C. 1952. 5354.**) DEMMLER. 8149

Leo Mai, Mannheim, *Vergasen fester Brennstoffe.* Der vorgebrochene Brennstoff (I) wird mittels eines als Traggas dienenden hocherhitzten Vergasungsmittelstromes durch ein in eine Vergasungskammer (**II**) von unten einmündendes enges Rohr (**III**) gefördert u. gegen eine mit Abstand vor der Mündung des **III** angeordnete Prallplatte (**IV**) geschleudert, die von dem Traggasstrom u. dem von diesem mitgerissenen, durch die Reibung u. Erhitzung im **III** u. den Aufprall auf **IV** zerkleinerten u. hierbei entgasten u. zum Teil vergasten **I** umströmt wird, der dann in **II** in der Schwebe zu Ende vergast wird, während die groben Brennstoffteile auf den Boden der **II** fallen, von wo sie erneut **III** zugeführt werden. — Vorrichtung. (**D. B. P. 846 759** Kl. 24e vom 24/2. 1949, ausg. 18/8. 1952.) DEMMLER. 8151

Richard Brandt, Hamburg-Bergedorf, *Entfernen von CO* mittels der Wasserdampfkatalyse aus organ. S-Verbb. enthaltenden Gasen u. Gasgemischen, wobei eine Vorwärmung des zu behandelnden CO-haltigen Gases mit dem behandelten Gas in rekuperativer Weise vorgenommen wird. — Vorrichtung. (**D. B. P. 851 239** Kl. 26d vom 28/12. 1950, ausg. 2/10. 1952.) DEMMLER. 8165

Petrolite Corp., Ltd., Wilmington, Del., übert. von: **Louis T. Monson,** Alhambra, Calif., V. St. A., *Oberflächenaktives Material,* bestehend aus 1. oxyäthylierten thermoplast. Phenol-CH_2O-Harzen, 2. acylierten Aminoäthern, die aus seifenbildenden Fettsäuren u. polymerisierten, nicht >60 C-Atome enthaltenden bas. Hydroxylaminen hergestellt werden, 3. geblasenen Ölen u. 4. sulfonierten Ölen oder Fettsäuren. — Zur *Zerstörung* von *Erdölemulsionen* geeignet. (**A. PP. 2 589 196** u. **2 589 197** vom 2/6. 1948, ausg. 11/3. 1952.) LÜTTGEN. 8191

Petrolite Corp., Ltd., Wilmington, Del., übert. von: **Louis T. Monson,** Puente, Calif., V. St. A., *Brechen von Öl-in-Wasser-Emulsionen.* Man behandelt die Emulsion mit einem

Reaktionsprod. aus einer mehrfachhalogenierten organ. Verb. (z. B. Chlf., Trichloräthylen, Dichloräthyläther, CCl_4) u. dem oberflächenakt. Polymerisationsprod. (Mol.-Gew. ca. 2000) eines tert. Aminoalkohols der Formel $[HOR\cdot(OR)_m]_n-N-[R_1]_{n'}$, in der OR ein Alkylenoxydrest mit nicht mehr als 4 C-Atomen ist. R_1 ist ein nichtaromat. Rest mit höchstens 6 C-Atomen, m = 0—3, n = 1—3, n' = 0,1 oder 2, wobei n + n' = 3. (**A. P. 2 589 199** vom 26/8. 1950, ausg. 11/3. 1952.) UNGER. 8191

I. G. Farbenindustrie Akt.-Ges., Frankfurt/M. (Erfinder: **August Moeller, Johannes Tochtermann** und **Otto Trösken**), Frankfurt/M., *Entwässerung von Roherdölemulsionen.* Man setzt einer solchen Emulsion amidartige Verbb. von sulfonierten Fettsäuren oder ihren Alkali-, NH_4- oder Erdalkalisalzen der allg. Formel R—X—CO—N=(R')(R'') als Emulsionsspalter zu u. überläßt die Mischung bei 50—80° der Ruhe. In der Formel bedeuten R—X—CO einen sulfonierten Fettsäurerest, R' einen Alkylrest u. R'' einen Alkyl- oder Arylrest. Als Salze der genannten Verbb. können solche von quaternären NH_4-Verbb. verwendet werden. — Beispiele: Na-Salz des Schwefelsäureesters des Ölsäureäthylanilids, Na-Salz des Schwefelsäureesters des Ölsäuredimethylamids, Na-Salz der Sulfonsäure des Ölsäurediisobutylamids usw. (**D. R. P. 762 279** Kl. 23b vom 19/3. 1939, ausg. 17/11. 1952.) UNGER. 8191

„Shell" Refining & Marketing Co., Ltd., London, **Philip James Garner**, Hooton, und **Barry Joseph Donovan**, Wallasey, England, *Extraktion organischer Säuren aus Mineralölrückständen.* Wasserunlösl. organ. Säuren (Naphthen-, Fett-, Erdölsulfonsäuren) werden aus KW-stoffgemischen, in denen sie als freie Säuren oder Seifen (Salze) enthalten sind, durch Rk. mit Komplexverbb. aus Metallsalzen (Cu, Co) u. wasserlösl. Aminoverbb. entfernt, wobei sich die entstehenden Verbb. in der wss. Phase lösen. Die wss. Phase ist ein Gemisch von W. u. Äthanol. Man trennt von den wasserunlösl. Bestandteilen ab u. gewinnt die Säuren als Salze des komplexbildenden Metalls oder als freie Säuren durch Ansäuern mit anorgan. Säuren. Als komplexbildende Salze verwendet man Sulfate oder Carbonate von Cu oder Co, als Aminoverbb. Cyclohexylamine oder Monoäthanolamin. (**E. P. 669 746** vom 21/1. 1949, ausg. 9/4. 1952.) UNGER. 8195

Shell Development Co., San Francisco, Calif., V. St. A., übert. von: **Willem Frederick Engel**, Amsterdam, und **Peter van't Spijker**, Den Haag, Holland, *Katalytische Entschwefelung von Kohlenwasserstoffölen.* Ein KW-stofföl (Kp. 250°) mit mindestens 0,5% organ. gebundenem S wird mit Rücklaufbenzin (Kp. 100—205°) von niedrigerem S-Geh., das nicht mehr als 50% Paraffine enthält, gemischt, um die krit. Temp. der Mischung wenigstens um 20° unter die Arbeitstemp. zu senken. Man bringt die Mischung in Abwesenheit von Fremdgas als gleichmäßige, überkrit., dichte Phase (in Abwesenheit einer fl. Phase) mit einem Mo-Oxyd, Co-Oxyd, Al-Oxydkatalysator (Mo:Co = 1:5) oberhalb der krit. Temp. der Mischung zwischen 375 u. 425° in Berührung, zusammengedrückt zu einer D. von 0,30 g/cm³, trennt das Rücklaufbenzin von dem entschwefelten Öl u. leitet es im Kreislauf zurück zur Behandlung von weiterem Öl. (**A. P. 2 591 525** vom 21/12. 1948, ausg. 1/4. 1952. Holl. Prior. 22/12. 1947.) UNGER. 8195

Standard Oil Development Co., Elizabeth, N. J., V. St. A., *Stabiles S-freies Gasolin* (I) erhält man durch Behandeln von durch katalyt. Crackung von Gasöl gewonnenem I, das nach der Dest. noch Olefine, Diolefine u. bes. aromat. Mercaptane enthält, mit wss. Alkalihydroxyd in Ggw. von O_2. Die Alkalilsg. wird dann auf p_H 9 angesäuert, die sich abscheidende Ölschicht abgetrennt u. dann auf p_H 2 angesäuert, wobei sich die Mercaptane abscheiden, die dann mit einem Lösungsm. (Phenol) extrahiert u. durch nochmalige Behandlung mit Alkalien u. Ansäuern rein gewonnen werden. — Tabellen, Vorr., Zeichnung. (**E. P. 667 368** vom 23/7. 1948, ausg. 27/2. 1952. A. Prior. vom 17/9. 1947.) KRAUSS. 8197

Standard Oil Development Co., übert. von: **Gerald C. Connolly**, Baltimore, Md., V. St. A., *Herstellung eines SiO_2-Metalloxyd-Gelkatalysators*, z. B. zum *Spalten* von *KW-stoffen.* Reines, alkalifreies SiO_2-Hydrogel wird durch Einlegen in eine Metallsalzlsg. (Al-Salz) mit dieser getränkt. Das imprägnierte Gel wird mit 85—95% der zur Niederschlagsbldg. erforderlichen Menge einer NH_3-Lsg. behandelt, so daß es sauer bleibt. Anschließend wird gewaschen u. getrocknet. (**A. P. 2 595 056** vom 27/1. 1949, ausg. 29/4. 1952.) STEIL. 8197

Standard Oil Development Co., übert. von: **Alfred H. Matuszak**, Jersey City, N. J., V. St. A., *Rostschützende Schmieröle.* Man gibt zu Mineralöl 0,5—1% ölsaure Salze von aliphat. Oxyaminen, z. B. Mono-, Di- oder Trimethylolaminomethanen. (**A. P. 2 587 546** vom 30/10. 1948, ausg. 26/2. 1952.) DERSIN. 8221

Standard Oil Development Co., übert. von: **Arnold J. Morway**, Rahway, und **John J. Kolfenbach**, Somerville, N. J., V. St. A., *Hochtemperaturschmierfett*, bestehend aus Mineralschmieröl, das durch Zusatz von 2—10 (Gew.-%) eines Metallsalzes, z. B. Alkali-

oder Erdalkalisalzes, einer niederen α-Ketosäure (I) der allg. Formel R·CO·COOH, in der R einen aliphat. KW-stoffrest mit 1—6 C-Atomen darstellt u. durch Zusatz von 5—35 der Seife einer Fettsäure mit 12—24 C-Atomen verdickt ist. Als I sind Propionyl-, Butyryl- oder Isobutyrylameisensäure, Dimethyl- oder Trimethylbrenztraubensäure geeignet. (**A. P. 2 581 127** vom 25/1. 1950, ausg. 1/1. 1952.) DERSIN. 8223

A. Ss. Nekrassow und B. A. Krenzel, Die chemische Ausnutzung von Erdöl–Kohlenwasserstoff-Gasen. Moskau: Ausg. der Akad. der Wiss. der UdSSR. 1952. (144 S.) 6 Rbl. 75 Kop. [russ.]

XXI. Leder. Gerbstoffe.

Fritz Stather, *Zur Frage des Brühens von Schweinshäuten.* Um die Eignung der HAUSAMschen Brühmeth. bei der Gewinnung von Schweinshäuten zu prüfen, wurden mit abgezogenen Schweinshautstücken eine Reihe von Brühverss. ausgeführt. Bei Behandlung mit W. steigt die Eiweißlöslichkeit zwischen 23—65° stetig an. Bei anschließender Beize tritt ebenfalls ein steigender Eiweißabbau in gleichem Sinne ein. W. von 60° bewirkt eine mit verlängerter Einw. erhöhte Löslichkeit des Hauteiweißes. Die Zugfestigkeit u. Bruchdehnung gebrühter Schweinshautstücke nimmt mit steigenden Brühtempp. kontinuierlich ab. Brühen bei 60° bewirkt eine mit der Einwirkungsdauer größer werdende Verminderung der Zugfestigkeit. Vf. lehnt die HAUSAMsche Brühmeth. auf Grund seiner Verss. ab. — 7 Tabellen. (Dtsch. Schuh- u. Leder-Z. **1.** 124—25. Mai 1952. Freiberg/Sa., Dtsch. Lederinst.) O. ENGEL. 8334

J. Plapper, *Kennzeichnung von Entkalkungsmitteln durch potentiometrische Titrationen.* Techn. Entkalkungsmittel lassen sich gut durch Ermittlung ihrer Titrationskurven von P_H 2—11 beurteilen. Aus den Kurven lassen sich die vorhandenen Säureäquivalente u. die Stärke der Säuren bestimmen. Aus der Form u. Lage der Kurven ergibt sich der Pufferungsbereich u. die Stärke der Pufferung. Bei ammonsalzhaltigen Entkalkungsmitteln läßt sich annähernd der Ammonsalzgeh. errechnen. Für die richtige Anwendung der Entkalkungsmittel ist ferner die Löslichkeit der Ca-Salze zu berücksichtigen. — 4 Abbildungen. 2 Tabellen. (Leder **3.** 25—29. Febr. 1952. Worms/Rh., C. Heyl Akt.-Ges.) O. ENGEL. 8334

Louis Houben, Vladimir Passechnikoff, Victor Kokorine und **Alexis Issacovitch,** *Die Bindung des Gerbstoffs im Leder.* Der Mechanismus der Bindung pflanzlicher Gerbstoffe an die Haut wird besprochen. Zur schnellen Gerbung von Bodenleder wird empfohlen, die entkalkten Blößen zunächst 24 Std. in ganz alte Brühen von 3—4° Bé zu bringen, wobei vor allem der Narben angegerbt wird, dann je 2 Tage in Brühe von 5, 7 u. 9° Bé weiterzugerben. Die Leder enthalten dann die zur Schwellung notwendige Säure u. bleiben in 9° Bé-Brühe bis zur vollen Durchgerbung. Schließlich wird erst mit Brühe von 12°, dann 14° Bé u. am Ende mit warmen Brühen ausgegerbt. Für die schnelle Gerbung von Riemenledern kommen die vollständig entkalkten Blößen zunächst in eine sehr alte Farbengangsbrühe. Es folgt eine Faßgerbung mit 14° Bé-Brühe u. ein Versenk von drei Wochen. Die Weiterarbeit geschieht wie üblich. In ähnlicher Weise können auch andere Lederarten gegerbt werden. Die meisten Gerbstoffe haben ein Minimum der Adstringenz bei 14° Bé mit Ausnahme von Quebracho. Das Prinzip aller skizzierten Methoden ist, mit alten Brühen den Narben anzugerben u. dann mit starken Brühen weiterzugerben. — Die Anwendungsmöglichkeiten der synthet. Gerbstoffe werden besprochen. (Rev. techn. Ind. Cuir **43.** 150—55. 15/8. 1951.) O. ENGEL. 8336

P. Saint-Priest, *Erklärung der physikalischen und chemischen Erscheinungen, die im Innern des Kollagens bei der Gerbung mit Methylolharnstoffen stattfinden.* Die Gerbung mit Methylolharnstoffen (I), die in monomerer Form in das Innere des Kollagens gebracht u. dort polymerisiert werden, beruht auf mehreren Reaktionen. Die akt. H-Atome der NH-Gruppen von I bewirken eine Bindung an das Kollagen. Außerdem können die OH-Gruppen unter Wasseraustritt reagieren. Durch diese Rkk. können weitere akt. Zentren im Kollagen geschaffen werden, die mit weiteren I erneut Bindungen eingehen. Bei der Polymerisation von I durch innere Wasserabspaltung werden aus Methoxygruppen Methylengruppen gebildet, u. es entstehen beträchtliche Mengen Formaldehyd, die wiederum mit den Aminogruppen des Proteins neue Methylolgruppen bilden. Bei dem Wasseraustritt zwischen OH-Gruppen von I entstehen lineare Polymere. Die genannten Rkk. u. damit die Gerbung finden vorzugsweise bei p_H 2,5—2,8 statt. Die mit der I-Gerbung erhaltenen Leder sind durch einen besonderen Griff ausgezeichnet. Sie sind knitterfrei, weil die Gewebefasern von einer Harzschicht umgeben sind u. das Harz nicht in das Innere der Fasern eindringt. Beim Weichen in W. dringt dieses nur in die Faserzwischenräume ein. Die Gerbung wird durch konz. NH_3 nicht rückgängig gemacht. Bas. Farbstoffe diffundieren in mit I gegerbte Haut, ohne gefällt zu werden. Durch freie Gruppen des Harzes können sie gebunden werden. Die Eigg. des Leders sind ganz von den Eigg. des in ihnen enthaltenen Harzes abhängig. Eine Erhöhung der Reaktionstemp. beschleunigt die Gerbung u. führt bes. zur Bldg. von Ätherbrücken. Es werden hierbei weichere Leder erhalten als bei der Rk. in der Kälte. I ist bzgl. der Gerbung den Methylolmelaminen überlegen, da es schneller in die Haut eindringt u. außerdem eine größere Löslichkeit besitzt, so daß größere Mengen in die Haut gebracht werden können. (Rev. techn. Ind. Cuir **43.** 21—25. Febr. 1951.) O. ENGEL. 8336

K. H. Gustavson, *Die Funktion der Carboxylgruppen des Kollagens für die Fixierung der kationischen Chromkomplexe, erklärt an dem Verhalten von carboxylgruppenhaltigen Harzen gegenüber den Chromkomplexen.* Vf. untersucht die Fixierung von kation. Cr-Gerbstoffen durch Harzaustauscher (Dowex-50 = SO_3-Harz u. Amberlite IRC-50 = COOH-Harz) u. durch Kollagen, um die Rolle der COOH-Gruppen im Kollagen für die Fixierung elektropositiver Cr-Komplexe kennenzulernen. Die ausführlich beschriebenen u. diskutierten Ergebnisse zeigen, daß die konstitutionellen Faktoren der in der Gerblsg. vorhandenen Cr-Komplexe sowie die beherrschende Funktion des COOH-Ions im Kollagen für die Fixierung der kation. Cr-Komplexe verantwortlich sind. (J. Soc. Leather Trades' Chemists **36.** 182—201. Juni 1952. Stockholm, Schweden, Garverinaringens Forskningstitut.) H. G. FRÖHLICH. 8336

Léon G. Davis, *Neue Methode zur Bestimmung der Wasserdampfdurchlässigkeit von Leder.* Zur Best. der Wasserdampfdurchlässigkeit wird eine mit einem Trockenmittel, z. B. $CaCl_2$, gefüllte Al-Kapsel mit der zu prüfenden Lederscheibe verschlossen. Die Abdichtung geschieht mit Wachs. Der App. wird gewogen u. in eine feuchte Atmosphäre des gewünschten Feuchtigkeitsgrades gebracht u. in bestimmten Zeitabständen die Gewichtszunahme festgestellt. (Rev. techn. Ind. Cuir **43.** 47—48. März 1951.) O. ENGEL. 8368

Henry B. Merrill, *Löst Chloroform Gerbstoff aus pflanzlich gegerbtem Leder?* Entfettetes Hautpulver aus Kalbfellen wurde mit Kastanienholz-Quebracho-Mimosa bzw. Eucalyptusextrakt u. ferner mit dem Austauschgerbstoff Orotan gegerbt. Nach dem Trocknen wurde mit Chlf. extrahiert, wobei von den mit pflanzlichen Extrakten gegerbten Proben im Höchstfall knapp 0,2% (bezogen auf lufttrockenes Leder), bei dem Orotanleder jedoch 2% Gerbstoffbestandteile extrahiert wurden. In pflanzlich gegerbten Ledern kann daher Fett ohne merklichen Fehler mit Chlf. bestimmt werden. — 2 Tabellen. (J. Amer. Leather Chemists Assoc. **46.** 609—12. Nov. 1951. Racine, Wis., B. D. Eisendraht Memorial Labor.) O. ENGEL. 8368

Farbenfabriken Bayer, Leverkusen (Erfinder: **Wolfgang Wiesemann,** Bergisch-Neukirchen, und **Hermann Noerr,** Bolton, England), *Zurichtung von Leder.* Es werden wss. Emulsionen von in W. unlösl. Polymerisationsprodd., die durch Mischpolymerisation von in W. emulgiertem Acrylnitril u. Butadien (I), gegebenenfalls unter Mitverwendung weiterer aktivierter Vinylverbb., erhalten werden, u. die bis zu 45% I enthalten können, verwendet. (**D. B. P. 821 997** Kl. 28a vom 14/3. 1950, ausg. 22/11. 1951. E. Prior. 5/4. 1949.) V. SCHILLER. 8339

Soc. An. Française du Ferodo, Frankreich, *Entgerben von Leder,* bes. Lederabfällen durch Behandeln mit organ. $\omega.\omega'$-Dicarbonsäuren. Um eine äußerst energ. Entgerbung zu erzielen, wählt man solche Dicarbonsäuren aus, die zwischen den COOH-Gruppen eine sehr kurze C-Atomkette haben. Die Wrkg. der Oxalsäure ist am stärksten, sie nimmt über die Malonsäure, Bernstein-, Glutar-, Adipinsäure usw. ab. Zur Wiedergewinnung des Chroms wird die Lsg. der Dicarbonsäure mit H_2SO_4 gekocht u. das Cr als Sesquioxyd durch Na_2CO_3 ausgefällt. Handelt es sich um Lederabfälle, die teils mit Chrom, teils mit pflanzlichen Extrakten gegerbt sind, wird die M. zunächst mit der Dicarbonsäure behandelt, die Lsg. beiseitegenommen u. dann mit einem schwachen alkal. Mittel bearbeitet. Als solches benutzt man Verbb., die in Berührung mit der Säure koll. Stoffe abscheiden, die zum Teil von der entgerbten Lederfaser absorbiert werden. Genannt sind Alkalihyposulfite, -silicate, -aluminate, -antimoniate u. -stannate, ebenso solche Hydrate, die mit elektropositiven Ionen Salze bilden. Die so behandelten Abfälle können dann mit pflanzl. Extrakten neu gegerbt werden. (**F. P. 981 259** vom 25/3. 1943, ausg. 24/5. 1951.) WITTHOLZ. 8341

Herausgeber u. verantwortlich für den Inhalt: Prof. Dr. Maximilian Pflücke, Berlin W 8, Jägerstraße 22/23, Fernsprecher: 200481, 201464. Redaktion: Chefredakteure Dr. Eugen Klever und Prof. Dr. Maximilian Pflücke. Verlag: Akademie-Verlag GmbH, Berlin NW 7, Schiffbauerdamm 19 (Fernsprecher 425571, Postscheckkonto Berlin 35021) u. Verlag Chemie, GmbH, Weinheim/Bergstraße (Postscheckkonto Frankfurt/M. 145314 u. Berlin [West] 7430, Fernsprecher: Weinheim 2017). Bestell- u. Verlags-Nr. dieses Heftes: 1007/124/12. Das Chemische Zentralblatt erscheint wöchentlich.
Satz u. Druck: VEB Leipziger Druckhaus, Leipzig. III/18/203. III. 53.
Veröffentlicht unter der Lizenznummer 1212 des Amtes für Literatur und Verlagswesen der Deutschen Demokratischen Republik.
Printed in Germany.

MIX
Papier | Fördert
gute Waldnutzung
FSC® C083411

Zeitfracht Medien GmbH
Ferdinand-Jühlke-Straße 7
99095 Erfurt, Deutschland
produktsicherheit@kolibri360.de